New Type Low-head Vertical Pumping System

Design and Application of

张仁田　单海春　著

新型低扬程立式泵装置
设计与应用

江苏大学出版社
JIANGSU UNIVERSITY PRESS

镇 江

图书在版编目(CIP)数据

新型低扬程立式泵装置设计与应用 / 张仁田,单海春著. —镇江:江苏大学出版社,2020.12
ISBN 978-7-5684-1064-9

Ⅰ.①新… Ⅱ.①张… ②单… Ⅲ.①水泵—研究 Ⅳ.①TH38

中国版本图书馆 CIP 数据核字(2020)第 264986 号

内 容 提 要

本书以低扬程立式泵装置为研究对象,开展不同新型装置型式的设计与应用研究,针对具体泵站设计中的枢纽布置形式、流道型线优化、性能预测与模型试验、结构设计和更新改造等关键技术进行研究,并通过工程实例加以验证。全书共分为 5 章,主要内容包括低扬程立式泵装置设计概述、簸箕形进水立式泵装置、钟型进水立式泵装置、蜗壳式出水立式泵装置和双层流道立式双向泵装置等。

本书不仅可供从事工程设计的技术人员参考,还可以作为高等院校相关专业的教学参考书。

新型低扬程立式泵装置设计与应用
Xinxing Diyangcheng Lishibeng Zhuangzhi Sheji Yu Yingyong

著　者/张仁田　单海春
责任编辑/郑晨晖
出版发行/江苏大学出版社
地　　址/江苏省镇江市梦溪园巷 30 号(邮编:212003)
电　　话/0511-84446464(传真)
网　　址/http://press.ujs.edu.cn
排　　版/镇江文苑制版印刷有限责任公司
印　　刷/江苏凤凰数码印务有限公司
开　　本/787 mm×1 092 mm　1/16
印　　张/35.75
字　　数/872 千字
版　　次/2020 年 12 月第 1 版
印　　次/2020 年 12 月第 1 次印刷
书　　号/ISBN 978-7-5684-1064-9
定　　价/145.00 元

如有印装质量问题请与本社营销部联系(电话:0511-84440882)

在低扬程立式泵装置类型中,除了应用较为普遍的肘形进水流道和直管式、虹吸式出水流道外,根据不同泵站的运行功能、水工结构特点,还先后出现了簸箕形进水配虹吸式或直管式出水、钟型进水配直管式出水和蜗壳式出水等新型立式泵装置型式。同时,为适应沿江泵站灌、排双向运行的需要,研发了双层流道的双向立式泵装置,通过上、下层流道闸门的切换实现双向运行,并可利用双层流道进行自排、自引,结构新颖,一站多用。

作者所在单位江苏省水利勘测设计研究院自成立以来设计了百余座大型低扬程泵站,积累了较为丰富的低扬程泵站工程设计经验,并不断创新,在对新型低扬程泵站型式进行深入研究的基础上成功应用于工程实践。20世纪70年代建成的采用叶轮直径达5 700 mm混流泵、钟型进水及蜗壳式出水的皂河泵站,2012年更新改造后继续为南水北调东线工程作贡献。1995年利用世界银行贷款的黄淮海改造项目刘老涧泵站是我国第一座采用簸箕形进水的立式低扬程泵站,工程设计中进行了全面研究,成为该型式泵站建设范例。1998年利用世界银行贷款的太湖防洪项目中望虞河泵站借鉴荷兰开敞式泵站设计经验,创新设计双层立轴开敞式双向泵站,该装置型式在不断改进和完善的过程中已经广泛应用于全国各地40余座大型泵站。虽然上述多种新型立式装置型式已经在全国各地的泵站建设中得到成功推广应用,但截至目前现有的各种规程、规范均没有涉及这类泵站的设计方法和技术要求,相对完整的参考文献亦不多。

为总结新型低扬程立式泵装置的设计与应用成果,作者结合多年的工程设计经验,对有代表性的簸箕形、钟型进水和蜗壳式出水以及双层流道双向泵装置型式的泵站设计、性能研究等进行较为详尽的介绍。全书分为5章,分别为低扬程立式泵装置设计概述、簸箕形进水立式泵装置、钟型进水立式泵装置、蜗壳式出水立式泵装置和双层流道立式双向泵装置。全书所涉及的内容以作者单位完成、作者参与并与科研单位合作研究的成果为主,同时也参考一部分其他作者和单位的成果,在参考文献和脚注中尽可能地列出,力求成果的完整性,并能准确、客观还原不同时期采用不同规范规程和研究手段的设计成果。作者衷心希望本书能够对低扬程立式泵站的工程设计具有一定参考价值。

作者衷心感谢以中国工程院院士、设计大师周君亮等为代表的老一辈设计人员,他们以扎实的理论功底和宽广的科学视野,倡导工程建设创新是多种工程技术、学科理论、设计能力和施工方法的综合①,在创新设计不同型式泵站的同时,提出将泵站的水力性能与水工结构紧密结合的设计理念。在前人已有成就的基础上,我们力图将水力机械专业与水工水力学及结构专业逐步进行融合,在泵站工程设计中既保证泵装置具有最佳水力性能,又能够实现水工结构的安全可靠。本书在撰写过程中得到了很多人的支持和帮助,在此感谢多年的合作研究者扬州大学朱红耕教授、陆林广教授、汤方平教授、陈松山教授、谢传流博士,河海大学郑源教授、周大庆教授等提供的数值模拟结果和试验数据;感谢同事谢伟东、钱祖宾、周伟、卜舸、沈建霞等无私提供大量的技术资料和工程设计素材;感谢兄弟设计院及国内外相关设备生产厂家提供类似工程业绩等;感谢王振华和陈浩两位同事绘制部分插图。

本书的出版得到了江苏省平原地区水利工程技术研究中心建设项目(BM2019330)、"十二五"国家科技支撑计划项目"南水北调东线泵站群优化运行研究与示范"(2015BAB07B01)和江苏省水利科技项目"立式双向泵站数据监测与机组运行状态智能化分析技术研究"(2019018),以及委托项目"新孟河延伸拓浚工程界牌水利枢纽工程水泵装置性能试验与特低扬程运行稳定性研究"等的资助。

本书涉及泵站工程、优化设计、试验技术、机电工程、水工水力学、水工结构等多学科,内容较为繁杂,而且多学科交叉。尽管在撰写过程中做了很大努力,但由于作者的水平和经验有限,书中可能存在不妥之处,恳请同行专家和广大读者赐教指正。若有疑问,请通过 E-mail(r_zhang@yzu.edu.cn)联系。

张仁田　单海春

2020 年 12 月

---

① 周君亮. 周君亮自传[M]. 北京:科学出版社,2018.

目录
CONTENTS >>>

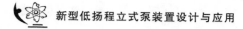

第 1 章

低扬程立式泵装置设计概述

低扬程泵站广泛应用于农田灌溉、防洪排涝、城市供水、生态用水及流域调水等多个领域。据最新资料统计,目前我国已建成大型排涝和灌溉排水相结合的泵站 450 座,装机功率约 5 600 MW;中型泵站约 3 500 座,装机功率约 5 800 MW。在我国早期建设的大型低扬程泵站中绝大多数为立式装置,最具代表性的为江苏省江都水利枢纽,4 座大型泵站均采用肘形进水、虹吸式出水的立式装置。肘形进水、钟型进水和虹吸式出水 3 种进、出水流道型式是早期颁布实施的设计规程规范中推荐的立式装置型式。因此,经过近 50 年的设计、施工和运行经验的不断积累,以及科学技术的迅速进步,我国在低扬程立式泵(装置)站设计领域已经跃居世界领先地位,大型低扬程立式泵站群规模居世界第一。

据不完全统计,截至 20 世纪末,我国兴建的扬程低于 10.0 m 的大型立式泵站中,采用肘形进水、钟型进水和虹吸式出水及直管式出水组合的泵站占比达 80% 以上。

1.1　低扬程立式泵站设计的基本原则

在水利工程中,泵站是指以水泵为核心的机电设备和配套建筑物所构成的一个抽水系统。水泵与原动机(电动机或柴油机)、传动设备、管(流)道以及各种辅助设备和控制设备等构成一个完整的抽水装置才能工作。为了保证机电设备和管理人员的正常工作,并为水泵安全、高效运行提供良好的水流条件,还需要修建泵房、进出水建筑物、变配电设施等各种配套建筑物,由此构成泵站工程枢纽。

低扬程立式泵站一般采用轴流泵或混流泵,并且水泵的主轴与水流方向呈垂直布置,因此,从泵站进口到泵站出口通常会经过两个 90°的折转,叶轮进口前的部分为进水流道,叶轮(导叶)出口后的部分为出水流道,将水泵叶轮与进、出水流道组合后的系统称为泵装置。由于低扬程立式泵站的工作扬程较低,在选择合适的高性能水泵的同时,尽可能减少进、出水流道的水力损失,提高泵装置的工作性能是工程设计的重要内容。

1.1.1　泵站设计依据

泵站工程的进步和发展与泵站技术标准的不断更新和完善密不可分。我国在泵站工程方面持续不断地开展科学研究及试点应用等工作,取得了一批有价值的成果,积累了丰富的工程设计经验,并尽可能及时反映在相关的技术标准中。

在工程实践中,涉及泵站工程设计、施工安装、模型试验、验收、运行管理、现场测试、安全评价、更新改造等诸多方面,目前已初步形成泵站标准化体系,是泵站工程设计的主要依据。技术标准众多,部分与低扬程立式泵站设计密切相关的规程规范包括:《泵站设计规范》(GB 50265);《泵站更新改造技术规范》(GB/T 50510);《灌溉与排水工程设计标准》(GB 50288);《回转动力泵水力性能验收试验 1 级、2 级和 3 级》(GB/T 3216);《离心泵、混流泵和轴流泵水力性能试验规范(精密级)》(GB/T 18149);《水利泵站施工及验收规范》(GB/T 51033);《泵站技术管理规程》(GB/T 30948);《调水工程设计导则》(SL 430);《水泵模型及装置模型验收试验规程》(SL 140);《轴流泵装置水力模型系列及基本参数》(SL 402);《泵站设备安装及验收规范》(SL 317);《泵站安全鉴定规程》(SL 316);《泵站现场测试与安全检测规程》(SL 548);《灌溉泵站机电设备报废标准》(SL 510);《泵站计算机监控与信息系统技术导则》(SL 583);《水工建筑物荷载设计规范》(SL 744);《水工建筑物抗震设计规范》(SL 203)。

需要指出的是,由于泵站的功能及所涉及的领域、行业不同,建筑物等级及设计标准、结构要求等有所不同,在选用技术标准时也存在差异,设计中应统筹兼顾。另外,泵站工程是较为复杂的系统工程,还会有多个行业和专业的技术标准作为工程设计的依据。

1.1.2 主水泵选型的基本原则

1. 主水泵选型原则

根据《泵站设计规范》(GB 50265—2010),主水泵选型应符合下列规定:

① 满足泵站设计流量、设计扬程及不同时期供、排水的要求。

② 在平均扬程时,水泵应在高效区运行;在整个运行扬程范围内,水泵应能安全、稳定运行。排水泵站的主泵,在确保安全运行的前提下,其设计流量宜按设计扬程下的最大流量计算。

③ 由多泥沙水源取水时,水泵应考虑抗磨蚀措施;水源介质有腐蚀性时,水泵应考虑防腐蚀措施。

④ 宜优先选用技术成熟、性能先进、高效节能的产品。当现有产品不能满足泵站设计要求时,可设计新水泵。新设计的水泵应进行泵段模型试验,轴流泵和混流泵还应进行装置模型试验,经验收合格后方可采用。采用国外产品时,应有必要的论证。

⑤ 具有多种泵型可供选择时,应综合分析水力性能、安装、检修、工程投资及运行费用等因素择优确定。

⑥ 采用变速调节应进行方案比较和技术经济论证。

大型轴流泵和混流泵应有装置模型试验资料;当对水泵的过流部件型线或进、出水流道型线做较大更改时,应重新进行装置模型试验。抽取清水时,轴流泵站与混流泵站的装置效率不宜低于 $70\%\sim75\%$;净扬程低于 3 m 的泵站,其装置效率不宜低于 60%。抽取多沙水流时,泵站的装置效率可适当降低。

2. 机组台数确定原则

主泵的台数应根据工程规模及建设内容进行技术经济比较后确定。备用机组的台数应根据工程的重要性、运行条件及年运行小时数确定,并应符合下列规定:

① 重要的供水泵站,工作机组在 3 台及 3 台以下时,宜设 1 台备用机组;多于 3 台时,宜设 2 台备用机组。

② 灌溉泵站,工作机组有 3～9 台时,宜设 1 台备用机组;多于 9 台时,宜设 2 台备用机组。

③ 年运行小时数很低的泵站,可不设备用机组。

④ 处于水源含沙量大或含腐蚀性介质的工作环境的泵站,或有特殊要求的泵站,备用机组的台数经过论证后可适当增加。

3. 最大轴功率确定原则

水泵最大轴功率的确定应考虑下列因素:

① 各种运行工况对轴功率的影响。

② 含沙量对轴功率的影响。

4. 水泵安装高程确定原则

水泵安装高程应符合下列规定:

① 在进水池最低运行水位时,应满足不同工况下水泵的允许吸上真空高度或必需汽蚀余量($NPSH_r$)的要求。当电动机与水泵额定转速不同时,或在含泥沙水源中取水时,应对水泵的允许吸上真空高度或 $NPSH_r$ 进行修正。

② 立式轴流泵或混流泵的基准面最小淹没深度应大于 0.5 m。

③ 进水池内不应产生有害的旋涡。

1.1.3　进、出水流道型式及设计

1. 进、出水流道设计基本原则

泵站进、出水流道型式应结合泵型、泵房布置、泵站扬程、进出水池水位变化幅度和断流方式等因素,经技术经济比较确定。重要的大型泵站宜采用三维流动数值计算分析,并应进行装置模型试验验证。

(1) 进水流道设计原则

泵站进水流道布置应符合下列规定:

① 流道型线平顺,各断面面积沿程变化应均匀合理。

② 出口断面处的流速和压力分布应比较均匀。

③ 进口断面处流速宜取 0.8~1.0 m/s。

④ 在各种工况下,流道内不应产生涡带。

⑤ 进口宜设置检修设施。

⑥ 应方便施工。

进水流道的进口段底面宜做成平底,或向进口方向上翘,上翘角不宜大于 12°;进口段顶板仰角不宜大于 30°,进口上缘应淹没在进水池最低运行水位以下至少0.5 m。当进口段宽度较大时,可在该段设置隔水墩。进水流道的主要尺寸应根据水泵的结构和外形尺寸结合泵房布置确定。

双流道双向泵站进水流道内宜设置导流锥、隔板等,必要时应进行装置模型试验。

(2) 出水流道设计基本原则

泵站出水流道布置应符合下列规定:

① 与水泵导叶出口相连的出水室型式应根据水泵的结构和泵站总体布置确定。

② 流道型线变化应比较均匀,当量扩散角宜取 8°~12°。

③ 出口流速不宜大于 1.5 m/s,出口装有拍门时流速不宜大于 2.0 m/s。

④ 有合适的断流方式。

⑤ 平直管出口宜设置检修门槽。

⑥ 方便施工。

（3）断流方式选择的原则

低扬程立式泵站的断流方式应根据出水池水位变化幅度、泵站扬程、泵型等因素，并结合出水流道型式选择，必要时经技术经济比较确定。断流方式应符合下列规定：

① 运行可靠。

② 设备简单，易操作。

③ 维护方便。

④ 对机组效率影响较小。

出水池最低运行水位较高的泵站，可采用直管式出水流道，在出口设置拍门或快速闸门，并应在门后设置通气孔；直管式出水流道的底面可做成平底，顶板宜向出口方向上翘。

当出水池水位变化幅度不大时，宜采用虹吸式出水流道，配以真空破坏阀断流方式。驼峰底部高程应略高于出水池最高运行水位，驼峰顶部的真空度不应超过 7.5 m 水柱高。驼峰处断面宜设计成扁平状。虹吸管管身接缝处应具有良好的密封性能。

出水流道的出口上缘应淹没在出水池最低运行水位以下 0.3～0.5 m。当流道宽度较大时，宜设置隔水墩，其起点与机组中心线间的距离不应小于水泵出口直径的 2 倍。

2. 典型进、出水流道设计

我国最早颁布实施的关于泵站设计的技术标准《泵站技术规范（设计分册）》（SD 204—86）中以附录四和附录五推荐的进、出水流道即为低扬程立式泵站的流道型式。现介绍如下：

（1）肘形进水流道

① 主要尺寸的拟定

肘形进水流道由进口直段、弯曲段和出口段三部分组成，如图 1-1 所示。主要尺寸可在如下范围内选用：

$$H=(1.5\sim2.24)D;B=(2\sim2.5)D;X_L=(3.5\sim4.0)D;$$
$$h_k=(0.8\sim1.0)D;R_0=(0.8\sim1.0)D;R_1=(0.5\sim0.7)D;$$
$$R_2=(0.35\sim0.45)D;\alpha=12°\sim30°;\beta=5°\sim12°。$$

其中，H 为流道高度；D 为水泵叶轮直径；B 为流道进口宽度；h_A 为流道进口高度；h_k 为喉管高度；X_L 为流道长度；R_0 为外圆半径；R_2 为内圆半径；α 为收缩角；β 为坡角。

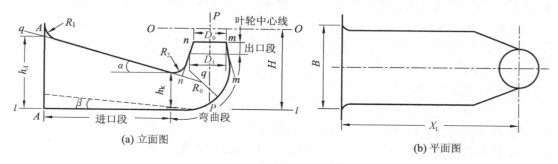

(a) 立面图　　　　　　　　　　　　　(b) 平面图

图 1-1　肘形进水流道主要尺寸

② 剖面轮廓图的绘制

步骤 1：绘出水泵叶轮中心线 $O-O$ 和水泵座环法兰 $m-n$，取直径为 D_0，以此作为进水流道出口断面(见图 1-1a)。以座环的收缩角作为流道出口断面的收缩角，绘出 $m-m$ 和 $n-n$ 两条直线。

步骤 2：根据叶轮中心线 $O-O$ 位置和选用的 H、β 值，定出流道底边线 $l-l$。当流道底为水平(即 $\beta=0°$)时，$l-l$ 线为一水平线；当 $l-l$ 线为斜坡时，其坡角 β 值宜按推荐值选取。

步骤 3：根据水泵轴线 $P-P$ 及 X_L 值，定出流道进口 $A-A$ 断面位置；再选定进口流速 v_A(一般选 $v_A=0.5\sim1.0$ m/s)和进口断面形状(一般为矩形)。然后根据所选定的流道宽度 B 及水泵流量 Q，按照公式 $h_A=\dfrac{Q}{v_A B}$，确定进口高度 h_A，从而定出流道进口顶点 A 的位置。

步骤 4：通过点 A 作直线 $q-q$ 与水平线成 α 角；再用半径 R_0 作圆弧与 $m-m$ 和 $l-l$ 两线相切；用 R_2 作圆弧与 $q-q$ 和 $n-n$ 两条直线相切；用 R_1 作圆弧与 $q-q$ 和 $A-A$ 两条直线相切。

绘出流道剖面轮廓图，当 h_k 值在 $(0.8\sim1.0)D$ 的范围内时，可认为所拟尺寸基本满足要求。若不符合，应调整 α 角和 X_L 值，直至满足要求为止。

③ 平面轮廓图的绘制

步骤 1：根据所选的主要尺寸绘出流道平面轮廓图后，初步拟定平面轮廓图(见图 1-2)。

步骤 2：在剖面轮廓图中作多个内切圆，并用光滑的曲线将这些内切圆的圆心连接起来，即得到流道中心线 $a-q$(见图 1-2a)。

步骤 3：在流道中心线上定出有代表性的点，如 $a,b,c,\cdots$，通过这些点作中心线的垂线，并将 $a,b,c,\cdots$ 各点投影到平面轮廓图中，同时标出 $A-A,B-B,C-C,\cdots$ 各断面作为计算断面(见图 1-2b)。

步骤 4：将剖面图中的中心线 $a-q$ 展开，绘出平面展开图(见图 1-2c)，并在展开的中心线上标出 $a,b,c,\cdots$ 各点，同时通过各点作 $a-q$ 的垂线，取 $A-A,B-B,C-C,\cdots$ 和平面图上的各断面宽度相等的断面。

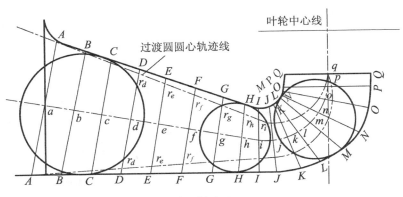

(a) 剖面轮廓图

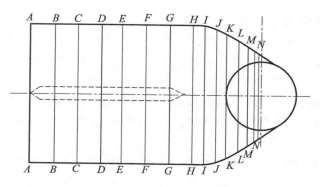

(b) 平面轮廓图

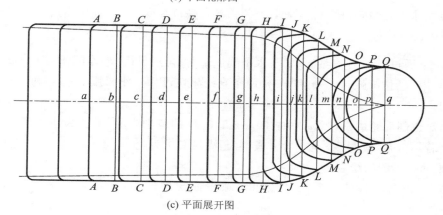

(c) 平面展开图

图 1-2　肘形进水流道型线设计图

步骤 5：拟定各断面过渡圆的半径 r_a,r_b,r_c,…,在剖面轮廓图中用两条光滑的曲线作为过渡圆的圆心轨迹线,各断面 $A-A$,$B-B$,$C-C$,…与轨迹线的交点即为过渡圆的圆心,该交点至剖面轮廓线的距离即为该点断面过渡圆的半径 r_a,r_b,r_c,…。

步骤 6：根据剖面轮廓图和平面轮廓图可以知道各断面的高度 h 和宽度 b,再根据各断面的过渡圆半径,可在平面展开图上绘出各断面的几何形状。

步骤 7：任意断面的面积 F_i 可按照下式计算：

$$F_i = h_i b_i - 4r_i^2 + \pi r_i^2 = h_i b_i - 0.86 r_i^2 \tag{1-1}$$

步骤 8：任意断面的平均流速 v_i 可根据水泵设计流量 Q 和第 i 断面面积 F_i 按照下式求得：

$$v_i = \frac{Q}{F_i} \tag{1-2}$$

步骤 9：作流速及断面面积变化曲线,以流道长度 X_L 为横坐标,流速 v 和断面面积 F 为纵坐标,绘出 $v-X_L$ 和 $F-X_L$ 曲线(见图 1-3)。当绘出的曲线不光滑时,应先修正初拟的图形,然后再绘出曲线,直至光滑为止。

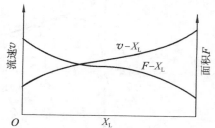

图 1-3　流速、面积随流道长度的变化曲线

（2）钟型进水流道

① 主要尺寸的拟定

钟型进水流道由进口段、吸水室、导流锥和喇叭管 4 部分组成（见图 1-4）。根据模型试验和有关资料分析，主要尺寸可在下列范围内选用：

$$H_w = h_1 + h + h_0 = (1.0 \sim 1.4)D; h_1 = (0.4 \sim 0.6)D; h = (0.3 \sim 0.4)D;$$

$$B_j = (2a + D_1) = (2.5 \sim 2.8)D; D_1 = (1.3 \sim 1.4)D。$$

其中，H_w 为流道高度；h_1 为吸水室高度；h 为喇叭管高度；B_j 为流道进口宽度；a, β, X_L 值与肘形流道相同；D 为水泵叶轮直径；D_1 为喇叭口直径。

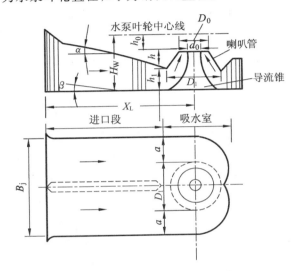

图 1-4　钟型进水流道主要尺寸

② 喇叭管的设计

步骤 1：根据水泵的结构、要求和水流条件拟定喇叭管出口断面直径 D_0、高度 h 和进口直径 D_1，然后按下式求 K 值：

$$K = \frac{hD_0^2}{1 - \left(\dfrac{D_0}{D_1}\right)^2} \tag{1-3}$$

步骤 2：假定一条基准线（见图 1-5），并按照 $Z_i = KD_i^2$ 的关系式，根据不同的 D_i 值求得不同的 Z_i 值，最后即可绘出喇叭管的型线。

③ 导流锥的设计

设计方法与喇叭管基本相同。应注意的是，导流锥的高度为 $h_1 + h$（见图 1-6），故按下式求 K 值：

$$K = \frac{(h_1 + h)d_0^2}{1 - \left(\dfrac{d_0}{D_1}\right)^2} \tag{1-4}$$

导流锥应与水泵叶轮的轮毂相接，并留有一定的间隙。

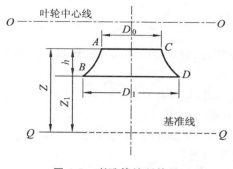

图 1-5　喇叭管绘制简图

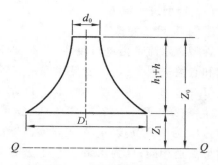

图 1-6　导流锥绘制简图

④ 蜗形吸水室的设计

吸水室一般采用对称蜗壳,蜗壳断面采用梯形断面,其设计主要是确定不同角度时的蜗壳宽度 a_i 值(见图 1-7)。

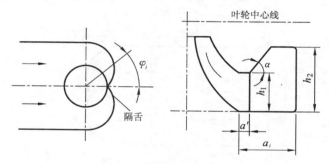

图 1-7　蜗壳计算断面图

步骤 1:确定蜗壳内的平均流速。

采用平均流速为常数($v=$const)的方法进行设计,即采用进入喇叭口至底板的圆柱面的流速作为蜗壳内的平均流速,其值可按下式求得:

$$v=\frac{Q}{\pi D_1 h_1} \tag{1-5}$$

式中,Q 为水泵设计流量;D_1 为喇叭管进口直径;h_1 为喇叭口至底板的高度。

步骤 2:确定任意断面的流量 Q_i。

$$Q_i=\frac{\varphi_i}{360°}Q \tag{1-6}$$

步骤 3:求任意断面面积 F_i。

$$F_i=\frac{Q_i}{v}=\frac{\pi D_1 h_1}{360°}\varphi_i \tag{1-7}$$

步骤 4:求断面宽度 a_i。

$$a_i=\frac{1}{h_2}\frac{\pi D_1 h_1 \varphi_i}{360°}+(h_2-h_1)a'+\frac{1}{2}(h_2-h_1)^2\cot\alpha \tag{1-8}$$

式中,a' 一般取 $0.1D$;α 一般取 $45°\sim60°$;h_2 一般取 $(0.8\sim1.2)D$。

（3）虹吸式出水流道

① 主要尺寸的拟定

虹吸式出水流道由弯管段、上升段、驼峰段、下降段和出口段组成（见图 1-8）。根据工程实践和有关资料分析，主要尺寸在如下范围内选用：

$$\frac{R_1}{\phi} = 0.5 \sim 1.0（\phi 为弯管进口直径）；25° \leqslant \alpha \leqslant 45°；$$

$$\tan \varphi = \frac{B-\phi}{2L_1}，一般宜使 \varphi \leqslant 8° \sim 12°；$$

$$H_2 = (0.5 \sim 0.785)D；40° \leqslant \beta \leqslant 70°；H_3 = (1.5 \sim 2.0)H_2 。$$

出口段出口流速一般不大于 1.5 m/s。

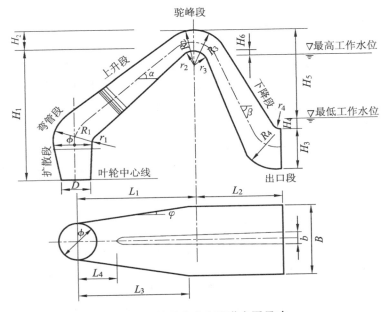

图 1-8　虹吸式出水流道主要尺寸

② 轮廓图形和流速、断面面积变化曲线的绘制

方法与进水流道相同。根据所拟定图形，分别计算过水面积和流速，并以展开的出水流道长度 L 为横坐标，以流速 v 和断面面积 F 为纵坐标，绘出 $v\text{-}L$ 和 $F\text{-}L$ 曲线，然后修正直至曲线光滑为止。

③ 驼峰顶部真空度核算

驼峰顶部真空度 $H_真$ 按下式计算（见图 1-9）：

$$H_真 = \nabla_顶 - \nabla_出 + \frac{v_顶^2}{2g} - \frac{v_出^2}{2g} - \Delta h_{顶-出} \qquad (1\text{-}9)$$

$$\Delta h_{顶-出} = \frac{1}{2g}\left(\frac{1}{2}\xi_驼 \cdot v_{P-Q}^2 + \xi_{Q-R} \cdot v_{Q-R}^2 + \xi_{R-T} \cdot v_{R-T}^2 + \xi_出 \cdot v_T^2\right) \qquad (1\text{-}10)$$

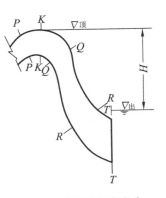

图 1-9　驼峰顶部真空度计算图

式中,$\nabla_顶$为驼峰顶部高程;$\nabla_出$为出口最低工作水位;ξ为阻力系数;$\Delta h_{顶-出}$为驼峰至出口的累计水力损失。

1.2 低扬程立式泵站枢纽布置

低扬程立式泵站工程的枢纽布置需要综合考虑各种条件和要求,确定建筑物种类并合理布置其相对位置和处理相互关系。枢纽布置主要是根据泵站所承担的功能来考虑,如灌溉泵站或排涝泵站,或者排灌结合泵站等,其主体工程,即泵房、进出水流道、进出水建筑物等布置应有所不同。相应的涵闸、调度闸、节制闸、输变电等附属建筑物应与主体工程相适应。此外,考虑综合利用的要求,如果在站区内有公路、航运等要求时,应考虑公路桥、船闸等布置与主体工程的关系。

1.2.1 枢纽布置需要考虑的因素

1. 地形条件

地形地貌对大型低扬程立式泵站的枢纽布置有很重要的意义,以排涝为主的泵站宜选在地势低洼、靠近河湖的位置,并应充分结合原有排水渠道和涵闸等。

泵站出水引河应选在外河河岸平直稳定、冲淤变化不大的河段上,出流方向偏向下游,以避免迎流顶冲;进、出水引河均不宜太长,以节省土石方。如果泵站排涝兼有灌溉任务,或结合自排自灌,站址除满足上述要求外,还要考虑灌溉渠易于开挖,渠首容易布置,以及有利于内水外排和外水内引的条件。以灌溉为主的泵站,为了达到控制灌区面积较大和节约工程量,站址宜选在灌区较高的位置。

2. 水流条件

低扬程立式泵站的进流和出流均应符合水力学规律,布置上力求水流平顺通畅,进口设前池,以衔接引河及进水流道,前池底宽最好设计成与引河底宽相等,如因机组台数较多,前池宽度较大,则前池中心扩散角一般为 20°～40°,过小则前池太长,增加造价;过大则水流不顺,影响泵站运行。泵站最好采用正面取水,使水流均一,前池与引河应有一段较长的直段,其长度为泵房长度的 3～5 倍。若因布置上的需要,或受地形限制,不可能布置成正面取水时,亦可采用侧向进水的型式,但侧向进水因水流转弯,除引河要有一段较长的直段外,前池应有足够的宽度和容积,使水流弯度不大,能够均匀地进入流道,若布置不妥善,往往形成进流旋涡,特别对两侧机组不利。这种不良进水条件,破坏流速均匀分布的状况,引起装置效率降低;旋涡又具有吸气能力,挟带空气进入水泵,导致机组振动。无论正面或者侧面进水,前池两侧翼墙的收缩角不宜太大,一般选用 15°～20°,临水面宜设计成垂直的,并有一段长度,顶高应超出各种运行水位。泵站出口一般均设有出水池,便于与上游河道衔接,出水池亦应恰当布置,使水流顺畅,并消除出水流道中水流的剩余动能,最佳布置形式为正面出水,必要时也可以布置成侧向出水,但必须注意,出水池要有一定容积,避免壅水发生,以减小运行扬程增加产生耗能。

3. 地质条件

低扬程立式泵站一般均建在平原地区靠近江河的堤岸上,而且平原地区绝大多数均为软土地基,选择坚硬地基或者岩石地基作为站址比较困难。在软土地基上新建大型泵站,一方面因为承受外水压力和自重,地基应力较大;另一方面水泵安装高程低,要求地基开挖较深,往往在地下水位以下,而软土地基的承载力小,沉陷量大,加之有振动,如果对站址地质条件重视不足,将导致严重后果,不但影响泵站自身的安全运行,而且危及江河堤防的安全。

一般在软土地基上选择站址,饱和淤土和粉细砂不宜作天然地基,因稀淤土不稳定、粉细砂封闭困难,容易造成过大沉陷和管涌。诸如水潭深沟、河湾废道,以及新近冲淤形成的滩口弱地,均存在隐患,应尽量避开。设计中应考虑将站址选择在老土地基上,或者经过长期预压的软土地基上。总之,站址的地质工作必须慎重对待,应通过地质勘探成果确定好的或比较好的地质基础,作为大型泵站的站址。

另外,在地震烈度较高地区建设大型泵站,应研究站址持力层范围内砂层液化的可能性,以及地震力对建筑物的影响,做好建筑物的抗震设计。

4. 施工条件与供电

站址位置选择还应注意施工条件,一般要求水陆交通便利,建筑材料容易解决;在滨江河位置,应选择靠河较大的滩地,一方面利于布置出水河道,另一方面有利于施工临时安排,以及汛期临时抢修围堰等之用;而且大型泵站从开工到建成一般需跨汛期,基坑开挖又较深,为安全计,边坡应放缓、马道要加宽,因此施工场地应留有余地,适当放宽。

另外,站址位置尽可能靠近电源,以节省输电线路。由于大型泵站用电量较大,又是重要负荷,一般均考虑专用变电所,以保证供电可靠性;专用变电所的设计与一般降压变电所基本一致。专用变电所可布置在泵房内或两端又靠近泵房的位置,这样既有利于与泵房内的配电装置衔接,又可节约导线和电缆,同时还方便监测和管理。

5. 综合利用要求

枢纽布置时要根据综合利用要求,考虑下列几个方面的结合。

(1)自排与抽排的结合

平原地区一般均已建有排涝闸,大型泵站建成后在外河水位低时,应充分利用原有排涝闸自排,以节约电能。如原排涝闸设计标准偏低,应结合泵站增建。因此自排与抽排必须密切结合。结合的型式较简单,可在原排涝闸一侧建泵站,新开挖的排水河道与原河道衔接。如该地区无自排设施,则在设计泵站时需慎重考虑自排的条件,是另建排涝闸还是结合泵站的附属建筑物自排,应根据具体情况加以分析比较确定。如果依靠抽排,将消耗大量的电能,需要在设计阶段进行综合比较。

(2)排涝与灌溉的结合

排涝与灌溉是平原地区农田水利矛盾又必须统一的两个方面,需要排涝说明渍涝严重,而汛期外河水位高,必须依靠泵站抽排;需要灌溉,说明旱情严重,而平原地区又通常需要引外河水自流灌溉或抽内河水灌溉,因此在泵站设计时两者必须结合,以充分发挥大型泵站的作用。

(3)泵站与公路桥的结合

在已建的大型泵站中,公路桥与泵房有分建的,也有合建的。合建情况下可以利用泵房基础、节约投资,但也有缺点,如来往车辆轰鸣、尘土飞扬,影响值班人员工作,污染厂区环境卫生。分建情况下,公路桥如不与其他建筑物结合,则投资较大;如与防洪闸或进水口清污机桥等合建,则投资增加有限,可避免合建的弊端,这是比较理想的方案。

（4）泵站与船闸的结合

泵站与船闸不宜合建，因泵站运行时进出口流速均较大，且有横向流速，合建势必影响通航安全。为满足航道要求流速小和稳定的条件，合适的方案是船闸分建。

6. 与城市规划协调一致的要求

随着城市防洪、生态调水等泵站的建设，站区应满足城市规划的要求，尽可能不破坏周围景观，做到与周围景观相协调；泵房与其他功能建筑物之间设置分隔设施，并留有足够的安全距离并设置安全设施，布置上尽可能紧凑，以节约土地、减少拆迁。

1.2.2 单一排涝或灌溉的大型泵站枢纽布置形式

这一类型的低扬程立式泵站任务单一，其枢纽布置也比较简单，可在排水河道末端靠近河道选择一个地形、地质条件均较优越的位置，布置泵房及其附属建筑物。湖北省早期兴建的单一排涝泵站较多，如螺山泵站，为排除监利螺山地区渍涝灾害的主体工程，装机 $6 \times 1\,600$ kW，泵站位于新开挖的排涝河道末端，河道底宽 100 m、长 32 km，靠近长江北岸的堤段上，正向布置，为堤身虹吸式泵房，此处紧靠螺山，地形合适，基础为岩石，是平原地区难得的站址条件。泵站自 1973 年建成以来无任何变形和异常，进出口河道平直，水流顺畅，变电站布置在泵房右侧，公路桥与泵房合建，紧靠下游侧，干扰较大是本工程布置中的唯一缺陷，枢纽布置如图 1-10 所示。2017 年该泵站已拆除重建。

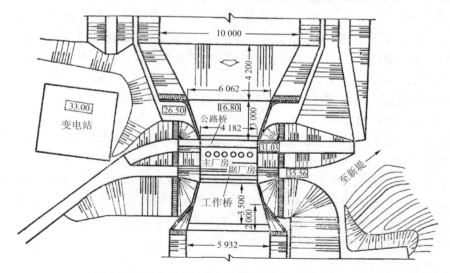

图 1-10　湖北螺山泵站枢纽布置图(长度单位：cm)

1.2.3 以泵房为主体，排灌结合的泵站枢纽布置形式

1. 抽排结合自排的布置形式

这种布置形式多在枯水季节利用已建排涝闸，或在汛期外江水位低时抢排，而在汛期外江水位高时利用泵站抽排；当已建排涝闸规模偏小，或没有排涝闸时，则应结合泵站的施工扩建或增建，单一依靠泵站抽排将增加泵站的装机规模和能耗。

湖北樊口泵站和浙江盐官泵站均属于该类型的典型布置。

樊口泵站为梁子湖地区治理规划的一期工程，装机 $4 \times 6\,000$ kW，位于鄂城附近，武鄂公路旁，泵站布置在已建樊口大闸左侧，大闸与船闸合建，船闸位于大闸的右侧，为避免交通干扰,将公路桥布置于泵站进口下游 70 m 的引水河道上;并设置拦污栅 2 座,一座在流道进口,另一座在距泵房约 270 m 的引水河道上,以拦截污物;引水河道系利用原民信闸的长港,进口段平直,为正面取水,水流顺畅。出水河道为新开河道,约 300 m 与大闸河道汇合入长江;变电站位于泵房右侧,紧凑协调。湖北樊口泵站枢纽布置如图 1-11 所示。

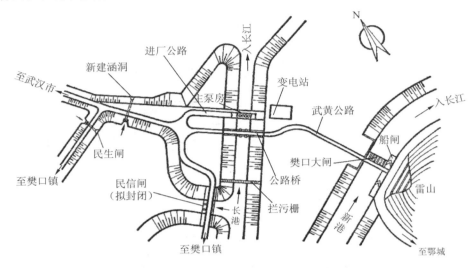

图 1-11　湖北樊口泵站枢纽布置图

　　文献[3]总结樊口泵站枢纽布置的主要特点:① 4 台机组均布置在一整块底板上,总长 46 m、不分缝,这样可以解决泵房的侧向稳定及地基应力的集中问题,从而可以简化泵房结构;② 机组容量大、动荷载大,而地基又为亚黏土,大胆地采用天然地基,实践证明是成功的;③ 采用了当时国内最大的轴流泵机组,为今后大型泵站提供了建设经验;④ 采用了屈膝式(低驼峰)出水流道。

　　浙江盐官泵站是杭嘉湖南排四大出海口之一,位于海宁市盐官镇。该工程主要任务为排涝,枢纽由排涝闸和排涝泵站组成,工程设计排涝闸自排流量 581 m³/s、泵站设计流量 200 m³/s,装机容量 4×2 000 kW。

　　盐官泵站枢纽采用泵站与排涝闸一字排列的布置形式,排涝闸位于泵站的右侧,主要是考虑到在开闸排水时,外江处在落潮过程中,出闸水流偏向下游、冲刷能力强,对口门防护不利。为减轻外排涝水对口门及口门外江道冲刷的影响,最终选定排涝闸上游(右侧)、泵站在下游,有利于闸下水流扩散。枢纽建筑物布置如图 1-12 所示。

　　排涝闸工程由上游护坦、闸室、消力池、海漫等部分组成。排涝闸采用胸墙式结构,闸室共 6 孔、孔口尺寸为 8.0 m(宽)×4.5 m(高),闸底板高程−0.50 m,闸室顺水流方向长20.62 m、垂直水流方向总宽 59.40 m。每孔闸设有 2 扇工作闸门和相应的 2 道胸墙,互为备用,闸室基础采用 250 号钢筋混凝土灌注桩处理。

　　泵站由进水池、主副厂房、变电站、泵房进出口段、出水池和海漫等组成。主厂房长71.22 m、宽 21.70 m,机组叶轮中心安装高程为 0.00 m。主厂房右侧为主机房,长54.08 m,布置 4 台主机组。主厂房左侧为长 17.14 m 的装配场,下层为电缆层和油泵房。主厂房机组间距 12.50 m,2 台机组为一段。副厂房位于主厂房左侧,长 14.61 m、宽 21.70 m,分为 2 层,布置有中央控制室、配电室等。变电站位于副厂房东南侧,长 33.50 m,宽 15.50 m。

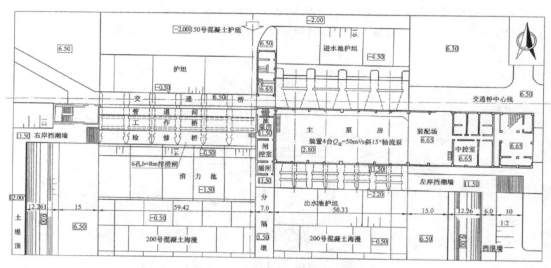

图 1-12　浙江盐官泵站枢纽布置图(单位:m)

　　排涝闸和泵站为一体新建工程,采用紧挨布置,中间设分隔墩,利用分隔墩的位置布置排涝闸的控制室和泵站的油泵房。分隔墩既起到分隔导顺水流的作用,又作为泵站必要运行设备的管理用房,互通两侧管理用房。

　　泵站进水段顺水流向长 17.40 m,设有拦污栅和检修门;靠近主厂房设有宽 5.00 m 的交通桥,在桥下 2.50 m 高程处布置水机辅助房。出水段顺水流向长 9.90 m,每台机组出水流道分隔成 2 孔,设有快速工作门和事故门。

　　闸站的上下游河道边墙采用混凝土地下连续墙结构,既保证直立的挡土结构、施工方便,工期短;还与现有海塘连接简单,施工期不影响海堤安全。

　　工程自 1999 年建成投入运行以来,排涝期间采用站、闸交替方式运行,即当外江潮位高于内河水位时开泵排水;外江潮位低于内河水位时,开闸自排。2020 年完成了对主设备的更新改造。

　　2. 抽排为主,结合抽灌、自灌的布置形式

　　此种布置形式多为闸站分建,利用已建老闸或者新建涵闸挡外河洪水,而利用原有河道或者新开挖河道作为泵站的进水河道,泵房即位于河道的末端,靠近涵闸且地形、地质条件均为优越之处,闸站之间形成一个较大的出水池,一方面使水流稳定,另一方面可利用出水池两岸布置灌溉渠首工程。汛期可利用泵站抽排内河渍涝水,亦可以进行抽灌;当外河水位较高时,还可以通过涵闸引外河水自流灌溉,因泵房正面截断排水河道,涵闸不再起到自排的作用。湖北南套沟泵站和高潭口泵站等均为此布置形式。

　　南套沟泵站为排除南套沟地区渍水的骨干工程,装机 4×1 600 kW,抽排流量 78 m³/s、抽灌流量 17.8 m³/s,原有涵洞 3 孔,泵房即建在老涵闸之前,闸站之间为一容积较大出水池,围堤上建东西 2 座灌溉闸,公路与涵闸结合,离泵房较远,避开干扰。该工程为典型的闸站分建形式,其优点是可充分利用原有涵闸作为挡洪闸,以挡江水;而利用原有河道作为排水河道,提高了抽排、抽灌和自灌的效益,并可大大节省工程量和投资。湖北南套沟泵站枢纽布置如图 1-13 所示。

3. 抽排抽灌结合,并考虑自排自灌的枢纽布置形式

这类枢纽布置形式是多目标、多任务的,布置上必须以泵房为主体,充分发挥附属建筑物的配合作用,以达到排灌的多目标结合。江苏省江都枢纽、淮安枢纽,以及湖北省排湖泵站枢纽等都是这种形式的典型布置。

江都枢纽布置是以 4 座泵房布置为主体,附属建筑物相配合,通过控制运用,达到江水北调及灌溉排涝等综合效益。4 座泵站呈一字形排列于新通扬运河的北岸,站与站之间的距离约为 250 m,均由通扬运河引水,进水河道长度约 100 m。抽水由出水池进入邵仙河,整个工程计划周密、布置协调,且运行良好、效益显著。

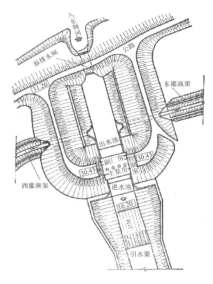

图 1-13　湖北南套沟泵站枢纽布置图

该工程布置的主要特点为侧向进水,泵房与新通扬运河成直角正交,排涝时新通扬运河水由东向西流,然后直角转弯入进水引河;灌溉时新通扬运河水由西向东流,亦直角转弯入进水引河。一般从理论上来说,当水流由西向东流时,将在进水引河的西侧形成死水区并造成淤积,水流与站身斜交进入流道;当水流由东向西流时,情况则相反。在实际运行中曾发现低水位灌溉时,西侧的机组电流不稳定,并伴有空化声响,进水引河西侧淤积;低水位排涝时,东侧机组运行不稳定,进水引河东侧淤积,淤积后形成水流更紊乱,机组效率大大降低,甚至部分机组被迫停止运行,直至引河水位上升,流速减小后运行条件才得到改善。这一实际运行情况说明与水流规律是相符的。针对这种布置上存在的不足,研究的改进措施参见参考文献[5]。江苏江都枢纽工程布置如图 1-14 所示。江苏江都枢纽灌溉及排涝线路示意图如图 1-15 所示。

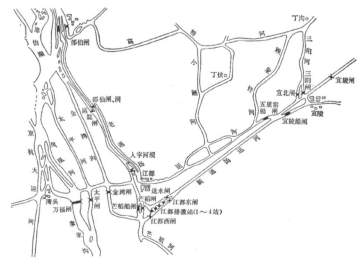

图 1-14　江苏江都枢纽工程布置图

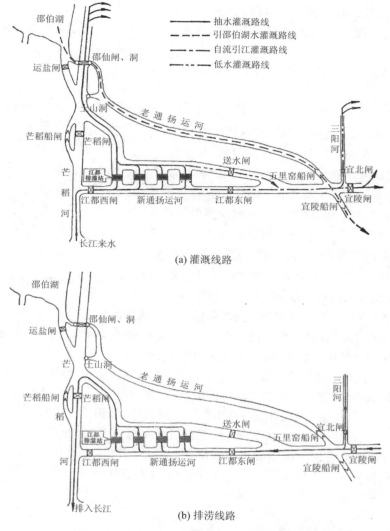

(a) 灌溉线路

(b) 排涝线路

图 1-15　江苏江都枢纽灌溉及排涝线路示意图

1.2.4　在流道上分岔解决排灌结合的泵站枢纽布置形式

鉴于利用附属建筑物解决排灌结合的泵站枢纽布置工程量大,一些地区在兴建泵站时会在出水流道上设置压力水箱或直接开叉,以解决排灌结合问题。

1. 在出水流道上设置压力水箱的布置形式

磊石山泵站位于湖南省汨罗县境内,装机 4×800 kW,抽排流量 32 m³/s,因欲节省工程量,将站址选择在紧接原自排涵洞的进口,并将进口改建成压力水箱,其尺寸为 6.89 m(长)×17.4 m(宽)×7.2 m(高),位于流道出口的末端,流道采用堤后低驼峰,压力水箱底板与已建涵洞底板同高,其正向与流道相接,流道由 φ1 600 mm 的圆形渐变至连接处的矩形断面,其尺寸为 2 m(宽)×3 m(高)。侧向与自排涵管相接,自排涵管绕泵房左右两侧至下游进水池引水,在压力水箱交接处设 3.9 m(宽)×3 m(高)的闸门控制。为减小压力水箱的宽度,以减少工程量,泵房后的出水流道在平面上布置成向中间弯折的形式。

由于原自排涵洞发现多组裂缝,后采用在其内部空间设置 2 根 φ3 400 mm 的圆形压力管道与压力水箱相接的措施进行处理,并在其出口设置 2 扇防洪控制闸门,尺寸为 3.4 m× 3.4 m,兼作检修闸门之用。公路桥与清污机工作桥合建,布置在距泵房约 40 m 的进水引河上。磊石山泵站枢纽的布置如图 1-16 所示。

　　磊石山泵站枢纽布置的主要特点如下:

　　① 在出水流道上布置压力水箱,借以解决自排和抽排的结合问题,可以极大地节省附属建筑物的投资,是一种较节约的布置形式。

　　② 出水流道采用低驼峰,以便较好地与压力水箱相衔接。

　　③ 利用敷设在泵房两侧涵管与原自排涵洞相结合,仍发挥了涵洞的自排作用。

　　④ 在引河上公路桥与清污机工作桥合建,既节约投资,避免干扰,又有利于运行管理。

　　⑤ 泵房安装间高程比电机层低 2.05 m,借以降低泵房边墙的挡土压力,从而容易满足泵房的稳定要求,但对运行安装和检修有不便之处。

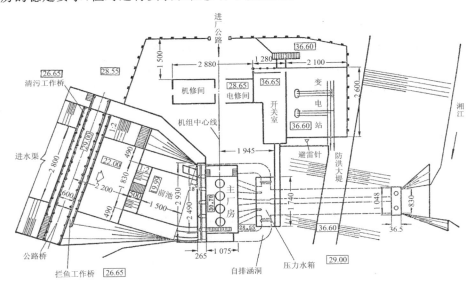

图 1-16　湖南磊石山泵站枢纽布置图(长度单位:cm)

　　2. 在出水流道上直接开叉的布置形式

　　湖南岩汪湖泵站是解决沅南垸排涝和灌溉的枢纽工程,抽排流量为 57.6 m³/s,灌溉流量为 14 m³/s,装机 8×800 kW。枢纽布置采用堤后虹吸式泵房,机组正面取水,水流顺畅。为了解决抽灌问题,在泵站左右两侧的出水流道上各增设一根叉管,以与灌溉渠首闸相接,并设置闸门控制流量;为清除污物,设置 2 道拦污栅,一道在靠近前池的渠道上,一道在泵房进水流道的进口;出水流道为单机单管,水平段以后合并为共管壁的 4 孔管道共 2 组。出水流道断面由 φ1 600 mm 圆形断面渐变为 2.5 m(宽)×1.5 m(高)的矩形断面,再渐变至驼峰顶部为 2.5 m(宽)×1.2 m(高),使喉部流速超过 2 m/s,空气不易停留。驼峰以后再加大断面至 2.5 m(宽)×1.5 m(高),以降低出口流速,减小水力损失。流道出口设带顶铰的防洪闸门,尺寸为 2.5 m(宽)×2.2 m(高),闸上有启闭排架,利用 1.5 t 手动葫芦起吊。岩汪湖泵站枢纽布置如图 1-17 所示。

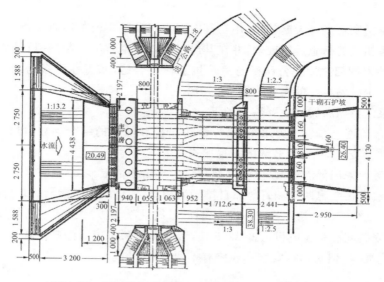

图 1-17　湖南岩汪湖泵站枢纽布置图(长度单位：cm)

1.2.5　直接利用泵房本体的双向流道解决灌排结合的泵站枢纽布置形式

采用双向流道解决灌排结合,与利用附属建筑物解决灌排结合的枢纽布置相比较,不仅建筑物少,工程量省,占地、土方挖压和征地拆迁都减少,而且工程集中,管理运行方便,是一种较理想的布置形式。江苏省谏壁泵站枢纽布置如图 1-18 所示。早期发现这种布置形式的缺点是机组装置效率较低,因此近 30 年来进行了广泛而深入的研究,取得了一批具有推广应用价值的成果,在第 5 章中详细介绍。

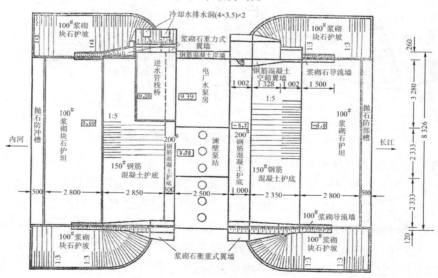

图 1-18　江苏谏壁泵站枢纽布置图(长度单位：cm)

1.3　新型立式泵装置特点

如前所述,在大型低扬程立式泵站工程建设中,由于泵站的多功能、多目标、多任务,以及不同的枢纽布置形式,对装置形式的创新提出了新需求。立式装置的显著特点是纵向高度大,随着机组规模增大,水泵叶轮直径也增大,基础开挖深度增加,一方面土建投资增大,另一方面与其他建筑物的结合产生困难。因此,在工程设计中除了采用卧式机组外,就必须研究、开发与此相适应的不同进水和出水型式的新型立式泵装置。

1. 新型进水流道

进水流道中最常用的型式是肘形进水,这种进水流道要在较短的尺寸范围内转角90°,并保证水流条件平稳,避免涡带发生,因此对流道高度 H 的要求较高。根据《泵站技术规范(设计分册)》(SD 204—86),推荐值 $H=(1.5\sim2.24)D$。对宽度要求相对较低,推荐值 $B=(2\sim2.5)D$。

为克服肘形进水流道的缺点,出现了另一种进水流道型式,即钟型进水流道。钟型进水流道由进口段、吸水室、导流锥及喇叭管组成,如图 1-4 所示。钟型进水流道的高度较小,规范推荐值 $H=(1.0\sim1.4)D$,与肘形进水流道相比,高度可减小 50% 左右。但钟型进水流道的宽度 $B=(2.5\sim2.8)D$,与肘形进水流道相比有所增大,要求较为严格,且若设计不当,易在流道内产生涡带。结构上还增加了吸水室和导流锥等,吸水室的形状将在很大程度上影响整个流道的性能。虽然在早期规范中推荐该进水流道型式,但由于研究尚不深入,工程应用并不多。

在综合肘形进水和钟型进水流道优、缺点的基础上,出现了另一种新型进水流道型式,即簸箕形进水流道。该流道型式由吸水箱和喇叭管两部分构成,结构较为简单(见图 1-19)。簸箕形进水流道的高度 H 和宽度 B 也介于上述两种流道之间,根据文献[6]的推荐值,$H=(1.50\sim1.75)D$,$B=2.5D$。

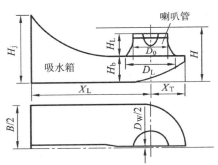

图 1-19　簸箕形进水流道

三种进水流道的演变关系如图 1-20 所示。从图中可以发现,从肘形进水流道的单面进水过渡到叶轮室具有喇叭管的四面进水,其特点是水流在进入叶轮室前的流动分为两个阶段:① 在流道内从

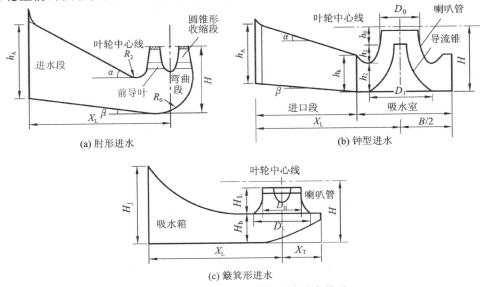

(a) 肘形进水　　(b) 钟型进水

(c) 簸箕形进水

图 1-20　三种进水流道型式的演变关系

四面汇集流入喇叭管的阶段;② 在喇叭管内的流场调整阶段。

对于四面进水的新型进水流道,要求流道具有足够的宽度、一定的后壁空间和适当的悬空高度,以便在第一阶段水流尽可能均匀地通过喇叭管与流道底板之间的空间从四面进入喇叭管,因此钟型进水流道设置了吸水室,簸箕形进水流道通过后壁型线的改变满足其要求。在第二阶段,水流在经过 90°转向进入喇叭管后,流场仍比较紊乱,必须充分利用喇叭管进行流场调整,以便水流在到达叶轮室进口时最大限度地满足水泵叶片的水力设计条件。因此,在新型进水流道中,喇叭管形状的合理水力设计显得尤其重要。

2. 新型出水流道

低扬程立式泵装置应用最多的出水流道型式,除了规范推荐的虹吸式出水流道外,便是直管式出水流道。直管式出水流道的特点是在导叶体后部连接 90°弯曲的出水管,并在出口设置相应的断流设施,设备增多、结构复杂。

无论是虹吸式还是直管式出水流道,其共同特征是出水流道高度较高,根据相关文献统计,直管式出水流道高度 $H_{out}=(2.10\sim4.80)D$。为满足出水流道出口上缘淹没在出水池最低运行水位以下 0.3~0.5 m 的要求,则必须增加基坑的开挖深度。虹吸式出水流道的驼峰底部高程必须满足略高于出水池最高运行水位的要求,尤其是出水运行水位变幅较大的排涝泵站,驼峰的高度必须增加,致使出水流道高度的增加,为解决该问题,设计了低驼峰(屈膝式)的出水流道配断流设施,在出水池高水位时由断流设施断流。

由于出水流道对泵装置效率的影响较大,因而出水流道型式的设计是工程设计中一项重要的工作。新型的蜗壳式出水流道采用蜗形出水室代替水泵的后导叶体,可以显著缩短主轴的长度,降低泵房高度,减少工程投资,也便于施工。日本大型低扬程立式泵站大都采用这种型式,如日本的三排乡泵站,安装叶轮直径 4 600 mm 的混流泵,采用钟型进水和蜗壳式出水的装置型式,主轴长度不超过 6.0 m,比采用直管式出水的主轴长度要缩短 50%左右。蜗壳式出水流道通常配钟型进水流道,典型的蜗壳式出水流道的断面形状如图 1-21 所示。

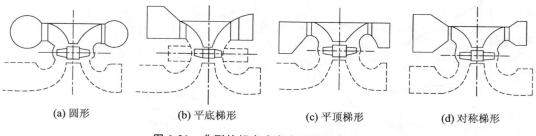

| (a) 圆形 | (b) 平底梯形 | (c) 平顶梯形 | (d) 对称梯形 |

图 1-21 典型的蜗壳式出水流道的断面形状

由于立式混流泵的叶轮出口速度环量比轴流泵大,出水流道采用蜗壳式是十分有利的。蜗壳式出水的蜗形室可以是封闭式结构,也可以是开敞式结构。蜗形出水室包括轴向与幅向导叶(或座环)、泵盖、蜗壳及扩散段等部分。幅向导叶既起导流作用又起支承作用,即通过它将泵盖部分的荷载传递到基础。泵盖为一倒锥形,也起导水作用,泵盖内设置水泵轴承和密封装置。蜗壳起汇流与能量转换作用。扩散段进一步减小流速,并将一部分动能转变为压力加以回收。

1.4　研究方法与手段

新型低扬程立式泵装置研究的目的是应用于工程设计,因此保证所设计的泵站高效、安全、可靠运行是关键。在不同时期、不同工程设计阶段,采用不同的研究方法和研究手段开展研发工作,通过对研究成果的总结指导工程设计,为工程设计提供技术支撑。

1.4.1　试验研究

1. 模型试验研究

早期在缺乏相关技术标准、参考资料指导的情况下,模型试验研究是获取工程设计依据第一手资料的最直接、最有效的手段。

（1）枢纽布置模型试验

枢纽布置模型试验的目的是在现有地形条件下对设计的枢纽布置方案和建筑物主要型式及尺寸进行优化,或对确定的枢纽布置方案和建筑物型式及尺寸研究枢纽运行时上、下游水流的形态（例如,主流位置、趋向和横向环流、折冲水流、旋涡及波动等）,以及由此引起的对河床、堤岸的影响,以便采取相应的措施。

① 相似条件

根据相似定律和大量试验结果,枢纽布置模型试验应遵循重力相似条件和阻力相似条件的正态几何相似模型。

满足重力相似条件,即 Froude 相似准则,是实现水流运动相似的基本保证条件,并且是导出其他水力要素比尺的依据。实现重力相似,就可使模型与原型中水流沿流向惯性力与重力之比相同。同时,该相似条件还是在弯道水流情况下模型与原型中离心惯性力与重力之比相同的保证。

阻力相似条件也是保证水流相似的重要条件,是在重力相似的基础上的校核条件。根据该相似条件可以控制模型的糙率。

枢纽模型相似条件的数学表达如下:

$$\begin{cases} \lambda_v = \lambda_h^{\frac{1}{2}} \\ \lambda_C = \left(\dfrac{\lambda_l}{\lambda_h}\right)^{\frac{1}{2}} \end{cases} \tag{1-11}$$

式中,λ_l 为几何比尺;λ_h 为水深比尺;λ_v 为速度比尺;λ_C 为谢才（Chézy）系数比尺。

需要注意的是,重力相似和阻力相似仅仅从平均水力要素（如垂线平均流速）意义上实现水流运动相似,而要实现枢纽上、下游附近流态的真正相似,还必须做到垂线流速分布相似。这就要求模型与原型的阻力系数或谢才系数相同,亦即 $\lambda_c = 1$,从而 $\lambda_h = \lambda_l$,模型必须是正态模型。

② 模型设计

枢纽及其附近河段模型设计的主要步骤:

步骤 1:根据试验任务、问题性质,研究枢纽上下游和左右岸的模拟范围,并确定有哪些运行工况,特别要注意通过枢纽的最大流量和最小流量,这两者差距越大,选择模型比尺越困难。例如,原型中虽然有某一很小流量出现的工况,但该工况显然对所研究问题不构成任何影响,则模型中可不考虑;否则,按很小流量仍满足紊流阻力平方区的流态相似要求选择模型比尺,场地条件很可能难以适应,而对于最大流量工况供水可能也有困难。

步骤 2:按确定的模拟范围以及最大流量,结合试验室场地条件和供水能力,以正态几何相似为前提选择最小可能的 λ_l(相应最大可能的模型尺寸),从而计算在各种流量工况下模型中的水深及水流雷诺数,检查其数值是否满足要求。如有富余量,则可适当加大 λ_l,以提高经济效益;如最小流量难以使模型位于紊流阻力平方区,则只有适当降低要求,使对所研究问题影响大的主要工况满足紊流阻力平方区要求,而最小流量工况能保证在紊流区即可。需要注意的是,所说的模型水流雷诺数的演算,一般可取出水河道的最小断面平均水深 h_m 和该断面平均流速计算。

步骤 3:根据原型建筑物表面粗糙度(可根据原型建筑物所用材料及可能的施工工艺估计)及原型河道的糙率系数,用阻力相似条件(通常以 $\lambda_n = \lambda_l^{\frac{1}{6}}$ 表示较方便)估算模型各部位的糙率系数,从而选择各部分相应采用的模型材料。

步骤 4:考虑到影响水流阻力的因素实际上很复杂,又有比尺影响,故对河道阻力相似要求较高的模型试验,为使河道粗糙度的模拟符合实际,应在设置模型枢纽建筑物之前进行天然河道的模拟以验证阻力相似。

步骤 5:经过以上步骤后,模型比尺的确定和模型设计已基本完成,接下来可以绘制详细的模型施工图,并统筹布置枢纽模型上下游、左右岸的各项控制和观测设备,以便开展模型试验。

(2)泵装置模型试验

对新型装置型式进行模型装置试验,测试其能量特性、空化特性、飞逸特性和稳定特性等,再根据相似定律预测原型装置的性能,判断设计成果是否达到预期效果。试验通常在科研机构和高等院校的模型试验台进行,模型试验装置应能保证通过测量截面的液流具有下列特性:轴对称速度分布、等静压分布、无装置引起的旋涡。模型试验装置按循环管路系统分为开式和闭式两种。

开式试验台结构简单,使用方便,散热条件和稳定性好。缺点是调节进口阀进行空化特性试验时,会造成泵进口流动的不稳定,影响空化性能的测定精度。开式试验台水池的容量尽可能大,对散热和稳定液流均有好处,可大致根据下述要求确定:容量等于泵抽 5~7 min 液体的体积再加上 20%~30% 的余量,深度为 2~4 m,长度为最大管路直径的 50~60 倍。典型开式试验装置如图 1-22 所示,在西方国家应用较广泛。

闭式试验台系统中的液体与外界空气隔绝,单独构成密闭循环系统。该系统既可以进行性能试验,又可以进行空化特性试验,其优点是空化特性试验的精度高。近期的模型装置试验均以闭式试验台试验为主。

需要指出的是,由于不同时期的不同工程在不同试验台进行测试,限于当时的技术水平、测试手段和测试精度存在差异,在对不同试验成果进行比较时需要谨慎处理。

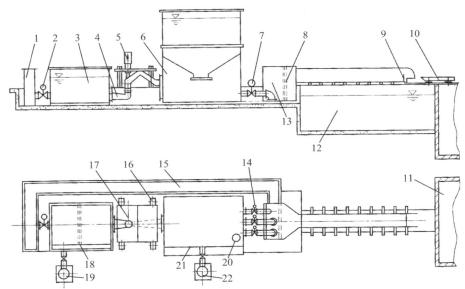

1—回水箱；2—截止阀；3—进水箱；4—水泵模型机组；5—直流电动机；6—压力水箱；
7—流量调节阀；8—稳流栅；9—堰板；10—接水小车；11—校正池；12—储水池；
13—消能池；14—流量调节阀（微调）；15—回水槽；16—支座；17—安装平台；
18—进水池稳流栅；19—供水泵；20—浮子筒；21—压力水箱溢流板；22—供水泵。

图 1-22　开式试验装置示意图

2. 现场性能试验

工程建成竣工后投入试运行或正式运行时，在现场进行原型装置的性能测试，进一步检验工程设计和科研成果，为类似工程设计积累经验。除特殊专项试验外，现场试验的重点是流量测试，其余参数利用现场监控设备采集的数据。

现场流量测试的方法也较多，包括应用最多的是河道断面 ADCP（Acoustic Doppler Current Profiler）测流，也有采用流速仪测流、盐水浓度测流、五孔测针测流、毕托巴流量计测流以及压差测流等，近期建成的泵站多采用单机组超声波测流。不同的测流方法精度差异较大，在对比研究成果时，采用相对值进行对比较为合理。现简要介绍最常用的河道断面 ADCP 测流和机组超声波测流两种测流方法。

（1）河道断面 ADCP 测流

ADCP 测流是利用声学多普勒频移效应原理进行流速测量，专门用于测量河流、水渠或狭窄海峡的流量，其测量原理属流速-面积法。根据测定水体中微颗粒声后向散射的多普勒频移来测量水体速度，它的换能器发射出一定频率的脉冲，该脉冲碰到水体中的悬浮物质后产生后向散射回波信号。由于悬浮物质随流漂移，该回波信号频率与发射频率之间产生一个频差，即多普勒频移。根据这一频移的大小和符号（正负），即能计算出流速和流向。由于声速在一定深度范围内（表层至几百米深度）的水体中的传播速度基本不变，根据声波由发射到接收的时间差便可确定深度。在使用 ADCP 测流时，设置不同厚度的深度单元，即将测流断面分成若干个子断面，利用不断发射的声波，确定一定的发射时间间隔及滞后，通过多普勒频以及谱宽度的估算，便可得到整个水体剖面逐层上水体的流速；在每个子断面内测量垂线上一点或多点流速并测量水深从而得到子断面内的平均流速和流量,再将各个子断面的流量叠加,即可得到整个断面流量。

目前,针对水体流速测量,ADCP 主要包含定点式和走航式两种测量方式,定点式测量是在水流固定点上安装 ADCP,例如水面桥墩,利用 ADCP 测量水体,因为仪器是在固定点上测量的,所以测定水体所得数值为真实值,可直接应用于数据处理。而走航式测量将 ADCP 安装于船体水下部分,通过船体移动检测水体,因为 ADCP 是在移动状态下测量的,所以测定数据是一种以船体作为参照物的相对测定值。假设水体流速与水体颗粒物的运动速度相同,ADCP 对颗粒物运动进行水跟踪,获得速度与 ADCP 速度相对值。如果 ADCP 平台安装固定,水跟踪所得流速就是水流绝对速度。若 ADCP 为移动安装,水跟踪所得相对速度减去平台移动速度,即可获得水流绝对速度。ADCP 测流原理如图 1-23 所示,ADCP 测流示意图如图 1-24 所示。

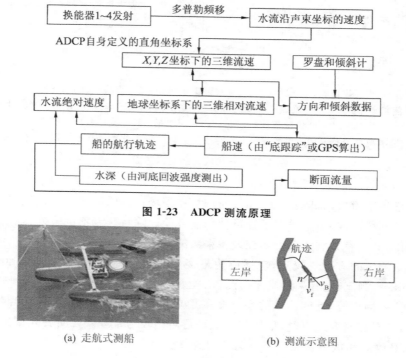

图 1-23　ADCP 测流原理

(a) 走航式测船　　　　　　(b) 测流示意图

图 1-24　ADCP 测流示意图

采用 ADCP 测定泵站流量,连续测定泵站引河或出水河道过水断面上多条垂线上不同深度的流速,然后在整个断面上采用流速与面积的矢量积分,计算出流量。该流量为泵站所有运行机组的流量之和。每次测定流量时,取走航式测船往返来回两次测定流量的平均值。测试中作业船速 v_B 是影响流量测量精度的重要因素,即在测流过程中应根据河流流速状况,控制适宜船速,确保测量精度和安全。此外,水中含沙对“底跟踪”的影响、船对罗经的影响等都会影响 ADCP 正常工作,由于船体的上下晃动,埋深有较大的变化,要保持仪器水下埋深波动不大,最佳方式是采用软性连接,能较好地解决这一缺陷。

泵站多台机组运行时,ADCP 法测定的为泵站总流量,单台机组流量可以平均求得。但即使泵站安装的是同型号机组,且水泵叶片在同一角度,由于机组的制造、安装质量差异,特别是泵站流动条件的差异,机组之间的性能会有所差异,因而,用泵站所有运行机组总流量的平均值作为某一台机组的流量,会有一定误差。

（2）机组多声道超声波测流

① 多声道超声波流量计测量原理

多声道超声流量计是通过传播时间差法测量超声脉冲传播时间得出介质流量的速度式流量计。时差法超声波测流原理如图 1-25 所示。如果液体没有流动,超声波将以相同速度向两个方向传播。当管道中的介质流速不为零时,沿介质方向顺流传播的脉冲速度将加快,而逆流传播的脉冲速度将减小。因此,相对于没有介质的情况,顺流传播的时间 t_1 将减小,逆流传播的时间 t_2 会增加。根据两个传播时间,可利用下式计算测得流速 v：

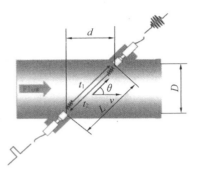

图 1-25　时差法超声波测流原理

$$v = \frac{L^2}{2d} \cdot \frac{t_2 - t_1}{t_1 t_2} \qquad (1\text{-}12)$$

式中,v 为流速;t_1 为顺流速传播时间;t_2 为逆流速传播时间;L 为传感器间距;d 为传感器轴向距离。

对圆形截面多声道超声流量计将各声道水平布置,如图 1-26 所示分布声道,通过时间差法,测得流体横截面流线速度平均值,再生成流速分布函数,然后通过对面积分布和速度分布进行二重积分计算出流量 Q,即

$$Q = \iint v(r) S(r) \mathrm{d}r \mathrm{d}s \qquad (1\text{-}13)$$

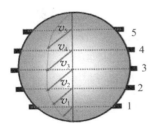

(a) 各声道平均流速

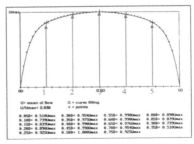

(b) 流速分布函数

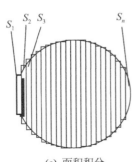

(c) 面积积分

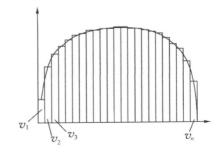

(d) 流速积分

图 1-26　流量计算流程

建立流速分布函数和面积分布函数,并对其进行积分,求得平均流速和流量的数学模型,即流量计算不受雷诺数和摩擦系数的影响,彻底摆脱了修正系数(加权指数),消除了因换能器安装的声道高度等几何参数偏差所引起的流量误差,保证了高精度测量,同时使得安装工作简单化,即降低了安装难度,缩短了工期。

② 低扬程立式泵站单机流量测量

低扬程立式泵装置的流道短且不规则,不具备满足圆形断面测流的条件,因此对采用多声道超声波测流带来了困难。目前的做法是借助于 CFD 技术对进水流道某矩形断面的流场进行模拟,并通过优化确定测流通道信号发生器、换流器的安装位置及预测权重的方法,简称 OWISS(Optimized Weighted Integration for Simulated Sections),能够保证测流精度达到±0.5%。

肘形进水流道进口某矩形断面流速分布计算如图 1-27 所示。从图 1-27a 中可以发现,流速范围是 0~1.7 m/s,在流道中心部位流速快速增大,相应地测流断面的中部流速也增加较快;从图 1-27b 看到测流断面流速范围为 0.5~1.3 m/s。速度对面积的积分即为流量。

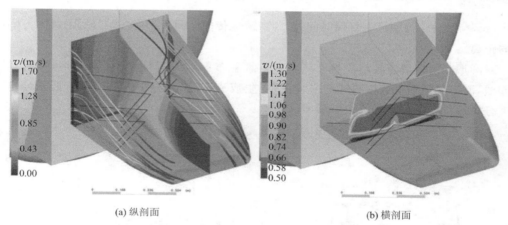

(a) 纵剖面   (b) 横剖面

图 1-27　CFD 模拟进水流道超声波测流断面流速分布

针对速度分布的不均匀性,优化超声脉冲传播时间测量位置,并根据模拟的速度分布调整每一测量通道的权重,引入面积流动函数 $F(z)$。当测流通道数一定时,面积流动函数 $F(z)$ 是位置和权重的 Gaussian 积分:

$$F(z) = \bar{v}_{ax}(z) \cdot B \tag{1-14}$$

式中,$\bar{v}_{ax}(z)$ 为宽度方向上速度平均值;B 为矩形截面的宽度。矩形截面上的面积流动函数含义如图 1-28 所示。

因此,流动截面上的流量 Q 可表示为

$$Q = \int_{-\frac{H}{2}}^{\frac{H}{2}} F(z) \mathrm{d}z \tag{1-15}$$

对 4 通道矩形截面的流量可近似表示为

$$Q = \int_{-\frac{H}{2}}^{\frac{H}{2}} F(z) \mathrm{d}z \approx \frac{H}{2} \sum_{i=1}^{4} w_i \cdot F(d_i) = \frac{BH}{2} \sum_{i=1}^{4} w_i \cdot \bar{v}_{ax}(d_i) \tag{1-16}$$

式中,$\bar{v}_{ax}$ 为通道位置 d_i 的平均(测量)流速;w_i 为对应的通道权重。

　　若面积流动函数越接近于实际流动分布,则流量积分的精度就越高,因此对每一座特定的低扬程立式泵装置,需要准确确定面积流动函数,而采用数值模拟是其唯一的手段。

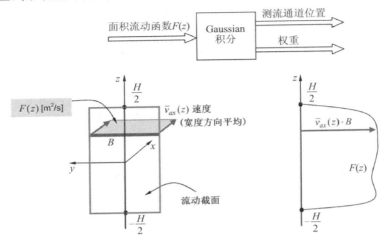

图 1-28　矩形流动截面的面积流动函数

　　对应于图 1-27 所示的肘形进水流道 2×4 通道的测流布置如图 1-29 所示,采用 Gaussian 积分确定测流位置和权重,由于 d_1 位置过于靠近边壁,可能会影响速度的反射,因此将 d_1 的位置下移,相应的权重也进行调整。同样,由于速度方向的倾斜,权重也需要修正。由于各通道测量的速度 v_{path} 并不垂直于中间面,因此 v_{path} 不是理论上的 v_{ax},权重需要根据不同角度下两个方向速度分量进行必要的调整,以实现每个通道的位置和权重在测速面上达到理想状态。表 1-1 为对应图 1-29 所示的通道位置尺寸和权重。

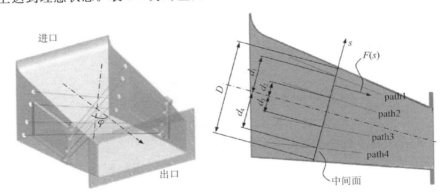

图 1-29　测流通道安装位置图

表 1-1　测流通道安装尺寸及权重

通道号	尺寸 $\dfrac{d_i}{D/2}$	权重 w_i
1	0.815 311	0.365 755
2	0.367 821	0.531 691
3	$-0.268\ 017$	0.624 188
4	$-0.740\ 428$	0.361 419

1.4.2　数值模拟研究

随着计算技术的快速发展和复杂流动数值模拟理论的不断完善,利用计算机强大的计算功能进行低扬程立式泵装置内部流场的数值模拟,充分掌握进、出水流道及水泵内部流态,并研究其与外特性之间的关系开展水力优化设计是当代主要研究手段之一。与模型试验研究相比,数值模拟研究不仅周期缩短,而且节省费用。该研究方法已经列入新版的泵站设计规范中。

数值模拟研究范围包括无泵的进、出水流道单独研究和带水泵的全装置研究;研究的内容包括定常内部流场和能量特性研究,非定常流场研究,能量特性、稳定性研究以及空化特性、受力特性研究等。详细研究方法及内容可参见参考文献[10]。

1. 进水流道优化设计目标函数

为水泵进口提供良好的流态是低扬程立式泵装置的进水流道水力设计的首要任务。根据轴流泵叶轮水力设计对进水流场的要求,相应地引入 2 个目标函数。

(1) 速度分布均匀度

$$v_u = \max\left[1 - \frac{1}{\bar{u}_a}\sqrt{\frac{\sum_{i=1}^{n}(u_{ai} - \bar{u}_a)^2}{n}}\right] \tag{1-17}$$

式中,u_{ai} 和 $\bar{u}_a$ 分别为进水流道出口断面各单元的轴向流速和平均轴向流速;n 为进水流道出口断面的单元总数。

(2) 水流入泵平均角度

$$\bar{\vartheta} = \max\left[\frac{\sum_{i=1}^{n}\left(90° - \arctan\dfrac{u_{ti}}{u_{ai}}\right)}{n}\right] \tag{1-18a}$$

式中,u_{ti} 为进水流道出口断面各单元的横向流速。

采用加权平均表示为

$$\bar{\vartheta} = \max\left[\frac{\sum_{i=1}^{n}u_{ai}\left(90° - \arctan\dfrac{u_{ti}}{u_{ai}}\right)}{\sum_{i=1}^{n}u_{ai}}\right] \tag{1-18b}$$

2. 进、出水流道单独模拟与优化方法

随着计算流体动力学(CFD)的发展和应用,许多用于求解三维雷诺平均 N-S 方程和标准 κ-ε 紊流模型方程组的商业软件应运而生。这些软件包括 PHOENICS、Fluent 等,已经被大量运用于模拟水轮机尾水管、蜗壳及转轮内部的流动、性能预测和优化设计,实践证明其计算结果是可靠的。因此 CFD 同样可以应用于低扬程泵站进水流道和出水流道的水力优化设计。

(1) 控制方程

进、出水流道三维流场的计算采用雷诺平均 N-S 方程,并以标准 κ-ε 紊流模型使方程组闭合。选用该模型的原因是因为实践证明标准 κ-ε 紊流模型对三维流动是非常适用的。

在定常条件下,泵站进、出水流道流场最为常用的是采用 RNG κ-ε 两方程紊流模型

求解不可压缩液体 RANS 方程。连续方程和动量方程为

$$\frac{\partial \overline{u_j}}{\partial x_j} = 0 \tag{1-19}$$

$$\frac{\partial}{\partial t}(\rho \overline{u_i}) + \frac{\partial}{\partial x_j}(\rho \overline{u_i u_j}) = \frac{\partial P^*}{\partial x_i} + \frac{\partial}{\partial x_j}\left[\mu_{\text{eff}}\left(\frac{\partial \overline{u_i}}{\partial x_j} + \frac{\partial \overline{u_j}}{\partial x_i}\right)\right] + f_i \tag{1-20}$$

式中，P^* 为折算压力；$\overline{u_i}$ 和 $\overline{u_j}$ 为速度分量；ρ 为流体密度；μ_{eff} 为流体有效黏性系数，$\mu_{\text{eff}} = \mu + \mu_t$，其中 μ 为流体动力黏性系数，μ_t 为运动黏性系数，$\mu_t = \rho C_\mu \dfrac{\kappa^2}{\varepsilon}$，$C_\mu = 0.09$；$f_i$ 为作用力，$f_i = -\rho[2\boldsymbol{\Omega} \times \boldsymbol{v} + \boldsymbol{\Omega}(\boldsymbol{\Omega} \times \boldsymbol{r})]_i$。

紊动能 κ 和紊动能耗散率 ε 由下列半经验方程式确定：

$$\frac{\partial (\rho \kappa)}{\partial t} + \frac{\partial (\rho \overline{u}_j \kappa)}{\partial x_j} = \frac{\partial}{\partial x_j}\left(\Gamma_\kappa \frac{\partial \kappa}{\partial x_j}\right) + P_\kappa - \rho \varepsilon \tag{1-21}$$

$$\frac{\partial (\rho \varepsilon)}{\partial t} + \frac{\partial (\rho \overline{u}_j \varepsilon)}{\partial x_j} = \frac{\partial}{\partial x_j}\left(\Gamma_\varepsilon \frac{\partial \varepsilon}{\partial x_j}\right) + \frac{\kappa}{\varepsilon}(C_{\varepsilon 1} \kappa - \rho C_{\varepsilon 2} \varepsilon) \tag{1-22}$$

式中，$\Gamma_\kappa = \mu + \dfrac{\mu_t}{\sigma_\kappa}$，$\Gamma_\varepsilon = \mu + \dfrac{\mu_t}{\sigma_\varepsilon}$，$P_k = \mu_t\left(\dfrac{\partial \boldsymbol{u}_i}{\partial x_j} + \dfrac{\partial \boldsymbol{u}_j}{\partial x_i}\right)$，$C_{\varepsilon 1} = 1.44 - \dfrac{\eta(1 - \eta/\eta_0)}{1 + \beta \eta^3}$，$\eta = S\dfrac{\kappa}{\varepsilon}$，$S = \sqrt{\left(\dfrac{\partial \boldsymbol{u}_i}{\partial x_j} + \dfrac{\partial \boldsymbol{u}_j}{\partial x_i}\right)\dfrac{\partial \boldsymbol{u}_i}{\partial x_j}}$，其他经验系数为 $C_{\varepsilon 2} = 1.92$，$\sigma_\kappa = 1.0$，$\sigma_\varepsilon = 1.3$，$\eta_0 = 4.38$，$\beta = 0.012$。

（2）进水流道流场计算边界条件

① 流场进口

进水流道优化水力设计计算流场的进口设置在前池中距离流道进口足够远处，可认为来流速度在垂直水流方向上均匀分布，在铅直方向为对数分布。

② 流场出口

计算流场的出口设置在水泵叶轮室进口断面，这里无疑是充分发展的流动。在紊流流动中，下游边界的流动状态可认为影响不到上游方向的流动。在额定工况下，轴流泵叶轮转动所引起的水流的环量对水泵叶轮室以前的流场没有可测出的影响。因此，流场出口的边界条件仅沿垂直于该断面方向的压力梯度等于零。

③ 固壁边界

进水流道边壁、前池底部及水泵导流帽等处均为固壁，其边界条件按固壁定律处理。固壁边界条件的处理中对所有固壁处的节点应用无滑移条件，而对紧靠固壁处节点的紊流特性，则应用所谓对数式固壁函数处理，以减少近固壁区域的节点数。

④ 自由表面

前池的表面为自由水面，若忽略水面风引起的切应力及与大气层的热交换，则自由面可视为对称平面处理。

（3）出水流道流场计算边界条件

① 流场进口

出水流道优化水力设计计算流场的进口设置在水泵后导叶体出口断面，这里是充分发展的流动。对于轴流泵，在设计工况下，导叶体出口的剩余环量很小，可以认为后导叶体出口的环量为零。因此，流场进口的边界条件仅进口流速垂直于流场进口断面。

② 流场出口

计算流场的出口设置在距流道出口有一定距离的出水池内,这里的边界条件近似按静水压力分布给出,即 $\frac{\partial u_x}{\partial x}=0$。

③ 固壁边界

出水流道边壁、出水池底部等处均为固体壁面,其边界条件的处理方法与进水流道固体壁面的处理方法相同。

④ 自由表面

出水池的表面为自由水面,边界条件的处理方法与前池自由面处理方法相同。

3. 带泵全装置模拟与优化方法

带泵全装置模拟是指将前池、进水池、进水流道、泵段、出水流道和出水池作为一个整体进行流动模拟分析,这样可以充分反映各组成部分之间的耦合作用,特别是进水流道出口与水泵进口之间的相互影响。这种模拟与优化方法不仅可以用于定常分析,而且可用于非定常分析。

典型的低扬程立式泵装置模拟域及网格剖分如图 1-30 所示。

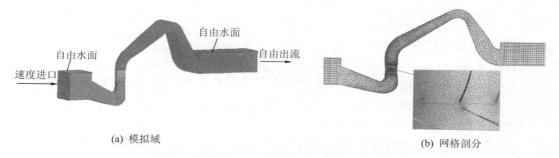

(a) 模拟域   (b) 网格剖分

图 1-30 典型的低扬程立式泵装置模拟域及网格剖分

(1) 边界条件设置

① 压力参考点。将压力参考点为 0 的位置设置在进水池表面上任意一点。

② 速度进口条件。在进水池进口边界设置速度进口条件,速度值根据流量与断面面积确定。进口边界上的紊动能 κ 和紊流耗散率 ε 采用式(1-21)和式(1-22)计算确定。

③ 自由出流条件。在出水池出口边界设置自由出流条件。由于对出水池进行了延长,可以认为出口的流动充分发展,沿流动方向没有变化。

④ 固体边壁。固体边壁包括进水流道和出水流道边壁、水泵叶片表面、水泵轮毂、叶轮室内壁等。在近壁区,流动不是充分发展的紊流,需要针对近壁区流动设置近壁区处理模式。而这一处理模式又与网格尺度密切相关,因此,建议选择混合壁面函数处理模式。

⑤ 自由水面。进水池和出水池的表面为自由水面,作为运动边界需要赋以边界条件,通常采用刚盖假定法,即认为自由水面固定不变,其法向速度为 0。

⑥ 旋转域。在泵段的流动计算区域中,因叶轮旋转,故采用两个坐标参考系。叶轮室内壁是静止壁面,采用静止坐标系;水泵轮毂体及叶片为旋转壁面,故使用相对旋转坐标系,其旋转方向与叶轮旋转方向一致。

（2）紊流模型

可根据需要选择不同的紊流模型，常用与流道模拟一致的 RNG $\kappa-\varepsilon$ 两方程紊流模型，也可采用 SST $\kappa-\omega$ 模型等。在模拟空化性能时可采用有关的空化模型。具体模型选择和对比等可参阅相关参考文献，这里不再赘述。

1.5　主要研究内容

本书系作者紧密结合泵站工程设计，对新型低扬程立式泵装置研究与设计及工程应用成果的系统总结。主要研究内容包括：

① 以簸箕形进水、钟型进水、蜗壳式出水和双层双向流道的泵装置为研究对象，对 4 种新型低扬程立式泵站的装置型式的各种设计准则进行归纳，对泵站主要参数进行统计、分析。

② 以江苏省刘老涧泵站为案例，对采用簸箕形进水的立式泵装置进行工程设计研究，包括枢纽布置及清污机桥位置比选；簸箕形进水流道和虹吸式出水流道的设计及优化、模型试验研究；井筒式结构的受力分析和钢筋布置；更新改造过程中不同进水流道的优化与对比、水力模型优选等。最后简要介绍工程设计实例。

③ 对钟型进水、直管式出水的立式泵装置进行工程设计研究，包括早期设计准则的确定、模型流速测试和主要参数优化；以安徽省双摆渡泵站为研究对象，采用带泵全装置数值模拟和优化设计的方法优化设计流道型线，并通过模型装置试验进行验证。最后简要介绍日本 2 座泵站的设计和更新改造实例。

④ 以江苏省皂河泵站为案例，对钟型进水和蜗壳式出水立式泵装置的工程设计研究，包括泵房结构和抗震设计、装置型式的比选；更新改造中装置内流场分析和模型叶轮的开发等。以江苏省泗阳泵站为例，对钟型进水和开敞蜗壳式出水立式泵装置的工程设计研究，包括不同装置型式的水工结构、机组结构、装置性能、运行维护和经济性的综合对比。最后简要介绍国内外典型泵站的设计实例。

⑤ 以江苏省高港泵站为案例，对双层双向流道立式泵装置的工程设计研究，包括枢纽布置、双层流道结构设计方法，不同的双层流道性能对比和自流特性，底层流道、进水喇叭管和出水锥管等水力部件的优化设计，性能对比试验等。对扬程变幅范围大的江苏省界牌泵站双向泵装置运行稳定性进行从数值模拟到模型试验、现场测试的研究。

参考文献

[1] 中华人民共和国水利部 . 泵站设计规范（GB 50265—2010）[S]. 北京：中国计划出版社，2011.

[2] 江苏省水利厅，湖北省水利勘测设计院、甘肃省水利水电勘测设计院 . 泵站技术规范（设计分册）（SD 204—86）[S]. 北京：水利电力出版社，1987.

[3] 湖北省水利水电勘测设计院 . 大型电力排灌站 [M]. 北京：水利电力出版社，1984.

[4] 浙江省水利水电勘测设计院 . 浙江省排涝闸站技术 [M]. 北京：中国水利水电

出版社,2016.

[5] 江苏省江都水利工程管理处. 江都排灌站[M]. 北京:水利电力出版社,1974.

[6] 陆林广,张仁田. 泵站进水流道水力优化设计[M]. 北京:中国水利水电出版社,1997.

[7] (日)日本农业土木事业协会. 泵站工程技术手册[M]. 丘传忻,林中卉,黄建德,等译. 北京:中国农业出版社,1998.

[8] 华东水利学院. 抽水站[M]. 上海:上海科学技术出版社,1986.

[9] STAUBLI T, LÜSCHER B, GRUBER P, et al. Optimization of acoustic discharge measurement using CFD[J]. The International Journal of Hydropower and Dam, 2008, 15(2):109-112.

[10] 王福军. 水泵与泵站流动分析方法[M]. 北京:中国水利水电出版社,2020.

第2章

簸箕形进水立式泵装置

2.1　装置型式简述

簸箕形进水流道起源于欧洲的奥地利、荷兰等国家,且应用较为普遍,但在国内的应用起步较晚,相对地域而言,广东等地应用较多。最早在 20 世纪 90 年代利用世界银行贷款黄淮海泵站改造工程项目中,江苏省刘老涧泵站首次采用簸箕形进水、虹吸式出水的立式泵装置型式,泵站装置剖面图如图 2-1 所示。在广东省的洋关、东河等泵站以及福建省的东风泵站也采用该装置型式。其他采用簸箕形进水流道的装置型式包括与直管式出水组合(见图 2-2a)以及一些潜水泵站采用簸箕形进水流道(见图 2-2b)。

江苏省刘老涧泵站
装置剖面详图

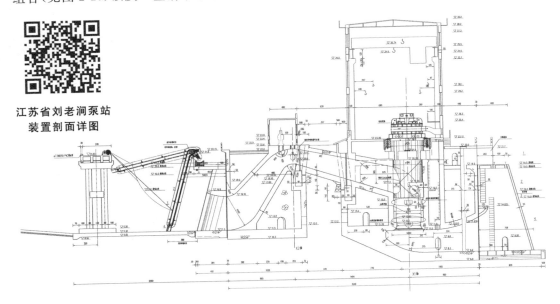

图 2-1　江苏省刘老涧泵站装置剖面图

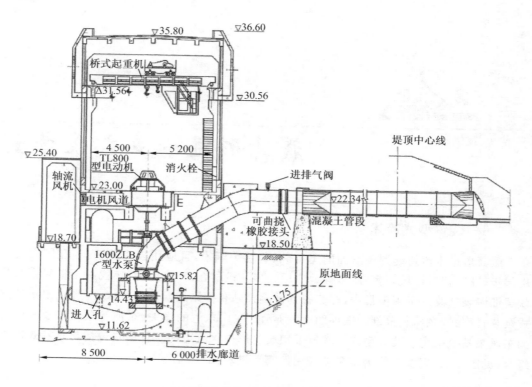

(a) 直管式出水（长度单位：mm）

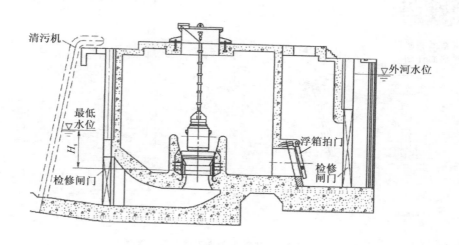

(b) 潜水泵站

图 2-2 其他采用簸箕形进水流道的装置型式

在欧洲许多国家，簸箕形进水流道在大、中、小等不同规格的低扬程泵站中都得到了广泛应用。例如，奥地利的 Dürnrohr 热电厂冷却水泵站叶轮直径为 1 400 mm 的轴流泵、Tullnerfeld 核电站冷却水泵站直径为 1 900 mm 的轴流泵均采用簸箕形进水和直管式出水的装置型式,如图 2-3 所示。当水泵叶轮直径较小时,喇叭管可以采用金属件。由德国 Voith 生产用于埃及尼罗河三角洲地区的某灌溉泵站安装叶轮直径 1 200 mm 的轴流泵,采用簸箕形进水、直管式出水及拍门断流的装置如图 2-4 所示。

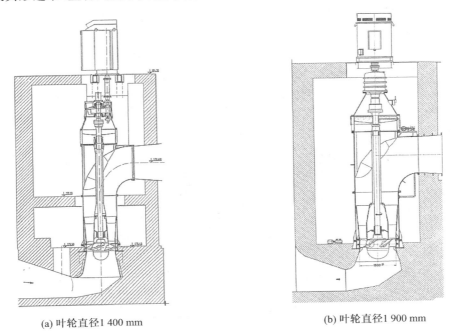

(a) 叶轮直径1 400 mm　　　　(b) 叶轮直径1 900 mm

图 2-3　奥地利簸箕形进水装置图

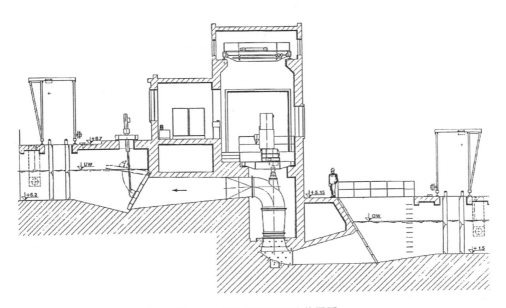

图 2-4　埃及某灌溉泵站装置图

2.2 装置主要参数选择与分析

2.2.1 荷兰 Stork 公司推荐的几何参数

在簸箕形进水、虹吸式或直管式出水的立式泵装置中,出水流道的几何尺寸与采用肘形进水流道时相同。簸箕形进水流道最早源于荷兰的 Stork 公司,其关注的焦点是由水泵制造厂提供、采用装配式混凝土浇筑流道,力求流道型线简单以便于现场装配,因此流道主要由喇叭管和进水箱组成。Stork 公司推荐的进水流道几何参数主要包括 6 个,即喇叭管进口直径 D_L、叶轮中心线至进水箱后壁的距离 X_T、进水箱(悬空)高度 H_b、叶轮中心线至进水箱进口的距离 X_L、宽度变化特征值 B_S 和进口宽度 B_j。不同叶轮直径下进水流道主要几何参数的示意图如图 2-5 所示,取值如表 2-1 所列。

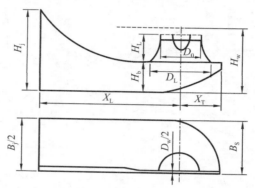

H_j—进口高度;H_w—流道高度。D_w—中隔板厚度。

图 2-5 簸箕形进水流道主要几何参数示意图

表 2-1 Stork 公司推荐的簸箕形进水流道主要几何参数的取值 单位:mm

叶轮直径 D	D_L	X_T	H_b	X_L/min	B_S	B_j
1 000	1 345	895	820	2 250	1 025	2 500
1 200	1 560	1 040	950	2 600	1 189	2 900
1 300	1 740	1 160	1 050	2 900	1 334	3 250
1 400	1 875	1 250	1 150	3 150	1 434	3 500
1 500	2 000	1 355	1 250	3 400	1 553	3 800
1 700	2 200	1 490	1 350	3 750	1 705	4 150
1 800	2 450	1 630	1 500	4 100	1 868	4 550
2 000	2 630	1 755	1 600	4 400	2 008	4 900
2 200	2 955	1 970	1 800	5 000	2 250	5 500
2 500	3 318	2 200	2 000	5 500	2 538	6 200
2 800	3 690	2 460	2 250	6 250	2 815	6 900
3 000	4 030	2 680	2 450	6 800	3 070	7 500

2.2.2　优化设计推荐的几何参数尺寸

本书作者采用单因素优化比较的方法,对簸箕形进水流道的主要几何参数尺寸进行优化,最终推荐的尺寸取值列于表 2-2。

表 2-2　本书推荐的簸箕形进水流道主要几何参数尺寸的取值　　单位:mm

叶轮直径 D	D_L	X_T	H_b	$X_L/\min$	B_S	B_j	H_w
1 000	1 470	1 000	800	3 000	1 200	2 500	1 600~1 750
1 200	1 760	1 200	960	3 600	1 450	3 000	1 920~2 100
1 300	1 900	1 300	1 024	3 900	1 570	3 250	2 080~2 280
1 400	2 050	1 400	1 120	4 200	1 700	3 500	2 240~2 450
1 500	2 200	1 500	1 200	4 500	1 820	3 750	2 400~2 630
1 700	2 500	1 700	1 360	5 100	2 060	4 250	2 720~2 980
1 800	2 650	1 800	1 440	5 400	2 180	4 500	2 880~3 150
2 000	2 940	2 000	1 600	6 000	2 420	5 000	3 200~3 500
2 200	3 230	2 200	1 760	6 600	2 660	5 500	3 520~3 850
2 500	3 680	2 500	2 000	7 500	3 030	6 250	4 000~4 380
2 800	4 120	2 800	2 240	8 400	3 400	7 000	4 480~4 900
3 000	4 410	2 400	3 630	9 000	3 630	7 500	4 800~7 500

2.2.3　主要几何参数尺寸及簸箕类型比较

1. 主要几何参数尺寸比较

本书根据相关资料,收集了荷兰 Stork 公司、德国 Voith 公司、美国国家标准《泵站进水设计》(ANSI/HI 9.8 – 2012)推荐的主要几何参数,与文献[1]优化设计后的参数对比如表 2-3 所示,供设计参考。

表 2-3　主要几何参数尺寸对比

来源	B_j	X_L	H_b	D_L	X_T
荷兰 Stork	≥2.50D	≥2.27D	0.817D	1.34D	0.893D
德国 Voith	≥2.40D	≥3.00D	0.800D	1.80D	1.100D
ANSI/HI 9.8 – 2012	4.25D	>2.00D	1.000D	1.80D	1.300D
文献[1]	2.50D	≥3.00D	0.800D	1.47D	1.000D

在 ANSI/HI 9.8 – 2012 中还推荐了喇叭管的形状和尺寸,形状主要包括圆形、椭圆形、抛物线形、双半径复合形、伯努利柠檬形以及采用上述形状或其他方法设计的组合曲线形,如图 2-6 所示。不同形状的主要几何参数尺寸计算列于表 2-4 中。

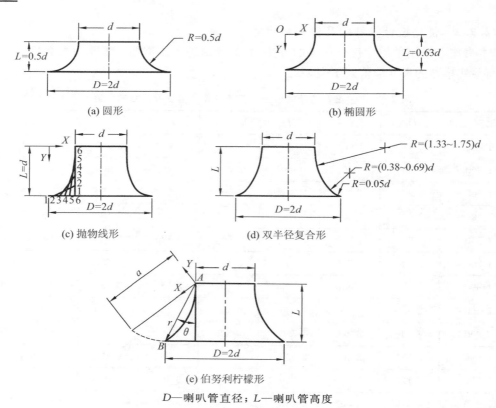

(a) 圆形　　　　　　　　　　　　　(b) 椭圆形

(c) 抛物线形　　　　　　　　　　(d) 双半径复合形

(e) 伯努利柠檬形

D—喇叭管直径；L—喇叭管高度

图 2-6　ANSI/HI 9.8–2012 推荐的喇叭管形状

表 2-4　ANSI/HI 9.8–2012 推荐的喇叭管主要几何参数尺寸计算

喇叭管形状	D	L	说明
圆形	$2d$	$0.5d$	当 $D=2d$ 时，$L=R=\dfrac{D-d}{2}$
椭圆形	$2d$	$0.63d$	当 $D=2d$，$L=0.63d$ 时，在直角坐标系下 $Y=\dfrac{D-d}{L}$ $\sqrt{(D-d)^2-4X^2}$，若 $L=\dfrac{D-d}{2}$，则喇叭管为圆形
抛物线形	$2d$	d	抛物线形几何形状由 X 轴方向的 $\dfrac{D-d}{2}$ 和 Y 轴方向的 L 等分距离，然后相同数目按照抛物线的等高线连接
双半径复合形	$2d$	$0.97d$	—
伯努利柠檬形	$2d$	d	在极坐标系下定义 $R=a\sqrt{\cos 2\theta}$，首先假定 a 约为 AB 的 5%，$AB=\sqrt{\left(\dfrac{D-d}{2}\right)^2+L}$，然后用 θ 的增加值试算 R，直至逐步逼近 A 和 B 的坐标值

2. 簸箕类型比较

国外厂商及相关技术标准中推荐的簸箕类型是渐缩型的，即宽度变化特征值 B_S 和进

口宽度 B_j 之间差距较大,而国内一些泵站设计的是半圆型簸箕,即宽度变化特征值 B_s 和进口宽度 B_j 相等。现结合某泵站工程设计对半圆型与渐缩型簸箕形流道的簸箕型式对水力性能的影响进行研究、对比分析。

泵站设计扬程 3.12 m,单机流量 13.5 m^3/s,水泵叶轮直径 1 750 mm,2 种不同簸箕型式的簸箕形进水流道的立面图和平面图分别如图 2-7 和图 2-8 所示,出水流道为平直管。

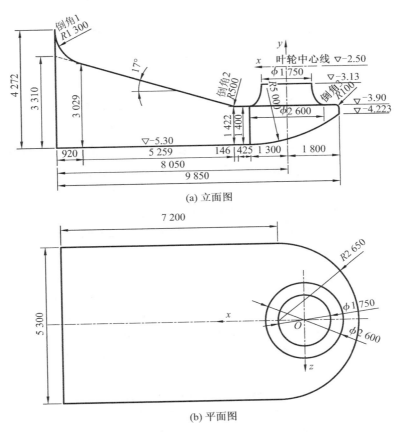

(a) 立面图

(b) 平面图

图 2-7 半圆型簸箕形进水流道的立面图和平面图(单位:mm)

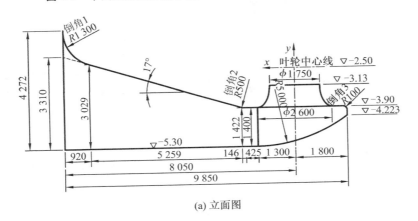

(a) 立面图

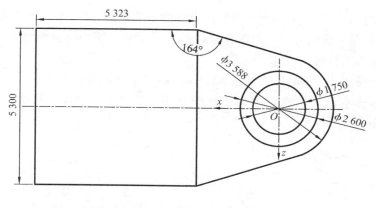

(b) 平面图

图 2-8　渐缩型簸箕形进水流道的立面图和平面图(单位：mm)

（1）流道型线

簸箕形底坡型线为圆弧线，半径为 5 000 mm，喇叭口的型线为 1/4 椭圆线，长轴为 770 mm，短轴为 425 mm。吸水箱平面图(见图 2-7b)的型线设计成以泵入口圆与中心线交点为圆心的半圆。与其比较设计的渐缩型进水流道从立面图看参数是一样的(见图 2-8a)，从平面图来看它与半圆型流道的吸水箱型线不同，其轮廓线是与水平成 164°夹角直线收缩后与后壁的圆相切形成的型线。后壁圆是直径为 1 750 mm 与喇叭口同心的圆。

（2）无泵时进水流道流态及水力损失

① 流道内部流场

截取 2 种进水流道的喇叭口截面 0-0、流道出口截面 1-1、距离出口 0.2 m 处的截面 2-2 以及距离出口 0.4 m 的截面 3-3。图 2-9 所示为半圆型簸箕形进水流道纵剖面速度分布云图。圆管下部为来流方向，由图 2-9a 可以看出水流在喇叭口做流动转向，靠近来流部分水流速度明显大于靠近后壁处。水流到达流道出口截面 1-1 时，虽然在导流帽下半圈有高速区，但整体流速分布已经比较均匀，在截面 2-2 处的水流已经充分发展均匀且与截面 3-3 处的速度分布基本一致。渐缩型簸箕形进水流道的速度分布云图如图 2-10 所示，渐缩型流道喇叭口(见图 2-10a)在来流转角处的速度略大，流道出口(见图 2-10b)后壁低速区比半圆型流道略大，但是到截面 2-2 和截面 3-3 处水流已经充分发展，流速等值线对称分布，和半圆型流道基本一致。

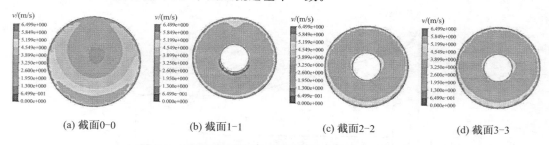

(a) 截面0-0　　　　(b) 截面1-1　　　　(c) 截面2-2　　　　(d) 截面3-3

图 2-9　半圆型簸箕形进水流道纵剖面速度分布云图

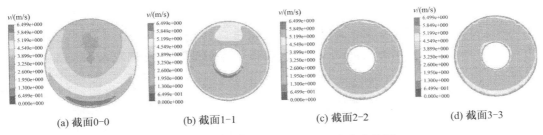

(a) 截面0-0   (b) 截面1-1   (c) 截面2-2   (d) 截面3-3

图 2-10　渐缩型簸箕形进水流道速度分布云图

② 流道水力损失

进水流道水力损失从流道的进口到流道的出口(泵进口)截面为标准来计算,无泵时进水流道的水力损失与流量的关系曲线如图 2-11 所示,2 种流道的水力损失值都随着流量的增加而增大;半圆型流道的水力损失相对于渐缩型流道要大一些,二者的损失差值均随着流量的增大而增大,最大相差 2.2 cm。二者的水力性能相差不大,但渐缩型流道的水力性能要略优于半圆型流道。

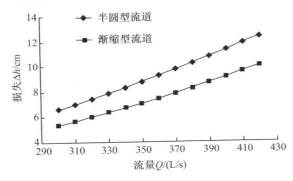

图 2-11　无泵时进水流道水力损失与流量的关系曲线

(3) 全流道泵装置对比分析

为更直接地反映出流道的水力性能,对半圆型和渐缩型进水流道分别进行全流道仿真计算。2 组泵装置流道三维造型如图 2-12 所示,2 组装置中均采用 TJ04-ZL-07 水力模型,出水流道为平直管,尺寸完全相同。

(a) 半圆型进水流道   (b) 渐缩型进水流道

图 2-12　泵装置流道三维造型

① 流道内部流场

经过数值模拟计算,在设计工况下 2 种流道出口(即水泵进口)的速度分布云图,如图 2-13 所示。由图可以看出,有泵时进水流道水流的速度分布情况没有无泵的情况均匀。

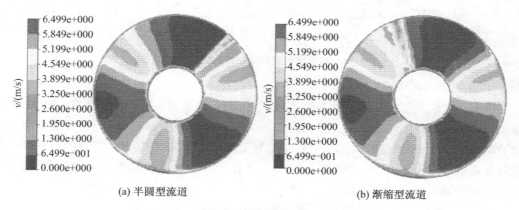

(a) 半圆型流道　　　　　　　　　(b) 渐缩型流道

图 2-13　有泵时进水流道出口速度分布云图

为了更直观地看到在这 2 种流道情况下泵内的流动情况,需捕捉在这 2 种流道情况下水流在泵内的流线图。流线图能够很好地反映水流在泵内的流动情况,分析发现在这 2 种流道泵内的流动情况如图 2-14 所示。在这 2 种流道下水流都能在泵内表现出良好的流动状态,说明这 2 种类型的进水流道都能够为水泵提供良好的进水条件。

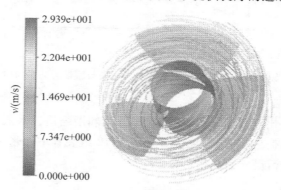

图 2-14　泵内部流线图

② 泵入口评价指标

根据式(1-17)和式(1-18)得到流道出口(即泵入口)的速度分布均匀度 v_u 和速度加权平均角度 $\bar{\vartheta}$,在设计流量工况下无泵和有泵 2 种情况泵入口评价指标对比如表 2-5 所示。有泵的情况下流速分布均匀度下降较多。

表 2-5　2 种进水流道的泵入口评价指标对比

进水流道类型	流速分布均匀度 v_u/%		加权平均角度 $\bar{\vartheta}$/(°)	
	无泵	有泵	无泵	有泵
半圆型	94.40	74.90	89.9	89.8
渐缩型	94.58	74.00	89.9	89.7

③ 流道水力损失

采用与无泵计算流道水力损失相同的方法计算在有泵时的 2 种流道水力损失情况,结果如图 2-15 所示。由图可发现,在设计工况附近(Q 为 330~350 L/s),两者的水力损失相差很小,在流量增大后渐缩型流道的水力损失曲线斜率较大,水力损失增加明显,而半圆型流道的水力损失增加缓慢,说明在大流量工况下半圆型流道的水力性能稳定性要优于渐缩型流道。该结论与无泵的情况下 2 种流道水力损失情况相反。

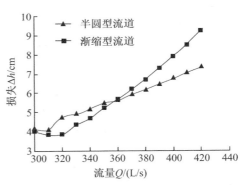

图 2-15　有泵时进水流道水力损失与流量的关系曲线

图 2-16 为 2 种流道在有泵与无泵情况下的流道水力损失对比曲线。由图 2-16 可以看出,有泵情况下流道的水力损失小于无泵的情况。出现这种结果是因为水流在叶轮的旋转作用下发生扰动,这种扰动对离叶轮室较近流道出口的影响最大,因此进水流道在有泵的情况下水力损失偏小。半圆型流道在有泵情况下的水力损失要比在无泵情况下小得多,而渐缩型流道则没有出现这种情况,这也说明在有泵情况下半圆型流道的水力性能较优。

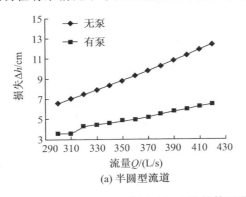

(a) 半圆型流道

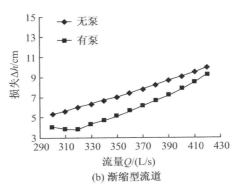

(b) 渐缩型流道

图 2-16　2 种簸箕形进水流道水力损失对比曲线

④ 装置性能对比

对 2 种装置进行模型试验,相同叶片安放角下的装置性能对比曲线如图 2-17 所示。从图中可以看出,2 种不同型式的簸箕形进水流道泵装置的流量曲线以及效率曲线基本重合,说明这 2 种流道型式在工程设计中都是可行的。通过数据的对比,配有半圆型流道的装置效率平均比渐缩型流道高 0.26%;两者的流量曲线有相交的情况,在设计工况之前小流量区重合度比较好,而在大流量工况区,渐缩型流道的扬程线略微高于半圆型流道,即大流量工况区渐缩型流道的扬程性能优于半圆型流道。这与图 2-15 所反映的结果吻合。

2.2.4 典型泵站主要几何参数统计与分析

采用簸箕形进水、虹吸式和直管式出水的典型泵站的进水流道几何参数统计如表 2-6 所示。

根据统计可知,簸箕形进水流道高度 H_w 和流道宽度 B_j 均随着叶轮直径 D 的增

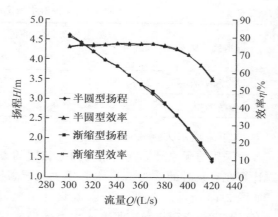

图 2-17　2 种进水流道装置性能对比曲线

大而增加,具有较好的相关性,分别如图 2-18 和图 2-19 所示。与肘形进水流道相比,流道高度 H_w 小于肘形进水流道,且随着叶轮直径 D 的增大而增大;流道宽度 B_j 基本上与肘形进水保持一致。由于簸箕形进水流道的应用相对较少,因而统计结果具有一定的局限性。

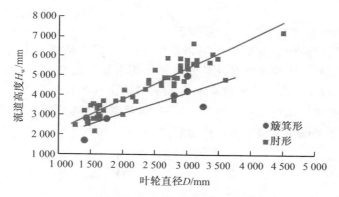

图 2-18　进水流道高度与叶轮直径的关系统计曲线

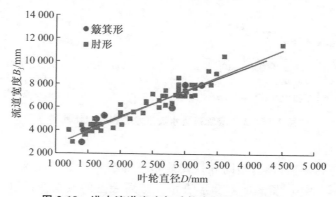

图 2-19　进水流道宽度与叶轮直径的关系统计曲线

表 2-6　簸箕形进水流道几何参数

站名	叶轮直径 D/mm	设计扬程 H_{des}/m	进口宽度 B_j/mm	进口高度 h_A/mm	流道长度 X_L/mm	悬空高度 H_b/mm	流道高度 H_w/mm	喇叭口直径 D_L/mm	后壁距 X_T/mm	簸箕类型
江苏刘老涧泵站	3 000	3.70	8 000	4 724	9 000	2 400	5 000	4 400	3 000	渐缩型
江苏船行二站	1 400	6.20	3 000	2 200	5 000	960	—	1 760	5 000	半圆型
广东洋关泵站	3 000	2.24	—	—	—	2 000	4 230	4 400	—	半圆型
广东东河泵站	3 250	2.40	8 000	8 100	12 765	3 000	3 450	—	3 000	渐缩型
广东横沥泵站	1 750	3.12	5 300	3 310	9 850	1 400	2 800	2 600	1 800	渐缩型
广东鸦雀尾泵站	1 630	3.40	5 000	4 053	7 750	1 390	2 800	2 456	1 450	半圆型
江西青山湖泵站	1 430	—	4 000	2 455	6 200	1 400	2 810	2 478	1 450	渐缩型
湖北新滩口泵站	2 800	2.70	6 000	4 000	10 000	—	—	—	—	渐缩型

2.3　簸箕形进水、虹吸式出水装置及其更新改造研究

2.3.1　研究背景

刘老涧泵站直接抽引泗阳站送来的江水、淮水,沿中运河北调,是江苏省宿迁市境内的大型水利枢纽工程之一,属于江水北调第五梯级站、淮水北调第二梯级站,于 1995 年 1 月正式开工,1996 年 5 月全部工程竣工。该站厂房呈"一"字形南北设置,采用簸箕形进水流道、虹吸式出水流道,出水流道与站身为分段式结构,站身自上而下分电机层和联轴层两层。水泵结构为立式井筒式,配水润滑聚氨酯橡胶轴承,叶片为机械全调节式,泵轴与电动机轴中空连接,安装 3100ZLQ38－4.2 型立式全调节轴流泵,配用 TL2200－40/3250 立式同步电动机 4 台套,设计流量为 150 m³/s,总装机容量为 8 800 kW。该站还具有发电功能,利用变频技术,可在丰水季节实现反向运行发电。刘老涧泵站水位组合和特征扬程如表 2-7 所示。刘老涧泵站泵装置流道型线尺寸如图 2-20 所示。

表 2-7　刘老涧泵站水位组合和特征扬程　　　　　　　　单位:m

项目			参数	
			站上	站下
水位	调水	设计	19.55	15.85
		最低	18.65	15.85
		最高	19.55	16.85
		平均	19.25	15.85
扬程		设计	3.70	
		平均	3.40	
		最小	1.80	
		最大	3.70	

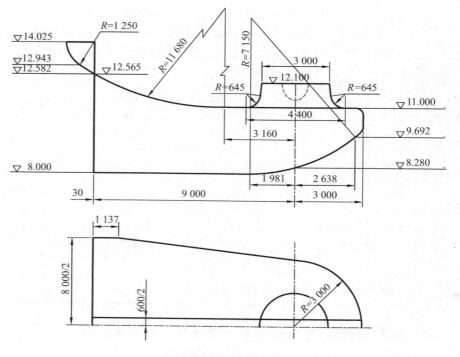

(a) 簸箕形进水流道

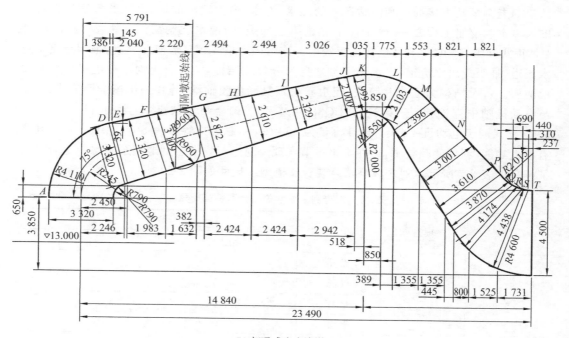

(b) 虹吸式出水流道

图 2-20 刘老涧泵站泵装置流道型线尺寸(长度单位：mm)

2.3.2　工程实施阶段模型试验研究[①]

根据主水泵制造商的委托,中国农机院排灌所进行水泵模型装置试验及进、出水流道设计,试验的模型水泵为 ZBM791-100,其工作性能参数如表 2-8 所示,性能曲线如图 2-21 所示。模型水泵叶轮直径为 300 mm,试验转速为 1 450 r/min,试验台为中国农机院立式封闭试验台,试验精度符合 ISO 3555—1977(E)中 B 级。刘老涧泵站模型装置尺寸如图 2-22 所示。

表 2-8　ZBM791-100 模型泵工作性能参数

叶片安放角/(°)	流量 $Q/(m^3/h)$	流量 $Q/(L/s)$	扬程 H/m	转速 $n/(r/min)$	轴功率 N/kW	效率 $\eta/\%$	空化比转速 C
4	1 350	375	4.45	1 450	19.40	84.2	1 105
2	1 260	350	4.43	1 450	18.00	84.5	1 170
0	1 188	330	4.21	1 450	16.20	84.0	1 280
−2	1 080	300	4.20	1 450	15.00	83.7	1 310
−4	1 008	280	4.10	1 450	13.55	83.1	1 407
−6	900	250	4.03	1 450	14.50	82.0	1 385

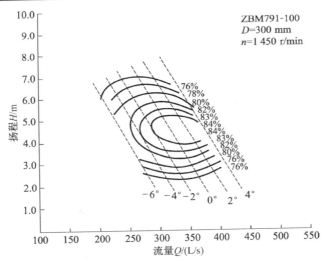

图 2-21　ZBM791-100 模型泵性能曲线

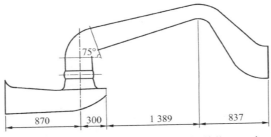

图 2-22　刘老涧泵站模型装置尺寸(单位:mm)

① 中国农机院排灌机械研究所. 刘老涧泵站水泵模型装置试验报告［R］.北京:中国农机院排灌机械研究所, 1995.

1. 能量特性试验

测试方法：① 将机组空转($n=1\ 450$ r/min)测其扭矩 M_2，并计算出空载功率；② 向试验台充水至指定位置；③ 调节阀调至全开位置，其余各辅助阀全部关死；④ 试验台各排气位置及集气器、均压环放气；⑤ 转矩转速仪调零；⑥ 启动直流电动机，使泵装置转速由 0 调至 1 450 r/min，并保证其波动值在 $-1\sim1$ r/min 之间，运转不少于 30 min；⑦ 当工况稳定后同时读取第一组流量、扬程、转速、输入转矩的值，并做好记录；⑧ 关小流量调节阀，使流量有规律地减小。待新的工况稳定后再读取第 2 组流量、扬程、转速、输入转矩的值。这样依次有规律地关小阀门，如此重复共读取 13 组，即 13 个工况点以上；⑨ 将以上原始数据输入计算机处理，并打印数据，绘制出 $Q\text{-}H$，$Q\text{-}N$ 和 $Q\text{-}\eta$ 曲线。

试验完成 $4°$，$2°$，$0°$，$-2°$，$-4°$ 和 $-6°$ 共 6 个叶片安放角下的能量特性测试，性能曲线如图 2-23 所示。

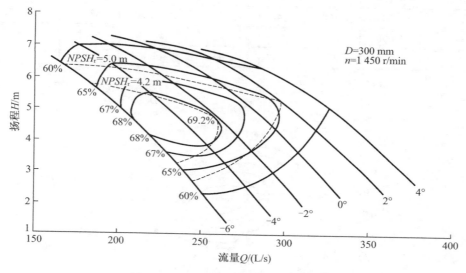

图 2-23　刘老涧泵站模型装置性能曲线

2. 空化特性试验

空化特性试验的目的在于通过试验确定模型装置的 $NPSH$ 临界值。在每条 $Q\text{-}H$ 曲线上取 3 个流量点，即高效率点、大流量点和小流量点进行空化特性试验。空化特性试验在能量特性试验后进行。试验方法如下：

首先调节流量调节阀至选定的流量点，待工况稳定后读取第一组数据，并与能量特性试验的同一工况的参数进行比较相符后，开始减小装置的 $NPSH$ 值，即在模型装置的进口侧抽真空至一定的真空度，待工况稳定后读取 M,H,Q,n,H_s 的第一组数据，并做好记录；然后继续抽真空，稳定后读取第二组数据。如此重复测量 13 个工况点以上。在试验过程中始终保持流量恒定。将原始数据输入计算机进行处理并打印数据，绘制 $NPSH\text{-}H$，$NPSH\text{-}Q$，$NPSH\text{-}N$ 和 $NPSH\text{-}\eta$ 曲线。临界点的选择按《离心泵、混流泵、轴流泵和旋涡泵试验方法》(GB 3216—1982)中规定的 $\dfrac{(2+k/2)H}{100}$ 选取。不同叶片安放角下的最优工况性能及 $NPSH_r$ 值如表 2-9 所示，叶片安放角为 $-4°$ 时最高效率点达到 69.21%。

表 2-9　最优工况性能及 *NPSH*r 值

叶片安放角/(°)	流量 Q/(L/s)	扬程 H/m	装置效率 η/%	NPSHr/m
4	332.83	4.78	60.54	5.741
2	305.37	5.03	64.44	5.193
0	276.02	5.36	67.09	4.567
−2	267.04	4.32	67.60	4.120
−4	240.46	4.56	69.21	4.157
−6	217.89	4.18	68.07	3.770

3. 进水流道流态观察

为了观察进水流道的水流情况,在靠近泵进口处的流道左、右两侧位置,对开镶嵌有机玻璃窗以便观察,并在流道内挂置丝线以观察流线情况,观察其随水流的波动状态。在试验过程中,对不同叶片安放角下试验工况的流态观察表明,未发现有旋涡、涡带的产生,振动亦不大,运行是基本平稳的。

2.3.3　工程实施阶段 CFD 优化及模型试验

1. 簸箕形进水流道的优化水力设计[①]

限于当时的计算条件,仅在无泵的情况下进行流道的 CFD 分析。首先对前述模型装置试验中的进水流道(称之为原设计方案)进行流态分析,进水流道型线尺寸如图 2-20a 所示,原方案设计工况下的流场计算主要结果见表 2-10。

表 2-10　原设计方案流场计算主要结果

最大流速 u_{max}/(m/s)	最小流速 u_{min}/(m/s)	平均流速 $\bar{u}$/(m/s)	均匀度 v_u/%	最大角度 ϑ_{max}/(°)	最小角度 ϑ_{min}/(°)	平均角度 $\bar{\vartheta}$/(°)
8.13	3.35	6.38	85.82	89.93	70.09	83.13

由表 2-10 可知,原设计方案的进水流态较差,水泵叶轮室进口断面的流速均匀度仅为 85.82%,入泵水流平均角度为 83.13°。通过对进水流场图的分析可知,进水流态较差的主要原因如下:① 流道平面方向的收缩过早,使得喇叭口附近的宽度过小,水流不易绕向喇叭口的侧面和后部,故从喇叭口前部进泵的水流较多,从喇叭口侧面和后部进泵的水流较少。② 喇叭口下方的隔板过厚,其影响有三方面:一是减少了水流进泵的有效面积;二是在隔板与导流帽之间形成流态十分紊乱的区域;三是不利于导流帽下方水流以较好的角度绕过导流帽。③ 喇叭口悬空高度过大,其影响包括两个方面:一是促使较多水流从喇叭口前部进泵;二是在水泵叶轮中心高程和流道底部一定的条件下,减小了喇叭管的高度,从而使得水流进入喇叭口以后缺乏必要的空间进行流场调整。

优化水力计算中采用单因素变化与比较的方法,流道几何参数说明如图 2-5 所示,各方案编号及主要几何参数见表 2-11。

---

① 江苏机电排灌工程研究所. 刘老涧泵站簸箕形进水流道优化水力计算研究报告[R]. 扬州:江苏机电排灌工程研究所,1995.

表 2-11　各方案的主要几何参数

方案编号	平面形状	隔墩厚度 D_w/m	喇叭口形状	悬空高度 H_b	喇叭口直径 D_L	后壁距 X_T	备注
00	见图 2-20a	0.6	圆弧切线	1.0D	1.47D	1.00D	原设计方案
11	见图 2-5	0.6	圆弧切线	1.0D	1.47D	1.00D	
12	见图 2-5	0.2	圆弧切线	1.0D	1.47D	1.00D	
21	见图 2-5	0.2	1/4 椭圆	1.0D	1.47D	1.00D	
22	见图 2-5	0.2	1/4 椭圆	0.9D	1.47D	1.00D	
23	见图 2-5	0.2	1/4 椭圆	0.8D	1.47D	1.00D	
24	见图 2-5	0.2	1/4 椭圆	0.7D	1.47D	1.00D	
31	见图 2-5	0.2	1/4 椭圆	0.8D	1.60D	1.00D	
32	见图 2-5	0.2	1/4 椭圆	0.8D	1.34D	1.00D	
41	见图 2-5	0.2	1/4 椭圆	0.8D	1.47D	0.84D	
42	见图 2-5	0.2	1/4 椭圆	0.8D	1.47D	1.14D	
51	见图 2-5	0.2	圆弧切线	0.8D	1.47D	1.00D	

　　不同方案的主要计算结果见表 2-12 至表 2-17 和图 2-24 至图 2-26。计算结果表明：① 簸箕形进水流道的平面形状对目标函数有较大影响，为便于水流绕向喇叭口侧、后部，宽度不宜收缩过早。② 喇叭口下方防涡隔板的厚度对防涡并无影响，然而对目标函数却有相当大的影响，考虑到混凝土浇筑对最小厚度的要求，将其减为 0.2 m。③ 在叶轮中心和流道底板高程一定的条件下，喇叭口悬空高对目标函数有明显影响，由图 2-24 可知，悬空高度以 0.8D 为最佳。④ 喇叭口直径对目标函数亦有很大影响，由图 2-25 可知，喇叭口直径采用 1.47D 是适宜的。⑤ 由图 2-26 可知，后壁距对目标函数亦有一定影响，但影响并不大。较大的后壁空间便于水流从喇叭口后部入泵，然而过大的后壁空间会导致局部涡流，对防止涡带产生不利，故后壁距取为 1.0D。⑥ 喇叭口距水泵叶轮室最近，其形状对目标函数的影响非常大。由表 2-17 所列计算结果可知，喇叭口形状以 1/4 椭圆为好。

　　综上所述，建议刘老涧泵站簸箕形进水流道采用图 2-27 所示方案，优化后方案与原设计方案的比较见图 2-28 和表 2-18。

表 2-12　流道平面形状对目标函数的影响

方案编号	平面形状	最大流速 u_{max}/(m/s)	最小流速 u_{min}/(m/s)	平均流速 $\bar{u}$/(m/s)	均匀度 v_u/%	最大角度 ϑ_{max}/(°)	最小角度 ϑ_{min}/(°)	平均角度 $\bar{\vartheta}$/(°)
00	见图 2-20a	8.13	3.35	6.38	85.82	89.93	70.09	83.13
11	见图 2-5	8.03	3.60	6.38	87.04	89.63	72.29	83.27

表 2-13 隔墩厚度 D_W 对目标函数的影响

方案编号	优化参数 D_w/m	最大流速 u_{max}/(m/s)	最小流速 u_{min}/(m/s)	平均流速 $\bar{u}$/(m/s)	均匀度 v_u/%	最大角度 ϑ_{max}/(°)	最小角度 ϑ_{min}/(°)	平均角度 $\bar{\vartheta}$/(°)
11	0.6	8.03	3.60	6.38	87.04	89.63	72.29	83.27
12	0.2	7.65	5.29	6.37	92.07	89.78	79.60	85.01

表 2-14 喇叭口悬空高度 H_b 对目标函数的影响

方案编号	优化参数 H_b	最大流速 u_{max}/(m/s)	最小流速 u_{min}/(m/s)	平均流速 $\bar{u}$/(m/s)	均匀度 v_u/%	最大角度 ϑ_{max}/(°)	最小角度 ϑ_{min}/(°)	平均角度 $\bar{\vartheta}$/(°)
21	1.0D	7.72	5.51	6.52	93.45	89.91	79.94	84.26
22	0.9D	7.36	5.39	6.52	94.39	89.90	80.08	85.19
23	0.8D	7.26	5.20	6.51	94.66	89.96	80.33	85.69
24	0.7D	6.97	4.90	6.25	93.57	89.74	79.13	85.67

表 2-15 喇叭口直径 D_L 对目标函数的影响

方案编号	优化参数 D_L	最大流速 u_{max}/(m/s)	最小流速 u_{min}/(m/s)	平均流速 $\bar{u}$/(m/s)	均匀度 v_u/%	最大角度 ϑ_{max}/(°)	最小角度 ϑ_{min}/(°)	平均角度 $\bar{\vartheta}$/(°)
23	1.47D	7.26	5.20	6.51	94.66	89.96	80.33	85.69
31	1.60D	7.33	5.45	6.49	94.31	89.93	79.51	85.22
32	1.34D	7.28	5.03	6.53	94.32	89.67	79.34	85.63

表 2-16 后壁距 X_T 对目标函数的影响

方案编号	优化参数 X_T	最大流速 u_{max}/(m/s)	最小流速 u_{min}/(m/s)	平均流速 $\bar{u}$/(m/s)	均匀度 v_u/%	最大角度 ϑ_{max}/(°)	最小角度 ϑ_{min}/(°)	平均角度 $\bar{\vartheta}$/(°)
23	1.00D	7.26	5.20	6.51	94.66	89.96	80.33	85.69
41	0.84D	7.32	5.13	6.51	94.34	89.89	79.71	85.67
42	1.14D	7.22	5.24	6.51	94.81	89.69	80.45	85.58

表 2-17 喇叭口形状对目标函数的影响

方案编号	喇叭口形状	最大流速 u_{max}/(m/s)	最小流速 u_{min}/(m/s)	平均流速 $\bar{u}$/(m/s)	均匀度 v_u/%	最大角度 ϑ_{max}/(°)	最小角度 ϑ_{min}/(°)	平均角度 $\bar{\vartheta}$/(°)
23	1/4 椭圆	7.26	5.20	6.51	94.66	89.96	80.33	85.69
51	圆弧切线	7.21	4.88	6.34	93.53	89.92	81.46	86.10

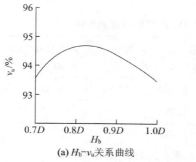
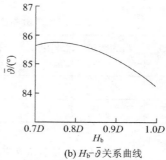

(a) H_b-v_u关系曲线   (b) H_b-$\bar{\vartheta}$关系曲线

图 2-24 悬空高度与目标函数的关系曲线

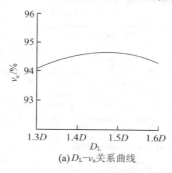
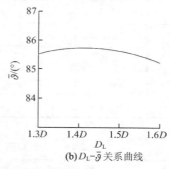

(a) D_L-v_u关系曲线   (b) D_L-$\bar{\vartheta}$关系曲线

图 2-25 喇叭口直径与目标函数的关系曲线

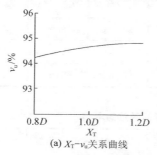
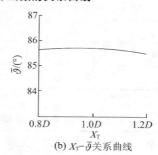

(a) X_T-v_u关系曲线   (b) X_T-$\bar{\vartheta}$关系曲线

图 2-26 后壁距与目标函数的关系曲线

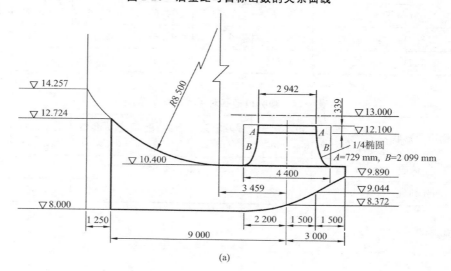

(a)

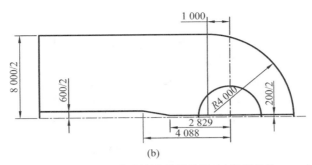

(b)

图 2-27　优化水力设计后的流道型线尺寸(长度单位：mm)

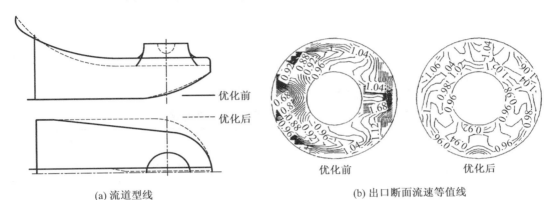

(a) 流道型线　　　　　　　　(b) 出口断面流速等值线

图 2-28　优化前后簸箕形进水流道型线和出口断面流速分布对比

表 2-18　优化前后簸箕形进水流道主要几何参数对比

方案	流道高度 H_w/m	流道长度 X_L	流道宽度 B_j	悬空高度 H_b	后壁距 X_T	喇叭口直径 D_L	宽度变化特征值 B_s	隔墩厚度 D_w
优化前	1.57D	3.0D	2.67D	1.0D	1.0D	1.47D	1.0D	0.20D
优化后	1.57D	3.0D	2.67D	0.8D	1.0D	1.47D	1.3D	0.07D

2. 优化后模型装置试验[①]

模型装置试验中出水流道与原设计方案一致,进水流道采用优化后的型线(见图 2-27),试验在江苏理工大学(现江苏大学)流体机械研究所水泵装置模型试验台进行,模型泵叶轮直径 300 mm、试验转速为 1 500 r/min。试验包括能量特性、空化特性和飞逸特性测试。

(1) 能量特性试验结果

在叶片安放角分别为 4°,2°,0°,−2°,−4°时进行能量特性试验,每个工况试验2次,测量点多于 14 个,换算成原型装置转速为 1 550 r/min 的测试结果如表 2-19 至表 2-23 所示,不同叶片安放角下的最优工况参数取值如表 2-24 所示。根据试验结果,模型装置性能如图 2-29 所示。

① 江苏理工大学(现江苏大学)流体机械研究所. 江苏省刘老涧抽水站水泵模型装置试验研究报告[R]. 镇江:江苏理工大学(现江苏大学)流体机械研究所,1995.

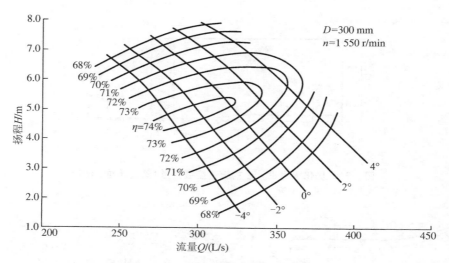

图 2-29　优化后模型装置性能曲线

表 2-19　叶片安放角为 4°时模型装置能量试验结果

序号	流量 Q/(L/s)	扬程 H/m	轴功率 N/kW	效率 η/%
1	405.90	3.38	21.730	61.81
2	400.71	3.69	22.701	63.81
3	395.49	3.90	22.990	65.81
4	389.81	4.16	23.766	66.90
5	387.39	4.53	25.110	68.54
6	375.61	4.84	25.757	69.25
7	370.69	5.15	26.612	70.26
8	364.81	5.39	27.299	70.65
9	360.51	5.66	27.983	71.51
10	355.01	5.91	28.619	71.86
11	349.29	6.22	29.569	72.05
12	343.71	6.44	30.246	71.71
13	338.09	6.71	31.271	71.08
14	329.89	6.97	32.081	70.32
15	321.10	7.35	33.336	69.42
16	310.80	7.63	34.258	67.88

表 2-20　叶片安放角为 2°时模型装置能量试验数据

序号	流量 $Q/(\text{L/s})$	扬程 H/m	轴功率 N/kW	效率 $\eta/\%$
1	388.10	2.78	17.040	62.08
2	383.19	3.06	17.802	64.56
3	377.01	3.31	18.475	66.24
4	371.20	3.60	19.259	68.05
5	368.81	3.81	19.800	69.49
6	365.21	4.08	20.953	69.80
7	359.09	4.32	21.590	70.46
8	354.80	4.59	22.446	71.13
9	349.50	4.85	23.173	71.68
10	344.59	5.01	23.538	71.89
11	338.40	5.43	24.577	73.28
12	331.90	5.74	25.296	73.80
13	325.79	6.09	26.446	73.58
14	319.01	6.39	27.183	73.56
15	311.69	6.73	28.693	71.65
16	304.21	7.04	30.007	69.97

表 2-21　叶片安放角为 0°时模型装置能量试验数据

序号	流量 $Q/(\text{L/s})$	扬程 H/m	轴功率 N/kW	效率 $\eta/\%$
1	365.99	2.35	14.513	58.12
2	361.78	2.64	15.457	60.68
3	354.52	3.18	16.552	66.81
4	350.58	3.49	17.260	69.45
5	347.23	3.67	17.757	70.36
6	343.88	3.86	18.289	71.23
7	340.52	4.12	19.111	72.01
8	336.06	4.41	19.934	72.94
9	331.93	4.60	20.524	72.95
10	327.47	4.78	20.934	73.36
11	324.06	5.07	21.888	73.59
12	319.37	5.21	21.979	74.27
13	316.03	5.46	23.040	73.43
14	311.36	5.66	23.625	73.10
15	306.34	5.93	24.496	72.65
16	299.01	6.30	25.505	72.40

表 2-22　叶片安放角为 −2° 时模型装置能量试验数据

序号	流量 $Q/(L/s)$	扬程 H/m	轴功率 N/kW	效率 $\eta/\%$
1	345.81	2.11	13.333	53.70
2	342.10	2.36	13.845	57.13
3	336.89	2.64	14.613	59.61
4	333.99	2.88	15.057	62.71
5	329.20	3.11	15.671	64.03
6	325.08	3.42	16.303	66.85
7	320.81	3.65	16.838	68.18
8	316.09	3.93	17.419	69.90
9	311.51	4.25	18.137	71.58
10	306.79	4.53	18.736	72.73
11	302.42	4.79	19.180	74.01
12	298.59	5.10	19.915	74.95
13	293.71	5.36	20.804	74.14
14	289.39	5.65	21.932	73.05

表 2-23　叶片安放角为 −4° 时模型装置能量试验数据

序号	流量 $Q/(L/s)$	扬程 H/m	轴功率 N/kW	效率 $\eta/\%$
1	324.81	1.72	11.355	48.34
2	318.99	2.11	12.190	54.11
3	315.21	2.41	12.701	58.61
4	311.29	2.65	13.196	61.24
5	307.70	2.94	13.760	64.40
6	303.21	3.16	14.187	66.27
7	300.51	3.45	14.750	68.95
8	296.22	3.69	15.385	69.71
9	292.79	3.92	15.881	70.82
10	289.70	4.25	16.616	72.67
11	285.49	4.44	16.941	73.43
12	282.01	4.72	17.505	74.60
13	278.61	4.95	18.308	73.83
14	275.09	5.18	19.163	72.97

表 2-24　模型装置不同叶片安放角下最优工况参数取值

叶片安放角/(°)	叶轮直径/mm	转速 $n/(r/min)$	流量 $Q/(L/s)$	扬程 H/m	轴功率 N/kW	装置效率 $\eta/\%$	比转速 n_s
4	300	1 550	349.29	6.22	29.57	72.05	849
2	300	1 550	331.90	5.74	25.30	73.80	879
0	300	1 550	319.37	5.21	21.98	74.27	927
−2	300	1 550	298.59	5.10	19.92	74.95	911
−4	300	1 550	282.01	4.72	17.51	74.60	938

（2）空化特性试验结果

根据规定，在 Q-H 曲线上取 3 个流量点，即额定流量点、大流量点和小流量点，进行空化特性测定，空化特性试验在能量特性试验后进行，其叶片安放角与能量特性一致，测量点多于 12 个。不同叶片安放角下的空化特性试验结果见表 2-25。

表 2-25　不同叶片安放角下的空化特性试验结果

叶片安放角/(°)	流量 $Q/(L/s)$	扬程 H/m	转速 $n/(r/min)$	装置效率 $\eta/\%$	$NPSH_r/m$	空化比转速 C
4	405.83	3.37	1 550	61.63	8.13	1 147
	401.67	3.51	1 550	61.82	7.62	1 196
	370.67	5.14	1 550	70.17	7.40	1 179
2	388.00	2.79	1 550	62.36	6.97	1 237
	372.36	3.50	1 550	66.51	8.10	1 099
	354.81	4.59	1 550	71.18	7.13	1 186
0	366.03	2.35	1 550	58.37	7.71	1 127
	350.11	3.46	1 550	69.36	7.16	1 167
	332.36	4.62	1 550	74.07	7.00	1 162
−2	345.69	2.11	1 550	53.67	7.43	1 134
	323.61	3.50	1 550	67.42	8.12	1 028
	306.89	4.53	1 550	72.83	7.52	1 053
−4	324.86	1.72	1 550	48.41	7.66	1 069
	299.44	3.50	1 550	68.72	7.65	1 029
	285.44	4.46	1 550	73.64	7.64	1 006

（3）飞逸特性试验结果

单位飞逸转速与叶片的安放角有关，因此分别在叶片安放角为 4°，0°，−4° 的工况下进行飞逸试验，结果见表 2-26。由试验结果可知该装置不会进入飞逸状态。

表 2-26　刘老涧泵站模型装置飞逸试验结果

叶片安放角/(°)	-4	0	4
单位飞逸转速 n'_{1f}	283.05	256.16	227.13

（4）试验结论

经过水力设计优化后，在所有叶片安放角下能量特性有明显改善，装置效率提高了5％左右，但空化特性仅在正叶片安放角时有所改善。换算至相同转速（$n=1\ 550$ r/min）的不同叶片安放角下设计扬程附近性能对比见表 2-27，最优叶片安放角下性能对比曲线如图 2-30 所示。

表 2-27　刘老涧泵站在扬程为 3.5 m 时的性能参数

叶片安放角/(°)	优化前后	流量 Q/(L/s)	扬程 H/m	装置效率 η/%	$NPSH_r$/m	空化比转速 C	比转速 n_s
4	优化后	401.67	3.51	61.63	8.13	1 147	1 398
	优化前	393.38	3.50	52.23	8.68	1 080	1 387
2	优化后	372.36	3.50	66.51	8.10	1 099	1 349
	优化前	367.24	3.50	55.82	8.46	1 064	1 340
0	优化后	350.11	3.46	69.36	7.16	1 167	1 319
	优化前	339.93	3.50	60.20	8.23	1 045	1 289
-2	优化后	323.61	3.50	67.42	8.12	1 028	1 258
	优化前	310.00	3.50	62.30	7.08	1 117	1 231
-4	优化后	299.44	3.50	68.72	7.65	1 029	1 210
	优化前	285.41	3.50	64.20	5.83	1 240	1 181

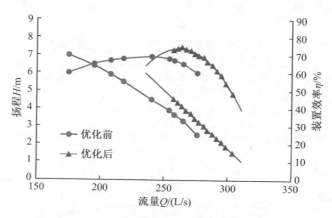

图 2-30　优化前后最优叶片安放角下性能对比曲线

试验结果表明，模型装置最高效率为 74.95％（叶片安放角为 $-2°$），并且不同叶片安放角下模型装置的最高效率均超过 72％，装置效率较高、高效范围较宽。

根据合同要求，设计扬程为 3.5 m 的工况点位于叶片安放角为 0°的性能曲线稍偏右一点,该点模型装置流量为 0.351 3 m^3/s,换算至原型装置流量为 37.51 m^3/s,满足流量不小于 37.5 m^3/s 的保证值要求,且此时的模型装置效率为 69.45%,基本符合合同中效率达到 69.4% 的保证值要求。

由试验结果可以看出,该模型装置的高效率点偏向小流量高扬程($H>4.7$ m),可见该装置在大流量时损失较大。

2.3.4　井筒式泵室结构设计

根据优化设计的装置型式和水泵结构,刘老涧泵站采用井筒式泵室结构,不仅可简化站内排水系统,而且取消了水泵层的检修间,大大简化了泵室结构布置,可节省工程投资成本,是与主水泵设计、生产制造质量相适应,符合 20 世纪 90 年代技术水平的一种结构形式。刘老涧泵站井筒式轴流泵结构示意如图 2-31 所示。

1. 井筒式泵室的布置及设计原则

刘老涧泵站井筒式泵室的布置如图 2-32 所示,井筒式泵站底板呈折线型,折线仰角的大小取决于地基土质的好坏,当土层能够陡坡开挖时,仰角尽可能大些。

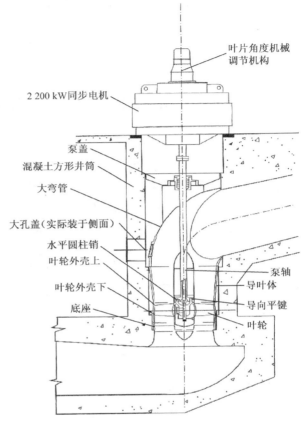

图 2-31　刘老涧泵站井筒式轴流泵结构示意

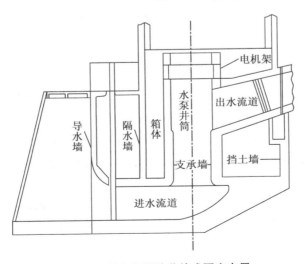

图 2-32　刘老涧泵站井筒式泵室布置

泵室根据高程可划分为三层:底层的进水流道层、封闭井筒层和井筒顶部设置电机架的电机层。井筒层布置有与井筒刚性连接的出水流道和供辅助设备安装的箱体。在横向布置有导水墙、隔水墙、井筒支承墙和挡土墙等5道贯通整个底板的纵墙,与机组之间的横向墩墙共同构成一个多层框格式结构。

作为泵室主体结构的井筒,大体上为外方内圆的封闭筒体,但在水泵叶轮外壳支座以上一段筒体的内廓(高程15.35~17.35 m),改用矩形与半圆形组合的断面。井筒的设计原则如下:

① 在安装水泵时提供足够的空间,便于人员进入筒体内操作,例如,调整叶轮外壳四角垫铁,校正泵轴与电机轴的垂直度和同心度。

② 在水泵轴承需要检修时,可以从筒壁进人孔经由井筒通过导流弯管侧面的进人孔进入水泵,以使水泵除大修时需要拆卸叶轮吊出井筒外,一般性检修均可在泵内进行。

每台水泵井的支承墙间,在井筒之外还设有封闭的箱体,除供布置辅助设备外,并设有通向进水流道的进人孔。此外,供水泵预埋管穿过隔水墙通过下游河道取水。

2. 泵室结构的受力性能和内力分析要点

泵室为由横墩和纵墙所共同组成的多层框格式结构,机组荷载由井筒纵墙支承,结构整体刚度较大,有很强的空间受力性能。在不同类型外荷载静的水体、土侧向压力,机组动荷载或地震力作用下都具有很强的承载能力。

刘老涧泵站4台机组共置一块底板,底板总长度为37.40 m。通常情况下,切出底板为自由体,按弹性地基梁分析其整体挠曲的计算方法,根本不能反映泵室结构整体受力的特点,导致底板过厚、配筋过多,而上部纵墙按构造件,安全储备不足,这是过往泵站纵墙常出现裂缝的重要原因。改按弹性地基框架计算,结构内力的分布虽有改进,但仍不能反映承重纵墙属于连续积累的结构特征。因此,必须考虑泵室纵墙与底板筏基共同受力的机理,进行结构的内力分析。为简化计算,考虑到横向墩墙的刚度很大,横向不平衡剪力可全由墩墙传递,从而根据纵墙的布置和刚度划分整个泵室的若干纵向截条,按弹性地基上构造物,分析其整体挠曲内力,以充分利用上部结构的刚度,减小筏基底板的厚度和配筋。结果为刘老涧泵站底板柔性指数$t=37.1$,与常规比较,底板厚度减小1.0 m左右,配筋量减少2/3。

内力分析的要点如下:

① 有关考虑结构整体受力的研究成果指出:"在上部结构与底板共同作用,导致基础内力减少的同时,上部结构内力的增大不容忽视。"刘老涧泵站设计计算结果表明,底板因整体挠曲变形所产生的内力远小于基底反力局部作用能产生的内力,而上部连续梁相反,因整体挠曲基本上受控于连续纵墙,这是常规的不考虑上部结构作用的弹性地基梁法所难以反映的。

② 连续纵墙的高度很大,属于连续梁为深梁结构,不仅其正截面应变不符合平截面假定,中和轴下移,而且连续深梁因支座沉陷而引起各支座上反力重新分布规律,也与一般杆系连续梁不同,纵墙的配筋必须符合《钢筋混凝土深梁设计规程》(CECS 39:92)有关条款的要求。

刘老涧泵站设计整体挠曲内力计算时,采用调整上部纵墙支座反力,使与下部弹性地基上筏基刚构截条的支承反力相协调的方法,计算出上部纵墙挠曲的配筋率略低于深梁最小配筋率,按最小配筋率配置钢筋,实践证明纵墙未发生裂缝。

③ 支承泵井的连续纵墙与出水流道连接处,墙上部开孔很大,该部位的受力情况相当复杂,在孔洞周边必须设置暗梁和暗柱,并且上部机墩的立柱也宜布置于孔洞的侧边,以减少孔洞周边的应力集中。工程实践证明也是成功的。

④ 为防止纵墙混凝土构件微裂缝的开展,从有关混凝土构件徐变收缩试验研究的参考文献可知,构件配筋直径宜细、间距宜密,一般钢筋间距小于 15 cm,抗微裂缝开展的作用显著,间距再增大,钢筋的作用就不大。

⑤ 根据《钢筋混凝土深梁设计规程》(CECS 39:92)中的要求,深梁应配置短的拉结筋,可以理解为这是防止混凝土产生劈裂破坏所采取的构造措施,但很不便于施工,阻碍了施工人员的进入和通过,从纵墙内力分析成果表明,纵墙构件的应力水平不高(相当于最小配筋率),除孔口及牛腿等复杂应力区域外,可少设或不设拉结短筋。

设计施工的水泵井筒及截面结构如图 2-33 所示。

现在多以数值模拟的方法进行三维结构有限元分析确定其内力分布。

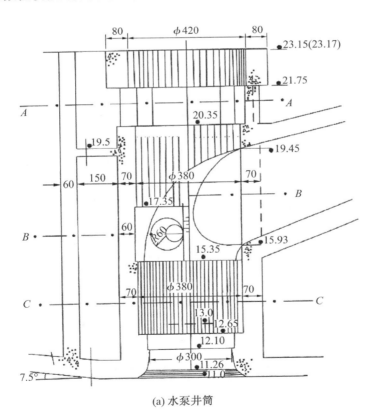

(a) 水泵井筒

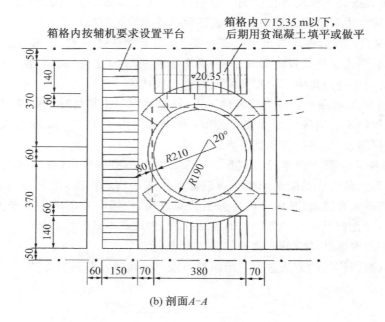

箱格内按辅机要求设置平台

箱格内 ▽15.35 m以下，后期用贫混凝土填平或做平

(b) 剖面A-A

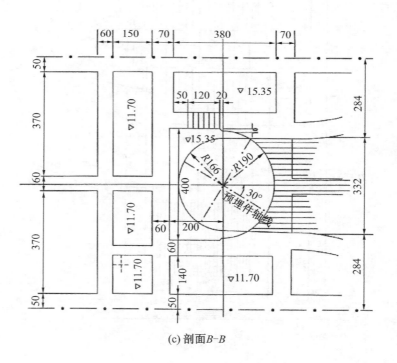

(c) 剖面B-B

(d) 剖面 C-C

图 2-33　刘老涧泵站水泵井筒及截面结构(长度单位: cm)

2.3.5　更新改造期间泵装置 CFD 优化[①]

自刘老涧泵站建成 20 多年以来,为江苏省的江水北调、淮水北调和南水北调工程发挥了巨大的工程效益、经济效益和社会效益,但泵站设备老化和存在的问题也日益突出。刘老涧泵站安全鉴定表明,抽检的主水泵空蚀破坏明显,振动、摆度大,轴颈磨损严重,叶轮间隙大,叶片调节机构拉杆损坏,叶轮外壳、导叶体损坏严重,安全类别评定为四类;主电机矽钢片变形、松动,定子绕组介质损耗超标,电容增加率超标,绝缘老化,安全类别评定为三类,应对设备尽快进行更新改造,以消除工程隐患,确保工程安全运行。

针对刘老涧泵站工程的现状,根据泵站特征水位组合和流量、扬程要求,进行泵站技术改造水泵选型研究和对比分析,在建立水泵装置内部流动数值分析数学模型和内流分析与优化设计评价体系的基础上,通过 CFD 数值模拟方法,开展在不同叶片安放角、不同叶轮直径情况下,包括进出水池、进出水流道和模型水泵在内的模型装置全流道数值分析,从进出水流道内部流态、水泵进水条件、进出水流道水力损失、水泵装置效率等方面,进行刘老涧泵站装置性能预测和优化设计。

在综合比较近年来新开发的水力模型基础上,TJ04-ZL-06(n_s=1 000)和 TJ05-ZL-02(n_s=900)2 组水力模型较为适合于刘老涧泵站更新改造,与 ZMB791-100 水力模型对比分析的结果见表 2-28。在 CFD 分析和水力优化设计中采用 TJ04-ZL-06 水力模型。

---

① 扬州大学水利与能源动力工程学院. 刘老涧抽水站水泵装置性能预测与优化设计数值分析研究报告[R]. 扬州:扬州大学水利与能源动力工程学院,2016.

表 2-28　3 组水力模型性能对比

叶片安放角/(°)	流量 Q/(L/s)			扬程 H/m			效率 η/%		
	ZBM 791-100	TJ04-ZL-06	TJ05-ZL-02	ZBM 791-100	TJ04-ZL-06	TJ05-ZL-02	ZBM 791-100	TJ04-ZL-06	TJ05-ZL-02
4	375	444	386	4.45	5.218	6.204	84.2	86.35	85.81
2	350	416	363	4.43	5.187	5.623	84.5	85.84	86.35
0	330	401	339	4.21	4.800	5.440	84.0	85.72	85.38
−2	305	377	335	4.20	4.804	4.565	83.7	85.46	85.27
−4	280	357	—	4.10	4.604	—	83.1	85.27	—
−6	250	332	—	4.03	4.599	—	82.0	85.10	—

　　刘老涧泵站水泵装置全流道的三维造型如图 2-34 所示,坐标原点设在叶轮中心(以下同)。

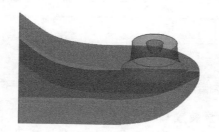

(a) 簸箕形进水流道三维造型

(b) 虹吸式出水流道三维造型

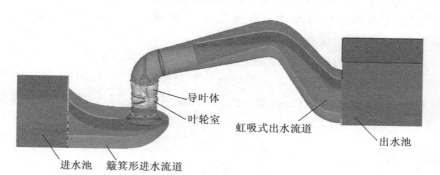

(c) 水泵装置全流道三维造型

图 2-34　刘老涧泵站水泵装置全流道三维造型

计算域的网格划分得是否合理是影响数值模拟准确性和计算时间的关键因素之一。网格总数较少，有利于缩短计算时间，可能会引起预测结果的准确性降低；网格总数过多，数值模拟结果的准确性提高，但导致计算时间和计算成本增加。利用六面体结构化网格与四面体非结构化网格相结合的混合网格，实现刘老涧泵站水泵装置计算域复杂形体的网格剖分，为解决水泵叶片与导叶之间旋转流场和非旋转流场之间的相互干扰问题（RSI），把包括叶轮室和叶轮的整个计算域分为多个子区域，既有利于在重点计算区域加密网格，又便于采用多重参考坐标系（MRF），实现旋转的叶轮和静止的导叶之间的流场耦合计算。

为了保证数值模拟结果的准确性，应进行不同网格数对装置效率影响的网格无关性检验。计算结果表明，模型水泵装置计算域的网格总数达到 300 万左右时，水泵装置效率的计算误差小于 0.50%，能满足计算精度的要求。刘老涧泵站水泵装置 CFD 数值计算网格剖分如图 2-35 所示。

图 2-35　刘老涧泵站水泵装置 CFD 数值计算网格剖分

1. 水泵装置数值计算与性能预测

考虑到计算机的内存容量、计算速度及保证数值计算精度，在刘老涧泵站水泵装置 CFD 数值计算过程中，根据叶片泵相似律，按照原型、模型泵装置 nD 相等的方法进行换算，将原型泵装置转换为模型泵装置，进行 CFD 仿真计算与流态分析和性能预测，在提高计算精度的同时，也便于与水泵装置模型试验结果进行对比。按照模型泵叶轮直径为 300 mm，原型、模型水泵转速与叶轮直径乘积相等（$nD=$ const）的换算方法，本研究采用了 3 种设计方案进行数值计算和泵装置性能预测。

方案一：原型泵装置叶轮直径 $D_p=3$ 100 mm，转速 $n_p=150$ r/min，则原型、模型泵装置的几何比尺 $\lambda_l=10.333$ 3，模型泵叶轮的转速 $n_m=1$ 550 r/min；按照水泵相似律，可计算出原型、模型泵装置的流量比尺 $\lambda_Q=106.778$，由原型泵装置的设计流量 37.5 m³/s，可计算出模型泵装置的设计流量为 0.351 m³/s；同理，原型、模型泵装置的功率比尺 $\lambda_p=106.778$。

方案二：原型泵装置叶轮直径 $D_p=3$ 100 mm，转速 $n_p=125$ r/min，则原型、模型泵装置的几何比尺 $\lambda_l=10.333$ 3，模型泵叶轮的转速 $n_m=1$ 291.7 r/min；按照水泵相似律，可计算出原型、模型泵装置的流量比尺 $\lambda_Q=106.778$，由原型泵装置的设计流量 37.5 m³/s，可计算出模型泵装置的设计流量为 0.351 m³/s；同理，原型、模型泵装置的功率比尺 $\lambda_p=106.778$。

方案三：原型泵装置叶轮直径 $D_p=3$ 150 mm，转速 $n_p=125$ r/min，则原型、模型泵装

置的几何比尺 $\lambda_l = 10.5$，模型泵叶轮的转速 $n_m = 1\,312.5$ r/min；按照水泵相似律，可计算出原型、模型泵装置的流量比尺 $\lambda_Q = 110.25$，由原型泵装置的设计流量 37.5 m³/s，可计算出模型泵装置的设计流量为 0.340 m³/s；同理，原型、模型泵装置的功率比尺 $\lambda_p = 110.25$。

图 2-36 为对应于方案一、叶片安放角为 0°时根据数值计算结果得到的模型泵装置性能预测，在设计扬程 3.70 m 工况下，对应的流量为 0.433 m³/s，效率为 70.10%，换算到原型泵装置的流量为 47.3 m³/s，远超出 37.5 m³/s 的设计流量要求，但装置效率偏低。

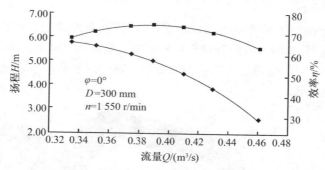

图 2-36　刘老涧泵站模型泵装置性能预测（方案一）

图 2-37 为对应于方案二、叶片安放角为 4°时根据数值计算结果得到的模型泵装置性能预测，在设计扬程 3.70 m 工况下，对应的流量为 0.367 m³/s，对应的装置效率为 72.5%，换算到原型泵装置的流量为 39.187 m³/s，满足设计流量 37.5 m³/s 的要求。

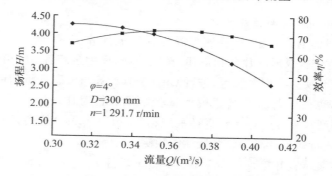

图 2-37　刘老涧泵站模型泵装置性能预测（方案二）

根据数值计算和水泵装置性能预测可得出如下结论：

原型泵叶轮直径 3 100 mm、转速 150 r/min、叶片安放角为 0°的设计方案，数值计算得到的泵装置性能偏离高效区，设计扬程对应的流量远大于设计流量，效率较低；原型泵叶轮直径 3 100 mm、转速 125 r/min、叶片安放角 4°的设计方案，在设计扬程下，数值计算得到的泵装置流量满足设计流量要求，效率也较高，但是考虑到刘老涧泵站采用全调节叶轮，应当使叶片能够在较大范围进行变角调节。如果设计工况下的叶片安放角为 4°，则叶片安放角向上调节的范围较小，不方便大范围内开展水泵装置优化运行和经济运行。为保证刘老涧泵站在技术改造后叶片安放角有较充分的调节范围，所以考虑适当加大原型泵叶轮直径到 3 150 mm，减小叶片安放角的设计方案，即方案三。

　　图 2-38 为采用方案三在设计工况下水泵装置中 2 个对称的纵剖面上的全流速分布。从图 2-38 中可以看到,水流从进水池进入簸箕形进水流道,随着过流面积逐步减小,水体质点沿程逐步加速,喇叭口前的流速分布并不均匀,内弯侧流速较高,外弯侧流速较低,经过流道出口段的调整,流速分布渐趋于均匀,从四周进入水泵进口。水体从水泵叶轮获得能量后,经导叶出口流出,在出水流道中不断扩散,流速逐步减小。由于受水泵导叶出口水流剩余环量和 75°转弯的影响,出水流道弯管段的流场较紊乱,左右两个剖面的流场并不对称;上升段下部有低速区,翻越驼峰后,在水流惯性的作用下,水流贴着流道上侧流动,下降段出现了较大范围的低速区,流道出口段的水流受到低速区的挤压。图 2-38a 与图 2-38b 是 2 个几何上对称的剖面,中间有隔墩,但两侧的流场分布呈现出既不均匀也不对称的特征。

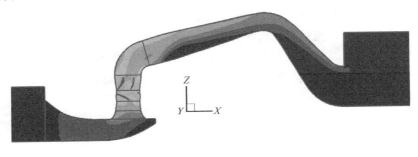

$v/(m/s)$　1.52　3.04　4.56　6.09　7.61　9.13　10.65　12.17　13.69　15.21　16.74　18.26　19.78　21.30　22.82

(a) 纵剖面流场图(Y=0.08 m)

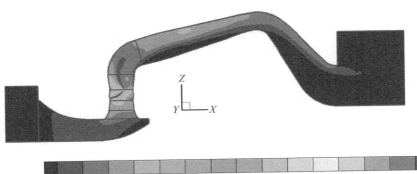

$v/(m/s)$　1.52　3.04　4.56　6.09　7.61　9.13　10.65　12.17　13.69　15.21　16.74　18.26　19.78　21.30　22.82

(b) 纵剖面流场图(Y=−0.08 m)

图 2-38　设计工况下水泵装置纵剖面全流速分布

　　为了方便水泵装置内部流场分析,在进出水流道中共选取了包括经过叶轮中心线的 $X=0$ m,$Y=0$ m,$Y=0.08$ m,$Y=-0.08$ m 及导叶出口的 5 个剖面在内的 21 个典型剖面,如图 2-39 所示。

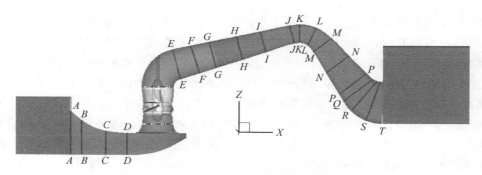

图 2-39　典型剖面位置示意

根据竣工图纸,刘老涧泵站簸箕形进水流道的主要控制尺寸:扣除隔墩厚度 0.5 m 后,进水流道的进口宽度为 7.500 m(2.419D),流道进口高度 4.565 m(1.473D),流道长度 9.000 m(2.903D),设计流量下进水流道进口断面的平均流速为 1.095 m/s,略超《泵站设计规范》(GB 50265—2010)中推荐的 0.8~1.0 m/s 取值范围。

图 2-40 给出了设计工况下簸箕形进水流道中不同剖面上的内部流场图。

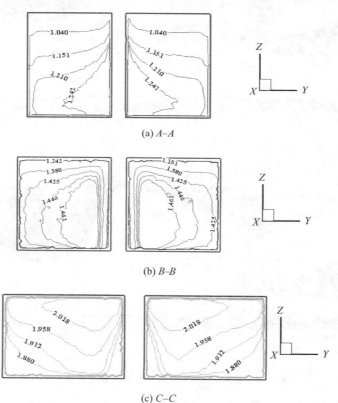

(a) *A–A*

(b) *B–B*

(c) *C–C*

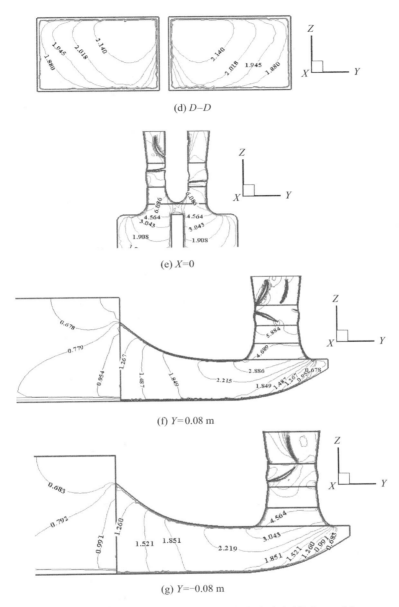

(d) D-D

(e) $X=0$

(f) $Y=0.08$ m

(g) $Y=-0.08$ m

图 2-40　簸箕形进水流道不同剖面全流速分布（单位：m/s）

从图 2-40 可以看出，在流道进口直段，隔墩两侧的流速基本对称，流道进口 A-A 剖面流速略超 1.0 m/s；随着流道高度和宽度的减少，水流受到压迫，在 C-C 剖面和 D-D 剖面可看到，两侧流场基本对称，但上部流速明显大于下部流速，靠近隔墩区域的水体流速大，远离隔墩区域的水体流速小。$Y=0.08$ m 和 $Y=-0.08$ m 两个剖面流场表明，在水体从流道进口流入喇叭口的过程中，流速逐渐增大，上方流速大，下方流速小，越接近流道末端，流速越小；水泵进口断面上的流速分布既不均匀也不对称，靠近进水池侧的区域流速大，远离进水池侧的区域流速小。

图 2-41 给出设计工况下虹吸式出水流道中不同剖面上的内部流场图。

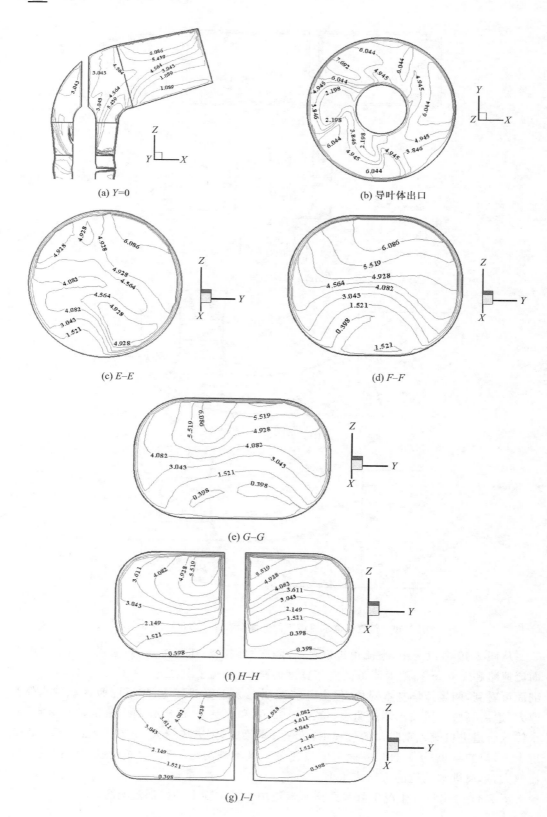

(a) $Y=0$

(b) 导叶体出口

(c) $E-E$

(d) $F-F$

(e) $G-G$

(f) $H-H$

(g) $I-I$

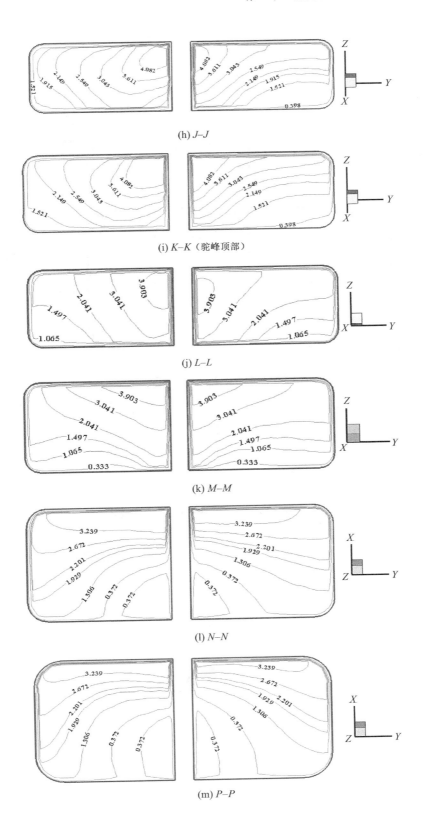

(h) J–J

(i) K–K（驼峰顶部）

(j) L–L

(k) M–M

(l) N–N

(m) P–P

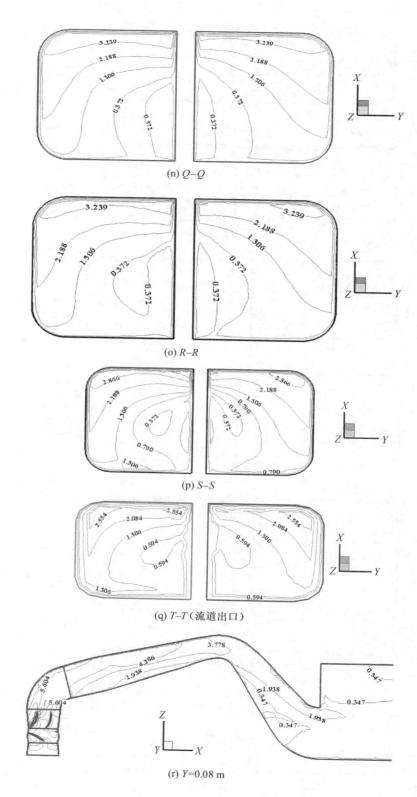

(n) Q–Q

(o) R–R

(p) S–S

(q) T–T（流道出口）

(r) Y=0.08 m

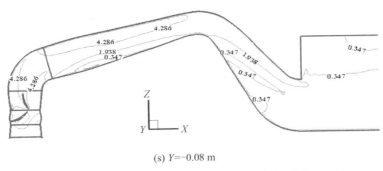

(s) $Y=-0.08$ m

图 2-41　虹吸式出水流道不同剖面全流速分布（单位：m/s）

从图 2-41 虹吸式出水流道不同剖面全流速分布图中可以看到，水泵叶轮出口的水流绕流导叶后，从导叶体出口进入虹吸式出水流道的弯管段，受导叶分隔和剩余环量的影响，导叶出口断面上的流速分布并不均匀；在流道的弯管段 $Y=0$ 剖面上，内弯侧流速明显大于外侧流速，两侧水流速度分布不对称；在水流进入上升段后，由于惯性作用冲向流道的顶部，流速分布呈现上高下低的特征；随着流道高度的减小和宽度的增大，过水断面也在不断增大，水流的平均流速在减小的同时，高流速区域向隔墩靠拢，在驼峰段愈发明显；在水体进入流道的下降段以后，剖面面积变得越来越大，但水体在惯性的作用下，流道上部的流速远超过下部流速；在向流道出口流动的过程中，流道顶部和两侧流速较大，靠近隔墩的区域流速小，从纵剖面上看，低速区占据了流道出口段的大部分区域。

水泵的进口断面即为进水流道的出口断面，水泵的进水条件与进水流道的水力设计有关，不考虑水泵叶轮旋转对进水条件的影响。图 2-42 为簸箕形进水流道数值计算三维模型透视图和网格剖分图。

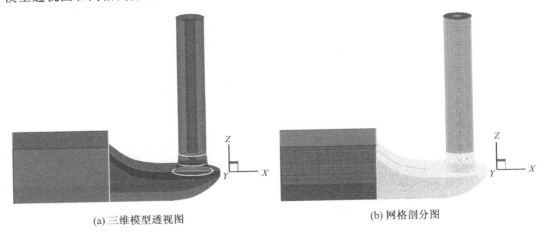

(a) 三维模型透视图　　　　　　　　　　　　　　(b) 网格剖分图

图 2-42　簸箕形进水流道数值计算三维模型透视图和网格剖分图

图 2-43 为进水流道出口断面上的全流速分布和轴向流速分布图，从图 2-43 中可看出，流道出口断面右侧的流速大，左侧的流速小，流速分布比较均匀。

(a) 全流速分布

(b) 轴向流速分布

图 2-43 进水流道出口断面上的流速分布(单位：m/s)

根据水泵进水条件 CFD 数值计算结果,可计算出设计工况下进水流道出口断面所提供的进水条件。由表 2-29 可知,设计工况下的水泵进水条件比较理想,水泵进口轴向流速分布均匀度为 95.36%,入泵水流最小入流角为 85.493°,加权平均入流角为 87.206°,结果与工程实施阶段优化计算结果相比趋势基本一致,且略优于早期的计算结果,说明进水流道的设计是基本合理的。

表 2-29 簸箕形进水流道提供的水泵进水条件计算结果

参数	流量 $Q/(m^3/s)$	最大流速 $u_{max}/(m/s)$	最小流速 $u_{min}/(m/s)$	均匀度 $v_u/\%$	最大角度 $\vartheta_{max}/(°)$	最小角度 $\vartheta_{min}/(°)$	平均角度 $\overline{\vartheta}/(°)$
全装置模拟	0.340	6.553	5.839	95.36	89.648	85.493	87.206
设计阶段（表 2-11 中方案 23）	0.340	7.260	5.200	94.66	89.960	80.330	85.690

根据数值计算获得的簸箕形进水流道进、出口断面上计算节点的流速和压力值,应用伯努利(Bernoulli)方程可计算出不同流量下的进水流道的水力损失值。图 2-44 所示为簸箕形进水流道水力损失曲线。

从图 2-44 可以看到,在计算流量范围内,进水流道的水力损失随着流量的增大而增大,在模型泵装置设计流量 0.340 m^3/s 工况下,对应于原型泵装置流量 37.5 m^3/s 时,进水流道的水力损失为 0.154 m。

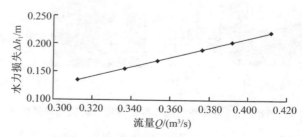

图 2-44 簸箕形进水流道水力损失曲线

根据装置全流道 CFD 数值计算结果,由出水流道进、出口断面上计算节点的流速和压力值,应用伯努利方程可计算出不同流量下出水流道的水力损失值。图 2-45 为根据不同流量下水泵装置全流道 CFD 数值计算结果得到虹吸式出水流道的水力损失曲线。

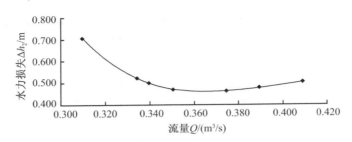

图 2-45　虹吸式出水流道水力损失曲线

从图 2-45 可以看出,在计算流量范围内,虹吸式出水流道的内部流动,由于受导叶出口剩余环量的影响,其水力损失不仅包含常规水力学中的沿程损失和局部损失两部分,还包含由于剩余环量引起的附加水力损失,在小流量工况下水力损失较大,流量与水力损失的关系并不符合二次抛物线分布规律。在设计工况附近,流道的水力损失较小;在小流量工况下,出水流道的水力损失随流量的变化增加较快。在模型泵装置设计流量 0.340 m³/s 工况下,对应于原型泵装置流量 37.5 m³/s 时,虹吸式进水流道的水力损失为 0.498 m。

图 2-46 为根据数值计算得到的刘老涧泵站模型泵装置性能曲线,数值计算结果表明,在刘老涧泵站技术改造中,采用 TJ04-ZL-06 的水力模型,保持原簸箕形进水流道和虹吸式出水流道型线和尺寸不变,选择叶轮直径为 3 150 mm、转速为 125 r/min、叶片安放角为 2° 的设计方案。在泵站最大扬程和设计扬程 3.70 m 工况下,模型泵装置流量为 0.355 m³/s,效率为 73.20%;在泵站平均扬程 3.40 m 工况下,流量为 0.365 m³/s,效率为 72.10%。

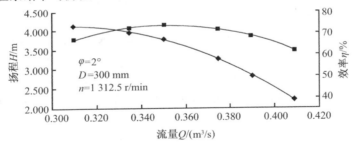

图 2-46　刘老涧泵站模型泵装置性能曲线

按照水泵相似律进行原型、模型水泵装置的性能换算,换算时保持装置效率不变,从而实现刘老涧泵站原型水泵装置的性能预测。图 2-47 为根据数值计算结果换算得到的刘老涧泵站原型泵装置性能曲线。

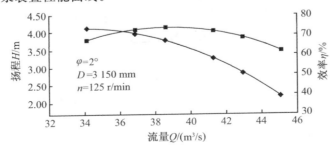

图 2-47　刘老涧泵站原型泵装置性能曲线

根据刘老涧泵站模型泵装置数值计算预测结果,按照水泵相似律换算公式进行原模型泵装置性能参数换算,得到的刘老涧泵站在特征扬程下原型泵装置的性能预测结果见表2-30。

表2-30 刘老涧泵站泵装置性能

工况		扬程/m	模型泵装置 (D=300 mm,n=1 312.5 r/min)			原型泵装置 (D=3 150 mm,n=125 r/min)		
			叶片 安放角/(°)	流量 Q/(m³/s)	装置 效率 η/%	叶片 安放角/(°)	流量 Q/(m³/s)	装置 效率 η/%
调水	设计	3.70	2	0.355	73.20	2	39.139	73.20
	平均	3.40	2	0.365	72.10	2	40.241	72.10

从表2-30装置性能预测结果可看出,刘老涧泵站若保持原簸箕形进水流道和虹吸式出水流道型线和尺寸不变,开展泵站机组技术改造,采用TJ04-ZL-06水力模型、叶轮直径为3 150 mm、转速为125 r/min、叶片安放角为2°的设计方案,在最大扬程和设计扬程3.7 m工况下,对应的流量为39.139 m³/s,满足泵站单机流量37.5 m³/s的设计要求,对应的装置效率为73.20%;在装置平均扬程3.40 m工况下,对应的流量为40.241 m³/s,装置效率为72.10%。

2. 进水流道水力设计优化

(1)进水流道优化设计可能性分析

进水流道的水力设计将直接影响水泵的工作状态,因此在泵站设计和技术改造工作中,开展进水流道水力设计优化都十分重要。

刘老涧泵站在建设过程中,曾进行簸箕形进水流道水力设计优化,并针对优化前、后的流道型线,分别进行2次水泵装置模型试验。试验结果对比表明,刘老涧泵站簸箕形进水流道型线优化后,流道的水力性能有明显的改善,模型水泵装置的效率提高(见图2-30)。针对刘老涧泵站技术改造而言,在进水流道控制尺寸已确定的情况下,簸箕形进水流道已经过优化,性能进一步改善的可能性很小;钟型进水流道对宽度要求较大,现泵站进水流道的宽度是按簸箕形设计,且钟型流道内部易产生涡带,影响水泵运行安全,也不在考虑之列。因此在刘老涧泵站技术改造进水流道水力设计优化中,只有肘形进水流道一种方案可尝试。

刘老涧泵站进水流道水力设计优化,是在基本控制尺寸范围内,结合水泵机组更新改造和结构允许的改变限制,根据《泵站设计规范》(GB 50265—2010)开展肘形进水流道设计和优化,与已有的簸箕形进水流道的进水条件、水力损失和装置效率进行对比,分析在泵站技术改造中是否有采用肘形进水流道的可能性。

(2)常规肘形进水流道水力设计

根据《泵站设计规范》(GB 50265—2010)进水流道设计要求,开展肘形进水流道水力设计,对不同进水流道设计方案与出水流道和水泵水力模型组成数值计算的水泵装置,进行数值模拟,从水泵装置内部流态、水泵进水条件、水力损失、水泵装置效率等方面进行分析和优化,筛选出水力性能较佳的设计方案。

肘形进水流道进水设计控制尺寸如下:

① 水泵叶轮直径 $D=3\,150$ mm；

② 水泵转速 $n=125$ r/min；

③ 水泵叶轮中心安装高程为 13.00 m；

④ 进水流道进口断面底部高程为 8.00 m，为不破坏原泵房底板结构，进水流道仍采用平底板设计；

⑤ 流道高度即叶轮中心至进水流道底板的距离为 5.00 m（1.587D），略小于常规设计中的（1.60~1.80）D 推荐值，会增大流道的水力损失，影响水泵的进水条件；

⑥ 进水流道进口宽度为 8.00 m（2.581D）；

⑦ 进水流道进口高度为 4.724 m（1.500D）；

⑧ 进水流道进口至水泵叶轮中心线的距离为 9.00 m（2.857D），小于大多数泵站设计中的（3.5~4.0）D；

⑨ 进水流道不设中隔墩。

优化设计的肘形进水流道型线如图 2-48 所示。

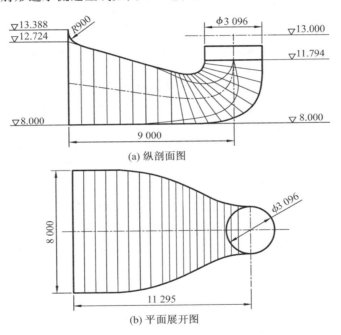

(a) 纵剖面图

(b) 平面展开图

图 2-48　优化设计的肘形进水流道型线（长度单位：mm）

（3）肘形进水流道数值模拟与内流分析

采用三维造型软件实现肘形进水流道的三维立体造型。保持虹吸式出水流道和水泵水力模型不变，完成肘形进水、虹吸出水的水泵装置三维立体造型；利用六面体结构化网格与四面体非结构化网格相结合的混合网格，实现刘老涧泵站水泵装置计算域复杂形体的网格剖分（见图 2-49）。

(a) 肘形进水流道三维造型

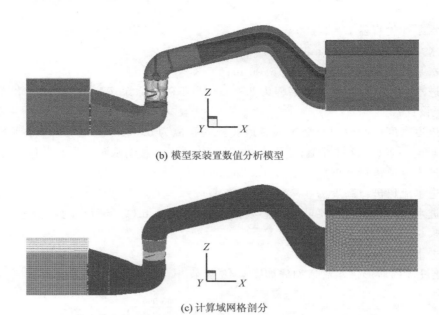

(b) 模型泵装置数值分析模型

(c) 计算域网格剖分

图 2-49　肘形进水的刘老涧泵站水泵装置三维造型与网格剖分

对包括进水池、出水池、进出水流道、模型泵等在内的刘老涧泵站肘形进水的模型泵装置,在 2°叶片安放角下,进行全流道数值计算和分析,从进水流道内部流态、水泵进水条件、进水流道水力损失等方面进行分析。

图 2-50 为设计工况下的肘形进水流道纵剖面 $Y=0$ 上的全流速分布。从图 2-50 中可以看到,水流从进水池进入肘形进水流道后,在进口直段内水流在立面方向上均匀收缩,水流平顺,均匀增速;在肘形进水流道弯曲段,水流转向、加速,但由于在流道 90°转向的同时,流道在宽度方向上快速而匀称收缩,有效抑制弯曲段内侧水流脱流的趋势,该段内并未出现不良流态;在流道出口的圆锥段,流速分布得到进一步调整,水流较均匀地进入水泵进口,内部流态较均匀。

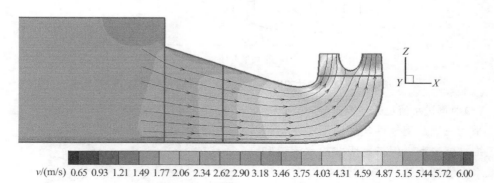

$v/(m/s)$　0.65　0.93　1.21　1.49　1.77　2.06　2.34　2.62　2.90　3.18　3.46　3.75　4.03　4.31　4.59　4.87　5.15　5.44　5.72　6.00

图 2-50　肘形进水流道纵剖面上的全流速分布

水泵的进口断面即为进水流道的出口断面，与进水流道的水力设计有关，不考虑水泵旋转对进水条件的影响。经过优化设计的肘形进水流道进水条件数值计算模型如图 2-51 所示。

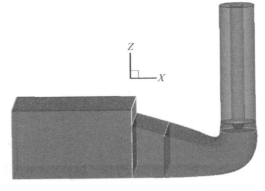

图 2-51　肘形进水流道数值计算模型

图 2-52 为肘形进水流道出口断面上的全流速分布和轴向流速分布，从上向下观察可看出，流道出口断面上的流速分布上下基本对称，左侧流速略高，右侧流速稍低，流速分布比较均匀。

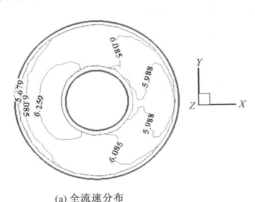

(a) 全流速分布　　　　　　(b) 轴向流速分布

图 2-52　肘形进水流道出口断面上的流速分布（单位：m/s）

根据 CFD 数值计算结果得出设计工况下肘形进水流道出口断面所提供的进水条件，为方便比较，将簸箕形进水流道提供的水泵进水条件一并列入表 2-31。经过优化设计的肘形进水流道，设计工况下出口断面所提供的水泵进水条件也比较理想，水泵进口轴向流速分布均匀度为 95.48%，入泵水流最小角度为 84.716°，加权平均入泵角度为 87.002°。从表 2-31 中可看出，2 种进水流道的轴向流速分布都比较接近，但肘形进水流道的最大入泵水流偏流角稍大，这是由于流道设计控制参数中的高度较小所引起的。

表 2-31　肘形与簸箕形进水流道提供的水泵进水条件对比

进水流道类型	流量 $Q/(\mathrm{m^3/s})$	最大流速 $u_{max}/(\mathrm{m/s})$	最小流速 $u_{min}/(\mathrm{m/s})$	均匀度 $v_u/\%$	最大角度 $\vartheta_{max}/(°)$	最小角度 $\vartheta_{min}/(°)$	平均角度 $\overline{\vartheta}/(°)$
肘形	0.340	6.392	6.105	95.48	89.666	84.716	87.002
簸箕形	0.340	6.553	5.839	95.36	89.648	85.493	87.206

根据数值计算获得的肘形进水流道进、出口断面上计算节点的流速和压力值，应用伯努利方程可计算出不同流量下的进水流道的水力损失值。图 2-53 所示为经优化设计的肘形进水流道的水力损失曲线。

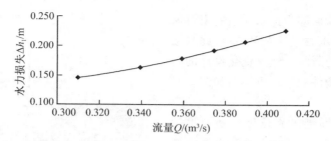

图 2-53　优化设计的肘形进水流道的水力损失曲线

从图 2-53 可以看到,在计算流量范围内,进水流道的水力损失随着流量的增大而增大,在模型泵装置设计流量 0.340 m³/s 工况下,对应于原型泵装置流量 37.5 m³/s 时,优化设计的肘形进水流道的水力损失为 0.163 m,与优化设计的簸箕形进水流道的水力损失 0.154 m 相比,其水力损失增大 0.009 m,在较小的流道高度情况下,取得较好的水力设计效果。

采用优化设计的肘形进水流道,保持原虹吸式出水流道型线不变,基于不同流量下的水泵装置内部流动 CFD 计算,可得到刘老涧泵站采用经优化设计的肘形进水流道的模型泵装置性能预测,如图 2-54 所示。

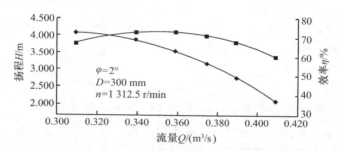

图 2-54　优化设计的肘形进水流道的刘老涧泵站模型泵装置性能预测

根据水泵相似律和模型泵装置性能预测结果,可得到刘老涧泵站采用优化设计的肘形进水流道的原型泵装置性能预测,如图 2-55 所示。

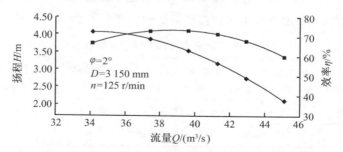

图 2-55　优化设计的肘形进水流道的刘老涧泵站原型泵装置性能预测

根据刘老涧泵站模型泵装置数值计算预测结果,按照水泵相似律换算公式进行原模型泵装置性能参数换算,得到的刘老涧泵站在特征扬程下原型泵装置的性能预测结果见表 2-32。

表 2-32　肘形进水的刘老涧泵站水泵装置性能预测

工况		扬程/m	模型泵装置 $(D=300\ mm,n=1\ 312.5\ r/min)$			原型泵装置 $(D=3\ 150\ mm,n=125\ r/min)$		
			叶片安放角/(°)	流量 $Q/(m^3/s)$	装置效率 $\eta/\%$	叶片安放角/(°)	流量 $Q/(m^3/s)$	装置效率 $\eta/\%$
调水	设计	3.70	2	0.349	72.60	2	38.48	72.60
	平均	3.40	2	0.364	71.90	2	40.13	71.90

从表 2-32 中装置性能预测结果可看出,刘老涧泵站若采用优化设计的肘形进水流道,保持虹吸式出水流道型线和尺寸不变,采用 TJ04-ZL-06 水力模型、叶轮直径为 3 150 mm、转速为 125 r/min、叶片安放角为 2°的设计方案。在最大和设计扬程 3.7 m 工况下,对应的流量为 38.48 m³/s,满足泵站单机流量 37.50 m³/s 的设计要求,对应的装置效率为 72.60%;在装置平均扬程 3.40 m 工况下,对应的流量为 40.13 m³/s,装置效率为 71.90%。

依照《泵站设计规范》(GB 50265—2010)进行的刘老涧泵站肘形进水流道水力设计优化,取得了较好的效果,但针对该泵站技术改造而言,优化的流道型线与原流道型线相差较大。图 2-56 给出肘形与簸箕形进水流道型线的对比。从图 2-56 中可以看出,肘形进水流道的底部受泵房底板高程的约束,保持 8.00 m 的高程,但为了保证流道内的流态,肘形进水流道顶板远超过簸箕形进水流道顶板高程,最大厚度约 0.90 m,也就是意味着需切除大块的钢筋混凝土。因此,这种肘形进水优化方案是从水力设计方面考虑的,结构上是否允许,是否会影响泵房的整体稳定与安全,需经结构设计进一步分析和论证。

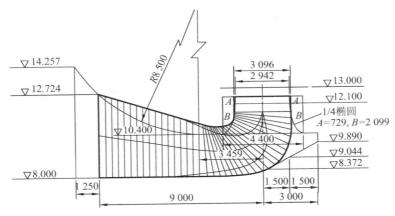

图 2-56　肘形与簸箕形进水流道的型线对比(长度单位:mm)

根据已有簸箕形进水流道型线开展的肘形进水流道设计是从减小进水流道型线变化对泵房结构安全的影响出发,以及最大限度地减少对泵房原结构的改动和破坏,现开展根据已有簸箕形进水流道型线进行专门的肘形进水流道设计尝试,根据该思想设计的新型肘形进水流道型线如图 2-57 所示,在流道的出口锥段以下部分,新流道的尺寸都较簸箕形的尺寸小,需填充混凝土,对泵房底板和泵房安全没有影响,仅对出口锥段有些变动,以满足新水泵水力模型进口参数的设计要求,以及叶轮直径从 3 100 mm 增大到 3 150 mm 引起的型线变化。

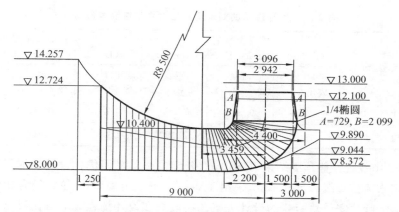

图2-57 根据已有簸箕形进水流道专门设计的肘形进水流道型线（长度单位：mm）

采用前述相同的方法进行专门设计的肘形进水流道的三维造型，与虹吸式出水流道及水泵模型组成水泵装置（见图2-58），进行网格剖分、边界条件设置等一系列操作，开展肘形进水泵装置数值分析，计算流道的水力损失、水泵进水条件及泵装置效率，分析并比较该专门设计的肘形进水流道的水力性能。

(a) 专门设计的肘形进水流道三维造型

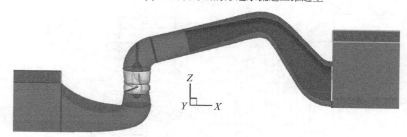

(b) 专门设计的肘形进水流道的水泵装置三维造型

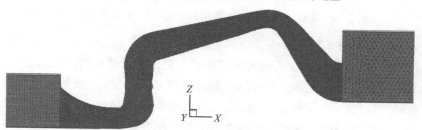

(c) 专门设计的肘形进水流道的水泵装置网格剖分

图2-58 专门设计的进水流道及水泵装置的三维造型和网格剖分

图 2-59 为专门设计的肘形进水流道在设计流量下流道纵剖面(Y＝0)及流道出口断面上的流速分布。从图 2-59 中可看出,该肘形进水流道内部流速从流道进口开始,随着过水断面的不断减小,流速在逐渐增大,在进口段较平稳,但进入弯管段后,纵剖面上弯段内侧的流速明显较大,外侧流速较小,流道出口断面上的流速分布不够均匀。

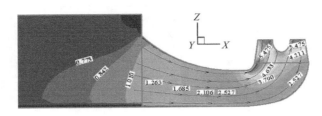

(a) 流道纵剖面全流速分布(Y=0)

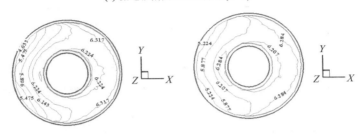

(b) 流道出口全流速分布　　　(c) 流道出口轴向流速分布

图 2-59　专门设计的肘形进水流道典型剖面流速分布(单位：m/s)

根据专门设计肘形进水流道的刘老涧泵站水泵装置 CFD 数值计算结果,可得到其进水流道进、出口断面上计算节点的流速和压力值,应用伯努利方程,即可计算出不同流量下进水流道的水力损失值。图 2-60 所示为专门设计肘形进水流道的水泵装置的水力损失曲线。

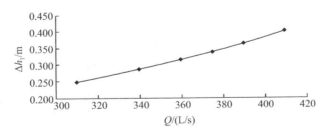

图 2-60　专门设计的肘形进水流道的水泵装置的水力损失曲线

从图 2-60 可以看出,在计算流量范围内,专门设计进水流道的水泵装置的水力损失随流量的增大而增大,在模型泵装置设计流量 $0.340\ \mathrm{m^3/s}$ 工况下,对应于原型泵装置流量 $37.5\ \mathrm{m^3/s}$ 时,该专门设计肘形进水流道的水泵装置的水力损失为 $0.285\ \mathrm{m}$,与前述簸箕形进水流道和优化设计的肘形进水流道的水力损失相比,数值明显偏大。

同样,根据水泵装置数值计算结果,采用相同的计算方法,可计算出根据簸箕形进水流道型线专门设计的肘形进水流道提供的水泵进水条件,列于表 2-33 中,并将簸箕形和优化设计的肘形进水流道的进水条件一并列出,方便比较。表 2-33 表明,根据簸箕形进水流道型线专门设计肘形进水流道内部流态较差,虽经过出口较长锥段的流态整理,提供的水泵进水条件在 3 种进水流道设计方案中最差,流道出口断面的轴向流速分布均匀度为 90.77%,入泵水流最小角度达 84.303°。

表 2-33　3 种进水流道提供的水泵进水条件对比

进水流道型式	流量 $Q/(m^3/s)$	最大流速 $u_{max}/(m/s)$	最小流速 $u_{min}/(m/s)$	均匀度 $v_u/\%$	最大角度 $\vartheta_{max}/(°)$	最小角度 $\vartheta_{min}/(°)$	平均角度 $\overline{\vartheta}/(°)$
专门设计的肘形	0.340	6.530	4.762	90.77	89.653	84.303	86.288
优化设计的肘形	0.340	6.392	6.105	95.48	89.666	84.716	87.002
簸箕形	0.340	6.553	5.839	95.36	89.648	85.493	87.206

根据数值计算结果可得到专门设计的肘形进水流道泵装置性能。3 种进水流道水力损失的大小和所提供的水泵进水条件的优劣,在水泵装置性能中得到验证和体现。在设计扬程 3.70 m 工况下,换算到原型泵的流量为 34.2 m³/s,装置效率仅为 70.08%。图 2-61 为 3 种进水流道组成的模型泵装置的性能比较,簸箕形进水流道略优于优化设计肘形进水流道的泵装置性能,专门设计的肘形进水流道的泵装置性能最差,主要原因是进水流道内部流态差,水力损失大,严重影响了水泵装置性能的发挥和装置效率的提高。

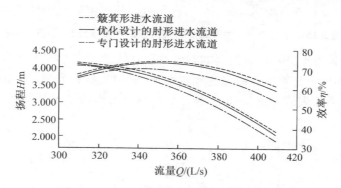

图 2-61　3 种进水流道模型泵装置性能比较

根据刘老涧泵站不同进水流道泵装置数值计算得到的结果和水泵相似律换算。表 2-34 给出了 3 种进水流道泵装置性能的比较结果,从表中可看出,3 种进水流道泵装置都能在设计扬程 3.70 m 工况下,满足 37.50 m³/s 的设计流量要求,但簸箕形进水流道的水泵装置流量最大,对应的效率为 73.2%,分别比优化设计和专门设计的肘形进水流道装置的效率高 0.60% 和 3.12%;在平均扬程 3.40 m 工况下,簸箕形进水流道的水泵装置效率为 72.1%,分别比优化设计和专门设计的肘形进水流道装置的效率高 0.20% 和 2.70%。

因此,在已有进水流道控制尺寸情况下,刘老涧泵站在技术改造过程中,进水流道仍应采用簸箕形进水流道设计方案,能减少进水流道的水力损失,提供较好的水泵进水条件,有利于充分发挥水泵的性能,提高水泵装置效率。

表 2-34　3 种进水流道泵装置性能对比

进水流道型式	装置扬程/m		模型泵装置 ($D=300$ mm, $n=1\,312.5$ r/min)			原型泵装置 ($D=3\,150$ mm, $n=125$ r/min)		
			叶片安放角/(°)	流量 $Q/(\mathrm{m^3/s})$	效率/%	叶片安放角/(°)	流量 $Q/(\mathrm{m^3/s})$	效率/%
专门设计的肘形	设计	3.70	2	0.345	70.08	2	38.036	70.08
	平均	3.40	2	0.358	69.40	2	39.470	69.40
优化设计的肘形	设计	3.70	2	0.349	72.60	2	38.477	72.60
	平均	3.40	2	0.364	71.90	2	40.131	71.90
簸箕形	设计	3.70	2	0.355	73.20	2	39.139	73.20
	平均	3.40	2	0.365	72.10	2	40.241	72.10

3. 出水流道水力设计优化

(1) 出水流道水力设计优化可能性分析

采用虹吸式出水流道的水泵装置扬程一般都比较低,流道的水力损失占装置扬程的比例大,直接影响到水泵装置效率的高低,影响到泵站长期运行时工程经济效益的发挥,如何通过优化设计,减少其水力损失,尽可能提高水泵装置效率是关注的重点。

刘老涧泵站采用虹吸式出水流道,纵剖面如图 2-20b 所示,主要设计参数如下:

① 虹吸式出水流道总长 23.49 m(7.457D),驼峰中心距水泵叶轮中心线 14.84 m(4.711D);

② 流道进口直径 3.32 m(1.054D),出口最大宽度 7.90 m(2.508D);

③ 出水流道设中隔墩,隔墩厚度为 0.50 m,隔墩头部距水泵叶轮中心线 5.646 m。

在出水流道中常设置隔墩,主要是为了增加流道的结构强度和刚度,《泵站设计规范》(GB/T 50265—97)对虹吸式出水流道主要设计参数的取值范围做了较为具体的规定,但未对隔墩的厚度和起始位置做限制,有较大的随意性,对流道水力特性的影响也缺乏足够的认识。

刘老涧泵站技术改造中,出于水力结构设计和泵站建筑物安全考虑的影响,出水流道的主要控制尺寸,如流道的长度、宽度和驼峰位置等不可能改动,使得水力设计优化的范围很小。因此,采用数值计算方法,分析隔墩的起始位置对流道水力损失的影响,进而研究隔墩起始位置对虹吸式出水流道水力特性及水泵装置性能的影响。

采用三维造型软件对虹吸式出水流道进行三维立体造型,保持簸箕形进水流道和水泵水力模型不变,完成簸箕形进水、不同隔墩起始位置虹吸出水的水泵装置三维立体造型;利用六面体结构化网格与四面体非结构化网格相结合的混合网格,实现不同隔墩起始位置下刘老涧泵站水泵装置计算域复杂形体的网格剖分。图 2-62 所示为隔墩起始位置向出水侧移动 6 m 后的虹吸式出水流道模型三维造型、模型泵装置数值分析计算域和网格剖分。

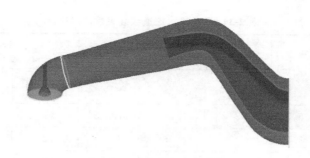

(a) 虹吸式出水流道模型三维造型

(b) 模型泵装置数值分析计算域

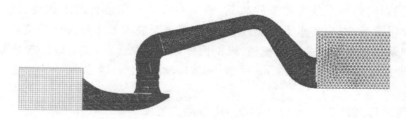

(c) 计算域网格剖分

图 2-62　隔墩向出水侧移动 6 m 后装置三维造型与网格剖分

（2）虹吸式出水流道内流分析与水力损失预测

在 2°叶片安放角和不同隔墩起始位置情况下,进行包括进水池、出水池、簸箕形进水、虹吸出水和模型泵等在内的模型泵装置全流道数值计算,从出水流道内部流态、水力损失和装置效率等方面进行分析。

图 2-63 和图 2-64 分别为相同流量下 $Y=0.08$ m 和 $Y=-0.08$ m 剖面在不同隔墩起始位置时虹吸式出水流道的流速分布。

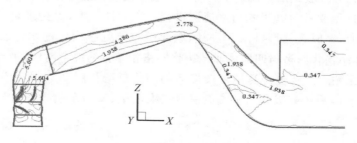

(a) 原隔墩位置

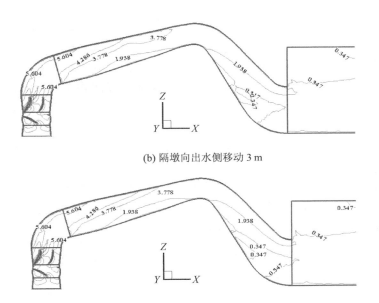

(b) 隔墩向出水侧移动 3 m

(c) 隔墩向出水侧移动 6 m

图 2-63　$Y=0.08$ m 剖面在不同隔墩起始位置时虹吸式出水流道的流速分布（单位：m/s）

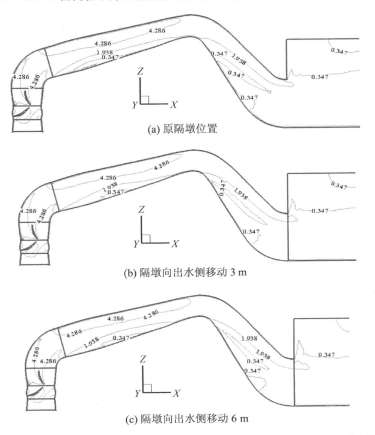

(a) 原隔墩位置

(b) 隔墩向出水侧移动 3 m

(c) 隔墩向出水侧移动 6 m

图 2-64　$Y=-0.08$ m 剖面在不同隔墩起始位置时虹吸式出水流道的流速分布（单位：m/s）

比较图 2-63 与图 2-64 不同隔墩位置虹吸式出水流道内部流场图可发现,隔墩两侧流场不对称;与原隔墩位置时的流场相比,出水流道中隔墩向出水侧方向移动,主要对上升段的流场有较大影响,对下降段的流场影响不大。在 $Y=0.08$ m 剖面上,随着隔墩向出水侧移动,上升段中的 3.778 m/s 等流速线向水泵轴线方向移动,高速范围变得越来越小;而在 $Y=-0.08$ m 剖面上,随着隔墩向出水侧方向移动,上升段中的 4.286 m/s 等流速线范围变化不明显。无论隔墩位置是否变化,流道下降段的流速分布极不均匀,低速区占据了流道出口的主要区域,局部高流速远超平均流速,出口流速较大,不利于水流的扩散和动能回收。

根据数值计算获得的虹吸式出水流道进、出口断面上计算结点的流速和压力值,应用伯努利方程可计算出不同计算条件下、不同流量时的流道水力损失。图 2-65 给出隔墩在不同起始位置时虹吸式出水流道的水力损失对比情况。

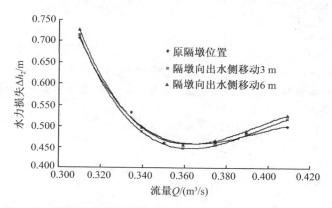

图 2-65　不同隔墩起始位置时虹吸式出水流道的水力损失对比

从图 2-65 可看出,在计算流量范围内,虹吸式出水流道的水力损失随着流量的变化而变化,也随隔墩的起始位置不同而有所变化,水力损失的大小不仅与导叶出口的流场有关,也与流道的型线、尺寸和隔墩的起始位置有关。在流量为 0.310 m³/s 时,原隔墩位置流道的水力损失最小,隔墩起始位置向出水侧方向移动都会使流道的水力损失增大;在模型泵装置设计流量 0.340 m³/s 工况下,原隔墩位置和隔墩向出水侧移动 6 m 时,两者的流道水力损失几乎相等,隔墩向出水侧移动 3 m,使流道的水力损失减小约 0.012 m;在大流量区域,隔墩向出水侧移动,会使流道的水力损失增大,移动量越大,水力损失值越大。

（3）不同隔墩起始位置时水泵装置性能预测

保持簸箕形进水流道型线不变,采用不同隔墩起始位置虹吸式出水流道组成的水泵装置计算模型,基于不同流量下的水泵装置内部流动 CFD 计算,可得到对应的刘老涧泵站模型泵装置性能预测曲线,如图 2-66 所示。

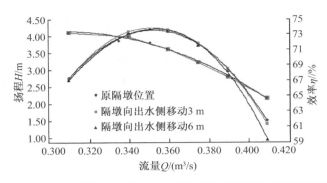

图 2-66　不同隔墩起始位置时刘老涧泵站模型泵装置性能预测

从图 2-66 中不同隔墩起始位置时刘老涧泵站模型泵装置性能预测结果可看到,保持簸箕形进水流道型线和尺寸不变,采用 TJ04-ZL-06 水力模型、叶轮直径为 3 150 mm、转速为 125 r/min 的设计方案,在叶片安放角为 2°时,在设计扬程 3.70 m 和平均扬程 3.40 m 工况下,隔墩起始位置向出水侧移动 3 m 时水泵装置效率最高,但对应于 3 种不同隔墩起始位置,虹吸出水的水泵装置效率相差都不超过 0.40%;在装置扬程低于 2.0 m 的工况下,将隔墩起始位置向出水侧方向移动,虹吸出水的水泵装置效率有明显提高,幅值会超过 1.0%。

在刘老涧泵站技术改造过程中,如果将虹吸出水流道中的隔墩起始位置向出水侧方向移动,则需要拆除部分原隔墩,可能会对流道的支撑和泵房的水工结构产生不利影响。根据上述不同隔墩起始位置时模型泵装置性能预测结果分析,在设计扬程和平均扬程工况下,改变隔墩起始位置对提高泵站水泵装置效率的作用不明显,因此可不予考虑。

针对刘老涧泵站工程现状,根据泵站特征水位组合和流量、扬程要求,通过 CFD 数值模拟方法,开展不同叶片安放角、不同叶轮直径情况下,包括进、出水池,进、出水流道和模型水泵在内的模型泵装置全流道数值分析,从进、出水流道内部流态,水泵进水条件,进出水流道水力损失及水泵装置效率等方面,进行刘老涧泵站装置性能预测和优化设计,并结合水工结构分析,得出如下结论:

结论 1:TJ04-ZL-06 水泵模型已在南水北调和省内外许多泵站成功应用,流量大、效率高,满足刘老涧泵站特征扬程和流量要求,有利于提高水泵装置效率,降低水泵转速,改善水泵空化性能,推荐采用。

结论 2:在刘老涧泵站技术改造中,保持簸箕形进水流道和虹吸式出水流道型线和尺寸不变,原型泵叶轮直径从 3 100 mm 增加到 3 150 mm,转速从 150 r/min 减小到 125 r/min,可满足泵站设计流量要求,获得较高的能量特性,建议采用。

结论 3:在刘老涧泵站现有水工结构尺寸的限制条件下,肘形进水流道的水力性能不及簸箕形进水流道,还需切除大块的钢筋混凝土结构,危及泵房的整体稳定与安全。因此,在技术改造过程中,建议保持簸箕形进水流道型线和尺寸不变,不对其做任何改动。

结论 4:在设计扬程和平均扬程工况下,改变虹吸式出水流道的隔墩起始位置,需要拆除部分原隔墩,将对流道的支撑和泵房安全与稳定产生不利影响,并且对提高装置效率的影响不明显。因此,刘老涧泵站在技术改造过程中,建议保持虹吸式出水流道隔墩尺寸不变,不对其做任何改动。

因此,刘老涧泵站在技术改造中,保持原进、出水流道型线不变,采用 TJ04-ZL-06 水力模型,原型泵叶轮直径 3 150 mm、转速 125 r/min 组成的水泵装置设计方案,可望取得较好的工程效益、经济效益和社会效益。

建议进行刘老涧泵站技术改造模型泵装置试验,验证数值分析预测结果,从而更准确地掌握原型泵装置水力性能,为泵站技术改造工程设计和泵站优化运行提供可靠的参考依据。

2.3.6 更新改造期间模型装置试验研究[①]

1. 模型装置试验的内容

刘老涧泵站模型装置试验中,保持簸箕形进水流道、虹吸式出水流道型线和尺寸不变。经设计论证,原型泵叶轮直径保持不变,仍为 3 100 mm,转速改变为 136.4 r/min,单机设计流量为 37.5 m³/s,则模型泵叶轮直径为 300 mm,转速为 1 409.5 r/min,对应的设计流量为 0.351 2 m³/s。水泵装置模型比尺为 1:10.33,模型泵分别采用 TJ04-ZL-06 和 TJ05-ZL-02 水力模型,叶片用钢质材料加工成型,模型导叶叶片用钢质材料焊接成型。进、出水流道采用钢板焊接制作,模型泵装置如图 2-67 所示。模型泵安装检查,叶顶间隙控制在 0.20 mm 以内。

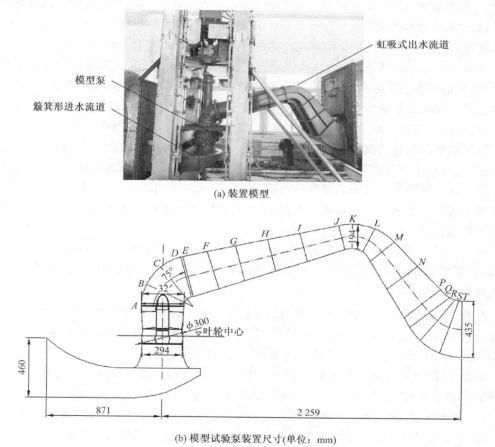

(a) 装置模型

(b) 模型试验泵装置尺寸(单位:mm)

图 2-67 刘老涧泵站水泵装置模型

① 扬州大学,江苏省水利动力工程重点实验室. 刘老涧抽水站水泵装置模型试验报告[R].扬州:江苏省水利动力工程重点实验室,2018.

针对 2 组水力模型,分别在 −4°、−2°、0°、2° 和 4° 共 5 个叶片安放角下进行试验。每组泵装置模型试验测试内容如下:

① 5 个叶片安放角下泵装置模型能量特性试验;

② 5 个叶片安放角下 5 个特征扬程点的空化特性试验;

③ 3 个叶片安放角(−4°,0°,4°)下泵装置模型飞逸特性试验;

④ 3 个叶片安放角(−4°,0°,4°)下泵装置模型水压力脉动试验;

⑤ 3 个叶片安放角(−4°,0°,4°)下泵装置模型反向发电试验。

试验执行《回转动力泵水力性能验收试验 1 级和 2 级》(GB/T 3216—2005)和《水泵模型及装置模型验收试验规程》(SL 140—2006)标准,每个叶片安放角下能量试验点不少于 15 个。

2. 能量特性试验结果

能量特性试验分别测试 TJ05-ZL-02 和 TJ04-ZL-06 水力模型在 5 个叶片安放角(4°,2°,0°,−2°,−4°)下的泵装置能量性能。表 2-35 至表 2-39 列出了 TJ05-ZL-02 水力模型能量特性试验数据,不同叶片安放角下最优效率点参数值见表 2-40。表 2-41 至表 2-45 列出了 TJ04-ZL-06 水力模型能量特性试验数据,不同叶片安放角下最优效率点参数值见表 2-46。根据试验结果得到刘老涧泵站水泵装置模型综合特性曲线如图 2-68(转速为 1 409.5 r/min、叶轮直径为 300 mm、型号为 TJ05-ZL-02)和图 2-69(转速为 1 409.5 r/min、叶轮直径为 300 mm、型号为 TJ04-ZL-06)所示。按相似律换算,刘老涧泵站原型泵装置综合特性曲线分别如图 2-70(转速为 136.4 r/min、叶轮直径为 3 100 mm、型号为 TJ05-ZL-02)和图 2-71(转速为 136.4 r/min、叶轮直径为 3 100 mm、型号为 TJ04-ZL-06)所示。

表 2-35　叶片安放角为 2° 时装置模型能量特性试验数据(TJ05-ZL-02)

序号	流量 $Q/(L/s)$	扬程 H/m	轴功率 N/kW	装置效率 $\eta/\%$
1	412.28	1.617	15.102	43.19
2	401.53	2.032	16.035	49.77
3	387.40	2.565	17.181	56.57
4	373.65	3.044	18.087	61.52
5	359.04	3.593	19.140	65.95
6	343.63	4.098	20.114	68.50
7	324.40	4.586	21.336	68.21
8	307.48	5.067	22.627	67.36
9	290.06	5.616	24.213	65.81
10	268.35	6.148	25.669	62.88
11	248.84	6.439	26.410	59.35
12	229.26	6.432	26.023	55.44
13	218.61	6.450	25.885	53.29
14	205.77	6.343	25.361	50.35
15	196.18	6.416	25.376	48.52
16	185.81	6.542	25.719	46.24
17	168.44	7.207	28.064	42.31

表 2-36　叶片安放角为 4°时装置模型能量特性试验数据(TJ05-ZL-02)

序号	流量 $Q/(L/s)$	扬程 H/m	轴功率 N/kW	装置效率 $\eta/\%$
1	438.88	1.565	16.507	40.69
2	433.01	1.809	17.130	44.72
3	413.75	2.503	18.640	54.35
4	399.43	3.029	19.727	59.99
5	380.78	3.712	21.024	65.77
6	364.84	4.245	22.186	68.29
7	345.43	4.725	23.725	67.29
8	324.37	5.251	25.311	65.84
9	304.71	5.766	26.811	64.11
10	276.85	6.319	28.611	59.81
11	239.11	6.328	27.952	52.96
12	216.98	6.168	26.999	48.50
13	204.95	6.314	27.174	46.58
14	185.73	6.558	27.843	42.80
15	171.56	7.396	31.241	39.73

表 2-37　叶片安放角为 0°时装置模型能量特性试验数据(TJ05-ZL-02)

序号	流量 $Q/(L/s)$	扬程 H/m	轴功率 N/kW	装置效率 $\eta/\%$
1	388.61	1.610	13.258	46.30
2	374.19	2.166	14.409	55.18
3	363.30	2.566	15.149	60.38
4	348.14	3.128	16.078	66.45
5	334.82	3.586	16.754	70.30
6	315.95	4.098	17.911	70.91
7	298.68	4.563	18.924	70.66
8	283.18	5.136	20.178	70.71
9	262.39	5.772	21.737	68.35
10	248.57	6.127	22.530	66.31
11	234.83	6.408	23.143	63.78
12	215.07	6.598	23.399	59.49
13	200.39	6.590	23.056	56.18
14	187.51	6.520	22.679	52.89
15	164.03	6.785	23.379	46.70
16	157.02	7.275	24.983	44.86

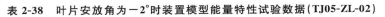

表 2-38　叶片安放角为−2°时装置模型能量特性试验数据(TJ05-ZL-02)

序号	流量 Q/(L/s)	扬程 H/m	轴功率 N/kW	装置效率 η/%
1	368.64	1.466	11.836	44.68
2	357.47	1.927	12.681	53.15
3	344.62	2.431	13.761	59.55
4	329.04	2.974	14.709	65.09
5	318.59	3.434	15.305	69.93
6	302.18	3.913	16.298	70.97
7	283.60	4.444	17.217	71.62
8	267.24	4.973	18.261	71.20
9	250.71	5.510	19.384	69.72
10	234.57	5.967	20.407	67.10
11	219.16	6.329	21.166	64.10
12	203.34	6.579	21.624	60.52
13	192.35	6.601	21.455	57.90
14	180.06	6.575	21.345	54.26
15	159.71	6.730	21.621	48.63
16	149.14	7.270	23.260	45.60

表 2-39　叶片安放角为−4°时装置模型能量特性试验数据(TJ05-ZL-02)

序号	流量 Q/(L/s)	扬程 H/m	轴功率 N/kW	装置效率 η/%
1	342.34	1.545	10.534	49.12
2	331.92	1.980	11.387	56.45
3	317.69	2.577	12.519	63.99
4	307.70	2.937	13.129	67.35
5	295.25	3.387	13.943	70.16
6	279.68	3.814	14.732	70.84
7	264.39	4.311	15.590	71.52
8	250.28	4.789	16.449	71.29
9	233.24	5.325	17.376	69.93
10	218.06	5.775	18.122	67.98
11	200.51	6.244	18.959	64.61
12	181.23	6.550	19.361	59.98
13	173.11	6.602	19.374	57.70
14	165.37	6.622	19.383	55.27
15	143.44	6.819	19.783	48.37
16	136.79	7.366	21.283	46.31

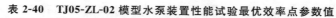

表 2-40 TJ05-ZL-02 模型水泵装置性能试验最优效率点参数值

叶片安放角/(°)	最优效率点参数			
	流量 Q/(L/s)	扬程 H/m	轴功率 N/kW	装置效率 η/%
−4	264.39	4.311	15.590	71.52
−2	283.60	4.444	17.217	71.62
0	315.95	4.098	17.911	70.91
2	343.63	4.098	20.114	68.50
4	364.84	4.245	22.186	68.29

表 2-41 叶片安放角为 2° 时装置模型能量特性试验数据(TJ04-ZL-06)

序号	流量 Q/(L/s)	扬程 H/m	轴功率 N/kW	装置效率 η/%
1	455.64	1.426	16.717	38.13
2	445.99	1.802	17.811	44.27
3	435.38	2.194	18.751	49.97
4	422.47	2.681	19.995	55.58
5	409.34	3.162	21.121	60.13
6	394.06	3.695	22.267	64.15
7	377.36	4.247	23.411	67.16
8	361.33	4.729	24.599	68.13
9	342.16	5.138	25.779	66.90
10	325.89	5.528	27.036	65.37
11	309.03	5.951	28.175	64.03
12	294.24	6.229	28.927	62.16
13	276.48	6.445	29.147	59.97
14	255.28	6.366	28.203	56.53
15	232.85	6.431	27.839	52.77
16	212.27	6.442	27.408	48.94
17	195.64	6.637	27.893	45.66
18	186.72	7.279	30.158	44.21

表 2-42　叶片安放角为 4°时装置模型能量特性试验数据(TJ04-ZL-06)

序号	流量 Q/(L/s)	扬程 H/m	轴功率 N/kW	装置效率 η/%
1	479.14	1.356	18.020	35.38
2	467.82	1.784	19.285	42.45
3	457.56	2.175	20.379	47.91
4	448.08	2.599	21.500	53.13
5	434.64	3.049	22.515	57.74
6	415.97	3.769	24.251	63.42
7	398.72	4.253	25.236	65.92
8	382.09	4.797	26.582	67.64
9	361.97	5.178	27.898	65.91
10	341.84	5.552	29.171	63.83
11	323.12	5.905	30.105	62.18
12	300.69	6.266	30.797	60.02
13	278.46	6.205	29.810	56.86
14	263.01	6.247	29.435	54.76
15	227.89	6.230	28.182	49.42
16	211.10	6.416	28.658	46.36
17	198.33	7.048	30.972	44.27

表 2-43　叶片安放角为 0°时装置模型能量特性试验数据(TJ04-ZL-06)

序号	流量 Q/(L/s)	扬程 H/m	轴功率 N/kW	装置效率 η/%
1	425.80	1.434	14.926	40.14
2	414.92	1.864	15.996	47.44
3	404.72	2.223	16.842	52.41
4	396.85	2.559	17.649	56.45
5	382.80	3.057	18.761	61.19
6	370.20	3.512	19.647	64.91
7	360.04	3.868	20.280	67.37
8	349.50	4.226	20.937	69.21
9	333.65	4.616	21.861	69.11
10	314.76	5.086	23.000	68.29
11	294.03	5.781	24.715	67.47
12	282.44	6.076	25.535	65.93

序号	流量 $Q/(L/s)$	扬程 H/m	轴功率 N/kW	装置效率 $\eta/\%$
13	252.50	6.523	26.403	61.20
14	235.20	6.537	26.062	57.87
15	224.91	6.595	26.047	55.86
16	214.34	6.566	25.721	53.67
17	201.37	6.591	25.614	50.83
18	180.33	6.847	26.305	46.04

表 2-44　叶片安放角为 -2° 时泵装置模型能量特性试验数据（TJ04-ZL-06）

序号	流量 $Q/(L/s)$	扬程 H/m	轴功率 N/kW	装置效率 $\eta/\%$
1	409.36	1.395	13.688	40.93
2	399.45	1.776	14.594	47.68
3	388.55	2.197	15.625	53.60
4	377.95	2.619	16.560	58.63
5	365.39	3.106	17.602	63.24
6	350.98	3.626	18.591	67.16
7	338.38	4.071	19.489	69.34
8	320.25	4.542	20.450	69.78
9	309.43	4.836	21.109	69.55
10	299.31	5.171	21.808	69.62
11	287.14	5.541	22.617	69.01
12	276.38	5.869	23.389	68.04
13	249.99	6.415	24.478	64.28
14	224.95	6.621	24.502	59.63
15	211.80	6.646	24.361	56.69
16	201.91	6.632	24.222	54.23
17	191.80	6.645	24.149	51.78
18	174.94	6.860	24.696	47.67

表 2-45　叶片安放角为 -4° 时装置模型能量特性试验数据（TJ04-ZL-06）

序号	流量 $Q/(L/s)$	扬程 H/m	轴功率 N/kW	装置效率 $\eta/\%$
1	381.42	1.443	12.385	43.59
2	371.70	1.845	13.311	50.54
3	363.77	2.206	14.183	55.50
4	354.39	2.552	14.940	59.37

序号	流量 Q/(L/s)	扬程 H/m	轴功率 N/kW	装置效率 η/%
5	342.32	3.009	15.905	63.53
6	323.11	3.720	17.298	68.16
7	309.67	4.133	18.144	69.19
8	295.89	4.503	18.934	69.03
9	276.87	5.141	20.197	69.14
10	257.31	5.715	21.270	67.83
11	243.24	6.085	21.909	66.28
12	230.16	6.364	22.342	64.32
13	215.58	6.562	22.556	61.52
14	202.03	6.673	22.567	58.61
15	192.22	6.698	22.571	55.95
16	178.02	6.741	22.571	52.16
17	154.29	7.572	24.762	46.28

表 2-46　TJ04-ZL-06 模型水泵装置性能试验最优效率点参数值

叶片安放角/(°)	最优效率点参数			
	流量 Q/(L/s)	扬程 H/m	轴功率 N/kW	装置效率 η/%
−4	309.67	4.133	18.144	69.19
−2	320.25	4.542	20.450	69.78
0	349.50	4.226	20.937	69.21
2	361.33	4.729	24.599	68.13
4	382.09	4.797	26.582	67.64

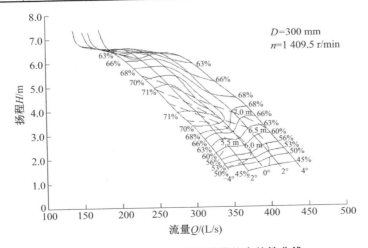

图 2-68　TJ05-ZL-02 模型装置综合特性曲线

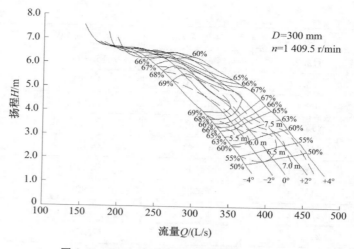

图 2-69   TJ04-ZL-06 模型装置综合特性曲线

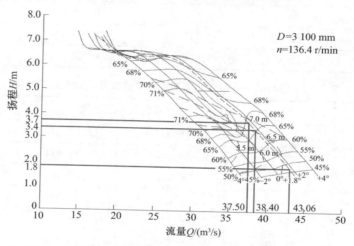

图 2-70   刘老涧泵站原型水泵装置综合特性曲线（TJ05-ZL-02）

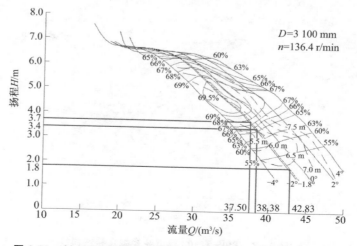

图 2-71   刘老涧泵站原型水泵装置综合特性曲线（TJ04-ZL-06）

3. 空化特性试验结果

　　水泵装置模型的空化试验采用定流量的能量法,取水泵装置模型效率降低 1% 的有效空化余量作为临界空化余量 $NPSH_r$ 值(以叶轮中心为基准)。原型空化特性按照相似律换算后在原型综合特性曲线中用 $NPSH_r$ 等值曲线表示,分别如图 2-70 和图 2-71 所示。

4. 飞逸特性试验结果

　　通过对试验台测试系统的切换,调节辅助泵使水泵运行系统反向运转,扭矩仪不受力,测试不同扬程下模型泵的转速,根据试验结果可得 TJ05-ZL-02 水力模型和 TJ04-ZL-06 水力模型的原型泵装置飞逸特性曲线,分别如图 2-72 和图 2-73 所示。

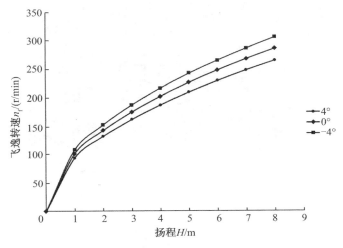

图 2-72　刘老涧泵站原型泵装置飞逸特性曲线(TJ05-ZL-02)

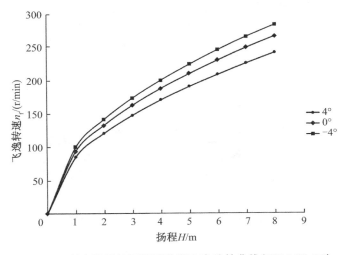

图 2-73　刘老涧泵站原型泵装置飞逸特性曲线(TJ04-ZL-06)

5. 压力脉动试验

　　压力脉动测试采用 2 个 CYG1505GLLF 高频动态压力脉动变送器测量,量程为 200 kPa,配用 SQCJ-USB-16 采集仪数据采集。压力脉动传感器安装在通道 1 处为进水流道靠近叶轮室,通道 2 处为导叶出口弯管,位置如图 2-74 所示。

图 2-74　刘老涧泵站压力脉动传感器安装位置

分别对 TJ05-ZL-02 和 TJ04-ZL-06 水力模型在 3 个不同叶片安放角时进行能量特性试验以及反向发电试验过程中的各工况点压力脉动测试,试验实际转速为 1 409.5 r/min。TJ04-ZL-06 模型叶片安放角为 0°时能量特性试验和反向发电试验的模型装置压力脉动频谱图如图 2-75 所示;TJ05-ZL-02 模型叶片安放角为 4°时能量特性试验和反向发电试验的压力脉动频谱图如图 2-76 所示。TJ04-ZL-06 水力模型反向发电压力脉动试验结果见表 2-47,能量特性试验压力脉动结果见表 2-48。

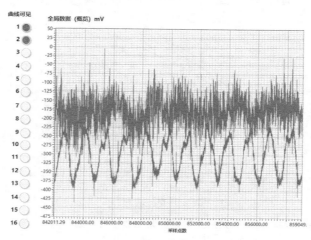

(a) 能量特性试验(H=1.8 m)

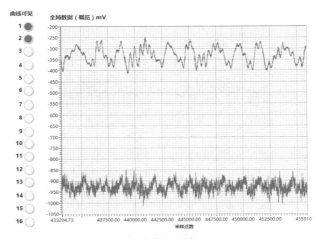

(b) 反向发电试验(*H*=1.8 m)

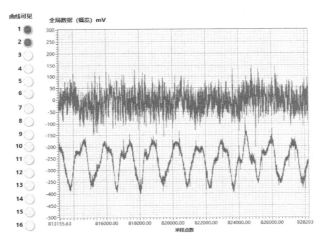

(c) 能量特性试验(*H*=2.5 m)

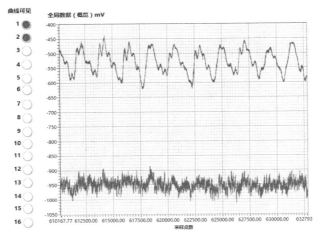

(d) 反向发电试验(*H*=2.5 m)

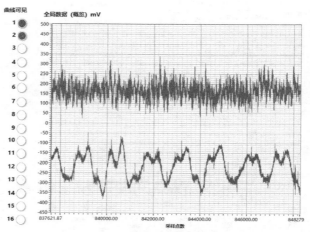

(e) 能量特性试验(H=3.0 m)

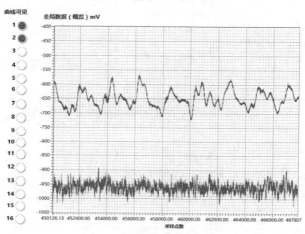

(f) 反向发电试验(H=3.0 m)

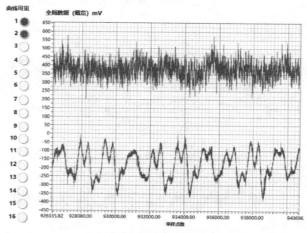

(g) 能量特性试验(H=3.7 m)

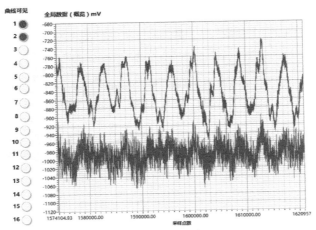

(h) 反向发电试验(H=3.7 m)

图 2-75　TJ04-ZL-06 水力模型叶片安放角为 0°时的压力脉动频谱图

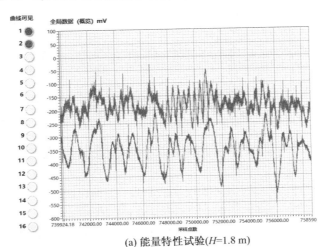

(a) 能量特性试验(H=1.8 m)

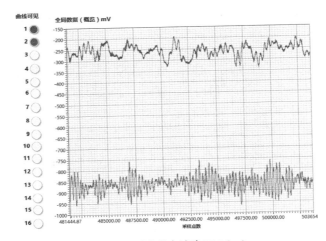

(b) 反向发电试验(H=1.8 m)

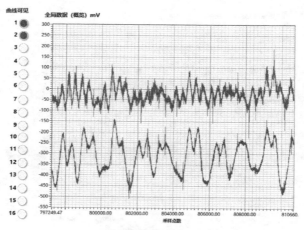

(c) 能量特性试验(H=2.5 m)

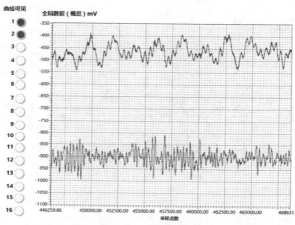

(d) 反向发电试验(H=2.5 m)

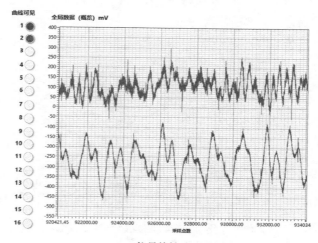

(e) 能量特性试验(H=3.0 m)

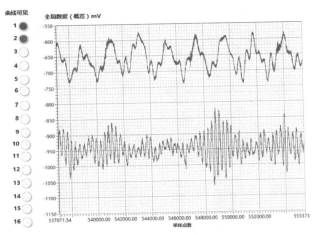

(f) 反向发电试验(*H*=3.0 m)

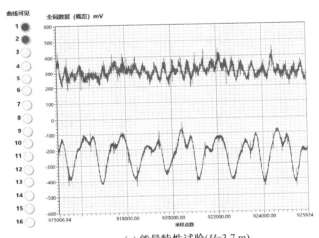

(g) 能量特性试验(*H*=3.7 m)

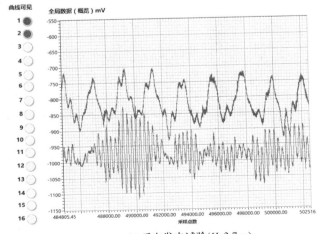

(h) 反向发电试验(*H*=3.7 m)

图 2-76　TJ05-ZL-02 水力模型叶片安放角为 4°时的压力脉动频谱图

表 2-47 TJ04-ZL-06 水力模型反向发电试验压力脉动结果

叶片安放角/(°)	扬程 H/m	流量 Q/(L/s)	相对幅值	
			进水流道(通道 1)	导叶出口(通道 2)
−4	1.8	243.6	0.500	0.573
	2.5	265.4	0.382	0.384
	3.0	282.4	0.284	0.321
	3.7	298.4	0.290	0.278
0	1.8	273.5	0.484	0.573
	2.5	296.8	0.378	0.256
	3.0	311.8	0.275	0.204
	3.7	331.5	0.268	0.229
4	1.8	304.4	0.471	0.562
	2.5	328.9	0.360	0.445
	3.0	349.6	0.297	0.391
	3.7	367.9	0.296	0.469

表 2-48 TJ04-ZL-06 水力模型能量特性试验压力脉动结果

叶片安放角/(°)	扬程 H/m	流量 Q/(L/s)	相对幅值	
			进水流道(通道 1)	导叶出口(通道 2)
−4	1.8	371.7	0.647	0.838
	2.5	354.4	0.443	0.605
	3.0	342.3	0.380	0.452
	3.7	323.1	0.347	0.377
0	1.8	414.9	0.484	0.611
	2.5	396.9	0.443	0.483
	3.0	382.8	0.405	0.428
	3.7	360.0	0.374	0.375
4	1.8	467.8	0.833	1.316
	2.5	448.1	0.726	1.064
	3.0	434.6	0.667	0.911
	3.7	416.0	0.561	0.768

　　压力脉动的数值与测点位置紧密相关,设计工况扬程为 3.7 m 时,压力脉动的脉动相对幅值较小;而泵一旦在偏离设计工况运行时,随着扬程的减小,脉动相对幅值增大。导叶出口处存在比较明显的压力脉动,进水流道靠近叶轮处的压力脉动相对幅值比导叶出口处有所减小。

　　通过能量特性试验压力脉动相对幅值和反向发电试验压力脉动相对幅值对比(见表 2-49)发现,在设计工况扬程为 3.7 m、叶片安放角为 −4°时,通道 1 和通道 2 反向发电试验相对幅值与能量特性试验的比值分别为 0.836 和 0.737;在设计工况扬程为 3.7 m,

叶片安放角为 0°时,通道 1 和通道 2 反向发电试验相对幅值与能量试验的比值分别为 0.717 和 0.611;在设计工况扬程为 3.7 m,叶片安放角为 4°时,通道 1 和通道 2 反向发电试验相对幅值与能量特性试验的比值分别为 0.528 和 0.610,即反向发电工况的压力脉动幅值较小。

表 2-49　TJ04-ZL-06 水力模型反向发电试验与能量特性试验压力脉动结果对比

叶片安放角/(°)	H/m	反向发电试验/能量特性试验	
		进水流道(通道 1)	导叶出口(通道 2)
−4	1.8	0.773	0.684
	2.5	0.862	0.635
	3.0	0.747	0.710
	3.7	0.836	0.737
0	1.8	1.000	0.938
	2.5	0.853	0.530
	3.0	0.679	0.477
	3.7	0.717	0.611
4	1.8	0.565	0.427
	2.5	0.496	0.418
	3.0	0.445	0.429
	3.7	0.528	0.610

6. 反向发电试验

当来水较丰,有余水下泄时,在满足泵站要求的前提下,刘老涧泵站水泵机组根据轴流泵特性可以在水轮机工况下运行,反向运行发电。因此开展反向发电试验研究。

TJ05-ZL-02 模型叶轮反向发电工况水轮机综合特性曲线如图 2-77 所示;TJ04-ZL-06 模型叶轮水轮机工况综合特性曲线如图 2-78 所示。通过试验数据得出 2 组水力模型水泵叶轮在不同叶片安放角时反向发电对应参数见表 2-50。

表 2-50　2 组模型装置不同叶片安放角下发电工况最优效率点参数

叶片安放角/(°)	模型	效率/%	水头/m	出力/kW		单位转速 n_1'	单位流量 Q_1'
				模型	原型		
−4	TJ05-ZL-02	40.40	1.72	1.55	165.48	213.03	1 897.30
	TJ04-ZL-06	39.77	1.74	1.65	176.64	211.26	2 050.99
	TJ05-ZL-02	44.07	2.49	2.70	288.46	176.95	1 737.71
	TJ04-ZL-06	43.04	2.48	2.78	296.94	177.30	1 872.13
	TJ05-ZL-02	42.91	3.04	3.40	362.88	159.96	1 658.63
	TJ04-ZL-06	43.80	3.10	3.76	401.19	158.73	1 783.21
	TJ05-ZL-02	40.48	3.68	4.08	435.90	145.42	1 586.62
	TJ04-ZL-06	41.97	3.71	4.56	486.61	144.97	1 721.50

叶片安放角/(°)	模型	效率/%	水头/m	出力/kW		单位转速 n_1'	单位流量 Q_1'
				模型	原型		
0	TJ05-ZL-02	41.43	1.86	1.49	159.07	221.23	2 216.49
	TJ04-ZL-06	40.05	1.80	1.94	206.89	208.00	2 262.44
	TJ05-ZL-02	43.04	2.38	2.79	297.76	180.92	1 963.15
	TJ04-ZL-06	42.50	2.51	3.10	331.35	175.94	2 082.41
	TJ05-ZL-02	41.88	3.08	3.74	399.79	159.03	1 839.48
	TJ04-ZL-06	41.71	3.02	3.85	410.84	160.87	1 995.04
	TJ05-ZL-02	39.45	3.69	4.39	469.27	145.30	1 748.39
	TJ04-ZL-06	38.85	3.75	4.74	505.61	144.03	1 902.87
4	TJ05-ZL-02	38.33	1.73	1.92	205.36	212.40	2 459.85
	TJ04-ZL-06	36.50	1.77	1.93	205.88	210.03	2 542.54
	TJ05-ZL-02	41.18	2.35	2.98	318.47	182.19	2 240.99
	TJ04-ZL-06	39.84	2.49	3.20	341.24	177.09	2 317.17
	TJ05-ZL-02	41.60	2.98	4.05	432.39	161.67	2 104.62
	TJ04-ZL-06	39.42	3.10	4.20	448.19	158.57	2 204.92
	TJ05-ZL-02	38.77	3.70	4.91	524.76	145.08	1 980.58
	TJ04-ZL-06	36.09	3.71	4.84	516.62	144.53	2 121.35

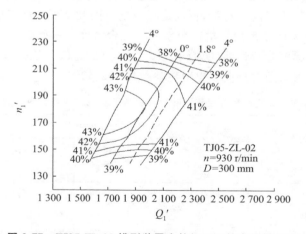

图 2-77　TJ05-ZL-02 模型装置水轮机工况综合特性曲线

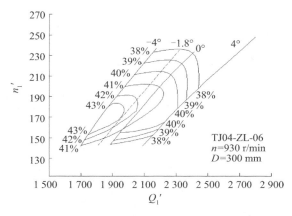

图 2-78　TJ04-ZL-06 模型装置水轮机工况综合特性曲线

7.2 组水力模型的性能对比及结论

TJ05-ZL-02 和 TJ04-ZL-06 水力模型在不同叶片安放角下的主要性能参数见表 2-51，TJ05-ZL-02 模型（最佳叶片安放角 1.8°）和 TJ04-ZL-6 模型（最佳叶片安放角－1.8°）的主要性能参数对比见表 2-52。原设计方案及优化设计后工程实施的方案综合对比结果见表 2-53，最佳叶片安放角下模型装置性能对比曲线如图 2-79 所示（均折算到 1 450 r/min 转速）。

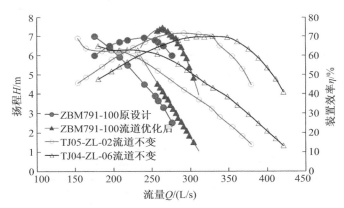

图 2-79　最佳叶片安放角下模型装置性能对比曲线

表 2-51　2 组水力模型在不同叶片安放角下的性能参数

水力模型	叶片安放角/(°)	设计扬程(3.7 m)		平均扬程(3.4 m)		最小扬程(1.8 m)		最优效率点	
		流量/(m³/s)	效率/%	流量/(m³/s)	效率/%	流量/(m³/s)	效率/%	流量/(m³/s)	效率/%
TJ05-ZL-02	－4	30.31	71.47	31.48	70.41	35.90	53.52	27.69	71.51
TJ04-ZL-06		34.50	68.16	35.47	66.42	39.80	46.51	32.86	69.21
TJ05-ZL-02	－2	32.97	70.58	33.88	70.39	38.50	51.08	30.29	71.52
TJ04-ZL-06		37.26	67.60	38.15	65.62	42.59	48.06	34.82	69.86

水力模型	叶片安放角/(°)	设计扬程(3.7 m)		平均扬程(3.4 m)		最小扬程(1.8 m)		最优效率点	
		流量/(m³/s)	效率/%	流量/(m³/s)	效率/%	流量/(m³/s)	效率/%	流量/(m³/s)	效率/%
TJ05-ZL-02	0	35.40	70.79	36.37	69.22	40.99	49.48	34.47	71.10
TJ04-ZL-06		38.96	66.27	39.86	64.04	44.49	46.44	36.68	69.38
TJ05-ZL-02	2	38.02	66.70	38.88	64.61	43.51	46.19	36.42	68.53
TJ04-ZL-06		42.07	64.17	42.99	62.04	47.62	44.27	38.58	68.13
TJ05-ZL-02	4	40.69	65.54	41.56	63.81	46.26	44.56	38.73	68.69
TJ04-ZL-06		44.64	62.96	45.46	60.75	49.91	42.68	40.67	67.65

水力模型	叶片安放角/(°)	$NPSH_r$ 值/m		
		最小扬程(1.8 m)	平均扬程(3.4 m)	设计扬程(3.7 m)
TJ05-ZL-02	−4	5.73	5.21	5.58
TJ04-ZL-06		5.86	5.84	6.02
TJ05-ZL-02	−2	6.41	5.44	6.07
TJ04-ZL-06		6.17	6.26	6.42
TJ05-ZL-02	0	6.21	6.53	7.33
TJ04-ZL-06		6.63	6.77	6.68
TJ05-ZL-02	2	6.01	6.39	6.78
TJ04-ZL-06		7.39	7.45	8.38
TJ05-ZL-02	4	6.89	7.31	7.81
TJ04-ZL-06		7.93	7.94	7.88

表 2-52　2 组水力模型在最佳安放角下的性能参数

模型	设计扬程(3.7 m)		平均扬程(3.4 m)		最小扬程(1.8 m)		最优效率点	
	流量/(m³/s)	效率/%	流量/(m³/s)	效率/%	流量/(m³/s)	效率/%	流量/(m³/s)	效率/%
TJ05-ZL-02(1.8°)	37.50	66.90	38.40	65.10	43.06	46.50	34.90	69.00
TJ04-ZL-06(−1.8°)	37.50	67.50	38.38	65.50	42.83	47.60	35.10	69.60

模型	$NPSH_r$ 值/m		
	设计扬程(3.7 m)	平均扬程(3.4 m)	最小扬程(1.8 m)
TJ05-ZL-02(1.8°)	6.23	6.52	6.90
TJ04-ZL-06(−1.8°)	6.25	6.31	6.45

续表

模型	发电性能比较					
	效率/%	水头/m	出力/kW		单位转速	单位流量
			模型	原型		
TJ05-ZL-02(1.8°)	39.60	1.80	1.91	203.94	207.95	2 260.80
TJ04-ZL-06(−1.8°)	40.50	1.80	1.87	199.67	207.95	2 167.60
TJ05-ZL-02(1.8°)	40.30	3.40	4.21	449.53	151.30	1 890.20
TJ04-ZL-06(−1.8°)	41.20	3.40	4.23	451.67	151.30	1 855.60
TJ05-ZL-02(1.8°)	39.10	3.70	4.54	484.77	145.05	1 850.20
TJ04-ZL-06(−1.8°)	40.00	3.70	4.60	491.17	145.05	1 828.00

表 2-53　刘老涧泵站在不同设计阶段最优工况的性能参数

叶片安放角/(°)	设计阶段		流量 Q/(L/s)	扬程 H/m	装置效率 η/%	$NPSH_r$/m	空化比转速 C	比转速 n_s
4	原设计(ZBM791-100)		332.83	4.78	60.54	5.741	1 268	944
	优化后(ZBM791-100)		326.76	5.44	72.05	6.365	1 162	849
	更新改造	TJ05-ZL-02	373.11	4.56	68.69	7.937	1 053	1 036
		TJ04-ZL-06	393.07	5.08	67.64	8.466	1 029	981
2	原设计(ZBM791-100)		305.37	5.03	64.44	5.193	1 309	871
	优化后(ZBM791-100)		310.49	5.02	73.80	6.246	1 149	879
	更新改造	TJ05-ZL-02	350.91	4.41	68.53	7.620	1 053	1 030
		TJ04-ZL-06	371.71	5.00	68.13	8.403	1 007	965
0	原设计(ZBM791-100)		276.02	5.36	67.09	4.567	1 370	789
	优化后(ZBM791-100)		298.77	4.56	74.27	6.128	1 144	927
	更新改造	TJ05-ZL-02	332.10	4.15	71.10	6.985	1 093	1 049
		TJ04-ZL-06	359.54	4.47	69.21	7.302	1 100	1 032
−2	原设计(ZBM791-100)		267.04	4.32	67.60	4.120	1 456	913
	优化后(ZBM791-100)		279.32	4.46	74.95	6.740	1 029	911
	更新改造	TJ05-ZL-02	291.79	4.71	71.52	6.879	1 036	894
		TJ04-ZL-06	329.45	4.81	69.78	6.879	1 101	935
−4	原设计(ZBM791-100)		240.46	4.56	69.21	4.157	1 372	832
	优化后(ZBM791-100)		263.82	4.13	74.60	6.682	1 007	938
	更新改造	TJ05-ZL-02	266.76	4.74	71.51	6.456	1 039	851
		TJ04-ZL-06	318.57	4.37	69.19	6.561	1 122	988

为满足刘老涧泵站更新改造的需求,分析试验结果并与改造前的优化设计成果对比,改造前的最优工况点为叶片安放角-2°,流量为 279.32 L/s,扬程为 4.46 m,对应的装置效率为 74.95%,$NPSH_r$ 值为 6.74 m。对应于水泵性能曲线的相同流量工况点,泵扬程为 5.08 m,泵效率为 83.7%。如果假定流道损失符合 kQ^2 规律,流道损失为 0.62 m,则 $k=7.946\,7$。因此采用 TJ05-ZL-02 和 TJ04-ZL-06 水力模型后,流道不变,则流道损失随着流量的变化而变化,同样在叶片安放角为-2°时,最优工况点的流量是 291.79 L/s 和 329.45 L/s,对应的扬程分别为 4.71 m 和 4.81 m,则流道损失分别为 0.68 m 和 0.86 m,流道效率仅分别为 85.56% 和 82.12%。虽然 2 组水力模型的效率分别为 85.46% 和 85.27%,均高于 ZBM791-100 的 84.00%,但由于流量增幅分别达 12.47 L/s 和 50.15 L/s,流道效率分别降低 2.23% 和 5.68%,因受流道尺寸所限制,采用这 2 组水力模型时装置效率有所降低不可避免。但是,流量的增加仍是非常有价值的,而且从图 2-79 可以发现,在平均扬程小于 3.4 m 的工况下,不仅流量增大,而且装置效率也有明显改善,说明这种装置型式对大流量工况是有利的。

TJ05-ZL-02 水力模型能量特性试验表明,设计扬程为 3.7 m、泵装置流量为 37.50 m³/s 时,叶片安放角为 1.8°,装置效率为 66.90%;平均扬程为 3.4 m、叶片安放角为 1.8°时,泵装置流量为 38.40 m³/s,装置效率为 65.10%;最小扬程为 1.8 m、叶片安放角为 1.8°时,泵装置流量为 43.06 m³/s,装置效率为 46.50%。

TJ04-ZL-06 水力模型能量特性试验表明,设计扬程为 3.7 m、泵装置流量为 37.50 m³/s 时,叶片安放角度为-1.8°,装置效率为 67.50%;平均扬程为 3.4 m、叶片安放角为-1.8°时,泵装置流量为 38.38 m³/s,装置效率为 65.50%;最小扬程为 1.8 m、叶片安放角为-1.8°时,泵装置流量为 42.83 m³/s,装置效率为 47.60%。

虽然 2 组模型的流量显著增大,但空化性能也仍有改善,TJ05-ZL-02 水力模型空化试验表明,叶片安放角为 1.8°时,在设计扬程 3.70 m 工况下,水泵 $NPSH_r$ 值为 6.23 m。TJ04-ZL-06 水力模型空化试验表明,叶片安放角为-1.8°时,在设计扬程 3.70 m 工况下,水泵 $NPSH_r$ 值为 6.25 m,而且原型机组的 nD 值从 465 减小到 422.84,空化性能将得到显著改善。

TJ04-ZL-06 水力模型试验压力脉动测试结果表明,各个工况下均能稳定运行,4 个特征工况扬程(1.8 m,2.5 m,3.0 m,3.7 m)中在设计工况 3.7 m 时压力脉动的脉动相对幅值最小。在设计工况扬程为 3.7 m,叶片安放角为-4°时,进水流道靠近叶轮处和导叶出口处反向发电试验相对幅值与能量试验的比值分别为 0.836 和 0.737;在设计工况扬程为 3.7 m,叶片安放角为 0°时,进水流道靠近叶轮处和导叶出口处反向发电试验相对幅值与能量试验的比值分别为 0.717 和 0.611;在设计工况扬程为 3.7m,叶片安放角为 4°时,进水流道靠近叶轮处和导叶出口处反向发电试验相对幅值与能量试验的比值分别为 0.528 和 0.610。

TJ05-ZL-02 水力模型反向发电试验表明,当叶片安放角为 1.8°时,水头为最小扬程 1.8 m 时,效率达到 39.60%,原型出力为 203.94 kW;水头为平均扬程 3.4 m 时,效率达到 40.30%,原型出力为 449.53 kW;水头为设计扬程 3.7 m 时,效率达到 39.10%,原型出力为 484.77 kW。TJ04-ZL-06 模型反向发电试验表明,当安装安放角为-1.8°时,水头为最小扬程 1.8 m 时,效率达到 40.50%,原型出力为 199.67 kW;水头为平均扬程 3.4 m 时,效率达到 41.20%,原型出力为 451.67 kW;水头为设计扬程 3.7 m 时,效率达到

40.0%,原型出力为491.17 kW。两组模型的反向发电性能基本接近。

综合上述研究结果,结合改造工程的特点和限制因素,最终在施工设计阶段推荐 TJ04-ZL-06 水力模型配原有簸箕形进水、虹吸式出水流道的装置型式。

2.3.7　泵站进水条件优化设计数值模拟[①]

1. 存在的问题

目前刘老涧泵站下游进水侧的拦污栅紧靠进水流道进口,采用抓斗式清污装置,结构型式不能满足泵站清污的要求。由于污物多、清污效率低、清污不及时等原因,拦污栅前、后水位差有时达 0.6 m,与 3.5 m 的设计扬程相比,明显加大水泵的工作扬程,消耗电机功率,降低装置效率;特别是由于水草等污杂物的堵塞,造成水泵进水流道两侧进口水位不等的情况下,直接诱发机组振动,加快机组设备的磨损和损坏,影响泵站的安全与稳定运行。因此,在技术改造中将考虑在远离水泵房的引渠中设计清污机桥和安装清污设备,提高清污效率,为水泵提供良好的进水条件。

刘老涧泵站水泵机组在抽水工况下,水流经 50° 大角度拐弯进入引渠直段,属于侧向进水,前池流态受弯段进水影响。泵站进水侧的引渠直段虽然有一定的长度,但河道中的水流不平顺,站在进水侧面向引渠观察,可明显看见河道中的主流偏向北侧,南侧有明显的低速区,导致每台机组的进水条件不相同,北侧机组的进水条件较好,最南端机组的进水条件最差,对机组运行效率、振动幅值、噪声大小、导轴承磨损和机组维护产生不利影响,不良的水泵进水条件直接影响装置运行的安全性与稳定性。

考虑到泵站侧向进水的不利条件,结合泵站更新改造,对新建清污机桥的位置进行研究,将清污机桥墩对进水水力条件的影响降到最小,在保证有效清除污物的同时,实现泵站高效运行。

2. 计算模型及评价指标

(1) 数值计算范围

数值计算范围从引渠弯段进口开始,到簸箕形进水流道出口延伸段结束,包括如下 6 个部分:

① 弯段进水部分。弯段河道为刘老涧进水条件数值计算的进口段,从京杭大运河取水,梯形断面,底宽 60 m、边坡系数 $m=1:2.5$、河底高程为 11.5 m,经 50° 拐弯后与引渠直段相接。

② 引渠直段部分。引渠直段部分上游与弯段进水部分相接,下游与泵站前池相连,断面为梯形,河底宽度保持不变,河底高程为 11.5 m、底宽 60 m、边坡系数 $m=1:2.5$。

③ 前池部分。前池上接引渠直段,长度 35 m、边坡系数 $m=1:2.5$,采用 $i=1:2.5$ 底坡,河底高程从 11.5 m 逐渐下降到 8.0 m。

④ 翼墙及隔墩部分。由于采用圆弧形直立重力式挡土墙,翼墙及隔墩部分的进口两侧为弧形,底部高程为 8.0 m,直接与矩形隔墩部分相连,内设泵房中隔墩延伸段和簸箕形进水流道中隔墩的延伸段,进口呈 15° 后倾。

⑤ 簸箕形进水流道部分。簸箕形进水流道与翼墙及隔墩部分相连。

---

① 扬州大学. 刘老涧抽水站进水条件优化设计数值模拟研究报告[R].扬州:扬州大学,2016.

⑥ 出口延伸段。进水流道出口延伸段为同心圆管,是根据数值计算需要设置的,目的是使得计算域的出口远离进水流道的出口,使水流得到充分发展,保证其流动状态不再影响数值计算结果。

(2) 数值计算方法

采用与试验室中进水建筑物水工模型试验相同的方法,根据相似换算,在建立泵站进水建筑物内流分析数学模型的基础上,创建刘老涧泵站引渠＋前池＋簸箕形进水流道＋出口延伸段组成的进水设计数值分析三维模型,开展 CFD 仿真计算与流态分析和性能预测,在提高计算精度和计算效率的同时,也便于与相关类似的水工模型试验结果进行对比。

在泵站引渠和前池中有自由水面,水流运动主要受重力影响,遵守重力相似准则,即原型、模型的 Froude 数相等($Fr = \mathrm{const}$)。取原型、模型几何尺寸比 $\lambda_l = 10.5$,从而计算出该泵站原型、模型进水设计的流量比 $\lambda_Q = \lambda_l^2 = 110.25$,原型、模型进水设计的流速比 $\lambda_v = 1$。其中,单机流量达到 39.1 $\mathrm{m^3/s}$,泵站流量为 157 $\mathrm{m^3/s}$,在对应于进水池最高水位 16.85 m 和设计水位 15.85 m 两种情况下,采用设计工况下的泵站流量进行进水设计内部流动 CFD 数值分析和水力性能预测。

在进水设计数值分析中,除了在 Z 方向上给出不同水深处的引渠水平剖面的流态,还在 X 和 Y 方向上抽取许多引渠和进水流道中的典型剖面进行流场分析,为了叙述方便,图 2-80 为刘老涧泵站进水设计典型剖面的位置示意图。图 2-81 所示为清污机桥墩的布置示意图。X 坐标的正方向指向出水侧,Y 坐标的正方向指向南方,Z 坐标的正方向从渠底指向水面。在 X 方向上,选取了引渠弯段结束的直段进口断面、前池进口断面、前池出口断面和流道进口断面。在 Y 方向上,分别选取了对应于每个进水流道左右中间对称的两个剖面,依次为南一至南八。在 Z 方向上,对应于最高水位 16.85 m 工况,给出水面下 0.50 m,2.0 m,4.0 m,6.0 m 和距渠底 0.5 m 深剖面的流场;对应于设计水位 15.85 m 工况,给出了水面下 0.50 m,2.0 m,4.0 m,5.0 m 和距渠底 0.5 m 深剖面的流场。

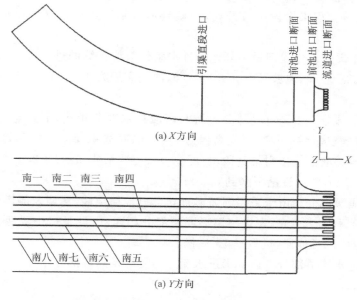

图 2-80 刘老涧泵站进水设计典型剖面位置示意图

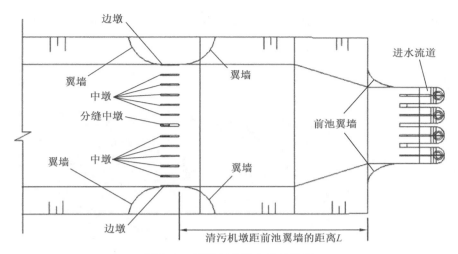

图 2-81　清污机桥墩布置示意图

（3）数学模型与评价条件

对由引渠、前池、隔墩、进水流道等组成的泵站进水建筑物过流部件内部水流运动进行分析、概括、抽象和简化，并依据流体动力学中的质量守恒、动量定律和能量守恒等基本原理，可建立起泵站进水建筑物内部流动数学模型。在恒定流情况下，基本方程组不包括时间变量而表达为边值问题。由于泵站进水建筑物中的水流速度很小，水的黏度和密度变化不大，可近似为不可压缩，因而可采用时均、不可压、黏性、恒定流动的 Navier-Stokes 方程，描述泵站进水建筑物内部流动的三维流场。

为保证泵站的安全与经济运行，进水建筑物除了满足一般水工设计的要求及尽可能节省土建投资外，还应满足保证进水能力、水流平顺稳定、水力损失小、避免回流及旋涡等水力设计的要求。根据前述装置 CFD 模拟和优化设计以及模型装置试验结果，现行的进水流道能够满足泵站安全、高效运行，在更新改造中簸箕形进水流道不做结构调整，因此进水条件优化设计评价指标保持与泵装置一致，设置为进水流道出口入流的均匀度和入流角以及进水流道的水力损失。

3. 结果及分析

（1）无清污机桥墩数值模拟结果

① 进水流道流场分析

图 2-82 为数值计算获得的引渠设计水位 15.85 m、泵站流量为 157 m³/s 工况下从引渠直段开始的水体质点轨线，描述了从引渠入口向流道流动的过程中，可清楚地看到水体质点的轨迹和速度变化情况。图 2-82 表明，水体在经过引渠直段进入前池后，由于水体向泵站进口汇聚，在前池和翼墙两侧形成了低速回流区，南北两侧的回流区基本对称。

图 2-83 为不同引渠水深剖面的流场图。从图中可以看出，断面流速随水深的增加而减小。水体在向泵站进口流动的过程中，由于引渠弯段的影响，受惯性作用，水面附近的主流明显偏向弯道外侧，在内弯侧形成一个低速区；随着水深的增加，在到达 4.0 m 水深处的渠道剖面上，主流已逐渐偏向了弯道内侧，泵站进口的流场分布不对称。由于进水侧水位为 15.85 m，较最高水位 16.85 m 降低了 1.00 m，在过水面积减小较多的情况下，但要

求通过流量相同,使得引渠各断面的平均流速普遍提高,弯段进口断面的流速从 0.399 m/s 增大到 0.509 m/s。

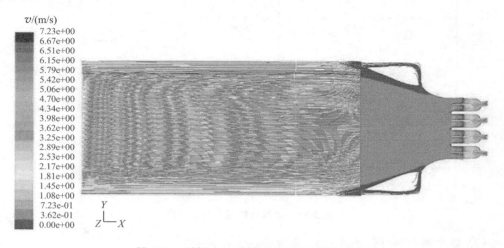

图 2-82　引渠水位 15.85 m 水体质点轨迹图

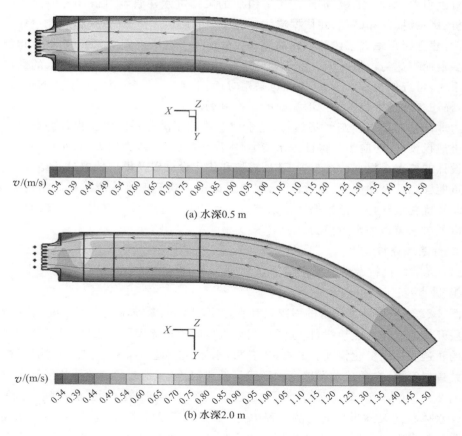

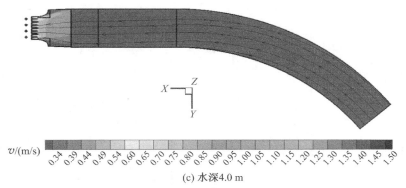

(c) 水深4.0 m

图 2-83 不同引水渠水深剖面流场分布

图 2-84 为水体在从引渠入口向泵站进水流道进口断面流动的过程中,不同横断面上的流场分布。水体受引渠进口弯段的影响,在离心力的惯性作用下,主流偏向弯段处,在进入引渠直段的进口剖面图上,渠面流速高于渠底流速,北侧流速高于南侧流速,靠近渠底和边坡的区域流速较低。随着水流向前池流动,在到达前池出口的断面上,主流进一步向中间区域靠拢,高速区明显偏向北侧。4 台机组簸箕形进水流道进口断面上的流场分布各不相同,流场比较紊乱,同一进水流道隔墩两侧的流场也不对称,流道过水断面上部流速较低,中间偏下区域的流速较高。

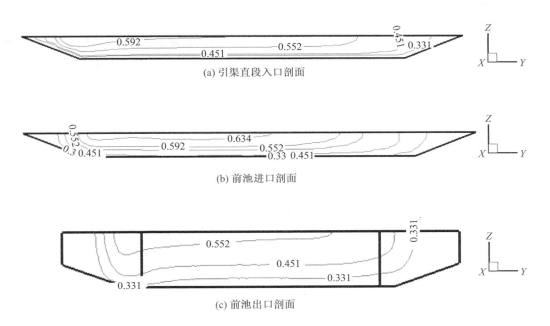

(a) 引渠直段入口剖面

(b) 前池进口剖面

(c) 前池出口剖面

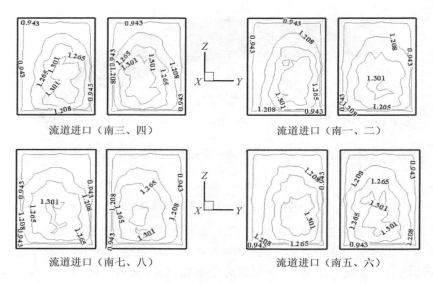

流道进口（南三、四）　　　　　　　流道进口（南一、二）

流道进口（南七、八）　　　　　　　流道进口（南五、六）

(d) 计算流道进口剖面

图 2-84　不同横断面流场分布（单位：m/s）

图 2-85 为经过进水流道两侧中心纵剖面上的流场分布。水流进入前池前，过水断面小，平均流速高，流线密集；进入前池后，随着渠道底部高程的不断降低，过水断面不断增大，水体在惯性作用下向前流动的同时，也在逐渐向下扩散，对应于弯段内外侧，南一纵剖面上的流场分布与南八纵剖面上的流场差异明显；在前池底宽不断减小、两岸直立式圆弧形翼墙不断收缩的情况下，水体急剧向泵站进水口汇集，在向进水流道进口流动的过程中，流速不断增加，流道进水口上方有滞留区存在，越靠近后墙，流速越低；经过簸箕形进水流道中隔墩两侧的 8 个两两对称的剖面上，流场分布并不对称，流道进口断面的流速均达到 1.3 m/s。

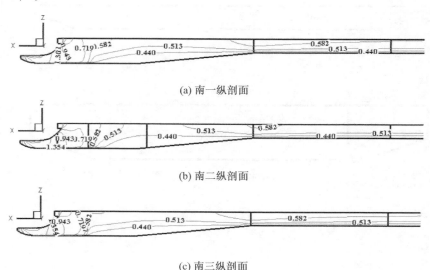

(a) 南一纵剖面

(b) 南二纵剖面

(c) 南三纵剖面

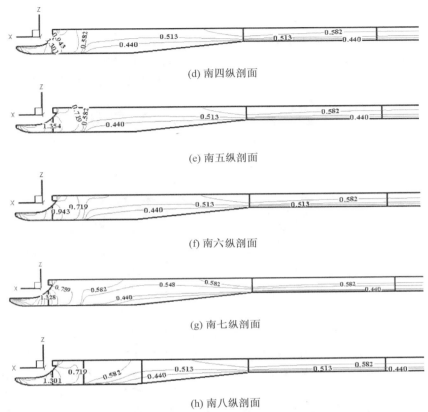

(d) 南四纵剖面

(e) 南五纵剖面

(f) 南六纵剖面

(g) 南七纵剖面

(h) 南八纵剖面

图 2-85　进水流道两侧中心纵剖面上的流场分布(单位: m/s)

② 进水流道水力特性分析

表 2-54 给出了泵站簸箕形进水流道出口断面的流速分布特性对比。从进口断面轴向流速分布均匀性和入流角两方面看,虽然数值比较的差异很小,但南端第一台机组对应的进水流道的水力性能相对较差。原因是引渠进口段弯道的影响,前池主流偏向北侧。与表 2-29 中均匀度 95.36%、平均入流角 87.206° 相比,考虑引水渠的影响后,进水流道出口的流速分布特性略低于不考虑引水渠的情况。

表 2-54　簸箕形进水流道出口断面流速分布特性对比

进水流道出口断面编号	最大流速 u_{max}/(m/s)	最小流速 u_{min}/(m/s)	均匀度 v_u/%	最大角度 ϑ_{max}/(°)	最小角度 ϑ_{min}/(°)	平均角度 $\overline{\vartheta}$/(°)
南一、二	7.174	6.356	93.01	89.457	85.138	86.759
南三、四	7.186	6.345	93.96	89.295	85.145	86.772
南五、六	7.157	6.386	94.02	89.295	85.264	86.784
南七、八	7.134	6.434	94.15	89.262	85.186	86.861

泵站 4 台机组对应的簸箕形进水流道水力损失平均值为 0.183 m。在全泵站引渠进水条件下,显然没有单独进行的水泵装置全流道数值计算或模型试验中的进水条件好,与相同流量下的水力损失相比,此时的流道水力损失增大 0.015 m。

（2）增设清污机桥后数值模拟结果

图 2-86 为桥墩距离前池翼墙进口分别为 55 m，90 m，130 m 和 160 m 位置处的平面图，清污机桥墩距前池翼墙进口的距离为 55 m 时，清污机桥墩十分靠近前池进口；当清污机桥墩距前池翼墙进口的距离达到 160 m 时，清污机桥墩已接近引渠直段进口。

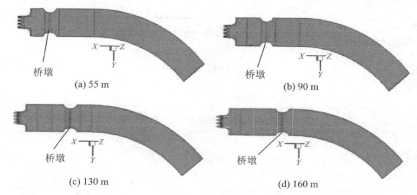

图 2-86　清污机桥墩在不同位置的平面图

① 进水流道流场分析

图 2-87 为引渠设计水位为 15.85 m 时桥墩在不同位置时水体质点的轨迹图。从图中可以看出，由于在引渠中设置清污机桥，桥墩对水体行进形成阻碍，在桥墩的迎水面流速增大，两桥墩之间的流速明显增大，进入前池后又减小，直到进入进水流道向出水口流动时，流速又不断增大；由于桥墩的影响，在桥墩的下游形成较长的尾迹，一直延伸进泵站前池。又由于泵站前池直立翼墙 90°转弯收缩的原因，在前池的两侧有大区域的回流区。清污机桥墩距前池翼墙进口为 90 m 时，与 55 m 时的情况相比，引渠中的清污机桥墩对泵站进水流态有所改善，但桥墩引起的尾迹仍然影响泵站前池流态；随着清污机桥向弯段方向移动，离泵站翼墙的距离越来越远，清污机桥墩引起的进水流态变化对泵站进水条件的影响越来越弱。

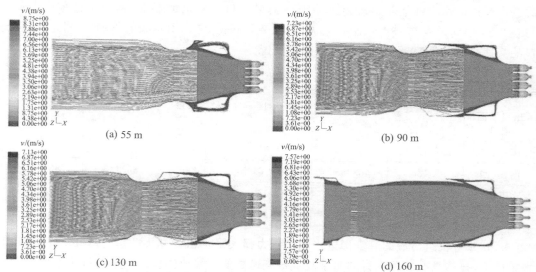

图 2-87　桥墩在不同位置处水体质点的轨迹图

图 2-88 为清污机桥墩距前池翼墙 90 m、不同水深处引渠剖面的流场分布。从图中可看出,水体从弯道进口向引渠直段进口流动的过程中,由于受引渠弯段离心力的影响,水面附近的主流明显偏向弯道外侧,在内弯侧形成一个低速区;水体到达清污机桥墩前方时,受桥墩阻碍,过水断面宽度收缩,流速增大,通过桥墩后,断面扩大,流速减小,在桥墩下游形成一个很长的尾迹,伸进了前池很远的地方;图 2-88c 表明,在水深达到 4.0 m 的剖面上,清污机桥墩对前池流场的影响逐渐减弱,但仍能在水下 5.0 m 的剖面上看到锯齿状的流速锋线;在泵站前池内,北侧的流速高于南侧的流速。在清污机桥两侧翼墙的上游和下游形成滞流区和回流区;在泵站翼墙的后方也有大片的低速回流区存在。

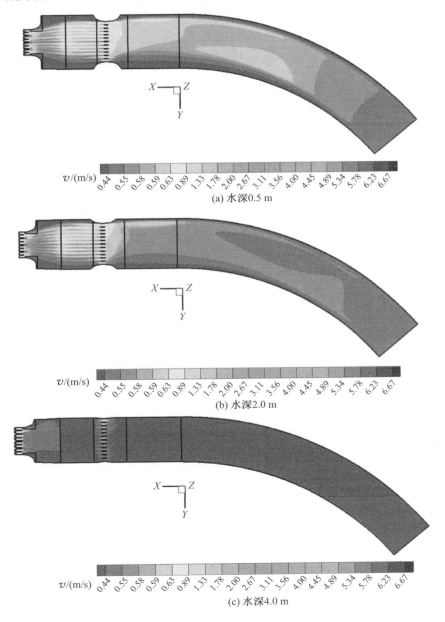

(a) 水深0.5 m

(b) 水深2.0 m

(c) 水深4.0 m

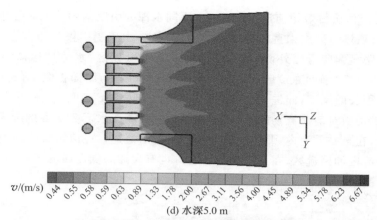

$v/(m/s)$ 0.44 0.55 0.58 0.59 0.63 0.89 1.33 1.78 2.00 2.67 3.11 3.56 4.00 4.45 4.89 5.34 5.78 6.23 6.67

(d) 水深5.0 m

图2-88 不同水深处引渠剖面流场分布

图2-89为清污机桥墩距前池翼墙90 m、不同引渠横断面及流道进口的流场分布。从图2-89a可看到,在引渠直段进口,流速分布呈现水面流速高、水底流速低的特点,南北两侧流速不对称,北侧流速高于南侧;从图2-89b可看到,即使清污机桥墩在先前距泵站下游翼墙55 m的基础上,向下游移35 m,达到90 m的情况下,在泵站前池出口剖面上,仍然能清晰地看到清污机桥墩阻碍水流形成的尾迹,引渠两侧岸边有低速回流区存在;泵站下游翼墙两侧的低速回流区依然存在。从图中可看到,水体从前池出口进入流道进口前有一个过渡段,随着泵站两岸圆弧形翼墙的不断收缩,水体不断向泵站进口靠拢,受进水流道中隔墩和机组之间隔墩的分隔,对应4台机组进水流道的流速分布如图2-89d所示,呈现靠近四周固壁的区域流速低,断面上部流速低,下部流速高,左右两个断面流场不对称的特点。

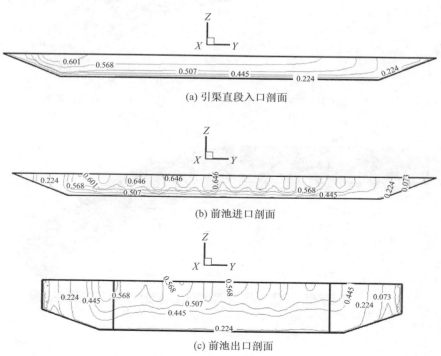

(a) 引渠直段入口剖面

(b) 前池进口剖面

(c) 前池出口剖面

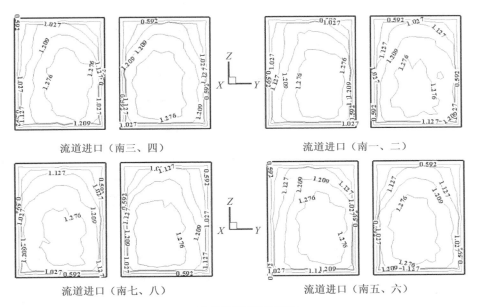

流道进口（南三、四）　　　　　　流道进口（南一、二）

流道进口（南七、八）　　　　　　流道进口（南五、六）

(d) 计算流道进口断面

图 2-89　不同引渠横断面及流道进口的流场分布（单位：m/s）

图 2-90 为清污机桥距泵站翼墙进口 90 m 时，经过 4 台机组进水流道两侧中心纵剖面上的流场分布。水流在进入前池前，过水断面小，平均流速高，流线密集；进入前池后，随着渠道底部高程的不断降低，过水断面不断增大，水体在惯性作用下向前流动的同时，也在逐渐向下扩散，对应于弯段内外侧，南一纵剖面上的流场分布与南八纵剖面上的流场差异明显；在前池底宽不断减小、两岸直立式圆弧形翼墙不断收缩的情况下，水体急剧向泵站进水口汇集，在向进水流道进口流动的过程中，流速不断增加，流道进水口上方有滞留区存在，越靠近后墙，流速越低。

经过不同机组进水流道两侧中心不同横断面上的流速分布并不相同，即使在同一台机组的两个轴对称的剖面上，流速分布也不尽相同。在前池底部高程不断降低、过水断面不断扩大的同时，流速也在逐步降低，经过平底段的调整后，到达流道进口前的过程中，流速也在逐步升高，行近流速均超过 1.3 m/s。

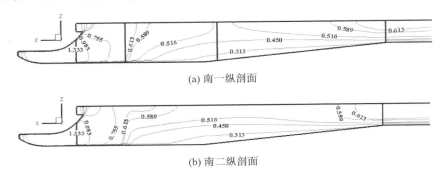

(a) 南一纵剖面

(b) 南二纵剖面

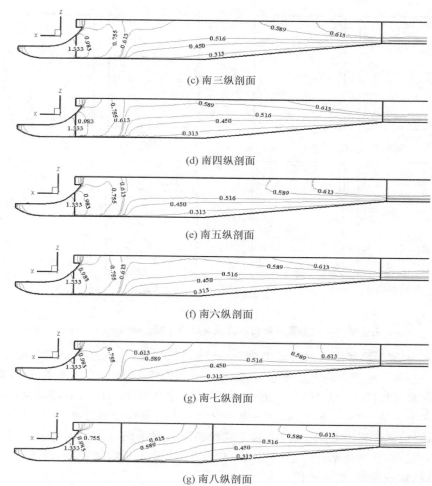

(c) 南三纵剖面

(d) 南四纵剖面

(e) 南五纵剖面

(f) 南六纵剖面

(g) 南七纵剖面

(g) 南八纵剖面

图 2-90　进水流道两侧中心纵剖面流场分布(单位：m/s)

② 进水流道水力特性分析

表 2-55 和表 2-56 分别为在进水池水位 15.85 m、泵站流量 157 m³/s 计算工况下,清污机桥距泵站翼墙进口 55 m 和 90 m 时泵站簸箕形进水流道出口断面的流速分布特性。

表 2-55　计算工况下清污机距泵站翼墙进口 55 m 时进水流道出口断面的流速分布特性

进水流道出口断面编号	最大流速 u_{max}/(m/s)	最小流速 u_{min}/(m/s)	均匀度 v_u/%	最大角度 ϑ_{max}/(°)	最小角度 ϑ_{min}/(°)	平均角度 $\overline{\vartheta}$/(°)
南一、二	7.177	6.381	92.64	89.366	84.777	86.444
南三、四	7.199	6.345	92.50	89.366	84.427	86.451
南五、六	7.171	6.383	92.59	89.426	84.676	86.466
南七、八	7.181	6.411	92.70	89.311	84.703	86.471

表 2-56　计算工况下清污机距泵站翼墙进口 90 m 时进水流道出口断面的流速分布特性

进水流道出口断面编号	最大流速 $u_{max}/(m/s)$	最小流速 $u_{min}/(m/s)$	均匀度 $v_u/\%$	最大角度 $\vartheta_{max}/(°)$	最小角度 $\vartheta_{min}/(°)$	平均角度 $\bar\vartheta/(°)$
南一、二	7.182	6.392	92.74	89.351	84.874	86.553
南三、四	7.197	6.36	93.19	89.358	84.615	86.557
南五、六	7.162	6.399	93.24	89.410	84.764	86.569
南七、八	7.168	6.412	92.88	89.290	84.754	86.587

比较表 2-54 与表 2-55、表 2-56 可看到，由于引渠中清污机桥的加入，桥墩对流态的影响也反映到进水流道的出口流场中，流道出口断面轴向流速分布均匀性变差，但在相同工况下，清污机桥设置在距泵站翼墙进口 90 m 时的流场，较 55 m 时有一定的改善。此时，流道出口断面轴向流速分布均匀度均值为 93.01%，加权平均入流角均值增加到 86.567°。

③ 进水流道水力损失

根据进水设计数值计算结果，4 台机组对应的簸箕形进水流道进、出口断面上计算结点的流速值和压力值，应用伯努利方程即可计算出该流量下进水流道的水力损失值及与水泵装置全流道数值计算水力损失值 0.168 m 相比的增大量，计算结果见表 2-57。

表 2-57　进水流道水力损失计算结果　　　　单位：m

桥墩距泵站翼墙进口的距离	55	90	130	160
水力损失平均值	0.206	0.200	0.180	0.171
水力损失增大量	0.038	0.032	0.012	0.003

结果表明，在相同的进水条件下，随着清污机桥距泵站翼墙进口的距离增大，机组对应的进水流道水力损失平均值逐渐减小。与引渠中没有清污机桥时相比，流道平均水力损失增大量也逐渐减小，清污机桥距泵站翼墙进口为 160 m 时，清污机桥墩对流道进水流态和水力损失的影响已经十分轻微，表明清污机桥的增加对泵站进水条件的影响已基本消失。

4. 结论

当清污机桥墩距前池翼墙进口为 55 m 时，引渠中的清污机桥墩对泵站进水流态的影响显著。进水流道出口断面轴向流速分布均匀度均值为 92.61%、加权平均入流角均值为 86.458°；簸箕形进水流道的平均水力损失从无清污机桥时的 0.183 m 增大到 0.206 m。

当清污机桥墩距前池翼墙进口为 90 m 时，与间距 55 m 时的情况相比，引渠中的清污机桥墩对泵站进水流态有所改善。流道出口断面轴向流速分布均匀度均值为 93.01%、加权平均入流角均值为 86.567°；簸箕形进水流道的平均水力损失为 0.200 m。

随着清污机桥向弯段方向移动，离泵站翼墙的距离越来越远，清污机桥墩引起的进水流态变化对泵站进水条件的影响越来越弱。数值计算表明，当清污机桥距泵站翼墙的距离达到 160 m 时，4 台水泵机组进水流道的平均水力损失已减小到 0.171 m；随着清污机桥逐渐向泵站下游移动，簸箕形进水流道流态持续得到改进，表明清污机桥的增加对泵站进水条件的影响已基本消失。结合结构分析，最终确定清污机桥的位置为 106 m。

2.3.8 结构强度复核计算

为了对现有刘老涧泵站工程整体结构的受力状态有比较全面的了解,检验原设计阶段结构简化设计的合理性,现采用三维有限元对其整体强度和稳定性进行研究分析,并对其安全性进行评价。

1. 计算模型

根据刘老涧泵站工程的结构特征和受力特点,将泵站站身、虹吸墙结构、上游拦污栅和下游清污机桥一起建模,考虑它们之间的相互作用。各种结构离散成 8 节点六面体等参单元,单元之间通过有限个点连接起来。所考虑的荷载按有关规范进行处理。

计算中地基在顺水流方向取 133.12 m,垂直水流方向取 112.2 m,深度取至高程—12.95 m。为了提高网格的划分质量,在不影响计算结果的前提下,对所建的模型做一定的简化处理。考虑到地基模型的尺寸范围的选择,故对地基采用全约束,整体三维有限元模型如图 2-91 所示,其中 8 节点六面体单元总数为 190 646 个,节点总数为 47 812 个。

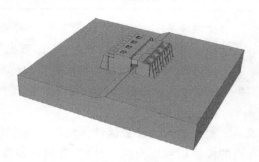

图 2-91 刘老涧泵站工程与地基整体三维有限元模型

泵站站身三维有限元模型如图 2-92 所示,泵站出水流道段三维有限元模型如图 2-93 所示。上游拦污栅模型及下游清污机桥模型如图 2-94 所示。

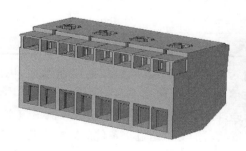 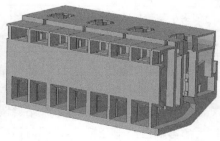

图 2-92 泵站站身三维有限元模型

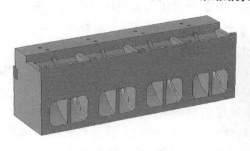 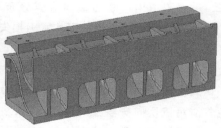

图 2-93 泵站出水流道段三维有限元模型

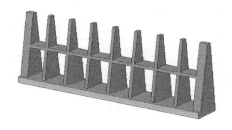

(a) 上游拦污栅

(b) 下游清污机桥

图 2-94　上游拦污栅及下游清污机桥模型

2. 材料性质和力学参数

工程结构采用线弹性材料模拟,土体为弹塑性材料,假定服从 Mohr-Coulomb 屈服准则,由于土体自重产生的变形已基本完成,因而计算中不计入土体自重引起的应变。本次复核计算的材料强度值选取原设计强度等级与检测结果中的较小值,材料计算参数见表 2-58 及表 2-59。

表 2-58　结构材料计算参数

部位		材料名	弹性模量/MPa	泊松比	容重/(kN/m³)
泵站站身	底板	C20 混凝土	2.55×10^4	0.167	25.0
	边墩	C20 混凝土	2.55×10^4	0.167	25.0
	中墩	C20 混凝土	2.55×10^4	0.167	25.0
	小隔墩	C20 混凝土	2.55×10^4	0.167	25.0
	胸墙	C20 混凝土	2.55×10^4	0.167	25.0
	电机层面板	C20 混凝土	2.55×10^4	0.167	25.0
	工作桥	C20 混凝土	2.55×10^4	0.167	25.0
	井筒壁	C20 混凝土	2.55×10^4	0.167	25.0
	井筒出水流道	C20 混凝土	2.55×10^4	0.167	25.0
	上游挡土墙	C20 混凝土	2.55×10^4	0.167	25.0
	下游隔水墙	C20 混凝土	2.55×10^4	0.167	25.0
虹吸墙结构	底板	C20 混凝土	2.55×10^4	0.167	25.0
	边墩	C20 混凝土	2.55×10^4	0.167	25.0
	中墩	C20 混凝土	2.55×10^4	0.167	25.0
	隔墩	C20 混凝土	2.55×10^4	0.167	25.0
	上游挡土墙	C20 混凝土	2.55×10^4	0.167	25.0
	下游挡土墙	C20 混凝土	2.55×10^4	0.167	25.0

续表

部位		材料名	弹性模量/MPa	泊松比	容重/(kN/m³)
拦污栅	底板	C15 混凝土	2.20×10^4	0.167	25.0
	墩子	C15 混凝土	2.20×10^4	0.167	25.0
	导流板	C20 混凝土	2.55×10^4	0.167	25.0
清污机桥	底板	C15 混凝土	2.20×10^4	0.167	25.0
	机墩	C15 混凝土	2.20×10^4	0.167	25.0
	清污机梁	C20 混凝土	2.55×10^4	0.167	25.0
	导流板	C20 混凝土	2.55×10^4	0.167	25.0

表 2-59　地基土材料计算参数

名称	材料名	压缩模量/MPa	泊松比	凝聚力/kPa	内摩擦角/(°)	补充
地基土 1	粉质黏土	8.57	0.30	86	19	
地基土 2	黏土	11.35	0.30	88	26	不考虑地基土的
地基土 3	壤土	20.86	0.30	—	—	自重
地基土 4	黏土	12.71	0.30	122	26	

3. 基本荷载和计算工况

(1) 底板荷载

泵室底板所受的荷载除地基反力外,还包括以下几部分:

① 上部厂房(包括屋顶及吊车系统)及水下墙通过壁柱传给底板,假定其作用线与水下墙中心线重合,不考虑垂直荷载的偏心及横向力引起的弯矩作用;

② 土压力、水压力及地面活荷载对水下墙底部产生的弯矩传至底板;

③ 泵房周围地下水对底板产生的浮托力;

④ 泵内设备自重;

⑤ 底板自重。

(2) 水泵梁荷载

对于墩墙式的泵房水泵梁多属单跨梁,根据其与墩墙的刚度,按两端固结进行复核。

水泵梁上的荷载包括以下几部分:

① 水泵梁自重;

② 水泵泵体部件重量,包括喇叭口、导叶体、弯管等。

水泵泵体部件重量通过水泵底座传至水泵梁,为局部均布荷载,但为了计算简便,可按集中静载考虑,认为水泵泵体部件重量由两根水泵梁平均承受;

③ 倒转时的水平冲击力。

(3) 电机梁荷载

① 楼板传至电机梁的荷载(包括人群及工具设备等);

② 电机重量;

③ 作用在水泵叶轮上的轴向水压力;

④ 电动机扭矩产生的切向水平力。

（4）侧墙荷载

侧墙承受自重、上部砖墙（包括屋面系统、吊车系统及风载）传递下来的垂直力、弯矩及剪力。

（5）回填土荷载

根据《水工建筑物荷载设计规范》（SL 744—2016），墙后水平土压力按主动土压力和垂直土重进行计算，其余按边荷载考虑。

（6）水荷载

水荷载的加载工况见表 2-60。

表 2-60　水荷载的加载工况　　　　　　　　单位：m

计算工况	水位组合		水位差	备注
	上游	下游		
设计	19.5	15.0	4.50	
校核	20.0	15.0	5.00	地震烈度为 8 度
地震	19.5	16.0	3.50	

（7）车道荷载

车道荷载按照《公路桥涵设计通用规范》（JTG D60—2015）进行计算，车道荷载由均布荷载和集中荷载组成，本次复核将其简化成集中力作用在闸墩上，该工程交通桥按公路一级复核。

（8）地震荷载

根据《中国地震动参数区划图》附录 A 和附录 D，刘老涧泵站所处场地的地震动峰值加速度为 $0.2g$，根据《水工建筑物抗震设计规范》（SL 203—97）及《泵站设计规范》（GB 50265—2010），复核计算需考虑地震的影响。

4. 计算结果分析

按照上述计算模型和参数，分别对刘老涧泵站站身结构的 3 种工况进行有限元计算，得出各种工况下站身结构各点位移、应力。由此可对站身的安全性进行评价。

（1）位移分析

整体结构竖向位移（沉降）计算结果见表 2-61，水平位移（顺水流方向）计算结果见表 2-62。

表 2-61　整体结构竖向位移（沉降）计算结果

计算部位		竖向位移（沉降）/mm			最大值/最小值
		最小值	最大值	沉降差	
站身	设计	12.50	15.69	3.19	1.26
	校核	12.91	16.13	3.22	1.25
	地震	11.22	17.43	6.21	1.55

续表

计算部位		竖向位移(沉降)/mm			最大值/最小值
		最小值	最大值	沉降差	
虹吸墙	设计	7.72	10.91	3.19	1.41
	校核	8.08	11.30	3.22	1.40
	地震	7.08	10.18	3.10	1.44
拦污栅	设计	6.12	7.72	1.60	1.26
	校核	6.16	8.08	1.92	1.31
	地震	5.01	7.08	2.07	1.41
清污机桥	设计	8.52	14.90	6.38	1.75
	校核	9.69	15.32	5.63	1.58
	地震	8.11	16.39	8.28	2.02

表 2-62　整体结构水平位移(顺水流方向)计算结果　　　　单位：mm

计算工况	站身	虹吸墙	拦污栅	清污机桥
设计	7.88	7.88	9.40	8.84
校核	8.14	8.14	9.75	9.57
地震	11.40	11.40	10.29	5.07

由表 2-61 可知,各工况下结构沉降位移较小。站身结构最大沉降位移发生在地震期,沿竖向方向整个结构发生向下位移,最大沉降量为 17.43 mm,最大沉降差为 6.21 mm;出水流道段结构最大沉降位移发生在校核工况,沿竖向整个结构发生向下的位移,最大沉降量为 11.30 mm,最大沉降差为 3.22 mm;拦污栅结构最大沉降位移发生在校核工况,沿竖向整个结构发生向下位移,最大沉降量为 8.08 mm,最大沉降差为 2.07 mm;清污机桥结构最大沉降位移发生在地震工况,沿竖向整个结构发生向下位移,最大沉降量为16.39 mm,最大沉降差为 8.28 mm;根据规范,地基最大沉降量不宜超过 150 mm,故上述结构地基沉降满足要求。

由表 2-62 可知,各种工况荷载作用下,整体结构在水平方向的位移都比较小。站身顺水流向水平位移的最大值发生在地震期工况下站身顶部,沿顺水流方向从上游向下游发生位移,最大值为 11.40 mm;出水流道段顺水流向水平位移的最大值发生在地震期工况下该段顶部,沿顺水流方向从上游向下游发生位移,最大值为 11.40 mm;拦污栅顺水流向水平位移的最大值发生在地震期工况下站身顶部,沿顺水流方向从上游向下游发生位移,最大值为 10.29 mm;清污机桥顺水流向水平位移的最大值发生在校核工况下站身顶部,沿顺水流方向从上游向下游发生位移,最大值为 9.57 mm。整体结构的空间位移均较小,故整体结构的稳定性较好。

现场不同部位的沉降和水平位移长期监测数据较小,表明泵站整体结构的稳定性好。

（2）应力分析

① 泵站站身结构应力分析

泵站站身最大主拉应力计算结果见表 2-63，最大主压应力计算结果见表 2-64。

表 2-63　泵站站身结构最大主拉应力计算结果　　　　单位：MPa

计算工况	上游段底板		下游段底板		边墩		中墩	隔墩
	面层	底层	面层	底层	临水侧	背水侧		
设计	0.96	1.05	2.68	3.04	2.38	2.82	2.56	3.18
校核	1.02	1.13	2.94	3.26	2.65	2.93	2.89	3.50
地震	1.00	1.10	2.78	3.15	2.47	2.88	2.74	3.44

计算工况	胸墙	电机层				电机柱	工作桥	
		面板	L_1 梁	L_2 梁	L_3 梁		面板 1	面板 2
设计	4.08	4.21	3.39	2.40	2.30	2.79	4.78	4.38
校核	4.56	4.43	3.56	2.48	2.32	2.88	4.96	4.59
地震	4.29	4.38	3.45	2.45	2.31	2.83	4.85	4.50

计算工况	井筒壁	井筒出水道	上游挡土墙		下游隔水墙	
			上部	下部	隔墙 1	隔墙 2
设计	4.20	2.34	1.14	2.70	5.12	3.92
校核	4.32	2.50	1.22	2.88	5.26	4.08
地震	4.25	2.42	1.19	2.81	5.20	4.00

表 2-64　泵站站身结构最大主压应力计算结果　　　　单位：MPa

计算工况	上游段底板		下游段底板		边墩		中墩	隔墩
	面层	底层	面层	底层	临水侧	背水侧		
设计	2.20	2.09	3.85	3.78	3.40	3.18	3.36	4.28
校核	2.26	2.18	4.01	3.83	3.45	3.24	3.57	4.50
地震	2.24	2.12	3.96	3.80	3.42	3.22	3.45	4.36

计算工况	胸墙	电机层				电机柱	工作桥	
		面板	L_1 梁	L_2 梁	L_3 梁		面板 1	面板 2
设计	5.48	5.88	4.65	3.43	3.28	4.03	6.08	5.48
校核	5.96	6.05	4.86	3.56	3.46	4.12	6.22	5.86
地震	5.72	5.96	4.75	3.50	3.36	4.10	6.13	5.57

计算工况	井筒壁	井筒出水道	上游挡土墙		下游隔水墙	
			上部	下部	隔墙 1	隔墙 2
设计	5.52	3.86	2.18	3.96	6.27	5.41
校核	5.76	4.05	2.32	4.10	6.35	5.56
地震	5.63	3.95	2.26	4.02	6.32	5.50

由计算结果可知,在各工况下泵站站身上游段底板结构的最大主拉应力主要分布在底板上游段底层,最大值为 1.13 MPa,最大主压应力主要分布在底板上游段面层,最大值为 2.26 MPa;下游段底板结构的最大主拉应力主要分布在底板下游段底层,最大值为 3.26 MPa,最大主压应力主要分布在底板下游段中部面层,最大值为 4.01 MPa;边墩的最大主拉应力主要分布在边墩背水侧底部,最大值为 2.93 MPa,最大主压应力主要分布在临水侧底部,最大值为 3.45 MPa;中墩的最大主拉应力主要分布在下游段底部,最大值为 2.89 MPa,最大主压应力主要分布在下游端底部,最大值为 3.57 MPa;隔墩的最大主拉应力主要分布在下游端底部,最大值为 3.50 MPa,最大主压应力主要分布在下游端底部,最大值为 4.50 MPa;胸墙的最大主拉应力为 4.56 MPa,最大主压应力为 5.96 MPa;电机层面板的最大主拉应力为 4.43 MPa,最大主压应力为 6.05 MPa;电机层梁 L_1 的最大主拉应力为 3.56 MPa,最大主压应力为 4.86 MPa;电机层梁 L_2 的最大主拉应力为 2.48 MPa,最大主压应力为 3.56 MPa;电机层梁 L_3 的最大主拉应力为 2.32 MPa,最大主压应力为 3.46 MPa;电机柱的最大主拉应力为 2.88 MPa,最大主压应力为 4.12 MPa;工作桥面板 1 的最大主拉应力为 4.96 MPa,最大主压应力为 6.22 MPa;工作桥面板 2 的最大主拉应力为 4.59 MPa,最大主压应力为 5.86 MPa;井筒壁的最大主拉应力为 4.32 MPa,最大主压应力为 3.45 MPa;井筒出水道的最大主拉应力为 2.50 MPa,最大主压应力为 5.76 MPa;上游挡土墙上部的最大主拉应力为 1.22 MPa,最大主压应力为 2.32 MPa;上游挡土墙下部的最大主拉应力为 2.88 MPa,最大主压应力为 4.10 MPa;下游隔水墙 1 的最大主拉应力为 5.26 MPa,最大主压应力为 6.35 MPa;下游隔水墙 2 的最大主拉应力为 4.08 MPa,最大主压应力为 5.56 MPa。

C20 混凝土的容许拉应力与容许压应力值见表 2-65。

表 2-65　C20 混凝土的容许拉应力与容许压应力值　　　　　　　单位:MPa

混凝土强度等级	容许拉应力	容许压应力	备注
C20	0.44	6.24	容许拉应力＝0.40f_t 容许压应力＝0.65f_c

上游段底板、下游段底板、边墩、中墩、隔墩、胸墙、电机层面板、电机层梁 L_1、电机层梁 L_2、电机层梁 L_3、电机柱、工作桥面板 1、工作桥面板 2、井筒壁、井筒出水道、上游挡土墙上部、上游挡土墙下部、下游隔水墙 1 和下游隔水墙 2 的最大主拉应力在各工况下均超过 C20 混凝土的允许拉应力,故这些结构由 C20 混凝土承受的抗拉强度不满足要求;最大主压应力均未超过 C20 混凝土的允许压应力,故由 C20 混凝土承受的抗压强度满足要求。

② 出水流道段结构应力分析

出水流道段结构最大主拉应力计算结果见表 2-66,最大主压应力计算结果见表 2-67。

表 2-66　出水流道段结构最大主拉应力计算结果　　　　单位：MPa

计算工况	上游段底板		下游段底板		边墩		中墩	隔墩	上游挡土墙	下游挡土墙
	面层	底层	面层	底层	临水侧	背水侧				
设计	3.78	3.48	3.95	3.74	2.00	2.95	3.02	2.05	3.02	3.26
校核	3.85	3.46	4.05	3.82	2.18	3.05	3.22	2.21	3.18	3.55
地震	3.80	3.56	4.01	3.82	2.12	3.01	3.16	2.16	3.08	3.47

表 2-67　出水流道段结构最大主压应力计算结果　　　　单位：MPa

计算工况	上游段底板		下游段底板		边墩		中墩	隔墩	上游挡土墙	下游挡土墙
	面层	底层	面层	底层	临水侧	背水侧				
设计	4.27	4.32	4.52	4.89	3.99	3.55	3.86	3.24	4.03	4.28
校核	4.58	4.96	4.68	5.12	4.12	3.85	3.92	3.41	4.28	4.56
地震	4.45	4.56	4.60	5.08	4.05	3.72	3.90	3.35	4.15	4.39

由计算结果可知，在各工况下虹吸墙上游段底板的最大主拉应力主要分布在底板下游段面层，最大值为 3.85 MPa，最大主压应力主要分布在底板上游段中部底层，最大值为 4.96 MPa；下游段底板的最大主拉应力主要分布在下游段面层，最大值为 4.05 MPa，最大主压应力主要分布在下游段底层，最大值为 5.12 MPa；边墩的最大主拉应力主要分布在背水侧底部，最大值为 3.05 MPa，最大主压应力主要分布在临水侧底部，最大值为 4.12 MPa；中墩的最大主拉应力主要分布在上游段底部，最大值为 3.22 MPa，最大主压应力主要分布在上游段底部，最大值为 3.92 MPa；隔墩的最大主拉应力主要分布在上游段底部，最大值为 2.21 MPa，最大主压应力主要分布在上游段底部，最大值为 3.41 MPa；上游挡土墙的最大主拉应力为 3.18 MPa，最大主压应力为 4.28 MPa；下游挡土墙的最大主拉应力为 3.55 MPa，最大主压应力为 4.56 MPa。

出水流道段结构上游段底板、下游段底板、边墩、中墩、隔墩、上游挡土墙和下游挡土墙的最大主拉应力在各工况下均超过 C20 混凝土的允许拉应力，故这些结构由 C20 混凝土承受的抗拉强度不满足要求；最大主压应力均未超过 C20 混凝土的允许压应力，故由 C20 混凝土承受的抗压强度满足要求。

（3）结构配筋复核

依据结构应力计算成果，对刘老涧泵站站身、出水流道段等结构配筋计算，结构配筋时，当检测结果混凝土强度等级大于设计强度等级时，混凝土强度等级应用设计强度等级；当检测结果混凝土强度等级小于设计强度等级时，混凝土强度等级应用检测的混凝土强度等级。计算时考虑碳化的影响，混凝土保护层厚度应用实测保护层厚度。

泵站站身结构配筋计算结果见表 2-68，出水流道段结构配筋计算结果见表 2-69。

表 2-68　泵站站身结构配筋计算结果

项目	单位	上游段底板		下游段底板		边墩	
		面层	底层	面层	底层	面层	底层
应力	MPa	1.02	1.13	2.94	3.26	2.65	2.93
弯矩	kN·m	680.00	753.33	705.60	782.40	636.00	703.20
计算配筋	mm²	1 403	1 557	2 519	2 804	2 262	2 510
实际配筋	mm²	1 517	1 717	3 272	3 272	2 534	3 041

项目	单位	中墩	隔墩	电机层			
				面板	L_1 梁	L_2 梁	L_3 梁
应力	MPa	2.89	3.50	4.43	3.56	2.48	2.32
弯矩	kN·m	481.67	210.00	66.45	323.91	225.65	445.44
计算配筋	mm²	2 077	1 569	1 094	1 781	1 224	1 578
实际配筋	mm²	2 534	2 094	2 121	2 199	1 570	1 884

项目	单位	胸墙	电机柱	工作桥		井筒壁	井筒出水道
				面板 1	面板 2		
应力	MPa	4.56	2.88	4.96	4.59	4.32	2.50
弯矩	kN·m	121.60	245.76	74.40	68.85	352.80	204.17
计算配筋	mm²	1 441	1 340	1 236	1 137	2 259	1 276
实际配筋	mm²	2 094	1 570	2 011	1 168	3142	2011

项目	单位	上游挡土墙		下游隔水墙	
		上部	中部	隔墙 1	隔墙 2
应力	MPa	1.22	2.88	5.26	4.08
弯矩	kN·m	283.12	307.20	315.60	61.20
计算配筋	mm²	1 007	1 674	2 417	1 002
实际配筋	mm²	1 340	2 094	3 272	1 340

表 2-69　出水流道段结构配筋计算结果

项目	单位	上游底板		下游底板		中墩
		面层	底层	面层	底层	
应力	MPa	3.85	3.46	4.05	3.82	3.22
弯矩	kN·m	924.00	878.40	972.00	916.80	343.47
计算配筋	mm²	3 336	3 164	3 518	3 309	1 880
实际配筋	mm²	4 908	4 355	4 908	4 908	2 454

续表

项目	单位	边墩		隔墩	上游挡土墙	下游挡土墙
		面层	底层			
应力	MPa	2.18	3.05	2.21	3.18	3.55
弯矩	kN·m	439.63	615.08	92.08	132.50	289.92
计算配筋	mm²	1 702	2 406	824	1 201	1 837
实际配筋	mm²	2 010	3 459	1 005	1 539	2 545

由表 2-68 和表 2-69 可知,泵站站身结构的最大主拉应力在各工况下均超过混凝土的允许拉应力,但经过配筋后结构均满足强度要求;出水流道段结构的最大主拉应力在各工况下均超过混凝土的允许拉应力,但经过配筋后结构均满足强度要求。同样情况时,上游拦污栅结构和下游清污机桥结构最大主拉应力在各工况下均超过混凝土的允许拉应力,但经过配筋后结构均满足强度要求。

综上分析,刘老洞泵站工程整体结构地基的沉降量满足要求,水平位移较小,整体结构的稳定性较好。在更新改造过程中仅需局部修补,主要是对机电设备进行更换。更新改造工作已于 2020 年 7 月完成,经试运行检验,工作扬程在 2.75～3.40 m 时,叶片安放角为 -4°,全站 4 台机组联合运行平均单机流量范围为 35.25～37.00 m³/s,装置效率范围为 60.2%～66.9%,满足设计性能要求;不同工况下机组支架水平振动值范围为 0.006～0.011 mm,垂直振动值范围为 0.008～0.011 mm,泵房噪声 83.1～84.8 dB(A),各部位温升均在允许范围内,机组稳定性满足设计要求。反向发电工况下,水头为 2.30 m 左右时,变频发电机组出力为 180～400 kW,与模型试验结果基本一致。

2.4　钟型进水改造为簸箕形装置研究

2.4.1　研究背景

新滩口泵站是湖北省荆州市四湖地区重要的排涝工程,共安装 10 台 28CJ56-70 型立式轴流泵,配套 TL1600-40/3250 型同步电动机,设计净扬程为 5.48 m,总设计流量为 220 m³/s。该泵站采用钟型进水、虹吸式出水流道,泵站实景如图 2-95 所示。新滩口排涝泵站于 1983 年开工建设,在设计时按肘形进水流道设计,由于施工时出现软土地基无法按原肘形流道所需深度施工,因而改为当时还不多见的钟型进水流道,而且也没有进行装置试验,限于当时的技术条件亦未开展 CFD 分析。由于受到原肘形进水流道宽度的限制,钟型流道设计难以达到规范要求(见表 2-70),该站进水流道采用钟型流道的深度和肘形流道的宽度,造成进水流态分布不佳,尤其在低扬程、大流量工况下,机组振动、噪声较大,影响了泵站安全,致使泵站的工程效益受到限制。因此,分析该泵站存在问题的原因,研究更新改造方案进行技术改造,使泵站发挥更大效益,具有重要意义。

表 2-70　新滩口泵站钟型进水流道尺寸比较($D=2\ 800$ mm)

主要尺寸	实际值	规范要求	说明
流道高度 H	$H=3.9$ m$=1.390D$	$(1.1\sim1.4)D$	在规定的范围内
流道宽度 B_j	$B_j=6.0$ m$=2.140D$	$(2.5\sim2.8)D$	比规定的范围小得多
喇叭口悬空高度 h_1	$h_1=1.28$ m$=0.460D$	$(0.4\sim0.6)D$	在规定的范围内
喇叭口直径 D_1	$D_1=3.37$ m$=1.205D$	$(1.3\sim1.4)D$	小于规定的范围
蜗壳高度 h_2	$h_2=2.34$ m$=0.835D$	$(0.93\sim1.23)D$	小于规定的范围

图 2-95　新滩口泵站实景

2.4.2　早期改造方案的研究

1. 主要技术问题

新滩口泵站自 1986 年投入运行至 20 世纪 90 年代中期,由于地处四湖流域最下游,具有耗能少、扬程低、提排时间长等特点,既是四湖中下区的排水站,又是流域性的统排站,既满足下区排涝需要,又可统排中区部分渍水,降低洪湖水位,兼顾排田排湖。在设计年份内,该泵站可提排渍水 29 亿 m³,1996 年达到最高值,其间泵站运行 70 天,14 653 台时,排渍水 12.6 亿 m³,为确保农业、渔业稳步发展做出了应有的贡献,同时长期运行也暴露该泵站存在以下技术问题:

（1）大流量时振动很大

实际运行表明该泵站设计扬程偏高,多年平均净扬程仅为 2.5 m,按分析计算得到的流道阻力系数 $S=0.002\ 75\ \mathrm{s^2/m^5}$,由装置特性曲线与水泵的性能曲线交点即为水泵的工作点。根据图 2-96,在轴功率不超过 1 600 kW 的条件下,水泵最大流量可达 28 $\mathrm{m^3/s}$,即使叶片安放角为 $0°$,流量也可以达到 23.75 $\mathrm{m^3/s}$。然而在实际运行中,当水泵流量达到 24 $\mathrm{m^3/s}$ 时,因机组振动而无法运行,水泵的流量不得不限制在 22 $\mathrm{m^3/s}$ 以内,根据其他安装同类泵型的泵站运行经验,尚未发现类似情况。

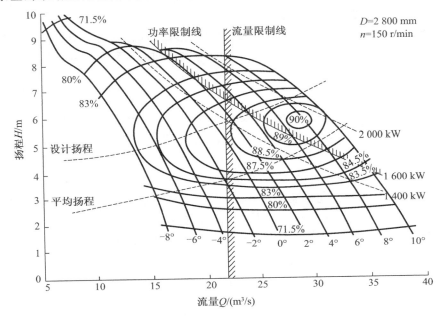

图 2-96　28CJ-60 型轴流泵特性曲线

（2）多年平均运行效率低

对该泵站实际运行资料进行整理分析,可以得到主泵多年平均运行的净扬程 $H_{sy}=$ 2.5 m。在该工况下水泵轴功率 $N=980$ kW,水泵流量 $Q=22\ \mathrm{m^3/s}$,流道阻力系数 $S=0.002\ 75\ \mathrm{s^2/m^5}$,水泵的工作扬程 $H=3.8$ m,水泵效率 $\eta_{pump}=86.5\%$。由此可近似求得装置效率 $\eta_{sy}=50.1\%$,显然低于泵站设计规范要求值。

（3）机组容量没有充分利用

按全调节轴流泵的特点,在同一净扬程下,随着叶片安放角的不同水泵流量也有所不同,但该泵型因最大流量受到限制,多年平均实际负荷只有 980 kW,电动机负荷系数仅为 0.613。即使在扬程最高的 1996 年,电动机的平均负荷系数也只有 0.628。由此可见,电动机长期处于轻载运行,这不仅会增加电动机的能量损耗,降低电动机效率,而且也使电动机的容量不能发挥作用。

（4）泵站效益没有充分发挥

该泵站自建成投入运行以来,对提高四湖地区的排涝标准,确保该地区农业的高产稳产发挥了很大的作用,获得了很大的经济效益和社会效益。然而,在多年平均扬程 2.5 m 的条件下,水泵流量增加到 28 $\mathrm{m^3/s}$ 应该是可能的,但实际运行中由于大流量时机组发生振动,水泵流量一般控制在 22 m³/s 以内,即每台机组的流量减少 6 m³/s,全站减少排水流量达 60 m³/s,泵站效益没能充分发挥。

2. 原因分析

根据上述问题分析可知,影响泵站效益的主要原因是机组振动限制了水泵流量。水泵机组振动主要有机械振动和水力振动两方面。

(1)机械振动

根据湖北省境内采用同类产品的其他 10 余座泵站的实际运行经验,水泵的制造和安装质量一般都能满足生产要求。新滩口泵站在低扬程、大流量工况下的振动是 10 台机组普遍存在的问题,而且泵站没有发现不均匀沉降等现象,因此,由于机械制造、安装质量、基础不均匀沉降等机械原因引起机组振动的可能性很小,故不将机械振动作为主要研究内容。

(2)水力振动

从同类型泵站的运行情况来看,已投入运行的大部分机组,在叶轮中心淹没不小于2.0 m、水泵扬程为 3.0～4.0 m 时,水泵一般不会发生空化空蚀。但新滩口泵站在低扬程、大流量时 10 台机组均发生振动,并伴随很大的噪声。检修水泵时发现在泵站进水方向的水泵外壳的内壁叶轮中心线处有许多蜂窝麻点,这是水泵间隙空蚀造成的。导致水泵间隙空蚀的原因有很多,这里主要分析进水池水位及进水流道对水泵空化振动的影响。

该泵站水泵叶轮中心线安装高程为 21.50 m,进水池最低水位为 23.50 m,即该泵站水泵最小淹没深度为 2.0 m。长期运行数据表明,进水池的水位完全满足设计要求,因此,由于淹没深度不够引起机组空化振动的可能性极小。

另一方面,流道进口的高程为 21.50 m,故流道进口的最小淹没深度可以达到 2.0 m;流道进口断面面积为 24 m²,当水泵流量为 24 m³/s 以下时,流道进口流速小于 1.0 m/s(规范要求的进口流速为 0.5～1.0 m/s)。由此可以认为进水池因水位不够或进口流速过大引起进气旋涡的可能性很小。

该泵站的进水流道为钟型进水流道,流道详细尺寸如图 2-97 所示,根据文献[6],10 多座采用钟型进水流道的大型泵站多年运行经验证明只要设计合理,这种型式的流道内流态都很正常。为此需要认真分析新滩口泵站钟型进水流道设计的合理性。

① 主要尺寸的比较

将进水流道的主要尺寸与《泵站设计规范》(GB/T 50265—97)要求的尺寸进行比较,结果见表 2-70,可以发现是有差异的,特别是关键尺寸 B_j 和 D_1 与规定值相差较大,这会对流道的流态产生影响。

② 流道内沿程流速分布

现计算图 2-97 中主要断面的流速并列于表 2-71 中。由该表可知,泵站在流量为 20～22 m³/s 时的进口流速 v_A 基本能满足规范要求的进口流速在 0.5～1.0 m/s 范围的要求,但流量大于 24 m³/s 时,$v_A > 1.0$ m/s,进口流速偏大。从 $A-A$ 到 $B-B$ 断面,流速很快增加一倍;另外,从 v_ω 到喇叭口至底板之间的过水断面流速 v_1 反而有所减少,一般这是不允许的,因为这样不仅会增加水力损失,而且容易产生旋涡,一旦形成涡带进入水泵,水泵机组就会发生振动。

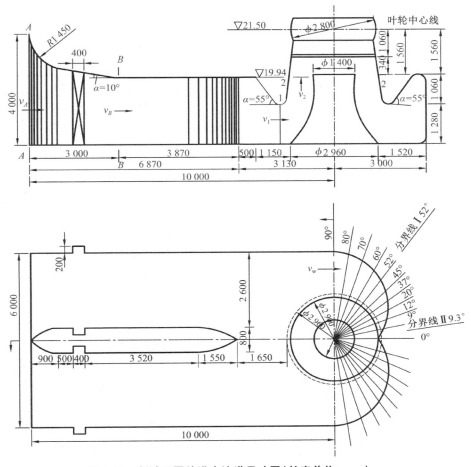

图 2-97　新滩口泵站进水流道尺寸图(长度单位：mm)

表 2-71　不同流量下进水流道断面流速

Q/(m³/s)	v_A/(m/s)	v_B/(m/s)	v_ω/(m/s)	v_1/(m/s)	v_2/(m/s)
20.0	0.830	1.647	1.730	1.474	3.948
22.0	0.917	1.808	1.903	1.621	4.343
24.0	1.000	1.972	2.076	1.769	4.737
26.0	1.083	2.127	2.249	1.916	5.132
28.0	1.067	2.301	2.422	2.064	5.527

③ 导流锥和喇叭管的型线设计问题

根据设计图纸,设计整个导流锥并不是按照 $Zd_i^2 = K$ 的原则设计,高程在 $19.08\sim$ 19.94 m 之间采用直径为 $d = 1.4$ m 的圆柱体,这一偏大的直径增加了流道内的损失。同时,设计的喇叭管高度为 0.86 m,收缩角仅为 $1°37'$ 的锥管段,由于收缩角很小,因而水流从蜗壳进入喇叭口后需要急转弯,且喇叭口以下圆柱面的平均流速到转弯后进入喇叭口的流速,两者相差 1 倍以上,因而在该处容易产生脱壁旋涡,进而形成涡带,使水泵振动,如图 2-98 所示。

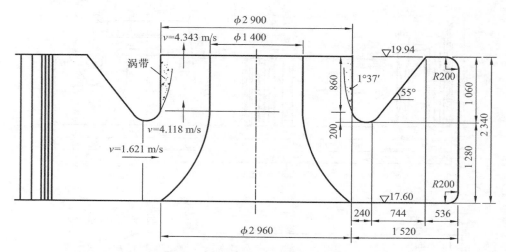

图 2-98 新滩口泵站导流锥、喇叭管及蜗壳尺寸图（长度单位：mm）

3. 进水流道改造方案

从前述分析可知，新滩口泵站的主要问题在于现状进水流道的设计不尽合理，进水流道内的流速沿程变化不均匀，增加流道内的局部阻力损失，从而降低流道效率，进而影响装置效率。同时，过水断面的突然扩大及收缩也容易在流道内产生旋涡，一旦旋涡发展并形成涡带进入水泵，水泵机组将产生振动。因此，泵站改造的关键在于进水流道的改造。考虑到工程实际及经济、安全等原因，流道的改造原则可归纳为：① 尽可能减小流道内的流速以减小阻力损失，提高装置效率；② 确保流道内不产生涡带，以便尽可能增加低扬程下水泵的流量而不致机组产生振动；③ 改造工程量小，便于施工；④ 确保厂房的安全，不改变泵房的主要受力部位。

对流道进口段的处理方法，设 x 为从流道进口算起的水平方向的坐标，对进口段 x 的取值范围为 $0\sim7.37$ m，取 $Q=22.0$ m³/s，可得到如图 2-99 所示的断面流速曲线。

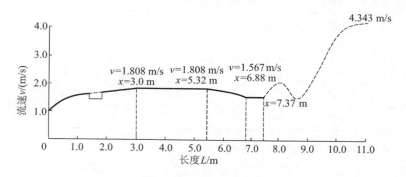

图 2-99 断面流速曲线

由图 2-99 可以看出，在 $5.32\sim7.37$ m 区间，由于流道宽度的变化，流速 v 有很大幅度的下降，这会直接使蜗壳内的流态变坏，应该避免流速大幅度的下降。因流道宽度的改变会影响到蜗壳的水力设计，故在此只能考虑流道高度。计算分析后，采用二次曲线使流

道高度从 $x=5.32$ m 时的 $h_b=2.34$ m 变为 $x=6.87$ m 时的 $h_b=2.02$ m。针对这种高度的改变，可以采用以下 2 种方案对钟型进水流道进行改造：一种是适当降低流道蜗壳部分的顶面高程；另一种是适当抬高流道蜗壳部分的底部高程。

（1）降低流道蜗壳部分的顶面高程（方案 1）

对现状钟型流道的设计进行复核后，发现其蜗壳断面尺寸偏小，在流道宽度 B_j 一定的情况下，重新确定基本尺寸。首先，要保证流道流速的递增变化，但也不致因流速变得过大而增加流道内的损失；其次，尽量使基本尺寸接近规范范围；最后，尽可能照顾到原形状尺寸以减少工程投资。这样就可得到各基本尺寸（喇叭口直径 D_1、喇叭口到流道底板的高度 h_1、蜗壳宽度 h_2、蜗壳内收缩角度 α、蜗壳宽度 a' 等）之间的相互制约关系。其关系如下：

$$B_j=D_1+2\times a=D_1+2\times\frac{1}{h_2}\left[\frac{\pi D_1 h_1}{4}+(h_2-h_1)a'+\frac{(h_2-h_1)^2}{2\tan\alpha}\right]=6.0\text{ m}\quad(2\text{-}1)$$

通过优化计算可以得到关于基本参数 D_1,h_1,α,h_2 的约束范围内组合，兼顾前述改造原则，从中可以选出一组最优组合的方案：

$D_1=3.00$ m，$h_1=1.00$ m，$h_2=1.974$ m，$\alpha=55°$，$a'=0.28$ m，$a=1.50$ m

流道进口段　根据基本尺寸确定采用二次曲线使顶面从 $x=5.32$ m 的高程 19.94 m 与 $x=6.87$ m 处的高程 19.62 m 衔接，再以曲线连接至 $x_b=7.538$ m 处的高程 19.574 m。

蜗壳设计　按照钟型进水流道设计规范，对应基本尺寸重新设计蜗壳尺寸。

喇叭管轮廓线　现状设计中高程超过 19.62 m 的部分采用圆锥形喇叭管线。从经济方面考虑，这一部分不做变动。高程为 18.60～19.08 m 时按照 $ZD^2=K$ 进行设计。

导流锥　在各个可能的参数组合中，与现状尺寸相比，D_1 变动不大，h_1 则有所减小。而现状设计中喇叭管的 D_1 显得过小，故按常规对导流锥进行设计时，从蜗室进入喇叭管内的水流将变化剧烈。在参照其他泵站的导流锥设计后，考虑减小导流锥上部的直径。设计导流锥直径从高程 20.92 m 的 $d=1.38$ m 线性减小到高程 19.08 m 的 $d=1.00$ m，再按 $Zd_i^2=K$ 直接变化到底部高程 17.60 m 处的 3.00 m。

（2）抬高流道蜗壳部分的底部高程（方案 2）

与方案 1 相同，在流道宽度 B_j 一定的情况下，重新确定基本尺寸。首先保证 h_2 和 h_1 之差（设计值 1.06 m）、D_1（实际值 2.974 m）、a' 和 α 均不变；可以考虑变化的是 h_1,h_2 和 a。和方案 1 一样，考虑到各变量的约束范围进行优化。然而结果表明，所得的蜗壳断面宽度 a 比原先的要小。为尽量减小流道内的流速，考虑仍采用现状的蜗壳断面宽度 a。从中优选出如下一组参数组合：

$D_1=2.974$ m，$h_1=0.91$ m，$h_2=1.97$ m，$\alpha=55°$，$a'=0.28$ m，$a=1.513$ m

流道进口段　与方案 1 相同，所不同的是利用曲线来抬高底板。

蜗壳设计　考虑按断面平均流速 $v=\text{const}$ 进行设计，则 $v=2.358$ m/s，比常规采用 $v=Q/\pi D_1 h_1=2.588$ m/s 要小。这一问题可在施工过程中因梯形断面修正圆弧而改变流速来解决。经计算可得修圆弧后喇叭管进口直径为 $D_1=3.264$ m。

喇叭管轮廓线　同方案 1，高程超过 19.08 m 的部分仍采用现状喇叭管线，高程在 18.88～19.08 m 的部分按照 $ZD^2=K$ 设计喇叭管轮廓线，使其直径从 $D=3.264$ m 变化到 $D=2.960$ m。

导流锥 设计导流锥直径从高程 20.92 m 的 $d=1.38$ m 线性减小到高程 19.08 m 的 $d=1.00$ m，再按照 $Zd_i^2=K$ 直接变化到抬高后的底板高程 17.98 m 处的 3.264 m。

（3）改造方案比较

钟型进水流道的改造方案如图 2-100 所示，比较分析得知两种方案各有其优、缺点。从设计角度看，2 种改造方案都已经属于不规范的钟型进水流道设计，但从流速变化而言，方案 1 的蜗壳断面平均流速 v 取值较为严密，方案 2 则结合工程实际做了变动；从施工角度看，方案 2 的难度较小，投资也会小一些；从流道损失来看，方案 1 内的流速稍小，但流道稍高，故区别不会很大。

由于技术条件的限制，改造方案研究尚不够深入，也未进行模型试验验证，加之更新改造资金未落实，在 20 世纪 90 年代末期并没有实施。

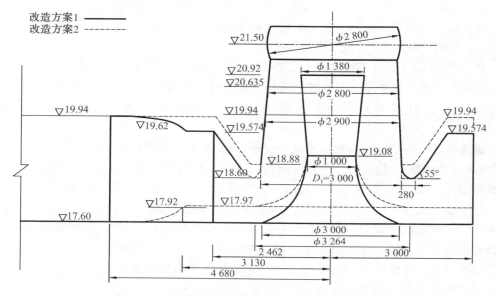

图 2-100　钟型进水流道改造方案（长度单位：mm）

2.4.3　改造方案簸箕形进水全流道仿真分析

进入 21 世纪后，随着资金的落实到位，新滩口泵站更新改造得以实施。本次更新改造先用数值计算的方法对泵站流道进行仿真，根据计算结果提出流道改造方案，再通过模型试验进行方案优选，最终通过原型试验研究对改造方案进行完善和评价。通过以上 3 个阶段的研究，提出一套能够充分发挥新滩口泵站排洪排涝功能的经济可行、安全合理的更新改造方案。

利用数值仿真技术对新滩口泵站进、出水流道进行全流道模拟，由于进水流道结构尺寸的不合理恶化了进水流态，加上 28CJ56 型轴流泵水力模型在抗空化方面的弱点，造成目前该站运行中的安全问题，所提出的流道改造方案在考虑调整进水流态的同时，兼顾施工的可行性和经济性，通过比较后推荐簸箕形进水流道方案。

1. 泵站现状流道问题分析

新滩口泵站流道过流部件包括钟型进水流道、泵段和虹吸式出水流道。现状泵站钟型进水流道方案的全流道三维造型如图 2-101 所示。

图 2-101　现状全流道三维造型

水泵运行性能主要受流道内水流流态的影响。这种影响集中体现在水泵叶轮进口流场分布对于叶轮的作用上。从改善水泵运行的情况来看，要求水泵进口断面流场分布均匀，减少涡带和负压区。图 2-102a 所示为钟型流道中断面速度矢量，由图可以看出因喇叭口处上游侧拐弯过急，水流发生脱壁直冲向导流锥，导致流态恶化；从图 2-102b 的中断面压力分布可知，由于流道高度不够，喇叭口转弯半径过小，还在喇叭口前缘附近产生一个低压区，负压值为－1.64 m 水柱，在较大的速度梯度下，该压力极易诱发空化。

根据计算，进水流道导流锥来流方向上游侧，流速最小约为 1.0 m/s，由图 2-102 可看出，这里甚至出现旋涡；而在下游侧流速最大将近 6.0 m/s，流速梯度也很大，平均前后流速差达到 3.0～4.0 m/s；不仅如此，钟型流道出口水流没有沿轴向垂直进入叶轮方向，而是偏向下游。在现状钟型进水流道出口断面的速度云图可发现进水流道主流集中在导流锥的背后。不均匀的来流将导致泵叶轮周向受力不均，由此导致运行时的剧烈振动，且较大的速度梯度所产生的剪切力极易诱发空化发生、加剧振动和噪声。该现象在大流量（大叶片安放角）时尤为明显。

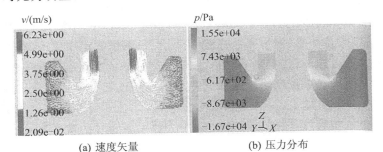

(a) 速度矢量　　　　　　　　　(b) 压力分布

图 2-102　钟型流道中断面的速度矢量及压力分布（$Q=22 \ \mathrm{m^3/s}$）

根据计算结果得出表 2-72 所列的进水流道水力损失，流量为 18 m³/s，22 m³/s，25 m³/s 时，水力损失分别为 0.524 m，0.765 m，0.972 m，进水流道平均阻力系数 S 约为 0.001 584 s²/m⁵。

表 2-72　各种进水流道改造方案比较

进水流道改造方案及部位	工程量	流量/(m³/s)	喇叭口拐弯处负压区压力/kPa	出口流速分布	水力损失/m
现状钟型流道	—	22	16.7	不均匀	0.765
修改导流锥型线	小	22	14.7	不均匀	0.686
倾斜底板、修改导流锥型线	小	22	14.8	不均匀	0.701

续表

进水流道改造方案及部位	工程量	流量/(m³/s)	喇叭口拐弯处负压区压力/kPa	出口流速分布	水力损失/m
钟型Ⅰ：扩大喇叭管，修改导流锥，修改蜗壳	较小	22	12.1	不均匀	0.737
钟型Ⅱ：修改喇叭口、导流锥及蜗壳型线，顶板局部修改	中	22	2.97	均匀，有偏流	0.419
簸箕形：恢复原泵型前导流锥，去除钟型导流锥，改小隔墩，修改蜗壳，进水流道顶板局部修改	中	22	1.17（全流道最大负压）	均匀，无偏流	0.353

2. 改造方案数值模拟研究

新滩口泵站进水流道采用钟型进水流道。如表 2-70 所示，其主要尺寸与常规的相比有出入，特别是流道宽度 B 和喇叭口直径 D_1 这两个关键尺寸与规定值相差较大，结构尺寸的不合理导致流态恶化，而过去模型试验也曾观测到在原进水流道内存在涡带。因此应主要考虑对进水流道的改造，现结合轴流泵段和虹吸式出水流道进行全面分析。

（1）改造原则及改造措施

根据新滩口泵站的实际情况，以及流道、水泵改造原则改造应考虑的因素如下：安装 10 台机组，进水流道宽度为 6.0 m，流道间墩墙厚 0.8 m，进水流道宽度不能变大，且为承重墙，故流道宽度没有增加的余地；该泵站进水池最低水位 23.50 m，水泵安装高程 21.50 m，为保证水泵的淹没深度要求，水泵安装高程不能抬高；进水流道底板不能降低，以保证泵站结构安全；若需改变顶板，则宜降不宜抬，以避免增加工程实施难度和工程投资；导流锥的改型较为简单，可做必要调整。蜗壳及喇叭口的型线改造宜补不宜挖。若需改变喇叭口型线，或者扩宽导流锥蜗壳，则需考虑结构承重要求。在保证水泵机组能稳定运行的前提下，将降低改造施工难度、减少工程量放在第一位，对流道水力效率的要求可适当降低。为此，分先后顺序考虑下述措施：采用修改导流锥型线，使得喇叭管内流道断面按过流面积逐渐递减平滑过渡；增加进水流道底板坡降，以使流道内流速符合逐渐增大的规律；在原有的型线基础上扩大喇叭管，修改导流锥；探索其他型式的进水流道；等等。各方案的流场分布及水力性能比较结果见表 2-72。

（2）钟型Ⅱ与簸箕形流道方案数值模拟

由于现状进水流道的喇叭口悬空高度较小，引起迎水侧流速脱流，且有较大的负压区产生，因而通过上述各种试图消除该不利因素的改造方案或多或少都起到改善作用，但仍不能达到使流速周向分布均匀的效果，直至采用将喇叭口弧度变缓并向上抬起的方案即钟型Ⅱ方案，才使情况得到明显好转。此外，对于簸箕形进水流道的模拟也得到均匀的周向流速分布，并使负压区的压力有所回升，负压区范围缩小。下面将这 2 种方案的仿真结果进行对比。图 2-103 给出了钟型Ⅱ进水流道出口断面的速度矢量和压力云图，由图可见，其轴向流速不均匀问题已基本消失，但流向仍有所偏斜；由钟型Ⅱ流道中断面的速度矢量和云图可知,由于喇叭口悬空高度提高,转弯处的脱流和较低负压区也相应消失,喇叭口拐弯处负压值降为 -0.3 m 水柱。在流量 22 m^3/s 的工况下,进水流道的水力损失降为 0.419 m,比现状进水流道及钟型 Ⅰ 改造方案都小(见表 2-72)。

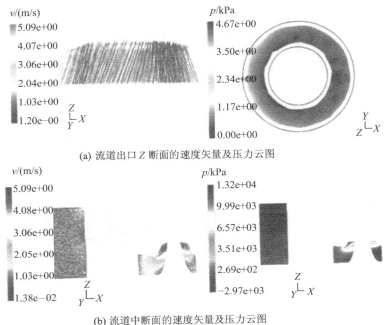

(a) 流道出口 Z 断面的速度矢量及压力云图

(b) 流道中断面的速度矢量及压力云图

图 2-103　钟型 Ⅱ 进水流道数值模拟结果($Q=22$ m^3/s)

　　簸箕形流道类似于肘形流道,没有导流锥,对流道的宽度没有钟型流道要求那么严格,但是却和钟型流道深度相近。其簸箕形的尾部,虽然是一个滞留区,却起到很好的压力缓冲作用。新滩口泵站进水流道宽度偏小,可以考虑在现状钟型进水流道的基础上改建簸箕形流道。由图 2-104a 簸箕形进水流道出口断面速度矢量和云图可见,其轴向流速已经很均匀,流向几乎没有偏斜;观察图 2-104b 中断面速度矢量和压力云图发现,转弯处的脱流和较低负压区也已经消失,在流量 22 m^3/s 下,进水流道的水力损失降为 0.353 m,较钟型 Ⅱ 减小约 16%(见表 2-72)。

　　从进水流道的仿真计算结果看,簸箕形进水流道的水力条件稍优于钟型 Ⅱ。在不增加流道高度和宽度的前提下,设计如图 2-105 所示的簸箕形全流道造型,图 2-106 给出轴流泵叶轮前进口断面的速度矢量及压力云图。从图中可以看出,在叶轮进口前断面,流速分布比较均匀,且矢量方向基本垂直于进口断面。这种分布利于减少机组振动和噪声,提高水泵运行效率。图 2-107 将现状钟型进水流道与簸箕形改造方案所对应的轴流泵叶片背面压力进行对比。在簸箕形进水流道下,叶片背面最小压力比现状钟型流道的大11.145 kPa,有利于减少空化的发生,尤其是在大叶片安放角及大流量运行工况下,整体改善效果明显优于钟型 Ⅱ 改造方案。

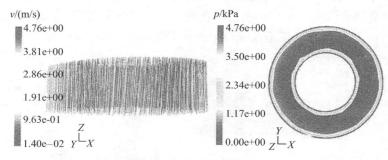

(a) 流道出口 Z 断面的速度矢量及压力云图

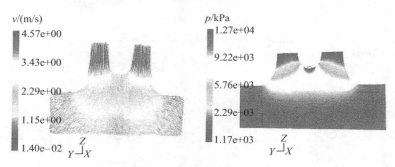

(b) 流道 Y 断面的速度矢量及压力云图

图 2-104　簸箕形进水流道数值模拟结果 (Q＝22 m³/s)

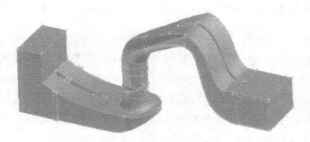

图 2-105　簸箕形进水流道改造方案装置造型

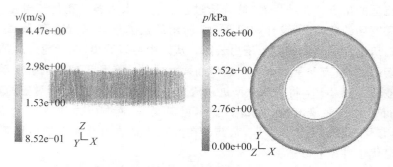

图 2-106　叶轮前进口 Z 断面的速度矢量及压力云图 (Q＝22 m³/s)

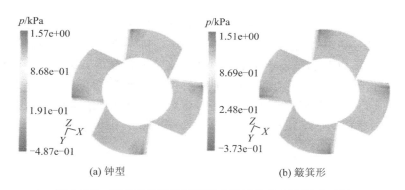

p/kPa
1.57e+00
8.68e-01
1.91e-01
-4.87e-01

p/kPa
1.51e+00
8.69e-01
2.48e-01
-3.73e-01

(a) 钟型　　　　　　　　(b) 簸箕形

图 2-107　现状钟型及簸箕形进水流道叶片背面压力云图

2.4.4　改造方案模型试验研究

根据前述数值模拟结果,采用 2 种泵型(28CJ56 和 2800ZLQ22-5.5)分别对钟型Ⅱ进水流道及簸箕形进水流道交叉进行 4 种方案的泵装置模型试验。针对各方案,测试额定转速下的运行特性(流量、扬程、装置扬程、轴功率、水泵效率、装置效率、转速等),观察水泵叶轮的空化情况及进水流道内的流态。试验重点是对进水流道与泵的配合进行系统研究,以期达到在不大幅度修改流道结构尺寸的情况下,通过修改型线,改善流道内部流态,加大运行叶片安放角,提高排水流量的目的。

研究方法是通过对不同进水流道方案的装置性能试验,分析判断较优的流道和水泵,并综合考虑流道与水泵的配合;其次通过 2 种泵型的泵段性能试验,对泵段性能和装置性能进行对比,评价进水流道对水泵装置性能影响的稳定性,以此说明进水流道水力特性的稳定性。

1. 模型设计与制作

通过数值计算确定钟型Ⅱ和簸箕形 2 种流态效果较好的进水流道型式,根据《水泵模型验收试验规程》(SL 140—97),结合国内已有的模型泵叶轮和导叶,按照新滩口泵站出水弯管尺寸和几何相似的要求,设计新滩口泵站水泵装置模型。为保证进水流道关键过流部件(喇叭口部位)的型线,采用柱形圆钢在数控机床上一次加工成型,且所有钢制过流部件均采用纯环氧胶涂覆内表面,以确保过流部件表面的粗糙度。

2. 泵及装置模型试验

由于泵站流道上无较长的平直段,断面流速分布不均匀,在水泵装置模型的流道上无法准确测量水泵进、出口断面能量,因而泵段的性能试验需与装置模型试验分开进行。试验研究的装置及泵段模型试验分别在武汉大学水利部泵站测试中心的开式试验台和闭式试验台上进行。

针对新滩口泵站流道与泵的配合问题进行数值仿真的结果:钟型Ⅱ和簸箕形流道对于进水流态的压力及流速的调整效果均明显优于现状钟型流道,故试验采用这 2 种流道为待选方案。关于泵型的优选,除考虑原站采用的 28CJ56 型泵之外,还根据重新校核后的特征扬程和流量进行泵型选择,经过比较,决定选用 2800ZLQ22-5.5 原型泵作为待选泵型。因此,本试验采用新滩口原泵型 28CJ56 和模型泵型 2800ZLQ22-5.5(以下分别称为原泵和新泵,比转速均为 700)进行试验。为尽量降低工程量,在设计泵站换新泵型方案时,考虑将 28CJ56 的后导叶体保留,仅更换叶轮,但由于两种泵型的轮毂直径相差较大,且原泵的轮毂较新泵大很多,采用新泵叶轮与原泵后导叶配合,势必破坏水流条件,造成很大的泵内损失。因此,试验不考虑新叶轮与老导叶配套的方案,在开式试验台上,依次对 4 种方案进行装置性能试验,即新泵配钟型 II 进水流道(方案 1);原泵配钟型 II 进水流道(方案 2);原泵配簸箕形进水流道(方案 3);新泵配簸箕形进水流道(方案 4),试验各方案的布置如图 2-108 所示。

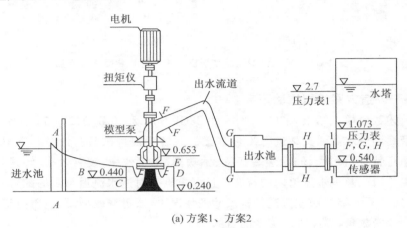

(a) 方案1、方案2

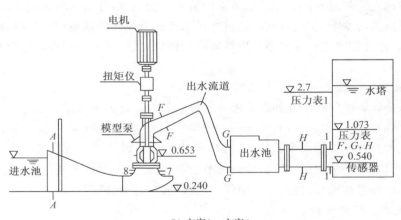

(b) 方案3、方案4

图 2-108　装置试验布置

各方案在 $-4°$,$-2°$,$0°$,$2°$,$4°$,$6°$ 这 6 个叶片安放角中选择 5 个进行性能试验,各叶片安放角综合性能曲线如图 2-109 所示。由图可见,无论是原泵型还是新泵型,装置效率的高效区基本集中在小流量区,且 $-4°$,$-2°$ 及 $0°$ 等小叶片安放角工况的效率较高,说明该站进水流道过流能力偏低;其次,新泵型虽然较原泵型流量增加了,但由于进水流道的限制,其装置效率在大多数情况下反而比原泵型低。

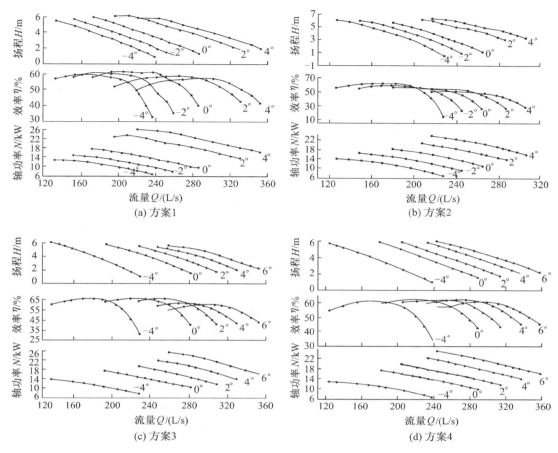

图 2-109　不同方案装置性能曲线

由于水泵装置进、出水流道断面变化复杂，不符合测量泵进、出口压力的规定，在泵装置上无法准确测量泵扬程，为将流道损失从泵扬程中分离出来，分别将 2 种泵模型安装在闭式试验台（见图 2-110）上进行泵段性能测试试验。装置的性能曲线如图 2-111 所示。

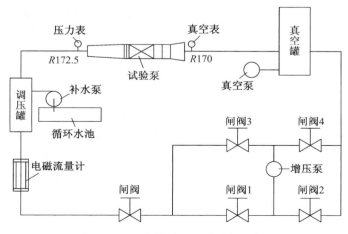

图 2-110　泵段性能测试试验台示意图

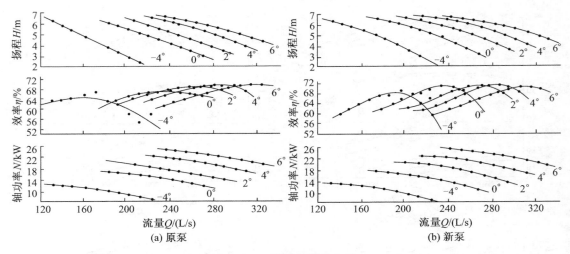

图 2-111　装置的性能曲线

3. 进水流道水力性能分析

基于装置及泵段模型试验测试结果,通过对不同进水流道与水泵配合性能比较,进水流道压力分布情况,振动、噪声分析以及泵内流态观测,流道水力特性等方面的研究,得出新滩口泵站改造最优方案。

(1) 装置试验 4 种方案综合性能比较

新泵模型分别与钟型和簸箕形流道配合运行,当叶片安放角在 0°以下时,其装置性能基本相同,而在 0°以上安放角运行时,则显示进水流道型式对水泵装置流量和效率具有一定的影响,当流量增大以后,簸箕形流道的水力性能优于钟型Ⅱ流道,这与数值模拟计算结果相符合。

原泵模型分别与钟型Ⅱ和簸箕形流道配合运行,当叶片安放角为 -4°时,水泵装置运行性能比较相近,但将叶片安放角分别调至 0°,2°,4°,6°以后,配簸箕形流道的装置性能明显优于钟型Ⅱ流道的装置性能。以叶片角 0°装置扬程 3.0 m 为例,单泵流量增大约 6%,效率提高 12%;如将叶片角调至 4°,装置扬程仍为 3.0 m,则流量增大约 10%,这说明簸箕形流道不仅使水泵叶轮进口流态改善,而且水力效率较高,验证了数值计算结果。

(2) 进水流道压力分布

进水流道的优劣,可根据泵入口断面附近区域的压力分布情况进行判断。首先,流道及泵内流场低压区负压应较小,以避免空化的产生;其次,泵入口断面流速分布应尽量均匀,以避免泵入口断面因流速分布不均匀而出现的振动现象,以下就从这 2 方面对钟型Ⅱ和簸箕形流道进行比较。

对钟型Ⅱ喇叭管进口 D 断面及出口 E(作为泵入口)断面以及簸箕形流道进口 7(作为泵入口)断面及出口 8 断面进行压力分布研究(见图 2-108)。其中 D 断面测点布置方式与 8 断面相同,而 E 断面测点布置方式与 7 断面相同。由于这些断面在大流量情况下均有负压,故采用基于绝压值的方法计算压力分布系数。即设 D,E,7,8 断面的压力分布系数分别为 S_D,S_E,S_7,S_8。

压力分布系数定义如下:

$$S_i = \frac{H_{max} - H_{min}}{\overline{H}} \times 100\%$$ (2-2)

式中, H_{max}, H_{min}, $\overline{H}$ 分别为断面最大压力、断面最小压力及断面平均压力,采用绝对压力(m 水柱)。

钟型 II 流道出口附近的断面 D 和断面 E、簸箕形流道出口附近的断面 7 和断面 8 均出现负压,且流量越大,安放角越大,负压值就越大。钟型 II 流道的断面 E 上游测点 E_1 和 E_2 在与新泵(6°)配合下相对压力分别达到 -0.865 m 和 -0.875 m,在与原泵(4°)配合下分别为 -0.225 m 和 -0.315 m;而下游测点 E_3 和 E_4 在任何工况下均未出现负压。测试工况范围内断面 D 压力最低点 D_1 的最大负压在与原泵 4°配合时达到 -2.585 m,与新泵 6°配合时达到 -1.653 m。

簸箕形流道的断面 7 中上游测点 2-1,2-2 在与新泵(6°)配合时相对压力分别达到 -0.842 m 和 -0.922 m,与原泵(6°)配合时相对压力分别达到 -0.832 m 和 -0.872 m;而下游测点 2-3,2-4 在任何工况下均为正压,测试工况范围内 8 断面压力最低点 8-1 的最大负压在与新泵(6°)配合时为 -1.437 m,而与原泵(6°)配合时为 -1.667 m。

分析进水流道压力分布的主要目的就是对 2 种进水流道的水力性能进行比较。首先,在流道过水断面压力分布方面,新泵调整压力分布的情况较原泵好;簸箕形流道水流在向水泵轴方向转弯时,上游喇叭口处负压(该处负压最大)比钟型 II 的低。这说明在其他条件相同情况下,簸箕形流道的水力性能较钟型 II 流道好。其次,关于流速分布是否均匀的问题,由于无法直接测量内部流场,除根据对进水流道数值模拟结果进行推断外,还可以从装置运行时流道损失、振动及噪声等外特性的角度,对进水流态运行性能进行评价。

一般情况下,流量越大,压力分布不均匀系数越大,但从运行振动及噪声测量结果看,大流量下压力的不均匀分布并未影响装置运行的稳定性;相同流量下,断面 D 与断面 8 对比,断面 E 与断面 7 对比,簸箕形流道过流断面压力分布不均匀系数比钟型 II 流道小,而相同流道配不同泵型的断面压力不均匀分布系数差别不大,说明流道是决定进水流态好坏的主要因素,且簸箕形进水流道流态较钟型 II 好。

(3) 振动与噪声

试验在正常流量、扬程运行时,振动(主要以振动加速度为分析依据)均不大,噪声大多在 90 dB 以下,仅在马鞍区近拐点工况,由于泵内二次回流以及叶片间隙空化的产生,振动和噪声明显增加。由此得出结论,进水流道出口断面圆周压力分布形态比较稳定,振动和噪声并不随流量的增大而增大,水泵机组运行振动加速度和噪声增大主要是由叶片正面和背面的压力差增大、间隙空化加剧引起的。这说明无论是钟型 II 流道还是簸箕形流道在改善流态(改善压力和流速分布)、减小振动和噪声方面均比现状钟型流道要好。

(4) 泵内流态状况

在模型泵泵壳处与叶轮等高的部位设置对称布置的 2 个可视范围为 220 mm×75 mm 的有机玻璃观测窗,水泵运行时可利用闪频仪通过观测窗观察到泵内的流动情况。

试验工况下叶面均未发现空化现象,但当扬程增高到一定程度时,由于叶片正面与背面的压力差增加,间隙流流速增大,叶片与泵壳球面间隙出现低压,发生明显的间隙空化。

该现象在不同方案及不同叶片安放角中,出现的时机和程度均有差异,相同泵型的簸箕形流道较钟型Ⅱ流道发生得晚,程度稍轻;同为簸箕形进水流道,新泵比原泵发生得晚,程度稍轻。而在同一个工况下、同一台水泵的4个叶片空化初生的时间及程度也有所不同,这个现象反映了叶片机械加工对间隙空化的影响。

各方案在不同叶片安放角下,出现同等水平间隙空化的工况见表2-73。表中所列工况为模型试验中间隙空化临界点,随着水泵扬程的增高,间隙空化程度不断加剧,尤其在4°和6°叶片安放角下,间隙空化的严重程度会使各叶片外缘下部区域边壁出现大面积气泡,在叶轮进口外缘附近形成连续间隙空化圈。

表 2-73　间隙空化临界工况

方案	不同叶片安放角下的参数											
	$-4°$		$-2°$		$0°$		$2°$		$4°$		$6°$	
	$Q/(L/s)$	H/m	$Q/(L/s)$	H/m	$Q/(L/s)$	H/m	$Q/(L/s)$	H/m	$Q/(L/s)$	H/m	$Q/(L/s)$	H/m
方案 1	143	5.20	164	5.29	—	—	193	5.32	205	4.84	283	4.78
方案 2	151	5.44	180	5.35	207	5.19	227	5.47	268	4.84	—	—
方案 3	160	5.32	—	—	218	5.33	246	5.53	297	4.83	345	4.03
方案 4	140	5.36	—	—	204	5.29	233	5.40	276	5.20	329	4.57

通过对流道和泵内的流态观测可以得出结论,各工况下,2种流道均能为水泵提供较好的进水条件,而以簸箕形流道为优;在试验工况下,泵内未发生叶面空化现象,但在高扬程下会出现间隙空化,这对不同型式的流道和泵型都是不可避免的。

(5)进水流道与泵型的配合

通过在等扬程下分析4种方案的装置流量及效率差,将进水流道对新泵和原泵的影响进行对比。在流量约为200 L/s下,簸箕形流道与新泵配合的装置效率与钟型Ⅱ大致相等,低于该流量则效率略低于钟型Ⅱ,而大于该流量后,簸箕形流道的装置效率逐渐高于钟型Ⅱ,说明簸箕形流道对泵站的大流量运行有利。在与原泵配合时,采用簸箕形流道装置效率明显高于钟型Ⅱ,尤其是在流量大于260 L/s后,装置效率可提高10%以上。这一方面说明原泵与钟型Ⅱ流道的配合使流态变差,另一方面也说明簸箕形较钟型Ⅱ流道在大流量下水力损失显著减小。

综上所述,簸箕形流道的水力性能优于钟型Ⅱ流道。因此以下采用簸箕形对2种泵型进行对比。在叶片安放角小于2°(包括2°)情况下,原泵与簸箕形型流道配合的装置效率较新泵稍高,-4°叶片安放角的小流量下尤为明显(达到9%),在4°,6°叶片安放角下新泵装置效率才稍高于原泵,说明簸箕形流道与新、原泵的配合差异不大,而大多数运行工况下,采用原泵与簸箕形流道配合较好。

(6)泵装置性能与泵段性能相关性分析

由于水泵装置进水流道断面形状变化复杂,无法直接测量出口流速,因而在闭式试验台下测定泵性能曲线,并将其与水泵装置性能曲线进行对比。图2-112列出2种泵型分别与2种进水流道相配合后泵段扬程与装置扬程曲线。分析曲线可知其变化规律基本一致,说明进水流道流速分布较好,没有对水泵性能构成不利影响。分别对2种泵型4种叶片安放角(6°,4°,2°,0°)的泵段和泵装置(配簸箕形流道)性能曲线进行相关性分析,设 Q

与 $\sqrt{\Delta H}$ 的线性相关方程为 $Q = A\sqrt{\Delta H} + B$,结果见表 2-74,各组相关系数在 $0.925 \sim 0.997$ 之间,相关程度较高,说明采用这 2 种进水流道后,水泵装置性能稳定。此外,从图 2-112 中可看出,新泵、原泵与簸箕形流道配合的泵扬程与装置扬程之差(即流道损失)较小,而 2 种泵型与钟型 Ⅱ 流道配合的流道损失都较簸箕形流道装置大。因此,2 种进水流道的水力性能都比较稳定,且簸箕形流道的水力性能明显优于钟型 Ⅱ 进水流道。

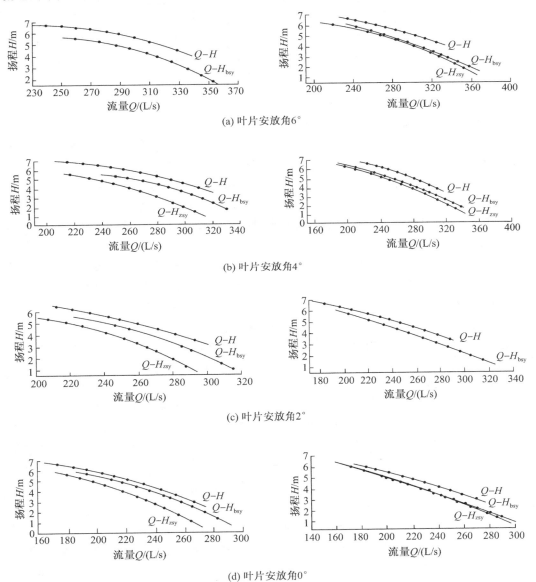

(a) 叶片安放角6°

(b) 叶片安放角4°

(c) 叶片安放角2°

(d) 叶片安放角0°

注:Q-H 为泵扬程曲线;Q-H_{bsy},Q-H_{zsy} 分别为簸箕形、钟型 Ⅱ 进水流道装置扬程曲线;左侧为原泵,右侧为新泵。

图 2-112　泵段扬程与 2 种流道配合的装置扬程对比曲线

表 2-74　相关性方程计算结果

安放角/(°)	A		B		R		N	
	新泵	原泵	新泵	原泵	新泵	原泵	新泵	原泵
6	0.356 064	0.304 348	−0.037 810	−0.005 220	0.997 13	0.985 21	8	7
4	0.615 180	0.622 223	−0.287 410	−0.327 110	0.946 24	0.964 68	8	7
2	0.301 163	0.307 262	0.004 939	−0.017 170	0.972 03	0.971 17	9	7
0	0.523 409	1.002 727	−0.187 010	−0.484 410	0.947 34	0.924 65	8	8

注：R 为拟合曲线的线性相关系数；N 为拟合数据样本数。

4. 推荐方案实施的安全性及可行性

（1）簸箕形进水流道工程实施方案

簸箕形进水流道对流量的适应范围较大，压力分布均匀，流态稳定，水力性能较好，在综合性能上优于钟型 II 进水流道，故推荐采用该流道。

从水工施工角度，2 种进水流道的施工难度均不大，工程量也基本相当。所推荐簸箕形方案簸箕型线的后缘较原蜗壳型线后移约 0.8 m，施工时需打掉后墙的一部分。由于后墙并非承重墙，因而施工不影响原结构安全，且不影响集水廊道功能。

（2）28CJ56 型主泵的改造安装

虽然 2800ZLQ22-5.5 型泵的流量较原 28CJ56 型泵大，但因新滩口泵站进水流道设计过流能力偏小，其流量大的优点未发挥出来，故推荐仍采用 28CJ56 型全调节轴流泵。

现状钟型进水流道改为簸箕形进水流道，在保证机组安装高程不变的前提下，将原泵型结构中的前导流锥还原，为便于安装及检修，修改原泵底座，加设十字架（十字筋板），用以固定前导流锥，且将底座内圆按照簸箕形喇叭口的椭圆线形加工，并与喇叭口光滑连接，其他部件无需变动。

5. 结论与建议

试验结果表明，仿真计算提出的 2 种流道型式比现状钟型流道水力性能均有改善，尤其以簸箕形流道与水泵配合运行性能改善明显。簸箕形流道在大流量运行工况下，水力损失较钟型流道明显减小。簸箕形流道与两种模型泵配合均较好，虽然新泵流量较原泵流量大，但由于新滩口泵站进水流道过流能力偏小，因此簸箕形与原泵配合时，在大多数运行工况下，其装置效率反而略高于新泵。此外，考虑原泵在生产上已应用多年，具有丰富的运行经验，同时可大大降低工程量及施工难度，故推荐新滩口泵站改造采用原泵（28CJ56）与簸箕形进水流道配合的方案（即方案 3）。

将模型泵的进、出水流道更换为圆形直管，在闭式试验台上测定泵扬程曲线，并将其与对应的泵装置性能曲线进行对比，根据性能曲线的变化规律判断装置运行的稳定性，这是从宏观上评价进水流道水力性能的一种实用方法。

利用压力分布系数可反映流道的整流效果，相同方案下，流量越大压力分布系数越大。在相同流量下，簸箕形流道特定断面上的压力分布系数较钟型 II 流道特定断面压力分布系数小，说明簸箕形流道的整流效果优于钟型 II 流道。

虽然振动及噪声在模型试验台上无法模拟，但根据测量数据进行相对比较，可在一定程度上反映流道及泵内流态的好坏。试验工况范围内,水泵机组运行振动加速度和噪声增大不是由流量的增大引起的,而主要是由叶片正面和背面的压力差引起的,说明 2 种型式流道在改善空化、振动及噪声方面均比现状钟型流道优。

扬程增大时,对泵内流态的观察发现,各方案均有不同程度的间隙空化,而在运行工况范围内没有发现叶面空化。间隙空化虽然不可避免,但这与水泵制造工艺有关,可以通过提高水泵的加工工艺改善间隙空化特性。

新滩口泵站存在的问题在我国大型低扬程泵站运行中具有一定的典型性。本研究采用簸箕形进水流道方案对原宽度不够的钟型进水流道进行改造,为存在同类问题的泵站提供了重要的参考价值。更新改造完成后对 2# 机组性能进行现场测试,测试结果表明达到了设计预期效果。

2.5　工程应用实例简介

2.5.1　广东东河泵站

东河泵站位于广东省中山市的中顺大围,珠江三角洲的南部、西江干流东岸,是广东省五大联围之一,全围略呈三角形,两面环水,东南为五桂山脉,总集雨面积 709.63 km²。根据排涝规划,在东河口兴建排涝流量为 273 m³/s 的泵站一座,泵站特征水位见表 2-75。泵站安装单机流量为 45.5 m³/s 的机组 6 台套,选用 3200ZLQ45.5-2.4 立式全调节轴流泵(水力模型为 350ZMB-3.5, n_s = 1 400)、叶轮直径 3 250 mm、转速 115.4 r/min,配套 TL1800/52-3250 同步电动机,额定功率 1 800 kW。采用簸箕形进水,低驼峰虹吸式出水、配 4 200 mm×4 200 mm 半自浮拍门,设计拍门开启角度为 69°～75°。1999 年开工建设、2000 年投入运行。东河水利枢纽全景如图 2-113 所示,该工程由水闸、船闸、泵站三部分组成,系中山市最大的单宗控制性水利工程,工程等别为 I 等,工程规模为大(I)型。工程的主要任务:防洪、排涝、通航和改善水环境。水闸总净宽 150 m,分 10 孔,单孔净宽 15 m,设计过闸流量 1 020 m³/s,水闸闸门采用平面钢闸门,启闭机采用液压启闭机;船闸按内河 IV 级航道、通航 500 吨级设计,闸首净宽 16 m,船室长 120 m;泵站单站流量在广东省排首位,建成时在全国排第三位。泵站纵剖面图如图 2-114 所示,簸箕形进水流道尺寸如图 2-115 所示(采用半圆形簸箕)。该工程由苏交科中山市水利水电勘测设计咨询有限公司承担设计,施工中克服了不截流、不断航等难题,并运用悬浮式钢板桩围堰等多项新技术。

表 2-75　东河泵站特征水位组合　　　　单位:m

项目		参数	
		内水位	外水位
水位	设计工况	0.30	2.25
	最高工况	1.30	3.12
	最低工况	−0.50	0.50
扬程	设计工况	2.40	
	最高工况	2.93	
	最低工况	0.50	

图 2-113　东河水利枢纽全景

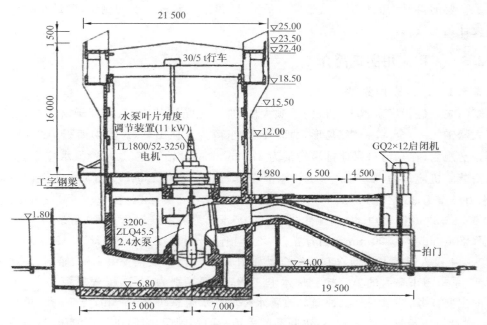

图 2-114　东河泵站剖面图

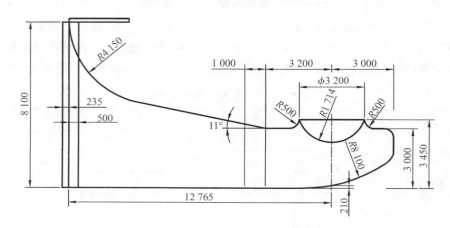

注：中间隔墩厚 500 mm；进口断面单孔宽 3 750 mm。

图 2-115　簸箕形进水流道尺寸(长度单位：mm)

2.5.2　江苏船行二站

1. 工程概况

船行二站泵站位于江苏省宿迁市宿城区,是船行灌区续建配套与节水改造项目 2019 年度工程,泵站安装 4 台 1400QZ-70-(-2)-560 潜水轴流泵机组。单泵设计流量为 5.6 m³/s,泵扬程为 7.61 m,泵转速为 370 r/min,单机功率为 560 kW,泵站选用矩形进水前池与出水池,进水流道采用簸箕形流道,圆管接出水池出水。船行二站枢纽布置如图 2-116 所示,船行二站装置立面图如图 2-117 所示。泵站水位组合见表 2-76。该项目由江苏省宿迁市水利勘测设计院承担设计。

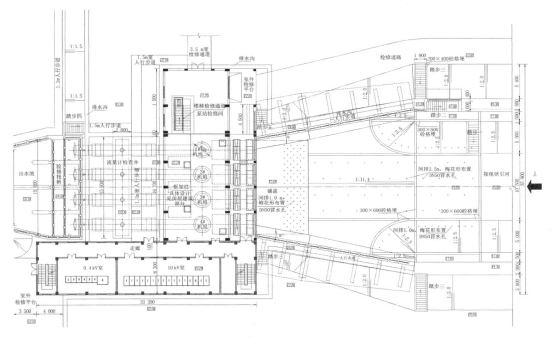

图 2-116　船行二站枢纽布置图(长度单位：mm)

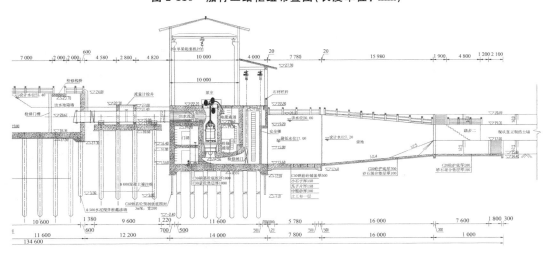

图 2-117　船行二站装置立面图(长度单位：mm)

表 2-76　船行二站水位组合　　　　　　　　　　　　　　　单位:m

工况	进水池侧	出水池侧	净扬程
设计工况	17.20	23.40	6.20
最低工况	17.00	23.00	4.10
最高工况	18.90	23.50	6.50

2. 进水流道设计

参照刘老涧泵站的设计方法,将簸箕形进水流道应用于潜水贯流泵。吸水箱部分采用侧向不收缩的半圆型,型线简单。进口宽度 B_j 取 3 000 mm(2.14D)、进口高度 H_j 取 2 200 mm(1.57D)、吸水箱高度 H_B 取 960 mm(0.69D)、流道长度 X_L 取 5 000 mm(3.57D)、后壁距 X_T 取 1 200 mm(0.86D)。喇叭管采用长轴 a = 840 mm、短轴 b = 290 mm 的1/4椭圆,喇叭管直径 D_L 取 1 760 mm(1.26D)、喇叭管高度 H_L 取 840 mm(0.60D)。进水流道型线尺寸如图 2-118 所示。

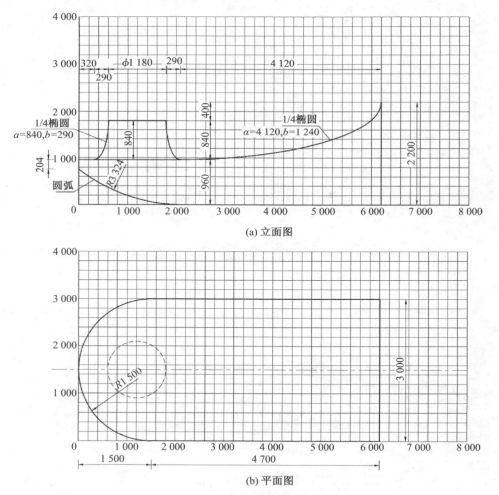

(a) 立面图

(b) 平面图

图 2-118　簸箕形进水流道型线(单位：mm)

3. 多机组运行方案研究

（1）研究方案

由于该泵站对机组的使用方式为用 3 备 1，因而将这 4 台套机组进行编号，分别为 1、2、3、4。在设计流量点进行 4 种方案分析研究，方案 1 为编号 1、2、3 机组运行，编号 4 机组备用；方案 2 为编号 1、2、4 机组运行，编号 3 机组备用；方案 3 为编号 1、3、4 机组运行，编号 2 机组备用；方案 4 为编号 2、3、4 机组运行，编号 1 机组备用。机组编号如图 2-119 所示。

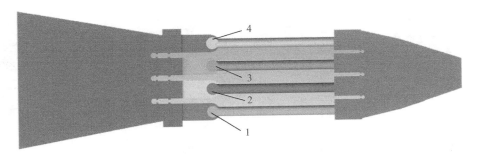

图 2-119　机组编号示意图

采用数值计算的方法进行研究，计算模型包括进水前池、簸箕形进水流道、机组段、出水流道和出水池部分。采用自适应性较强的四面体网格对各个部件（除导叶外）进行网格划分计算域，为了准确模拟内部流动，提高计算精度，并对局部区域做加密处理，如图 2-120 所示，网格数量为 4 426 611。

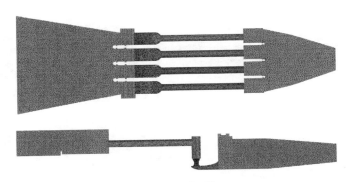

(a) 整体计算网格

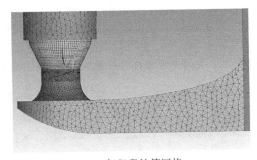

(b) 机组段计算网格

图 2-120　数值模拟网格剖分

（2）结果与分析

机组不同运行方案下泵站流线分布呈现完全不同的规律（见图 2-121 和图 2-122），在方案 4 中，泵站的前池和出水池流体的流态较方案 1、方案 2、方案 3 的要平顺得多；方案 2 和方案 3 机组的运行方式对泵站前池和出水池流体的流态产生较大的不利影响，不建议采用这两种运行方式；出水池无论在哪种方案下运行，机组都会使其中的流体流动紊乱，有大量涡存在，说明出水池对流体约束力不足，建议加导流板。

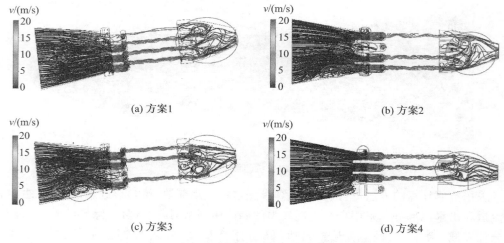

(a) 方案1　　　　　　　　　　　　　　(b) 方案2

(c) 方案3　　　　　　　　　　　　　　(d) 方案4

图 2-121　机组在不同运行方案下泵站流线俯视图

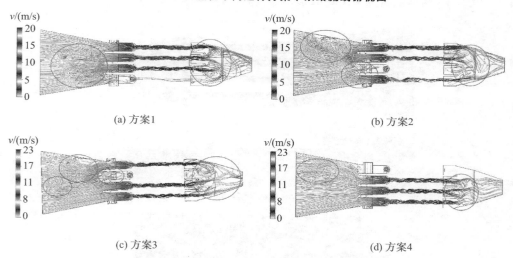

(a) 方案1　　　　　　　　　　　　　　(b) 方案2

(c) 方案3　　　　　　　　　　　　　　(d) 方案4

图 2-122　机组在不同运行方案下泵站流线仰视图

在 4 种运行方案中，泵站的簸箕形进水流道流线分布均匀，水流平顺，规则有序；机组的出水流道整体上流动平顺，但流动改变方向时有旋涡存在，越过三通位置时存在空白区域，建议在水流改变方向的三通处做适当改进（见图 2-123）。

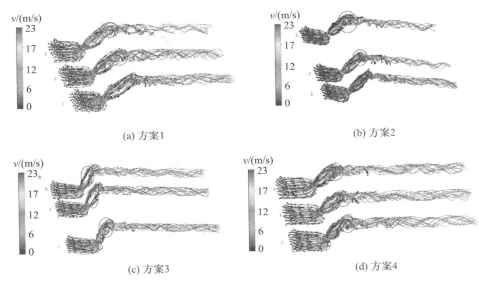

(a) 方案1

(b) 方案2

(c) 方案3

(d) 方案4

图 2-123　机组在不同方案下进水流道的流线分布

图 2-124 和图 2-125 分别为设计流量工况下的泵站和机组的压力分布云图。从图 2-124 中可以看出,泵站的压力分布规律基本相同,在泵站前池的压力最低,机组的压力由于叶轮做功的缘故开始增大,在三通管拐弯位置处压力达到最大值,流体流过拐弯位置后,压力逐渐减小。从图 2-125 中可以看出,泵站机组的不同组合的运行方式,使叶轮对流体的增压效果不同,增压效果从高到低的排序依次为方案 2、方案 3、方案 1 和方案 4,这说明机组不同的组合运行方式对泵站流体会产生较大影响。

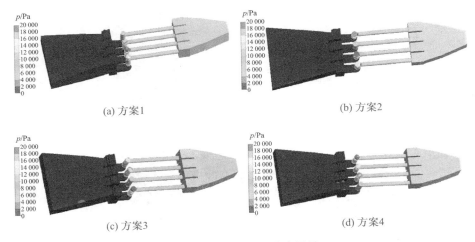

(a) 方案1

(b) 方案2

(c) 方案3

(d) 方案4

图 2-124　泵站压力分布云图

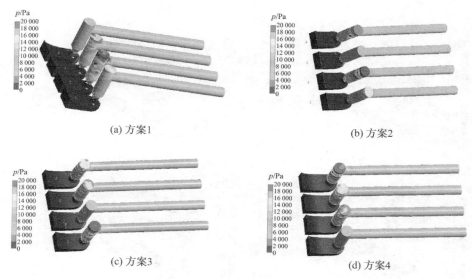

(a) 方案1　　　　　　　　　　　　　(b) 方案2

(c) 方案3　　　　　　　　　　　　　(d) 方案4

图 2-125　机组装置压力分布云图

　　湍动能主要反映流体速度变化快慢的物理量,湍动能越大,说明速度变化越大,对流体的流态影响也就越大。图 2-126 和图 2-127 分别为前池和出水池湍动能的分布,从图中可以看出,运行机组的组合方式不同,对泵站的前池和出水池的湍动能分布范围有较大影响。按其影响大小进行排序为:方案 2 的湍动能分布范围大于方案 3 的分布范围,方案 3 的分布范围大于方案 1 的分布范围,方案 1 的分布范围大于方案 4 的分布范围;前池和出水池的湍动能分布范围都较大,主要是由流体流动紊乱造成的,所以建议将泵站前池和出水池的导流板延长,用以减缓流体流动的紊乱程度。

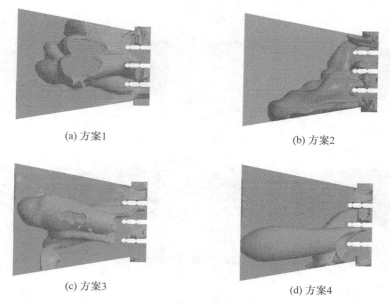

(a) 方案1　　　　　　　　　　　　　(b) 方案2

(c) 方案3　　　　　　　　　　　　　(d) 方案4

图 2-126　泵站前池湍动能分布

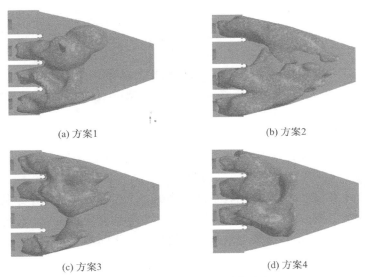

(a) 方案1　　　　　　　　　　　　　　(b) 方案2

(c) 方案3　　　　　　　　　　　　　　(d) 方案4

图 2-127　泵站出水池湍动能分布

4. 结构优化建议

结合 CFD 分析和泵结构特点可知,簸箕形进水流道的流动均匀对称,规则有序,形态良好;在出水三通位置之前整体上流动较为平顺,但在三通位置后,流动在改变方向时有旋涡存在,且一直延续到出水池;出水池流动紊乱,有大量涡存在,各流动之间有相互干扰。根据文献[14]的研究结果,可采用倒圆弧(或倒角)等措施减小井筒及出水流道的水力损失,建议三通与出水流道处用大圆角过渡。但倒圆弧(或倒角)的尺寸在设计过程中需要根据设计参数进行恰当选择。另外,进水前池及出水池的导流板可考虑进行延长。船行二站最终实施的泵及泵站装置结构如图 2-128 所示。

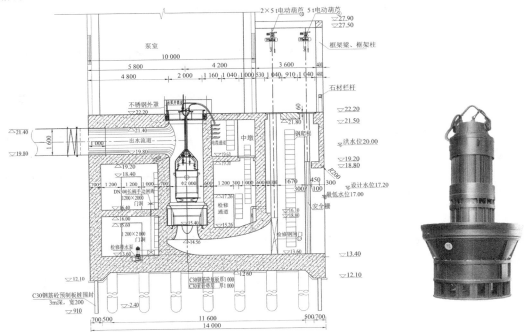

图 2-128　船行二站机组结构(长度单位:mm)

2.6　本章小结

簸箕形进水流道与肘形进水流道相比,形状相对简单且叶轮中心高度小于肘形进水流道,流道宽度虽然比肘形进水流道略大,但小于钟型进水流道,而且易于施工,因此,有利于减小开挖深度,节省工程建设投资。

根据研究和工程实际应用,簸箕形进水流道的主要控制尺寸取值范围可参考文献[1]中的建议值,簸箕形流道的型式可采用渐缩型和半圆型,喇叭管型线可根据需要选择椭圆形、抛物线形、圆形等不同形状。

在泵站更新改造设计时,需对现有泵站结构的安全性和稳定性采用结构有限元分析;流道型式和水泵水力模型及机组结构的选择,应尽量不破坏现有结构,保证现有泵站结构的整体性,并协调好流量增大与装置效率及机组稳定性之间的关系。

参考文献

[1] 陆林广,张仁田. 泵站进水流道水力优化设计[M].北京:中国水利水电出版社,1997.

[2] American National Standards Institute. ANSI/HI 9.8 - 2012 American National Standard for Rotor Dynamic Pumps for Pump Intake Design[S]. Hydraulic Institute 6 Campus Drive,First Floor North Parsippany,New Jersey,Dec. 2,2012.

[3] 张文涛,闻建龙. 簸箕式进水流道和井筒式泵[J].中国农村水利水电,1999(12):40-42.

[4] 管毓哲. 刘老涧泵站井筒式泵室的设计[C]//郑兆惠. 水资源骨干工程技术论文集.成都:成都地图出版社,2000.

[5] 周亚军,陈懿,陶思远. 清污机桥墩位置对刘老涧抽水站水力特性的影响研究[J].中国农村水利水电,2020(3):169-173.

[6] 丘传忻,周龙才,尹述鸿,等. 新滩口泵站进水流道改造方案研究[J].泵站技术,1997(5):10-17.

[7] 李江云,胡少华,周龙才,等. 新滩口泵站改造方案全流道仿真分析[J].工程热物理学报,2008,29(7):1136-1140.

[8] 李江云,胡少华,王成云,等. 湖北省新滩口泵站装置模型试验研究[J].中国农村水利水电,2007(7):63-68.

[9] 江苏省江都水利工程管理处. 江都排灌站[M].北京:水利电力出版社,1974.

[10] 吕建新,阮复兴. 东河水利枢纽工程用泵可行性研究[J].排灌机械,2001,19(3):18-19.

[11] 阮复兴,吕建新. 东河排涝泵站进水流道防涡消涡试验研究[J].排灌机械,2002,20(3):24-26.

[12] 陈松山,周正富,潘光星,等. 泵站簸箕型进水流道水力特性试验及数值模拟[J].扬州大学学报(自然科学版),2006,9(4):73-77.

[13] 李四海，陈松山，周正富，等．两种簐箕形进水流道泵装置数模分析与比较[J]．水利与建筑工程学报，2014，12(4)：191-195，203．

[14] 王婷婷，潘绪伟，成志超，等．潜水轴流泵流程 CFD 分析及结构优化[J]．治淮，2019(11)：20-22．

[15] 付强，袁寿其，朱荣生．大型给水泵站进、出水流道数值模拟及优化设计[J]．中国给水排水，2012，28(1)：48-51．

第**3**章

钟型进水立式泵装置

3.1 装置型式简述

最早采用钟型进水、直管出水的泵站是湖南省汉寿县的坡头泵站和湖北省监利县新沟泵站。坡头泵站安装 2 台 28CJ90 型全调节轴流泵,配套额定功率为 2 800 kW 的 TDL325/56-40 型三相同步电动机。该站担负洞庭湖区的排涝任务,泵站装置如图 3-1 所示。

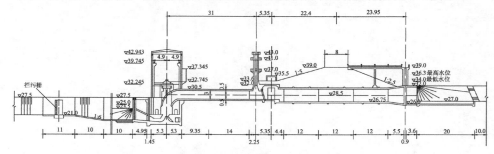

图 3-1 湖南省坡头泵站装置图(单位：m)

湖北省新沟泵站安装 64ZLB-50 水泵 4 台套,装置示意如图 3-2 所示。安徽省禹王泵站亦安装 64ZLB-50 水泵 4 台套,泵站装置如图 3-3 所示,与新沟泵站不同的是采用短直管式出水流道。

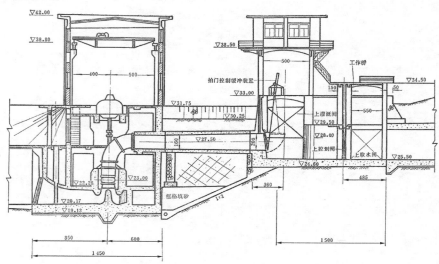

图 3-2 湖北省新沟泵站装置(长度单位：cm)

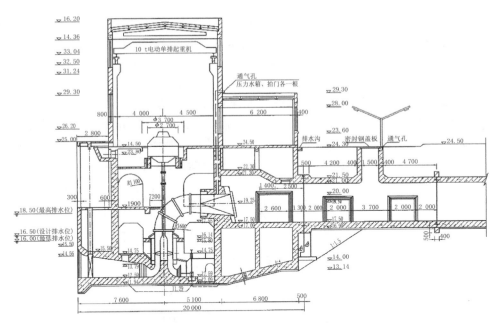

图 3-3　安徽省禹王泵站装置图(长度单位：mm)

国内在应用钟型进水、直管式出水装置上有较为显著的地域特点，以湖南省和湖北省应用最为广泛。这与其最早开展钟型进水流道研究有关。在该装置型式中，大多数配长直管式出水流道，例如，湖北省黄陂后湖泵站，水泵叶轮直径为 1 600 mm，配 25 m 长的直管后又配 1∶3 上升和 1∶4 下降的 60 m 虹吸式管路，泵站装置如图 3-4 所示。

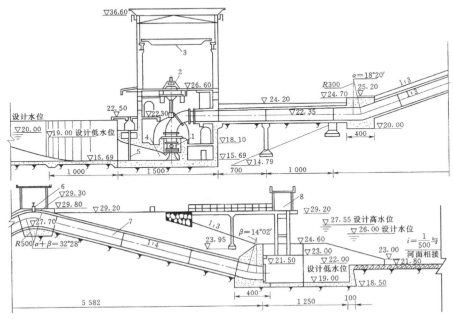

1—叶轮直径 1 600 mm 轴流泵；2—800 kW 电动机；3—行车；4—钟型进水流道；
5—检修闸门；6—真空破坏阀；7—虹吸式出水流道；8—防洪闸。

图 3-4　湖北省黄陂后湖泵站装置图(长度单位：cm)

钟型进水、直管式出水的立式泵装置在日本有较为成功的应用,例如,位于日本近畿淀川的久御山排涝泵站,设计扬程 4.5～5.0 m,排水总流量 90 m³/s,安装叶轮直径 3 400 mm、单机流量为 30 m³/s 的轴流泵机组 3 台套,其中 1 台机组叶片固定、2 台机组叶片全调节。久御山泵站装置如图 3-5 所示。日本兵库县公共事务局的松岛泵站装置如图 3-6 所示,安装直径 2 300 mm 全调节轴流泵。日本木下川泵站安装叶轮直径 2 500 mm 导叶式混流泵 3 台套、单机流量 14.67 m³/s、设计扬程 8.1 m、额定转速 135 r/min,经伞形齿轮箱和液力耦合器传动,配 2 200 ps(约 1 618 kW)柴油机,泵站装置如图 3-7 所示。日本采用的装置型式的共同特点是均采用直管加下弯管的出水、拍门断流,且原动机都是柴油机。

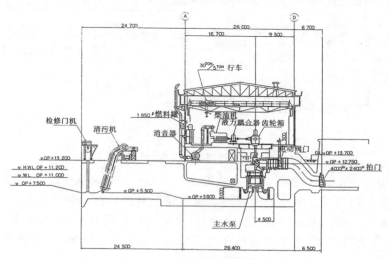

图 3-5　日本久御山泵站装置图(长度单位:mm)

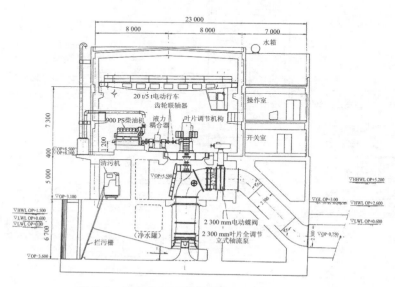

图 3-6　日本松岛泵站装置图(长度单位:mm)

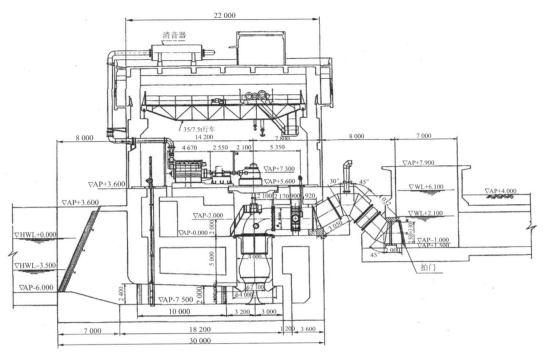

图 3-7　日本木下川泵站装置图(长度单位: mm)

3.2　装置主要参数选择与分析

钟型进水流道可分为直线段和吸水段两部分(见图 1-4)。直线段的形状比较简单,吸水段的形状比较复杂,由吸水室、导流锥和喇叭管等部分组成。主要参数有叶轮中心至底板高度 H_w、流道进口宽度 B_j、直线段长度 X_L、喇叭管高度 h、吸水室高度 h_1、喇叭口进口直径 D_1、导流锥出口直径 d_0、后壁距 X_T 等。

3.2.1　国内规范推荐的几何尺寸

钟型进水流道是国内规程规范中最早推荐的 2 种进水流道型式之一。在《泵站技术规范(设计分册)》(SD 204—86)的附录中推荐钟型进水流道的主要几何尺寸,在第 1 章中已经介绍。主要尺寸包括叶轮中心至底板高度 $H_w = (1.0 \sim 1.4)D$、吸水室高度 $h_1 = (0.4 \sim 0.6)D$、喇叭管高度 $h = (0.3 \sim 0.4)D$、流道宽度 $B_j = (2a + D_1) = (2.5 \sim 2.8)D$、喇叭管直径 $D_1 = (1.3 \sim 1.4)D$。尺寸示意参见图 1-4。

3.2.2　日本推荐的几何尺寸

在日本农林水产省构造改善局颁布的《泵站工程设计规范》中,分别对大口径立式混流泵(见图 3-8a)和轴流泵(见图 3-8b)进水流道尺寸作出规定,分别列于表 3-1 和表 3-2。

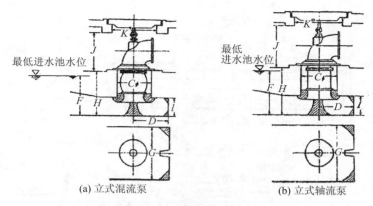

(a) 立式混流泵   (b) 立式轴流泵

图 3-8　大口径立式泵钟型进水流道几何尺寸

表 3-1　大口径立式混流泵尺寸

出口 直径/mm	主要尺寸/mm							
	$C_\sharp$	D	F	G	H	I	J	K
2 200	3 200	3 000	3 400	6 000	5 600	1 800	4 200	4 000
2 400	3 500	3 300	3 700	6 600	5 900	2 000	4 600	4 300
2 600	3 800	3 500	4 200	7 000	6 500	2 200	5 000	4 600
2 800	4 000	3 800	4 500	7 600	7 000	2 400	5 600	5 000

注：水泵安装时，导流锥外周围的二期混凝土做成适当形状。

表 3-2　大口径立式轴流泵尺寸

出口 直径/mm	主要尺寸/mm							
	$C_\sharp$	D	F	G	H	I	J	K
2 200	3 000	3 000	3 200	6 000	4 200	1 800	4 200	4 000
2 400	3 200	3 300	3 500	6 600	4 600	2 000	4 600	4 300
2 600	3 400	3 500	3 900	7 000	5 000	2 200	5 000	4 600
2 800	3 600	3 800	4 200	7 600	5 500	2 400	5 600	5 000

注：水泵安装时，导流锥外周围的二期混凝土做成适当形状。

　　日本在钟型进水流道应用方面的经验较多，因此设计方法相对较为成熟，不同水泵厂家都推荐相应的几何尺寸。图 3-9 为日本荏原公司推荐的钟型进水流道的主要几何尺寸，与我国规范推荐尺寸的对比见表 3-3。

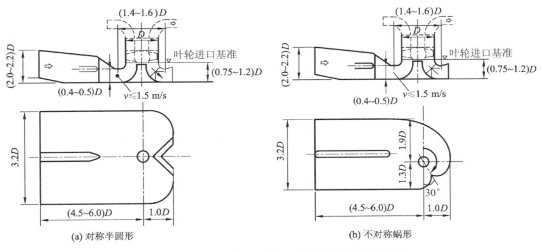

图 3-9　日本荏原公司推荐的钟型进水流道几何尺寸

表 3-3　日本与我国钟型进水流道主要尺寸对比

标准	叶轮进口至底板的高度 $h+h_1$	进口宽度 B_j	进口高度 h_A	流道长度 X_L	喇叭管直径 D_1	喇叭管高度 h	后壁距 X_T
中国	$(0.70\sim1.00)D$	$(2.5\sim2.8)D$	$(0.8\sim1.0)D$	$(3.5\sim4.0)D$	$(1.3\sim1.4)D$	$(0.30\sim0.40)D$	$(0.8\sim1.2)D$
日本	$(0.75\sim1.20)D$	$3.2D$	$(2.0\sim2.2)D$	$(4.5\sim6.0)D$	$(1.4\sim16)D$	$(0.35\sim0.70)D$	$1.0D$

注：中国标准推荐值中进口高度 h_A 和流道长度 X_L 参照肘形进水流道。

　　试验研究的结果表明,不对称蜗形隔板(或隔舌)的位置不同时,水泵水力损失会有变化。图 3-10 为隔舌位置对水泵性能的影响。从图中可以看出,$\theta>0°$ 或 $\theta<0°$ 时水力损失都增加,尤其是 $\theta>0°$ 时水力损失更大,所以 θ 一般取 $0°$,即对称蜗形。图中 ϕ,ψ,ν 分别为无量纲流量系数、扬程系数和轴功率系数。

3.2.3　后壁距 X_T 尺寸的确定

　　吸水室的喇叭管和导流锥的轴面投影可采用 1/4 椭圆线,后壁形状通常为半圆形和蜗形,其中,若蜗形的设计采用平均流速 $v=\text{const}$ 的方法,则吸水室后壁仅由后壁距 X_T 确定。采用数值计算方法计算流量 $Q=30\ \text{m}^3/\text{s}$ 时钟型进水流道内的三维流场,为清晰反映流场特性,取中间断面为特征面进行分析。

　　图 3-11 为半圆形吸水室不同后壁距特征面的流线图。从图中可以看出,在 $X_T/D=0.8\sim1.2$ 范围内,流线分布流畅,

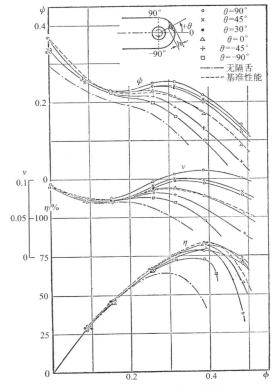

图 3-10　隔舌位置对水泵性能的影响

速度场较好,且后壁距取值越大,流场越好。若 X_T 过小,则后壁过流面积过于狭小,不利于水流均匀绕流喇叭管后部,并且在后壁鼻端处分离,流动变得复杂;若 X_T 过大,则后壁处流动混乱,会产生局部有害旋涡,流场极不均匀。图 3-12 为吸水室在不同 X_T 时出口断面的流速均匀度。

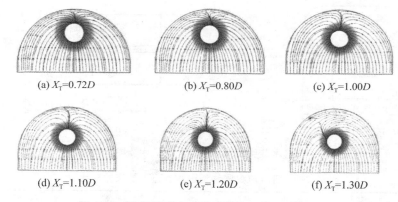

(a) $X_T=0.72D$ (b) $X_T=0.80D$ (c) $X_T=1.00D$

(d) $X_T=1.10D$ (e) $X_T=1.20D$ (f) $X_T=1.30D$

图 3-11　半圆形吸水室不同 X_T 时特征面流线图

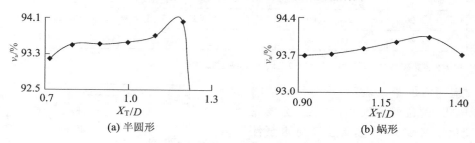

(a) 半圆形   (b) 蜗形

图 3-12　吸水室在不同后壁距 X_T 时出口断面的流速均匀度

图 3-13 为蜗形吸水室在不同后壁距 X_T 时特征面的流线图。从图中可以看出,在 $X_T \leqslant 1.3D$ 下,特征面的流线分布都比较流畅、速度场都较好,且变化很小。当 X_T 过大时后壁处流动混乱,并产生局部有害旋涡,速度场极不均匀。X_T/D 在 $0.92\sim1.4$ 范围内,后壁距取值越大,出口流速均匀度越好,在最大值 $X_T=1.3D$ 时,吸水段出口断面的流速均匀度最好。

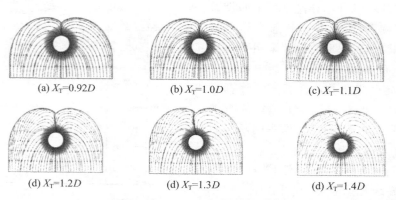

(a) $X_T=0.92D$ (b) $X_T=1.0D$ (c) $X_T=1.1D$

(d) $X_T=1.2D$ (d) $X_T=1.3D$ (d) $X_T=1.4D$

图 3-13　蜗形吸水室在不同后壁距 X_T 时特征面的流线图

后壁距的研究结果表明,对于半圆形吸水室,后壁距 $X_T=(0.8\sim1.2)D$ 时满足要求;但对于蜗形吸水室,后壁距 $X_T\leqslant1.3D$ 时,最优值即最大值,可适当加大。

3.2.4　优化水力设计推荐的设计准则

除了后壁距 X_T,其他几何参数对目标函数也有不同程度的影响,采用单因素变化的比较性优化计算方法进行分析。作者根据分析结果给出钟型进水流道的水力设计准则如下:

① 流道高度 H_w 尽可能取《泵站技术规范(设计分册)》(SD 204—86)中推荐值的上限,推荐值的下限不宜采用;

② 流道宽度 B_i 应不小于 2.74D;

③ 流道长度 X_L 大于 3.5D 即可;

④ 喇叭管及导流锥的型线均可采用 1/4 椭圆型线;

⑤ 若流道高度 $H_w=1.4D$,则建议采用:喇叭管进口直径 $D_L=1.4D$、喇叭管高度 $H_L=0.6D$、吸水室高度 $H_2=D$ 以及吸水室后壁距 $X_T=1.3D$。

如果流道高度 $H_w<1.4D$,喇叭管高度 H_L 应相应减小。

根据上述水力设计准则,按照水泵叶轮直径 $D=3\ 000$ mm、叶轮室进口直径 $D_1=0.97D$、叶轮中心安装高度 $H_w=1.4D$、叶轮中心至叶轮室进口的距离 $H_P=0.167D$ 进行设计。设计的钟型进水流道型线如图 3-14 所示,对于不同的水泵叶轮直径和叶轮室尺寸,可做相应的换算和调整。

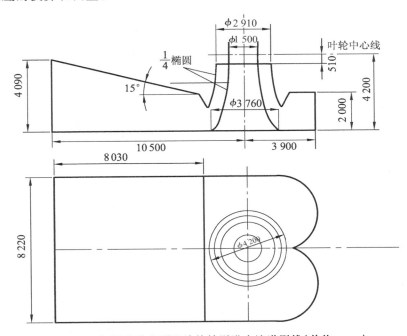

图 3-14　根据设计准则设计的钟型进水流道型线(单位:mm)

3.2.5　典型泵站钟型进水流道尺寸统计与分析

根据可搜集的资料,对国内外采用钟型进水的低扬程立式泵站流道主要尺寸进行统计(见表 3-4),其中国内 2 座叶轮直径分别为 1 600 mm 和 2 800 mm 的典型泵站钟型进水流道型线如图 3-15 和图 3-16 所示。

表 3-4　不同泵站钟型进水流道几何参数

序号	站名	叶轮直径 D/mm	设计扬程 H_{des}/m	流道长度 X_L/mm	进口宽度 B_J/mm	进口高度 h_A/mm	叶轮中心至底板高度 H_w/mm	喇叭管高度 h_l/mm	吸水室高度 h_1/mm	喇叭口直径 D_l/mm	导流锥出口直径 d_0/mm	后壁距 X_T/mm	α/(°)	β/(°)
1	江苏省伯渎港泵站	2 200	1.95	9 000	6 000	2 900	2 700	1 000	—	3 000	—	3 000	11.79	5.33
2	江苏省九里河泵站	2 200	1.42	9 000	6 000	2 900	2 700	1 300	2 200	3 000	—	—	—	—
3	湖北省坡头泵站	2 800	8.00	11 700	8 700	3 700	4 500	1 100	1 150	4 500	1 400	4 250	25.5	6.1
4	湖北省新沟嘴泵站	1 600	—	7 300	4 500	2 800	2 880	820	1 060	—	—	—	—	—
5	湖北省罗家路泵站	1 600	—	8 050	4 600	2 710	2 160	1 170	700	2 335	650	2 352	8.89	0
6	安徽省双塘渡泵站	1 720	5.67	9 800	5 300	4 200	2 400	778	1 290	2 800	2 400	2 039	13.0	0
7	安徽省禹王泵站	1 600	5.30	7 600	5 400	1 970	2 160	—	—	—	—	—	—	0
8	江西省大湖口泵站	3 100	—	12 400	8 761	4 260	4 012	—	—	—	—	2 922.2	11.0	0
9	日本久御山泵站	3 400	4.50~5.00	16 700	12 000	—	—	—	3 000	—	—	4 500	—	—
10	日本新川泵站	2 800	2.00	12 100	7 600	4 600	—	—	2 400	—	—	2 200	—	—
11	日本芝浦泵站	2 300	3.30	11 000	7 000	4 800	3 650	—	1 200	2 750	—	2 400	19.0	0
12	日本绫濑泵站	4 600	3.60	21 400	14 000	4 300	3 800	1 400	1 600	5 000	1 600	4 700	—	0
13	日本小名木川泵站	2 800	3.90	11 600	4 500	12 300	2 300	1 300	1 300	4 000	1 130	3 500	8.5	0
14	日本下川泵站	2 500	8.10	13 200	—	2 400	—	1 000	1 400	—	—	3 000	0	0
15	日本松岛泵站	2 300	3.80	11 200	8 000	3 300	2 740	950	1 300	2 600	—	2 400	17.0	0

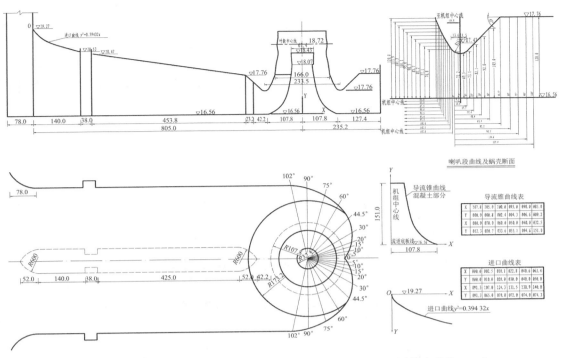

图 3-15　湖北省罗家路泵站钟型进水流道型线（$D=1\,600$ mm）（长度单位：cm）

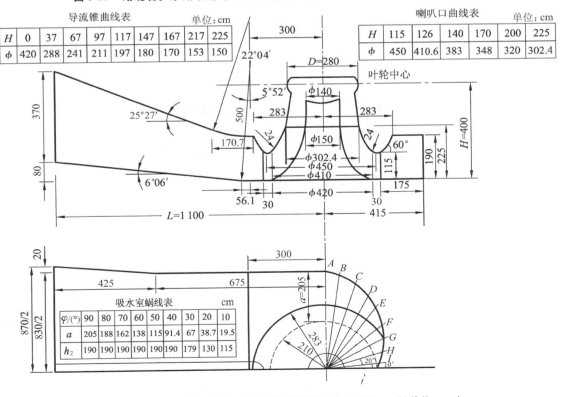

图 3-16　湖南坡头泵站钟型进水流道型线（$D=2\,800$ mm）（单位：cm）

根据统计数据（见图 3-17 至图 3-19）发现，钟型进水流道高度 H_w、宽度 B_j 及长度 X_L 均随着叶轮直径 D 的增大而增加，且有较好的相关性。与肘形及簸箕形进水流道相比，钟型进水流道高度 H_w 最小，但流道宽度 B_j 最大，这与钟型进水流道的形状有关。3 种进水流道的长度 X_L 基本接近，但钟型进水流道在叶轮中心线的后部有进水蜗室，总长度也是最长的。

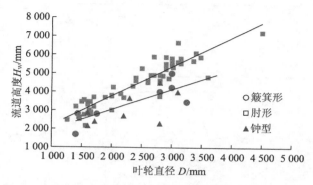

图 3-17　流道高度与叶轮直径的关系统计曲线

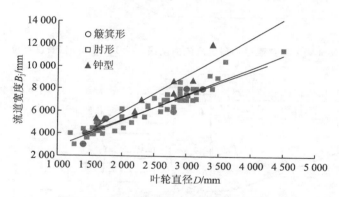

图 3-18　流道宽度与叶轮直径的关系统计曲线

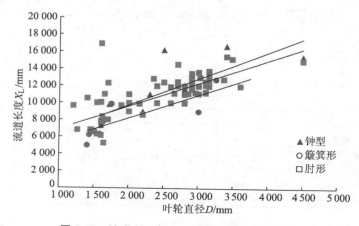

图 3-19　流道长度与叶轮直径的关系统计曲线

3.3　钟型进水、短直管出水装置设计

3.3.1　研究背景

湖南省汉寿县坡头泵站安装 28CJ90 型全调节轴流泵,配套额定功率为 2 800 kW、同步转速为 150 r/min 的 TDL325/56-40 型三相同步电动机 2 台套,设计扬程 9.0 m、扬程范围为 4.0~10.5 m;设计流量 25.9 m³/s、流量范围为 22.2~39.0 m³/s,生产厂家提供的泵特性曲线如图 3-20 所示。该站担负洞庭湖区的排涝任务,为当时湖南省单机容量最大的大型排涝泵站,亦属国内大型泵站之一。该站于 1976 年 10 月动工兴建,1978 年 6 月正式投入运行,坡头泵站装置如图 3-1 所示。鉴于工程设计阶段没有相应的技术标准可以参照,因此由设计单位与高等院校合作探索钟型进水流道的设计方法。

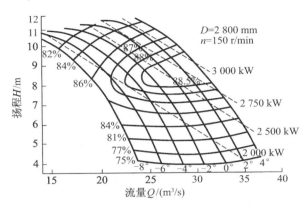

图 3-20　28CJ90 型全调节轴流泵特性曲线

3.3.2　钟型进水流道设计的水流条件

钟型进水流道的设计直接影响水泵的空化条件和安全运行,因为空化是压力脉动的主要原因,机组振动是压力脉动直接造成的,第 2 章第 2.4 节分析已说明了这一点。进水流道是否优良,在相当大程度上取决于断面上的流速分布特征。流速分布得愈均匀,流道内的损失就愈少。钟型进水流道也和肘形进水流道一样,能够满足水流流过进水流道时水力损失小和水流进入叶轮时的速度分布均匀的要求,能使水泵获得最佳运行状态。

钟型进水流道的主要特征是水泵叶轮下部的底板上设有圆锥形导流锥,用于消除因水流急剧转弯(水流由水平方向改变为垂直方向)所形成的旋涡区,使水流沿着轴对称方向进入水泵。江苏江都三站在初期设计阶段考虑到地质条件较差,进水流道高度应尽可能减小,因此采用类似于这种型式的肘形进水流道,但底板上并未设置导流锥,因此在运行中出现旋涡区,机组发生振动,明显地反映出电动机电流波动、水泵噪声增大、效率下降,特别是在叶轮叶片安放角大的工况下运行时更为显著。根据运行中发现的问题,再次在模型上加大流量试验,经模型试验发现进水流道弯曲部分水流非常紊乱,易形成涡带,还发现流道进口部分主流偏向一边,这是由于水泵叶轮旋转造成的偏流一直影响到流道进口段的缘故,这就说明该进水流道对水流整流效果很差。为使该进水流道能起到整流效果,将在进水流道的弯曲段造成水流速度分布不均匀程度尽量降低到最小限度,使水泵叶轮进口得到较均匀的水流,故将流道弯管后部(即滞水区)进行填补。使流道后壁呈弧形,更接近肘形进水流道,主要改变了流道内的水流分布,在一定程度上起到整流的作用,基本消除机组的振动。这项工作也为坡头泵站钟型进水流道设计积累了一定的经验。

3.3.3　合理确定钟型进水流道高度

较为普遍的观点认为钟型进水流道的显著优点之一是比肘形进水流道具有更小的高

度。从国外已有资料分析,钟型进水流道的高度 H_w/D 值一般在 1.1~1.4 之间,此时装置效率仍然很高,与肘形进水流道相比几乎不变。后期的研究结果也进一步证明,采用 $H_w/D=1.29$ 的钟型进水流道,装置效率与肘形进水流道非常接近,并能保证水泵在正常工况下运行稳定。日本小名木川泵站水泵叶轮直径为 2 800 mm、钟型进水流道的高度 $H_w/D=0.82$,经现场试验验证水流能够平顺进入水泵叶轮、水力损失较小,因此 H_w 值的合理选定是泵站工程量大幅度减小的主要途径。

坡头泵站钟型进水流道型线如图 3-16 所示,是根据所采用的 28CJ90 型轴流泵结构特点,以及水泵叶轮检修的需要,选定 $H_w/D=1.43$,即当 $D=2 800$ mm 时,$H_w=4 000$ mm。主要是因为 28CJ90 型水泵在检修叶轮时,如果不拆除同步电动机的情况下水泵主轴不能上提,要拆除水泵叶轮就必须将主轴上下分开,才能将叶轮体向下移动拆除水泵叶轮。因此自行设计了前导水圈,上部与叶轮体、下部与导流锥光滑衔接,使水流通过时水力损失小,并符合流速递增规律的要求。

根据江都四站模型试验结果,有前导叶体的水泵叶轮上空化特性劣于无前导叶体的,因此坡头泵站取消前导叶体。从实际运行情况看,效果很好,没有出现振动,也没有发现噪声,机组运行稳定。

如图 1-4 所示,钟型进水流道高度 H_w 由三部分组成,当泵站水泵型号确定后,叶轮中心至水泵底座下缘高度 h_0 是一个定值,由水泵制造厂结构设计决定。在设计钟型进水流道时,只能对 h 和 h_1 进行比较与选择。

h 和 h_1 是影响流道高度 H_w 的 2 个主要尺寸参数,其值过大会使站身开挖和混凝土方量增加,则使钟型进水流道失去其独特的优点,但 h 和 h_1 对流道内的水流状态及流速分布起着很重要的作用。

h 值越大,水流在进水流道内有足够的距离,使流速分布得到均衡和调整,使水泵能获得均匀流速分布,减小流道内的水力损失;h 过小,将会使水流急剧地改变其方向,断面上的流速分布极不均匀,破坏水流沿轴对称向水泵供水的均匀性,在吸水室的局部区域形成旋涡,这是不允许的。因此,一般采用 $h=(0.3\sim0.4)D$ 较为有利。

根据国外试验资料,h_1 值过大或过小都会使阻力系数增加,降低机组效率。而当 $h_1/D_0=0.65$ 时(D_0 为喇叭口出口直径),吸水室内压力损失系数最小(见图 3-21),因此 h_1 是钟型进水流道最重要的尺寸之一。h_1 的增加就是水流进入吸水室的自由度加大,当 h_1 增大到一定程度,水流不是从四周进入喇叭口,大部分水流偏向一侧,水流受离心力的影响,速度场极不均匀,靠弯曲段外侧水流既有最大速度,又有最大压力,因此在该边缘将出现旋涡,并明显地出现一个滞水区(见图 3-22),恶化流态,严重时可能导致涡带进入水泵。h_1 过小时,为保证流速变化均匀,则需要增大流道的宽度 B_j,从而增加厂房的长度。因此必须根据机组台数、基础条件的允许开挖深度,对 h_1 和 B_j 值之间进行方案比较,合理选择。另一方面,h_1 值太小将会出现阻水现象,破坏水流的连续性,出现真空,产生空蚀破坏和振动,对机组的运行产生不利影响。

坡头泵站最终确定的流道高度参数:$H/D=1.43$,$h_0/D=0.625$,$h/D=0.39$,$h_1/D=0.41$。

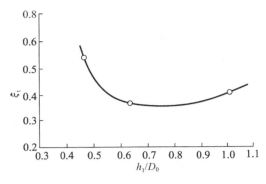

图 3-21　吸水室高度与阻力吸水关系曲线

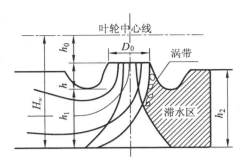

图 3-22　h_1 过大时吸水室流态

3.3.4　导流锥和喇叭口设计

试验表明,在没有导流锥时喇叭管底部会出现一个三角形滞水区,压力随扬程的增高而减小。常常会在这个位置出现涡带进入水泵,使机组发生强烈振动(见图 3-23)。这种现象可以通过在底板上设置导流锥的办法加以消除,导流锥的上部直径 d_o 应该和水泵的轮毂直径相等,下部直径可与喇叭口直径 D_1 相等。导流锥的存在和合理设计有利于水流从流道沿轴向均匀地进入水泵,以防止产生旋涡导致破坏水流的连续性而引起进水流道内的压力脉动和造成水泵振动,起到均衡流速和压力的作用。

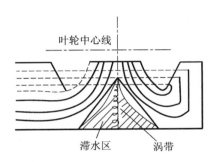

图 3-23　无导流锥时流态示意图

坡头泵站钟型进水流道导流锥曲线的设计和计算是假设导流锥外壁为曲线,该曲线是旋转面的收缩直轴形,希望计算流道中的水流流动为有势流动(即无旋自由流动)。此时,速度场中的环流量为零。根据流体力学中势流的概念,在定型(即进水流道)中"势"与时间无关,亦即水流的流动情况是不随时间而变化的。这样,水流的迹线就是流线,因此导流锥曲线方程式按照流线进行计算。采用同样的方法可以绘制喇叭管曲线,具体计算公式参见式(1-3)和式(1-4),计算结果见表 3-5 和表 3-6。

表 3-5　导流锥曲线设计结果

H/mm	0	370	670	970	1 170	1 470	1 670	2 170	2 250
ϕ/mm	4 200	2 880	2 410	2 110	1 970	1 800	1 700	1 530	1 500

表 3-6　喇叭管曲线设计结果

H/mm	1 150	1 250	1 400	1 700	2 000	2 250
ϕ/mm	4 500	4 106	3 830	3 480	3 200	3 024

3.3.5 蜗形吸水室设计

根据已有的参考资料,理想的吸水室是蜗形吸水室,当蜗形吸水室的尺寸足够大时,蜗室本身内的能量损失相当小,水流在蜗形吸水室内的流动符合水力损失最小原则。参照水电站水轮机蜗壳设计经验,蜗室断面形式很多。为了能够更好地运用断面面积,减小蜗室在平面上的尺寸,其中以梯形断面最为理想;为了减少开挖、方便施工立模,以便最好地利用所有可能的位置,而又不引起很大的水力损失,更有利地适应钟型进水流道的特点,多采用平底的梯形断面。经验和试验均证明,蜗室的形状很大程度上是影响效率的,蜗室在平面上的外形尺寸是在试验和计算的基础上决定的(见图3-16)。蜗室平面尺寸的缩小有利于减小泵站厂房体积,降低造价。

在蜗室断面向上扩展的情况下,可以参照以往在计算水轮机梯形断面的蜗室时,进口断面的高度 h_2 遵循的条件:即比值 h_2/a 在规定的 $1.5 \sim 1.85$。h_2 应根据水泵层的布置和地面厚度的需要,尽可能节省混凝土来决定,一般可取 $h_2 \leqslant h + h_1$。

δ 角大部分采用 $60°$,也可以选用 $45°$,这要根据具体条件选用,坡头泵站为 $60°$。对于低扬程泵站,由于流量大,因而蜗室的尺寸也大,机组的中心距在很大程度上由蜗室的尺寸决定。因此,为了减小机组中心距而采用对称蜗室($\varphi_{max} = 90°$)较为有利。

蜗形吸水室蜗线的设计,对于具有小包角($\varphi_{max} = 90°$)的蜗室,根据蜗室的蜗线部分,假定各点上的平均流速等于常数。这种方法比按面积等于常数($v_u r = \mathrm{const}$)的规律进行设计更为合理,计算更为简便。平均流速 v_c 的选定是考虑水流均匀地沿着导流锥四周进入水泵,根据入口断面面积和水泵设计流量即可确定平均流速。实际上就是从入口断面开始在保持 h_2 不变的情况下,改变 a 值来适应 $v_c = \mathrm{const}$ 的规律,具体计算参见式(1-5)至式(1-8)。吸水室蜗线设计结果见表3-7。

表 3-7 吸水室蜗线设计结果

$\varphi/(°)$	90	80	70	60	50	40	30	20	10
a/mm	2 050	1 860	1 620	1 380	1 150	914	670	387	195
h_2/mm	1 900	1 900	1 900	1 900	1 900	1 900	1 790	1 300	1 150

3.3.6 进水段的要求

进水段引导水流平顺均匀地进入蜗形吸水室,要求流速在整个流道中不能产生突变,流道具有光滑的型线,使水流损失尽可能减小,而流速又要符合递增的规律。因此,进水段应为渐缩形,而渐缩段的设计在很大程度上受蜗形吸水室的影响,其尺寸受到牵制。

进口流速一般控制在 $0.5 \sim 1.0$ m/s 范围内,进口宽度 B_j 和高度 h_A 应根据厂房布置、机组台数、基础开挖等进行综合比较选定,宽度 B_j 值一般为 $(2.5 \sim 2.8)D$,当 B_j 值较大时,为了减小闸门尺寸,流道底板、盖板的跨度和厚度,以节省工程材料,往往在进水段内设置中间支墩。α, β, X_L 值可与肘形流道相同,即 $\alpha = 12° \sim 30°, \beta = 6° \sim 12°, X_L = (3.5 \sim 4.0)D$。

根据坡头泵站轴流泵的参数和上述计算方法,得出该站钟型进水流道的型线尺寸如图3-16所示,其中 $B_j = 2.96D, h_A = 1.31D, X_L = 3.93D$。

3.3.7　模型试验研究

为了验证钟型进水流道的性能,由武汉水利电力学院(现武汉大学)对坡头泵站的钟型进水流道进行模型试验,对轴流泵的各种不同叶片安放角和不同流量、扬程等工况进行多次试验研究,并与肘形进水流道做对比,结果表明钟型进水流道具有良好的性能。

(1)流态良好

钟型进水流道内的水流基本上能按理想的流线流动,在各种工况下均未发现流道内产生涡带或脱壁回流现象。

(2)压力分布均匀

钟型流道测压点布置如图 3-24 所示,相关测量数据见表 3-8。从表 3-8 可知,钟型进水流道内测压管的读数差值很小,而且基本上是对称、稳定分布。

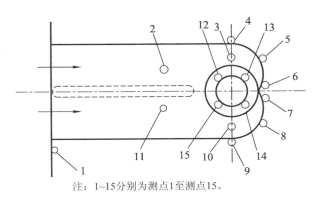

注：1~15分别为测点1至测点15。

图 3-24　模型试验测压点布置

表 3-8　钟型进水流道模型试验压力测量数据

叶片安放角/(°)	流量 Q/(L/s)	扬程 H/m	进水池水位 L/mm	流道内测压点压力 p/mm														
			1	2	3	4	5	6	7	8	9	10	11	12	13	14	15
−4	137.278	6.133	510	470	485	455	495	500	495	500	485	480	470	485	480	482	485
−2	190.102	6.177	455	345	390	360	345	405	405	395	380	370	380	390	385	355	395
0	272.425	6.411	440	305	330	320	380	390	390	380	360	340	290	250	330	320	340
2	281.128	5.105	420	270	310	330	360	370	360	360	360	320	200	330	310	310	350
4	311.957	5.640	450	290	200	360	380	390	400	480	365	260	240	370	320	330	340

(3)振幅值低

从振动情况来看,钟型和肘形进水流道的水平振幅值均是垂直振幅值的 6 倍左右,但所有水平振幅值仍在允许范围 0~0.3 mm 以内,足以保证机组的安全稳定运行,水平振幅值如图 3-25 所示。

(4)装置性能良好

钟型进水流道和肘形进水流道的模型装置扬程曲线如图 3-26 所示。从性能曲线可以发现,采用钟型流道的装置性能比采用肘形流道的高,其原因是肘形流道进水受离心力的作用,外侧的水流流速和压力均比内侧要大,流速场的压力分布不够均匀,而钟型流道由于有导流锥,而且水从四周进入叶轮,整个流道内的压力降低较均匀,差值也小,具有较好的吸水条件,这是钟型流道优于肘形流道的一个重要性能。

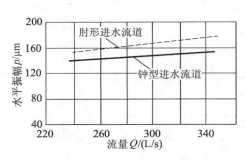

图 3-25　模型试验测试的水平振幅值

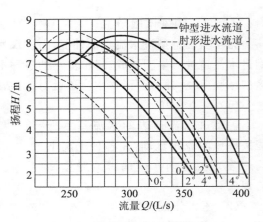

图 3-26　模型装置扬程曲线

3.3.8　实际运行情况

（1）机组运行效果

从运行统计资料可见,在扬程为 5～8 m 下运行的机组比例为 60％,高扬程（＞9 m）运行的机组比例为 10％,低扬程（＜6 m）运行的机组比例为 30％。尽管泵站存在着上述不利的自然运行条件,但由于泵站设计合理、机组性能优越,钟型进水流道设计合理先进,因此多年来机组运行稳定,振动小、噪声低,没有发生过因扬程过高和内湖水位过低而产生异常现象,保证了泵站的安全可靠运行。

（2）水泵空蚀破坏情况

1986 年 12 月,坡头泵站的 $2^{\#}$ 机组停运检修,发现水泵叶轮及叶轮室均较平整光滑,仅在叶片背面局部点有轻微的空蚀现象（见图 3-27）。$1^{\#}$、$2^{\#}$、$3^{\#}$ 和 $4^{\#}$ 叶片的空蚀面积分别为 30 cm^2,72 cm^2,40 cm^2 和 250 cm^2;空蚀的最深深度分别为 0.3 cm,0.2 cm,0.5 cm 和 0.1 cm;空蚀损坏量分别为 23.4 g,37.44 g,52 g 和 65 g,导流锥及其本体未出现损坏现象。参照水轮机空蚀损坏量的评定标准进行计算,则水泵按实际运行时间换算的允许空蚀保证值为 14.4 kg,但 4 个叶片实际空蚀损坏量之和仅约为 0.18 kg。由此可见,实际空蚀损坏量远小于允许的空蚀保证值,这说明水泵叶轮的空蚀损坏轻微。

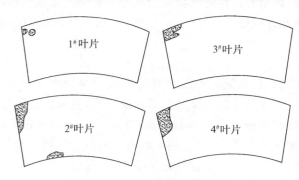

图 3-27　叶片空蚀破坏部位

从坡头泵站模型试验及运行实践表明,钟型进水流道具有良好的性能,同时,它具有高度低、结构简单、工程量小、投资省的优点,经济效益显著。坡头泵站主要工程设计成果如图 3-28 至图 3-34 所示。钟型进水流道作为适应大型低扬程泵站的一种新型进水流道型式,在湖南和湖北多座泵站得到推广应用,而且相应的设计方法及主要尺寸取值建议纳入不同时期的设计规范中。

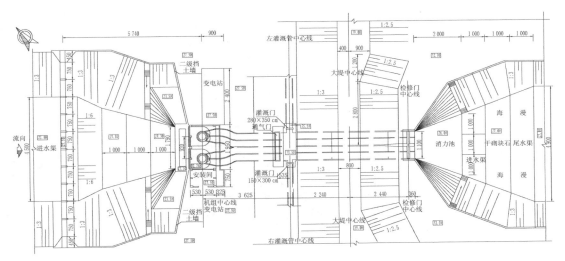

图 3-28　坡头泵站平面图(长度单位:cm)

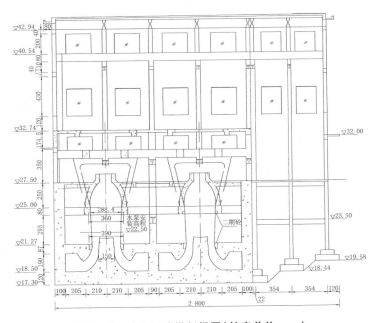

图 3-29　坡头泵站纵剖视图(长度单位:cm)

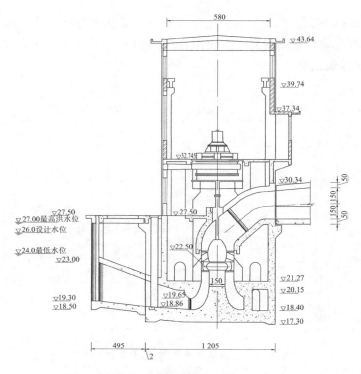

图 3-30 坡头泵站横剖视图(长度单位:cm)

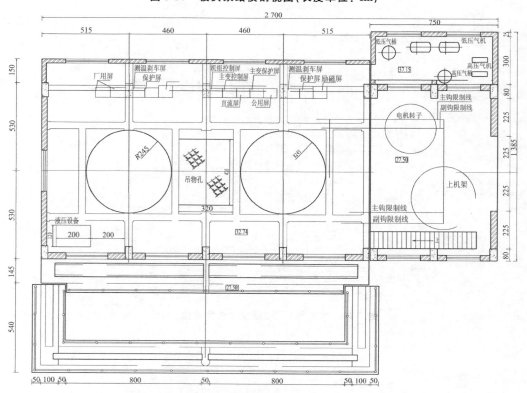

图 3-31 坡头泵站电机层平面图(长度单位:cm)

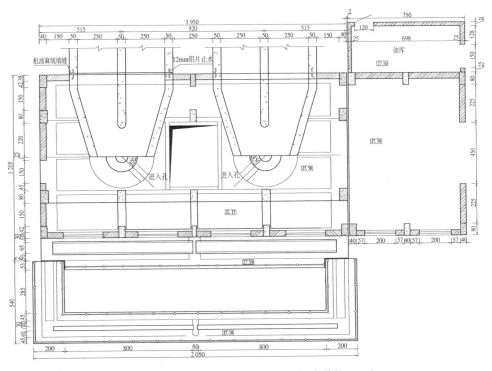

图 3-32　坡头泵站密封层平面图(长度单位：cm)

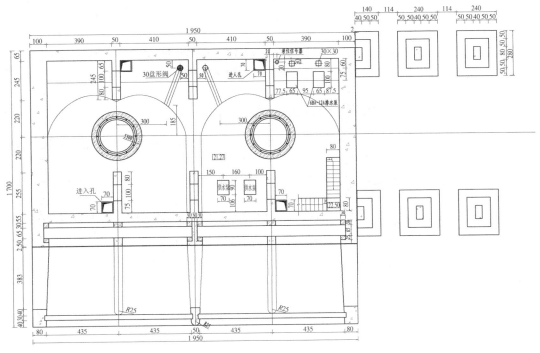

图 3-33　坡头泵站水泵层平面图(长度单位：cm)

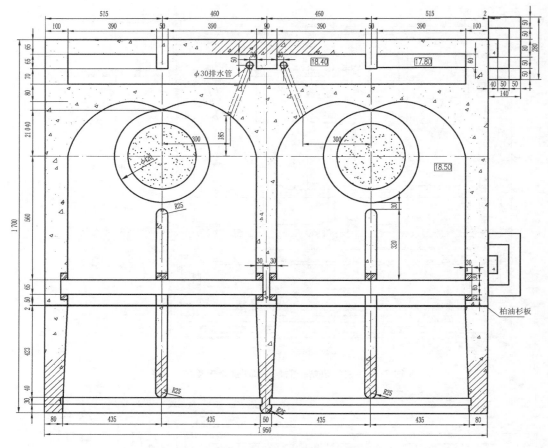

图 3-34　坡头泵站底板层平面图(长度单位: cm)

3.4　钟型进水流道流速场试验研究及水力优化设计

在 20 世纪 80 年代初期,虽然认识到钟型进水流道是大型泵站的一种较好的进水流道型式,而且在日本等国得到大量的应用,但在国内应用少,经验不足,设计方法也不成熟。因此需研究流道内部水流的运动状态,剖析水力特性,为流道的设计及规范的制定提供依据。

3.4.1　钟型进水流道流速场测试

图 3-35 为试验时钟型进水流道型线尺寸,在流道蜗形吸水室进口(Ⅲ-Ⅲ)、喇叭口(Ⅱ-Ⅱ)和出口(Ⅰ-Ⅰ)都设置了量测断面,每个断面布置 4 个测孔,同时量测,量测参数见表 3-9。

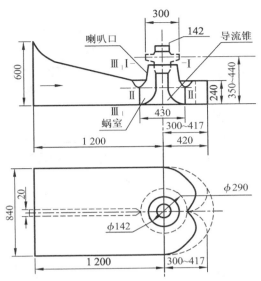

图 3-35　钟型进水流道型线尺寸(单位: mm)

表 3-9　主要量测参数

进水流道型式	X_T/D	h_1/D	H_w/D	Q/Q_0	$\eta_{max}/\%$	模型泵
钟型 1	1.00	0.27	1.02	1.00~1.20	63.0	
钟型 2	1.00	0.37	1.12	0.90~1.12	64.6	
钟型 3	1.41	0.37	1.12	0.90~1.17	68.8	
钟型 4	1.41	0.27	1.02	0.90~1.18	65.2	14ZLB-70
钟型 7	1.01	0.57	1.32	0.90~1.16	66.4	$D=300$ mm
钟型 11	3.10	0.57	1.32	0.90~1.19	68.3	
钟型 12	3.10	0.43	1.18	0.90~1.11	67.3	

注: X_T 为后壁距;h_1 为喇叭口悬空高度;H_w 为叶轮中心线至底板的高度;Q_0 为最高效率点流量。

图 3-36 为出水流道不变、不同型式进水流道的装置性能曲线。

1. 出口断面(Ⅰ-Ⅰ)流速场

(1) 轴向流速分量 v_z

由图 3-37a 可见,轴向流速分量在整个断面的分布比较均匀。以出口断面平均流速 $\bar{v}_A$ 为基准值,较高的为$(1.05\sim1.10)\bar{v}_A$,稍高于平均流速,集中在内侧,说明水流仍然带有弯道流动的特征。在外侧,流速为$(0.8\sim0.9)\bar{v}_A$,略低于断面平均流速。整个轴向流速分布近于对称,高速区向逆侧稍微偏斜。

(2) 切向圆周流速分量 v_u

出口切向流速的分布具有明显的规律性(见图 3-37b),即在顺侧、逆侧都与进水水流方向一致。以水泵旋转方向为正,反之为负。在顺侧切向流速均为正向,而在逆侧为负。量值在$(0.05\sim0.27)\bar{v}_A$范围内,但不均匀程度较大,分布也不对称。

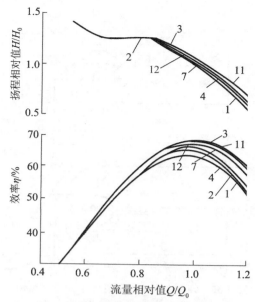

图 3-36　不同型式进水流道的装置性能曲线

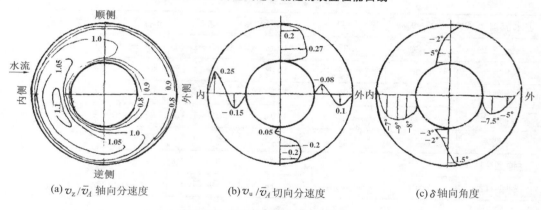

(a) $v_z/\bar{v}_A$ 轴向分速度　　(b) $v_u/\bar{v}_A$ 切向分速度　　(c) δ 轴向角度

图 3-37　出口断面(Ⅰ-Ⅰ)流速分布

（3）轴面水流角度 δ

从所测量的结果来看，径向流速很小，方向既有指向圆心(为正)，也有背离圆心(为负)。与径向流速相应的是水流偏向泵轴线，其轴面水流角度为正，反之为负，据此得出图 3-37c 所示的结果。因为流道出口段的收缩角度(边壁轮廓线与泵轴线夹角)为 $-6°\sim6°$(见图 3-38)，则轴面水流角度在此范围内可以认为没有边壁脱流发生。由于径向流速分量在给定流动条件下仅是轴面水流角度 δ 的函数，为了便于分析，绘出 δ 的分布(见图 3-37c)。由图可知，内、外侧轴面角度均已越出边壁角度范围，偏离最多的在内侧，关于这一点在后面进行详细讨论。

上述结果反映水泵在设计工况时的情形。试验表明，当改变水泵工况而不超出运行区时，进水流道出口流速场并无大的变化，无论从数值上或者从整个断面分布上来看都是如此。但是，在小流量异常工况运行时流速场发生显著的变化。图 3-39 为量测的小流量工况下轴向流速沿径向分布的情况。

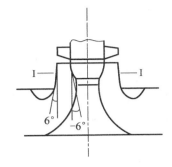

图 3-38　边壁收缩示意

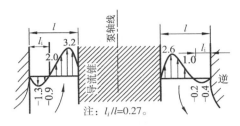

注：$l_i/l=0.27$。

图 3-39　小流量工况下轴向流速分布

从轴向流速分布情形看,主流完全集中到近中心范围内,流速数值远远超过平均流速,最大达 $3.2\bar{v}_A$,并由中心向外壁逐渐减少。在外壁附近(离外壁约 $0.1D$ 范围内)出现反向水流。回流流速近壁最大,带有很强的正向旋转速度,有时一直影响到蜗室进口。

水流切向流速分量在整个断面上均为正向,即与水泵运转方向一致。由切向流速分布情况很容易看出旋转水流是类似于强迫涡的一种流动,因此,整个出口断面具有很大环量且为正值,与假设势流并不完全一致。

2.喇叭口(Ⅱ-Ⅱ)流速场

水流进入喇叭口时,主流在很大程度上集中于内侧,除此之外,有一部分水流是从喇叭口四周进入的,从而使水流进入喇叭口后逐渐趋向均匀。

3.蜗室进口(直段出口)断面(Ⅲ-Ⅲ)流速场

由于在流道水平直段中间设有中隔板,因而水流速度分布并不是对称的,有些差别,如图 3-40 所示。

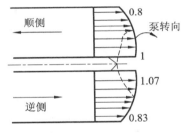

图 3-40　蜗室进口流速分布

3.4.2　钟型进水流道流速场的理论分析

1.出口预旋和流速分布的非对称性

水泵的进水设计要求进口水流切向流速分量为零。试验结果表明,任何工况下水泵进口水流均具有或正或负的切向流速分量,虽然在正常运行工况下其数值极其小。

当水流从水平段经蜗室转弯进入直锥段时,由于水流转弯的惯性作用,水流力图保持原有的流动方向,因而在转弯以后水流流向并不与流道中心线一致,需要较长的距离调整,即使在等径管道中的流动也是如此。另外,蜗室四周进入喇叭管的水流也不对称。这样水流惯性造成水流方向偏离轴面一定的角度,称之为惯性偏角。也就是说,流线不在轴面内,而与轴面相交,交角在交点所在的圆柱面上的投影就是惯性偏角。水流流线与轴面相交,具有切向流速分量,它的大小由惯性偏角决

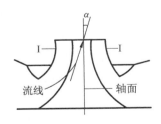

图 3-41　水流的惯性偏角

定(见图 3-41),它的方向在顺侧和水泵的转向相同,是正的。它和由水的黏性作用传递的水泵叶轮转动方向一致,使出口断面顺侧的切向分量加强,因而顺侧各测点切向流速几乎都是正值。在逆侧,这个惯性造成的切向流速分量和泵转向相反,水泵叶轮旋转运动的影响削弱,故大部分测点切向流速均为负值。

此外,水泵运行工况变化时,水流自动调整其从四周进入喇叭口,也是产生切向分量的一些次要因素。

对于流道出口(水泵进口)水流运动,在顺侧因水流具有正向预旋,使轴向流速分量减小,而在逆侧水流具有反向预旋,使轴向流速增大,形成不对称的出口流速分布。从轴向流速和切向流速分布情况分析可知,在钟型进水流道内,顺、逆两侧水流在导流锥后的交汇偏向顺侧。如果将后壁隔舌设在 $0°\sim30°$ 范围内效果较好,因为隔舌处于水流交汇区才能起到消涡、导流的作用。

由于在稳定的正常运行工况,出口流速切向分量数值较小,并且在方向上有正有负,因此沿流道出口的整个外圆周环量很小,可以忽略不计,也就是正常工况下水泵进口环量近似为零,符合水泵设计要求。但需要注意的是,这仅仅是一个总效应,即使在零环量情况下,整个出口断面内仍然保留着大小不等、方向不同的切向流速分量。这些切向分量的存在,除了前述导致水流沿圆周分布不对称外,还将周期性地改变叶片进口的水流冲角。冲角的改变,使空化发生的可能性增加。

2. 泵内回流对进水流态的影响

在非常小流量工况下,因泵内回流而造成切向流速分量剧增,且均为正向,从而出口外圆周上的正向环量很大,这就是回流对进水流态的影响。当流量减小时,v_{u1} 增加。流量愈小,v_{u1} 愈大。当流量减小到产生回流的临界流量后,v_{u1} 增加更快。这是因为叶片脱流已经在很大范围内产生。回流具有很强的正向旋转分量,它同进水流道内部流动叠加,完全改变原有流场,流道出口水流环量很大。

由此可见,在小流量工况下进水流道出口水流旋转是不可避免的,此时试图通过改变进水流道出口断面的切向流速分量来改善吸入条件是无用的。例如,设置固定式前导叶在小流量工况下不能改变回流,而在正常工况下,因为本来切向分量就很小,反而增加损失。

3. 能量损失

流道出口断面的能量计算表明,断面上各点的能量和压力分布均匀,出口流动具有势流特征,较高流速区的压力稍低,较低流速区压力稍高。

从分析结果来看,进水流道的能量损失与出口断面流速分布有密切关系。流速的径向分量分布更为重要。从量测结果得出,当水流角度增大时,能量损失增加;水流角度剧变,能量损失也剧增。只要流速分布均匀(三维流速分布),能量损失就较小,因此对进水流道设计的主要问题是保证出口流速场均匀分布。

3.4.3　进口流道几何参数对进水流态的影响

1. 喇叭口悬空高度 h_1

喇叭口悬空高度 h_1 是钟型进水流道的重要几何参数。量测结果说明,当悬空高度从 $0.57D$ 减小到 $0.37D$ 时,流场分布没有明显的变化,只是随着流速的增大能量损失稍有增加。但当悬空高度减小到 $0.27D$ 时,出口流速场主要是水流轴面角度发生较大变化。从试验装置流道的特定情况出发,为保证蜗室内水流不发生扩散,悬空高度应满足 $h_1 \geqslant 0.35D$。悬空高度为 $0.27D$ 时,蜗室进口断面小于喇叭口附近的过水断面,水流在蜗室内产生扩散和脱流。因此应当谨慎选择喇叭管和导流锥的型线。在增大导流锥曲率半径的同时,不能采用过小的喇叭管曲率半径,建议选用同心椭圆族曲线作为喇叭管和导流锥的型线,如图 3-42 所示。这不仅因为它在试验中的良好表现,而且在各种情况下都给出令人满意的断面渐缩变化曲线,并无需校核。

根据以上分析,悬空高度控制在$(0.4 \sim 0.6)D$ 范围内是适当的。而从试验结果可以得出钟型进水流道的高度 H_{w} 推荐值为$(0.94 \sim 1.40)D$。

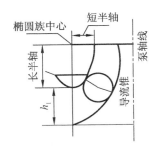

图 3-42　椭圆曲型线喇叭管及导流锥

应当指出的是,悬空高度与流道的宽度是相关联的。钟型进水流道宽度小于一定数值时,在蜗室内易产生涡带,引起空化和振动。宽度过小,水流在喇叭口两侧所受阻力较大,很容易产生旋涡,并发展成涡带。受涡带的影响,出口流速场将发生很大的变化,为了保证均匀的流速场,使水泵正常运行,流道宽度不宜过小,可取 $2.8D$ 左右。这个值比常见的肘形流道宽度要大,钟型进水流道宽度能否减小是设计中需要研究的内容。

2. 后壁距离 X_{T}

在小型开敞式进水池方面,对后壁距离已进行大量研究,开敞式进水流态的一个重要因素是表面旋涡,它的形成与后壁距离有很大的关系。通常若取后壁距离 $X_{\mathrm{T}} = 0.5D_1$,即后壁紧靠喇叭口,对消除旋涡最有效,但流速分布较差。一般认为取 $X_{\mathrm{T}} = 0.8D_1 = (1.35 \sim 1.50)D$,此时不仅能有效防止表面旋涡的产生,而且流速分布也较好。对于喇叭口周围的流速场尚缺乏了解。

大型水泵钟型进水流道内部水流是有压流,没有自由表面,也不存在表面旋涡问题,后壁仅对水流进入喇叭口的分布有影响,它对水流在喇叭口后方的流动起着决定性作用。后壁距太小限制了水流在后方的流动,迫使水流在没有越过喇叭口时就进入喇叭管,从而加大内、外两侧水流角度。由于水流流向改变很复杂,将在后壁附近形成局部旋涡,甚至回流。这种旋涡靠近喇叭口,对流速分布不利,如图 3-43 所示。

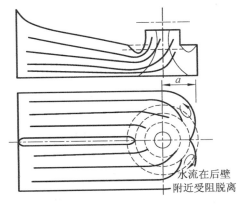

图 3-43　后壁距离为 $1.02D$ 时进水流道的流态

适当增大后壁距离,不但使水流在喇叭口后方流动阻力减小,而且使后壁旋涡区离开喇叭口,减少旋涡区对流速分布的不良影响。由于一部分水流从后方进入喇叭口,平衡了水流分布,从而改善了水流角度。继续增加后壁距离,后壁脱离区以前的流动形态不再受其影响,只是脱离区增大。后壁距很大时,就会在流道后部形成一个很大的脱流区,这就是双向进水流道的情形。从这个意义上说,双向钟型流道是钟型流道的一种特殊型式。因为后壁脱离区内的环流要消耗一定能量,降低装置效率。环流越大,能量消耗也越大,因此后壁距离应有最优值。

比较几种后壁距不同的钟型进水流道量测结果,当后壁距 X_{T} 取$(1.26 \sim 1.41)D$ 时,流速分布比较均匀。上述后壁距 X_T 的数值与开敞式进水池的数值相近,实际上钟型进水流道就是开敞式进水的有压型式。

应当指出的是,进水流道各几何参数是相互关联的,后壁距的最优值也受其他参数影响。

3. 导流锥

导流锥是钟型进水流道一个极其重要的构件。它对水流有良好的导流作用。带导流锥的流道在任何工况下都不产生涡带;而在没有导流锥的流道内则出现涡带,水流状态完全恶化(见图 3-44)。在蜗室中心区域(A)出现竖向涡带,在边侧区域(B)出现横向涡带,在 C 处为较弱的横向涡旋。涡带出现的间隔为 $3\sim 5$ s,持续时间为 $1\sim 3$ s,涡带进入叶轮时,伴有

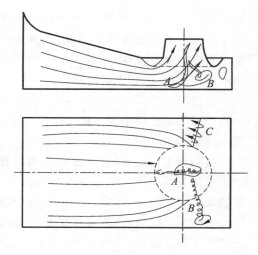

A—竖向涡带;B—横向涡带;C—弱横向涡旋。

图 3-44　无导流锥时进水流道流态示意图

较大的空化噪声和振动。喇叭口流速分布很不均匀,内侧流速增加到 $1.4\ \bar{v}_A$,而外侧流速只有 $0.6\ \bar{v}_A$。主流向内侧收缩,在中间偏外侧为低压、低速区,是竖向涡带活动区。流场变化极不稳定,出口断面的轴面水流角度剧烈改变。水流在内外两侧均发生脱离,进入喇叭口的水流明显地呈单向性,几乎没有水流从喇叭口后方流入。

必须强调的是,在无导流锥时所量测的各种工况,涡带总是存在的。在整个流速场随着涡带的忽隐忽现,涡旋忽强忽弱地发生周期性改变,流速和压力的变化幅度较大,变化为突发性。

恶劣的进水流态会导致装置性能恶化,产生空化噪声、机组振动等,装置效率也下降 $3\%\sim 9\%$。

从流体力学理论可知,无导流锥时涡带的产生乃是涡旋发生和发展的结果。通常所见的涡带是具有一定汽(气)体空腔的旋转流束,这是涡旋的一种特殊形式,也是涡旋发展的结果。在无导流锥的情形下,主流进一步向中心收缩,蜗室进口水流收缩角超过边壁收缩角度的一倍,说明水流在边壁发生严重脱离,在脱离过程中很快形成一个大强度的涡旋。随着涡旋能量积累的增多而产生涡带,涡带在主流挟带下进入叶轮而破灭(压力梯度剧烈改变的结果),同时开始下一次涡带的能量积累,重复上次的过程。涡带的存在必然产生一个与其强度相应的诱导速度场,这个诱导速度场叠加到原有的速度场结果就是使整个流速、压力场产生剧烈的脉动变化,从而对水泵的运行带来很大的危害。因此钟型进水流道必须设置导流锥,以消除涡带,保证水流平顺、均匀地流动。

3.4.4　钟型进水流道水力优化设计

随着计算技术和测试手段的进步,现在采用 CFD 进行流态的模拟和 PIV 测试验证流道中的流态,可以在工程设计中应用,减轻设计工作量。

现根据不同几何参数对目标函数的影响,作者采用单因素变化的比较性优化计算方法,共计算 20 个方案,各方案编号及几何参数如表 3-10 和图 3-45 所示。

表 3-10　钟型进水流道优化水力计算各方案编号及几何参数

方案编号	B_j/D	H_j/D	X_L/D	H_w/D	X_T/D	H_2/D	D_L/D	H_L/D	$\beta/(°)$
11	2.5	1.75	4.0	1.4	1.3	1.0	1.5	0.6	0
12	2.5	1.75	4.0	1.4	1.3	1.0	1.4	0.6	0
13	2.5	1.75	4.0	1.4	1.3	1.0	1.6	0.6	0
14	2.5	1.75	4.0	1.4	1.3	1.0	1.3	0.6	0
21	2.5	1.75	4.0	1.4	1.3	1.0	1.4	0.5	0
22	2.5	1.75	4.0	1.4	1.3	1.0	1.4	0.7	0
31	2.8	1.56	4.0	1.4	1.3	1.0	1.4	0.6	0
32	2.65	1.65	4.0	1.4	1.3	1.0	1.4	0.6	0
41	2.8	1.56	4.0	1.4	1.3	0.8	1.4	0.6	0
42	2.8	1.56	4.0	1.4	1.3	0.9	1.4	0.6	0
51	2.8	1.56	4.0	1.4	1.3	1.0	1.4	0.6	0
52	2.8	1.56	4.0	1.4	1.4	1.0	1.4	0.6	0
61	2.8	1.56	3.5	1.4	1.2	1.0	1.4	0.6	0
62	2.8	1.56	4.5	1.4	1.3	1.0	1.4	0.6	0
71	2.8	1.56	4.0	1.4	1.3	1.0	1.4	0.6	0
72	2.8	1.56	4.0	1.4	1.3	1.0	1.4	0.6	0
73	2.8	1.56	4.0	1.4	1.3	1.0	1.4	0.6	0
81	2.8	1.56	4.0	1.4	1.3	1.0	1.4	0.6	10
91	2.8	1.56	4.0	1.2	1.3	1.0	1.4	0.6	0
92	2.8	1.56	4.0	1.3	1.3	1.0	1.4	0.6	0

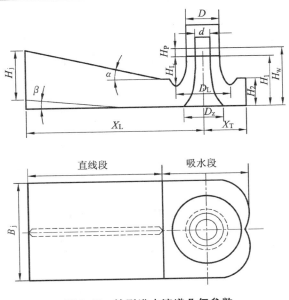

图 3-45　钟型进水流道几何参数

1. 叶轮中心高度 H_w 的影响分析

在不同叶轮中心高度的条件下,分别对钟型进水流道的各几何参数进行优化水力计算,表 3-11 为 $H_w/D=1.2\sim1.4$ 范围内经过优化的钟型进水流道出口流场主要计算结果,图 3-46 为计算流道高度 H_w 与目标函数的关系曲线。

表 3-11　钟型进水流道叶轮中心高度 H_w 对目标函数的影响

方案编号	H_w/D	最大流速 $u_{max}/(m/s)$	最小流速 $u_{min}/(m/s)$	平均流速 $\overline{u}/(m/s)$	均匀度 $v_u/\%$	最大角度 $\vartheta_{max}/(°)$	最小角度 $\vartheta_{min}/(°)$	平均角度 $\overline{\vartheta}/(°)$
91	1.2	5.35	4.18	4.77	94.13	89.59	77.05	82.58
92	1.3	5.31	4.25	4.77	95.50	89.53	78.37	83.40
31	1.4	5.17	4.34	4.77	95.59	89.68	80.30	84.77

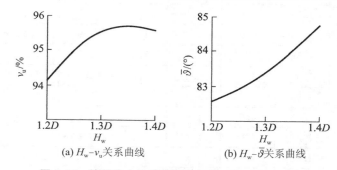

(a) H_w-v_u 关系曲线　　　　(b) H_w-$\overline{\vartheta}$ 关系曲线

图 3-46　钟型进水流道高度与目标函数的关系曲线

叶轮中心高度 H_w 值小是钟型进水流道的主要特点,设计中正是利用这一特点减少泵站土建投资。由计算结果表明,钟型进水流道的叶轮中心高度对流道出口流场的影响仍然很大,在所计算范围内,H_w 越大,流道的水力性能越好。当然,H_w 越大,泵房的投资也越大,所以对于钟型进水流道仍然存在合理确定叶轮中心高度的问题,《泵站技术规范(设计分册)》(SD 204—86)中推荐 $H_w=(1.0\sim1.4)D$,下限值略偏小,应尽可能采用上限值。图 3-17 的统计结果也表明,建成的泵站除极少数外,基本上都是接近上限值。

2. 直线段各几何参数的影响

(1)流道进口宽度 B_j 的影响

在研究钟型进水流道进口宽度对目标函数的影响时,保持流道进口的平均流速不变,即在改变流道宽度的同时也改变流道进口的高度,以使流道进口面积保持不变。计算结果分别见表 3-12 和图 3-47。

表 3-12　钟型进水流道进口宽度对目标函数的影响

方案编号	B_j/D	最大流速 $u_{max}/(m/s)$	最小流速 $u_{min}/(m/s)$	平均流速 $\overline{u}/(m/s)$	均匀度 $v_u/\%$	最大角度 $\vartheta_{max}/(°)$	最小角度 $\vartheta_{min}/(°)$	平均角度 $\overline{\vartheta}/(°)$
12	2.50	5.23	4.31	4.77	94.92	89.40	79.69	84.35
32	2.65	5.20	4.33	4.77	95.28	89.82	80.06	84.58
31	2.80	5.17	4.34	4.77	95.59	89.68	80.30	84.77

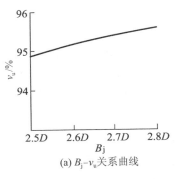
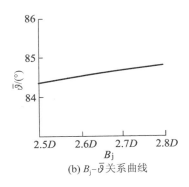

(a) B_j-v_u关系曲线　　　　(b) B_j-$\overline{\vartheta}$关系曲线

图 3-47　钟型进水流道进口宽度与目标函数的关系曲线

计算结果表明,进水流道进口宽度对目标函数有一定的影响,但并不大,其变化趋势是进口宽度愈大对目标函数愈有利。由于流道宽度对泵房土建投资的影响也较大,故宽度不宜过大。另一方面,根据模型试验结果,钟型进水流道宽度对流道内水下涡带产生很大影响,为防止产生涡带,流道宽度不应小于 2.74D。流道高度较小而宽度较大是钟型进水流道的特点,宽度较大并非叶轮室进口获得均匀流态所必需,主要是为了防止进水流道内产生涡带。

（2）流道长度 X_L 的影响

钟型进水流道长度对目标函数的影响见表 3-13。由表可知,在计算范围内,钟型进水流道长度对目标函数几乎没有影响。因此,流道长度的确定完全取决于泵房上部结构布置的需要,一般取 $X_L \geqslant 3.5D$ 即可。直线段对水泵叶轮室进口流态的影响较小的原因与肘形进水流道类似,水流的紊乱发生在直线段之后。

表 3-13　钟型进水流道长度对目标函数的影响

方案编号	X_L/D	最大流速 $u_{max}/(m/s)$	最小流速 $u_{min}/(m/s)$	平均流速 $\overline{u}/(m/s)$	均匀度 $v_u/\%$	最大角度 $\vartheta_{max}/(°)$	最小角度 $\vartheta_{min}/(°)$	平均角度 $\overline{\vartheta}/(°)$
61	3.5	5.17	4.34	4.77	95.58	89.66	80.35	84.77
31	4.0	5.17	4.34	4.77	95.59	89.68	80.30	84.77
62	4.5	5.20	4.35	4.77	95.63	89.43	79.93	84.73

（3）底边倾角 β 的影响

钟型进水流道底边倾角 β 对目标函数的影响见表 3-14。由表中可以发现,底边倾角对目标函数只有很小的不利影响,故其取值可决定于减少前池底坡及翼墙土建工作量的需要,但一般不超过 10° 为好。

表 3-14　钟型进水流道底边倾角 β 对目标函数的影响

方案编号	$\beta/(°)$	最大流速 $u_{max}/(m/s)$	最小流速 $u_{min}/(m/s)$	平均流速 $\overline{u}/(m/s)$	均匀度 $v_u/\%$	最大角度 $\vartheta_{max}/(°)$	最小角度 $\vartheta_{min}/(°)$	平均角度 $\overline{\vartheta}/(°)$
31	0	5.17	4.34	4.77	95.59	89.68	80.30	84.77
81	10	5.20	4.33	4.77	95.28	89.82	79.76	84.41

3. 吸水段各几何参数的影响

(1) 喇叭管及导流锥型线的影响

根据《泵站技术规范(设计分册)》(SD 204—86),钟型进水流道喇叭管内壁及导流锥母线型线均应由 $Z_i = KD_i^2$ 的关系确定。此关系式建立在势流假设的基础上,实际上与实测结果并不相符。现将此型线与 1/4 椭圆母线型线的各种组合构成不同优化计算方案(见表 3-15),各方案计算结果见表 3-16。

表 3-15　喇叭管及导流锥型线组合方案

组合编号	喇叭管型线	导流锥型线
1	$Z_i = KD_i^2$	$Z_i = KD_i^2$
2	1/4 椭圆	$Z_i = KD_i^2$
3	$Z_i = KD_i^2$	1/4 椭圆
4	1/4 椭圆	1/4 椭圆

表 3-16　钟型进水流道喇叭管及导流锥型线对目标函数的影响

方案编号	组合编号	最大流速 $u_{max}/(m/s)$	最小流速 $u_{min}/(m/s)$	平均流速 $\bar{u}/(m/s)$	均匀度 $v_u/\%$	最大角度 $\vartheta_{max}/(°)$	最小角度 $\vartheta_{min}/(°)$	平均角度 $\bar{\vartheta}/(°)$
71	1	4.64	3.37	4.33	92.87	89.66	74.29	81.23
72	2	5.33	4.39	4.84	95.44	89.92	79.87	84.32
73	3	4.59	3.34	4.28	92.71	89.89	74.39	81.80
31	4	5.17	4.34	4.77	95.59	89.68	80.30	84.77

喇叭管采用 $Z_i = KD_i^2$ 的型线对目标函数不利,根据优化计算结果,应以 1/4 椭圆型线取代,由表 3-16 还可以看出,导流锥型线对目标函数的影响较小,但仍以 1/4 椭圆为佳,与试验结果一致。

(2) 喇叭管进口直径 D_L 的影响

喇叭管进口直径 D_L 对目标函数的影响如表 3-17 和图 3-48 所示。由计算结果可知,喇叭管进口直径对目标函数的影响明显,《泵站技术规范(设计分册)》(SD 204—86)中推荐值 $D_L = (1.3 \sim 1.4)D$,考虑到对流速均匀度和水流入泵角度两方面的要求,D_L 宜取上限值;由图 3-48 可见,D_L 也不宜过大。

表 3-17　钟型进水流道喇叭管进口直径对目标函数的影响

方案编号	D_L/D	最大流速 $u_{max}/(m/s)$	最小流速 $u_{min}/(m/s)$	平均流速 $\bar{u}/(m/s)$	均匀度 $v_u/\%$	最大角度 $\vartheta_{max}/(°)$	最小角度 $\vartheta_{min}/(°)$	平均角度 $\bar{\vartheta}/(°)$
14	1.3	5.15	4.10	4.78	93.84	89.60	80.86	85.28
12	1.4	5.23	4.31	4.77	94.92	89.40	79.69	84.35
11	1.5	5.33	4.24	4.76	94.88	89.99	78.50	83.61
13	1.6	5.64	4.17	4.75	93.89	89.71	77.18	82.69

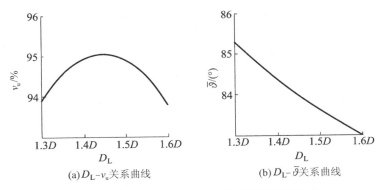

(a) D_L-v_u 关系曲线　　　　(b) D_L-$\overline{\vartheta}$ 关系曲线

图 3-48　喇叭管进口直径与目标函数的关系曲线

（3）喇叭管高度 H_L 的影响

喇叭管高度 H_L 对目标函数亦有较大影响（见表 3-18 和图 3-49），在 H_w 和 H_P 确定的条件下，喇叭管高度与喇叭管悬空高之和为定值。因此，H_L 的取值问题实际上是两者取值的分配比例问题。图 3-49 表明，$H_L = 0.6D$ 是适宜的。

表 3-18　钟型进水流道喇叭管高度对目标函数的影响

方案编号	H_L/D	最大流速 u_{max}/(m/s)	最小流速 u_{min}/(m/s)	平均流速 $\overline{u}$/(m/s)	均匀度 v_u/%	最大角度 ϑ_{max}/(°)	最小角度 ϑ_{min}/(°)	平均角度 $\overline{\vartheta}$/(°)
21	0.5	5.81	4.23	4.78	94.25	89.72	78.69	83.69
12	0.6	5.23	4.31	4.77	94.92	89.40	79.69	84.42
22	0.7	5.17	4.24	4.76	94.02	89.54	80.86	85.28

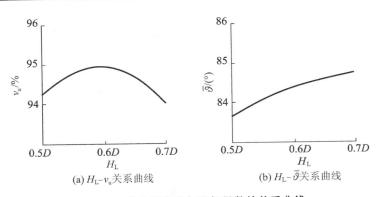

(a) H_L-v_u 关系曲线　　　　(b) H_L-$\overline{\vartheta}$ 关系曲线

图 3-49　喇叭管高度与目标函数的关系曲线

（4）吸水室高度 H_2 的影响

吸水室高度 H_2 对目标函数有一定影响，计算结果见表 3-19 和图 3-50，H_2 愈大，对流速均匀度愈有利；但从对水流入泵平均角度的影响来看，$H_2 = 0.9D$ 最佳。因此，$H_2 = (0.9 \sim 1.0)D$ 是适宜的。

表 3-19　钟型进水流道吸水室高度对目标函数的影响

方案编号	H_2/D	最大流速 $u_{max}/(m/s)$	最小流速 $u_{min}/(m/s)$	平均流速 $\bar{u}/(m/s)$	均匀度 $v_u/\%$	最大角度 $\vartheta_{max}/(°)$	最小角度 $\vartheta_{min}/(°)$	平均角度 $\bar{\vartheta}/(°)$
41	0.8	5.47	4.29	4.77	94.52	89.43	80.58	84.81
42	0.9	5.28	4.31	4.77	95.05	89.96	80.90	84.95
31	1.0	5.17	4.34	4.77	95.59	89.68	80.30	84.77

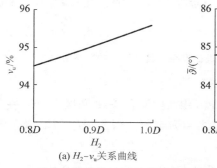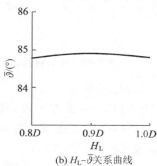

(a) H_2-v_u关系曲线　　　　(b) H_L-$\bar{\vartheta}$关系曲线

图 3-50　吸水室高度与目标函数的关系曲线

（5）吸水室后壁距 X_T 的影响

在计算范围内,吸水室后壁距 X_T 对目标函数的影响有限,如表 3-20 所示。适当的后壁空间有利于水流绕至喇叭管后部入泵,因而对目标函数的改善有利,然而过大的后壁空间不仅是不必要的,并且有可能导致后壁区域的不良流态。

表 3-20　钟型进水流道吸水室后壁距对目标函数的影响

方案编号	X_T/D	最大流速 $u_{max}/(m/s)$	最小流速 $u_{min}/(m/s)$	平均流速 $\bar{u}/(m/s)$	均匀度 $v_u/\%$	最大角度 $\vartheta_{max}/(°)$	最小角度 $\vartheta_{min}/(°)$	平均角度 $\bar{\vartheta}/(°)$
61	1.2	5.23	4.36	4.77	95.83	89.81	79.60	84.80
62	1.3	5.17	4.34	4.77	95.59	89.68	80.30	84.77
52	1.4	5.21	4.33	4.77	95.39	89.92	80.96	84.98

根据上述水力计算结果,推荐的钟型进水流道水力设计准则见 3.2.4 节。

3.5　钟型进水、长直管出水装置性能研究

3.5.1　研究背景

钟型进水流道是早期泵站规范推荐的 2 种进水流道型式之一,但应用不多,研究也不够深入,因此现结合双摆渡泵站开展装置整体性能数值模拟和试验研究。双摆渡泵站位于马鞍山一五圩内扁担河长江出口处,规划为城市排涝泵站,兼顾抽排和自排功能。设计抽排流量 101 m³/s,机组采用大、小泵兼顾的方式,大泵选用 7 台套水泵为 2000ZLB13.1-6.6(水泵叶轮直径为 1 720 mm)型立式半调节轴流泵,配套电动机为 TL 1250-24/2600 立式同步电机,单机功率 1 250 kW;小泵选用 2 台套,水泵为 1400ZLB5.5-7.5(水泵叶轮直径为 1 200 mm)型立式半调节轴流泵,配套电动机为 TL630-16/1730 立式同步电动机,单机功率为 630 kW,泵站总装机功率为 10 010 kW。

双摆渡泵站大泵进水流道采用钟型进水流道,DN2000 出水钢制弯管、扩散管接混凝土流道进压力水箱、快速闸门断流,泵站装置剖面图如图 3-51 所示。泵站的特征水位、净扬程见表 3-21。

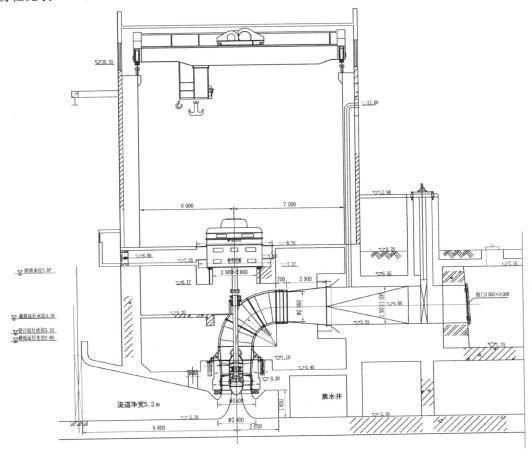

图 3-51 双摆渡泵站装置剖面图(长度单位:mm)

表 3-21 双摆渡泵站设计参数 单位:m

项目		进水池	出水池
特征水位	设计	3.10	8.77
	最高	4.10	9.97
	最低	2.60	4.10
	平均	3.10	6.24
特征扬程	设计	5.67	
	最高	6.87	
	平均	3.14	
	最低	0	

注:平均扬程下水力损失 0.5 m,最高扬程水力损失 0.3 m,设计扬程下水力损失 0.4 m。

3.5.2 泵装置数值优化计算①

1. 水力性能计算依据

（1）水力损失计算依据

根据伯努利能量方程引入水力损失 Δh 概念，采用 CFD 数值计算得到的流速场和压力场预测过流部件的水力损失，计算式为

$$\Delta h = E_1 - E_2 = \frac{p_1}{\rho g} - \frac{p_2}{\rho g} + z_1 - z_2 + \frac{u_1^2}{2g} - \frac{u_2^2}{2g} \tag{3-1}$$

式中，E_1 为流道进口处的总能量，$E_1 = \frac{p_1}{\rho g} + z_1 + \frac{u_1^2}{2g}$；$E_2$ 为流道出口处的总能量，$E_2 = \frac{p_2}{\rho g} + z_2 + \frac{u_2^2}{2g}$。

（2）进水流道出口断面轴向流速分布均匀度计算依据

进水流道的设计应为叶轮提供均匀的流速分布和压力分布进水条件。进水流道的出口就是叶轮室的进口，其轴向速度分布均匀度 v_u 反映进水流道的设计质量，v_u 越接近 100%，表明进水流道的出口水流的轴向流速分布越均匀，其计算公式为式（1-17）。

（3）进水流道出口断面速度加权平均角度计算依据

若进水流道出口有横向流速存在，将会改变水泵设计进水条件，影响水泵的能量特性和空化特性，为此引入速度加权平均角度 $\bar{\theta}$ 来衡量。$\bar{\theta}$ 值越接近 90°，出口水流越接近垂直于出口断面，叶轮室的进水条件越好，其计算公式为式（1-18b）。

（4）泵装置性能预测计算依据

根据伯努利能量方程计算泵站装置扬程，由计算得到的速度场、压力场和叶轮上作用的扭矩预测泵装置的水力性能。

泵装置进水流道与出水流道出口的总能量差定义为装置扬程，用下式表示：

$$H_{net} = \left(\frac{\int_{S_2} p_2 u_{t2}\,\mathrm{d}s}{\rho Q g} + H_2 + \frac{\int_{S_2} u_2^2 u_{t2}\,\mathrm{d}s}{2Qg} \right) - \left(\frac{\int_{S_1} p_1 u_{t1}\,\mathrm{d}s}{\rho Q g} + H_1 + \frac{\int_{S_1} u_1^2 u_{t1}\,\mathrm{d}s}{2Qg} \right) \tag{3-2}$$

式中，等式右边第一项为出水流道出口断面总压；第二项为进水流道进口断面总压；Q 为流量；H_1 和 H_2 分别为泵装置进、出水断面高程；S_1 和 S_2 分别为泵装置进、出水断面面积；u_1 和 u_2 分别为泵装置进、出水流道断面各点的流速；u_{t1} 和 u_{t2} 分别为泵装置进、出水流道断面各点流速法向分量；p_1 和 p_2 分别为泵装置进、出水断面各点静压；g 为重力加速度。

泵装置效率为

$$\eta = \frac{\rho g Q H_{net}}{T_p \omega} \tag{3-3}$$

式中，T_p 为扭矩；ω 为叶轮旋转角速度。

2. 装置数值计算

（1）数值计算范围及方法

泵装置内部三维流场数值计算对象包括钟型进水流道、水泵叶轮、导叶、弯管出水流

---

① 扬州大学. 双摆渡排涝站原型泵装置 CFD 仿真计算报告[R]. 扬州：扬州大学，2015.

道在内的流体计算域。

数值计算时,首先对钟型进水流道、直管式出水流道、进水段和出水段进行实体建模与网格剖分,对叶轮和导叶体进行标准模型建模与网格剖分,再比例缩放到原型泵中。模型泵建模时考虑叶顶间隙的影响,叶顶间隙设置为 0.2 mm。

泵装置数值计算的水力模型采用 TJ04-ZL-02,原型水泵为 2000ZLB13.1-6.6 叶轮。

(2) 模型建立与网格剖分

① 进水流道模型建立与网格剖分

原始设计方案中钟型进水流道后壁为矩形,为更好地提供进水条件,将矩形改为 ω 型,完成进水流道型线的参数化建模和流道的网格剖分,各主要控制参数如图3-52 所示,控制参数主要为收缩断面圆角与外部型线,通过调整各断面控制尺寸使各断面之间过渡平顺。进水流道模型网格剖分如图 3-53 所示。

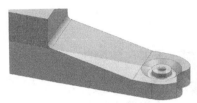

(a) 钟型进水流道模型

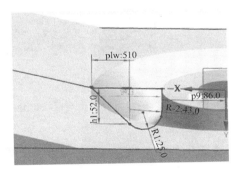

(b) 三维模型 ω 段控制参数

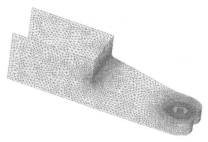

(c) 钟型凹槽控制参数

图 3-52　进水流道模型与控制参数

(a) 钟型进水流道网格

(b) 局部网格

图 3-53　进水流道模型网格剖分

② 导叶和叶轮模型建立与网格剖分

叶轮和导叶的模型按照叶轮直径 $D=300$ mm 标准模型建立,叶轮中心为坐标原点, Z 轴为旋转轴,叶顶间隙设置为 0.2 mm,叶片曲面以光滑曲面的方式建立,导入前处理器中再按比例放大到原型泵的 1 720 mm。叶轮和导叶模型与网格剖分如图 3-54 所示。

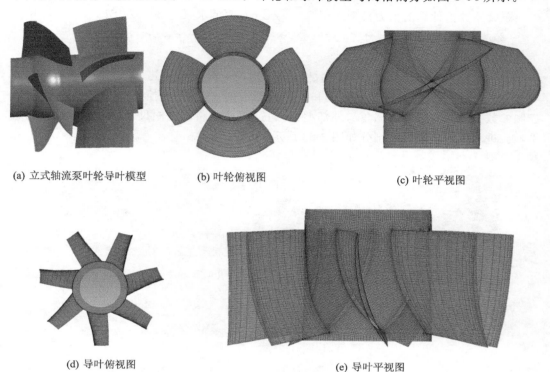

(a) 立式轴流泵叶轮导叶模型　　(b) 叶轮俯视图　　(c) 叶轮平视图

(d) 导叶俯视图　　(e) 导叶平视图

图 3-54　叶轮和导叶模型与网格剖分

③ 出水流道模型建立与网格剖分

出水流道模型建立时考虑轴伸段电机安装方便,并兼顾轴伸段水流平顺过渡的出水流道模型如图 3-55 所示,网格剖分如图 3-56 所示。

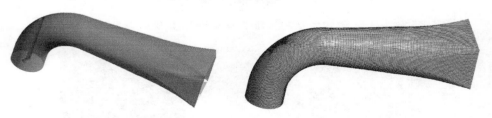

图 3-55　出水流道模型　　　　**图 3-56　出水流道网格剖分**

装配进水流道、水泵叶轮、导叶、弯管出水流道的泵装置模型如图 3-57 所示图。

图 3-57　泵装置模型图

最终生成的网格节点数与网格数见表 3-22。

表 3-22　网格节点数与网格数

计算域	节点/个	网格/个
叶轮室	431 516	401 920
导叶室	398 202	365 904
出水流道	411 846	389 948
进水流道	104 131	464 360
合计	1 345 695	1 622 132

（3）计算结果分析

根据初始设计方案,拟定 2 组优化设计方案,优化方案 1 为调整后壁距的尺寸和形状,如图 3-58 所示。优化方案 2 为调整吸水室的尺寸,如图 3-59 所示。分别对初始方案、优化方案 1 和优化方案 2 进行流场分析和性能预测。

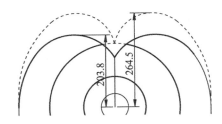

图 3-58　优化方案 1 示意(单位:cm)

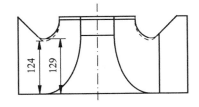

图 3-59　优化方案 2 示意(单位:cm)

① 装置性能曲线计算结果

从模拟计算得到的结果文件提取出压力与扭矩值,根据式(3-2)和式(3-3)计算得到初始方案、优化方案 1 和优化方案 2 的装置外特性数据,见表 3-23 至表 3-25(其中 $n=250$ r/min、$D=1\,720$ mm、叶片安放角为 2°)。扬程和效率曲线分别如图 3-60 和图 3-61 所示。

通过 3 种方案的计算比较可知,初始方案在设计流量工况附近装置效率为 82.47%,相应的流量为 13.1 m³/s,扬程为 6.96 m。优化方案 1 在设计流量工况附近装置效率为 84.1%,相应的流量为 13.1 m³/s,扬程为 7.17 m。优化方案 2 在设计流量工况附近装置效率为 84.4%,相应的流量为 13.1 m³/s,扬程为 7.20 m。优化方案 1 和优化方案 2 在设计工况附近,扬程和效率明显都优于原始方案,比较优化方案 1 和优化方案 2 得出,优化方案 1 的高效范围比较宽,更加适合工程应用。在设计转速下泵叶片安放角为 2°可满足运行使用要求,仍有一定的余量。

表 3-23 双摆渡泵站原型装置初始方案模拟计算结果

流量 $Q/(m^3/s)$	扬程 H/m	轴功率 N/kW	装置效率 $\eta/\%$
9.17	9.37	1 231.64	68.2
11.79	7.94	1 139.31	80.2
13.10	6.96	1 079.30	82.5
14.41	5.13	974.06	74.1
17.03	0.076	655.83	1.9

表 3-24 双摆渡泵站原型装置优化方案 1 模拟计算结果

流量 $Q/(m^3/s)$	扬程 H/m	轴功率 N/kW	装置效率 $\eta/\%$
9.17	9.45	1 233.07	68.6
10.48	8.94	1 167.55	78.4
11.79	8.14	1 154.49	81.2
13.10	7.17	1 089.99	84.1
14.41	5.44	986.17	77.6
15.72	2.90	845.84	52.7
17.03	0.01	661.50	0.3

表 3-25 双摆渡泵站原型装置优化方案 2 模拟计算结果

流量 $Q/(m^3/s)$	扬程 H/m	轴功率 N/kW	装置效率 $\eta/\%$
9.17	9.43	1 238.25	68.2
11.79	7.93	1 145.88	79.7
13.10	7.20	1 090.48	84.4
14.41	5.50	986.59	78.5
15.72	2.79	844.47	50.7

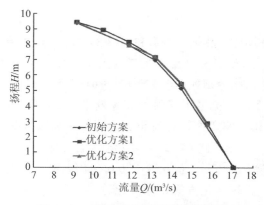

图 3-60 3 种方案泵装置的扬程曲线

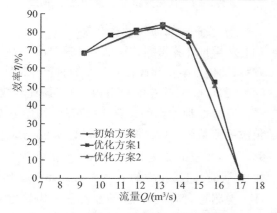

图 3-61 3 种方案泵装置的效率曲线

② 装置进水流道内流线图

对 3 种方案在叶片安放角为 2°的工况进行计算,对进水流道计算结果的内部流态进行分析,绘出 3 种方案不同工况内部流线图,如图 3-62 至图 3-64 所示。

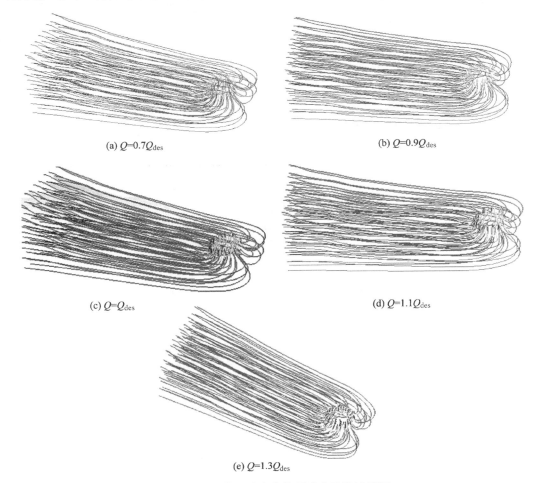

(a) $Q=0.7Q_{des}$

(b) $Q=0.9Q_{des}$

(c) $Q=Q_{des}$

(d) $Q=1.1Q_{des}$

(e) $Q=1.3Q_{des}$

图 3-62　初始设计方案钟型进水流道流线图

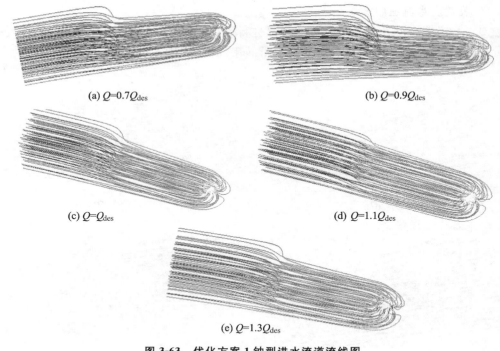

(a) $Q=0.7Q_{des}$

(b) $Q=0.9Q_{des}$

(c) $Q=Q_{des}$

(d) $Q=1.1Q_{des}$

(e) $Q=1.3Q_{des}$

图 3-63　优化方案 1 钟型进水流道流线图

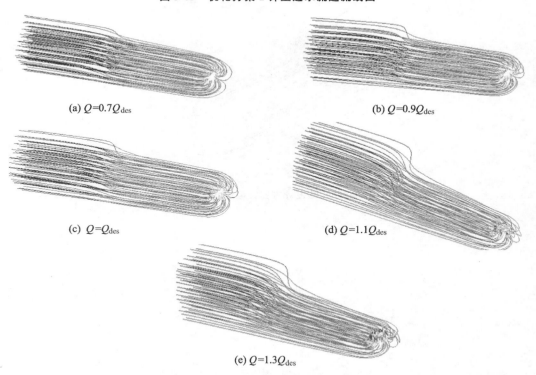

(a) $Q=0.7Q_{des}$

(b) $Q=0.9Q_{des}$

(c) $Q=Q_{des}$

(d) $Q=1.1Q_{des}$

(e) $Q=1.3Q_{des}$

图 3-64　优化方案 2 钟型进水流道流线图

模拟计算结果表明涡带消失,优化方案 1 在出口处的速度分布偏向来流一侧,在保证各曲面光滑相切的基础上,将参数尽量取整,并适当抬高钟型凹槽面的高度,得到优化方案 2。

通过比较 3 种方案的内部流线分布可知,初始方案的叶轮进口处流速分布不均匀并存在一定的脱流现象,且流道左、右两部分的流态不对称,产生旋涡,进水流道水力损失为 0.167 m,流速均匀度为 93.8%。优化方案 1 通过将双 ω 型后壁前移,水流在钟型进水流道内部转向过程中分配比较合理,水力损失减小到 0.151 m,流速均匀度为 94.2%。优化方案 2 适当减小内壁弯道曲率半径,进水流道水力损失减小到 0.146 m,流速均匀度为 96.6%,优化合理。

③ 装置出水流道内流线分布及压力云图

出水流道为方便施工,不改变 90°弯头,仅对弯头出口的扩散段进行优化,初始设计方案中弯头外的扩散角为 6°,扩散角较大,不利于水流的平稳扩散,在此基础上,依次将扩散长度从 250 cm 伸长到 330 cm 形成优化方案 1,如图 3-65 所示。

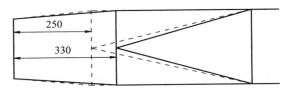

图 3-65　出水流道优化方案 1 尺寸(单位: cm)

对初始方案和优化方案 1 在叶片安放角为 2°的工况进行数值计算,对出水流道计算结果的内部流态进行分析,2 种方案设计工况流线图和压力云图如图 3-66 和图 3-67 所示。

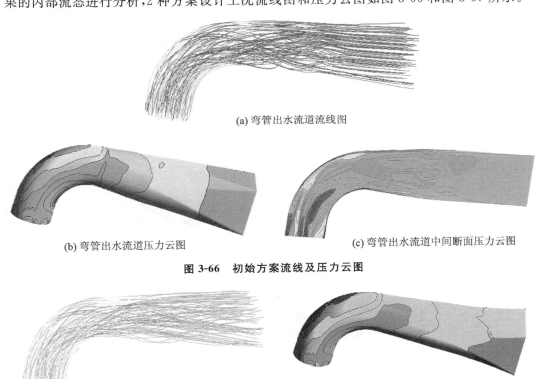

(a) 弯管出水流道流线图

(b) 弯管出水流道压力云图　　　　　　　　(c) 弯管出水流道中间断面压力云图

图 3-66　初始方案流线及压力云图

(a) 弯管出水流道流线图　　　　　　　　(b) 弯管出水流道压力云图

图 3-67　优化方案 1 流线图及压力云图

计算结果表明出水流道水力损失已有较好的控制,进一步将扩散段延长至 375 cm 形成优化方案 2,进行数值计算,结果如图 3-68 所示。

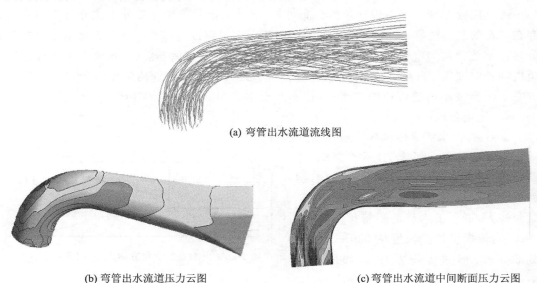

(a) 弯管出水流道流线图

(b) 弯管出水流道压力云图

(c) 弯管出水流道中间断面压力云图

图 3-68　优化方案 2 流线图及压力云图

3 种方案的数值计算比较可知,在设计工况下初设方案在弯头出口的扩散段局部扩散角度过大,流速没有得到充分扩散,不利于能量回收,水力损失计算值为 0.78 m。优化方案 1 和优化方案 2 在通过减小局部扩散角、减小压力突变情况,有利于能量回收利用,将水力损失减小至 0.614 m 和 0.561 m,水力损失较原始方案小。通过优化方案 1 和优化方案 2 对比分析计算,得到优化方案 2 水力损失仅在设计工况下较小,其他工况不及优化方案 1,建议优选优化方案 1 出水流道。

④ 装置流线图

对 3 种方案在叶片安放角为 2°的工况进行计算,对泵装置内部流线进行分析,3 种方案设计工况下内部流线图如图 3-69 至图 3-71 所示。

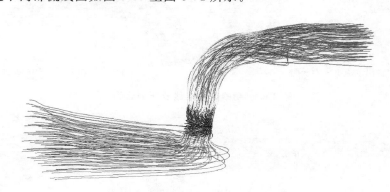

图 3-69　原始方案泵装置内部流线图

图 3-70 优化方案 1 泵装置内部流线图

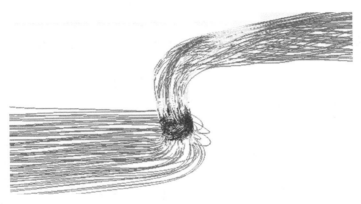

图 3-71 优化方案 2 泵装置内部流线图

⑤ 装置进、出水流道水力损失与流量的关系曲线

优化后不同工况下计算结果的进、出水流道水力损失根据式（3-1）得出，其与流量的关系曲线如图 3-72 所示。

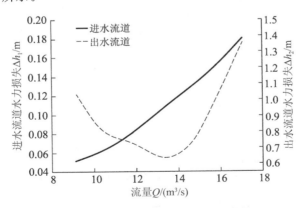

图 3-72 进、出水流道水力损失与流量的关系曲线

进水流道水力损失与流量呈单调递增关系，计算工况下水力损失为 0.05～0.18 m。出水流道水力损失在设计工况附近较小，整体在数值上远大于进水流道。计算工况下最小水力损失为 0.61 m，出现在设计流量工况点。

3.结论和建议

（1）结论

优化方案 1 和优化方案 2 明显都优于初始方案,优化方案 1 在较大范围内效率较高,优于优化方案 2。

根据数值计算结果,双摆渡排涝站水泵装置在叶片安放角为 2°下最高装置效率为 84.1%,此时流量 $Q=13.1$ m³/s,扬程 $H=7.17$ m,扬程偏高。CFD 计算仅提供参考,具体结果以模型试验为准。

采用 CFD 对泵装置进行内流场计算,得到外特性曲线及不同工况下的泵装置内部流线分布。计算结果表明,在叶片安放角为 2°时,最高装置扬程时轴功率不大于 1 150 kW,配套电动机功率为 1 250 kW,有裕量。

（2）建议

根据设计方案比较分析,进、出水流道均建议优选优化方案 1,推荐的流道型线尺寸如图 3-73 所示。

根据装置数值模拟计算结果,叶片安放角为 2°时,满足泵站运行要求,在设计流量时,扬程偏高,需进一步通过泵装置模型试验验证。

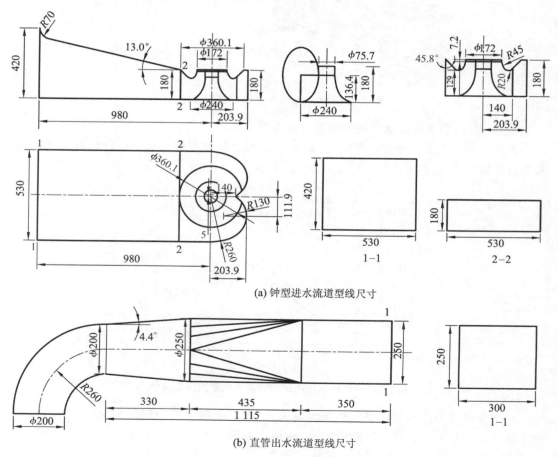

(a) 钟型进水流道型线尺寸

(b) 直管出水流道型线尺寸

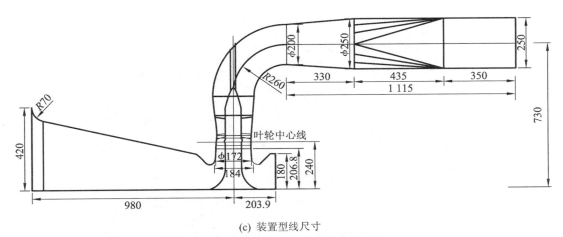

(c) 装置型线尺寸

图 3-73　双摆渡泵站推荐方案型线尺寸(单位：cm)

3.5.3　装置模型试验研究[①]

1. 模型水泵与泵装置

双摆渡泵站为新型立式泵装置,进水采用钟型流道,出水采用弯管接直管出水流道。水泵装置模型比尺为 1:5.733,模型泵采用 TJ04-ZL-02g 水力模型(改型),模型泵名义叶轮直径 $D=300$ mm,实际叶轮直径 $D=299.65$ mm。模型叶轮如图 3-74 所示,轮毂比为 0.483,叶片数为 4,用黄铜材料经数控加工成型。模型导叶体如图 3-75 所示,轮毂直径为 140 mm,叶片数为 7,用钢质材料焊接成型。进、出水流道采用钢板焊接制作,模型泵叶轮室设置有观察窗,便于观测叶片处的水流和空化,模型泵装置如图 3-76 所示。模型泵安装检查,导叶体与叶轮室定位面轴向跳动 0.10 mm,轮毂外表面径向跳动 0.08 mm,叶顶间隙控制在 0~0.20 mm 以内。

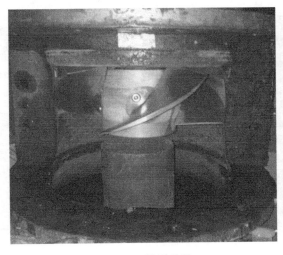

图 3-74　模型叶轮

图 3-75　模型导叶体

---

① 扬州大学. 双摆渡排涝站水泵装置模型试验报告[R].扬州:扬州大学,2015.

图 3-76　模型试验装置

2. 泵装置模型试验

（1）模型泵装置试验测试内容和执行规范

泵装置模型试验测试内容如下：

① 各叶片安放角下泵装置模型能量性能试验；

② 各叶片安放角下 5 个特征扬程点的空化性能试验；

③ 各叶片安放角下泵装置模型飞逸特性试验；

④ 3 种叶片安放角工况泵装置模型压力脉动试验；

⑤ 1 种叶片安放角工况泵装置模型进、出水流道压差试验。

试验执行《离心泵、混流泵和轴流泵水力性能试验规范（精密级）》（GB/T 18149—2000）和《水泵模型及装置模型验收试验规程》（SL 140—2006）等规范，每个叶片安放角下的性能试验点不少于 15 点，$NPSH$ 临界值的确定按流量保持常数，改变有效 $NPSH$ 值至效率下降 1% 确定。

（2）模型试验系统及测试方法

模型装置试验在扬州大学试验台上进行。

3. 模型试验结果

（1）能量特性试验

模型试验测试 5 种叶片安放角工况（$-2°$，$0°$，$2°$，$4°$，$6°$）的能量特性。表 3-26 至表 3-30 为性能试验原始数据。不同叶片安放角下最优工况参数见表 3-31。双摆渡泵站水泵装置模型综合特性曲线如图 3-77 所示（转速为 1 433 r/min、叶轮直径为 300 mm）。按等效率换算，双摆渡泵站原型泵装置综合特性曲线如图 3-78 所示（转速为 250 r/min、叶轮直径为 1 720 mm）。

表 3-26 叶片安放角为一2°时的性能测试数据

序号	流量 $Q/(L/s)$	扬程 H/m	轴功率 N/kW	装置效率 $\eta/\%$
1	145.42	9.926	34.722	40.67
2	165.67	9.239	32.574	45.97
3	174.85	9.301	32.431	49.06
4	188.68	9.728	33.244	54.01
5	203.91	10.592	34.345	61.52
6	220.20	10.419	34.581	64.91
7	238.30	9.967	34.527	67.30
8	263.16	9.444	33.832	71.86
9	283.61	8.561	32.430	73.24
10	301.31	7.939	31.456	74.40
11	320.71	7.483	30.878	76.03
12	329.48	7.217	30.447	76.41
13	339.73	6.862	29.769	76.61
14	346.98	6.563	29.318	75.98
15	359.24	5.883	27.724	74.58
16	372.40	5.349	26.734	72.89
17	379.40	4.891	25.573	70.98
18	390.80	4.353	24.380	68.26
19	405.21	3.479	22.383	61.62
20	418.30	2.812	21.040	54.68
21	430.62	1.921	18.928	42.76
22	443.04	1.116	17.260	28.01

表 3-27 叶片安放角为 0°时的性能测试数据

序号	流量 $Q/(L/s)$	扬程 H/m	轴功率 N/kW	装置效率 $\eta/\%$
1	146.91	10.253	39.175	37.61
2	185.48	9.179	35.352	47.12
3	205.70	9.720	37.115	52.70
4	227.00	10.397	37.546	61.50
5	245.63	10.147	37.410	65.18
6	265.09	9.880	37.048	69.16
7	273.33	9.668	36.584	70.66

序号	流量 $Q/(L/s)$	扬程 H/m	轴功率 N/kW	装置效率 $\eta/\%$
8	297.59	8.846	35.259	73.04
9	314.61	8.222	34.192	74.01
10	329.63	7.987	33.911	75.95
11	338.22	7.749	33.527	76.47
12	346.59	7.374	32.851	76.11
13	356.34	7.024	32.248	75.93
14	363.52	6.834	32.020	75.90
15	371.06	6.478	31.260	75.23
16	379.05	6.289	31.095	75.00
17	384.12	5.983	30.043	74.84
18	390.60	5.741	29.958	73.23
19	402.29	5.093	28.399	70.58
20	410.70	4.690	27.666	68.11
21	421.97	4.159	26.662	64.40
22	428.95	3.733	26.648	58.79
23	449.24	2.474	22.196	48.98
24	456.98	1.898	21.006	40.39

表 3-28 叶片安放角为 2°时的性能测试数据

序号	流量 $Q/(L/s)$	扬程 H/m	轴功率 N/kW	装置效率 $\eta/\%$
1	157.41	10.087	41.027	37.86
2	169.41	8.874	37.036	39.71
3	189.07	8.824	36.574	44.63
4	210.07	9.488	38.187	51.06
5	254.02	10.224	40.099	63.36
6	273.41	9.740	39.757	65.53
7	296.87	9.204	38.728	69.02
8	321.21	8.519	37.182	72.00
9	342.65	8.146	36.352	75.11
10	349.77	8.072	36.377	75.93
11	364.10	7.776	36.388	76.11
12	371.68	7.361	35.034	76.39
13	379.99	7.078	34.457	76.36

序号	流量 $Q/(L/s)$	扬程 H/m	轴功率 N/kW	装置效率 $\eta/\%$
14	385.56	6.898	34.226	76.02
15	394.45	6.633	33.792	75.74
16	399.65	6.321	33.056	74.76
17	407.56	6.001	32.504	73.61
18	424.73	5.240	30.855	70.56
19	428.41	4.974	30.086	69.29
20	446.07	4.041	28.086	62.78
21	459.71	3.362	26.581	56.89
22	473.36	2.667	25.123	49.15
23	488.63	1.471	21.942	32.06

表 3-29　叶片安放角为 4°时的性能测试数据

序号	流量 $Q/(L/s)$	扬程 H/m	轴功率 N/kW	装置效率 $\eta/\%$
1	147.86	10.541	46.511	32.78
2	176.43	8.880	40.750	37.61
3	200.01	8.532	39.036	42.76
4	231.60	9.250	40.712	51.48
5	260.58	10.340	42.464	62.07
6	288.79	9.849	42.439	65.57
7	314.03	9.303	41.797	68.38
8	336.03	8.786	40.680	71.00
9	350.93	8.477	39.864	73.01
10	360.11	8.343	39.582	74.25
11	372.79	8.193	39.560	75.53
12	381.44	7.910	39.015	75.66
13	391.46	7.623	38.504	75.81
14	407.95	7.011	37.394	74.82
15	413.89	6.776	36.853	74.45
16	426.64	6.295	35.846	73.30
17	439.54	5.690	34.366	71.19
18	455.81	4.933	32.638	67.40
19	472.04	4.120	30.708	61.96
20	487.83	3.245	28.559	54.22
21	500.65	2.642	26.994	47.94
22	519.79	1.807	25.085	36.63

表 3-30　叶片安放角为 6°时的性能测试数据

序号	流量 $Q/(L/s)$	扬程 H/m	轴功率 N/kW	装置效率 $\eta/\%$
1	156.97	10.268	48.548	32.48
2	187.85	8.166	40.740	36.83
3	210.80	8.212	40.426	41.89
4	229.10	9.024	42.902	47.14
5	246.95	9.048	42.884	50.97
6	285.15	10.288	45.099	63.63
7	315.40	9.387	44.691	64.81
8	338.06	9.031	44.169	67.62
9	351.77	8.950	43.958	70.06
10	362.20	8.919	44.077	71.70
11	376.45	8.725	43.487	73.89
12	385.03	8.523	42.996	74.67
13	396.38	8.248	42.426	75.39
14	405.12	8.012	42.058	75.49
15	412.45	7.741	41.451	75.35
16	419.96	7.491	40.961	75.14
17	428.63	7.214	40.245	75.17
18	435.97	6.901	39.496	74.52
19	440.91	6.729	39.081	74.27
20	454.56	6.166	37.887	72.37
21	465.05	5.622	36.562	69.95
22	481.56	4.948	34.913	66.76
23	502.10	3.886	32.656	58.45
24	521.30	3.071	30.964	50.59
25	534.44	2.233	28.510	40.95

表 3-31　水泵装置性能试验最优效率数据

表号	叶片安放角/(°)	最优效率点（BEP）参数			
		流量 $Q/(L/s)$	扬程 H/m	轴功率 N/kW	装置效率 $\eta/\%$
表 3-26	—2	339.73	6.862	29.769	76.61
表 3-27	0	338.22	7.749	33.527	76.47
表 3-28	2	371.68	7.361	35.034	76.39
表 3-29	4	391.46	7.623	38.504	75.81
表 3-30	6	405.12	8.012	42.058	75.49

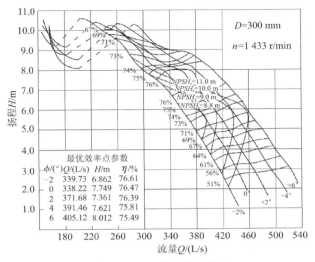

图 3-77　模型装置性能曲线

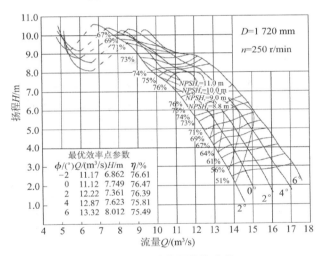

图 3-78　原型装置性能曲线

（2）空化性能试验

水泵装置模型的空化特性试验采用定流量的能量法，取水泵装置模型效率较其性能点低 1% 的 NPSH 有效值作为 $NPSH_r$ 临界值（以叶轮中心为基准）。图 3-79 为模型装置 $NPSH_r$ 曲线。在综合特性曲线中用等 $NPSH_r$ 曲线表示（见图 3-77 和图 3-78）。

（3）飞逸特性试验

通过对试验台测试系统的切换，调节辅助泵使水泵运行系统反向运转，扭矩仪不受力，测试不同扬程下模型泵的转速，各叶片安

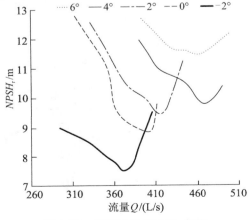

图 3-79　模型装置 $NPSH_r$ 曲线

放角下的单位飞逸转速见表 3-32。根据试验结果整理可得双摆渡泵站原型泵飞逸特性曲线，如图 3-80 所示，原型泵飞逸转速数据见表 3-33。

表 3-32 各叶片安放角下的单位飞逸转速数据

序号	叶片安放角/(°)	单位飞逸转速 n'_{1f}
1	−2	243
2	4	220
3	6	213

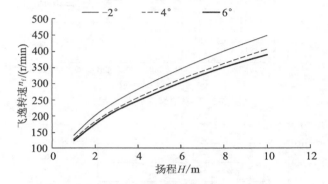

图 3-80 双摆渡泵站原型装置飞逸特性曲线

表 3-33 各叶片安放角下原型泵飞逸转速数据（最高净扬程 7.78 m 时）

序号	叶片安放角/(°)	飞逸转速 n_f/(r/min)	与电机额定转速的比值
1	−2	394.1	1.58
2	4	356.8	1.43
3	6	345.4	1.38

（4）压力脉动试验

① 测试设备

压力脉动测试采用 2 个 ETL-375M-200kPaA 中高频动态压力脉动变送器测量，量程为 200 kPa，配置商用 EN900 便携式振动监测故障诊断分析仪进行数据采集和处理。

② 传感器安装位置

压力脉动传感器安装在叶轮进口和导叶出口处，位置如图 3-81 所示。

图 3-81 压力脉动传感器安装位置

③ 测试工况

对 3 种叶片安放角工况能量试验过程中的各工况点压力脉动进行测试,试验实际转速为 1 200 r/min。

④ 测试结果

能量试验压力脉动测试结果如图 3-82 所示。

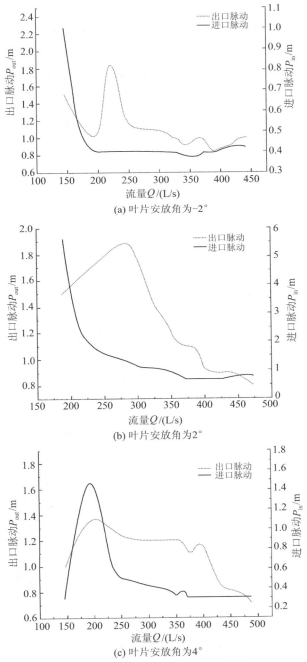

(a) 叶片安放角为-2°

(b) 叶片安放角为2°

(c) 叶片安放角为4°

图 3-82　能量试验压力脉动峰峰值

⑤ 进、出水流道压差试验

记录不同的流量下流道进、出口的压差以及流量,其中,1—1 断面到 2—2 断面记为进水流道的压差,3—3 断面到 4—4 断面记为出水流道的压差。进、出水流道压力测试断面分别如图 3-83 和图 3-84 所示,进水流道测试结果如图 3-85 所示。

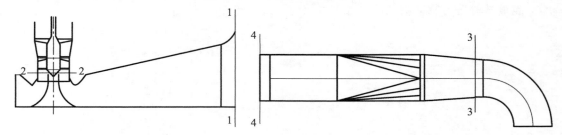

图 3-83　进水流道压差测量位置　　　　　图 3-84　出水流道压差测量位置

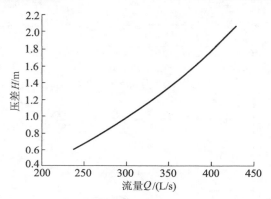

图 3-85　进水流道流量-压差曲线

通过拟合压差流量可以得到如下表达式:

$$Q = -24.317H^2 + 195.83H + 128.77 \tag{3-4}$$

式中,Q 为流量,L/s;H 为扬程,m。

由能量方程 $H = \dfrac{p_2}{\rho g} - \dfrac{p_1}{\rho g} + z_2 - z_1 + \dfrac{u_2^2}{2g} - \dfrac{u_1^2}{2g}$ 得到模型进、出水流道水力损失曲线,如图 3-86 所示,与 CFD 预测的原型装置水力损失曲线(见图 3-72)趋势基本一致。

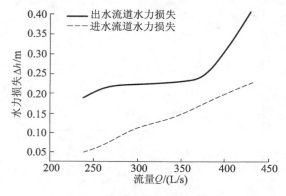

图 3-86　模型进、出水流道实测水力损失曲线

3.5.4　结论及建议

在优化进、出水流道的基础上制作模型泵装置并进行模型试验,获得双摆渡泵站水泵模型装置的能量特性、空化特性、飞逸特性、脉动、压差试验数据。

①能量试验结果表明,泵装置在叶片安放角为2°下,模型泵装置设计扬程为6.07 m时,流量为405.65 L/s,装置效率达到74%,高效区运行范围较宽;对应原型泵装置扬程为6.07 m时,流量为 13.3 m³/s,满足设计流量 13.1 m³/s 的运行要求;模型泵装置最大运行扬程超过 10 m,满足双摆渡泵站最大扬程 7.17 m 的运行要求。CFD 预测的原型泵装置性能与根据模型试验换算的性能(叶片安放

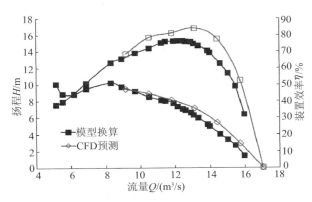

图 3-87　原型泵装置性能对比曲线

角为2°)对比如图 3-87 所示,扬程曲线基本吻合;CFD 预测的效率高于试验结果,最高效率点相差 8%,模型泵换算至原型泵时效率没有修正,原型泵效率值有待现场实测检验。

② 空化特性试验结果表明,原型泵装置在叶片安放角2°下,设计扬程附近空化性能最优,$NPSH_r$ 值小于 10.0 m。

③ 试验结果表明,钟型进水流道内流态稳定,无旋涡产生,水泵运行平稳;进水流道水力损失较小,泵装置效率较高,高效区较宽。

④ 原型泵装置在叶片安放角2°下,按等效率推算,在最高扬程 7.17 m 时可能出现的最大轴功率为 1 137 kW,配套电机功率 1 250 kW 有一定的裕量。

⑤ 在叶片安放角为2°、最高扬程为 7.17 m 时原型泵最大飞逸转速是水泵额定转速的 1.48 倍。叶片安放角越小,单位飞逸转速越高。

⑥ 叶轮进口和导叶出口的水压力脉动与测点布置紧密相关,测试结果符合轴流泵的一般规律,相对值符合要求,无异常现象。

⑦ 进水流道流量压差关系可作为现场流量监测参考,但应注意测压断面的布置与模型试验一致。

3.5.5　实际运行效果

双摆渡泵站于 2015 年开工建设,2018 年竣工投入运行,运行机组运行稳定、振动小、噪声低,并通过采用信息化手段实现泵站"智慧排水"。

3.6　工程应用实例简介

3.6.1　日本小名木川泵站

1. 工程概况

小名木川排水泵站位于隅田川和荒川之间的江东三角地带的流域。江东三角地带的地面高程由于地下水的过度开采等导致地面下沉,大部分位于东京湾的平均高潮位(2.1 m)以下,西侧隅田川沿岸的区域最高位置的高程为 2.0～3.0 m。从此,随着向东,地面逐渐

变低,作为小名木川排水泵站河流的旧中川周边高程最低,仅为 2.0 m,属于易遭受洪水、高潮位等水灾影响的地形。

小名木川排水泵站于 1968 年建成投入运行,2016 年进行抗震加固和更新改造,保持河川净化并兼排水功能。在主水泵更新改造时,尽可能使用现有零部件,努力缩减成本,2018 年更新改造完成重新投入运行。

(1) 江东内部河流整治及现有泵站

隅田川和荒川之间的江东三角地带地面高程特别低,流经这个区域的江东内部河流(在荒川和隅田川之间的江东三角地带的荒川水系的一级河流有 10 条,独立水系的二级河流 1 条,共计 11 条河流的总称)中,为了防止地震引发的水灾,抗震护岸正在进行整治。

地面高程特别低区域(海拔在 0 m 以下)的东侧河川,根据节制闸和排水泵站(小名木川、木下川),人工降低河川水位之后进行护岸和河道的整治。水位降低对策是 1978 年的第一次水位降低(0.0 m)和 1993 年的第二次水位降低(-1.0 m)的两次整治,现有小名木川排水泵站的运行水位进行重新评估,采用与水位降低对策对应的新型水泵。

(2) 水泵规格的变更

小名木川排水泵站(排涝水泵)建设当初的最低内河设计水位为 1.5 m,此次规划的最低内河水位是根据重新评估江东内部河流整治后的最低内河水位为 -1.0 m,考虑到将来该区域地基下沉量为 0.4 m,则最低内河水位达到 -1.4 m。因此,排涝水泵的内河最低水位与建设之初相比下降了 2.9 m(见图 3-88)。

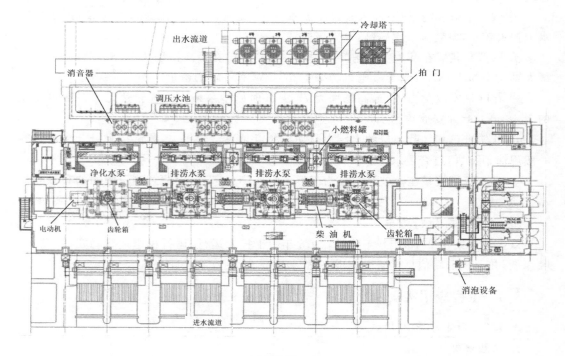

(a) 平面图

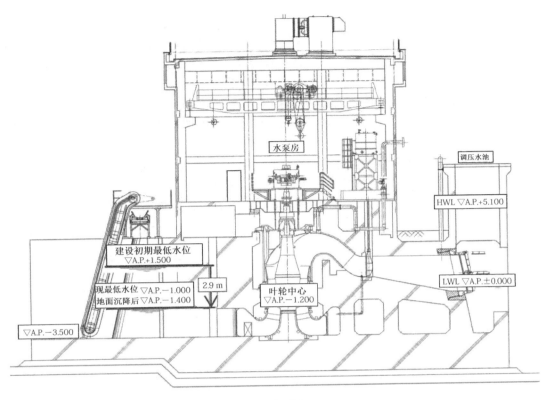

(b) 立面图

图 3-88　小木名川泵站布置图

另外,由于江东内部河流被节制闸封闭,以净化河川为目的,从隅田川取水,用本泵站的净化水泵经常向荒川供水。净化水泵的运行根据内河水位恒定进行运转速度控制。由于水位条件和用途的变更等,更新改造后的水泵规格与更新前有较大变化(见表 3-34)。

表 3-34　水泵技术规格

水泵名称		水泵规格	台数	总流量/(m³/s)
改造前	排涝水泵	φ2 800 mm 立式全调节轴流泵 18 m³/s×3.9 m×1 028 kW	4	72.0
改造后	排涝水泵	φ2 800 mm 立式定桨轴流泵 14.5 m³/s×6.0 m×1 430 kW	3	43.5
	净化水泵	2 000 mm 立式定桨轴流泵 9.0 m³/s×5.8 m×850 kW	1	9.0

2. 水泵设备更新改造

(1) 主水泵

① 排涝水泵

图 3-89 为排涝水泵的结构简图,将更新改造前水泵流量为 18.0 m³/s 的 3 台排涝水泵流量调整为 14.5 m³/s,为降低成本,拟采用现有的水泵叶片。由于总扬程也发生变化,从 3.9 m 增大到 6.0 m,采取增加叶片数的设计方案。对于净化水泵的更新,在不增加机

组台数的限制条件下,将1台排涝水泵改造为净化水泵,则改造后的排涝水泵为3台。

在保留现有叶片时,根据已有的设计图纸对叶片形状进行建模,通过CFD数值分析对叶片数变更时的性能进行预测,同时进行现有叶片的3D量测,对形状数据进行反馈与确认。对于轮毂、外壳等重新制造,通过CFD解析进行最适合的设计。最终,进行基于3D测量数据的叶轮形状的模型试验,确认技术规格满足要求。

另外,其他零部件主要包括主轴、弯曲板及混凝土外壳部等继续保留,可减少更新成本。

② 净化水泵

图3-90为净化水泵的结构简图。净化水泵是主水泵规格变更最大的,作为新设计进水口、叶轮、出水管部分,计划使用原有的弯曲板及格栅。

同时,水导轴承采用陶瓷轴承,上导轴承采用带有冷却风扇的空冷型,轴承密封采用无水机械密封。

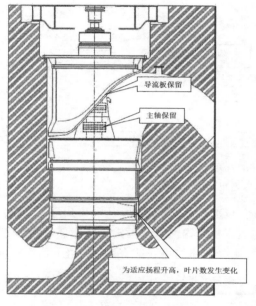

图3-89　排涝水泵的结构简图

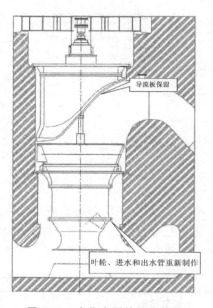

图3-90　净化水泵的结构简图

（2）柴油机

随着水泵扬程的改变,水泵扬程与原先设计值相比增加较多,柴油机的功率也由1 028 kW增大到1 430 kW,柴油机有以下两个特点。

① 过冷却措施

此次更新柴油机时,采取了防止过冷却的措施。在柴油发动机的冷却水出口侧设置温度调节阀,将升温后的冷却水返回柴油发动机,减小与发动机主体的温度差,抑制润滑油的劣化（见图3-91）。

② 柴油机状态监测

柴油机安装多组传感器,对冷却水、润滑油、燃油、空气压力、温度和排放气体温度等进行测量,监测其随时间的变化趋势。同时,排放气体的平均温度与排气筒的温差达到50 ℃以上时发出报警。进行上述测量项目的状态监测,能够在早期检测到异常值,防止柴油机重大故障的发生(见图 3-92)。

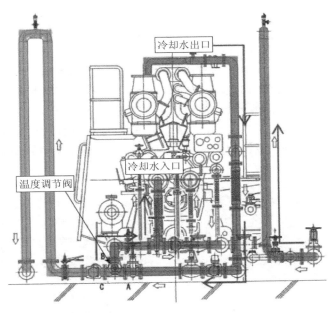

图 3-91　柴油机冷却管路图

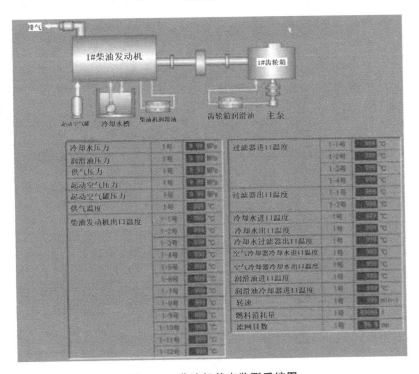

图 3-92　柴油机状态监测系统图

（3）液压离合器内置型减速箱

更新改造前的减速箱在减速箱侧支撑推力负荷,因为通过液力耦合向水泵传递柴油发动机的驱动力,减速箱体重量大,土建结构承受负载加大。这次更新减速箱是为了减轻上述负载以及 L2 地震后的残留变形,改为在水泵侧支撑推力负荷,将驱动传输方式变更为液压离合器。另外,为了在水泵启动时顺利地传递发动机的启动力矩而设置加速器,并适当地设定液压离合器的连接时间。

(4) 双相不锈钢拍门

小木名川泵站出水侧荒川的水质因为靠近东京湾,所以是稀释海水的流域。现有的拍门阀体材质是在钢板上涂装环氧树脂,由于长期潮水涨落的影响,腐蚀显著,断流功能下降(见图 3-93)。因此,更新改造的拍门阀体及拍门的材质针对稀释海水的水质环境选择耐腐蚀性强的双相不锈钢材料(见图 3-94)。另外,在轴承部件中,为防止润滑剂的流出,也使用了嵌入式 PTHE 系固体润滑剂轴承。

图 3-93　更新改造前的拍门

图 3-94　更新改造后的拍门

(5) 冷却水系统及设备

泵站的冷却水系统设备对每台柴油机设置冷却水泵和冷却塔。运行方法是从冷却水泵向柴油发动机供给冷却水,通过冷却塔将升温后的冷却水向大气散热,然后再返回冷却水槽,是重复使用冷却水的重要设备。因此,为了减轻冷却水系统设备故障的风险,设置冷却水泵(见图 3-95)和冷却塔(见图 3-96)。

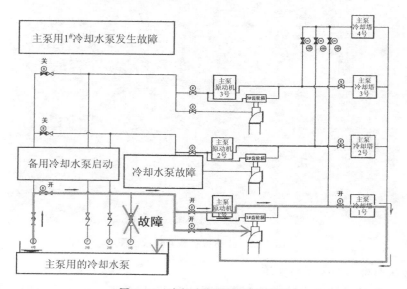

图 3-95　冷却水泵故障运行状态

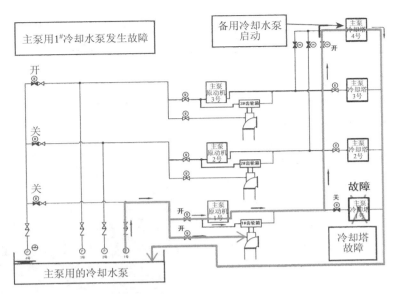

图 3-96　冷却塔故障运行状态

（6）消泡设备

主水泵一旦开启，排出的水体在调压水槽内大幅搅动，则在出水流道中产生泡沫，在进水流道中注入消泡剂，设置了消泡设备。消泡设备的运用考虑到环境保护，作为食品用途开发。使用硅胶型消泡剂，在搅拌罐中加水搅拌，然后用药液泵，在进水流道中注入消泡剂。

3．施工现场新技术应用

（1）钢制覆盖树脂涂层

本泵站的水质为稀释海水，通过采集的水样进行分析，结果显示氯化物离子浓度较高，达到 10 800 mg/L（见表 3-35）。

表 3-35　水质检测结果

检测项目	1# 机组进水侧	4# 机组进水侧	检测方法
导电率	2 950 ms/m	2 780 ms/m	导电率仪
氯离子	10 800 mg/L	10 300 mg/L	硝酸银滴定法

现场淹没在水下的钢制里衬（进水喇叭管里衬、进水导流锥里衬）均有存在不同程度腐蚀的部位，为了今后还继续使用现有的钢制里衬，采用比环氧树脂涂层耐腐蚀性更加出色的树脂涂层（见图 3-97）。树脂涂层剂的特点是黏着强度更高，对涂层的剥离、起泡有抑制效果，蒸汽渗透率更小，对以氯离子为主要腐蚀介质的侵入抑制效果显著（见表 3-36）。

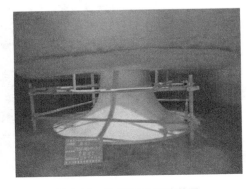

图 3-97　涂层完成后的效果

表 3-36 涂层效果比较

种类	黏着强度/(kg/cm²)	蒸汽渗透率/(g/m² · 24 h-mmHg)
环氧树脂	100～200	0.067
树脂涂层材料	250	0.000 4

（2）水泵底座垫圈施工方法

在水泵更新再安装时进行了现场测量,其结果是由于泵站的不均匀沉降,水泵基础两侧的高、低差最大达 7 mm 的倾斜,水泵倾斜很明显。通常情况下是通过在现有基础和更新水泵之间进行基础调整来加以解决,但是本泵站需要在一台水泵拆除后、更新设备前的一个月内完成,因此要求有能够缩短工期的施工方法。为了实现上述目标,在泵的基础面采用黏合剂找平施工,该方法仅仅需要在现场进行施工和工程管理,对缩短更新工期极为有效(见图 3-98)。

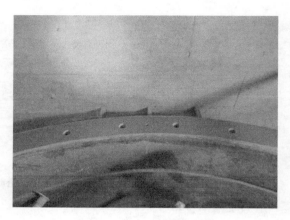

图 3-98 自找平后的泵基础面

4. 更新改造效果

小木名川泵站的更新改造主要工程内容为对 1968 年安装的主泵设备等进行更新和抗震、防水措施的修复。主水泵的更新是尽可能使用现有零部件、降低成本,柴油机的更新设置了防止过冷却措施。另外,在现场的施工过程中,采用了钢制里衬垫树脂涂层和水泵垫圈等新技术,缩短了施工周期。工程投入运行以来达到预期的效果,更新改造后的厂房内景如图 3-99 所示。

图 3-99 更新改造后厂房内景

3.6.2　日本浅川第三排水泵站

1. 工程工况

日本浅川第三排水泵站(简称浅川三站)设置在长野渠上高井郡小布施町吉岛的浅川与千曲川汇合处浅川涵闸的上游左岸。浅川堤坝高度比千曲川堤坝高度低约 7.0 m,千曲川的河水位上升,在浅川侧千曲川的河水开始逆流时,浅川涵闸被关闭,但是浅川和千曲川的汇合处以及支流汇合处上游的洼地地带屡次发生内涝灾害,因此设置该排水泵站旨在减轻内涝灾害。

长野县以防止住宅地浸水灾害为目标,制定了浅川综合内涝对策计划(2013 年 5 月),作为短期对策,增设排水能力为 14 m³/s 的排水泵站,即浅川三站。

泵站工程从 2015 年 10 月开始,经过约 2 年 5 个月,于 2018 年 3 月顺利完成,浅川排水泵站排水能力从现有的 44 m³/s 提高到 58 m³/s,为排涝期减轻内涝灾害做出了贡献。

浅川三站安装叶轮直径 2 200 mm 立式混流泵 1 台,设计扬程 6.60 m 时流量为 14 m³/s,伞形齿轮箱传动,1 153 kW 柴油机驱动,钟型进水、直管式出水,电动蝶阀和拍门断流。浅川泵站装置平面图如图 3-100 所示。

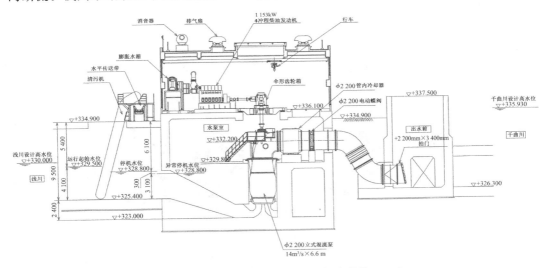

图 3-100　浅川三站装置平面图(长度单位：mm)

2. 工程设计特点

(1) 管内冷却方式

由于柴油机和伞形齿轮箱需要冷却,浅川三站在主水泵的出水管内设置冷却器的热交换器,用主水泵抽起的河水间接冷却一次冷却水和润滑油。其优点是可以省略二次冷却水系统的辅机和处理装置,只要清水池即可。管内冷却方式的设备组成如图 3-101 所示,管内冷却器设备如图 3-102 所示。

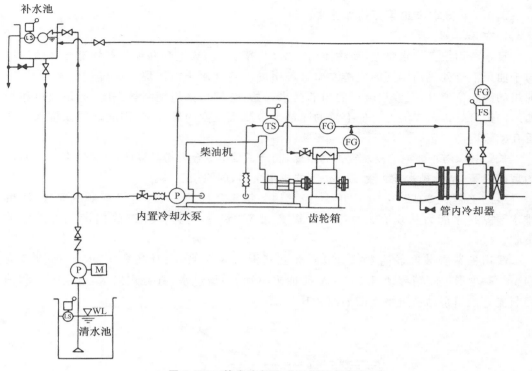

图 3-101　管内冷却方式设备组成示意

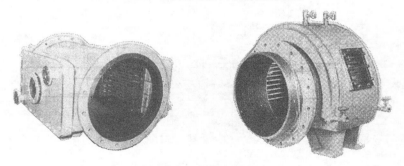

图 3-102　管内冷却器

（2）泵站土木工程、建筑工程同步实施

浅川三站同时进行土木工程、建筑工程和水泵设备安装工程。工程实施计划时间安排见表 3-37，工程设施相互关联示意如图 3-103 所示。

表 3-37　工程实施计划时间安排

年度	2015	2016	2017	2018
土木工程		■■■■■■■■■■■■■■■■		
建筑工程（泵房）		■■■■■■■■■		
机电设备			■■■■　■■■■	■■■■
建筑工程（电器室、外观）				■■■■■
电气、通信工程				■■■■

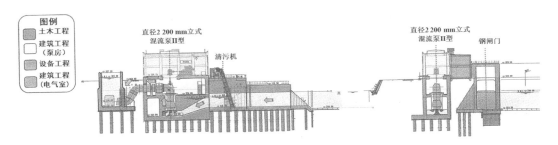

图 3-103 工程设施相互关联示意图

为确保材料放置场地和作业场地尽可能占地面积小,需要在施工间进行周密的计划和调整。但由于各工程项目都是同时施工,仅仅是工程项目间调整仍无法确保工作场地,因此在浅川河道内新设置临时建筑平台。由此,确保独立的两个工作区,分别设置水渠,与水泵房的建设工作同时,可以安装清污机及在出水渠安装闸门,各工程项目在合同工期内完成。该工作平台在有限的工期内为进行工程并行施工发挥了很大的作用。泵站建设工程及完成后的场景如图 3-104 至图 3-107 所示。

图 3-104 工作平台

图 3-105 在工作平台安装闸门

图 3-106 泵站运行时出水侧千曲川

图 3-107 泵站运行时进水侧浅川

(3)设备的临时运用

为尽早检验该泵站的整体效果,设置了最低限度的临时电气设备,确保排水功能。施工期间,2017 年 10 月 10 日出现台风,在原有排水泵站运行的同时,本泵站也投入运行,连续两天抽水工作,为防止内涝灾害做出贡献。

在本工程中,实施了表 3-38 中所示设备的制作、运输、安装、现场试运行调整等各项工作。设备现场如图 3-108 至图 3-111 所示。

表 3-38　浅川三站主要设备参数

名称	规格	数量
主水泵	φ2 200 mm 立式混流泵(两层式),设计扬程为 6.60 m,设计流量为 14 m³/s	1 台
原动机	1 153 kW 4 冲程柴油机	1 台
减速箱	伞形齿轮减速箱	1 台
出口阀门	φ2 200 mm 电动蝶阀	1 台
断流装置	2 200 mm×3 400 mm 钢制 4 节拍门	1 套
辅助设备	φ2 200 管内冷却器 1 台、1 800 L FRP 制膨胀罐 1 台、膨胀罐供水泵 2 台、膨胀罐取水泵 1 台、室内排水泵 2 台、燃料移送泵 2 台、1 200 L 钢板制造小型燃料出料槽 1 台、18 000 L 燃料池(地下埋设式)1 座、空气压缩机 2 台(电动机、发动机各 1 台)、300 L×2 连式启动气罐 1 只	1 套
清污机	背面下降、前插上式清污机 1 台,水平传送带 1 台,倾斜传送带 1 台,定置式吊钩 1 台	1 套
闸门设备	宽 5.8 m×高 6.1 m 钢制闸门	1 扇
附属设备	2.8 t 桥机 1 台,换气扇 2 台	1 组
电源设备	75 kVA 柴油发电机 1 台、发电机盘 1 面、发电机启动用直流电源盘 1 面、低压受电电源切换盘 1 面、照明受电变压器盘 1 面、控制用直流电源盘 1 面	1 组
操作控制设备	主泵动力控制盘 1 面、公用辅机控制盘 1 面、泵站集中监视控制台 1 面、输入输出控制盘 1 面、主泵旁操作盘 1 面、燃料移送泵机旁操作盘 1 面、室内排水泵机旁操作盘 1 面、空气压缩机操作盘 1 面、换气扇机旁操作盘 1 面、膨胀罐供水泵机旁操作盘 1 面、膨胀罐取水泵机旁操作盘 1 面、清污机旁操作盘 1 面、吊钩操作盘 1 面、闸门机旁操作盘 1 面	1 组

图 3-108　主水泵

图 3-109　柴油机

图 3-110　原动机层

图 3-111　控制室

3.7　本章小结

钟型进水、直管式出水或虹吸式出水的新型立式装置型式适用于低扬程泵站,特别适合于开挖深度要求较低的软土地基的工程。该装置型式早期在湖北、湖南等省应用,但在其他地区应用不多,近年来又有研究、应用的新趋势,其重点及难点是蜗室的形状和蜗室中的流态,还需进一步深入研究。

钟型进水流道的控制尺寸基本符合规范推荐值,流道高度 H_w 可以控制在 $1.4D$ 以内,流道宽度 B_j 建议按 $2.80D$ 左右选取,后壁距 X_T 在 $(1.3\sim1.4)D$ 范围内选择。钟型进水平面对称蜗形吸水室的型线尺寸可采用圆渐开线设计辅以流场分析修正。导流锥和喇叭管型线以 $1/4$ 椭圆型线为宜。其余尺寸可参考肘形进水流道。

钟型进水立式装置底板结构可以采用平底板和反拱底板,结构设计中地基沉陷量的计算是一项重要的工作,为减小地基不均匀沉陷引起的内力,反拱底板宜建于承载力高、土质较均匀的地基上。

参考文献

[1] 江苏省水利厅,湖北省水利勘测设计院,甘肃省水利水电勘测设计院. 泵站技术规范(设计分册)(SD 204—86)[S].北京:水利电力出版社,1987.

[2] (日)农林水产省构造改善局. 泵站工程设计规范[M].黄林泉,丘传忻,刘光临,译.北京:水利电力出版社,1990.

[3] 华东水利学院. 抽水站[M].上海:上海科学技术出版社,1986.

[4] 陶海坤,祝宝山,曹树良,等. 钟形进水流道吸水室的后壁距研究[J].流体机械,2008,36(3):15-18.

[5] 陆林广,张仁田. 泵站进水流道优化水力设计[M].北京:中国水利水电出版社,1997.

[6] 留颖卉. 钟型进水流道的设计[J].水力机械,1979(1):247-259.

[7] 陈莱洲. 坡头电排站大型轴流泵钟形进水流道的设计和运行[J].水利水电技

术，1991(7):49-54.

[8] 钱静仁. 大型轴流泵箱室式(钟型)进水流道的研究[J]. 华东水利学院学报，1980(4):84-92.

[9] 丘传忻，皮积瑞，余碧辉. 大型立式泵钟型进水流道的设计与研究[J]. 武汉水利水电学院学报，1983(2):9-17.

[10] 刘超. 大型泵站钟形进水流道流速场的试验研究[J]. 江苏农学院学报，1985,6(2):41-47.

[11] 曹志高，钱义达. 泵站钟型进水流道试验研究[J]. 水泵技术，1988(3):26-31,60.

[12] 杨德志. 钟形进水流道出口PIV流场测试与数值模拟[D]. 扬州:扬州大学，2011.

[13] 佐々木隆，江口崇. 東京都建設局小名木川排水機場主ポンプ設備[J]. 電業社機械，2018，42(1):16-22.

[14] 山口進之助，山崎寬之. 浅川排水機場[J]. ぽんぷ，2019(60):3-11.

[15] 周文书. 钟型进水流道水力优化及参数化设计软件开发[D]. 扬州:扬州大学，2011.

[16] 田蔷蔷，张凯，丁聪. 基于AutoLISP泵站钟型进水流道二维参数化绘图软件的二次开发[J]. 人民珠江，2018，39(9):67-70,86.

[17] 湖北省水利勘测设计院. 小型水利水电工程设计图集:抽水站分册[M]. 北京:水利电力出版社，1983.

[18] 後藤恭次. 低揚程大容量ポンプ(大型排水機場用)[J]. タノボ機械，1976，4(1):12-19.

[19] (日)荏原製作所ポソプ設備便覧編集委員会. ポソプ設備便覧(本編)[M]. 東京:荏原製作所，1994.

[20] (日)日立製作所機電事業本部官公需システム部. ポソプ設備計画便覧[M]. 東京:株式會社日立製作所，1985.

第4章

蜗壳式出水立式泵装置

4.1　装置型式简述

钟型进水、蜗壳式出水立式泵装置是另一种新型装置型式。该型式在日本应用较为广泛，特别是应用于立式混流泵。国内应用较早的是安徽滁河一、二级泵站，采用叶轮直径3 000 mm的混流泵3HL、单机流量23.2 m³/s，设计扬程8.9 m，配套电动机功率3 000 kW，采用双节拍门断流，装置剖面图如图4-1所示。最具标志性的是江苏皂河泵站，安装叶轮直径为5 700 mm的混流泵，单机流量达100 m³/s，配套电动机功率为7 000 kW。皂河泵站装置剖面图如图4-2所示。

滁河二级泵站
装置剖面详图

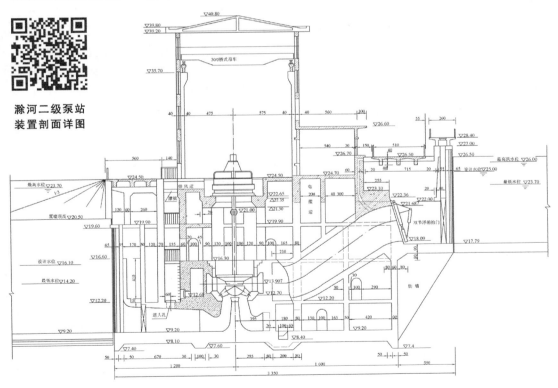

图 4-1　滁河二级泵站装置剖面图（长度单位：cm）

皂河泵站
装置剖面详图

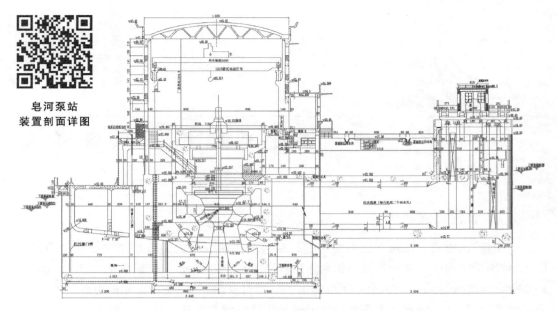

图 4-2　皂河泵站装置剖面图(长度单位:cm)

在日本采用该装置型式的泵站有新芝川排水泵站和三乡排水泵站,均安装水泵叶轮直径为 4 600 mm 的叶片全调节混流泵、齿轮箱传动,配 6 200 ps(约 4 560 kW)柴油机驱动,液力联轴器调节。三乡排水泵站装置剖面图如图 4-3 所示。在日本应用较多的另一种型式是采用金属蜗壳的混流泵,这种装置型式的土建结构相对较简单,主要用于叶轮直径小于 2 200 mm 的机组,如大阪的川俣泵站安装叶轮直径为 2 200 mm 的混流泵,设计扬程为 9.0 m,单机设计流量为 10.6 m³/s,机组转速为 194 r/min,减速齿轮箱传动,功率为 1 900 ps(约 1 397 kW)的柴油机驱动,电动闸阀断流。川俣泵站装置剖面图如图 4-4所示。

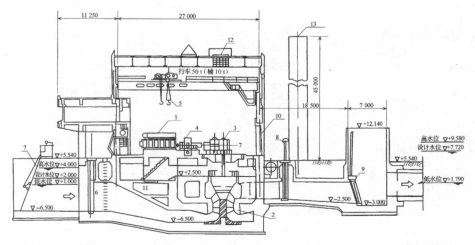

1—6 200 ps 柴油机;2—主水泵;3—齿轮减速箱;4—液力联轴器;5—50 t 桥式起重机;
6—叠梁门;7—拦污栅;8—出口闸门;9—拍门;10—烟管;11—消音器;12—屋顶排气孔;13—烟囱。

图 4-3　三乡排水泵站装置剖面图(长度单位:mm)

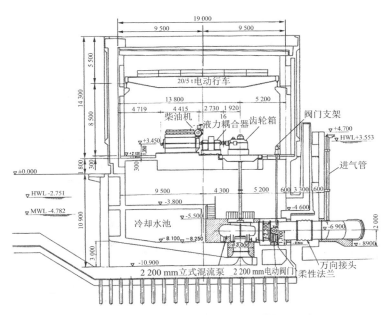

图 4-4　川俣泵站装置剖面图(长度单位:mm)

　　在日本众多钟型进水流道、蜗壳式出水流道泵站中,水泵叶轮采用轴流泵和混流泵,在功能上具有多样化的特点。例如,印幡泵站,安装叶轮直径为 2 800 mm 的全调节轴流泵、流量为 15.33 m³/s,扬程为 2.775 m,配套电动机功率为 565 kW,转速为 105 r/min。将前一台机组的蜗壳式出水与后一台的钟型进水连接,并采用闸门控制,实现两台机组的串联运行和单独运行。印幡泵站装置剖面图如图 4-5 所示。

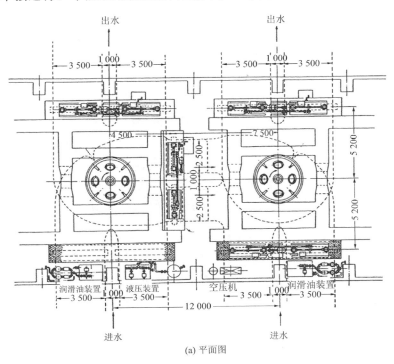

(a) 平面图

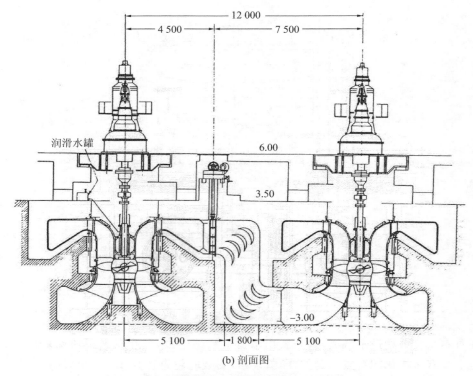

(b) 剖面图

图 4-5　日本印幡泵站装置剖面图(长度单位：mm)

国内有尝试将蜗壳式出水应用于立式潜水泵的成功案例,在广东省梅州大堤北堤防洪排涝工程黄塘排涝泵站,泵站设计流量为 115 m³/s,设计扬程为 3.57 m,最高扬程为5.80 m。选用 8 台 1800ZDBX-130 型带行星齿轮潜水轴流泵,水泵单机设计流量为14.1 m³/s,单机配套功率为 800 kW(10 kV),泵站装置采用肘形进水流道、蜗壳式出水流道,黄塘泵站装置剖面图如图 4-6 所示。该装置型式主要考虑到方便潜水泵的整体吊装。

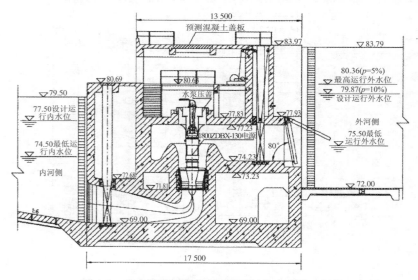

图 4-6　广东黄塘泵站装置剖面图(长度单位:mm)

近年来随着专业分工越来越细化,设备制造厂家服务延伸,采用工厂工业化制作混凝土蜗壳出水流道已经成为一种新趋势。例如,Andritz 和 Flowserve 等厂商均已系列化生产混凝土蜗壳式出水流道(见图 4-7)。在现场仅需要简单拼装,既能够保证流道的型线与设计完全一致,又可以大大降低现场的劳动强度,缩短建设周期。典型泵站有德国 KSB 生产的英国 Saint-Germans 泵站,安装 6 台叶轮直径为 2 100 mm 的混凝土蜗壳混流泵,单机流量为 17 m³/s,扬程为 5.05 m,泵站装置如图 4-8 所示。

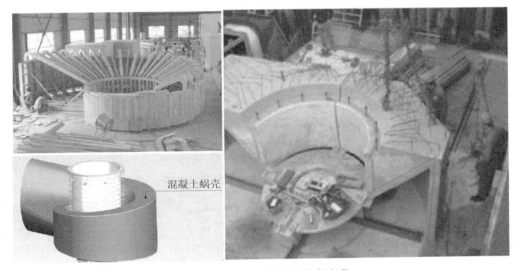

图 4-7　工厂预制蜗壳式出水流道

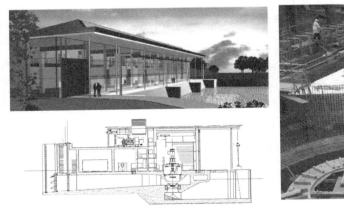

图 4-8　工厂预制蜗壳流道的英国 Saint-Germans 泵站

4.2　装置主要参数选择与分析

4.2.1　国内推荐尺寸与设计方法

在装置尺寸中,钟型进水流道的主要几何尺寸与第 3 章第 3.2 节相同,本节重点研究蜗壳式出水流道的几何尺寸。国内近期研究的蜗壳式出水流道与早期的皂河泵站有所不同,保留了后导叶体,也称之为箱涵式出水,其与钟型进水流道类似,这种蜗壳式出水流道的主要几何尺寸有出水流道长度 L、出口宽度 B、出口高度 h_s、叶轮中心至流道顶板高度

H、出水室高度 h_k、后壁距 L_x、喇叭管悬空高度 h_2、喇叭管口直径 D_1、导叶体出口直径 D_0 及后壁形状等。蜗壳式出水流道的尺寸示意图如图 4-9 所示。

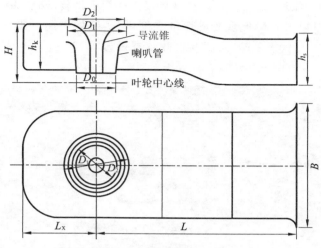

图 4-9　蜗壳式出水流道的尺寸示意图

　　国内对蜗壳式出水流道的研究和应用不多，其应用主要集中在江苏省无锡市的仙蠡桥、九里河及伯渎港泵站等 3 座泵站。根据已有成果得出蜗壳式出水流道的主要控制尺寸的推荐值为：高度 $H = (1.2 \sim 1.5)D$、宽度 $B = (2.4 \sim 2.8)D$、长度 $L = (15 \sim 18)D$、悬空高度 $h_2 = (0.4 \sim 0.6)D$、后壁距 $L_x = 1.0D_1$；同时认为后壁型线、导流锥和扩散喇叭管的母线形状对水流流态的作用显著，在第 4.6 节工程实例中介绍。

　　文献[1]中给出了出水蜗壳的水力计算方法，即确定蜗壳各个断面面积和各部尺寸。计算方法有 2 种。

1. 按平均流速等于常数计算

（1）蜗壳出口断面计算

　　蜗壳出口断面各参数如图 4-10 所示，根据断面平均流速等于常数的原则有

$$\bar{v} = K\sqrt{2gH} \tag{4-1}$$

式中，K 为流速系数，从图 4-11 中查出；H 为扬程。

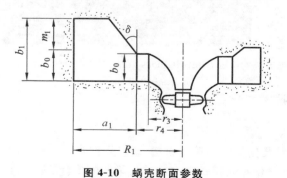

图 4-10　蜗壳断面参数

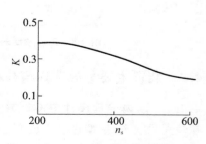

图 4-11　n_s-K 关系曲线

蜗壳出口断面面积 F_1 按下式计算：

$$F_1 = \frac{\varphi_{max} Q}{360° \bar{v}} \qquad (4-2)$$

式中，Q 为水泵设计流量。

由于水流从叶轮流出进入蜗室后呈扩散状态，因而为了获得较高的效率，δ 角不宜太小，但 δ 角太大也会增加出水室的宽度，所以应该选择适当值，一般可取 $\delta = 30° \sim 45°$。为了保证有良好的水流条件，还应使 a_1 和 b_1 保持一定的比值，一般建议 $b_1/a_1 = 1.5 \sim 1.85$。

在确定出口断面各部尺寸时，先拟定 b_1，m_1，δ 等值，再根据该断面的面积 F_1 得到 a_1 值，若拟定的 b_1 和得到的 a_1 之比值满足 $b_1/a_1 = 1.5 \sim 1.85$，则认为所拟定的尺寸符合设计要求；否则再重新拟定尺寸，计算 b_1/a_1 值，直到符合要求为止。b_1/a_1 值可通过列表试算获得，见表 4-1。

表 4-1 用列表试算 b_1/a_1 的格式

F_1	m_1	m_1^2	$b_1 = b_0 + m_1$	$\tan \delta$	$m_1^2 \tan \delta$	$\frac{1}{2} m_1^2 \tan \delta$	$\frac{1}{2} m_1^2 \tan \delta + F_1$	$a_1 = \dfrac{\frac{1}{2} m_1^2 \tan \delta + F_1}{b_1}$	b_1/a_1

（2）中间断面尺寸的选择

由于梯形断面形状较复杂，在工程设计中用数学分析法计算十分麻烦，因而建议采用较简便的图解法计算。

根据流速为常数，从蜗室的起始点到蜗室的出口断面是逐渐增大的。由所选定的断面变化规律（直线或者抛物线等），可以绘出断面变化轨迹 AC，如图 4-12b 所示，中间任意断面的交点 (e, f, g) 都落在这条轨迹线 AC 上，依此就可用作图法求得中间断面尺寸。具体步骤如下：

① 作出 $F = f(R)$ 的辅助曲线

首先假定一系列 R_i 值（$R_1, R_2, R_3, \cdots$），在图中量出对应的 b_i 值（$b_1, b_2, b_3, \cdots$）和 m_i 值（$m_1, m_2, m_3, \cdots$），然后将 a_i，b_i，m_i 值代入下式求出 F_i：

$$F_i = a_i b_i - \frac{1}{2} m_i^2 \tan \delta \qquad (4-3)$$

F_i 可列表计算（见表 4-2）。

表 4-2 F_i 用列表计算的格式

R_i	r_i	a_i	b_i	b_0	m_i	m_i^2	$a_i b_i$	$\tan \delta$	$\frac{1}{2} m_i^2 \tan \delta$	$F_i = a_i b_i - \frac{1}{2} m_i^2 \tan \delta$

根据表中的 F_i 和 R_i 值，以 R 为横坐标，以 F 为纵坐标，并将纵轴与机组中心线重合，绘制出 $F = f(R)$ 的关系曲线，如图 4-12c 所示。

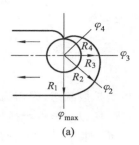

(a)

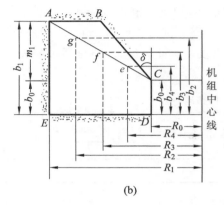

(b)

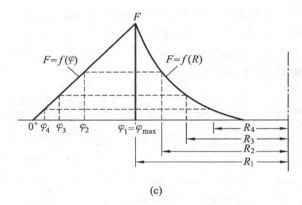

(c)

图 4-12　蜗壳图解计算

② 作出 $F = f(\varphi)$ 的辅助曲线

在任一断面，F_i 与 φ_i 有以下关系：

$$F_i = \frac{Q}{360° \bar{v}}(\varphi_{max} - \varphi_i) \tag{4-4}$$

由式(4-4)可知，当平均流速 $\bar{v}$ 不变时，F_i 和 φ_i 之间的关系是直线关系。在图 4-12c 中以 F 为纵坐标，以 φ 为横坐标，连接 $\varphi = 0°$ 与 $F = F_1$ 两点，此直线即为 $F = f(\varphi)$ 的关系曲线。

③ 绘制蜗壳型线图

根据 $F = f(R)$ 与 $F = f(\varphi)$ 两条辅助曲线，在横坐标 φ 上可分为若干等分，并在 $F = f(\varphi)$ 曲线上查出相应 φ_i 的 F_i 值。再从 $F = f(R)$ 曲线又可查出相应的 R_i 值。这样就可根据 φ_i 和 R_i 绘出蜗壳的型线图(见图 4-12a)。

2. 按流速矩等于常数计算

在图 4-13 所示的蜗壳断面中，取微小断面 $dF = b \cdot dR$，若通过该断面的流速为 C_u，则通过微小断面的流量为

$$dq = C_u \cdot dF = C_u \cdot b \cdot dR$$

根据速度矩为常数，即 $C_u \cdot R = K$，则

$$dq = \frac{K}{R} \cdot b \cdot dR$$

通过该断面的总流量 Q_i 为

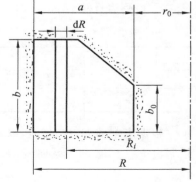

图 4-13　蜗壳断面计算图

$$Q_i = K \int_{r_0}^{R_i} \frac{b_i}{R} \mathrm{d}R \tag{4-5}$$

又因任一断面的流量为 $Q_i = \dfrac{Q}{360°}\varphi_i$，即

$$\varphi_i = \frac{360°}{Q} K \int_{r_0}^{R_i} \frac{b_i}{R} \mathrm{d}R \tag{4-6}$$

式中，Q 为水泵流量。

在蜗壳出口断面，$\varphi_i = \varphi_{max}$，断面形状尺寸确定以后，则可以求出 K 值：

$$K = \frac{Q}{360°}\varphi_{max} \frac{1}{\int_{r_0}^{R_1} \frac{b_1}{R} \mathrm{d}R} \tag{4-7}$$

将 K 值代入式（4-6）得

$$\varphi_i = \left[\varphi_{max} \int_{r_0}^{R_i} \frac{b_i}{R} \mathrm{d}R \right] \Big/ \left[\int_{r_0}^{R_1} \frac{b_1}{R} \mathrm{d}R \right] \tag{4-8}$$

拟定出口断面的形状尺寸及各中间断面的变化规律后，可以用叠加法求出积分值 S_i 和 S_1：

$$S_i = \int_{r_0}^{R_i} \frac{b_i}{R} \mathrm{d}R = \sum \left(\frac{b_{i1}}{R_{i1}} + \frac{b_{i2}}{R_{i2}} + \frac{b_{i3}}{R_{i3}} + \cdots + \frac{b_{in}}{R_{in}} \right) \Delta R$$

$$S_1 = \int_{r_0}^{R_1} \frac{b_1}{R} \mathrm{d}R = \sum \left(\frac{b_1}{R_1} + \frac{b_2}{R_2} + \frac{b_3}{R_3} + \cdots + \frac{b_n}{R_n} \right) \Delta R$$

由此可得到

$$\varphi_i = \varphi_{max} \frac{S_i}{S_1} \tag{4-9}$$

根据 φ_i 和 R_i 也可以绘制如图 4-12a 所示的蜗壳型线图。根据该方法设计的滁河一级泵站流道型线如图 4-14 所示，与其匹配的钟型进水流道如图 4-15 所示。

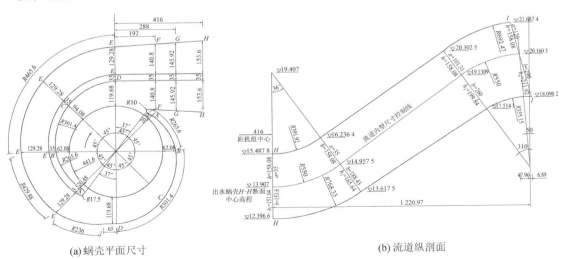

(a) 蜗壳平面尺寸　　　　　　　　　　　　(b) 流道纵剖面

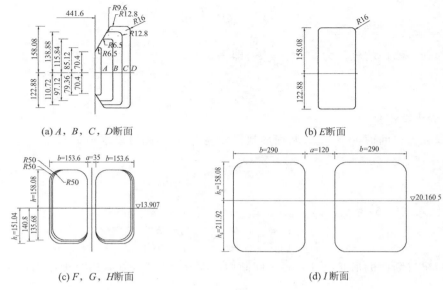

(a) A，B，C，D断面

(b) E断面

(c) F，G，H断面

(d) I断面

(c) 断面尺寸图

图 4-14　安徽滁河二级泵站蜗壳出水流道型线图（长度单位：cm）

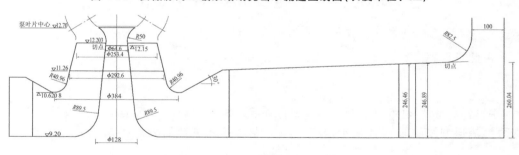

(a) 立面图

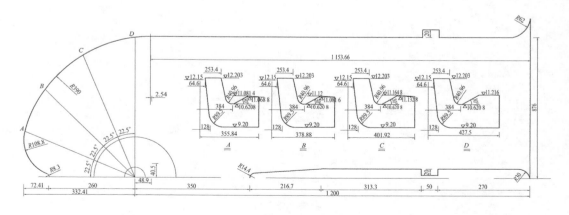

(b) 平面图

图 4-15　安徽滁河二级泵站钟型进水流道型线图（长度单位：cm）

4.2.2　日本推荐的主要尺寸

图 4-16 为日本荏原公司推荐的 2 种蜗壳式出水流道主要几何尺寸。

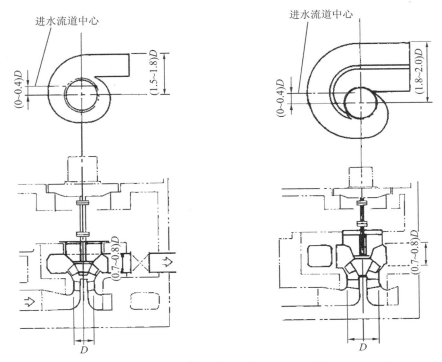

图 4-16　日本荏原公司推荐的蜗壳式出水流道几何尺寸

4.2.3　荷兰 STORK 公司早期推荐的主要尺寸

在该公司 20 世纪 70 年代生产的 32 种规格大中型混流泵中，推荐采用 8 种标准化的混凝土簸箕形进水和蜗壳式出水，主要尺寸见表 4-3，尺寸示意图如图 4-17 所示。

表 4-3　荷兰 STORK 公司推荐的蜗壳式出水主要尺寸　　　　单位：mm

规格	aa	ab	ac	ad	ag	aj	am	ma/min	mb	mc	me	mf	mg	za	zb	ze/min	zh	zg/min
1 000	3 135	805	895	805	1 345	895	180	330	380	930	1 485	2 375	1 908	1 025	1 345	2 010	1 450	2 255
1 300	4 060	1 040	1 160	1 040	1 740	1 160	235	430	370	1 060	1 800	3 084	2 470	1 334	1 740	2 480	1 600	2 900
1 400	4 400	1 125	1 250	1 125	1 875	1 250	250	460	400	1 115	2 000	3 320	2 667	1 434	1 875	2 675	1 650	3 125
1 500	4 750	1 220	1 355	1 220	2 000	1 355	270	500	450	1 218	2 100	3 601	2 890	1 553	2 030	2 915	1 650	3 400
1 700	5 200	1 340	1 490	1 340	2 200	1 490	300	550	470	1 273	2 250	3 954	3 172	1 705	2 240	3 180	1 800	3 725
1 800	5 700	1 465	1 630	1 465	2 450	1 630	325	600	470	1 330	2 400	4 324	3 472	1 868	2 450	3 433	2 000	4 100
2 000	6 150	1 580	1 755	1 580	2 630	1 755	350	650	500	1 383	2 560	4 660	3 735	2 008	2 630	3 695	2 200	4 400
2 500	7 700	1 990	2 200	1 990	3 320	2 200	440	820	675	1 693	3 150	5 075	4 712	2 535	3 300	4 690	2 400	5 500

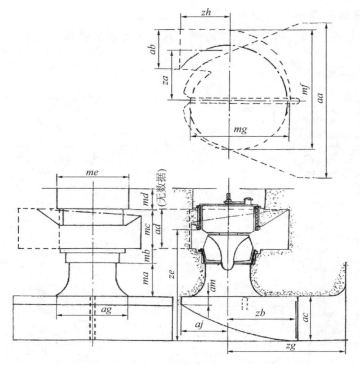

图 4-17 荷兰 STORK 公司推荐尺寸示意图

4.2.4 典型泵站尺寸统计与分析

国内采用该装置型式的泵站相对较少,现对日本 3 座典型泵站的主要几何尺寸进行统计和分析。

1. 日光川排水泵站

该泵站安装型号为 4600VSKGE 型、叶轮直径 4 600 mm 立式全调节轴流泵 4 台套,设计扬程 3.7 m 时单机设计流量 75 m³/s、设计扬程 7.1 m 时流量 27 m³/s,对应的转速分别为 87 r/min 和 92 r/min,齿轮箱传动、配柴油机,相应的功率分别为 5 485 ps(约 4 031.5 kW)和 5 800 ps(4 263 kW),快速闸门断流。泵站的作用为防洪、排涝。泵站装置尺寸如图 4-18 所示。

从图 4-18 可知,该泵站进水流道长度为 20 000 mm(4.35D),进口宽度(含中隔墩)为 16 000 mm(3.48D),进口高度为 5 000 mm(1.09D),进口流速分别为 0.94 m/s 和 0.34 m/s,钟型进水室进口高度为 3 500 mm(0.76D),后壁距为 4 000 mm(1.11D)。

叶轮中心至出口快速闸门中心的出水流道长度为 13 100 mm(2.85D),出口宽度(含中隔墩)为 16 000 mm(3.48D),出口高度为 3 300 mm(0.72D),出口流速分别为 1.42 m/s 和 0.51 m/s,蜗壳出口高度 b_0 为 2 600 mm(0.57D),后壁距为 4 000 mm(0.87D),喇叭管直径为 5 900 mm(1.28D)。

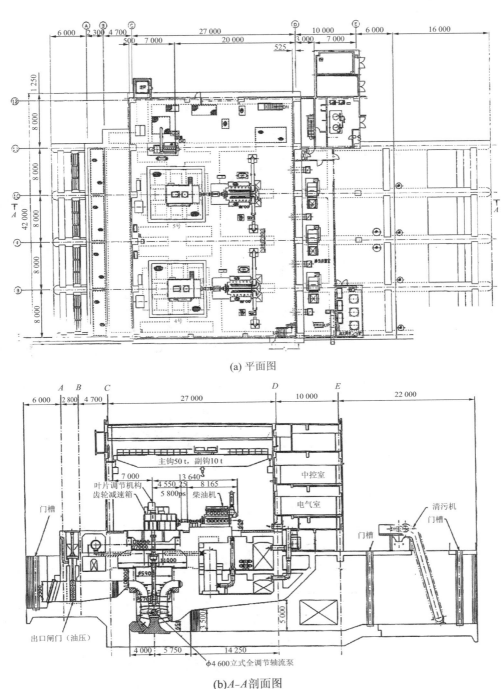

(a) 平面图

(b)A-A剖面图

图 4-18　日本日光川排水泵站装置尺寸(长度单位：mm)

2. 日本蒲田津排水泵站

日本蒲田津排水泵站安装 3600VSGE 型、叶轮直径为 3 600 mm 的立式轴流泵 2 台套，设计扬程为 3.5 m 时单机设计流量为 30 m³/s、转速为 92 r/min，采用液力耦合器传动、配柴油机，功率为 2 100 ps(约 1 544.6 kW)，多级拍门断流。泵站的作用为排涝。泵站装置尺寸如图 4-19 所示。

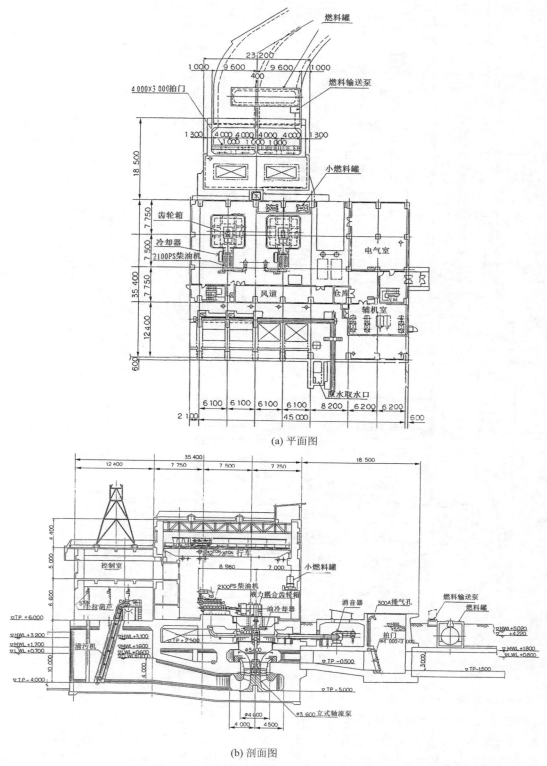

(a) 平面图

(b) 剖面图

图 4-19　日本蒲田津排水泵站装置尺寸(长度单位：mm)

从图 4-19 可发现,该泵站进水流道长度为 15 000 mm(4.17D),进口宽度(含中隔墩)为 12 200 mm(3.39D),进口高度为 4 000 mm(1.11D),进口流速为 0.61 m/s。钟型进水室后壁距为 4 500 mm(1.25D)。

叶轮中心至拍门中心的出水流道长度为 20 250 mm(5.62D),出口宽度为 8 000 mm(2.22D),出口高度为 3 000 mm(0.83D),出口流速为 1.25 m/s。蜗壳出水室出口高度 b_0 为 2 100 mm(0.58D),后壁距为 4 000 mm(1.11D),喇叭管直径为 5 400 mm(1.50D)。

3. 日本新井乡川排水泵站

日本新井乡川排水泵站安装叶轮直径为 3 200 mm 的立式轴流泵 5 台,设计扬程为 2.2 m,单机设计流量为 22 m³/s,水泵转速为 86 r/min。其中,2 台泵为叶片全调节,伞形减速齿轮箱传动,配 660 kW 电动机;其余 3 台泵叶片固定,亦为减速齿轮箱传动,其中 1 台配 800 kW 电动机,2 台配 1 100 ps(约 809 kW)柴油机,采用双级拍门和电动闸门断流。泵站的作用主要是防洪,泵站装置尺寸如图 4-20 所示。正常情况下,叶片全调节、电动机驱动的机组为常用机组,用于控制内河水位恒定,布置在中间位置的 2# 和 3# 机组。在汛期正常情况下可运行叶片固定、电动机驱动的 1# 机组,汛期非正常情况下(例如断电)运行固定叶片、柴油机驱动的 4# 和 5# 机组。

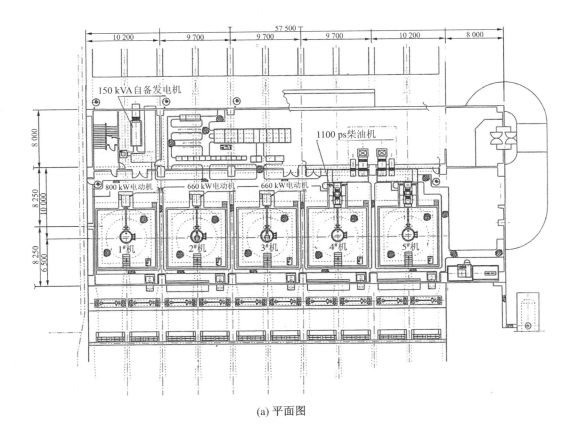

(a) 平面图

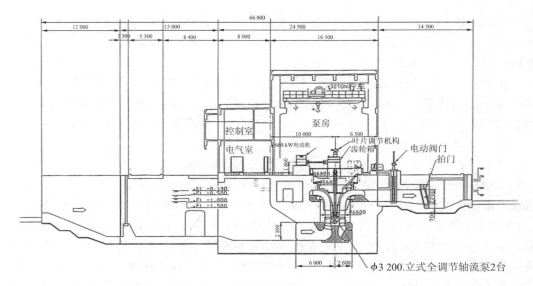

(b) 叶片全调节、电动机驱动机组剖面图

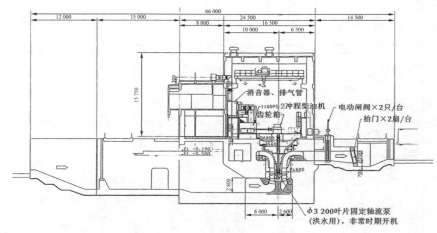

(c) 叶片固定、柴油机驱动机组剖面图

图 4-20 日本新井乡川排水泵站装置尺寸(长度单位：mm)

从图 4-20 可发现，该泵站进水流道长度为 10 000 mm(3.12D)，中间 3 台机组进口宽度(含中隔墩)为 9 700 mm(3.03D)，两侧 2 台机组宽度为 10 200 mm(3.19D)，进口高度 2 800 mm(0.88D)，进口流速分别为 0.81 m/s 和 0.77 m/s，降低两侧机组流速可能是考虑到边机组进水流态较差的缘故，值得设计借鉴。钟型进水室后壁距为 2 600 mm (0.81D)。

叶轮中心至拍门中心线的出水流道长度为 13 750 mm(4.30D)，中间 3 台机组出口宽度(含中隔墩)为 9 700 mm(3.03D)，两侧 2 台机组宽度为 10 200 mm(3.19D)，出口高度为 2 200 mm(0.69D)，出口流速分别为 1.03 m/s 和 0.98 m/s，蜗壳出水室高度 b_0 为 1 920 mm(0.60D)，后壁距为 3 360 mm(1.05D)，喇叭口直径为 5 600 mm(1.75D)。

从上述 3 座泵站的蜗壳出水几何参数可知，流道长度无规律，主要与断流方式有关；

出口面积基本控制流速在 1.50 m/s 以下,宽度为(2.22~3.48)D,高度为(0.69~0.83)D,宽度大者则高度小;蜗壳出水高度为 0.60D 左右,后壁距为 1.00D 左右,喇叭管直径为(1.28~1.75)D,叶轮直径越大,喇叭管直径越小。

4.3　钟型进水、蜗壳式出水混流泵装置研究

4.3.1　研究背景

皂河泵站安装 2 台套混流泵,叶轮直径为 5 700 mm,设计扬程为 6.0 m,设计流量为 97.5 m³/s,配套立式同步电动机为 7 000 kW。采用钟型进水、蜗壳式出水的新型立式装置,装置型式及进出水流道如图 4-2 和图 4-21 所示。

该流道采用"平均流速法"设计,进水流道长度 L_{in} = 19 700 mm(3.46D)、进口宽度 B_j = 17 200 mm(3.02D)、进口高度 h_A = 5 750 mm(1.01D)、流道高度 H = 6 992 mm(1.23D)、悬空高度 h_1 = 2 842 mm(0.50D)。出水流道长度 L_{out} = 34 700 mm(6.09D)、出口宽度 B_{out} = 12 500 mm(2.19D)、出口高度 h_{out} = 6 532 mm(1.15D)。进、出水流道面积及流速变化分别如图 4-21g 和 4-21h 所示,蜗壳段面积变化复杂,其规律如图 4-21d 所示。

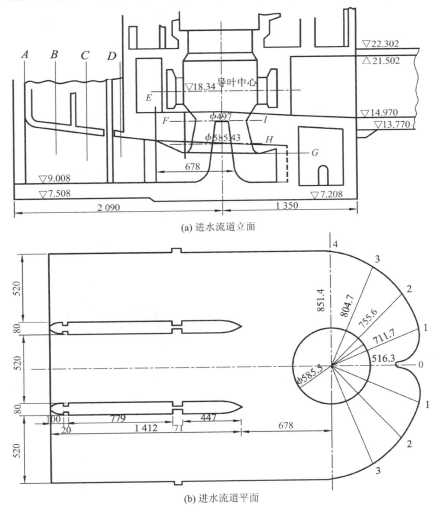

(a) 进水流道立面

(b) 进水流道平面

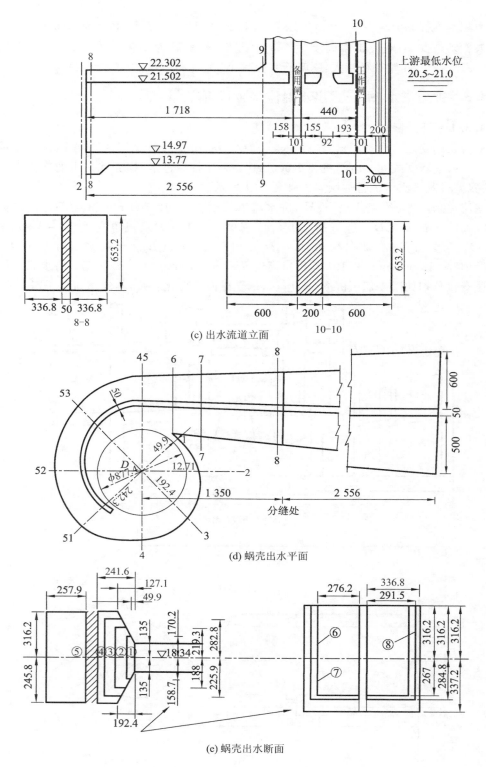

(c) 出水流道立面

(d) 蜗壳出水平面

(e) 蜗壳出水断面

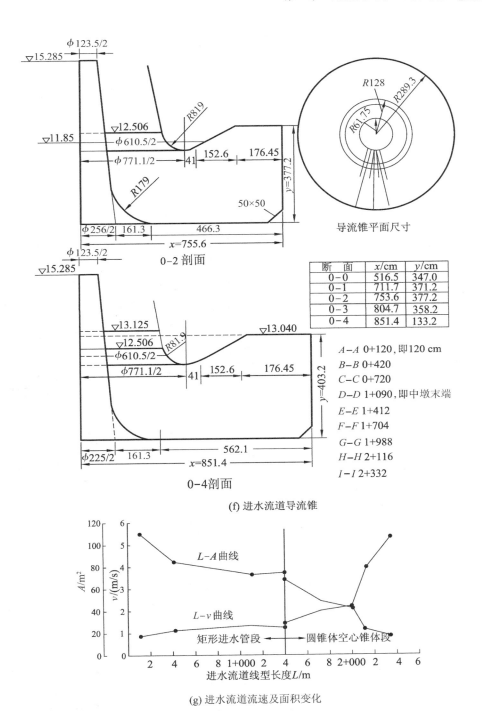

断　面	x/cm	y/cm
0 — 0	516.5	347.0
0 — 1	711.7	371.2
0 — 2	753.6	377.2
0 — 3	804.7	358.2
0 — 4	851.4	133.2

A — A　0+120, 即 120 cm
B — B　0+420
C — C　0+720
D — D　1+090, 即中墩末端
E — E　1+412
F — F　1+704
G — G　1+988
H — H　2+116
I — I　2+332

(f) 进水流道导流锥

(g) 进水流道流速及面积变化

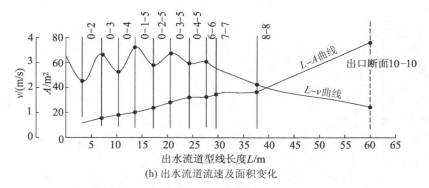

(h) 出水流道流速及面积变化

图 4-21　皂河泵站装置流道图(长度单位：cm)

皂河泵站水位组合见表 4-4,运行净扬程的变幅很大,泵站长期运行于灌溉工况,同时还是南水北调工程中向北送水的第六级梯级泵站,最终抽水能力将达到 600 m³/s,而骆马湖库容仅为 8 亿 m³,调节水量的能力很小,故今后大部分向北送水时间是在骆马湖蓄水高水位,只有在江苏省灌溉大用水期间湖水位才可能降低,因此采用泵站装置净扬程为 5.3 m,泵的设计扬程为 6.0 m。

表 4-4　皂河泵站水位组合　　　　　　　　　　　　　　单位：m

项目		灌溉		邳洪河排涝		黄墩河排涝	
		设计	校核	设计	校核	设计	校核
水位	站下	17.7	17.5	18.5	18.0	18.0	17.5
	站上	23.0	23.5	25.0	26.0	25.0	26.0
净扬程		5.3	6.0	6.5	8.0	7.0	8.5

注：① 站下水位是进水池水位。
　　② 站下起始抽水水位：灌溉 19.5 m,排涝 19.0～19.5 m。
　　③ 大用水季节：站上水位可能下降至 20.0 m,一般为 21.5 m。
　　④ 灌溉设计流量：设计情况为 200 m³/s,校核情况则略小于 200 m³/s。

皂河泵站工程于 1978 年初完成设计,同年 10 月开工,1980 年底泵站厂房主体工程基本完成,具备机组安装条件,后因工程停缓建,1983 年恢复施工,由于主水泵的叶片调节油缸几次回厂返修,延至 1986 年工程竣工,试运行后交付管理单位运行,1987 年 3 月工程验收。

4.3.2　模型泵研制

鉴于皂河泵站的运行扬程变幅大,在 3.0～8.5 m 的区间变动,因此宜选用功率曲线平坦、高效区广、空化性能好的水泵。上海水泵厂对 20ZLB-70 型水力模型进行改进,使其更适应皂河泵站的运行范围。皂河泵站水力模型参数与当时国内外同类模型的对比结果见表 4-5。

表 4-5　国内外同类水力模型参数对比

型号	扬程 H/m	流量 Q/(m³/s)	转速 n/(r/min)	效率 η/%	比转速 n_s	备注
500 mm 模型泵	5.8	0.610	580	85.0	444	日本
20HL-70	9.8	0.602	980	84.0	500	常德七一农机厂
20ZLB-70	6.3	0.600	980	81.2	700	上海水泵厂
皂河模型泵	6.2	0.607	980	87.0	700	20ZLB-70 改型

由表 4-5 可知,改进后的 20ZLB-70 型水力模型最适合皂河泵站扬程段和流量范围,其性能参数见表 4-6,模型泵叶轮直径为 445 mm,转速为 980 r/min。

表 4-6　皂河泵站模型泵性能参数

叶片安放角/(°)	扬程 H/m	流量 Q/(L/s)	效率 η/%	$NPSH_r$/m	比转速 n_s
0	7.5	700	87.5	9.30	
	6.2	744	83.0	9.00	
	5.0	780	78.0	—	
−2	7.5	632	88.3	6.50	
	6.2	668	85.5	7.10	
	5.0	700	80.5	8.50	
−4	7.5	572	89.2	6.10	597
	6.2	607*	87.0	7.25	709
	5.0	636	83.5	8.10	
−6	7.5	512	89.3	5.00	
	6.2	544	87.9	6.00	
	5.0	575	84.5	7.50	
−8	7.5	472	89.5	5.80	
	6.2	500	88.2	6.30	
	5.0	528	85.2	6.85	

注:表中有 * 者为采用的工况点,该点的比转速 $n_s = 709$,空化比转速 $C = 960$,但不是最优工况点。最优工况点的扬程在 7.5 m 左右,比转速 $n_s \approx 600$,因采用工况点的效率仍较高,空化性能好,故选用该水力模型。

原型泵性能参数根据模型泵试验结果相似换算所得,效率修正采用 Moody 公式对最优工况点修正。原型泵性能参数见表 4-7,其中叶轮直径为 5 700 mm,转速为 75 r/min,电机配套功率为 7 000 kW。

表 4-7　皂河泵站原型泵性能参数

叶片安放角/(°)	扬程 H/m	流量 Q/(m³/s)	效率 η/%	$NPSH_r$/m	比转速 n_s	轴功率 N/kW
−2	5.96	107.2	92.1	6.84		
	4.82	112.0	88.0	8.20		
−4	7.23	92.0	93.2	5.86	597	
	5.96	97.5	92.1	7.00	709	6 180
	4.82	102.0	90.0	7.80		
−6	7.23	82.4	93.3	4.81		
	5.96	87.3	92.0	5.78		
	4.82	92.3	90.6	7.21		
−8	7.23	75.9	93.4	5.60		
	5.96	80.3	92.7	6.07		
	4.82	84.8	90.8	6.60		

4.3.3　装置模型性能试验[①]

1. 试验装置及方法

试验在华东水利学院(现河海大学)早期的开敞式试验台进行,模型泵直径为 445 mm,整个模型机组包括进出水段,按相似理论进行模拟,原型、模型比尺 $\lambda_l = D_p/D_m = 5\ 700/445 = 12.8$,其中 D 为叶片轴线与叶轮室交点所处圆周的直径,即混流泵标称直径。

能量试验时保持 $S_h = \dfrac{L}{UT}$ 相等,即 $\dfrac{H}{n^2 D^2} = \text{const}$,$\dfrac{Q}{nD^3} = \text{const}$。模型泵雷诺数 $Re = \dfrac{UR}{\nu}$,其中 R 为水力半径,$R = \dfrac{D}{4} = 11.1$ cm,当叶片安放角 −3° 时,$Q_{\min} = 160$ L/s,则平均流速 $U = 102$ cm/s。ν 为动力黏性系数,当水温 $t = 20$ ℃ 时,$\nu = 0.01$ cm²/s,则 $Re = \dfrac{102 \times 11.1}{0.01} = 1.13 \times 10^5 > 10^5$,模型泵中水流为紊流,原型、模型均处于自模区。

能量试验台如图 4-22 所示,水系统为自循环式,水泵自下水池抽水进入上水池,经回水管和短喷嘴流量计、平板闸门再回到下水池。模型泵由一台容量 $P = 10$ kW、转速 $n = 980$ r/min 的异步鼠笼式测功电机经一对三角皮带轮拖动水泵,水泵的 $n = 490$ r/min。试验时用测功电机测出水泵输入功率,转速采用光电测速仪测量,用测压管测量上下游水位差,即水泵的装置扬程,用短喷嘴流量计测量水泵的流量。根据计算结果即可绘出模型泵装置的特性曲线。

飞逸特性试验时脱开电机和水泵,由循环水泵向上水池充水,待上下游水位稳定后,测得此时的水头及飞逸转速 n_f,则单位飞逸转速 $n'_{1f} = \dfrac{n_f D}{\sqrt{H}}$。

[①]　华东水利学院.江苏省皂河抽水站水泵装置模型试验报告[R].南京:华东水利学院,1978.

根据江苏省治淮指挥部要求进行闭阀启动试验,将水泵的叶片安放角 φ 放在$-18°$启动,视其电机是否过载,为此在模型上将模型泵出口封堵死,叶片安放角为$-18°$时启动,测出电机的稳定功率,再由相似公式换算成原型的功率。

用皮托管加刻度盘,测出蜗壳出口处流态的分布,测点分布如图 4-23 所示。测流断面距离轴心线 860 mm,共 12 个测点。

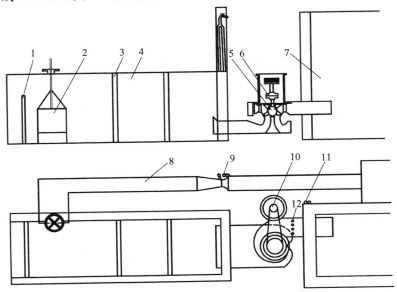

1—溢流墙;2—平板闸门;3—稳流栅;4—下水池;5—模型泵;6—测速装置;
7—上水池;8—回水管;9—流量计;10—测功电机;11—测压管;12—皮托管。

图 4-22　试验装置示意图

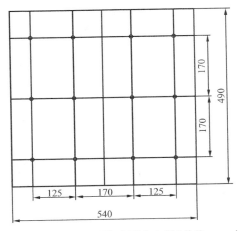

图 4-23　出口断面流速测点布置(单位:mm)

2. 试验精度分析

(1) 扬程 H

本试验为整体模型机组装置试验,扬程为进出口上下水池水位差,试验时下水池水位由溢流墙稳定,上水池水位用闸门调节,上下游水位由测压管读取,机组最优工况 $\varphi=0°$,

$H=1.9$ m 时,读数误差为 ± 2 mm,则扬程的相对误差 $\delta_H=\pm\dfrac{\Delta H}{H}=\pm\dfrac{0.002}{1.9}=\pm 0.1\%$。

（2）流量 Q

流量采用经过率定的短喷嘴测量,即 $Q=K\sqrt{\Delta H}$（L/s）,率定得到系数 $K=217$。在最优工况 $\varphi=0°$, $Q=285$ L/s 时,压差 ΔH 的误差为 2 cm 对应的 $\Delta Q=3$ L/s,则流量相对误差 $\delta_Q=\pm\dfrac{\Delta Q}{Q}=\pm\dfrac{3}{285}=\pm 1.05\%$。

（3）输入功率 N

水泵输入功率由测功电机测得, $N=\omega M=cP$,其中 c 为系数,当转速 n 是常数时, c 亦为常数; P 为有效平衡砝码质量,kg。

测功电机灵敏度最大误差为 ± 50 g,当 $\varphi=0°$ 时最优工况点 $P=7$ kg,则功率相对误差 $\delta_P=\pm\dfrac{\Delta P}{P}=\pm\dfrac{0.05}{7}=\pm 0.7\%$。

（4）转速 n

利用 GDC-1 光电传感器及 JSS-2 晶体管数字测速仪测量,转速量测误差为 ± 1 r/min,则转速相对误差 $\delta_n=\pm\dfrac{\Delta n}{n}=\pm\dfrac{1}{490}=\pm 0.2\%$。

综合误差为效率的均方根误差:

$$\delta_\eta=\pm\sqrt{\delta_H^2+\delta_Q^2+\delta_N^2+\delta_n^2}=\pm\sqrt{0.1^2+1.05^2+0.7^2+0.2^2}=\pm 1.28\%$$

3. 试验结果与分析

原型装置效率采用与泵相同的修正公式进行修正,即相似工况点的 $\eta_p=\eta_m+\Delta\eta$,则原型装置最高效率为 85.8%。

皂河泵站机组原型、模型装置特性曲线如图 4-24 所示,装置试验结果与泵段性能相差较大,泵段最高效率 $\eta_{pmax}=93.3\%$。设计工况点叶片安放角 $\varphi=-4°$, $Q=97.5$ m³/s, $H=5.96$ m, $N=6\,180$ kW, $\eta_p=92\%$。而装置试验的结果:

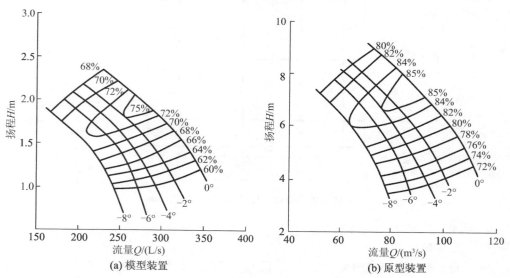

图 4-24　皂河泵站装置综合特性曲线

若 $\varphi=-4°$,则扬程 $H=6$ m,装置效率 $\eta_{sy}=83\%$,流量 $Q=82$ m³/s,轴功率 $N=5\,800$ kW;若 $\varphi=-2°$,则扬程 $H=6$ m,装置效率 $\eta_{sy}=82\%$,流量 $Q=90$ m³/s,轴功率 $N=6\,400$ kW。若叶片安放角 $\varphi=0°$,则电机超载,故未达到原泵站设计要求。

其相差较大的原因有:泵与装置的扬程测点布置不同,特别是进口测点布置的影响,泵扬程测点如图 4-25 所示,而装置扬程下游测点在下水池中,两者水位差较大,流量越大、水位差也越大,在驷马山泵站 5 叶片的装置上进行试验,最优工况点 $\varphi=0°$,$H=1.91$ m,$\eta=74.1\%$,而泵扬程 $H=2.15$ m(用图 4-25 所示测点量测),相差达 0.24 m,这一方面进水流道有损失,更重要的这个测点处于流线拐弯处,在离心力的影响下,不能很好地反映该断面的压力,以至于测得的压力偏低。另外,在进行装置试验时,没有很好地调整叶轮室间隙,造成容积损失较大。以上两个原因尤其是前一个原因致使机组和泵的特性曲线相差较远。

在 $\varphi=-6°$,$-4°$,$-2°$ 和 $0°$ 共 4 个叶片安放角下进行飞逸特性试验,飞逸特性曲线如图 4-26 所示,当 $\varphi=-4°$ 时,单位飞逸转速最高为 $n'_{1f}=197.3$。若在最高净扬程 $H=8.0$ m 时发生飞逸,当 $\varphi=-4°$ 时,最大转速 $n_{max}=98$ r/min,转速上升为 131%。

在 $\varphi=-18°$ 时,闭阀启动,$n=485$ r/min,$H=2.65$ m,$N=2.82$ kW,此时原型的关死点扬程为 10.4 m,所需轴功率为 3 600 kW。由此可知,该泵在 $\varphi=-18°$ 关阀启动电机不会过载,但关死点扬程较大,致使闸门反面受力,因此闸门的强度和启闭力需要按此条件进行校核。

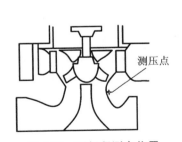

图 4-25　泵扬程测点位置

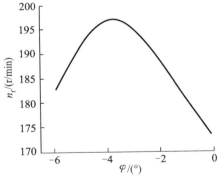

图 4-26　飞逸特性曲线

在 $\varphi=-2°$ 时两个工况下蜗壳出口处的流速分布如图 4-27 和图 4-28 所示。图 4-27 对应模型工况点为 $H=1.78$ m,$Q=256$ L/s,相当于原型的 $H=6.8$ m,$Q=82$ m³/s,在该工况下,流速分布比较均匀,横向流速较小,绝对速度与流道轴线的夹角为 $5°\sim10°$。图 4-28 系模型工况点为 $H=1.56$ m,$Q=280$ L/s,相当于原型的 $H=5.96$ m,$Q=90$ m³/s,图 4-28a 是轴向分量速度分布,图 4-28b 是横向分量速度分布。

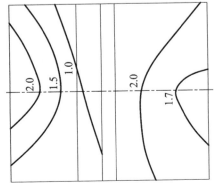

图 4-27　$H=1.78$ m,$Q=256$ L/s 时蜗壳出口流速分布(单位:m/s)

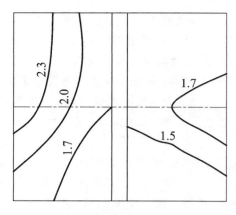

(a) 轴向速度分布

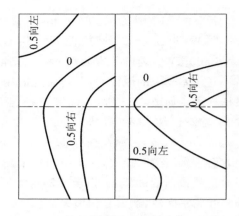

(b) 横向速度分布(顺水流方向观测)

图 4-28　$H=1.56$ m, $Q=280$ L/s 时蜗壳出口流速分布(单位:m/s)

主要结论:泵站设计参数的选择偏大。在最高净扬程下,水泵最大反转飞逸转速为 98 r/min,为额定转速的 131%。叶片安放角为 $\varphi=-18°$ 时,能闭阀启动,电动机不过载。在设计工况下,出口流速分布尚均匀。

4.3.4　工程实施及运行效果

1. 机组结构特点

(1) 主水泵结构

皂河泵站主水泵采用全调节立轴混流泵,型号为 6HL-70。主水泵结构由埋设部分、工作机构和辅助设备 3 部分组成(见图 4-29)。进水流道和压水室均为钢筋混凝土结构;埋设部分有叶轮室、固定导叶和导流锥;工作机构有叶轮、导水部分(上、中、下盖)、主轴、油导轴承和密封部件;辅助设备有配油系统、油导轴承的供排油和冷却水系统、密封部件的润滑水和空气围带以及导水部分的自吸水泵等。叶轮室是 HT20-40 铸件、4 瓣组装,总重 32 t。固定导叶是 ZG-25 铸件,8 片导叶连同上、下环分成 4 瓣,组装后总重 70 t。

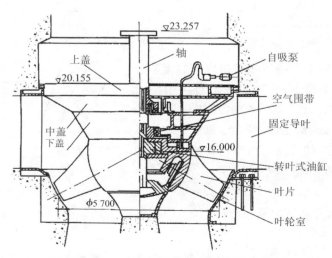

图 4-29　6HL-70 型立轴全调节混流泵结构图

轮毂体和 4 叶片材料为 ZG20SiMn 铸件,组装后直径为 5 700 mm,叶片轴线倾斜角为 45°,全球形直径为 6 580 mm。叶片调节的配油系统有配压阀、转叶式油缸和反馈机构,设计操作最大油压为 2.0 MPa。叶片调节可以手动或电动。

油润滑导轴承座是 ZG-30 铸件,轴承瓦为巴氏合金 16。润滑油用水冷却,冷却水温低于 25 ℃,进水压力为 0.2 MPa,冷却水流量为 36 m³/h。密封部件在运行时采用 MC 尼龙静环止漏,静环采用不锈钢,并用弹簧保持接触面有一定压力;非运行时采用橡胶空气围带充气止漏,充气压力为 0.3 MPa。

主水泵的技术经济指标按力矩比计算是 0.441 kg/(kg·m),已有大型水泵 45CJ-70则为 0.319 kg/(kg·m),ZL30-70 为 0.169 kg/(kg·m)。6HL-70 水泵的导叶体结构简单,压水室采用钢筋混凝土结构,它的金属消耗比一般轴流泵小。因此,6HL-70 水泵的部分零件结构强度安全储备比较大。

安装过程中发现 2 台水泵转叶式油缸的内泄漏量很大,回厂返修,重车试验时,2# 水泵转叶式油缸的内泄漏量符合《电力建设施工及验收技术规范(水轮发电机组篇)》(SDJ 81—79)规范要求,但 1# 水泵的内泄漏量则大得多,返修未见成效。同时发现 2 台水泵在叶片作降角调节过程中有时会发生随机性、间断性液压振动。由于液压振动尚未解决,配油系统的伺服电机尚未装上,仍用手动调节叶片。

(2) 主电动机结构

主电动机采用立式同步电动机,型号为 TL7000-80/7400,功率为 7 000 kW,电压为 10 kV,转速为 75 r/min,原采用静止可控硅励磁,试运行中发现可控硅励磁装置顺极性滑差投励时经常失灵,要辅以手动,改用"同步电机的失步保护和不减载自动再整步"技术的 BKL 型可控硅励磁装置后,运行情况好,并能不停机更换控制插件。

主电动机采用半伞式结构(见图 4-30),上导轴承放置在上机架上,单独设容量为 0.75 m³ 的油槽。上机架分为 8 条腿,工地组装。下导轴承和推力轴承置于同一油槽内,油槽容量为 7.0 m³,支承在下机架上;下机架也分 8 条腿,工地组装,为承重机架。油槽润滑油采用水冷却。

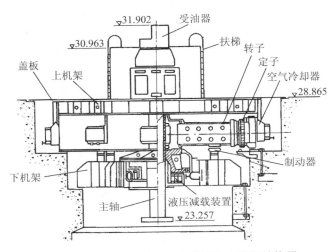

图 4-30　TL7000-80/7400 立式同步电动机结构图

定子铁芯内径 7 040 mm,定子分为 4 瓣,工地组装,除合缝线圈在现场嵌装外,其他线圈在工厂嵌装。转子分为 2 瓣,工地组装,80 只转子磁极线圈在现场用螺杆拉紧。转子为无轴结构,转子支架用螺钉连接在推力头上。连接受油器的小轴用螺钉固定在转子上。

推力轴承设有液压减载装置,以改善机组的启动条件,可全电压异步直接启动。设置的空气制动装置,兼作油压顶转子之用。当高压油泵向制动装置输送压力油后,可将转子轴向升高 15 cm。

采用带有 8 只空气冷却器的闭路循环空气冷却,冷却水量为 190 m³/h,水压为 0.15~0.20 MPa。

(3)主要辅助设备

① 主水泵叶片调节压力油系统

主水泵叶片调节压力油系统由储能器、回油箱、螺杆油泵、自动化机构、监测仪表和管道等组成。储能器除提供主水泵叶片调节所需的压力油压外,并向泵站断流装置中控制下落快速闸门的液控单向阀提供压力油压。由于皂河泵站主水泵调节叶片的转叶式油缸的内泄漏量远大于原设计值,原来选用的储能器容量不能满足使用要求,故重新确定运行条件和储能器的容量。设 2 台主水泵同时调节叶片安放角从 −18° 到 0° 或从 0° 到 −18° 各一次,所需的操作油量为 500 L,2 台主水泵同时自保持运行时的平均内泄漏量为 50 L/min,按每隔 10 min 螺杆油泵向储能器补油一次,两项合计所需的操作油量为 1 000 L。同时运行时要求储能器内压力油压维持在 2.4~2.9 MPa 范围内,使之大于主水泵调节叶片所需的最大操作油压。经计算采用容积为 9.0 m³ 储能器,其中压缩空气体积为 6.3 m³,核算运行时的最小油压为 $p_{min}=2.9\left(\dfrac{6\ 300}{6\ 300+1\ 000}\right)^{1.4}\approx2.4$ MPa。如果 1# 主水泵的转叶式油缸经过修理后内泄漏量减少到规范标准时,则 2 台主水泵同时自保持运行时的平均内泄漏量减小到 32 L/min。储能器压力油压可维持在 1.9~2.4 MPa,大于主水泵调节叶片所需的最大操作油压,此时储能器内压缩空气允许容积由 6.3 m³ 减少到 5.3 m³,则运行最小油压计算值为 $p_{min}\approx1.9$ MPa。此时螺杆油泵向储能器补油的计算间隔时间可减小到 15~16 min。事实上运行时不可能每间隔 15~16 min 调节一次主水泵叶片的安放角,补油间隔时间将比计算值长得多。主机运行时,储能器中被消耗的操作油量由压力变送器控制的螺杆油泵自动补充,以保证储能器压力油的油压值。

一般压力油设备的系统漏气量极小,如忽略不计,则储能器内压缩空气的消耗主要是由于它溶解在压力油中并随压力油回流至回油箱而释放到空气中。一般被溶解的空气约占油容积的 6%,而以游离状态存在于压力油中的小气泡仅占容积的 0.5%。设小气泡经转叶式油缸回到回油箱时被释放到空气中,则每消耗操作油量 1 000 L,需消耗压缩空气 5 L,故采用人工操作向储能器补充压缩空气。对主机组台数较少的泵站来说,它的压力油系统采用自动补油、人工补气是适宜的。

采用补油的螺杆油泵流量为 $Q_p=5.8$ L/s,驱动功率 $N_{in}=40$ kW,主水泵运行时如按螺杆油泵每间隔 10 min 启动补油 1 000 L 计算,运行时间 $t=2.87$ min,则 10 min 内油泵平均消耗功率 $N=11.48$ kW。考虑到运行一段时间后转叶式油缸的内泄漏量可能增大,为了安全,按平均消耗功率 $N=20$ kW 计算,假设油泵效率 $\eta=75\%$,则功率损耗所产生

的热量 $Q_{h1}=860N(1-\eta)=4\,300$ kcal/h;压力油通过闸阀的能量损失 $Q_{h2}=1.3\sum\Delta PQ_p=$ $3\,445$ kcal/h,两者合计 $Q_h=7\,745$ kcal/h。设主机运行时回油箱内压力油允许温升 $\vartheta=$ $30\,℃$,则回油箱的有效容积为 $V_{min}=\sqrt{\left(\dfrac{Q_h}{\vartheta}\right)^3}=4.148$ m³,考虑到消除回油箱中的气泡和沉淀油杂质等因素,确定回油箱容积为 5.0 m³。经实际运行,回油箱的温升很小,这主要是实际运行条件与假定的情况有很大出入,而且不仅回油箱表面散热,储能器和管道也参与散热。

　　储能器原设计安装在电机层的 2 台主机组之间,由于修改后的 9.0 m³ 储能器设备高度较大,安装在电机层对主机组的检修吊运有影响,故将其改安装在水泵层。储能器距 $1^{\#}$ 主水泵配压阀约 20 m,距 $2^{\#}$ 主机组配压阀约 28 m。经多年运行和观察,如果将 9.0 m³ 储能器分为 2 个串联的罐,其中一个为油气罐,安装在电机层;另一个为气罐,安装在水泵层,则自油气罐到 $1^{\#}$ 和 $2^{\#}$ 主水泵配压阀的距离均为 8 m 左右,这样主水泵发生液压振动的情况将有较大改善,至少可使振幅减小很多。

　　主水泵叶片压力油系统如图 4-31 所示。

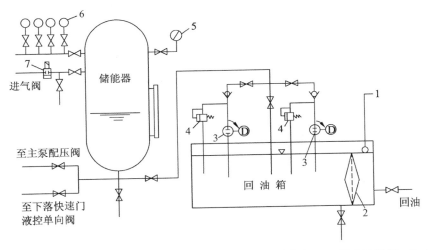

1—液位指示器；2—滤网；3—螺杆式油泵；4—卸荷阀；5—压力表；6—压力变送器；7—空气阀。

图 4-31　主水泵叶片调节压力油系统图

　　② 压缩空气系统

　　压缩空气有低压和中压 2 个系统。低压系统由低压空压机 1 台、低压储气罐 1 只、闸阀和管道组成。低压压缩空气用于主电动机制动、主水泵止漏空气围带充气,以及泵站维修时风动工具。主机组运行停机时机组开始惰行正转,接着反转,当反转转速降低到 26 r/min($35\%n$)时使用主电动机制动装置,采取一次连续制动 2 min,耗气量 $q=4$ L/s,压缩空气工作气压 $p=0.5$ MPa,则制动一次所需的自由气体为 $Q=qt(p+1)\dfrac{60}{1\,000}=$ 2.88 m³,2 台主机同时制动,总用气量为 5.76 m³。采用低压 0.7 MPa 储气罐,容积为 5.0 m³,低压空压机 1 台,工作气压 0.8 MPa,生产率为 3.0 m³/min。储气罐恢复压力的时间为 1.28 min。

中压压缩空气用于主水泵叶片调节的压力油系统,选用中压空压机2台,其中1台工作,1台备用。后者又作为低压空压机的备机,经减压阀向低压储气罐供气。中压空压机单机生产率为$1.0\ \mathrm{m^3/min}$,工作气压为$3.0\ \mathrm{MPa}$。主机运行时,低压储气罐内被消耗的压缩空气由压力变送器控制的低压空压机自动工作补充。因储能器采用人工补气,故中压空压机采用人工控制。

压缩空气系统采取低压自动控制,中压人工操作,不设中压储气罐,系统可变得十分简单,对主机组台数较少的泵站是合理的。压缩空气系统如图4-32所示。

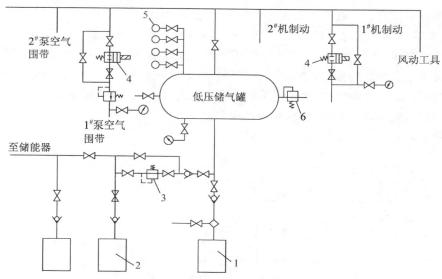

1—低压空压机;2—中压空压机;3—减压阀;4—电磁阀;5—压力变送器;6—安全阀。

图4-32　压缩空气系统图

③ 供水、排水系统

主机组技术供水的用户有主电动机的空气冷却器、上导轴承和推力与下导轴承的油冷却器、水泵导轴承油冷却器和机械密封润滑水。一台主机组的技术用水量达$277.5\ \mathrm{m^3/h}$,数量较大。如果采用水箱供水,不可能制造容量这么大且具有沉淀细颗粒泥沙作用的水箱。因灌溉补水期间运河水的浊度较低,泥沙含量一般小于$100\ \mathrm{mg/L}$,故采用单元直接供水。因技术供水中水泵机械密封润滑水流量为$1.5\ \mathrm{m^3/h}$,要求水质较好,排涝期如果运河水的浊度较高,可改由水塔、水箱供水。根据2台主机组同时运行和技术供水的进口水压力要求保持$0.15\sim0.20\ \mathrm{MPa}$,选用3台离心泵,其中2台工作,1台备用,单泵流量为$280\ \mathrm{m^3/h}$,扬程为$30\ \mathrm{m}$,功率为$40\ \mathrm{kW}$。在管道上装有各种闸阀和仪表,监视供水的水压、水流和真空度,并装有滤水器,以排除杂质,改善水质。如果在直接供水系统中,于滤水器之后装除砂器,可较大地降低供水的泥砂含量,有利于延长系统运行的使用寿命。

供水泵又可兼作泵站排水泵之用。泵站技术供水和排水系统如图4-33所示。

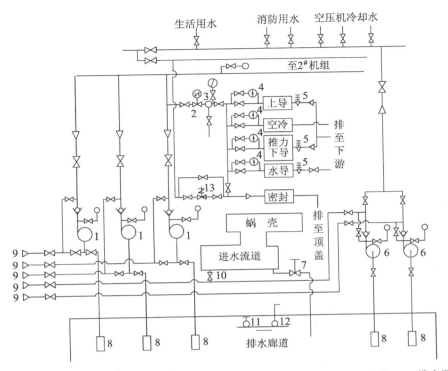

生活用水   消防用水   空压机冷却水

至2#机组

上导
空冷
推力下导
水导

排至下游

密封

蜗壳

进水流道

排至顶盖

排水廊道

1—供水泵；2—电动阀；3—滤水器；4—水平螺旋式冷水表；5—示流信号器；6—排水泵；
7—长柄阀；8—底阀；9—取水口；10—平水阀；11—液位信号器；12—液位指示器；13—电磁阀。

图 4-33   技术供水和排水系统图

2. 断流技术及效果

（1）断流方案选择

泵站断流装置的选用必须根据水泵的启动特性、机组的倒转特性及泵站上、下游水位变幅等进行综合研究。皂河泵站设计中研究以下 3 种断流方案。

① 虹吸式真空破坏阀断流

江苏省已建的几座大型泵站，多数采用虹吸出水流道，由真空破坏阀断流。实践证明其管理方便，维修工作极少，安全可靠。用于河床式或半堤后式泵站，出水流道长度较短，停机时水泵发生的倒转转速小于倒转飞逸转速。但皂河泵站没有采用这种断流装置，理由如下：

站上最高水位为 26.0 m，最低水位可能降到 20.0 m。如果虹吸式出水流道驼峰底高程定为 26.5 m，驼峰顶断面尺寸为 2.2 m×14.0 m，出水流道出口顶板采用高程 19.5 m，则虹吸满流时驼峰顶部的稳定负压已大于允许值 7.5 m，必须在出水口处加做潜堰来抬高站上最低水位。潜堰的存在使得泵站的运行扬程增大，运行费用增加。

皂河泵站上游是骆马湖，上承沂沭泗流域 $5.1×10^4$ km² 的来水，而它的调节库容仅 $8×10^8$ m³，因此考虑到防洪的要求必须留有余地。如遇特大洪水，洪水位超过驼峰顶高程，必须另行采取措施，防止洪水倒灌，此时泵站如再投入运行就很不安全。

排涝最大净扬程为 8.5 m，在水泵机组启动过程中尚未形成虹吸时，估计驼峰堰顶水深为 2.0 m，出水管上部空气被压缩所形成的压力水头约为 2.0 m，则水泵此时的工作净扬程将达到 12.5 m,即使采取抽真空的措施,净扬程仍达 10.5 m。由于水泵的设计扬程要照顾洪水位排涝启动时的扬程要求,将使正常运行时工况点偏离水泵设计工况点较多,造成水泵效率降低,运行费用增加,水泵选型将十分不合理。

平面蜗壳压水室的扩散管是水平管,与虹吸连接需增设弯曲段,流道的水力损失将随之增加,同时也加大工程量。

② 拍门断流方案

中、小型泵站常采用拍门断流方案。拍门断流装置的优点是结构简单,运行可靠。皂河泵站没有采用拍门断流方案的理由如下:

水泵运行时,悬挂在出水管口的拍门受到出水水流冲击而开启,拍门开启角越小,它所产生的水力损失越大,当开启角为 50°时,水力损失系数为 0.3;如开启角小于 50°时,水力损失系数将急剧增大,对水泵机组效率的影响较大。因此,当泵站在偏离设计工况,又在高扬程、小流量工况运行时,水泵机组效率将降低较多。

水泵停机,拍门下拍是一个暂态过程,从定性方面看,影响拍力大小的因素主要有:装置扬程越大,拍力越大;在停机瞬间拍门开度越大,拍力越大;机组的转动惯量越大,拍力越小;出水流道越长,流道内水流的转动惯量越大,拍力越小;拍门自重越大,在运行时拍门的开启角越小,拍力越小。如仅考虑拍门自重,则拍门越重,拍力越大;传到门框上的拍力大小与门框的缓冲装置有关,缓冲装置的吸振效果越好,传到门框上的拍力越小。这是一个比较复杂的问题。根据淮安一站拍门装置的原型实测结果,采用钢筋混凝土拍门和橡皮缓冲装置,拍门的开启角约为 40°时,测得的拍力相当于拍门上水压力的 65%。皂河泵站出水流道出口总净面积为 77 m²,设计工况时拍门上总水压力达 7 000 kN。因此采用拍门断流方案时,其拍力将很大。

国外一些泵站采用液压保持式拍门,运行时由液压启闭机将拍门吊起,不再阻水和降低水泵机组效率。停机时,利用液压缓冲,减小拍力。如果皂河泵站也做类似布置,活塞式液压启闭机的总容量将达 10 000 kN 左右,即使将拍门分成数块,由于启闭机的活塞行程较大,设备制造有困难;如果拍门的受力和运行条件完全由液压启闭机操作,拍门受力将十分恶劣。

国内部分泵站采用油阻减振式拍门,水泵停机时,利用油缸的泄油阻尼来缓冲,降低拍门下拍速度,以减小拍力,但它在运行时并不控制拍门的开启角。为减小由拍门引起的水力损失,必须另用起重设备将拍门吊到某一开启角后由电磁铁锁定。停机时,电磁铁释放,使拍门动作下落。因此,一旦电磁铁不能及时释放或不能释放拍门下落关门时,必将造成不能有效断流而发生事故,并且与液压保持式拍门一样,拍门的受力条件将十分恶劣。

在一定条件下(例如直管式出水、上游水位低时出口不淹没、水泵启动时出水流量较小、出水流道较长等),开机后水流将拍门冲开的瞬间,由于出水流道内减压波的作用,有可能使拍门重新关闭,使出水流道内发生水击,造成拍门多次启闭,出水流道结构将承受较大的逾限应力,甚至使拍门后的通气孔内喷出高达数米的水柱。皂河泵站结构基本具备上述条件,因此有必要在拍门后设置开敞式调压室来避免发生这种情况。这样拍门将装在调压室的上游胸墙上,结构处理存在一定难度。

③ 快速闸门断流方案

快速闸门断流方案已广泛使用于水电站的事故装置中,但作为工作装置运用到泵站上,特别是在高比转速水泵的泵站上尚属首次。它可以提高泵站装置效率,减少较多的工程量,但对结构布置和运行措施有一些特殊的技术要求,例如,快速闸门系统必须十分可靠,要求在任何情况下不能影响泵站安全;快速闸门断流过程中,它的开始动作时间、下落关门速度和关门历时,应满足水泵机组的性能和技术要求;快速闸门断流关门时出水流道内不能发生水击或严重的水流振荡,使水泵和出水流道的结构遭受损坏;快速闸门开门过程中出水流道内的水流振荡所造成的主电机负荷波动和水泵启动扬程的增大不能对主电机的启动和牵入同步造成有害影响;快速闸门关门终了时要保证门底止水和门槛不受过大的撞击力,以免快速闸门底止水和底槛受损等。

针对上述问题,结合皂河泵站的具体情况进行研究后,认为设计中可以解决,因此采用快速闸门断流方案。

此外,设计中还研究了虹吸加拍门方案、虹吸加快速闸门方案和拍门加快速闸门方案,均因上述原因而没有被采用。

(2) 快速闸门断流装置设计

皂河泵站在出水流道出口处设置 2 道快速闸门,即工作闸门与事故闸门,二者可以互为备用。采用液压启闭机启闭,既可以在现场操作,也可以纳入程序控制,在主控制室操作。每台水泵 2 扇工作闸门或 2 扇事故闸门均同时启闭。图 4-34 为皂河泵站快速闸门液压启闭系统。

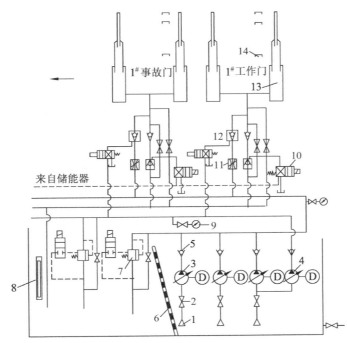

1—取油口;2—闸阀;3—55 kW 柱塞泵;4—3 kW 螺杆泵;5—单向阀;
6—滤网;7—先导式溢流阀;8—液位计;9—压力表;10—二位四通电磁阀;
11—节流阀;12—液控单向阀;13—套筒式油缸;14—限位开关。

图 4-34　皂河泵站快速闸门液压启闭系统图

① 断流装置可靠性分析

每扇快速闸门由2个单作用伸缩式2级套筒液压缸控制启闭,2个液压缸采用机械刚性连接同步回路,保证每扇门的2个缸同步运转。在套筒行程终点利用限位开关兼起补偿作用,保证每台水泵机组的2扇工作快速闸门的位置同步,快速闸门的提升行程由向套筒单侧提供的压力油驱动,压力油的设计工作压力为12 MPa,最大起门力为400 kN。返回行程是利用快速闸门自重将套筒推回,由快速闸门自重产生的油缸液压约为4 MPa。快速闸门的关门历时采用20 s,油缸套筒推动速度达0.35 m/s,故在套筒行程末端缸底处设置筒侧缓冲装置,获得圆滑的减速作用,使行程末端的速度减小到5 m/min。

每台水泵机组配有2扇工作快速闸门,每扇闸门由2个油缸控制启闭,即共有4个油缸同时工作,而每个油缸的需油量达0.165 m³,故油缸压力油由2台功率为55 kW的YE型轴向柱塞油泵供应,并加设1台同样规格的油泵作为备用。此外另设1台功率为3 kW的螺杆油泵,为快速闸门提升回路中的液控单向阀提供18 MPa的压力油。柱塞油泵和螺杆油泵的启动采用先导式溢流阀的卸荷回路,并且2台柱塞油泵按顺序启动。

提升快速闸门时,压力油经节流阀和液控单向阀进入油缸,推动套筒提升快速闸门。节流阀用于调节油缸进油量的大小,控制油缸套筒运行速度。控制回路中由蓄电池供给48 V直流电驱动电磁换向阀动作,接通从螺杆泵提供的压力油打开液控单向阀向油缸供油,提升快速闸门。下落快速闸门的返回行程由快速闸门自重将套筒推回,回油经另一只液控单向阀回到油箱,该液控单向阀的操作压力油源来自调节水泵叶片角度的储能器,由蓄电池供给48 V直流电驱动电磁换向阀动作,接通操作压力油,打开液控单向阀,下落快速闸门。

必须指出的是,下落快速闸门时油缸压力为4 MPa,采用外泄式液控单向阀的开阀工作压力为1.6 MPa,增加备压20%,即1.6 MPa+4 MPa×20%=2.4 MPa,调节水泵叶片的储能器的油压为2.5 MPa,可以满足要求。但提升快速闸门的计算工作压力加上管路损失为8 MPa,因实际到工地的液控单向阀为内泄式,它的开阀工作压力将达1.6 MPa+8 MPa×20%+8 MPa=11.2 MPa,因此必须加设高压油泵提供高压油来满足该液控单向阀的开阀工作压力。如果该液控单向阀也采用外泄式,它的开阀工作压力将为1.6 MPa+8 MPa×20%=3.2 MPa,则可直接由柱塞油泵供油,控制回路将更简单。

水泵机组投入运行后,工作快速闸门和事故快速闸门都处在全开位置,随时准备下落关门。这时套筒式油缸处于液压自锁工况,由于液压系统泄漏使套筒缓慢返回,快速门将自动下落,当下落到一定高程时,应自动向油缸补油,将快速门再提升到全开位置。这一过程称为补油。

快速闸门的提升开门、下落关门和补油等操作都纳入程序控制,也可用手动操作。手动操作可在中央控制室遥控,也可在启闭机房现场操作。

在电气控制回路中,下落关门时,如果快速闸门不动作或下降过程中被卡住,即发出警报,40 s后如果事故仍未解除,事故快速闸门自动下落关门。因为工作快速闸门与事故快速闸门相距4.4 m,如果2道闸门均因异物卡住不能关到底,则发出信号,由工作人员手动操作关闭进水流道的检修闸门断流。该检修门也是快速闸门,由活塞油缸操作。

如果在水泵机组运行过程中发生油缸油封失效、油管破裂、闸阀失灵等事故,使快速闸门自动关闭,这时水泵处于叶片大角度关阀运行状态,这是快速闸门系统中可能发生的最严重事故。因此快速门设计中当闸门全关、闸门后水位超过上游水位 3.24 m 时,由于门底受浮力作用,快速闸门会自动浮起到一定位置,出水流道出水,门前壅水位降低,快速闸门下落。如果发生上述事故时,将使该闸门处于上下浮动状态,从而限制出水流道内水位的壅高,同时主电动机也可能因过载而自动跳闸停机,这样就不会对泵站的土建结构和设备造成危害。试运行中曾以水泵叶片安放角 0°开机,瞬间形成关阀运行,出现快速门自动浮起,主电动机跳闸停机,证实设计可靠。因此可以认为这样的操作系统安全度很高。

② 停机历时和倒转转速

水泵机组的停机过程分为 3 个阶段:第一阶段为水泵工况:水泵顺转,水流顺流;第二阶段为制动工况:水泵顺转,水流倒流;第三阶段为水轮机工况:水泵倒转,水流倒流。水流倒流流速增大时,水泵倒转转速也增大,最后达到倒转最大转速或稳定倒转转速,稳定倒转转速即倒转飞逸转速。发生倒转飞逸转速时为水轮机的空载稳定工况。皂河泵站水泵机组技术条件中要求水泵停机后的倒转飞逸转速延时不超过 2 min。为满足这一条件,快速闸门最好能在第一阶段完成下落关门动作,这样泵站的上游水体不发生倒流。因为快速闸门下落关闭过程中会使门后水位壅高,增大出水流道内的倒流水量,所以宜在第一阶段结束时使快速闸门刚好关闭,这样可使水泵机组倒转历时最短,倒转转速可能达不到倒转飞逸转速。

皂河泵站水泵的飞轮力矩 $GD^2 = 1\,540$ kN·m²,主电动机的 $GD^2 = 19\,000$ kN·m²,额定转速 $n = 75$ r/min,额定功率 $P = 7\,000$ kW,因此,机组的机械时间常数 T_a 为

$$T_a = \frac{GD^2 \cdot n^2}{364P} = \frac{(1\,540 + 19\,000) \times 10 \times 75^2}{364 \times 7\,000 \times 10^3} = 4.534 \text{ s}$$

水泵机组运行时,可以认为转动部分的阻力矩 M_0 中的一部分 M_1 与机组转速的平方成正比,另一部分与机组转速无关,即

$$M_0 = M_H - M_1 + M_1 \left(\frac{n_0}{n}\right)^2 \tag{4-10}$$

式中,M_0 为主电动机的额定转矩;M_H 为主电动机的额定转矩;n_0 为阻力矩为 M_0 时的机组转动部分转速。

如果取 $M_1 = 0.95 M_0$,并以标幺值 $\frac{M_0}{M_H} = [m_0]$,$\frac{n_0}{n} = [n_0]$,代入式(4-10)有

$$[m_0] = 0.05 + 0.95 [n_0]^2 \tag{4-11}$$

则水泵停机后机组转动部分自同步转速逸转到 n_0 转速的惰行时间为

$$T_{n_0} = \frac{T_a}{K} \int_1^{[n_0]} -\frac{dn}{[m_0]} = \frac{T_a}{K} \left(6.14 - \frac{1}{0.219} \arctan 4.35 [n_0]^2\right) \tag{4-12}$$

式中,K 为停机时水泵的轴功率与电动机的额定功率之比。

在设计工况时,水泵轴功率为 6 620 kW,得到在没有倒流水流冲击时的停机惰行到转速回零的时间为 29.5 s。为了延长停机过程中水泵工况的历时,采用在正常停机时先将水泵叶片安放调到 −18°后再停机,水泵叶片安放角在 −18°时水泵轴功率为 1 900 kW,流量为 19 m³/s,则在没有倒流水流冲击时的停机回零历时为 103 s。

额定转速情况下水泵在叶片安放角为 −18°时运行的闭阀扬程为 10.4 m,当关闭扬程

减小为泵站上下游水位差 5.3 m 时，水泵机组的转速应为

$$n_0 = n\sqrt{\frac{H_0}{H}} = 75\sqrt{\frac{5.3}{10.4}} = 53.5 \text{ r/min}$$

水泵停机惰行到转速为 53.5 r/min 时的历时为 7 s，要求在 7 s 内将快速闸门下落关门，下落速度达 1.0 m/s。曾考虑在停机前几秒下落快速闸门，但这时水泵叶轮的顺转转速仍较大，流经叶轮水体的能量仍有较大的增加，而开始倒流时水体的能量较小，因此水泵叶轮仍处在水泵工况，这种方案并不可取。只有当上述 2 种能量达到相互抵消时，出现顺流流量为零，水泵叶轮开始过渡到制动工况，此时快速闸门完全关闭，才是最佳方案。由于水泵叶栅在顺流与倒流时的过流能力不同，水轮机空载稳定工况反转时的倒流流量为水泵工况额定抽水流量的 60%～80%，按 60% 推算水泵停机顺流为零时的倒流水头应比同样情况下水泵顺转的闭阀扬程大 1.66 倍，而倒流水头与闭阀扬程之和等于 5.3 m，从而水泵的关闭扬程为 2.0 m，水泵机组的顺转转速应为 32.9 r/min，水泵停机到顺流流量为零的历时为 19.8 s。因此采用快速闸门下落关门与水泵机组停机同时动作，快速闸门关门历时采用 20 s。

水泵叶轮顺转回零历时、倒转历时及倒转最大转速等均与水泵叶轮的阻力矩、泵站出水流道容积的水量、倒流水头、叶栅过流能力、倒流水流和水泵叶轮相互作用的动量矩及其能量转换效率等因素有关。具体分析计算时，假定因素较多。根据皂河泵站情况，经初步估算，如果快速闸门在水泵工况阶段关闭，水泵的倒转最大转速不会达到倒转飞逸转速。

③ 关门历时和液压缓冲装置

快速闸门关门历时计算是断流设计中的一项主要内容，要求快速闸门在预定的时间内关闭到位。快速闸门的关门历时与泵站的装置尺寸、机组特性、上下游水位及液压系统工作原理等有关。皂河泵站快速闸门液压系统关门历时可按下式计算：

$$t = \frac{2}{N_5}\left(\sqrt{N_4 + N_5 X} - \sqrt{N_4 + N_5 h_3}\right) + t_1 \tag{4-13}$$

式中，h_3 为闸门全开时门顶至水面距离；t_1 为时间常数；N_4，N_5 分别为常数，具体含义参见参考文献[7]。

为确保快速闸门在运行中能按确定的历时关门，应在快速闸门正式投入运行前进行无水和平水状态下试验，以验证关门速度和关门历时是否符合要求，必要时可调节节流阀开度，调整关门速度，达到预定的关门历时。调试时可按下式计算：

$$v = \left[\frac{G}{K_0}(1 - e^{-2K_0 x})\right]^{\frac{1}{2}} \tag{4-14}$$

$$t = X\left(\frac{K_0}{G}\right)^{\frac{1}{2}} \tag{4-15}$$

式中，G，K_0 为常数，具体含义参见参考文献[7]。

为了使快速闸门下落速度在接近底槛时不大于《水利水电工程钢闸门设计规范》（SDJ 13—78）的规定值 5 m/min，在快速闸门的套筒液压缸底部设置缓冲槽装置。经缓冲后快速闸门下落关门速度可由式(4-16)计算：

$$v = \left[\frac{A}{K_2} + \left(v_0 \frac{A}{K_2} \right) \mathrm{e}^{-2K_2 x} \right]^{\frac{1}{2}} \tag{4-16}$$

式中，v_0 为缓冲开始时速度；A,K_2 为常数，具体含义参见参考文献[7]。

④ 改善机组启动条件的措施

根据模型装置试验，原型水泵启动性能曲线如图 4-35 所示，在叶片安放角为 $-22°$ 运行时，水泵的轴功率仅 1 400 kW，流量为 13.6 $\mathrm{m^3/s}$，闭阀扬程为 8.5 m，故设计中要求在水泵叶片安放角为 $-22°$ 时开机。由于原型水泵出厂的叶片安放角刻度有所调整，因而改为在水泵叶片安放角为 $-18°$ 时开机，作为水泵机组开机条件之一。试运行时，当上游水位为 23.06 m、下游水位为 19.53 m 时，$1^\#$ 机组在 $-17°$ 开机，同步后电动机的功率为 1 300 kW；$2^\#$ 机组在 $-17°$ 开机，功率为 1 750 kW。

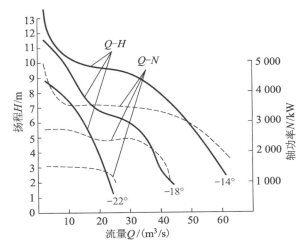

图 4-35　原型水泵启动性能曲线

实测电动机牵入同步的时间为 $7\sim11$ s，因此机组开机启动时即使电压降较大，也能保证电动机全电压异步启动。

为限制开机时快速闸门迅速开门后上游高水位以高速冲入出水流道冲击机组，而此时电动机尚处在异步启动阶段，由于合闸冲击，系统电压波动，输入功率振荡，启动力矩不稳定，因而采用快速闸门延时开门，即在电动机牵入同步后再提升快速闸门。因电动机牵入同步的时间几乎是一个定值，故以它作为参数来延时提升快速闸门。

在设计中曾研究水泵机组开机后，当出水流道水位与泵站上游水位齐平时由压力传感器发出信号使快速闸门自动提升开门。由于泵站上游水位变化的幅度较大，将造成快速闸门开门延时的时间变化较大，因而未采用该方法。

在快速闸门的下游侧设有面积为 12.0 $\mathrm{m} \times 4.4$ m 的开敞式调压室，设计中考虑在水泵叶片安放角为 $-22°$ 开机后，如果发生误操作，快速闸门不能按时提升开门，则胸墙和快速闸门将承受 8.6 m 的反向水压力，胸墙墙顶不会溢流。后按原型泵改成水泵叶片安放角为 $-18°$ 开机，如果不及时提升快速闸门，则胸墙和快速闸门将承受 10.4 m 的反向水压力，胸墙墙顶将出现溢流，但不会引起次生事故。

机组停机时，在快速闸门关门瞬间，开敞式调压室将减小出水流道内可能发生的水流振荡，并保证出水流道内不发生水击。开敞式调压室还可作为安装、检修快速闸门或检修水泵时进、出水流道的竖井。

（3）现场测试

快速闸门安装后，在无水和有水状态测试的结果见表 4-8，有水状态测试时将外侧的快速闸门作为工作门关门断流。断流时上游水位为 $22.0\sim22.5$ m，水泵叶片安放角为 $-18°$。经过数十次试验后，检查快速门底橡皮止水，未发现损坏，闸门与站身底板接触时撞击声也很小。因此采用节流阀开度为 8 mm、快速闸门下落关门历时为 20 s 是可行的。

表 4-8　无水和平水状态测试结果

试验条件	快速闸门位置	节流阀开度/mm	关门时间/s	缓冲段平均速度/(m/min)	油缸编号	最大工作油压/MPa Ⅰ节套筒	最大工作油压/MPa Ⅱ节套筒	缓冲油压/MPa
无水	内侧	7	22.0	2.94	1-1	7.7	4.3	4.2
					1-2	7.5	4.2	3.8
	内侧	10	17.3	—	1-1	7.6	4.3	4.2
					1-2	7.7	4.3	3.8
	内侧	15	14.7	—	1-1	7.7	4.3	4.2
					1-2	7.8	4.3	3.8
	内侧	20	13.8	—	1-1	7.8	4.3	4.1
					1-2	7.8	4.3	3.8
	内侧	30	12.2	—	1-1	7.7	4.0	4.0
					1-2	7.8	4.1	3.9
平水	外侧	10	18.0	0.98	—	—	—	—
	内侧	10	17.0	—	1-1	5.8	2.9	2.6
					1-2	6.4	3.4	3.0

注：① 控制油压固定为 3.4 MPa。
② 缓冲油压为缓冲过程中缓冲腔内的最大油压。
③ 缓冲段平均速度是在缓冲过程中 5.3 cm 长的缓冲段内快速下落的平均速度。

工程验收时进行水泵停机历时实测，实测结果见表 4-9。

表 4-9　水泵停机历时实测结果

机组	停机→顺流 $v=0$ 历时/s	停机→顺转 $n=0$ 历时/s	停机→倒转 n_{max} 历时/s	倒转最大转速 n_{max}/(r/min)	总停机历时 t_{tol}/s	停机时叶片安放角/(°)	说明
1#	61	117	121	13.5	124	−16	停机时上游水位为 23.0 m，下游水位为 19.2 m；快速闸门关门历时 20 s
	63						
2#	34	152	158	9.0	161	−16	
	31						

注：① 历时使用秒表人工计量。
② 转速由控制台上的数码表读取。
③ 机组停机过程中未使用制动装置。
④ 停机后顺流回零是从调压室围墙处人工目测。

根据模型装置试验数据，水泵在叶片安放角为−16°运行，闭阀扬程为 11.5 m，当扬程为 3.8 m 时，水泵轴功率为 1 600 kW，计算得水泵停机顺流回零的历时为 32.4 s。与 2#

机实测数据基本一致。

（4）同步开门问题

每台水泵机组有 2 扇工作快速闸门和 2 扇事故闸门，在液压控制回路中，2 扇工作闸门或 2 扇事故闸门之间没有采取同步措施，主要是因为当时国内没有生产这种大口径的同步阀，其他措施又比较复杂；同时考虑到水泵机组已采用叶片小安放角开机，抽水流量较小，快速闸门前有调压室，可以调平 2 扇闸门前的水位，2 扇闸门在一次开启过程中的不同步现象，由于限位开关的补偿作用，可以保证 2 扇快速闸门在每次开启行程终了时的位置同步。因此 2 扇闸门的不同步开启不会对运行造成有害影响，运行实践证实这样的设计满足要求。

有关快速闸门的控制程序设计可参阅参考文献[6]。

3. 水工结构设计特点

皂河泵站下游引河长度较短，引水与排涝的来水方向相反、进水量又大，为改善泵站的进水条件，对泵站、地涵与进水闸进行整体模型试验，除了利用进水闸闸墩导流外，在进水池两侧设置透水导流墙和垂直水流流向的底坎一道，以清除回流，并使泵站进水流道前水流的流速均匀。对一台机组运行的工况，如何尽可能减小偏流，也一并进行研究。

（1）主厂房设计

根据皂河泵站的挡水条件、上下游水位、水位变化幅度、主机组结构、进水流道和出水流道及其断流装置型式，以及土的力学指标等，泵站厂房结构分主厂房、出水流道、检修间、控制室，以及上下游导流翼墙和进出水池等部分。

厂房四周的回填土高程是 27.5 m，因为骆马湖最高防洪水位是 26 m，此数值也是向黄墩湖地区分洪的最高水位，因此，分洪后厂房四周地面仍高出洪水位。电机层高程为28.865 m，高出地面 1.365 m，故厂房无防汛要求。

根据主水泵的空化性能，为安全计，将水泵叶片中心高程定为 16.0 m，即在最低水位以下 1.5 m，刚好将叶片全部淹没在水中。按照前述流道尺寸，厂房进水流道长 20.9 m，底板底高程为 7.208 m，位于坚硬的黏土层上；蜗壳出水流道长 13.5 m，包括出水扩管和断流装置时总长 25.56 m，底板底面高程为 13.77 m，下面仍有较软的砂壤土。因此将进、出水流道放在一块底板上，构成主厂房的基础，出水扩管则与主厂房分开，使之适应不同的基础高程和地基承载力，为增加结构刚度，将 2 台机组的出水扩管分成 2 块底板，出水扩管构成独立的挡水结构，主厂房成为堤后式结构。两者合并成为半堤后式结构（见图 4-2和图 4-36）。

出水扩管和主厂房蜗壳出水流道之间设沉降抗震缝，考虑到出水扩管大部分埋在地下，抗震缝宽可以减小，故缝宽取 3 cm，缝内设有抗震钢筋拉环，将二者拉住。缝内除设置止水铜片外，在管内跨缝墙面上并加设可以更换的橡皮止水。2 台机组的出水扩管底板之间相互靠紧，以传递侧向力。

检修间和控制室分设在主厂房两侧，是一种在基坑开挖的坡面上布置有独立柱基础的排架厂房。检修间是单跨单层厂房，检修间与主厂房之间设抗震沉降缝，缝宽 8 cm，在缝内设抗震拉环，将主厂房和检修间的圈梁相互拉住。检修间地坪高程为 27.8 m，内有检修坑，地坪面积是 17 m×19 m，供一台主机组进行检修。

新型低扬程立式泵装置设计与应用

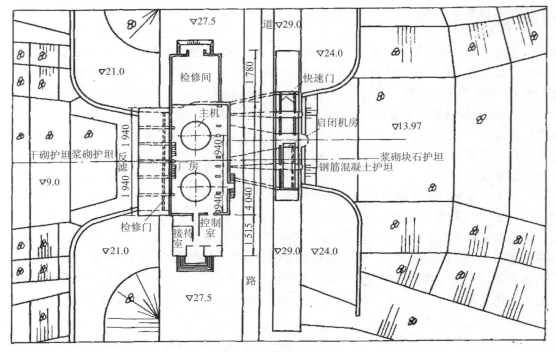

图 4-36 皂河泵站平面布置图(长度单位：cm)

控制室是 3 跨排架厂房,内设中央控制室、接待室和值班室,中央控制室地坪是双层钢筋混凝土平板结构,固支在排架立柱和连系梁上;地下层为电缆夹层,地面层为中央控制室。控制室和主厂房之间设沉降抗震缝,缝宽 5 cm。

上、下游导流翼墙的扩散角采用 24°,翼墙采用 1：5 向后倾斜的底板,利用在斜面上土抗力的水平分力,增加墙身水平抗滑稳定性。根据整体水工模型试验要求增设的透水导流墙和底槛,在修建郊洪河地涵时,根据实际水流情况再增设。出水池及上游引河的底高程均比出水扩管降低 1.0 m,以减小水流流速,并有利于水流扩散。

(2) 主厂房结构比选

主厂房既要挡水、挡土,又要兼具工厂功能,除要求结构合理、运行安全外,应满足主机组和流道型式对布置尺寸的需要,同时还要考虑安装、检修条件和管理、运行环境等因素。

主电动机是低速大容量同步电动机,最大转矩可达 196 500 kg·m(1 925 700 N·m),又是半伞式结构,故采用公认为抗扭刚度最大的圆筒形机墩,使电动机主体埋在机墩内,机墩墙成为良好的电机隔音、隔热结构。机墩固支在水泵层上,来自主电动机的荷载可经机墩直接传到水泵层,水泵层以上主厂房的其他荷载包括结构自重也直接传到水泵层,将电机层楼板做成简支的平板结构,不参与主厂房结构的整体作用。水泵层是由双螺旋形蜗壳压水室的顶板和底板组成的刚度极大的双层板结构。水泵以上的一切荷载均经水泵层调整重新分配后主要经机墩传到主厂房底板,再经底板传给地基。为使进水流道进口段的结构刚度能与水泵层相适应,故将进水流道段顶板和它上部的工作便桥构成 2 个刚度极大的箱形结构,使进口段结构成为具有刚性顶板的箱形框架地基梁。这样的布置,整个厂房结构受力明确,结构布置合理。

在主厂房结构构件中,双螺旋形蜗壳的底板截面和进、出水流道端部的尺寸较大,要考虑浇筑时水泥水化热和初始温差的影响,故在蜗壳底板中预埋直径为 1.7 m 的预制钢丝网水泥圆筒,将进、出水流道端部截面尺寸较大的部位都挖空,使其截面尺寸都小于 2 m,以减少水化热的影响。主厂房的其他构件如墩、墙和层板等的截面厚度都在 1～1.6 m 之间,理论厚度在 0.3～2 m 之间。这些构件在养护期间,水泥水化热和初始温差大都可以散失,因此主要是受气温变化和混凝土收缩的影响,可能产生收缩裂缝。电机层以下厂房,除进水流道侧的挡水墙外,其他构件都是水下或地下结构,只需考虑施工期可能发生的温度变化和混凝土收缩的影响。挡水墙位于大气中,且面向太阳西晒,不仅要考虑年温度变化和混凝土收缩的影响,还要考虑日温度的变化。当黄墩湖地区分洪后,该墙是挡水墙,最大挡水深度为 3.5 m,故还存在防渗水问题。

普通混凝土温度变形时的线膨胀系数为 $(5.8～12.6)×10^{-6}$/℃,钢筋的线膨胀系数为 $12×10^{-6}$/℃,两者相差不大。仅就温度作用而论,两者变形是一致的,但由于弹性模量不同,因而钢筋的存在可使混凝土的温度应力减小。混凝土的收缩变形主要是干缩变形,它与环境湿度、干燥历时、构件尺寸、混凝土配合比、水泥品种、砂粒细度及含钢率等影响因素有关。从实用角度出发,皂河泵站位于骆马湖边,大气的相对湿度较高,按 70% 考虑,此时框架结构的应变值取 $150×10^{-6}$,混凝土结构取 $250×10^{-6}$。

水泵层及其以下的厂房结构,各个构件都是相互嵌固的,构件中的钢筋可以承担部分温度应力,又可承担构件的部分收缩应力,故采用加强配筋和延长混凝土的养护时间等措施,防止构件产生裂缝。水泵层以上的挡土墙和挡水墙的相互嵌固作用很小,构件中的钢筋可以承担部分温度应力,但钢筋的存在起着阻碍混凝土收缩的作用,不可能承担收缩应力,仅可能使收缩裂缝分散、裂缝条数增多、裂缝宽度减小,这些构件的收缩裂缝只有通过控制长度来防止。

根据《水工钢筋混凝土结构设计规范(试行)》(SDJ 20—78),在软基上地下钢筋混凝土现浇框架结构的伸缩缝间的最大间距是 55 m,现浇壁式结构伸缩缝间的最大间距是 30 m。按照布置,主厂房纵向长度是 34.4 m,由于在水泵层以下的结构大体上是平面变形框架结构,它的边墩、中墩、挡水墙和挡土墙等又形成不同边界条件的嵌固板,嵌固板的分块尺寸都小于 30 m,这些构件的收缩变形相互约束。根据上述理由,不再将伸出厂房外长 10.6 m 的进水流道用沉降缝分开,而采取加强该进水流道的顶板刚度,使它与厂房结构形成刚度较大的整体,以提高主厂房的抗震倾覆稳定性,因此主厂房的纵向结构长度采用 34.4 m。

主厂房结构在横向分块方面研究了 3 个方案,即 2 台机组 1 块底板,底板宽 40.7 m 的整块底板方案;2 台机组 2 块底板,每块底板宽 21.9 m 的分块底板方案;水泵层以下为整块底板、水泵层以上分缝的方案。

分块底板方案要在 2 块底板及其上部结构之间设置高达 33 m 的沉降抗震缝,此缝的下部 20 m 为止水缝,起防渗作用,缝宽需要 26 cm,止水质量很难保证,地震时防渗作用可能被破坏,震后修复也十分困难。此缝必将成为泵站结构安全的隐患,加上分块底板上的厂房结构两侧受的侧向力不同,对抗震倾覆的稳定不利,因此不采用分块底板方案。

整块底板方案的底板宽达 40.7 m,它的上部构件宽度也为 40.7 m。基于前面分析的理由,水泵层以下的结构在采取措施后有可能不发生温度收缩裂缝,但在水泵层以上,两侧的挡土墙长 23.5 m、高 6.36 m;上游面的挡土墙长 40.7 m、高 6.36 m,下游面的挡水墙长 38.8 m、高 6.36 m。它们之间相互嵌固,墙的下部固支在水泵层上,上部为自由端,形成三面固支、一面自由的长宽比很大的板。它们的内侧是水泵层空间,受气温变化的影响小,挡土墙外侧是临土面,这样的环境条件,据分析即使发生墙内侧混凝土表面干燥失水的速度超过墙内部的渗透水向内侧墙面扩散的速度时,内侧表面可能发生收缩裂缝,但裂缝深度不可能很深,不可能形成贯穿裂缝。挡水胸墙的环境条件比较恶劣,在黄墩湖分洪时,外侧是临水面;非分洪时,外侧面暴露在大气中,且面向太阳西晒,可能发生收缩裂缝,并且可能是贯穿缝。上述的水泵层以上分缝方案也就是挡水墙的分缝方案。因为考虑到厂房排架柱是固支在水泵层上,而挡水墙与排架柱连在一起,成为排架间下部的剪力墙。如果挡水墙分缝,这样将水泵层以上的厂房分成两部分或几部分,它的抗震能力将削弱很多,因而没有采取这种分缝方案。而是采用加强挡水墙的水平纵向钢筋,将加强钢筋布置在挡水墙顶部的端面和顶部两侧面,同时也加强与挡水墙固结的水泵层部位的钢筋,阻止挡水墙收缩裂缝向下延伸。如果挡水墙发生收缩裂缝,采用灌缝修补方法,挡土墙也采用同样方法做加强处理。

水下工程验收时,已经过了 5 年的完建期考验,厂房水泵层及其以下部分的混凝土构件未发现裂缝;水泵层以上的挡水墙跨中发现部分贯穿收缩裂缝 1 条。后来又在东侧挡土墙内侧墙面发现几条表面收缩裂缝。情况和设计时考虑的一样。

应该指出的是,如果在对挡水墙布设置加强钢筋的同时,在预计可能发生收缩裂缝的部位两侧面各做一条位置相对应的槽子,促使收缩裂缝发生在槽子内,用弹性聚氨酯嵌平槽子,形成一条规则的假缝;或对挡水墙布设置加强钢筋的同时,对墙体混凝土分块浇筑,浇筑接缝按新老混凝土处理,并在此处也做成一道假缝。这样处理的墙面,不仅外形美观,而且发生收缩裂缝时也容易处理,又不致削弱构件的抗震能力。

皂河泵站主厂房总高 36.25 m,其中电机层以上厂房高 14.585 m;电机层以上厂房的结构刚度和质量都比电机层以下结构小得多。因此对电机层以上的厂房结构的地震惯性力具有较大的放大作用,且厂房上部有桥式起重机,自重达 500 kN,再加上行车梁、屋面系统等质量都较大,对厂房抗震很不利。如果将地面以上的固定式厂房改为半露天式活动厂房,经核算,它的抗震能力可抗御 0.8g 地面最大加速度,即可比原结构提高 1 倍。采取的具体措施如下:

① 半露天式厂房做成半球形结构,采用钢结构作骨架,隔热保温性能好的轻板作围护墙,拼装成整体性强的结构;

② 控制室单独修建,与主厂房完全分开;

③ 主机组小修在机坑内进行,机坑内设置 100 kN 起重机;

④ 采用门式起重机,不用时固定在离开厂房的地方;

⑤ 设置与主厂房分开的检修间,门式起重机能进入检修间;

⑥ 主机组大修时,门式起重机先将半露天式厂房吊开,再将主电动机转子、水泵叶轮吊到检修间,检修工作在检修间进行。

经综合比较,考虑到江苏雨雪天气多,检修时间都在冬春季节,气温低,又面临骆马湖、湿度大,如采用半露天式厂房,会给检修工作带来不便,大修时的起吊工作又是露天作业,故未能采用。

(3) 抗震设计的工程措施

皂河泵站虽按地震烈度 9 度设防,但在设计中又采取了以下工程措施:

① 厂房采取整体钢筋混凝土结构;

② 加强水泵层的结构刚度,使水泵层以上的横向力经过水泵层的调整和重新分配后传到底板上去;

③ 采用强柱弱梁原则,加强上部厂房排架柱和框架柱的抗剪强度;

④ 加强进水流道顶板的刚度,成为刚度极大的平面变形框架结构,使它与主厂房的刚度相配合,提高主厂房结构的整体刚度;

⑤ 采用钢行车梁,每根重 4 t,仅为钢筋混凝土行车梁重的 1/6;

⑥ 将厂房的砖砌填空墙改为加气混凝土轻板墙;

⑦ 采用轻型预制钢筋混凝土屋桁架,加强屋桁架与柱顶的连接,并在屋桁架下加设钢筋防护网,防止屋面板震落伤人;

⑧ 单独设立技术供水水塔,使水塔位置远离厂房;

⑨ 起重机不用时固定在检修间,即使地震时发生起重机倾倒震落,也不致砸坏主机组设备;

⑩ 出水扩管段与主厂房分开,降低快速门液压启闭机房的高度,启闭机房采用钢丝网砂浆粉面空心墙和轻型屋面,减小它对出水扩管的地震惯性力的作用。

(4) 遮阳、通风和噪声控制

皂河泵站地处北纬 33°左右,夏至日太阳辐射总热量可达 500 kcal/m²。泵站厂房为东西向,因此在主厂房和检修间的东、西面窗外设置活动遮阳板,使在 7 月中旬太阳高度角为 30°时,即在北京时间 16:00 前,太阳光不直射入厂房,从而改善工作人员的工作环境。

根据风玫瑰图,皂河泵站地区夏季的主导风向是东南风。因为泵站是东西向,电机层的通风可以利用自然通风,东、西墙面的窗位形成自然通风道。水泵层和供、排水泵房采用机械通风。蓄电池室单独设机械通风,单独外排。

站内大量热源是主电动机,由于采用圆筒式机墩,主电机大部分埋在机墩内,因而采用闭路循环空气冷却系统,吸收主电动机的发热量,不使热量发散到厂房内。

噪声控制是指对电机层和水泵层主机组的噪声控制,采用的圆筒式机墩可成为良好的隔音结构。

4. 机组性能实测

(1) 能量特性

皂河泵站试实测运行数据见表 4-10,根据实测的净扬程和流量,从原型装置特性曲线上查得相近似点的参数见表 4-11。对照表 4-10 和表 4-11 可以认为装置试验中叶片安放角−2°相当于原型泵的 0°,相差 2°。这是因为模型泵的叶片安放角由−22°变化到 0°,而原型泵改为−18°变化到 0°,在叶片安放角的两端各留有富裕位置造成的。

表 4-10　皂河泵站实测运行数据

| 机组 | 叶片安放角/(°) | 水位/m | | 净扬程 H_{net}/m | 实测流量 Q/(m³/s) | 实测功率 P/kW | 泵站计算效率 η/% |
		站上	站下				
1# 机组	−1	23.03	19.50	3.53	96.7	5 250	64
	−4	23.05	19.54	3.59	80.2	4 800	59
	−8	23.00	19.31	3.70	61.4	3 500	64
	−11	23.07	19.39	3.68	42.4	3 250	47
2# 机组	0	23.04	18.96	4.08	98.5	5 800	68
	−4	23.00	19.36	3.64	78.4	4 300	65
	−8	23.05	19.47	3.54	64.8	3 300	69
	−11	23.05	19.50	3.55	39.7	3 000	46

注：实测流量是采用普通流速仪在下游进水池内按常规方法测得。

表 4-11　模型装置性能换算数据

机组	叶片安放角/(°)	扬程 H/m	流量 Q/(m³/s)	功率 N/kW	效率 η/%
1# 机组	−3	3.65	98.5	5 100	68
	−6	3.69	86.5	4 250	71
2# 机组	−2	4.18	98.0	5 760	70
	−6	3.71	86.5	4 250	71

　　根据表 4-10 和表 4-11 可知两者之间的装置效率相差较大，主要是装置试验中没有考虑拦污栅、门槽、出口胸墙等水力损失。在设计工况时，这些损失的计算值约为 0.05 m，相当于影响效率 0.8%。试运行中主电动机的功率读数中已包括电动机的损失，设计值为 4.82%，另外现场用流速仪测流也有较大误差，因此导致两者的效率差值为 5.6%。

　　如将模型装置特性换算为原型时，叶片安放角加大 2°，效率减小 5.6% 来计算，泵站的运行特性可以满足设计要求，但必须将原型泵的叶片安放角调到 1° 运行。此时，扬程 $H=6.0$ m、流量 $Q=96$ m³/s、轴功率 $N=7\ 309$ kW、装置效率 $\eta_{sy}=76.5\%$。主电动机过载 4%，认为基本可以达到设计要求，但需要增大叶片安放角，试运行期间曾将叶片安放角调整至 2°，证明增大叶片安放角是可行的。

　　（2）振动特性

　　机组投产后没有进行振动频谱的测定，仅测定 1# 机组运行时振动最大位移，测点布置在受油器外壳底盘法兰边上。机组振动测量结果见表 4-12。

表 4-12　机组振动测量结果

叶片安放角/(°)	0	−1	−2	−3	−4	−5	−6	−7
纵向位移/μm	20	50	20	40	20	30	20	20
横向位移/μm	40	40	30	40	30	30	30	30

续表

叶片安放角/(°)	−8	−9	−10	−11	−12	−13	−14	
纵向位移/μm	20	40	60	60	50	50	20	
横向位移/μm	30	30	30	30	30	30	30	

注：水位：上游为 21.68 m，下游为 19.07 m。

叶片调节过程中 1# 机组振动的测量结果见表 4-13。

表 4-13　叶片调节过程 1# 机组振动测量结果

叶片调节	−1°→ −3°	−3°→ −5°	−5°→ −7°	−7°→ −9°	−9°→ −10°	−10°→ −12°	−12°→ −13°	−13°→ −14°
纵向位移/μm	50	40	20	70	60	150	40	30
横向位移/μm	40	30	30	30	30	30	30	30
叶片调节	−11°→ −8°	−8°→ −6°	−6°→ −4°	−4°→ −2°	−2°→ 0°	−4°→ −6°	−6°→ −8°	−8°→ −11°
纵向位移/μm	50	30	30	30	20	液压振动表针超过一周半	200	100
横向位移/μm	30	30	30	30	40		30	30

注：上游水位为 21.68 m，下游水位为 19.07 m。

振动实测结果表明，主机组制造和安装质量好，流道设计合理。

（3）噪声水平

当水泵在上游水位为 21.68 m、下游水位为 19.07 m、1# 机组工况运行时，在主机组受油器外壳底盘外 20 cm 处测定厂房总声压级为 83 dB（A），在控制室操纵台处测得总声压级为 56 dB（A）。将机坑盖板打开后，在电动机空气冷却器处的噪声测量数据见表 4-14。

表 4-14　电动机噪声测量数据

倍频程中心频率/Hz	31.5	63	125	250	500	1 000	2 000	4 000	8 000	16 000
倍频程声压级/dB	76	77	87	84	95.5	83.5	75.5	67.5	61	48

倍频程频谱分析曲线中有脉冲性峰值因素，噪声等级评价数 N=90，相当于噪声作用持续时间 2 h 的标准，实际上在运行时机坑盖板应盖上，这时噪声将减小很多，故不作厂房噪声的评价标准。

1# 机组在水泵叶片调节过程中，偶有液压振动发生时，也进行噪声测定，测点仍设在主机受油器外壳底盘外 20 cm 处，测量数据见表 4-15。

表 4-15　叶片调节过程噪声测量数据

调节过程	0°→−2°	−2°→−4°	−4°→−6°	−6°→−8°	−8°→−10°
噪声级/dB（A）	87	87~100	100~105	105~104	104~103
水泵液压振动情况	无振动	振动 1 次	振动 5 次	振动 3 次	振动 2 次

水泵出现液压振动时的噪声是脉冲声。噪声标准规定每个脉冲声不得超过

140 dB(A),水泵出现液压振动时的噪声低于该值。因为水泵叶片向小角度调节时可能发生的液压振动是随机性的,且持续时间很短,故不再用等级 A 声级来评价,如果水泵的液压振动问题已解决,则脉冲噪声也就不存在。

（4）温升与温度

主机温升实测值见表 4-16,主机温升的热量都由空气冷却器的闭路循环系统带走,不会散发到厂房内。

表 4-16　1986 年 4 月测定的主机不同部位温度数据

机组	叶片安放角/(°)	扬程/m	流量/(m³/s)	功率/kW	主机温度/℃					
					推力瓦1	推力瓦2	上导	下导	线圈	铁芯
1#	−3	3.51	80.2	5 400	50	56	35	44	43	41
2#	0	4.08	98.5	5 800	51	55	34	40	47	47

5. 主水泵液压振动原因分析及改进措施

（1）现象与原因

1# 主水泵和 2# 主水泵运行时从大叶片安放角向小安放角减小调节过程中,有时会发生随机的、间断性振动,2# 主水泵振动响声要比 1# 主水泵小些,轻载试验做减小叶片安放角调节时,1# 主水泵有轻微振动,2# 主水泵基本不振动。在叶片从小安放角向大安放角增加调节和自保持运行时,2 台主水泵都不发生振动。发生振动时从储能器到配压阀压力进油管的进口到出口,都可听到管内压力油的冲击振荡声,振动时回油量很小,甚至间断;振动停止时,回油恢复原状,回油量连续不断。1990 年 4 月在 1# 主水泵的受油器壳体旁压力进油管口和回油管口各装一个压力表,压力表量程为 0～4 MPa,在水泵运行调节叶片安放角时测得的压力变化见表 4-17。

表 4-17　叶片安放角调节过程的振动情况

叶片调节过程	0°→−1°	−1°→−3°	−3°→−5°	−5°→−7°	−7°→−9°	−9°→−10°	−10°→−12°
进油管压力表读数/MPa	2.55～2.65	2.70～2.80	2.70～2.80	2.55～2.80	2.50～2.80	2.50～2.70	2.55～2.75
振动情况	—	—	—	—	—	—	振动1次、情况Ⅰ
叶片调节过程	−12°→−13°	−13°→−14°	0°→−2°	−2°→−4°	−2°→−6°	−6°→−8°	−8°→−11°
进油管压力表读数/MPa	2.60～2.75	2.75～2.80	2.55～2.65	2.55～2.65	2.60～2.80	2.65～2.80	2.55～2.80
振动情况	—	—	—	振动1次、情况Ⅱ	振动5次、情况Ⅱ	振动3次、情况Ⅰ	振动2次、情况Ⅰ

注：① 振动情况Ⅰ：表针摆动幅度较小。
　　② 振动情况Ⅱ：表针摆动由 0 到最大,无法目测次数。
　　③ 进油管压力表读数是不振动时的表值,经多次振动后表已经振坏。

回油管压力表读数基本为 0（振动时表针在 0 位摆动,摆动幅度很小）。配油系统结构示意图如图 4-37 所示。

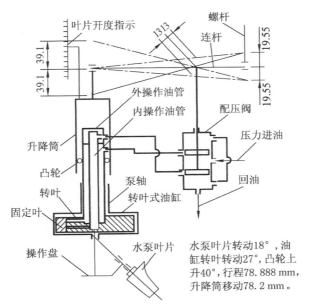

水泵叶片转动18°，油缸转叶转动27°，凸轮上升40°，行程78.888 mm，升降筒移动78.2 mm。

图 4-37　配油系统结构示意图(单位：mm)

配油系统发生液压振动的原因经分析有以下几个方面：

① 系统中发生空化，造成局部液压冲击。发生空化的部位可能是配压阀阀口，但运行后多次检查，并未发现配压阀阀口有空蚀破坏现象。

② 系统中某些部位空气无法排出，影响工作部件运动的平稳性。因为水泵在不同工况运行时，只在减小叶片安放角调节过程中发现有液压振动，所以排除由于系统中某些部位的空气无法排出而造成振动的可能性。

③ 配压阀的流量增益过大，形成系统不稳定。对系统进行分析时，考虑油缸内泄漏量和压力油挟气的因素，系统的液压阻尼比已达 1.68，振荡特性不大，在对数频率特性图上最小的正增益余量是 16.37 dB，比一般要求的最小值 6 dB 大很多，因此配油系统是稳定的。

④ 压力油管内径 Dg32，压力油管的油速经实测、推算 1# 主水泵可能发生的瞬时最大操作进油量是 200～250 L/s，2# 主水泵是 55～70 L/s。1# 主水泵管内瞬时最大流速是 4.8 m/s，2# 主水泵是 1.0～1.5 m/s，均在允许值范围内。按液压冲击波 1 000 m/s 计算，压力进油管发生完全液压冲击时，1# 主水泵的冲击压力为 5.5～6.5 MPa，2# 主水泵为 1.5～2.0 MPa。与实测值比较，估计 1# 主水泵发生液压冲击时总的压力为 4.0～4.5 MPa，其中冲击压力为 1.5～2.0 MPa，因此是不完全液压冲击。压力进油油速的大小在一般情况下与液压冲击的发生无关，只与发生液压冲击时压力的大小有关。

⑤ 配压阀阀口关闭速度太快引起压力进油管内发生液压冲击。储能器到 1# 主水泵的配压阀距离约为 20 m，2# 主水泵约为 28 m。配压阀阀口关闭时间 1# 主水泵小于 0.004 s，2# 主水泵小于 0.005 6 s，都将要发生完全液压冲击；稍大于这个时间则发生不完全液压冲击。

配油系统采用硬性反馈间接作用的调节机构。调节水泵叶片时,调节螺杆移动2.172 mm,配压阀阀芯移动1.444 mm,配压阀阀口开高或降低1.444 mm,操作压力油进入转叶式油缸推动转叶转动1.5°,带动水泵叶片转动1°,升降移动4.344 mm,经连杆反馈,使配压阀阀芯向相反方向移动1.444 mm,刚好将配压阀阀口关闭。这一动作过程完成水泵叶片调节1°。

主水泵进行增大叶片安放角调节时,操作压力油经转叶式油缸传到水泵叶片上的作用力矩方向与水阻力矩方向相反,因此经配压阀进入油缸的油压强度要克服水阻力矩,油量要能满足内泄量和转叶转动时的占位容积。此时配压阀阀口必须开得较高,阀芯移动速度较慢,导致反馈时关阀速度也较慢,关闭时间较长。水泵在做自保持运行时,反馈情况与增大叶片安放角调节相同。在进行减小叶片安放角调节时,操作压力油经转叶式油缸传到水泵叶片上的作用力矩方向与水阻力矩方向相同。试运行中,曾将配压阀关死,在约3.5 m水位差的作用下,2 min内水泵叶片安放角向减小方向转动,1# 主水泵约为4°,2# 主水泵约2°,因此在减小安放角调节时经配压阀进入油缸的油压是完全用来增加水泵叶片转动速度。当配压阀阀口开高很小,回油孔的阻力大于油缸内泄漏阻力时,由于油缸转叶的转动,回油腔的油体受压缩而压力增大,油体反而会泄漏到高压腔,即使油缸的进油量很小时,油缸转叶也能很快动作,带动连杆反馈很快动作。因此在做减小叶片安放角调节1°的过程中,连杆反馈已动作多次,配压阀阀口已多次开关。螺杆调节的移动速度是人为控制的,如果移动得快,水泵叶片动作也快,反馈动作也快。只要有一次关阀时间等于或稍小于上述发生液压冲击的时间,系统将发生液压冲击。发生液压冲击时阀口开高极小,这与观察到的发生液压冲击是随机的、发生时油缸回油量极小相符合。

综上所述,在调节叶片过程中,由于调节螺杆的移动速度即配压阀阀口开口速度人为确定,在一定的螺杆调节速度下,油缸转叶的转动速度、升降筒的移动速度、配压阀阀口关闭速度,以及调节过程中连杆反馈的动作次数由配油系统的各参数决定。这些参数主要有主水泵叶片上的作用力、配压阀阀系数、油缸内泄漏量,以及上述各构件移动量的比例关系等。

油缸内泄漏量如果像活塞缸一样,几乎可以不计。当进行减小安放角调节时,转叶的移动不仅与操作油压强度有关,而且与占位容积油量有关。在一定的操作油压作用下,进入油缸的油量大小与阀开口的阻力有关,两者呈非线性关系,只有当阀口开高较大时才能进入较大的流量。因此流量是随阀口开高而逐步增大,转叶移动速度也逐步增大。反馈时则相反,阀口关闭速度由快到慢,在关闭阀口瞬间,速度最慢,故不会发生液压冲击。

因此,可以肯定主水泵配油系统发生液压振动是由于油缸内泄漏量太大,进行减小叶片安放角调节时配压阀阀口关闭速度太快而在储能器到配压阀的一段压力进油管内发生不完全液压冲击。在配压阀到油缸的一段进油管内发生减压波振荡,对主水泵运行不会产生太大有害影响。

（2）改进措施

① 减小配压阀阀口开口梯度

配压阀是四通控制阀,在主水泵叶片安放角减小调节时,阀芯向上移,压力油进配压阀的上部阀口有3个水平长圆孔,孔的中部是尺寸为2.0 cm×2.5 cm的长方孔,两端是半径为 1.0 cm 的半圆孔。回油经配压阀的下部阀口也有 3 个水平长圆孔,孔的中部是尺寸为 2.0 cm×3.0 cm 的长方孔,两端是半径为 1.0 cm 的半圆孔。进行叶片安放角增大调节时,阀芯向下移,压力油进入下部阀口,回油经上部阀口。

根据试运行情况,1# 主水泵在操作油压为 2.4 MPa 时,主水泵叶片安放角从 −1° 向 1° 调节不动,此时主电动机的功率为 5 250 kW,油缸内泄漏量为 108.1 L/min。说明此时作用在油缸转叶片上的操作油压强度与水泵叶片上的水阻力矩相等,即水泵叶片上的水阻力矩传到油缸转叶片上的力相当油压为 2.5 MPa;在进行减小叶片安放角调节时,考虑机械摩阻力的作用方向相反,采用水阻力矩相当油压 2.0 MPa,以此来计算配压阀阀系数,结果见表 4-18。

表 4-18　配压阀阀系数计算结果

叶片安放角调节方向	位置	开口梯度 W	阀口实际开口面积 F/m^2	阀进口油压 p_s/MPa	相当水阻力矩作用压力 p_L/MPa	阀系数		
						流量增益 K_q	流量压力系数 K_c	压力增益 K_p
减小	零位	0.105	0	2.85	2.0	4.58	0	∞
增大	零位	0.090	0	2.85	−2.5	1.05	0	∞

注:计算中流量系数取 0.6;油密度考虑挟气,取 91.7 kg·s²/m⁴。

由表 4-18 可见,在减小叶片安放角调节时,虽然流量增益已达 4.58,但在增大叶片安放角调节时流量增益只有 1.05,故不可用减小阀口开口的办法来降低减小安放角调节时的阀口关闭速度,否则会出现增大调节不动的情况。例如,将上、下阀口都改成 4 个宽 16 cm、高 20 cm 的孔,计算得到流量增益在叶片安放角减小调节时为 2.79,增大调节时为 0.75,进行增大调节肯定调不动。

② 减少转叶式油缸内泄漏量

油缸内泄漏量流经配压阀阀口的油压损失与内泄漏量的平方成正比,与阀口开口面积的平方成反比。试运行时,实测 1# 主水泵油缸内泄漏量为 108.1 L/min,2# 主水泵估计为 55～70 L/min。此时实测调节叶片所需的最大操作油压 1# 主水泵是 2.5 MPa,2# 主水泵是 1.8 MPa。因此减少油缸内泄漏量可以减少流经阀口的油压损失,从而减小操作油压。若按 2# 主水泵的油缸内泄漏量考虑,取 $p_s=2.3$ MPa,$p_L=1.8$ MPa,增大叶片安放角工况时计算得 $K_q=1.26$,故配压阀阀口宽度不可能减小很多。2# 主水泵油缸的内泄漏量已达到《水轮发电机组安装技术规范》(GB 8564—1988)规范规定,但仍有液压冲击。目前转叶式油缸要做到像活塞油缸那样小的内泄漏量是不可能的,因此只用减小油缸内泄漏量来消除液压冲击是做不到的,但可以较多地减小液压冲击压力。

③ 加大压力油管内径

若将压力油管内径由目前采用的 Dg32 改为 Dg45,则冲击压力将减小 50%;若改为 Dg50,则可减小 60%,这是十分有效的。

④ 改变反馈结构

改变反馈结构,降低反馈速度,达到消除液压振动是可以做到的,但结构需要变动较大。该方法可以最后研究采用。

4.3.5 更新改造研究

随着南水北调东线一期工程开工建设,泵站功能发生改变,将以向北调水为主,而且是梯级泵站联合运行,因此特征水位有所调整,皂河泵站特征扬程见表4-19。

表 4-19 皂河泵站特征扬程

设计扬程/m	平均扬程/m	最小扬程/m	最大扬程/m
4.78	4.68	1.26	5.80

1. 现行装置进、出水流道 CFD 分析

(1) 基本流态

蜗壳式出水流道的内部流态与流道的设计参数及水泵的性能密切相关,随着水泵工况的改变,内部流态也将发生变化。图 4-38 为装置效率在最高效率点附近时流道中典型断面的等流速图,说明蜗壳式出水流道内部的流速梯度很大。从图 4-38b 可以看出,水流从进水流道出口进入水泵吸水口,在 X 方向上并不是均匀对称地进入水泵进口的,左侧流速高,右侧流速低,蜗壳中的水流比较紊乱,流速分布也不对称。图 4-38c 则说明,水流从进水流道出口进入水泵吸水口,其流速分布在 Y 方向上是基本对称的。水流从叶轮流

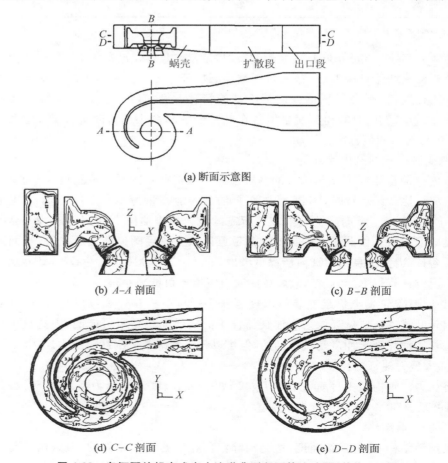

(a) 断面示意图

(b) A–A 剖面   (c) B–B 剖面

(d) C–C 剖面   (e) D–D 剖面

图 4-38 皂河泵站蜗壳式出水流道典型断面等流速图(单位: m/s)

出,沿着蜗壳向前运动,随着过水面积的增大,水流质点在蜗壳中不断减速,部分动能转化为压能,再经过流道的扩散段,流速进一步减小,最后汇入出水池。在 Z 方向上,由于 $D-D$ 剖面靠近叶轮出口,$C-C$ 剖面则离叶轮出口有一定的距离,因此,$C-C$ 剖面和 $D-D$ 剖面上的速度分布有较大差别,前者的流速分布比后者均匀得多。在 $C-C$ 和 $D-D$ 两剖面的等流速图上,也可以清楚地看到水流绕蜗壳前进时,由于受离心力的影响,水流质点甩向外侧,使得外侧流速明显高于内侧流速。此外,在 $C-C$ 和 $D-D$ 剖面上,还能清楚地看到水流绕隔舌和隔墩后的低速回流区尾迹。

(2) 蜗壳出口断面和流道出口断面流速分布特性

数值计算结果表明,蜗壳出口断面有局部涡旋,即使经过扩散段和出口段一段距离的调整后,流道出口断面两侧的流速分布仍不对称,有横向流速存在,二次流现象比较明显,并不是均匀、轴向、对称的,与图 4-27 和图 4-28 模型测试值趋势一致。蜗壳的型线设计是否合理,不仅影响到蜗壳的内部流态,也必然在蜗壳出口断面水流的偏流角和轴向流速分布均匀度上有所反映。轴向流速分布均匀度越高,流态越好。所谓偏流角是指断面实际流速与轴向流速的偏离程度,用某点的轴向流速与该点的实际流速之间的夹角来表示,反映了横向流速的大小。同理,流道扩散段和出口段的长度、扩散角的大小等参数是否合理,以及动能回收能力的大小等,也可用流道出口断面轴向流速分布均匀度和入流角,即式(1-17)和式(1-18)来比较和评价,从而指导更新改造中的水力设计优化。

模型装置蜗壳出口断面和流道出口断面的流速分布特性计算结果如图 4-39 所示,在图中还给出水泵装置效率曲线。从图 4-39 可以看到,蜗壳出口断面和流道出口断面的轴向流速分布均匀度随流量变化而变化,都是开口向下的关系曲线。前者位于后者下方,两者最大值均未超过 45%,说明均匀度较低。随着装置流量的增大,流速分布均匀度开始逐步提高,达到最大值后,再缓慢下降。两个出口断面轴向流速分布均匀度的最大值与泵装置效率曲线高效区相对应,说明流道的内部流动特性影响到水泵的性能,不应把水泵与出水流道割裂开来进行研究,这在皂河泵站早期设计中是无法做到的。蜗壳出口断面和流道出口断面的偏流角都是开口向上的曲线,从小流量向大流量变化时,偏流角逐步减小,在装置效率达到最大值时的流量附近达到最小值,以后随着流量的增大,偏流角也增大,但增幅速度变慢。

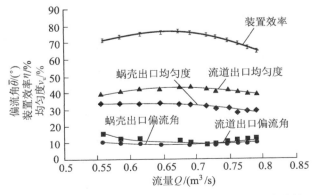

图 4-39　蜗壳出口断面和流道出口断面的流速分布特性

（3）流道水力损失计算

蜗壳式出水流道内部的流态非常复杂,局部流场相互干扰,采用水力学方法计算水力损失十分困难,工程设计阶段进行进、出水流道水力损失估算（见图 4-40a）,除设计工况点数值接近外,其余工况点与实际情况相差较大。现采用数值计算方法,不仅可定量分析各计算断面上的流速分布和压力分布,还可依据数值计算结果,由计算节点上的压力和速度的加权平均值,计算出任意 2 个过水断面之间的水力损失。

蜗壳式出水流道的水力损失随流量变化的关系曲线如图 4-40b 所示。为便于分析,将出水流道的总水力损失分为蜗壳水力损失和扩散段及出口段水力损失两部分。与图 4-40a不同,图 4-40b 表明蜗壳的水力损失随流量变化的曲线是一条开口向上的曲线,在水泵装置最高效率点附近达到极小值。扩散段和出口段的水力损失随流量的增大而增大,由于受蜗壳出口环流的影响,与蜗壳的出水流道水力损失曲线相对应,也有一个极小值。蜗壳式出水流道总水力损失为上述两部分水力损失的叠加,与蜗壳的水力损失曲线有同样的特点。水泵装置在小流量侧和大流量侧偏离设计工况运行时,对水泵装置效率的影响是不同的。在小流量侧,随着流量的减小,水力损失增加较慢;而在大流量侧,随着流量的增加,水力损失增加非常快。例如,在水泵装置达到最高效率时,对应的出水流道水力损失约为 0.47 m,占装置扬程的比例约为 5.46%,水泵装置效率达 76.3%;若装置流量增大 15%,出水流道的水力损失迅速增大到 0.83 m,装置效率降低为 67.7%。因此从提高水泵装置效率出发,采用蜗壳式出水流道时水泵装置不宜在较大流量变化范围内运行。如果泵站上、下游水位或需水量发生变化,应通过改变叶片安放角等方法,进行水泵工况调节,确保水泵装置在高效区运行。

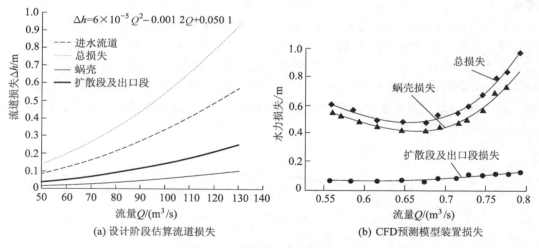

图 4-40　水力损失与流量的关系曲线

根据 CFD 分析结果,现行实际工程中采用的流道型线基本合理,而且在最优工况点的水力损失估算也基本上接近 CFD 预测值,因此更新改造中可以不改变进、出水流道的形状和尺寸,仅对主设备进行改造。

2. 混流泵装置数值分析计算

由前述分析可知流道型线基本合理,主要问题是原有混流泵扬程明显偏高、运行效率低、工作状态不良。本次更新改造的重点是在尽量保留原有的结构部件的条件下更换性能更优的水泵叶轮,因此需要研发新型水力模型。

根据二元设计理论与方法设计的水力模型 HB60 和 HB55,结合皂河泵站现状的钟型进水、蜗壳式出水流道装置型式,分析装置性能并进一步优化水力模型。

(1) 三维建模及数值模拟计算方法

对钟型进水、蜗壳压水室及直管式出水流道进行建模及网格剖分,对混流泵叶轮进行实体建模及网格剖分,建模时考虑叶顶间隙的影响,叶顶间隙设置为 0.15 mm。

① 控制方程

参见第 1 章第 1.4 节中数值模拟采用的计算模型。

② 离散与求解

采用基于有限元的有限体积法对 RANS 方程进行离散,采用物理对流修正的二次迎风差分格式提高精度,采用全隐式多网格耦合求解技术进行求解。

③ 边界条件

从混流泵装置外特性研究角度来看,三维紊流数值计算的主要目的是在给定的流量点预测扬程和轴功率。因此,进出口边界条件的给定通常采用以下两种方式:

a. 进口给定总压,出口给定质量流量;

b. 进口给定质量流量,出口给定静压。

采用这两种进、出口边界条件,计算结果几乎一样,第一种方式易于转到空化模型中使用,因此主要采用第一种进、出口边界条件进行数值计算。

进口边界条件:在设计状态下,认为在泵进口前有一段充分长的直管,水流进入泵时已是充分发展的紊流,进口速度为轴向且轴对称分布。经计算表明,指定进口流速均匀分布和充分发展的紊流分布,计算结果非常接近。因此最终应用时,在进口指定绝对总压为 10^5 Pa,进口流速方向为轴向,大小由流量决定。

进口紊动能 κ 和紊动能的耗散率 ε 由下面的公式确定:

$$\kappa = \frac{3}{2}(T_u \mid V \mid)^2 \tag{4-17}$$

$$\varepsilon = \frac{\kappa^{3/2}}{L_\varepsilon} \tag{4-18}$$

式中,V 为进口当地绝对速度;T_u 为紊流强度;L_ε 为紊流脉动比尺。本书中指定紊流强度 $T_u = 1\%$,紊流的脉动比尺 $L_\varepsilon = 0.03$。

出口边界条件:混流泵装置出口处的速度分布、压力分布是待求的,只要给定流量(质量流量),要求出口处的流动接近于充分发展的紊流,即流动变量在主流方向的梯度为零,因此计算区域的出口边界应尽量远离出水流道的出口断面。

壁面边界条件:紊流模型不适用于壁面边界层内的流动,采用对数律的壁面函数来模拟没有分离流动现象的二维附面层流动,虽然三维附面层内流动并不能很好地模拟,但依然被广泛使用。壁面函数是 Launder 和 Spalding 理论的延伸,近壁处的切向速度与壁面剪切应力 τ_ω 成对数关系,其关系式为

$$u^+ = \frac{u_t}{u_\tau} = \frac{1}{k}\ln y^+ + C \tag{4-19}$$

其中，

$$y^+ = \frac{\rho \Delta y u_\tau}{\mu} \; ; \; u_\tau = \left(\frac{\tau_\omega}{\rho}\right)^{0.5} \tag{4-20}$$

式中，u^+ 为近壁速度；u_τ 为摩擦速度；u_t 为距离壁面 Δy 处的壁面的切向速度；y^+ 为到壁面的无量纲距离；τ_ω 为壁面切应力；k 为 Karman 常数；C 为与壁面粗糙程度相关的对数层常数。

④ 网格划分

计算网格的合理划分是确保数值模拟结果具有较高精度的必要条件，除单元体积不能为负外，对网格的正交性和纵横比都有要求。网格的正交性由单元任意两个面之间的夹角来保证，要求在 20°～160°之间；网格的纵横比为单元边长之比。网格划分时还应遵循一些基本的原则，如在变量变化梯度较大的地方，适当增加网格密度，网格 i,j,k 方向尽量沿着主流方向分布等。

（2）叶轮与导叶联合的 CFD 数值计算

① 计算区域

对于叶轮直径 $D=300$ mm 的混流泵水力模型，对叶轮和导叶进行计算时，计算区域如图 4-41 所示。对于定常 CFD 计算且进口流速分布为轴对称，叶轮只取单通道进行分析，导叶取 2 个通道进行分析，以加快收敛速度，减少计算时间。

② 计算结果

在转速 $n=1\ 450$ r/min 的情况下，计算 HB60 混流泵水力模型 3 个流量工况点，3 个工况点的流量分别为 340 L/s，282 L/s 和 200 L/s。其中，流量为 282 L/s 的工况点对应原型泵站的设计流量。水力模型外特性计算结果见表 4-20。

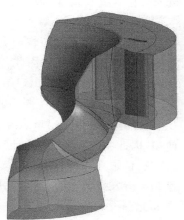

图 4-41　计算区域

表 4-20　混流泵水力模型计算结果

流量 $Q/(\text{L/s})$	扬程 H/m	轴功率 N/kW	效率 $\eta/\%$
340	4.585	18.24	83.84
282	7.450	23.89	86.26
200	11.203	27.41	80.18

图 4-42 分别给出 3 个计算流量点出水蜗壳内的流线图。由图可以看出，含环形导叶的出水蜗壳内出现较明显的脱流现象。蜗壳出口主流在大流量工况偏在上方，下方为回流区，出流面积只占出口面积的 50%；设计流量工况主流处在出口中间，上下均有回流区，出流面积只占出口面积的 35%左右；小流量工况主流偏在出口下方，上方有大的回流区，出流面积只占出口面积的 25%左右。图 4-43a,b,c 分别为大流量工况点（340 L/s）叶轮叶片不同展向位置翼型绕流情况，叶尖翼型绕流已出现负冲角的情况。图 4-44a,b,c 分别为大流量工况点（340 L/s）叶轮叶片不同展向位置翼型表面的压力分布。

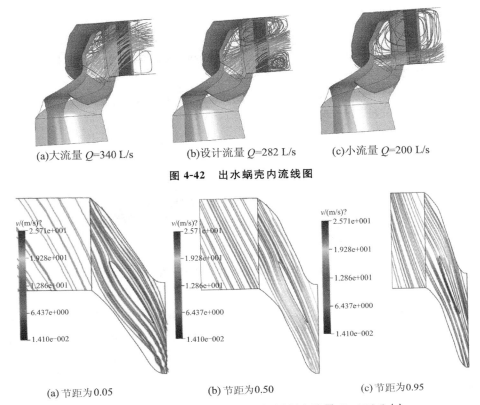

(a)大流量 Q=340 L/s　　　(b)设计流量 Q=282 L/s　　　(c)小流量 Q=200 L/s

图 4-42　出水蜗壳内流线图

(a)节距为0.05　　　　　(b)节距为0.50　　　　　(c)节距为0.95

图 4-43　不同展向位置时的翼型绕流图（大流量 Q＝340 L/s）

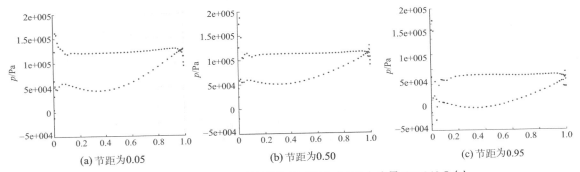

(a)节距为0.05　　　　　(b)节距为0.50　　　　　(c)节距为0.95

图 4-44　不同展向位置时的翼型表面压力分布（大流量 Q＝340 L/s）

③ 结果分析

在 3 个计算工况下出水蜗壳中均出现较大范围的回流，说明出水蜗壳的水力设计不尽合理，大范围的回流不但影响混流泵本身的性能，还会导致出水流道损失增加，从而影响泵装置的性能。在出水结构尺寸不变的情况下，难以显著提高装置性能。大流量工况叶轮叶片叶尖翼型已出现负冲角，说明在叶片回转中心与径向夹角不变的情况下，即轮毂不变，进一步降低叶轮高效点的扬程有较大的难度。从叶轮叶片表面压力分布推算，$NPSH_r$ 值在 8.0 m 左右，应能满足工程要求。

（3）混流泵装置整体 CFD 数值计算

① 计算区域

混流泵装置包括钟型进水流道、混流泵叶轮、蜗壳压水室及平直管出水流道，混流泵装置的三维建模图如图 4-45 所示。

计算的主要参数：叶轮叶片数为 4 片，叶片安放角为 0°，转速为 1 450 r/min，计算考虑了叶片的叶顶间隙的影响，叶顶间隙设置为 0.20 mm，进水流道与蜗壳压水室的结构比较复杂，采用混合网格技术进行剖分。

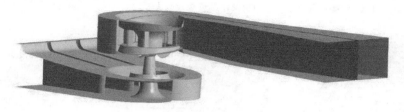

图 4-45　混流泵装置三维建模图

② 泵装置内流场分析

图 4-46 为混流泵装置内部粒子迹线图。钟型进水流道内为规则的收缩型流动，靠近双隔墩两侧的水流从导流锥顺水侧进入叶轮室，而靠近两外壁侧水流绕过导流锥经流道后壁后从导流锥逆水侧进入叶轮室，水流从四周进入叶轮室，水流在此阶段逐步收缩，平顺过渡，无回流、旋涡等不良流态出现。通过叶轮旋转做功及蜗壳体内环形导叶回收压能和环量，水流从四周汇入蜗壳出水室，因蜗壳壁面的约束作用，导致隔墩及蜗舌两侧的水流比较紊乱，流速分布也不均匀，尤其在隔墩内侧，水流由顶部向底部和由边壁侧向出口侧流动，两股水流交汇形成螺旋状水流进入出水流道，出水流道隔墩两侧均为螺旋状水流，顺水流方向看，右侧水流旋转强度明显强于左侧，主要原因是叶轮出口环量没被环形导叶很好地吸收，水流自身旋转及蜗壳出水结构形状的复杂性，造成螺旋状水流，从而增大装置的水力损失，降低泵装置的效率，增加能耗。

（a）混流泵装置整体内部粒子迹线图

（b）导叶蜗壳出水室内部粒子迹线图

图 4-46　混流泵装置内部粒子迹线图（$Q=280$ L/s）

③ 蜗壳出水室水力性能

图 4-47 为导叶式蜗壳出水室关键断面的位置示意及不同工况下的静压分布与流线图。不同工况蜗壳内部各断面静压分布的对称性较好，流态复杂，从 A-A 断面和 B-B 断面流线图中可见涡旋的存在，水流经混流泵叶轮旋转做功，水流斜向出流，内外侧流速差及蜗壳壁面的约束作用致使旋涡的产生，涡旋消耗部分能量，增大涡流损失。图 4-47e 可见在小流量工况及最优工况时蜗舌处无旋涡的产生，流态较平顺，大流量工况时，蜗舌处清晰可见旋涡的位置。顺水流方向看蜗壳出水室 C-C 断面，在小流量及最优工况时，隔墩右侧内水流明显偏向其出口左侧，左侧内水流偏向其出口右侧。在大流量工况时，水流对蜗舌的冲击较明显，水流的流速方向和流速大小改变较大，导致旋涡产生。

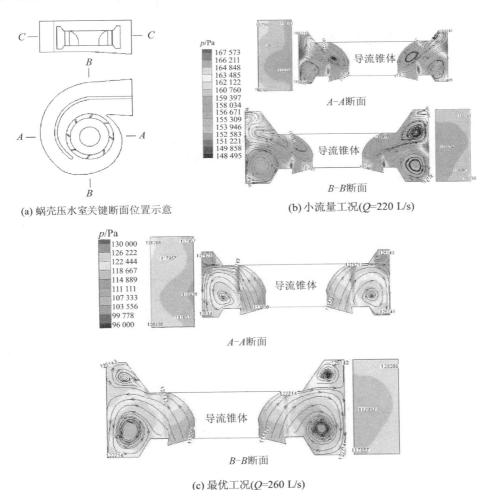

(a) 蜗壳压水室关键断面位置示意　　　(b) 小流量工况(Q=220 L/s)

(c) 最优工况(Q=260 L/s)

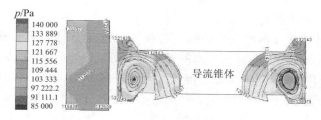

A-A断面

B-B断面

(d) 大流量工况(Q=340 L/s)

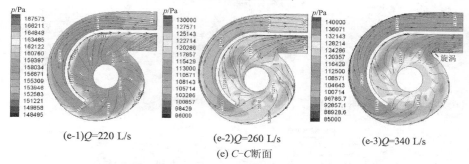

(e-1)Q=220 L/s   (e-2)Q=260 L/s   (e-3)Q=340 L/s

(e) C-C断面

图 4-47　导叶式蜗壳出水室关键断面位置示意及不同工况下的静压分布与流线图

　　不同工况下蜗壳出水室出口断面的轴向流速分布如图 4-48 所示。为了便于比较,断面轴向流速等值线均以各工况该断面的平均流速 v_{au} 为参考值。数值计算结果显示,出口断面轴向流速分布不均匀,有横向流速存在,出口流态均为轴向流动与环向旋转的合成运动。

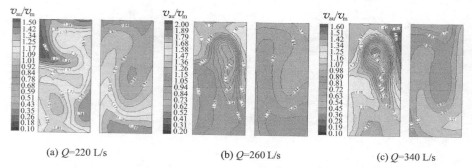

(a) Q=220 L/s　　　　　　　(b) Q=260 L/s　　　　　　(c) Q=340 L/s

图 4-48　不同工况下蜗壳出水室出口断面的轴向流速分布

　　为进一步说明蜗壳出水室的水力性能,分别计算各工况下蜗壳出水室出口断面速度加权平均角、轴向流速分布均匀度、压力恢复系数及水力损失,其中蜗壳的水力损失主要包括沿程阻力损失、涡流损失及混合损失。采用水力学方法对其计算较困难,即使进行模型试验或泵站现场测试,因流道内部速度场和压力场分布不均匀,很难精准测定水力损失,数值计算不失为一种较好的方法。蜗壳出水室水力性能曲线如图 4-49 所示。在计算流量 200~360 L/s 范围内,蜗壳出水室各项水力性能值均随流量的改变而改变,水力损失曲线呈开口向上的抛物线,压力恢复系数曲线为开口向下的抛物线,压力恢复系数最大值对应水力损失最小值,各工况时蜗壳出水室水力损失值均很大,降低了装置的整体效率。速度加权平均角随着流量的增大而增大,流量增大时,横向速度与轴向速度的夹角越来越小,横向速度占总速度的比例逐渐减小,各工况下蜗壳出水室出口断面速度加权平均角均小于 75°,尤其在小流量工况时,速度加权平均角小于 70°。轴向速度分布均匀度随着流量的增大而呈减小趋势,流量大、过流面积相同时流速大,流速大小受蜗壳壁面约束,致使其大小、方向改变较大,最终致使出口断面轴向速度分布均匀度较差,各工况均低于 85%,蜗壳出水室的水力性能对装置效率有重要的影响作用。

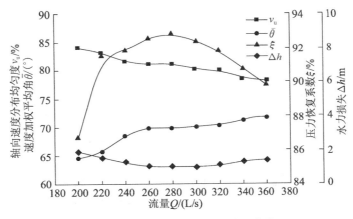

图 4-49　蜗壳出水室的水力性能曲线

④ 叶轮受力情况分析

叶轮在旋转中会产生作用于叶轮表面的轴向力与径向力,通过 CFD 计算得到不同工况下叶轮的受力情况,计算结果如图 4-50 所示。叶轮所受轴向力随流量的增大而减小,径向力则随流量的增大先减小后增大。混流泵叶轮所承受的力中轴向力远大于径向力,符合混流泵叶轮的受力情况。在最优工况附近,径向力很小,有利于泵装置的稳定运行,叶轮所承受的力对泵运行稳定的影响不可忽视。

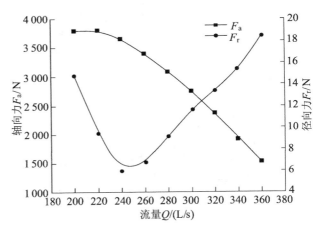

图 4-50　各工况下叶轮轴向力和径向力与流量的关系曲线

3. 混流泵模型装置试验及叶轮优化

（1）初步成果试验验证

通过设计和 CFD 分析，初步确定对 HB60 和 HB55 混流泵叶轮模型在扬州大学试验台上进行泵装置性能试验。

① 流道模型

在现状竣工设计图纸和泵站现场核对的基础上确定进、出水流道模型尺寸，模型泵名义叶轮直径采用 300 mm，则模型比采用 $\lambda_l = 5\ 700/300 = 19$。模型泵装置及进、出水流道示意如图 4-51 所示。

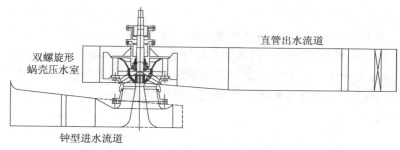

图 4-51　模型泵装置及流道示意图

② 水泵模型装置制作与安装

方案 1：HB60 混流泵模型叶轮叶片数为 4，轮毂和叶片均采用铝材料，通过三坐标数控加工成型，如图 4-52 所示。

方案 2：HB55 混流泵模型叶轮叶片数为 4，轮毂和叶片均采用铝材料，通过三坐标数控加工成型，如图 4-53 所示。

混流泵装置的蜗壳采用金属结构，通过精加工保证尺寸精度，进水流道、出水流道均采用钢板焊接，并在进水流道设置 2 个观察窗，以观察流道内的流态。模型泵试验装置如图 4-54 所示。

图 4-52　HB60 混流泵叶轮模型

图 4-53　HB55 混流泵叶轮模型

图 4-54　模型泵试验装置

③ HB60 模型试验结果

a. 性能试验。HB60 模型试验测试了叶片安放角分别为 2°，0°，−2°，−4°，−6°时的性能，根据试验结果整理得到的模型泵装置综合特性曲线如图 4-55 所示。

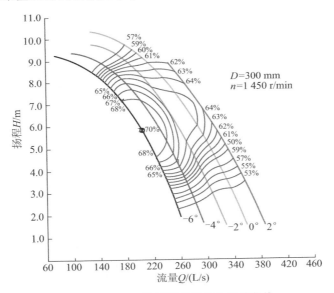

图 4-55　HB60 模型泵装置综合特性曲线

b. 空化特性试验。模型泵装置的空化特性试验采用定流量的能量法，取水泵效率较其性能点低 1% 的 $NPSH$ 作为临界值（以叶轮中心为基准）。在特征扬程工况时各角度下的 $NPSH_r$ 曲线分别见图 4-56 至图 4-60。

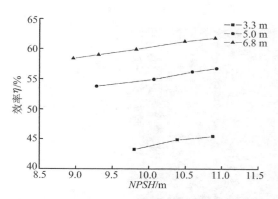

图 4-56　叶片安放角为 2°时的 NPSH-η 关系曲线

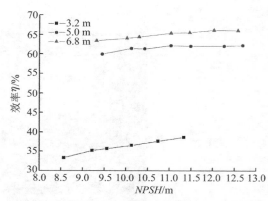

图 4-57　叶片安放角为 0°时的 NPSH-η 关系曲线

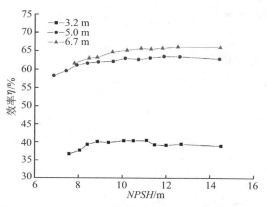

图 4-58　叶片安放角为 −2°时的 NPSH-η 关系曲线

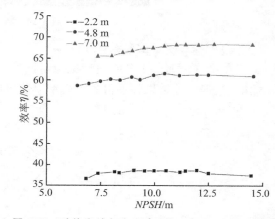

图 4-59　叶片安放角为 −4°时的 NPSH-η 关系曲线

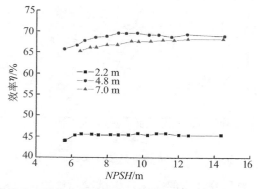

图 4-60　叶片安放角为 −6°时的 NPSH-η 关系曲线

④ HB55 模型试验结果

a. 性能试验。HB55 模型试验测试了 4°,2°,0°,−2°,−4°共 5 个叶片安放角下的性能,根据试验结果整理得到的模型泵装置综合特性曲线如图 4-61 所示。

b. 空化特性试验。模型泵装置的空化特性试验亦采用定流量的能量法,取水泵效率较其性能点低 1% 的 NPSH 作为临界值(以叶轮中心为基准)。

在不同叶片安放角下 HB55 模型泵装置的空化特性曲线如图 4-62 所示。

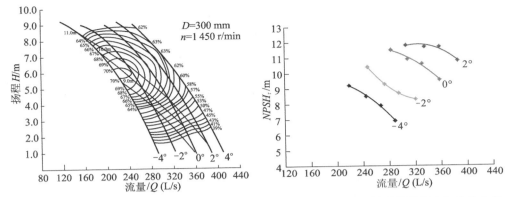

图 4-61　HB55 模型泵装置综合特性曲线　　　图 4-62　HB55 模型泵装置空化特性曲线

c. 飞逸特性试验。皂河泵站 HB55 模型泵装置在叶片安放角为 0°时飞逸特性试验数据见表 4-21。

表 4-21　HB55 模型泵装置飞逸特性试验数据

序号	水头 H/m	流量 $Q/(L/s)$	飞逸转速 $n_{1f}/(r/min)$	单位飞逸转速 n'_{1f}	单位流量 Q'_1
1	2.170	182.7	955.9	194.67	1.38
2	2.630	201.6	1 056.1	195.37	1.38
3	3.174	221.6	1 162.0	195.67	1.38
4	4.282	257.4	1 356.1	196.60	1.38
5	5.845	302.7	1 585.3	196.72	1.39

取单位飞逸转速 $n'_{1f}=197$，则原型泵装置在不同扬程下的实际飞逸转速特性曲线如图 4-63 所示。表 4-22 为原型泵装置飞逸特性试验数据。

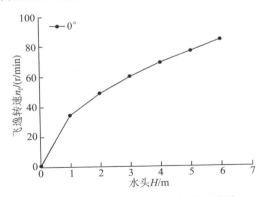

图 4-63　原型泵装置飞逸转速特性曲线

表 4-22　原型泵装置飞逸特性试验数据（叶片安放角为 0°）

水头/m	0	1.00	2.00	3.00	4.00	5.00	6.00
飞逸转速/(r/min)	0	34.56	48.88	59.86	69.12	77.28	84.66

⑤ 原型混流泵装置性能换算

流量、扬程、轴功率和 $NPSH$ 值采用相似换算公式（即等效率换算），HB60 模型泵装置换算为原型泵装置的综合特性曲线如图 4-64 所示。HB55 模型泵装置换算为原型泵装置的综合特性曲线如图 4-65 所示。

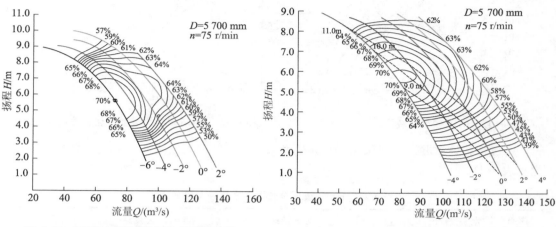

图 4-64　HB60 原型泵装置综合特性曲线　　　　图 4-65　HB55 原型泵装置综合特性曲线

根据换算结果，HB60 模型泵在叶片安放角为 −1.7°时，满足设计点要求，即设计扬程为 4.78 m，设计流量为 100 m³/s。此时，模型泵装置效率为 63.2%。

空化特性试验结果表明，设计点 $NPSH_r$ 值约为 8.5 m，模型泵空化性能一般，但能满足泵站运行的要求。

从高效区分布看，叶片安放角为 −2°时，最高效率点扬程为 6.5 m，偏离设计扬程 4.78 m 较多，应适当降低模型叶轮的设计扬程。

HB55 模型泵叶片安放角为 −1.3°时，满足设计点要求，即设计扬程 4.78 m，设计流量为 100 m³/s。此时，HB55 模型泵装置效率为 66.05%。HB55 模型泵装置空化特性试验结果表明，设计点 $NPSH_r$ 值在 10 m 左右，模型泵空化性能一般，但能满足泵站运行的要求。HB55 模型泵在叶片安放角为 0°时，单位飞逸转速 $n'_{1f}=197$，最大扬程 5.80 m 时，原型泵飞逸转速为 84.66 r/min，是额定转速的 1.15 倍。

（2）叶轮优化

试验结果表明，在仅改变叶片的改造方案条件下，模型泵装置最高效率在 71% 左右。在设计扬程 4.78 m 时，HB55 模型泵装置效率为 66.05%，高于 HB60 模型泵装置效率的 63.2%，但空化性能较差，$NPSH_r$ 值约为 10 m。利用多学科设计优化 iSIGHT 平台，对模型泵叶轮进行自动优化设计，在 HB55 和 HB60 设计参数范围上进行全局搜索，设计开发了 HB60b 水力模型，如图 4-66 所示。

对 HB60b 水力模型在叶片安放角为 0°时进行泵段性能试验（转速 $n=1\,450$ r/min），能量试验和空化试验数据见表 4-23 至表 4-25。

图 4-66　HB60b 水力模型

表 4-23　HB60b 水力模型能量试验数据

序号	流量 Q/(L/s)	扬程 H/m	轴功率 N/kW	效率 η/%
1	203.92	10.142	27.661	73.02
2	229.78	9.631	27.570	78.39
3	249.44	9.110	26.798	82.81
4	265.14	8.535	25.787	85.70
5	272.98	8.130	25.114	86.30
6	283.33	7.614	24.270	86.80
7	292.56	7.173	23.526	87.12
8	298.05	6.856	23.003	86.76
9	301.09	6.654	22.666	86.31
10	303.63	6.452	22.353	85.59
11	308.46	6.270	22.005	85.84
12	310.45	6.157	21.790	85.66
13	314.06	6.020	21.566	85.61
14	323.63	5.545	20.838	84.10
15	333.32	4.986	19.742	82.21
16	342.48	4.466	18.667	80.02
17	351.47	4.023	17.745	77.80
18	359.83	3.519	16.692	74.08
19	367.61	3.034	15.655	69.58

表 4-24　HB60b 水力模型空化特性试验数据（1）

序号	流量 Q/(L/s)	扬程 H/m	轴功率 N/kW	效率 η/%	$NPSH$/m
1	351.70	4.060	17.580	79.29	10.632
2	350.44	4.049	17.547	78.93	10.103
3	351.14	4.036	17.519	78.98	9.480
4	350.73	4.043	17.514	79.03	8.736
5	351.39	4.029	17.488	79.03	8.146
6	351.08	4.024	17.488	78.87	7.828
7	351.94	4.021	17.465	79.10	6.925
8	353.92	4.075	17.909	78.61	6.366
9	352.35	4.013	18.011	76.64	6.174
10	348.42	3.799	17.556	73.61	5.937

表 4-25 HB60b 水力模型空化特性试验数据(2)

序号	流量 $Q/(L/s)$	扬程 H/m	轴功率 N/kW	效率 $\eta/\%$	$NPSH/m$
1	292.25	7.165	23.331	87.62	10.790
2	293.12	7.171	23.404	87.68	10.013
3	292.13	7.182	23.450	87.34	9.631
4	294.74	7.195	23.566	87.85	8.549
5	295.62	7.255	23.922	87.52	7.680
6	297.68	7.376	24.925	86.00	7.135
7	295.70	7.291	25.104	83.84	6.215

试验结果表明,HB60b 水力模型的效率高,特别是空化性能有较大改善。

4. 模型装置对比试验[①]

南水北调东线一期工程开工后,在皂河泵站工程的更新改造过程中,为合理确定机组装置的性能,优选水力模型,选择合适该扬程段的 3 种水力模型进行同台对比试验。2010年河海大学完成装置模型对比试验,该模型试验分为 3 个阶段:第一阶段,根据皂河泵站的性能参数,选定 3 个水泵模型进行对比试验,对各模型在叶片安放角为 −4°,−2°,0°时做能量对比试验,确定 3[#] 水力模型为最终模型;第二阶段,对 3[#] 模型装置在设计运行角度范围内进行能量、空化、飞逸等详细试验;第三阶段,对 2[#] 模型装置(原泵站水力模型)进行完整的能量、空化、飞逸性能试验,为工程改造效果评估分析提供依据。

(1)泵装置模型能量性能对比试验

采用 1[#] 模型(211-80 模型)、2[#] 模型(原泵站水力模型)、3[#] 模型(HB60b 模型)进行模型装置性能对比试验,优选水力模型。

测定叶片安放角分别为 0°,−2°,−4°时装置的性能,确定装置扬程、轴功率、效率和流量的关系。试验测量点合理布置在整个性能曲线上,在小流量点的 85% 和大流量点的115% 的范围内,至少取 14 个以上的流量点。能量测试参数包括水泵装置的扬程、流量、效率、轴功率。试验扬程在 1~7.3 m 范围内,模型泵叶轮直径均为 300 mm,试验转速为1 425 r/min。换算至原型泵时直径均为 5 700 mm,转速为 75 r/min。

1[#] 模型装置在不同叶片安放角下测试的性能试验数据见表 4-26 至表 4-28,综合特性曲线如图 4-67 所示。原型泵装置特性参数见表 4-29 至表 4-31,综合特性曲线如图 4-68所示。1[#] 模型在最大、最小、平均和设计净扬程下的特征性能试验数据见表 4-32。

表 4-26 叶片安放角为 0°时 1[#] 模型泵装置性能试验数据

序号	流量 $Q/(L/s)$	扬程 H/m	轴功率 N/kW	装置效率 $\eta/\%$
1	377.1	1.02	17.26	21.86
2	372.6	1.35	17.55	28.11
3	364.4	1.99	19.52	36.44

---

① 河海大学. 南水北调东线工程皂河一站更新改造工程水泵装置模型试验研究报告[R]. 南京:河海大学,2010.

序号	流量 $Q/(L/s)$	扬程 H/m	轴功率 N/kW	装置效率 $\eta/\%$
4	357.1	2.51	20.45	42.99
5	349.0	2.99	21.11	48.50
6	341.1	3.50	22.26	52.62
7	338.3	3.71	22.98	53.57
8	336.0	3.88	23.33	54.83
9	332.6	4.08	23.55	56.52
10	331.3	4.23	23.91	57.50
11	326.3	4.48	24.23	59.19
12	322.7	4.71	24.72	60.31
13	318.3	4.90	24.89	61.47
14	314.7	5.11	25.41	62.09
15	313.4	5.22	25.58	62.74
16	308.6	5.55	26.35	63.76
17	304.8	5.76	26.70	64.50
18	302.4	5.95	27.24	64.79
19	296.1	6.22	27.53	65.62
20	291.8	6.51	28.46	65.47
21	285.5	6.73	29.04	64.90
22	280.5	6.91	29.44	64.59
23	275.0	7.12	30.04	63.95
24	270.2	7.27	30.40	63.39

表 4-27　叶片安放角为 $-2°$ 时 $1^{\#}$ 模型泵装置性能试验数据

序号	流量 $Q/(L/s)$	扬程 H/m	轴功率 N/kW	装置效率 $\eta/\%$
1	346.2	1.01	16.34	20.99
2	343.6	1.30	16.44	26.65
3	335.1	2.02	18.11	36.67
4	329.2	2.48	19.08	41.98
5	322.7	3.01	19.67	48.44
6	315.6	3.51	20.25	53.68
7	313.2	3.68	20.44	55.31
8	311.0	3.85	20.57	57.10
9	307.6	4.12	21.24	58.53
10	305.6	4.28	21.70	59.12

序号	流量 $Q/(L/s)$	扬程 H/m	轴功率 N/kW	装置效率 $\eta/\%$
11	301.7	4.50	21.77	61.19
12	298.9	4.68	21.93	62.56
13	295.1	4.92	22.61	62.99
14	292.5	5.10	22.92	63.84
15	289.2	5.25	23.04	64.66
16	286.0	5.47	23.50	65.30
17	281.9	5.74	24.21	65.57
18	277.0	5.96	24.51	66.07
19	271.1	6.28	25.09	66.57
20	266.1	6.53	25.50	66.85
21	262.6	6.68	25.65	67.10
22	258.5	6.87	26.05	66.88
23	252.2	7.07	26.57	65.83
24	243.6	7.34	27.56	63.65

表 4-28 叶片安放角为 $-4°$ 时 $1^\#$ 模型泵装置性能试验数据

序号	流量 $Q/(L/s)$	扬程 H/m	轴功率 N/kW	装置效率 $\eta/\%$
1	313.8	1.00	13.75	22.40
2	310.6	1.32	14.07	28.59
3	302.5	2.01	15.35	38.85
4	296.2	2.51	16.04	45.46
5	290.4	2.98	16.79	50.57
6	284.2	3.46	17.15	56.24
7	281.0	3.70	17.61	57.92
8	278.5	3.90	17.83	59.76
9	276.2	4.11	18.40	60.51
10	273.9	4.24	18.37	62.03
11	270.5	4.49	18.85	63.20
12	268.7	4.71	19.24	64.54
13	264.9	4.88	19.41	65.34
14	261.7	5.08	19.77	65.96
15	259.4	5.25	20.10	66.46
16	255.7	5.50	20.59	67.00
17	251.4	5.74	20.92	67.66

序号	流量 $Q/(L/s)$	扬程 H/m	轴功率 N/kW	装置效率 $\eta/\%$
18	247.2	5.94	21.13	68.17
19	240.9	6.26	21.59	68.53
20	235.3	6.53	22.13	68.11
21	231.3	6.67	22.42	67.51
22	228.3	6.86	22.87	67.19
23	220.0	7.11	23.32	65.80
24	214.6	7.33	23.73	65.04

表 4-29　叶片安放角为 0°时 1# 原型泵装置性能参数

序号	流量 $Q/(m^3/s)$	装置扬程 H/m	轴功率 N/kW	装置效率 $\eta/\%$
1	136.1	1.02	6 229.96	21.86
2	134.5	1.35	6 336.65	28.11
3	131.5	1.99	7 046.99	36.44
4	128.9	2.51	7 383.40	42.99
5	126.0	2.99	7 619.02	48.50
6	123.1	3.50	8 034.80	52.62
7	122.1	3.71	8 297.18	53.57
8	121.3	3.88	8 420.33	54.83
9	120.1	4.08	8 502.96	56.52
10	119.6	4.23	8 631.29	57.50
11	117.8	4.48	8 745.58	59.19
12	116.5	4.71	8 924.80	60.31
13	114.9	4.90	8 984.99	61.47
14	113.6	5.11	9 172.17	62.09
15	113.1	5.22	9 234.24	62.74
16	111.4	5.55	9 512.98	63.76
17	110.0	5.76	9 639.49	64.50
18	109.2	5.95	9 835.43	64.79
19	106.9	6.22	9 938.84	65.62
20	105.3	6.51	10 275.43	65.47
21	103.1	6.73	10 484.07	64.90
22	101.3	6.91	10 627.27	64.59
23	99.3	7.12	10 842.97	63.95
24	97.5	7.27	10 974.26	63.39

表 4-30　叶片安放角为－2°时 1# 原型泵装置性能参数

序号	流量 $Q/(m^3/s)$	装置扬程 H/m	轴功率 N/kW	装置效率 $\eta/\%$
1	125.0	1.01	5 899.62	20.99
2	124.0	1.30	5 935.36	26.65
3	121.0	2.02	6 537.64	36.67
4	118.8	2.48	6 887.33	41.98
5	116.5	3.01	7 101.29	48.44
6	113.9	3.51	7 308.52	53.68
7	113.1	3.68	7 379.76	55.31
8	112.3	3.85	7 425.80	57.10
9	111.0	4.12	7 668.48	58.53
10	110.3	4.28	7 835.00	59.12
11	108.9	4.50	7 857.82	61.19
12	107.9	4.68	7 918.25	62.56
13	106.5	4.92	8 162.66	62.99
14	105.6	5.10	8 275.30	63.84
15	104.4	5.25	8 315.68	64.66
16	103.2	5.47	8 484.31	65.30
17	101.8	5.74	8 739.12	65.57
18	100.0	5.96	8 848.88	66.07
19	97.9	6.28	9 057.05	66.57
20	96.1	6.53	9 205.19	66.85
21	94.8	6.68	9 258.47	67.10
22	93.3	6.87	9 403.72	66.88
23	91.0	7.07	9 592.23	65.83
24	87.9	7.34	9 949.12	63.65

表 4-31　叶片安放角为－4°时 1# 原型泵装置性能参数

序号	流量 $Q/(m^3/s)$	装置扬程 H/m	轴功率 N/kW	装置效率 $\eta/\%$
1	113.3	1.00	4 962.18	22.40
2	112.1	1.32	5 078.10	28.59
3	109.2	2.01	5 542.90	38.85
4	106.9	2.51	5 791.69	45.46
5	104.8	2.98	6 060.33	50.57

序号	流量 $Q/(m^3/s)$	装置扬程 H/m	轴功率 N/kW	装置效率 $\eta/\%$
6	102.6	3.46	6 192.00	56.24
7	101.4	3.70	6 357.57	57.92
8	100.5	3.90	6 436.27	59.76
9	99.7	4.11	6 643.88	60.51
10	98.9	4.24	6 629.98	62.03
11	97.7	4.49	6 805.42	63.20
12	97.0	4.71	6 943.95	64.54
13	95.6	4.88	7 006.08	65.34
14	94.5	5.08	7 137.78	65.96
15	93.6	5.25	7 256.80	66.46
16	92.3	5.50	7 433.53	67.00
17	90.8	5.74	7 553.03	67.66
18	89.2	5.94	7 628.13	68.17
19	87.0	6.26	7 793.31	68.53
20	84.9	6.53	7 989.15	68.11
21	83.5	6.67	8 093.00	67.51
22	82.4	6.86	8 255.21	67.19
23	79.4	7.11	8 418.65	65.80
24	77.5	7.33	8 564.75	65.04

表 4-32　1$^\#$ 模型装置特征性能试验数据

叶片安放角/(°)	参数	最大扬程 (5.80 m)	最小扬程 (1.26 m)	平均扬程 (4.68 m)	设计扬程 (4.78 m)	最高效率点
−4	模型泵流量/(L/s)	250.1	311.2	269.0	267.1	240.9
	原型泵流量/(m^3/s)	90.3	112.3	97.1	96.4	87.0
	效率/%	67.81	27.43	64.37	64.87	68.53
−2	模型泵流量/(L/s)	280.6	344.0	298.9	297.3	262.6
	原型泵流量/(m^3/s)	101.3	124.1	107.9	107.3	94.8
	效率/%	65.71	25.87	62.56	62.74	67.1
0	模型泵流量/(L/s)	304.3	373.8	323.2	321.1	296.1
	原型泵流量/(m^3/s)	109.8	134.9	116.7	115.9	106.9
	效率/%	64.56	26.13	60.16	60.74	65.62

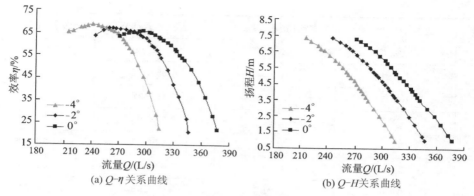

(a) Q-η 关系曲线   (b) Q-H 关系曲线

图 4-67   1# 模型泵装置综合特性曲线

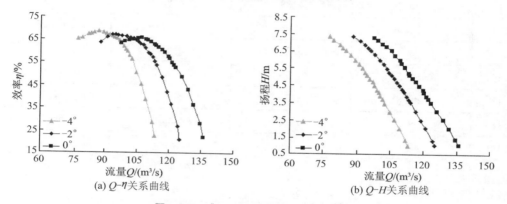

(a) Q-η 关系曲线   (b) Q-H 关系曲线

图 4-68   1# 原型泵装置综合特性曲线

由表 4-26 至表 4-32 及图 4-67 和图 4-68 可以看出：

1# 模型最高装置效率为 68.53%，对应的叶片安放角 $\varphi = -4°$，对应的扬程为 $H = 6.26$ m，模型泵流量为 0.241 m³/s，对应原型泵流量为 87 m³/s。当叶片安放角 $\varphi = -4°$ 时，在设计工况点（扬程 4.78 m）时，模型泵装置效率为 64.87%，流量为 0.267 m³/s，对应原型泵流量为 96.4 m³/s。

当叶片安放角 $\varphi = 0°$ 时，1# 模型泵最高装置效率为 65.62%，对应的扬程为 $H = 6.22$ m，模型泵流量为 0.296 m³/s，对应原型泵流量为 106.9 m³/s。在设计工况点扬程 4.78 m 时，模型泵装置效率为 60.74%，流量为 0.321 m³/s，对应原型泵流量为 115.9 m³/s。

当叶片安放角 $\varphi = -2°$ 时，1# 模型最高装置效率为 67.10%，对应的扬程 $H = 6.68$ m，模型泵流量为 0.262 m³/s，对应原型流量为 94.8 m³/s。在设计工况点（扬程为 4.78 m）时，模型泵装置效率为 62.74%，流量为 0.297 m³/s，对应原型泵流量为 107.3 m³/s。

2# 模型泵在不同叶片安放角下的性能试验数据见表 4-33 至表 4-35，综合特性曲线如图 4-69 所示。原型泵装置性能参数见表 4-36 至表 4-38，综合特性参数如图 4-70 所示。2# 模型泵装置在最大、最小、平均和设计净扬程下的特征性能试验数据见表 4-39。

表 4-33　叶片安放角为 0°时 2# 模型泵装置性能试验数据

序号	流量 $Q/(\text{L/s})$	扬程 H/m	轴功率 N/kW	装置效率 $\eta/\%$
1	332.8	0.95	14.38	21.57
2	329.9	1.42	16.08	28.58
3	324.2	2.08	16.90	39.14
4	320.4	2.48	18.10	43.07
5	317.1	3.01	19.60	47.78
6	312.2	3.46	20.10	52.73
7	309.5	3.73	20.77	54.52
8	307.5	3.91	21.15	55.76
9	304.3	4.09	21.00	58.14
10	302.5	4.23	21.24	59.11
11	300.4	4.48	21.64	61.00
12	296.9	4.75	22.47	61.58
13	294.2	4.93	22.63	62.87
14	291.4	5.13	22.94	63.91
15	289.5	5.24	22.92	64.94
16	286.5	5.51	23.55	65.76
17	283.4	5.77	24.06	66.66
18	279.9	6.02	24.70	66.93
19	277.1	6.27	25.24	67.53
20	272.9	6.47	25.67	67.47
21	268.8	6.70	26.22	67.38
22	261.8	6.98	27.01	66.38
23	258.5	7.13	27.41	65.95
24	250.7	7.31	27.95	64.32

表 4-34　叶片安放角为 -2°时 2# 模型泵装置性能试验数据

序号	流量 $Q/(\text{L/s})$	扬程 H/m	轴功率 N/kW	装置效率 $\eta/\%$
1	297.2	1.01	13.04	22.59
2	294.9	1.26	13.37	27.26
3	287.5	2.05	14.76	39.18
4	283.9	2.47	15.66	43.93
5	278.7	2.99	16.97	48.18

序号	流量 Q/(L/s)	扬程 H/m	轴功率 N/kW	装置效率 η/%
6	273.1	3.53	17.73	53.35
7	270.8	3.72	17.99	54.93
8	268.5	3.92	18.26	56.54
9	266.8	4.09	18.59	57.57
10	265.2	4.25	18.90	58.49
11	262.8	4.50	19.37	59.90
12	259.4	4.80	19.88	61.45
13	258.0	4.92	20.05	62.10
14	255.9	5.12	20.35	63.15
15	254.7	5.24	20.68	63.32
16	252.3	5.49	20.97	64.79
17	248.3	5.80	21.40	66.03
18	246.2	5.98	21.72	66.50
19	241.6	6.27	22.08	67.31
20	236.4	6.56	22.57	67.37
21	232.5	6.73	23.01	66.71
22	228.2	6.95	23.51	66.21
23	224.9	7.12	23.93	65.65
24	219.2	7.36	24.43	64.77

表 4-35 叶片安放角为−4°时 2# 模型泵装置性能试验数据

序号	流量 Q/(L/s)	扬程 H/m	轴功率 N/kW	装置效率 η/%
1	263.2	1.01	11.00	23.71
2	261.1	1.27	11.39	28.57
3	255.2	2.00	12.76	39.23
4	249.9	2.49	13.53	45.12
5	245.7	2.97	14.32	49.97
6	241.5	3.47	15.13	54.33
7	239.4	3.67	15.53	55.50
8	237.0	3.88	15.79	57.13
9	235.6	4.13	16.43	58.08
10	233.2	4.27	16.32	59.85

序号	流量 $Q/(\text{L/s})$	扬程 H/m	轴功率 N/kW	装置效率 $\eta/\%$
11	231.2	4.51	16.87	60.64
12	229.4	4.70	17.20	61.51
13	227.3	4.89	17.34	62.89
14	224.6	5.09	17.52	64.02
15	223.6	5.25	17.86	64.49
16	220.9	5.51	18.17	65.70
17	218.6	5.78	18.57	66.76
18	215.8	6.03	19.03	67.09
19	213.0	6.25	19.34	67.53
20	209.9	6.49	19.69	67.87
21	206.4	6.71	19.93	68.19
22	202.3	6.92	20.27	67.71
23	198.0	7.12	20.81	66.48
24	193.8	7.29	21.23	65.30

表 4-36　叶片安放角为 0° 时 2# 原型泵装置性能参数

序号	流量 $Q/(\text{m}^3/\text{s})$	扬程 H/m	轴功率 N/kW	装置效率 $\eta/\%$
1	120.1	0.95	5 190.56	21.57
2	119.1	1.42	5 804.13	28.58
3	117.0	2.08	6 101.31	39.14
4	115.7	2.48	6 533.93	43.07
5	114.5	3.01	7 074.70	47.78
6	112.7	3.46	7 255.41	52.73
7	111.7	3.73	7 499.08	54.52
8	111.0	3.91	7 636.17	55.76
9	109.9	4.09	7 580.55	58.14
10	109.2	4.23	7 666.27	59.11
11	108.4	4.48	7 813.65	61.00
12	107.2	4.75	8 110.10	61.58
13	106.2	4.93	8 170.48	62.87
14	105.2	5.13	8 283.04	63.91
15	104.5	5.24	8 273.10	64.94

序号	流量 $Q/(\text{m}^3/\text{s})$	扬程 H/m	轴功率 N/kW	装置效率 $\eta/\%$
16	103.4	5.51	8 501.40	65.76
17	102.3	5.77	8 686.73	66.66
18	101.0	6.02	8 915.23	66.93
19	100.0	6.27	9 111.43	67.53
20	98.5	6.47	9 268.02	67.47
21	97.0	6.70	9 465.65	67.38
22	94.5	6.98	9 751.93	66.38
23	93.3	7.13	9 896.60	65.95
24	90.5	7.31	10 090.61	64.32

表 4-37　叶片安放角为$-2°$时 $2^{\#}$ 原型泵装置性能参数

序号	流量 $Q/(\text{m}^3/\text{s})$	扬程 H/m	轴功率 N/kW	装置效率 $\eta/\%$
1	107.3	1.01	4 706.47	22.59
2	106.5	1.26	4 826.90	27.26
3	103.8	2.05	5 327.77	39.18
4	102.5	2.47	5 653.55	43.93
5	100.6	2.99	6 125.23	48.18
6	98.6	3.53	6 399.15	53.35
7	97.8	3.72	6 494.69	54.93
8	96.9	3.92	6 591.95	56.54
9	96.3	4.09	6 712.06	57.57
10	95.7	4.25	6 824.24	58.49
11	94.9	4.50	6 992.23	59.90
12	93.6	4.80	7 175.72	61.45
13	93.1	4.92	7 238.56	62.10
14	92.4	5.12	7 347.06	63.15
15	91.9	5.24	7 464.01	63.32
16	91.1	5.49	7 570.62	64.79
17	89.6	5.80	7 724.19	66.03
18	88.9	5.98	7 840.40	66.50
19	87.2	6.27	7 970.42	67.31
20	85.3	6.56	8 148.02	67.37

续表

序号	流量 $Q/(\text{m}^3/\text{s})$	扬程 H/m	轴功率 N/kW	装置效率 $\eta/\%$
21	83.9	6.73	8 307.83	66.71
22	82.4	6.95	8 485.51	66.21
23	81.2	7.12	8 637.95	65.65
24	79.1	7.36	8 817.46	64.77

表 4-38　叶片安放角为 $-4°$ 时 $2^{\#}$ 原型泵装置性能参数

序号	流量 $Q/(\text{m}^3/\text{s})$	扬程 H/m	轴功率 N/kW	装置效率 $\eta/\%$
1	95.0	1.01	3 970.42	23.71
2	94.3	1.27	4 110.15	28.57
3	92.1	2.00	4 607.52	39.23
4	90.2	2.49	4 884.22	45.12
5	88.7	2.97	5 171.15	49.97
6	87.2	3.47	5 462.61	54.33
7	86.4	3.67	5 606.55	55.50
8	85.6	3.88	5 699.92	57.13
9	85.1	4.13	5 933.01	58.08
10	84.2	4.27	5 892.34	59.85
11	83.5	4.51	6 089.43	60.64
12	82.8	4.70	6 207.57	61.51
13	82.1	4.89	6 258.97	62.89
14	81.1	5.09	6 323.89	64.02
15	80.7	5.25	6 446.37	64.49
16	79.7	5.51	6 561.10	65.70
17	78.9	5.78	6 702.52	66.76
18	77.9	6.03	6 868.90	67.09
19	76.9	6.25	6 981.34	67.53
20	75.8	6.49	7 108.13	67.87
21	74.5	6.71	7 193.13	68.19
22	73.0	6.92	7 317.69	67.71
23	71.5	7.12	7 511.94	66.48
24	70.0	7.29	7 662.37	65.30

表 4-39　2[#]模型泵装置特征性能试验数据

叶片安放角/(°)	参数	最大扬程 (5.80 m)	最小扬程 (1.26 m)	平均扬程 (4.68 m)	设计扬程 (4.78 m)	最高效率点
−4	模型流量/(L/s)	218.4	261.1	229.6	228.4	206.4
	原型流量/(m³/s)	78.8	94.3	82.9	82.5	74.5
	效率/%	66.79	28.55	61.42	62.09	68.19
−2	模型流量/(L/s)	248.3	294.9	260.8	259.6	236.4
	原型流量/(m³/s)	89.6	106.5	94.1	93.7	85.3
	效率/%	66.03	27.26	60.83	61.35	67.37
0	模型流量/(L/s)	283.0	330.9	297.8	296.5	277.1
	原型流量/(m³/s)	102.1	119.4	107.5	107.0	100.0
	效率/%	66.69	26.19	61.43	61.80	67.53

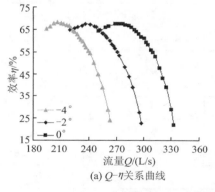
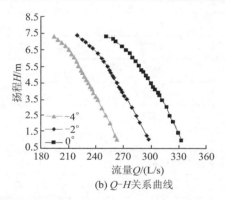

(a) Q–η关系曲线　　　　　　　(b) Q–H关系曲线

图 4-69　2[#]模型泵装置综合特性曲线

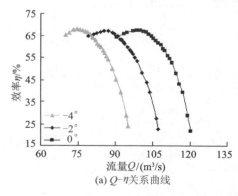
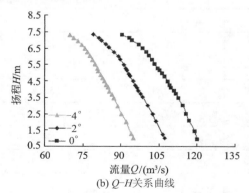

(a) Q–η关系曲线　　　　　　　(b) Q–H关系曲线

图 4-70　2[#]原型泵装置综合特性曲线

由表 4-33 至表 4-39 和图 4-69、图 4-70 可以看出：

2[#]模型泵装置最高效率为 68.19%，对应的叶片安放角 $\varphi = -4°$，对应的扬程 $H = 6.71$ m，模型泵流量为 0.206 m³/s，对应原型泵流量为 74.5 m³/s。当叶片安放角 $\varphi = -4°$时，在设计工况点扬程 4.78 m 时，模型泵装置效率为 62.09%，流量为 0.228 m³/s，对应原型泵流量为 82.5 m³/s。

当叶片安放角 $\varphi = 0°$ 时，2# 模型泵装置最高效率为 67.53％，对应的扬程 $H = 6.27$ m，模型泵流量为 0.277 m³/s，对应原型泵流量为 100 m³/s。在设计工况点（扬程 4.78 m）时，模型泵装置效率为 61.80％，流量为 0.297 m³/s，对应原型泵流量为 107 m³/s。

当叶片安放角 $\varphi = -2°$ 时，2# 模型泵最高装置效率为 67.37％，对应的扬程为 $H = 6.56$ m，模型泵流量为 0.236 m³/s，对应原型泵流量为 85.3 m³/s。在设计工况点扬程 4.78 m 时，模型泵装置效率为 61.35％，流量为 0.260 m³/s，对应原型泵流量为 93.7 m³/s。

3# 模型在不同叶片安放角的性能试验数据见表 4-40 至表 4-42，综合特性曲线如图 4-71 所示。原型泵装置性能参数见表 4-43 至表 4-45，综合特性曲线如图 4-72 所示。3# 模型在最大、最小、平均和设计净扬程下的特征性能试验数据见表 4-46。

表 4-40　叶片安放角为 0° 时 3# 模型泵装置性能试验数据

序号	流量 Q/(L/s)	扬程 H/m	轴功率 N/kW	装置效率 η/％
1	361.5	1.04	15.91	23.18
2	358.7	1.25	16.17	27.20
3	348.9	2.03	18.20	38.19
4	341.1	2.53	19.10	44.32
5	333.7	2.98	19.78	49.31
6	327.2	3.42	20.60	53.28
7	321.8	3.72	20.93	56.12
8	319.0	3.88	21.25	57.14
9	313.8	4.07	21.40	58.56
10	310.9	4.27	21.91	59.44
11	306.7	4.51	22.31	60.82
12	301.2	4.75	22.52	62.33
13	299.4	4.89	22.89	62.75
14	295.7	5.09	23.16	63.76
15	292.7	5.25	23.49	64.17
16	287.4	5.53	24.05	64.82
17	282.9	5.81	24.71	65.26
18	280.0	6.00	25.12	65.61
19	275.8	6.25	25.70	65.80
20	270.4	6.52	26.13	66.19
21	265.8	6.72	26.39	66.39
22	258.5	6.92	26.71	65.70
23	254.3	7.11	27.17	65.27
24	247.6	7.33	27.62	64.45

表 4-41　叶片安放角为－2°时 3# 模型泵装置性能试验数据

序号	流量 Q/(L/s)	扬程 H/m	轴功率 N/kW	装置效率 η/%
1	325.4	1.02	12.91	25.22
2	322.2	1.24	12.98	30.20
3	312.2	2.00	14.72	41.61
4	304.7	2.53	15.65	48.33
5	297.2	3.01	16.40	53.51
6	288.9	3.53	17.37	57.59
7	285.9	3.69	17.56	58.95
8	282.5	3.88	17.80	60.42
9	278.5	4.12	18.13	62.10
10	276.6	4.29	18.56	62.72
11	271.7	4.54	18.70	64.77
12	267.8	4.78	19.11	65.71
13	265.2	4.91	19.27	66.30
14	263.0	5.08	19.53	67.10
15	259.8	5.25	19.76	67.72
16	254.7	5.55	20.32	68.25
17	249.2	5.77	20.45	68.96
18	244.5	6.02	20.87	69.18
19	240.7	6.23	21.17	69.49
20	235.9	6.48	21.53	69.64
21	230.0	6.73	21.97	69.13
22	226.5	6.88	22.26	68.69
23	219.9	7.11	22.67	67.66
24	215.4	7.31	23.03	67.07

表 4-42　叶片安放角为－4°时 3# 模型泵装置性能试验数据

序号	流量 Q/(L/s)	扬程 H/m	轴功率 N/kW	装置效率 η/%
1	294.3	0.88	10.76	23.62
2	288.1	1.26	11.11	32.05
3	277.1	2.01	12.42	43.99
4	269.6	2.54	13.26	50.64
5	262.0	3.02	14.01	55.40

序号	流量 Q/(L/s)	扬程 H/m	轴功率 N/kW	装置效率 η/%
6	254.9	3.54	14.99	59.04
7	252.0	3.71	15.08	60.80
8	248.3	3.90	15.22	62.43
9	245.1	4.08	15.27	64.25
10	242.4	4.25	15.52	65.10
11	239.3	4.47	15.80	66.41
12	236.3	4.73	16.26	67.37
13	232.2	4.92	16.40	68.25
14	229.3	5.10	16.54	69.34
15	227.0	5.24	16.71	69.83
16	222.7	5.50	17.06	70.43
17	218.0	5.82	17.53	71.00
18	214.9	5.98	17.69	71.26
19	210.1	6.26	18.06	71.44
20	204.0	6.50	18.51	70.27
21	198.7	6.69	18.88	69.07
22	196.4	6.89	19.39	68.47
23	195.6	7.07	19.92	68.10
24	191.8	7.28	20.57	66.59

表 4-43　叶片安放角为 0°时 3# 原型泵装置性能参数

序号	流量 Q/(m³/s)	扬程 H/m	轴功率 N/kW	装置效率 η/%
1	130.5	1.04	5 744.62	23.18
2	129.5	1.25	5 838.05	27.20
3	126.0	2.03	6 568.42	38.19
4	123.1	2.53	6 896.29	44.32
5	120.5	2.98	7 141.55	49.31
6	118.1	3.42	7 438.20	53.28
7	116.2	3.72	7 554.18	56.12
8	115.2	3.88	7 671.12	57.14
9	113.3	4.07	7 723.86	58.56
10	112.2	4.27	7 908.93	59.44

续表

序号	流量 $Q/(m^3/s)$	扬程 H/m	轴功率 N/kW	装置效率 $\eta/\%$
11	110.7	4.51	8 054.38	60.82
12	108.7	4.75	8 128.57	62.33
13	108.1	4.89	8 263.33	62.75
14	106.7	5.09	8 360.23	63.76
15	105.7	5.25	8 480.59	64.17
16	103.8	5.53	8 681.20	64.82
17	102.1	5.81	8 918.86	65.26
18	101.1	6.00	9 068.18	65.61
19	99.6	6.25	9 277.06	65.80
20	97.6	6.52	9 432.75	66.19
21	96.0	6.72	9 527.69	66.39
22	93.3	6.92	9 642.89	65.70
23	91.8	7.11	9 809.74	65.27
24	89.4	7.33	9 972.59	64.45

表 4-44　叶片安放角为 −2° 时 3# 原型泵装置性能参数

序号	流量 $Q/(m^3/s)$	扬程 H/m	轴功率 N/kW	装置效率 $\eta/\%$
1	117.5	1.02	4 661.56	25.22
2	116.3	1.24	4 685.22	30.20
3	112.7	2.00	5 314.46	41.61
4	110.0	2.53	5 649.18	48.33
5	107.3	3.01	5 920.48	53.51
6	104.3	3.53	6 271.21	57.59
7	103.2	3.69	6 337.72	58.95
8	102.0	3.88	6 424.59	60.42
9	100.5	4.12	6 543.26	62.10
10	99.9	4.29	6 700.12	62.72
11	98.1	4.54	6 750.41	64.77
12	96.7	4.78	6 898.79	65.71
13	95.7	4.91	6 955.44	66.30
14	94.9	5.08	7 050.94	67.10
15	93.8	5.25	7 132.41	67.72

序号	流量 $Q/(\text{m}^3/\text{s})$	扬程 H/m	轴功率 N/kW	装置效率 $\eta/\%$
16	91.9	5.55	7 334.92	68.25
17	90.0	5.77	7 384.19	68.96
18	88.3	6.02	7 534.79	69.18
19	86.9	6.23	7 642.05	69.49
20	85.2	6.48	7 773.45	69.64
21	83.0	6.73	7 929.62	69.13
22	81.8	6.88	8 034.14	68.69
23	79.4	7.11	8 183.50	67.66
24	77.8	7.31	8 313.57	67.07

表 4-45　叶片安放角为 -4° 时 3# 原型泵装置性能参数

序号	流量 $Q/(\text{m}^3/\text{s})$	扬程 H/m	轴功率 N/kW	装置效率 $\eta/\%$
1	106.2	0.88	3 883.77	23.62
2	104.0	1.26	4 011.06	32.05
3	100.0	2.01	4 483.79	43.99
4	97.3	2.54	4 788.46	50.64
5	94.6	3.02	5 057.56	55.40
6	92.0	3.54	5 412.16	59.04
7	91.0	3.71	5 445.62	60.80
8	89.6	3.90	5 493.18	62.43
9	88.5	4.08	5 511.60	64.25
10	87.5	4.25	5 604.24	65.10
11	86.4	4.47	5 704.18	66.41
12	85.3	4.73	5 870.03	67.37
13	83.8	4.92	5 921.88	68.25
14	82.8	5.10	5 972.64	69.34
15	81.9	5.24	6 032.42	69.83
16	80.4	5.50	6 158.88	70.43
17	78.7	5.82	6 328.45	71.00
18	77.6	5.98	6 386.32	71.26
19	75.8	6.26	6 519.47	71.44
20	73.6	6.50	6 682.67	70.27

续表

序号	流量 $Q/(m^3/s)$	扬程 H/m	轴功率 N/kW	装置效率 $\eta/\%$
21	71.7	6.69	6 815.70	69.07
22	70.9	6.89	6 999.01	68.47
23	70.6	7.07	7 191.07	68.10
24	69.2	7.28	7 425.43	66.59

表 4-46　3# 模型装置特征性能试验数据

叶片安放角/(°)	参数	最大扬程 (5.80 m)	最小扬程 (1.26 m)	平均扬程 (4.68 m)	设计扬程 (4.78 m)	最高效率点
−4	模型泵流量/(L/s)	218.3	288.1	236.9	235.2	210.1
	原型泵流量/(m³/s)	78.8	104.0	85.5	84.9	75.8
	效率/%	70.96	32.05	67.19	67.60	71.44
−2	模型泵流量/(L/s)	248.6	321.9	269.4	267.8	235.9
	原型泵流量/(m³/s)	89.8	116.2	97.3	96.7	85.2
	效率/%	68.98	30.50	65.32	65.71	69.64
0	模型泵流量/(L/s)	283.0	358.5	302.8	300.8	265.8
	原型泵流量/(m³/s)	102.2	129.4	109.3	108.6	96.0
	效率/%	65.24	27.34	61.89	62.42	66.39

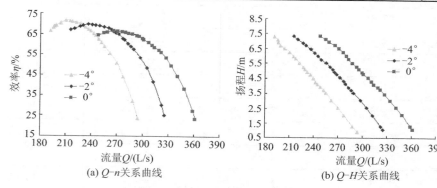

(a) $Q-n$关系曲线　　　　(b) $Q-H$关系曲线

图 4-71　3# 模型泵装置综合特性曲线

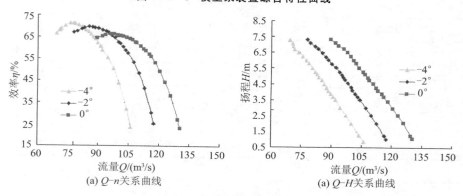

(a) $Q-n$关系曲线　　　　(a) $Q-H$关系曲线

图 4-72　3# 原型泵装置综合特性曲线

由表 4-40 至表 4-46 和图 4-71 和图 4-72 可以看出：

$3^{\#}$ 模型泵装置最高效率为 71.44%，对应的叶片安放角 $\varphi=-4°$，对应的扬程 $H=6.26$ m，模型泵流量为 0.210 m³/s，对应的原型泵流量为 75.8 m³/s。当叶片安放角 $\varphi=-4°$时，在设计工况点（扬程 4.78 m）时，模型泵装置效率为 67.60%，流量为 0.235 m³/s，对应的原型泵流量为 84.9 m³/s。

当叶片安放角 $\varphi=0°$时，$3^{\#}$ 模型泵装置最高效率为 66.39%，对应的扬程 $H=6.72$ m，模型泵流量为 0.266 m³/s，对应的原型泵流量为 96 m³/s。在设计工况点（扬程 4.78 m）时，模型泵装置效率为 62.42%，流量为 0.301 m³/s，对应的原型泵流量为 108.6 m³/s。

当叶片安放角 $\varphi=-2°$时，$3^{\#}$ 模型装置最高效率为 69.64%，对应的扬程 $H=6.48$ m，模型泵流量为 0.236 m³/s，对应的原型泵流量为 85.2 m³/s。在设计工况点（扬程 4.78 m）时，模型泵装置效率为 65.71%，流量为 0.268 m³/s，对应的原型泵流量为 96.7 m³/s。

通过试验数据整理得出 3 组水力模型的能量性能参数见表 4-47。

表 4-47　3 组水力模型的主要性能参数

叶片安放角/(°)	模型	平均扬程(4.68 m)		设计扬程(4.78 m)	
		原型泵流量/(m³/s)	效率/%	原型泵流量/(m³/s)	效率/%
−4	$1^{\#}$	97.1	64.37	96.4	64.87
	$2^{\#}$	82.9	61.42	82.5	62.09
	$3^{\#}$	85.5	67.19	84.9	67.60
−2	$1^{\#}$	107.9	62.56	107.3	62.74
	$2^{\#}$	94.1	60.83	93.7	61.35
	$3^{\#}$	97.3	65.32	96.7	65.71
0	$1^{\#}$	116.7	60.16	115.9	60.74
	$2^{\#}$	107.5	61.43	107.0	61.80
	$3^{\#}$	109.3	61.89	108.6	62.42

$1^{\#}$ 模型泵装置最高效率为 68.53%，对应的叶片安放角 $\varphi=-4°$，对应的扬程 $H=6.26$ m，模型泵流量为 0.241 m³/s，对应的原型泵流量为 87 m³/s。当叶片安放角为 $-2°$时，在设计扬程 4.78 m 时，模型泵装置效率为 62.74%，流量为 0.297 m³/s，对应原型泵流量为 107.3 m³/s。当叶片安放角为 $-4°$时，在设计扬程 4.78 m 时，模型泵装置效率为 64.87%，流量为 0.267 m³/s，对应的原型泵流量为 96.4 m³/s。

$2^{\#}$ 模型泵装置最高效率为 68.19%，对应的叶片安放角 $\varphi=-4°$，对应的扬程 $H=6.71$ m，模型泵流量为 0.206 m³/s，对应的原型泵流量为 74.5 m³/s。当叶片安放角为 $0°$时，在设计扬程 4.78 m 时，模型装置效率为 61.8%，流量为 0.297 m³/s，对应的原型泵流量为 107 m³/s。当叶片安放角为 $-2°$时，在设计扬程 4.78 m 时，模型泵装置效率为 61.35%，流量为 0.260 m³/s，对应的原型泵流量为 93.7 m³/s。

$3^{\#}$ 模型泵装置最高效率为 71.44%，对应的叶片安放角 $\varphi=-4°$，对应的扬程 $H=$

6.26 m,模型泵流量为 0.210 m³/s,对应的原型泵流量为 75.8 m³/s。当叶片安放角为 0°时,在设计扬程 4.78 m 时,模型泵装置效率为 62.42%,流量为 0.301 m³/s,对应的原型泵流量为 108.6 m³/s。当叶片安放角为－2°时,在设计扬程 4.78 m 时,模型泵装置效率为 65.71%,流量为 0.268 m³/s,对应的原型泵流量为 96.7 m³/s。

(2)3#模型试验成果与分析

根据前述试验成果,对优选的 3#模型(HB60b 模型)在叶片安放角分别为－8°,－6°,－4°,－2°,0°时进行水泵性能综合测试。

该模型在不同叶片安放角下的性能试验数据见表 4-40 至表 4-42 和表 4-48、表 4-49,特性曲线如图 4-73 所示。原型泵装置性能参数见表 4-43 至表 4-45 和表 4-50、表 4-51,特性曲线如图 4-74 所示。水力模型装置在最大、最小、平均和设计净扬程下的试验数据见表 4-52。

表 4-48　叶片安放角为－6°时 3# 模型泵装置性能试验数据

序号	流量 $Q/(L/s)$	扬程 H/m	轴功率 N/kW	装置效率 $\eta/\%$
1	259.3	1.02	9.00	28.84
2	255.5	1.28	9.34	34.34
3	244.5	1.99	10.23	46.66
4	237.2	2.47	10.92	52.65
5	230.3	3.00	11.73	57.80
6	222.7	3.54	12.55	61.60
7	220.9	3.71	12.81	62.74
8	216.9	3.91	12.90	64.47
9	212.6	4.11	13.05	65.70
10	210.3	4.32	13.45	66.29
11	206.9	4.51	13.50	67.79
12	202.9	4.72	13.68	68.70
13	202.4	4.87	13.98	69.19
14	197.9	5.11	14.06	70.54
15	195.3	5.25	14.17	70.98
16	189.1	5.49	14.25	71.45
17	182.8	5.81	14.65	71.10
18	177.4	6.05	14.98	70.30
19	171.9	6.20	15.09	69.30
20	165.1	6.51	15.48	68.10
21	161.8	6.72	15.76	67.70
22	156.3	6.97	16.02	66.70

表 4-49　叶片安放角为－8°时 3# 模型泵装置性能试验数据

序号	流量 $Q/(\text{L/s})$	扬程 H/m	轴功率 N/kW	装置效率 $\eta/\%$
1	216.4	1.00	6.74	31.50
2	212.7	1.25	7.13	36.58
3	201.8	2.03	8.25	48.72
4	195.5	2.49	8.76	54.53
5	187.4	3.03	9.35	59.61
6	180.4	3.53	9.89	63.17
7	177.2	3.73	10.09	64.27
8	174.9	3.92	10.30	65.27
9	171.9	4.10	10.45	66.14
10	169.5	4.27	10.64	66.72
11	166.1	4.51	10.85	67.75
12	160.5	4.76	10.97	68.34
13	157.8	4.90	11.07	68.51
14	154.3	5.08	11.16	68.88
15	151.7	5.24	11.31	68.97
16	147.1	5.48	11.46	69.00
17	141.2	5.78	11.71	68.35
18	136.5	6.03	11.93	67.68
19	130.2	6.25	12.01	66.45

表 4-50　叶片安放角为－6°时 3# 原型泵装置性能参数

序号	流量 $Q/(\text{m}^3/\text{s})$	扬程 H/m	轴功率 N/kW	装置效率 $\eta/\%$
1	93.6	1.02	3 247.40	28.84
2	92.2	1.28	3 372.84	34.34
3	88.3	1.99	3 692.63	46.66
4	85.6	2.47	3 941.08	52.65
5	83.1	3.00	4 233.15	57.80
6	80.4	3.54	4 532.30	61.60
7	79.7	3.71	4 625.85	62.74
8	78.3	3.91	4 658.47	64.47
9	76.7	4.11	4 709.95	65.70
10	75.9	4.32	4 853.79	66.29

序号	流量 $Q/(\text{m}^3/\text{s})$	扬程 H/m	轴功率 N/kW	装置效率 $\eta/\%$
11	74.7	4.51	4 874.89	67.79
12	73.2	4.72	4 937.07	68.70
13	73.1	4.87	5 045.34	69.19
14	71.4	5.11	5 077.00	70.54
15	70.5	5.25	5 115.66	70.98
16	68.3	5.49	5 145.62	71.45
17	66.0	5.81	5 290.04	71.10
18	64.0	6.05	5 406.67	70.30
19	62.1	6.20	5 446.41	69.30
20	59.6	6.51	5 589.30	68.10
21	58.4	6.72	5 687.68	67.70
22	56.4	6.97	5 784.18	66.70

表 4-51　叶片安放角为 -8° 时 3# 原型泵装置性能参数

序号	流量 $Q/(\text{m}^3/\text{s})$	扬程 H/m	轴功率 N/kW	装置效率 $\eta/\%$
1	78.1	1.00	2 432.82	31.50
2	76.8	1.25	2 574.27	36.58
3	72.8	2.03	2 977.68	48.72
4	70.6	2.49	3 161.36	54.53
5	67.7	3.03	3 373.62	59.61
6	65.1	3.53	3 569.87	63.17
7	64.0	3.73	3 642.24	64.27
8	63.1	3.92	3 719.95	65.27
9	62.1	4.10	3 773.57	66.14
10	61.2	4.27	3 841.52	66.72
11	60.0	4.51	3 915.58	67.75
12	57.9	4.76	3 959.15	68.34
13	57.0	4.90	3 996.92	68.51
14	55.7	5.08	4 030.14	68.88
15	54.8	5.24	4 081.81	68.97
16	53.1	5.48	4 137.31	69.00
17	51.0	5.78	4 228.69	68.35
18	49.3	6.03	4 307.08	67.68
19	47.0	6.25	4 336.83	66.45

表 4-52　3# 模型泵装置能量试验数据

叶片安放角/(°)	参数	最小扬程 (1.26 m)	平均扬程 (4.68 m)	设计扬程 (4.78 m)	最高扬程 (5.80 m)	最高效率点
0	模型泵流量/(L/s)	358.9	303.0	300.8	283.4	266.0
	原型泵流量/(m³/s)	129.6	109.4	108.6	102.3	96.0
	效率/%	27.30	61.83	62.44	65.27	66.38
−2	模型泵流量/(L/s)	322.3	269.5	267.4	249.1	236.0
	原型泵流量/(m³/s)	116.4	97.3	96.5	89.9	85.2
	效率/%	30.48	65.29	65.70	69.02	69.66
−4	模型泵流量/(L/s)	288.0	236.5	235.1	218.5	210.3
	原型泵流量/(m³/s)	104.0	85.4	84.9	78.9	75.9
	效率/%	32.04	67.2	67.63	70.95	71.45
−6	模型泵流量/(L/s)	255.9	203.7	202.7	183.1	189.1
	原型泵流量/(m³/s)	92.4	73.5	73.2	66.1	68.3
	效率/%	33.93	68.53	68.99	71.11	71.45
−8	模型泵流量/(L/s)	212.5	162.3	160.1	140.9	147.1
	原型泵流量/(m³/s)	76.7	58.6	57.8	50.9	53.1
	效率/%	36.74	68.15	68.36	68.30	69.00

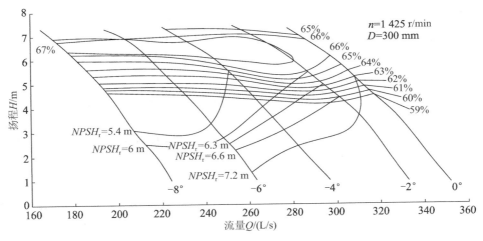

图 4-73　模型泵装置特性曲线

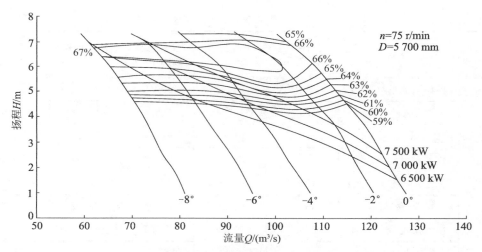

图 4-74　原型泵装置特性曲线

由试验结果可以看出：

模型泵装置最高效率为 71.45%，对应 2 个叶片安放角 $\varphi=-4°$ 和 $\varphi=-6°$。当叶片安放角 $\varphi=-4°$ 时，对应的扬程 $H=6.25$ m，模型泵流量为 0.210 m³/s，对应的原型泵流量为 75.9 m³/s。当叶片安放角 $\varphi=-6°$ 时，对应的扬程 $H=5.49$ m，模型泵流量为 0.189 m³/s，对应的原型泵流量为 68.3 m³/s。

当叶片安放角 $\varphi=0°$ 时，模型泵装置最高效率为 66.38%，对应的扬程 $H=6.71$ m，模型泵流量为 0.266 m³/s，对应的原型泵流量为 96 m³/s。在设计扬程 4.78 m 时，模型泵装置效率为 62.445，流量为 0.301 m³/s，对应的原型泵流量为 108.6 m³/s。

当叶片安放角 $\varphi=-2°$ 时，模型泵装置最高效率为 69.66%，对应的扬程 $H=6.49$ m，模型泵流量为 0.236 m³/s，对应的原型泵流量为 85.2 m³/s。在设计扬程 4.78 m 时，模型泵装置效率为 65.70%，流量为 0.267 m³/s，对应的原型泵流量为 96.5 m³/s。

当叶片安放角 $\varphi=-4°$ 时，在设计扬程下，模型泵装置效率为 67.63%，流量为 0.235 m³/s，对应的原型泵流量为 84.9 m³/s。

当叶片安放角 $\varphi=-6°$ 时，在设计扬程下，模型泵装置效率为 68.99%，流量为 0.203 m³/s，对应的原型泵流量为 73.2 m³/s。

当叶片安放角 $\varphi=-8°$ 时，在设计扬程下，模型泵装置效率为 68.36%，流量为 0.160 m³/s，对应的原型泵流量为 57.8 m³/s。

模型泵装置在不同叶片安放角下的空化特性试验结果表明：

当叶片安放角 $\varphi=0°$ 时，在设计扬程 4.78 m 工况下，$NPSH_r=7.46$ m；在最高扬程 5.80 m 工况下，$NPSH_r=7.75$ m。

当叶片安放角 $\varphi=-2°$ 时，在设计扬程 4.78 m 工况下，$NPSH_r=6.71$ m；在最高扬程 5.80 m 工况下，$NPSH_r=7.32$ m。

当叶片安放角 $\varphi=-4°$ 时，在设计扬程 4.78 m 工况下，$NPSH_r=6.25$ m；在最高扬程 5.80 m 工况下，$NPSH_r=6.67$ m。

当叶片安放角 $\varphi=-6°$ 时，在设计扬程 4.78 m 工况下，$NPSH_r=5.83$ m；在最高扬程

5.80 m 工况下，$NPSH_r$＝6.19 m。

当叶片安放角 φ＝－8°时，在设计扬程 4.78 m 工况下，$NPSH_r$＝5.34 m；在最高扬程 5.80 m 工况下，$NPSH_r$＝5.61 m。

通过试验数据整理得出皂河泵站模型泵装置的主要性能参数见表 4-53。

表 4-53　皂河泵站模型泵装置的主要性能参数

叶片安放角/(°)	设计扬程(4.78 m)			最高扬程(5.80 m)		
	流量/(L/s)	效率/%	$NPSH_r$/m	流量/(L/s)	效率/%	$NPSH_r$/m
0	300.9	62.43	7.46	284.2	65.25	7.75
－2	267.3	65.71	6.71	248.8	69.01	7.32
－4	235.5	67.60	6.25	218.3	71.01	6.67
－6	202.8	68.93	5.83	183.0	71.10	6.19
－8	160.6	68.35	5.34	141.2	68.35	5.61

当泵电机突然断电时，水倒流经过泵，泵的输入功率为零，叶轮反转进入水轮机工况，这时产生的最大反转转速为飞逸转速。飞逸特性试验时，采用调节辅助泵电机转速，使试验泵出口和进口侧形成不同的水位差。

根据相似理论，原型泵与模型泵的单位飞逸转速相等，由此可计算出原型泵机组在不同扬程下各叶片安放角度的飞逸转速。不同叶片安放角下单位飞逸转速的计算结果见表 4-54，不同水头下的原型泵飞逸转速计算结果见表 4-55，飞逸特性曲线如图 4-75 所示。由图 4-75 可知，原型泵机组的飞逸转速未超过机组额定转速 1.5 倍(112.5 r/min)，飞逸性能良好。

表 4-54　不同叶片安放角度下模型单位飞逸转速的计算结果

叶片安放角/(°)	0	－2	－4	－6	－8
n'_{1f}	190.12	204.73	219.48	235.86	251.21

表 4-55　不同水头下原型泵飞逸转速计算结果　　　　单位：r/min

叶片安放角/(°)	扬程/m							
	1.0	1.8	2.6	3.4	4.2	5.0	5.8	6.5
0	33.35	44.75	53.78	61.50	68.36	74.58	80.33	85.04
－2	35.92	48.19	57.92	66.23	73.61	80.31	86.50	91.57
－4	38.51	51.66	62.09	71.00	78.91	86.10	92.73	98.17
－6	41.38	55.52	66.72	76.30	84.80	92.53	99.65	105.50
－8	44.07	59.13	71.06	81.26	90.32	98.55	106.14	112.36

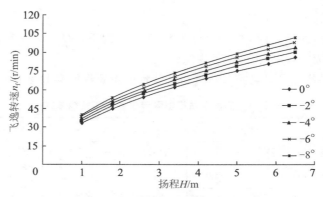

图 4-75　原型泵机组飞逸特性曲线

（3）结论

模型泵最高装置效率为 68.18%，对应的叶片安放角 $\varphi = -4°$ 时，对应的扬程 $H = 6.68$ m，模型泵流量为 0.208 m³/s，对应原型泵流量为 74.94 m³/s。

在设计工况点，扬程为 4.78 m，叶片安放角 $\varphi = 2°$，模型泵装置效率为 60.56%，流量为 0.314 m³/s，换算到原型泵的流量为 113.31 m³/s；当叶片安放角 $\varphi = 0°$ 时，模型泵装置效率为 61.79%，流量为 0.297 m³/s，换算到原型泵的流量为 107.03 m³/s；当叶片安放角 $\varphi = -2°$ 时，模型泵装置效率为 61.36%，流量为 0.259 m³/s，换算到原型泵的流量为 93.21 m³/s。

水泵叶轮模型装置 $NPSH_r$ 最大值发生在叶片安放角 $\varphi = 2°$ 时，$NPSH_r$ 为 8.68 m。在设计扬程 4.78 m 处，当叶片安放角 $\varphi = 2°$ 时，$NPSH_r$ 为 7.33 m；当叶片安放角 $\varphi = 0°$ 时，$NPSH_r$ 为 6.26 m，当叶片安放角 $\varphi = -2°$ 时，$NPSH_r$ 为 5.88 m。

在最大水头 5.80 m 时，飞逸转速为 96.18 r/min，未超过机组额定转速的 1.5 倍，与原机组试验结果基本接近。

4.3.6　更新改造效果

皂河泵站 2# 机组于 2010 年 10 月开工进行更新改造，2011 年 5 月完成；1# 机组于 2011 年 9 月开工、2012 年 5 月完成；泵站机组于 2012 年 5 月通过试运行验收。皂河泵站 2# 机组更新改造前的叶轮如图 4-76 所示。

图 4-76　皂河泵站 2# 机组更新改造前的叶轮

按照对比试验优选的 HB60b 模型叶片设计原型泵叶片，并保证新叶轮的轮毂比与原叶轮一致,新叶片的柄部结构和尺寸与原叶片一致。叶片采用 ZG0Cr13Ni4Mo 不锈钢单片整铸,该材质具有空化性能好、抗锈蚀能力强、可焊性较好等特点。单件泵叶片的质量约为 7.25 t,叶片型面采用五轴联动数控机床加工,并用激光测量仪检测型面坐标,保证型面的几何形状和表面精度,充分保证水泵优秀的水力性能。

轮毂体进行修复处理,在数控立车上,对轮毂体的外表面进行机加工、除锈处理,保证轮毂体与叶片能准确配合,并对轮毂体进行静平衡试验,以及进行叶片与轮毂体的组装、叶片外圆的加工和叶轮的油压试验、静平衡试验。更新改造后的泵叶轮结构如图 4-77 所示。

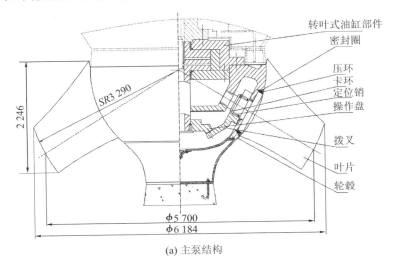

(a) 主泵结构

(b) 加工完成的叶轮

图 4-77　更新改造后的泵叶轮

皂河泵站机组更新改造工作完成后即投入运行,管理单位于 2011—2014 年期间的部分时段对皂河泵站进行了测流工作,对机组不同叶片安放角的扬程、流量和功率进行了测量,并将计算的装置效率作为实测效率,实测结果见表 4-56。

表 4-56　皂河泵站更新改造后性能实测数据

测次	机组	叶片安放角/(°)	扬程 H/m	功率 P/kW	流量 Q/(m^3/s)	效率 η/%	测量日期
1	2#	−3	3.03	4 500	110.0	72.66	
2	2#	−6	3.03	3 710	83.0	66.50	2011−05−25
3	2#	−8	3.02	3 130	75.0	70.99	
4	1#	−16	3.12	1 547	31.7	62.72	
5	1#	−14	3.16	2 114	46.3	67.91	2012−05−25
6	1#	−12	3.21	2 534	55.7	69.22	
7	1#	−10	3.25	2 907	65.6	71.94	
8	1#	−8	3.45	3 405	74.6	74.16	
9	1#	−6	3.55	4 149	82.3	69.08	
10	1#	−3	3.65	5 259	101.0	68.76	2012−05−26
11	1#	−1	3.83	6 062	115.0	71.28	
12	1#,2#	−6	4.09	8 500	146.0	68.92	
13	1#	−16	4.57	1 690	21.1	55.97	2013−05−30
14	1#	−13	4.70	2 530	35.0	63.78	
15	1#	−2.23	3.56	5 770	89.8	54.35	
16	1#	−2.23	3.61	5 860	103.0	62.25	2014−11−30
17	1#	−2.21	3.64	5 830	103.0	63.09	
18	1#	−2	3.63	5 830	102.0	62.30	
19	1#	−2	3.78	5 870	100.0	63.17	
20	1#	−5.8	3.72	4 580	83.6	66.61	
21	1#	−6	3.73	4 560	79.7	63.95	2014−12−01
22	1#	−5.87	3.74	4 560	83.0	66.78	
23	1#	−6	3.73	4 560	80.1	64.28	
24	1#	−5.87	3.73	4 460	81.6	66.95	
25	1#	−6	3.75	4 550	79.6	64.36	
26	1#	−12.2	3.70	2 820	48.6	62.55	
27	1#	−12	3.66	2 750	47.7	62.28	2014−12−02
28	1#	−12	3.66	2 780	48.0	61.99	
29	1#	−12	3.66	2 780	49.4	63.80	
30	1#	−12	3.65	2 960	53.6	64.84	

续表

测次	机组	叶片安放角/(°)	扬程 H/m	功率 P/kW	流量 Q/(m³/s)	效率 η/%	日期
31	1#	−11.8	3.54	2 820	51.4	63.30	
32	1#	−11.8	3.53	2 800	53.7	66.41	2014-12-03
33	1#	−11.8	3.51	2 830	52.1	63.39	
34	1#	−11.8	3.50	2 850	52.3	63.01	
35	1#,2#	−8,−10	4.68	7 780	122.0	71.99	
36	1#,2#	−8,−10	4.51	7 630	119.0	69.00	2014-12-04
37	1#,2#	−8,−10	4.54	7 760	118.0	67.72	
38	1#	−8	4.26	4 360	69.6	66.71	
39	1#	−8	4.22	4 260	70.2	68.22	
40	1#	−8	4.21	4 290	71.0	68.54	
41	1#	−8	4.21	4 290	70.1	67.49	2014-12-05
42	1#	−8	4.23	4 360	69.6	66.24	
43	1#	−6	4.25	4 850	74.9	64.39	
44	1#	−6	4.19	4 920	78.4	65.50	
45	1#,2#	−10.4,−11.2	4.32	6 210	100.0	68.24	2014-12-06
46	1#,2#	−10.4,−11.2	4.31	6 290	101.0	67.89	
47	1#	−6	4.28	4 880	77.4	66.59	
48	1#	−6	4.29	4 920	78.0	66.72	2014-12-07
49	1#	−6	4.31	4 850	76.7	66.87	
50	1#	−6	4.33	4 880	75.5	65.72	

　　根据测试结果,选择典型工况点,对机组不同叶片安放角下的流量和效率与模型试验结果进行对比。表 4-57 为实测结果与模型装置试验性能换算结果的对比。

表 4-57　实测数据与模型试验换算数据对比

叶片安放角/(°)	扬程 H/m	流量 Q/(m³/s)				对应扬程下的效率 η		
		实测	试验	差值	差值百分比/%	实测/%	试验/%	差值
−1	3.83	115.00	108.87	6.13	5.33	71.28	58.45	12.83
−2	3.63	102.00	103.58	−1.58	−1.55	62.30	58.46	3.84
−2	3.78	100.00	102.62	−2.62	−2.62	63.17	59.63	3.54
−3	3.03	110.00	100.80	9.2	8.36	72.66	54.59	18.07
−3	3.65	101.00	97.40	3.6	3.56	68.76	59.42	9.34

续表

叶片安放角/(°)	扬程 H/m	流量 Q/(m³/s)				对应扬程下的效率 η		
		实测	试验	差值	差值百分比/%	实测/%	试验/%	差值
−6	3.03	83.00	82.95	0.05	0.06	66.50	58.01	8.49
−6	3.55	82.30	80.36	1.94	2.36	69.08	61.67	7.41
−6*	3.74	79.80	79.49	0.31	0.39	64.20	63.00	1.20
−6*	4.28	76.82	76.07	0.75	0.98	65.96	66.16	−0.20
−8	3.02	75.00	67.75	7.25	9.67	70.99	59.52	11.47
−8	3.45	74.60	65.52	9.08	12.17	74.16	62.60	11.56
−8*	4.23	70.14	61.43	8.71	12.42	67.44	66.57	0.87

注：表中扬程、流量实测值中带 * 的为同一角度相近工况下各测点的平均值。效率实测值由计算而得。现场流量的测量由于系统等精度的影响，存在不确定度，因此实测数据仅供参考。

现场测试的机组实测效率值根据测试的流量值经计算而得，如果考虑扣除流量的差值百分比，则与试验数据的差值为 $0 \sim 7\%$。由于几何比尺 $\lambda_l = 19$，因而效率换算需要考虑原型、模型比尺效应的影响，机组效率实测值高于模型试验据值，符合原型、模型换算定律。

泵机组在更新改造中安装了振摆在线监测设备。图 4-78 为 1# 机组在 3 种运行工况下联轴器处振动信号时域波形图，其频谱分析结果如图 4-79 所示。

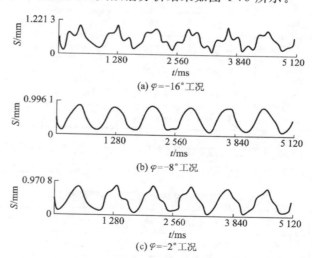

图 4-78　1# 机组振动信号时域波形图

从图 4-78 可以直观看出，水泵在叶片安放角为 −16°工况下运行时，主轴振动波形很不稳定，这与机组刚刚启动未进入稳定有关；当叶片安放角调整为 −8°工况运行时，主轴振动波形以稳定的单一频率为主，主轴每旋转一圈出现 1 个峰值，说明主轴存在不平衡故障；当叶片安放角调整至 −2°工况运行后，主轴振动信号的波形由于机组的负荷增大出现不稳定。从图 4-79 可以清楚地发现，泵机组的振动主要发生在转频$\left(f_n=\dfrac{n}{60}=1.25\ \text{Hz}\right)$处,机组的振动主要是由轴系的不平衡引起的。在 3 种工况下也存在 2 倍频(2.5 Hz),其幅值相对转频幅值较小且变化不大,说明泵轴系存在轻微的不对中缺陷。泵在叶片安放角为 $-16°$ 的工况下运行时,机组振动比较大,出现 3 倍频、4 倍频,但机组转频的振动仍为主要成分,且转频幅度与其他工况接近。由测试结果可以判断泵机组在叶片安放角为 $-8°$ 的工况下运行时相对比较稳定。

现场的运行结果表明工程运行正常,达到更新改造的预期效果。

4.4　钟型进水、蜗壳式出水轴流泵装置研究

4.4.1　研究背景

泗阳泵站是南水北调东线梯级泵站之一,位于江苏省泗阳县县城东南 3 km 的中运河与废黄河夹滩待拆的现泗阳一站引河上。设计选定叶轮直径 $D=3.08$ m 的立式轴流泵 6 台套(1 台备用),转速 $n=136.4$ r/min,单泵流量 $Q=33.4$ m³/s,总流量为 200 m³/s;初步设计选用 TJ04-ZL-19 水力模型。泗阳泵站特征水位组合及扬程见表 4-58。

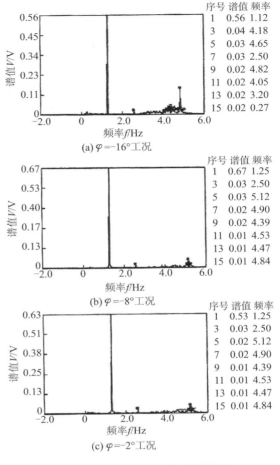

图 4-79　1# 机组振动信号频谱图

表 4-58　泗阳泵站特征水位组合及扬程　　　　单位:m

项目		水位	
		站下(进水侧)	站上(出水侧)
水位	最高	13.25	17.05
	平均	10.75	16.30
	设计	10.25	16.55
	最低	10.25	16.05
扬程	最高	6.80	
	设计	6.30	
	平均	5.55	
	最低	2.80	

331

4.4.2 装置型式的选择

泗阳泵站在工程设计招标阶段推荐的装置型式为肘形进水、虹吸式出水配真空破坏阀断流的装置型式。设计单位根据该泵站的工程特点和其设计经验,提出了不同的新型进水和出水流道型式。

流道设计原则:水力损失小,便于施工,满足安全运行要求。根据设计原则,分别拟定钟型进水、蜗壳出水(箱涵式)、直管出水和虹吸式出水等多方案的组合装置型式。根据泵站所在下游引河堤顶高程大部分为 18.3 m,降低泵房管理区的地面高程为 18.5 m,以协调地坪高程及减小工程的回填量;泵房电动机层地面高程从初步设计阶段的 19.7 m 减小为 19.2 m,此高程也作为方案比较的约束条件。蜗壳出水、弯直管出水、虹吸式出水等3 种出水流道的方案满足上述约束条件的要求。

1. 方案的拟定

(1)钟型进水流道、蜗壳出水流道装置方案

钟型进水流道、蜗壳出水流道的泵房布置的纵剖面图和平面图分别如图 4-80 和图 4-81 所示。

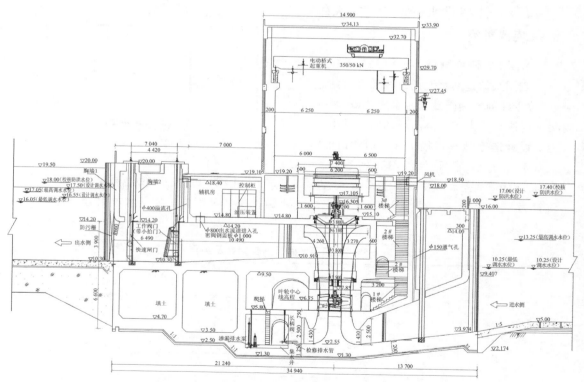

图 4-80　钟型进水、蜗壳式出水流道的泵房布置纵剖面图(长度单位:mm)

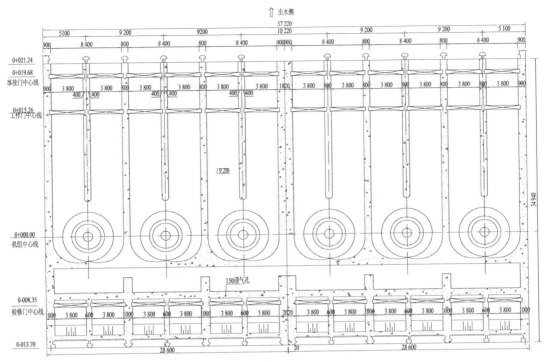

图 4-81　钟型进水、蜗壳式出水流道的泵房布置平面图（长度单位：mm）

采用钟型进水流道和蜗壳出水流道的泵组间距由钟型进水流道的尺寸控制为 9.2 m，跨缝机组间距为 10.22 m，主泵房总长（垂直水流向）57.22 m。

泵站站身顺水流的长度由进、出水流道的长度和断流设施决定。钟型进水流道长 12.7 m，进水流道胸墙前设固定拦污栅需加长墩墙 1 m，故泵组中心线下游段长度为 13.7 m。蜗壳出水流道长为 12 m，采用直升式快速闸门断流，并设置工作闸门和固定式拦污栅，但为了满足闸门的安装和检修，需在出水流道顶上布置长 7 m 的检修交通桥。这样出水流道的长度控制由检修交通桥和工作门布置确定需要 21.24 m 的长度。因此，采用蜗壳出水流道和钟型进水流道泵站站身顺水流向长度为 34.94 m。

蜗壳出水流道的特点是流道等宽，高度较低。蜗壳出水流道底板出口高程为 10.3 m，设隔墩分出水流道为两孔，单孔宽为 3.8 m。出水流道上方联轴层高程为 14.8 m，水泵顶盖高程为 15.15 m，电机层高程为 19.2 m。根据水泵轴长确定吊车梁轨顶高程为 29.7 m。

（2）钟型进水、直管出水流道装置型式

泗阳泵站直管出水流道的装置型式有两种：第一种是微弯直管出水流道型式，剖面图如图 4-82 所示；第二种是近似参照已经建成的江苏省解台泵站流道型式，剖面图和平面图分别如图 4-83 和图 4-84 所示。

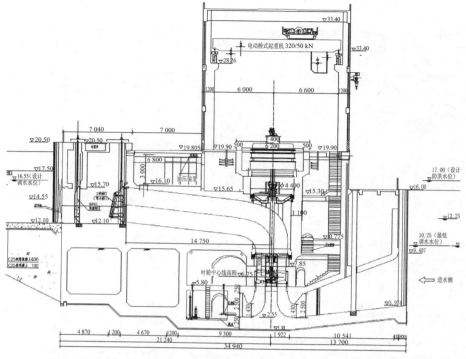

图 4-82　钟型进水、直管出水流道装置型式剖面图(1)(长度单位：mm)

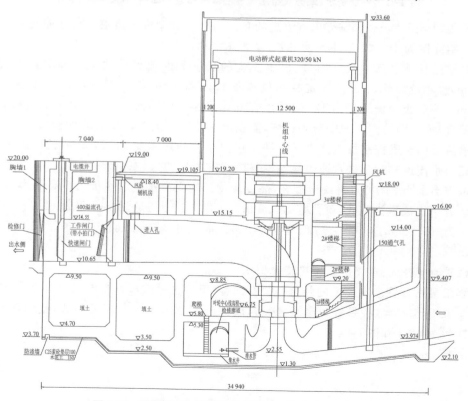

图 4-83　钟型进水、直管出水流道装置型式剖面图(2)

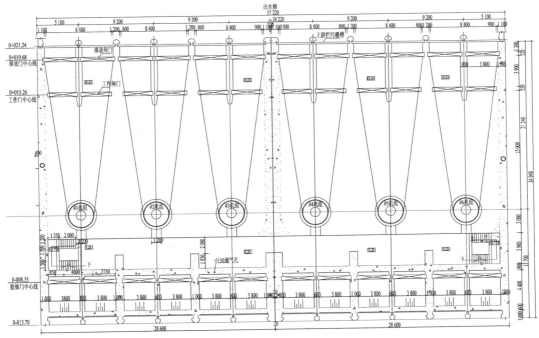

图 4-84　钟型进水、直管出水流道装置型式平面图(长度单位：mm)

第一种型式的微弯直管式流道较适应泵内部的水流流态,效率较高。但由于出水流道有向上弯曲的部分,泵房联轴器层的高程从 14.8 m 增加至 15.65 m,电动机层地面高程也由 19.2 m 增加至 19.9 m,交通桥高程也抬高 0.7 m,辅机室净高几乎已达到最小极限,且泵房联轴器层的上、下游侧及辅机室地面高程各不同,给人员行走和搬运设备带来不便。

第二种型式的直管式出水流道,与蜗壳式出水流道方案相比,联轴器层的高程从 14.8 m 增加至 15.15 m,增加了 0.35 m,在进入机墩处局部设置台阶,电动机层高程可维持 19.2 m 不变,但导致联轴器层的层高减小 0.35 m,辅机室净高也减小 0.35 m。

根据泗阳泵站设计的约束条件,第一种出水流道对泵站总体设计不利,故将第二种出水流道作为直管出水的比选方案。

采用直管出水流道和钟型进水流道的泵组间距由钟型进水流道的尺寸控制为 9.2 m,跨缝机组间距为 10.22 m,主泵房总长(垂直水流向)57.22 m。

泵站站身顺水流的长度由进、出水流道的长度和断流设施决定。钟型进水流道长 12.7 m,进水流道胸墙前因设固定拦污栅而需加长墩墙 1 m,故泵组中心线下游段长度为 13.7 m。直管出水流道长 18 m,采用直升式快速闸门断流,并设置固定式拦污栅,需加长流道 3.24 m,则泵组中心线上游长度为 21.24 m。因此,采用直管出水流道和钟型进水流道泵站站身顺水流向的长度为 34.94 m。

直管出水流道的特点是出水流道由窄变宽,直管出水流道的墩墙所需混凝土量比蜗壳出水流道大,直管出水流道底板高程为 10.65 m,直管出水流道需要抬高联轴层的高程,其高程为 15.15 m,水泵顶盖高程为 14.85 m,电动机层高程为 19.2 m。根据泵轴长确定吊车梁轨顶的高程为 29.4 m。

(3)钟型进水、虹吸式出水流道装置方案

钟型进水、虹吸式出水流道装置单线图如图 4-85 所示。从图中可看出,虹吸式出水流道的驼峰顶部高程约为 20.50 m,难以在主泵房上游布置辅机房和泵站交通桥,故将辅机房和交通桥布置在主泵房的下游侧,布置图见图 4-86,从布置图中可见其进水流道长度应增加到 23.50 m,其出水流道长为 24 m,其泵站站身顺水流向长度要 47.5 m,长度较其他流道型式增加 12.56 m,土建工程量大大增加。根据规范要求,47.5 m 的底板长度大于 35.0 m 应在出水流道与主泵房之间设伸缩缝,增加了施工复杂性。而且虹吸式出水流道采用真空破坏阀断流装置,在泵站发电工况时,必须在出水流道抽真空,但此种发电方式有难度,有成功的案例,也有发电运行不稳定的事例,综合土建工程和发电工况,不宜选用虹吸式出水流道。

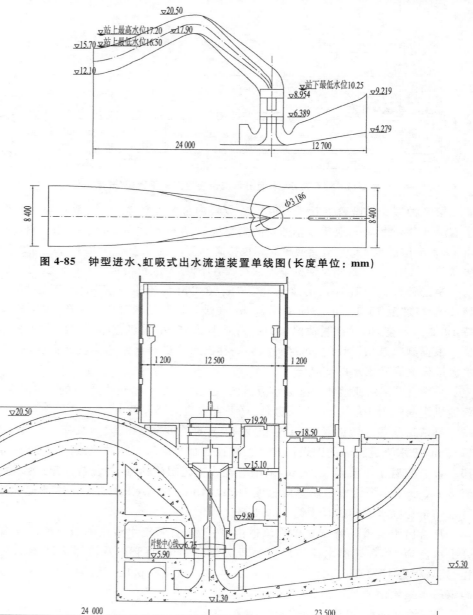

图 4-85　钟型进水、虹吸式出水流道装置单线图(长度单位:mm)

图 4-86　钟型进水、虹吸式出水装置纵剖面图(长度单位:mm)

　　2. 方案比选

　　(1) 土建结构

　　① 机墩形式和受力分析

　　直管出水流道可采用圆井式机墩、环形梁式机墩和构架式机墩,但在实际工程中采用前两种方式较多。圆井式机墩和环形梁式机墩对联轴层层高的要求低,检修空间大。构架式机墩对联轴层层高的要求高,层高降低会影响联轴层上、下游方向交通,且两机组之间布置墩墙会减小联轴层的检修空间。

　　蜗壳出水流道可采用的机墩形式与弯直管相同,圆井式机墩和环形梁式机墩的传力特点是机墩传给流道顶板再传给墩墙,而蜗壳流道较宽,流道顶板产生较大的拉应力,对结构设计不利,因此蜗壳出水流道宜采用构架式机墩。

　　② 工程量

　　由于采用直管出水流道或蜗壳出水流道的泵房长度(垂直水流方向)均为 57.22 m,顺水流方向的长度都是 34.94 m,泵房埋深相同,所以土建工程量没有大的差别。直管出水流道的宽度为由窄变宽形,蜗壳出水流道基本为矩形,直管出水流道的墩墙所需混凝土量比蜗壳出水流道多约 2 000 m³;直管出水流道的水泵顶盖安装高度比蜗壳出水流道低30 cm,相应水泵的轴长短 30 cm,相应泵房的高度可以降低 30 cm。

　　(2) 水泵结构

　　① 模型水泵水力模型和叶轮直径

　　根据试验结果和研究分析,模型水泵推荐选用 TJ04-ZL-20 水力模型。推荐方案中蜗壳出水流道方案的叶轮直径为 ϕ 3 080 mm。直管出水流道方案的叶轮直径可以略小一些,为便于比选,叶轮直径统一按 ϕ 3 080 mm 考虑。

　　② 水泵结构特点和安装措施

　　水泵装置主要由进水流道、出水流道、叶轮部件、泵轴部件、导轴承部件、泵体部件、接力器部件、调节机构部件等组成。

　　两种方案的叶片调节系统、泵轴密封部件、叶轮和导叶基本无差异。两种方案的水泵结构差别在导叶体后部,蜗壳出水流道方案导水叶后端有扩散管和导流体,其结构如图 4-87 所示;直管出水流道方案的弯管一端与导水叶相连,另一端与混凝土流道相连,其形状较蜗壳出水流道简单,以弯曲为主,有一定的扩散,其结构如图 4-83 所示。蜗壳出水流道方案与导叶体法兰相连部分称为扩散管,其扩散角度较小。外扩散管在近出水流道处可设有法兰,下部悬挂,减小下底环处紧固螺栓所需的空间。与扩散管上部连接的部件称为导流体,有外导流体和内导流体之分。内导流体与导叶体的内筒体相连,内扩散管分半,便于检修水导轴承。外导流体一端与内导流体相连,另一端与顶盖相连。

　　蜗壳出水流道方案中外扩散管直径最大的是连接法兰,该尺寸能够满足从上底环的内直径吊入,但综合运输和安装方便的考虑,宜分成两瓣。内扩散管尺寸小,可以直接整体吊入。采取常规水泵安装方式,顶盖下连接内导流体。内导流体的上端外径受到控制,可以直接吊入,是否分瓣取决于制造和运输的要求。

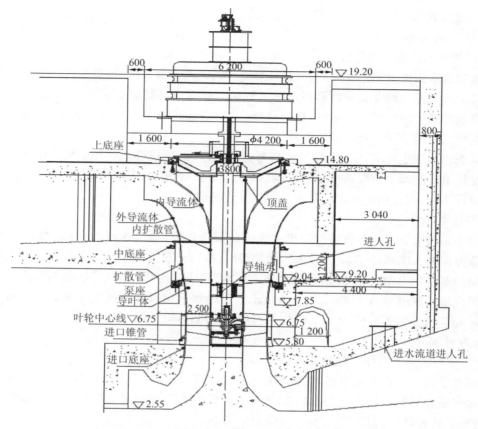

图 4-87　钟型进水、蜗壳出水装置水泵结构图(长度单位:mm)

受电机基础孔尺寸的限制(φ4 200 mm)和安装的需要,外导流体宜分成 4 瓣。除便于安装、拆卸外,还与外扩散管协调。

直管出水的弯管与导叶体相连部分为圆形断面,与混凝土流道相连的为不规则近似椭圆形断面。由于该种出水流道型式的弯管与蜗壳出水方案不同,已在多座泵站使用,属于成熟技术。

③ 水泵主要部件的重量

直管出水为常规型式,为便于两种方案的水泵比较,就蜗壳式出水型式向有关水泵制造厂技术征询后,两种水泵主要部件的尺寸和重量分析见表 4-59。从表 4-59 可见,与直管出水流道型式比较,蜗壳式出水流道的主水泵主要部件对安装吊运和运输没有质的差别。

表 4-59　2 种出水流道方案主要部件的尺寸和质量

出水流道型式		弯管	扩散管	外导流体	顶盖＋内导流体	泵轴长	比较
蜗壳	尺寸/m	—	φ3.95×1.93	φ6.1×2.05	φ4.05×4.3	7	蜗壳出水流道比直管出水流道的质量约大 15.7 t, 泵轴约长 0.3 m, 其质量约为 150 kg
	质量/t		6.5	11	7＋7	—	
直管	尺寸/m	—			φ4.05	6.7	
	质量/t	10			7	—	

④ 水泵安装和检修

大型立式泵的安装,一般根据由下而上、先水泵后电机、先固定部分后转动部分的规律进行。固定部分的垂直、同心、水平调整及高程和转动部件的轴线摆度、垂直度、中心、间隙是安装过程中的关键。

根据上述水泵安装的基本要求,泗阳泵站水泵安装的基本吊装顺序如下:

进口底座→泵座→中底座→上底座→进口锥管→叶轮外壳→叶轮部件→导叶体(导轴承等)→$\dfrac{\text{扩散管→外导流体→内导流体(蜗壳方案)}}{\text{弯管(弯直管方案)}}$→顶盖→电机定子→泵轴、电机转子等转动部分。

从上述安装顺序可见,2 种方案在安装上的差异主要在固定部件上,而非转动部件。

a. 蜗壳出水方案。

以上基本安装顺序中,转动部件与常规的立式筒体结构安装完全一致。固定部件中进口底座、泵座、中底座、上底座、进口锥管等也与常规结构一致。其主要差别在于导叶体出口的扩散管和内、外导流体上,在立式筒体结构中这 3 个部件是没有的。立式筒体结构中,导叶体出口由出口弯管替代。

导叶体的外法兰可以固定在中底座。由于水导轴承位于导叶体内,因而导叶体的安装位置必须控制。导叶体在外扩散管未就位前调整位置,这样可以便于测量和固定。

外扩散管的底部不固定,所以外扩散管与导叶体之间有空隙,可在安装时进行调整,使空隙尽量小。外扩散管的上部法兰坐落在出水流道的中底座上。

外导流体可以分为 4 瓣,其下法兰可以与外扩散管的上法兰同直径,共基础螺栓。

由于流道内安装空间的限制,扩散管和外导流体的吊装有一定难度。部件分瓣后可以直接吊入。外扩散管分为两瓣,可以直接就位,此部件的安装精度要求低。

外导流体吊下后,需要移动转为水平状态就位。安装时,可先将后两瓣的外导流体分别吊入流道层安装就位,然后再将剩余的吊入,在流道层进行组合,并安装就位。

根据水泵的安装要求,在机组的垂直、同心等调整好以后才能最后安装导轴承。由于导轴承设置在导叶体的内筒体上,上面被内扩散管盖住,因而必须将内扩散管做成分瓣结构才能操作。另外需要在土建高程 9.20 m 处设置密封进人孔部件,在扩散管对应位置上也设置进人孔,维护人员经二道进人孔进入,装好导轴承后,最后将分瓣的内导流体合上。根据现有结构尺寸,扩散管的筒体尺寸约为 ϕ 3 200 mm,内扩散管的尺寸约为 ϕ 1 300 mm。

b. 直管出水方案。

弯管与顶盖之间有拉杆连接,可以通过顶盖将弯管吊出。弯管的安装不便之处是紧固和拆卸与导叶的连接螺栓,该部分的空间较小。

水泵拆装过程为安装过程的逆过程。泵站设吊物孔,叶轮等维修可以在水泵层进行,或通过吊物孔吊出。

水泵的易损部件主要是主轴密封、水导轴承、叶片,根据水泵结构,对这些易损件的检查和维修均可进行。

2 种方案的主轴密封在顶盖之上,与常规型式相同,不需要拆卸其他部件。叶片的检查、维护与其他泵站相同,可以在水泵层进行,也可以吊出在电机层进行。如果要吊出在电机层检修,2 种方案的差别仍在于扩散管等部件对安装检修工作量有影响,因为该差异在设备安装中已体现,所以不再分析。

2 种方案的水导轴承位于导叶体内,为提高水泵装置的效率,蜗壳出水方案在导叶体与内导流体之间设置光滑过渡的套管,可不影响水流流态。但在水导轴承检查维修时需要先拆卸此外套管。此部分可采取分瓣结构,并尽可能减小长度,以减轻重量。直管出水方案的水导轴承检查维修仅需拆除导轴承的导水帽,由于导水帽尺寸小,相应重量轻,拆卸比较方便。

⑤ 水泵设计和制造

从水泵制造的角度出发蜗壳出水流道方案是可行的,与直管出水方案相比,主要问题是有几个部件尺寸较大,加工较困难。经过调研,对泵轴、导流体、扩散管等大型部件均可以加工。

外导流体最大外径达到 $\phi 6\,100$ mm,在结构上需要分瓣,每瓣需一对法兰固定,考虑到刚性要求,还必须设置加强筋,而由于整个外导流体安装在出水流道中,法兰和加强筋的设置对出水流态有一定影响,但这对制造而言,没有太大的难度。

⑥ 费用

在设备费用方面,常规的立式筒体结构,导叶体出口为弯管,弯管质量约为 10 t;导叶体后为扩散管以及中底座和内外导流体 4 个零件,质量有所增加,扩散管约为 6.5 t,内扩散管约为 1.2 t,外导流体约为 11 t,内导流体约为 7 t。由于这些部件的加工要求不特殊,按每吨 2.0 万~2.5 万元估算,再考虑每根泵轴增长 0.3 m 质量增加 150 kg 的影响,则每台水泵费用增加 32.9 万~40.7 万元。

由于 2 种方案对电气设备、金属结构的影响很小,因而不进行此方面的经济比较。

经 2 种方案的布置和土建结构分析,其主要差别是直管出水方案墩墙混凝土增加约 2 000 m³,钢筋和模板均不增加,按 385 元/m³ 计算费用约为 77 万元,但该方案的泵房高度降低 30 cm,费用有所降低。总体蜗壳出水方案的土建费用约减少 70 万元。两种方案的费用比较结果见表 4-60。

表 4-60　2 种方案费用比较结果　　　　　　　　单位:万元

方案比较	6 台水泵价格	泵房土建	总费用
蜗壳出水比直管出水方案增加	197.4~244.2	−70	127.4~174.2

⑦ 效率

蜗壳出水方案已有详细的模型水泵装置试验成果(后面介绍),直管出水方案有类似泵站的模型水泵装置试验成果,两者的资料不完全对称。试验成果显示,钟型进水、蜗壳出水模型装置的最高效率可达到 79% 左右,比直管出水模型装置约高 1.5%。

3. 推荐方案

综合上述比较分析,推荐采用钟型进水、蜗壳出水的新型装置型式。在对进、出水型线进行水力优化设计后,建议采用的进水、出水流道型线分别如图 4-88 和图 4-89 所示,并进行装置性能试验。

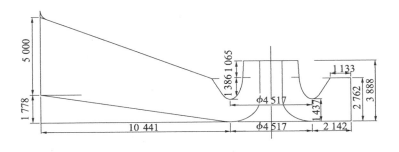

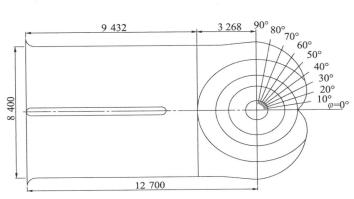

图 4-88　钟型进水流道型线图（长度单位：mm）

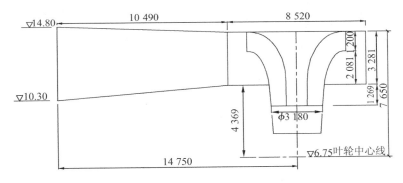

图 4-89　蜗壳出水流道型线图（长度单位：mm）

4.4.3 新型装置模型对比试验[①]

1. 试验方案与试验装置

泗阳泵站初步设计选用的是 TJ04-ZL-19 水力模型,为了增加可比性,又从同台测试的水力模型中选用 TJ04-ZL-20 和 TJ04-ZL-02 进行对比试验。TJ04-ZL-19 与 TJ04-ZL-20 水力模型的叶轮相同,但导叶不同;TJ04-ZL-20 与 TJ04-ZL-02 水力模型的导叶相同,但叶轮不同。3 组水力模型分别配置上述优化设计的钟型进水、蜗壳出水流道,形成 3 组低扬程泵装置,分别完成能量特性、空化特性试验,验证装置的水力性能,并优选适合泗阳泵站设计参数的水力模型。

模型泵叶轮直径 $D_m = 300$ mm;原型泵叶轮直径 $D_p = 3\,080$ mm,则模型比为 $\lambda_l = \dfrac{D_p}{D_m} = \dfrac{3\,080}{300} \approx 10.267$。全部过流部件的尺寸按模型比 $\lambda_l = 10.267$ 统一确定。轴流泵叶轮室采用中开结构,试验转速为 $1\,250$ r/min。

泵装置进、出水流道按几何相似模拟;以钢板焊接制作,加表面涂层,满足粗糙度相似。图 4-90 为模型泵装置系统图。

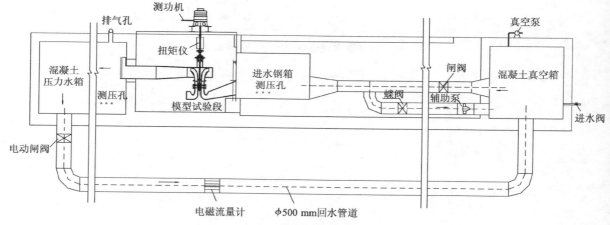

图 4-90 模型泵装置系统图

2. 试验结果

通过模型试验,提供的能量特性成果包括 $H_{sy} = H_{sy}(Q)$,$\eta_{sy} = \eta_{sy}(Q)$ 和 $N = N(Q,H)$。试验工况点最高扬程达到不稳定运行区(马鞍区),最低扬程低于泵站最低运行扬程。

经过比较,泗阳泵站与南水北调山东万年闸泵站扬程基本相同,根据中水北方勘测设计研究院万年闸站同装置条件试验结果可知,TJ04-ZL-20 水力模型明显优于 TJ04-ZL-19 水力模型,以设计扬程能满足设计流量要求的叶片安放角 $-2°$ 为例,其最高装置效率分别为 76.75% 和 72.93%,差值约为 3.8%[②];根据扬州大学泵站试验台上海青草沙泵站同装置条件试验结果可知,TJ04-ZL-20 水力模型也优于 TJ04-ZL-19 水力模型,叶片安放角为

① 扬州大学能源与动力工程学院. 南水北调泗阳泵站模型装置试验研究报告[R]. 扬州:扬州大学,2008.

② 中水北方勘测设计研究院. 南水北调工程山东万年闸泵站水泵装置模型试验报告[R]. 天津:中水北方勘测设计研究院,2005.

−2°时最大装置效率差为 1.5%[1]。为对比 TJ04-ZL-20 和 TJ04-ZL-19 水力模型在泗阳泵装置上的特性，对叶片安放角−2°进行试验验证。表 4-61 和表 4-62 分别为 TJ04-ZL-19 和 TJ04-ZL-20 水力模型在叶片安放角为−2°时的实测性能数据；图 4-91 为 2 种水力模型在叶片安放角−2°时 $H_{sy}=H_{sy}(Q)$ 及 $\eta_{sy}=\eta_{sy}(Q)$ 性能曲线 $(n=1\,400\ r/min)$。

由图 4-91 可以看出，TJ04-ZL-20 明显优于 TJ04-ZL-19 模型，在设计扬程 6.0 m 附近，装置效率相差 1.5% 以上，最大装置效率相差 2.3%。因此，TJ04-ZL-19 模型未再对其他叶片安放角进行试验，以下仅对 TJ04-ZL-20 和 TJ04-ZL-02 模型进行对比试验。

表 4-61　TJ04-ZL-19 水力模型在叶片安放角为−2°时的实测性能数据

序号	扬程 H/m	流量 Q/(L/s)	轴功率 N/kW	装置效率 η/%
1	1.779	385.24	14.713	46.86
2	2.360	375.97	15.958	55.84
3	3.116	363.04	17.390	65.19
4	4.038	345.03	19.350	71.99
5	4.455	336.30	20.162	74.24
6	4.805	329.32	20.919	75.52
7	5.173	321.24	21.668	76.52
8	5.452	313.72	22.227	76.76
9	5.725	307.05	22.753	77.03
10	6.341	289.80	23.979	76.35
11	6.725	274.88	24.818	74.17
12	7.060	265.45	25.488	73.18
13	7.833	242.49	27.027	69.89
14	6.140	297.11	23.621	76.96

表 4-62　TJ04-ZL-20 水力模型在叶片安放角−2°时的实测性能数据

序号	扬程 H/m	流量 Q/(L/s)	轴功率 N/kW	装置效率 η/%
1	2.165	381.88	14.863	49.79
2	2.515	376.95	15.524	54.60
3	3.166	366.33	16.440	63.04
4	3.635	359.22	17.238	67.62
5	4.206	348.29	18.111	72.11
6	4.738	339.17	18.992	75.38

---

[1]　扬州大学. 上海市青草沙水库取水泵站泵型选择模型试验研究报告[R]. 扬州：扬州大学，2007.

续表

序号	扬程 H/m	流量 Q/(L/s)	轴功率 N/kW	装置效率 η/%
7	5.238	327.97	19.850	77.04
8	5.604	319.56	20.519	77.64
9	6.069	308.52	21.187	78.59
10	6.531	297.57	21.781	79.31
11	6.630	295.74	22.047	79.02
12	7.085	282.04	22.661	78.31
13	7.515	265.02	23.309	75.86
14	8.189	245.66	24.335	73.34
15	8.894	221.87	25.327	69.08
16	9.121	193.22	25.789	60.58

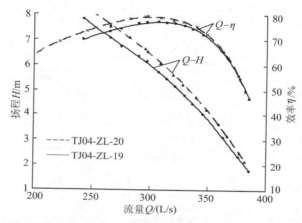

图 4-91　TJ04-ZL-19 和 TJ04-ZL-20 水力模型在叶片安放角为 -2° 时的性能对比曲线

（1）TJ04-ZL-20 模型泵能量特性

TJ04-ZL-20 模型分别在叶片安放角为 -4°,0°,2°,4° 时进行试验,表 4-63 至表 4-66 分别为各叶片安放角下的实测数据。图 4-92 为模型装置的综合性能曲线($n = 1\ 400$ r/min)。

表 4-63　TJ04-ZL-20 模型在叶片安放角为 -4° 时的实测数据

序号	扬程 H/m	流量 Q/(L/s)	轴功率 N/kW	装置效率 η/%
1	1.976	363.66	14.323	49.16
2	2.227	359.18	14.479	54.13
3	2.663	353.70	15.467	59.68
4	3.447	341.71	17.429	66.23
5	4.024	332.30	18.116	72.34
6	4.709	319.42	19.129	77.06

序号	扬程 H/m	流量 Q/(L/s)	轴功率 N/kW	装置效率 η/%
7	5.284	306.32	20.174	78.62
8	5.756	297.02	21.077	79.50
9	6.238	285.26	21.799	80.00
10	6.671	274.51	22.628	79.31
11	7.173	263.65	23.674	78.28
12	7.725	245.50	24.528	75.77
13	8.594	220.19	25.915	71.56
14	8.955	200.14	26.310	66.76

表 4-64　TJ04-ZL-20 模型在叶片安放角为 0°时的实测数据

序号	扬程 H/m	流量 Q/(L/s)	轴功率 N/kW	装置效率 η/%
1	2.399	401.03	18.945	50.80
2	3.065	389.29	20.030	59.53
3	3.524	382.97	20.852	64.63
4	4.060	374.13	21.904	69.18
5	4.407	367.21	22.512	71.68
6	4.776	360.19	23.264	73.70
7	5.112	352.59	23.889	75.17
8	5.365	345.60	24.332	75.89
9	5.765	336.63	25.141	76.85
10	6.162	327.01	25.829	77.63
11	6.623	314.65	26.437	78.41
12	6.647	315.73	26.693	78.19
13	7.131	301.08	27.440	77.79
14	7.588	285.08	28.292	75.98
15	7.958	268.78	28.969	73.35
16	8.372	253.15	29.726	70.81
17	8.876	237.15	30.496	68.54
18	9.027	212.65	30.890	61.69

表 4-65　TJ04-ZL-20 模型在叶片安放角为 2°时的实测数据

序号	扬程 H/m	流量 Q/(L/s)	轴功率 N/kW	装置效率 η/%
1	2.632	420.15	18.981	51.90
2	3.465	405.64	20.243	61.80
3	3.737	400.71	20.722	64.28
4	4.010	395.90	21.022	67.16
5	4.000	396.34	20.996	67.16
6	4.480	386.26	21.872	70.31
7	4.924	377.32	22.606	73.01
8	5.288	368.74	23.147	74.81
9	5.664	359.83	23.964	75.49
10	6.093	348.73	24.576	76.72
11	6.506	338.93	25.193	77.64
12	7.111	321.18	26.261	77.09
13	7.544	307.72	26.968	76.29
14	8.000	287.90	27.834	73.30
15	8.557	262.41	28.816	69.00
16	9.125	235.02	29.662	64.00

表 4-66　TJ04-ZL-20 模型在叶片安放角为 4°时的实测数据

序号	扬程 H/m	流量 Q/(L/s)	轴功率 N/kW	装置效率 η/%
1	2.820	434.00	23.266	51.55
2	3.393	425.82	24.213	58.48
3	3.678	420.11	24.566	61.64
4	3.948	415.74	25.162	63.92
5	4.352	407.01	25.706	67.52
6	4.636	400.74	26.187	69.53
7	4.947	395.25	26.949	71.11
8	5.300	385.73	27.576	72.65
9	5.694	375.54	28.278	74.10
10	6.000	366.69	28.770	74.94
11	6.316	359.18	29.369	75.70
12	6.498	355.82	29.727	76.22
13	6.765	347.65	30.191	76.34

序号	扬程 H/m	流量 Q/(L/s)	轴功率 N/kW	装置效率 η/%
14	7.120	337.68	30.958	76.11
15	7.475	325.14	31.526	75.55
16	7.888	312.59	32.482	74.39
17	8.192	298.03	32.999	72.51
18	8.482	284.48	33.614	70.35
19	8.803	264.21	34.256	66.54
20	9.125	249.76	34.513	64.71

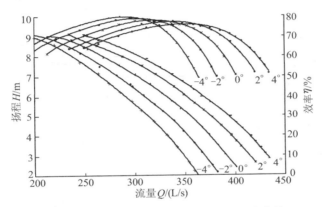

图 4-92　TJ04-ZL-20 模型装置的综合性能曲线

（2）TJ04-ZL-02 模型泵能量特性

TJ04-ZL-02 模型在叶片安放角分别为 $-4°$，$-2°$，$0°$，$2°$，$4°$时进行试验，表 4-67 至表 4-71 分别为各叶片安放角下的实测数据；图 4-93 为不同叶片安放角下模型装置的综合性能曲线（$n=1$ 283 r/min）。

表 4-67　TJ04-ZL-02 模型在叶片安放角为 $-4°$时的实测数据

序号	扬程 H/m	流量 Q/(L/s)	轴功率 N/kW	装置效率 η/%
1	2.018	376.18	15.435	48.20
2	2.500	367.96	16.204	55.64
3	2.797	363.76	16.726	59.61
4	3.085	358.01	17.123	63.21
5	3.365	352.06	17.565	66.10
6	3.693	344.87	17.879	69.81
7	3.974	339.64	18.308	72.24
8	4.359	331.32	18.969	74.61

序号	扬程 H/m	流量 Q/(L/s)	轴功率 N/kW	装置效率 η/%
9	4.763	321.98	19.570	76.80
10	5.223	311.00	20.314	78.36
11	5.675	298.07	20.983	79.00
12	5.873	292.63	21.163	79.58
13	6.069	286.26	21.460	79.34
14	6.235	281.54	21.771	79.02
15	6.653	263.68	22.519	76.34
16	6.969	246.13	23.003	73.08
17	7.315	229.61	23.457	70.17
18	7.796	210.10	24.105	66.59

表 4-68　TJ04-ZL-02 模型在叶片安放角为－2°时的实测数据

序号	扬程 H/m	流量 Q/(L/s)	轴功率 N/kW	装置效率 η/%
1	2.355	395.87	18.143	51.19
2	2.665	391.96	18.636	55.82
3	3.082	383.24	19.263	61.03
4	3.361	378.26	19.693	64.24
5	3.868	369.29	20.489	69.34
6	4.141	363.99	20.982	71.43
7	4.524	355.42	21.584	74.05
8	3.941	367.52	20.682	69.64
9	4.878	347.06	22.030	76.36
10	5.251	338.32	22.703	77.73
11	5.527	329.12	23.058	78.35
12	5.836	319.84	23.543	78.71
13	6.155	309.42	23.981	78.83
14	6.572	295.44	24.553	78.48
15	6.835	285.08	24.900	77.64
16	7.193	263.05	25.420	73.84
17	7.554	242.04	26.252	69.06
18	8.045	217.15	26.980	64.19

表 4-69　TJ04-ZL-02 模型在叶片安放角为 0°时的实测数据

序号	扬程 H/m	流量 Q/(L/s)	轴功率 N/kW	装置效率 η/%
1	2.611	413.19	20.247	53.01
2	3.306	399.96	21.322	61.66
3	3.669	392.71	21.843	65.55
4	4.188	382.11	22.694	70.05
5	4.694	370.54	23.450	73.64
6	5.042	361.63	24.004	75.40
7	5.414	351.85	24.581	76.90
8	5.767	341.62	25.262	77.36
9	6.134	328.99	25.669	77.98
10	6.304	323.30	25.957	77.88
11	6.467	317.60	26.171	77.83
12	6.685	309.72	26.574	77.25
13	7.111	288.57	27.189	74.81
14	7.403	266.92	27.904	70.18
15	7.863	237.73	28.754	64.40

表 4-70　TJ04-ZL-02 模型在叶片安放角为 2°时的实测数据

序号	扬程 H/m	流量 Q/(L/s)	轴功率 N/kW	装置效率 η/%
1	2.829	434.90	22.785	53.59
2	3.020	431.49	22.983	56.26
3	3.414	424.09	23.708	60.58
4	3.811	416.26	24.357	64.60
5	4.181	407.83	24.858	67.99
6	4.527	399.96	25.447	70.54
7	5.013	387.69	26.033	73.98
8	5.399	376.99	26.505	76.09
9	5.689	368.28	27.004	76.87
10	5.935	360.90	27.388	77.45
11	6.168	352.01	27.800	77.34
12	6.473	340.78	28.258	77.28
13	6.878	326.38	28.939	76.79
14	7.197	310.27	29.588	74.70
15	7.492	287.36	30.196	70.55
16	7.660	267.51	30.749	65.92

表 4-71　TJ04-ZL-02 模型在叶片安放角为 4°时的实测数据

序号	扬程 H/m	流量 Q/(L/s)	轴功率 N/kW	装置效率 η/%
1	3.268	446.69	24.926	57.45
2	3.907	433.86	26.145	63.61
3	4.557	418.26	26.710	70.01
4	5.168	402.96	27.771	73.57
5	5.600	391.98	28.441	75.72
6	5.883	385.82	28.988	76.81
7	6.129	375.05	29.291	76.99
8	6.124	374.94	29.235	77.05
9	6.523	360.98	29.919	77.21
10	6.968	343.84	30.532	76.98
11	7.319	328.76	31.004	76.13
12	7.522	319.93	31.292	75.44
13	7.838	294.27	31.860	71.02
14	7.969	268.51	32.244	65.10

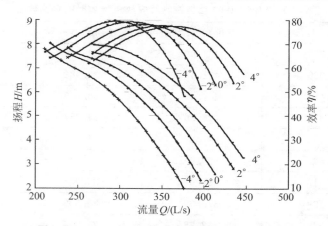

图 4-93　TJ04-ZL-02 模型泵装置的综合特性曲线

（3）模型装置空化特性

能量特性试验的同时对 TJ04-ZL-20 和 TJ04-ZL-02 模型在叶片安放角为−2°和 4°时进行空化特性试验,试验结果分别见表 4-72 和表 4-73。

表 4-72　TJ04-ZL-20 模型空化试验结果

叶片安放角/(°)	试验条件	试验结果					
−2	模型($D=0.3$ m, $n=1\,250$ r/min)	装置扬程/m	2.44	4.72	5.307	6.562	6.913
		$NPSH_r$/m	8.02	6.98	6.86	7.03	7.31
	原型($D=3.08$ m, $n=136.4$ r/min)	装置扬程/m	3.063	5.924	6.66	8.236	8.667
		$NPSH_r$/m	10.07	8.76	8.6	8.82	9.17
4	模型($D=0.3$ m, $n=1\,250$ r/min)	装置扬程/m	2.331	3.368	4.924	6.461	7.062
		$NPSH_r$/m	8.69	8.07	7.36	7.21	7.60
	原型($D=3.08$ m, $n=136.4$ r/min)	装置扬程/m	2.925	4.227	6.180	8.109	8.863
		$NPSH_r$/m	10.91	10.13	9.24	9.05	9.54

表 4-73　TJ04-ZL-02 模型空化试验结果

叶片安放角/(°)	试验条件	试验结果					
−2	模型($D=0.3$ m, $n=1\,250$ r/min)	装置扬程/m	2.127	3.241	4.959	5.883	7.418
		$NPSH_r$/m	10.56	9.49	7.99	7.32	6.99
	原型($D=3.08$ m, $n=125$ r/min)	装置扬程/m	2.242	3.416	5.227	6.2	7.819
		$NPSH_r$/m	11.14	10.01	8.43	7.71	7.36
4	模型($D=0.3$ m, $n=1\,250$ r/min)	装置扬程/m	3.116	4.342	6	6.64	7.417
		$NPSH_r$/m	9.5	8.63	7.69	7.48	7.65
	原型($D=3.08$ m, $n=125$ r/min)	装置扬程/m	3.285	4.576	6.366	6.998	7.818
		$NPSH_r$/m	10.01	9.09	8.1	7.89	8.06

（4）结论及建议

针对泗阳泵站的具体工程背景,经过多方案的优化设计和试验研究,最终得到水力性能优良的钟型进水、蜗壳出水流道型线方案,并使该流道型式的模型装置最高效率达到80%,达到或超过常用立式及卧式流道型式泵装置效率。新型蜗壳出水流道高效装置研制、开发成果弥补了以往蜗壳流道泵装置效率不高的缺点,为蜗壳进出水流道在大型低扬程泵站中推广和应用奠定了基础。

根据模型试验结果可知,TJ04-ZL-20 和 TJ04-ZL-02 模型泵水力性能优越,装置效率均可达到理想水平。为保证设计扬程条件满足设计流量与高效率要求,TJ04-ZL-02 模型的原型泵转速可用 125 r/min,TJ04-ZL-20 模型的原型泵转速须用 136.4 r/min。

TJ04-ZL-20 和 TJ04-ZL-02 模型的空化性能正常,在叶片安放角为−2°时,TJ04-ZL-02 模型装置在设计扬程和最小扬程工况对应的 $NPSH_r$ 分别小于 8.0 m 及 9.0 m;相同条件下 TJ04-ZL-20 模型装置在设计扬程和最小扬程工况对应的 $NPSH_r$ 分别小于 8.5 m 及 9.0 m。两个模型对安装高程的要求基本相同。根据模型试验结果,TJ04-ZL-20 模型比 TJ04-ZL-02 模型的泵水力性能略优,建议泗阳泵站选用 TJ04-ZL-20 模型泵。

在泗阳泵站实际实施过程中,综合多种因素后仍旧采用肘形进水、虹吸式出水、真空破坏阀断流的装置型式。最终建成的泗阳泵站装置纵剖面图如图 4-94 所示。

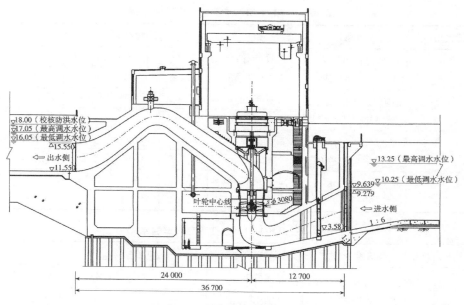

图 4-94　泗阳泵站建成后的纵剖面图(长度单位：mm)

4.5　与双向泵站结合的蜗壳式出水装置研究

4.5.1　工程概况

西淝河泵站位于安徽省凤台县淮河北岸西淝河出口处,是淮河流域西淝河治理工程的重点项目之一,具有自排、抽排、引水等功能,为大(2)型泵站。设计抽、排流量为 180 m³/s,自排流量为 412 m³/s,引水流量为 85 m³/s。泵站布置在老西淝河闸左侧,老西淝河闸拆除与泵站合建。重建的西淝河闸共 3 孔,单净宽 8.0 m。泵站由拦污闸、进水前池、泵房、出口控制段组成,采用正向进出水布置。泵站安装 6 台 2900ZLQ-100 立式轴流泵,配套电机型号为 TL2500-44/3250,单机功率为 2 400 kW,总装机容量为 14 400 kW。泵站采用堤身式泵房形式,直接防洪。泵站中 4 台机组为双向流道,另外布置在两侧的 2 台机组为钟型进水、蜗壳式出水,主要尺寸与双向流道保持一致。西淝河枢纽布置如图 4-95 所示,其中 1# 、6# 机组为单向运行机组,水位组合及特征扬程见表 4-74。泵站装置剖面图如图 4-96 所示。

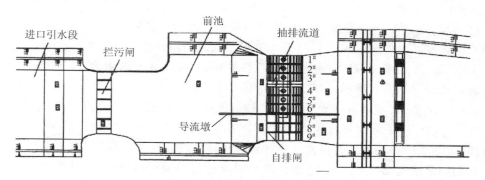

图 4-95　西淝河枢纽布置图

表 4-74　西淝河泵站水位组合及特征扬程　　　　　　　单位：m

工况	进水池（西淝河侧）	出水池（淮河侧）	扬程
设计水位	21.00	24.30	3.30
最高水位	22.20	25.55	5.55
最低水位	20.00	21.00	0.00
平均水位	—	—	1.80

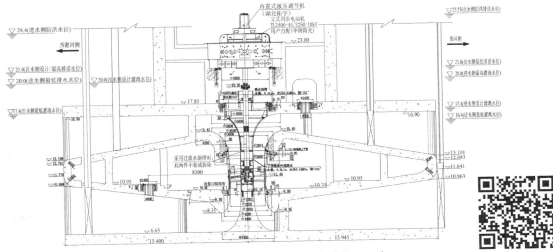

图 4-96　西淝河泵站装置剖面图（长度单位：mm）

西淝河泵站
装置剖面详图

4.5.2　装置优化设计

在工程设计阶段，选用 TJ04-ZL-06 水力模型，原型机组结构尺寸如图 4-97 所示。结合双向流道机组布置的要求，对装置的进水流道和出水流道分别进行无泵优化设计。

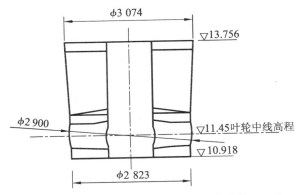

图 4-97　原型水泵主要结构尺寸（长度单位：mm）

1. 进水流道

（1）初始方案

初始方案中西泖河泵站进水流道的单线图如图 4-98 所示。该方案进水流道进口断面至泵轴中心线的距离为 15.95 m（5.5D），流道进口断面的宽度和高度分别为 8.5 m（2.93D）和 4.314 m（1.49D），水泵叶轮中心至进水流道底板高度为 4.8 m（1.66D）。图中高程以 m 为单位，其余以 mm 为单位。

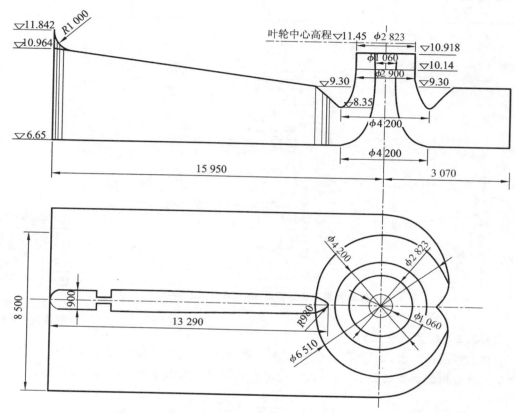

图 4-98　初始方案中进水流道单线图（长度单位：mm）

采用数值计算模拟该方案在设计流量为 30 m³/s 时的内部三维流动情况，得到的进水流道主要剖面流场如图 4-99 所示。根据进水流道流场计算结果，由式（1-17）和式（1-18）得到进水流道出口断面的轴向流速分布均匀度和水流平均入流角分别为 95.5% 和 89°。设计流量时进水流道水力损失的计算值为 0.258 m，流道阻力系数为 2.87×10⁴ s²/m⁵。

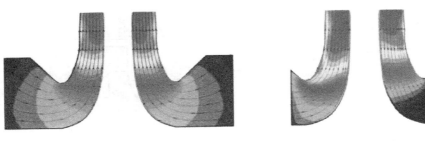

(a) 泵轴线断面　　　　　　　　　　　(b) 纵向中剖面

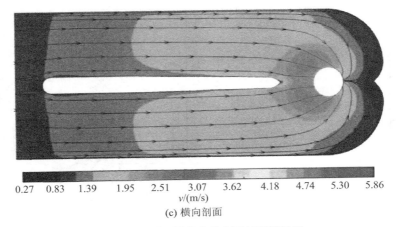

0.27　0.83　1.39　1.95　2.51　3.07　3.62　4.18　4.74　5.30　5.86
$v/(m/s)$

(c) 横向剖面

图 4-99　初始方案中进水流道主要剖面流场图

由图 4-99 可以看出,流道进口至吸水室进口的水流流速变化均匀且逐渐增大;在吸水室内,一部分水流由前部进入喇叭管,一部分水流由两侧进入喇叭管,还有一部分水流绕至流道后部进入喇叭管;进入喇叭管后水流的流速迅速增大,经喇叭管调整后以较为均匀并垂直于流道出口断面的方向流出。

(2) 优化方案 1

进水流道在初始方案的基础上,优化方案 1 做如下调整:将进水流道喇叭管的进口直径由 4 200 mm 调整至 4 400 mm,以降低喇叭管进口流速,同时将导流锥的底部直径调整至 4 400 mm;调整喇叭管和导流锥的型线使水流的收缩流动更为平缓,从而以期为水泵叶轮室进口提供较为理想的流态。

优化方案 1 中进水流道的单线图如图 4-100 所示。采用数值计算的方法模拟该方案设计流量下的内部三维流动情况。根据进水流道流场计算结果得出该方案进水流道出口断面的轴向流速分布均匀度和水流平均入流角分别为 96.4% 和 89.1°,设计流量时进水流道的水力损失为 0.238 m,流道阻力系数为 $2.64 \times 10^4 \ s^2/m^5$。

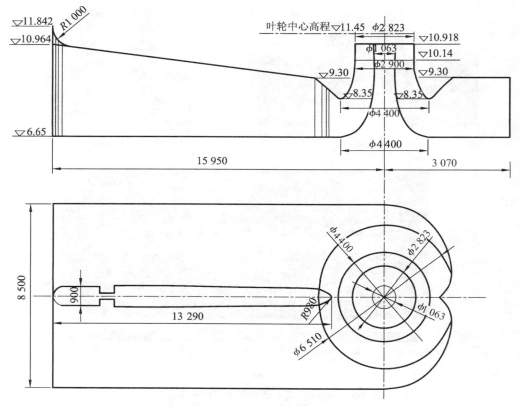

图 4-100 优化方案 1 中进水流道的单线图（长度单位：mm）

（3）优化方案 2

进水流道在优化方案 1 的基础上，优化方案 2 将后壁距由 1.06D 调整为 0.9D。该方案的单线图如图 4-101 所示。根据进水流道流场计算结果得出该方案进水流道出口断面的轴向流速分布均匀度和水流平均入流角分别为 96.4% 和 89.1°，设计流量时进水流道水力损失为 0.24 m，流道阻力系数为 2.67×10⁴ s²/m⁵。

（4）优化方案 3

优化方案 2 的结果没有达到预期，因此在优化方案 2 的基础上，优化方案 3 将流道内的中墩长度由 13.29 m 调整为 10.79 m。该方案中进水流道的单线图如图 4-102 所示。该方案流道的主要剖面流场如图 4-103 所示。根据进水流道流场计算结果，该方案进水流道出口断面的轴向流速分布均匀度和水流平均入流角分别为 96.5% 和 89.1°，设计流量时进水流道的水力损失为 0.238 m，流道阻力系数为 2.64×10⁴ s²/m⁵。

由图 4-103 可以看出，优化方案 3 中进水流道内水流流动的基本特征与初步方案相同，但优化方案 3 中喇叭管内的流速变化更为平缓，且流道出口流速分布更为均匀，建议工程设计中采用该方案。

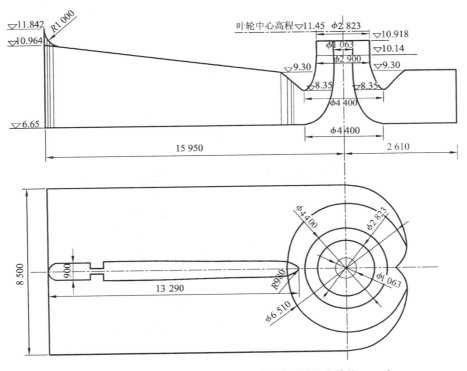

图 4-101　优化方案 2 中进水流道的单线图(长度单位：mm)

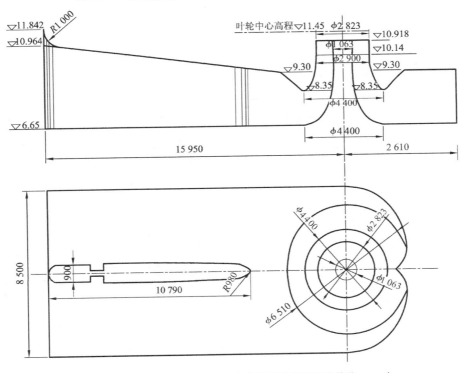

图 4-102　优化方案 3 中进水流道的单线图(长度单位：mm)

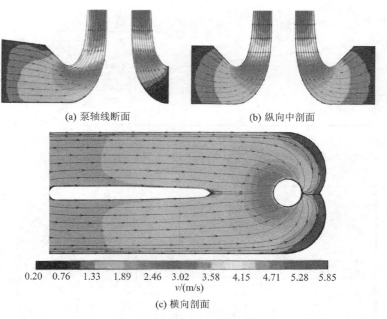

(a) 泵轴线断面　　　　　　　　　(b) 纵向中剖面

0.20　0.76　1.33　1.89　2.46　3.02　3.58　4.15　4.71　5.28　5.85
$v/(\text{m/s})$

(c) 横向剖面

图 4-103　优化方案 3 中进水流道主要剖面流场图

2. 出水流道

(1) 初始方案

初始方案中西淝河泵站出水流道的单线图如图 4-104 所示。该方案出水流道的长度为 15.95 m(5.5D)，流道出口断面的宽度和高度分别为 8.50 m(2.93D)和 3.80 m(1.31D)。

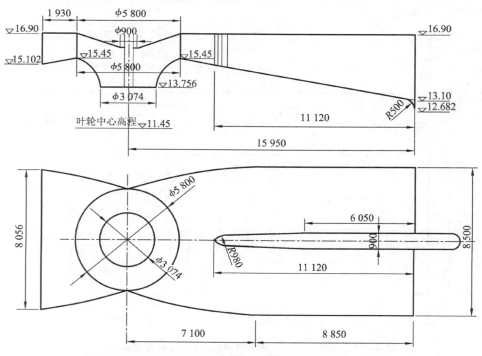

图 4-104　初始方案中出水流道的单线图(长度单位：mm)

对该方案中设计流量下出水流道的内部流动情况进行模拟,得到的出水流道纵剖面流场、横剖面流场和断面流场分别如图 4-105 至图 4-107 所示。根据出水流道流场计算结果,设计流量时该方案出水流道水力损失为 0.863 m,流道阻力系数为 9.59×10^{4} s^{2}/m^{5}。

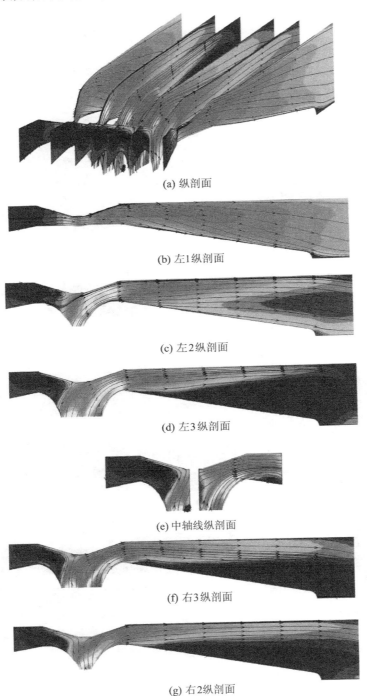

(a) 纵剖面

(b) 左1纵剖面

(c) 左2纵剖面

(d) 左3纵剖面

(e) 中轴线纵剖面

(f) 右3纵剖面

(g) 右2纵剖面

(h) 右1纵剖面

0.27 0.82 1.36 1.91 2.45 3.00 3.55 4.09 4.64 5.18 5.73
v/(m/s)

图 4-105 初始方案中出水流道纵剖面流场图

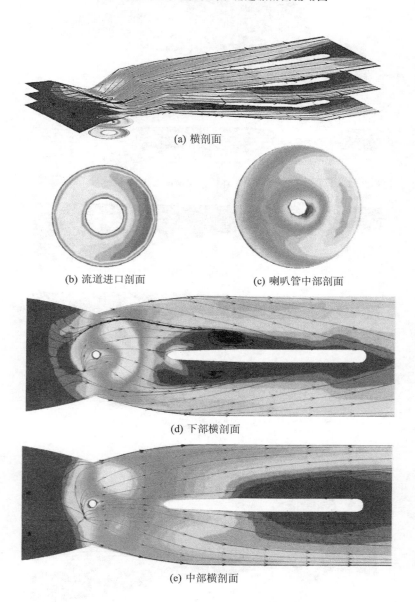

(a) 横剖面

(b) 流道进口剖面   (c) 喇叭管中部剖面

(d) 下部横剖面

(e) 中部横剖面

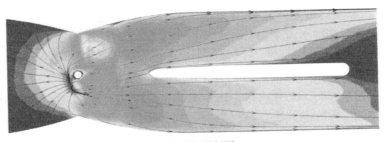

(f) 上部横剖面

0.27 0.82 1.36 1.91 2.45 3.00 3.55 4.09 4.64 5.18 5.73
$v/(m/s)$

图 4-106　初始方案中出水流道横剖面流场图

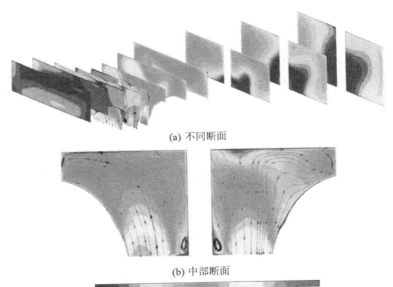

(a) 不同断面

(b) 中部断面

0.27 0.82 1.36 1.91 2.45 3.00 3.55 4.09 4.64 5.18 5.73
$v/(m/s)$

图 4-107　初始方案中出水流道断面流场图

　　由图 4-105 至图 4-107 可以看出,流道进口至汇水箱进口的水流流速变化均匀、逐渐增大;在汇水箱内,一部分水流由前部进入喇叭管,一部分水流由两侧进入喇叭管,还有一部分水流绕至流道后部进入喇叭管;进入喇叭管后水流流速迅速增大,经喇叭管调整后以较为均匀并垂直于流道出口断面的方向流出。由流场图可以看到,初始方案出水流道内水流流动大体上可分为突然扩散、后壁旋涡和出水直段扩散调整 3 个部分;导叶体流出的水流进入喇叭管后,水流旋转向四周急剧转向并扩散;受喇叭管扩散和流道边壁阻挡的作用,水流在向流道出口方向、向后壁方向和向两侧方向的流动表现出不同的特点;喇叭管上部区域的水流呈辐射状向四周发散流动;后壁方向的水流由于没有出路,且受到流道平面和立面扩散的影响,在流道内形成大范围的旋涡区;流道两侧方向流动的水流受到边壁的阻挡而形成立面方向的旋涡,同时也有一部分水流旋转着流向出水直段;出水直段在立面和平面上均扩散,在流道直段的中下部存在立面和平面方向的旋涡区;出水直段在平面方向上的流动状况大体可分为上部、中部和下部 3 个区域：流道上部区域的水流向两侧边壁偏斜；流道下部区域的水流则由边壁向流道中心线的方向偏斜；流道中部区域的流动介于两者之间。

（2）优化方案 1

在初始方案的基础上，优化方案 1 中出水流道进行如下调整：在导叶体出口与水泵顶盖之间增加导流锥，导流锥的出口高程为 16.9 m，套于水泵轴套外侧，以有利于流出导叶体的水流平缓扩散；对出水流道后壁形状进行调整，以有利于水流向出水侧运动；对与导叶体出口连接的倒置喇叭管型线进行调整，以使水流扩散更为平缓。

优化方案 1 中出水流道的单线图如图 4-108 所示，根据出水流道流场计算结果得出设计流量时该方案出水流道的水力损失为 0.792 m，流道阻力系数为 8.80×10^4 s²/m⁵。

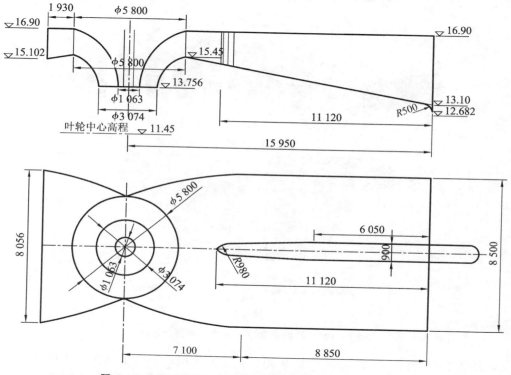

图 4-108　优化方案 1 中出水流道单线图（长度单位：mm）

（3）优化方案 2

在优化方案 1 的基础上，优化方案 2 中出水流道将平面方向的后壁型线调整为半圆形。该方案的单线图如图 4-109 所示。该方案的流道纵剖面流场、横剖面流场和断面流场分别如图 4-110 至图 4-112 所示。根据出水流道流场计算结果得出设计流量时该方案出水流道的水力损失为 0.725 m，流道阻力系数为 8.06×10^4 s²/m⁵。

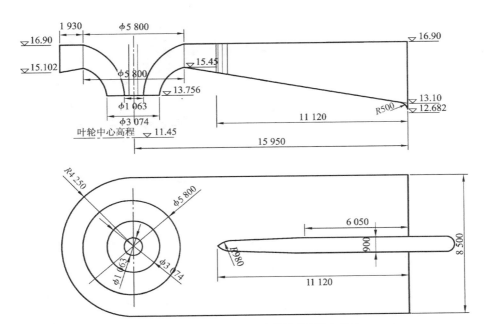

图 4-109　优化方案 2 中出水流道单线图（长度单位：mm）

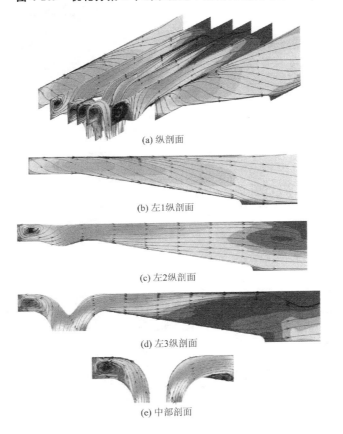

(a) 纵剖面

(b) 左1纵剖面

(c) 左2纵剖面

(d) 左3纵剖面

(e) 中部剖面

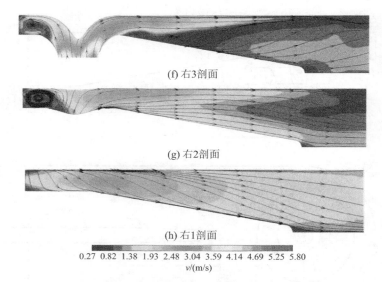

(f) 右3剖面

(g) 右2剖面

(h) 右1剖面

0.27 0.82 1.38 1.93 2.48 3.04 3.59 4.14 4.69 5.25 5.80
$v/(m/s)$

图 4-110 优化方案 2 中出水流道纵剖面流场图

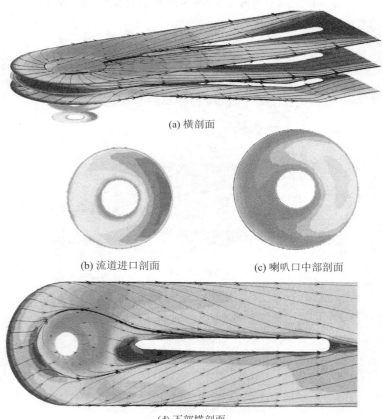

(a) 横剖面

(b) 流道进口剖面

(c) 喇叭口中部剖面

(d) 下部横剖面

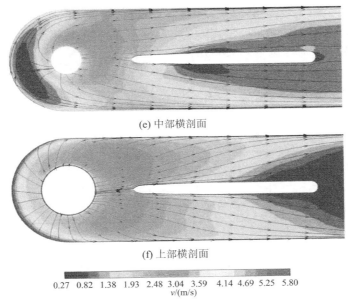

(e) 中部横剖面

(f) 上部横剖面

0.27　0.82　1.38　1.93　2.48　3.04　3.59　4.14　4.69 5.25 5.80
$v/(\text{m/s})$

图 4-111　优化方案 2 中出水流道横剖面流场图

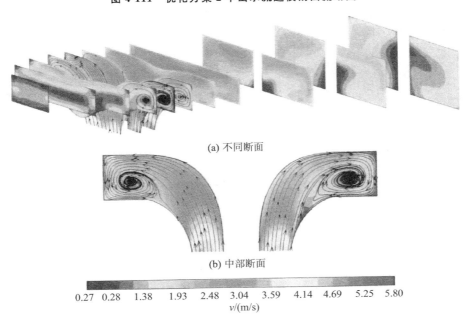

(a) 不同断面

(b) 中部断面

0.27　0.28　1.38　1.93　2.48　3.04　3.59　4.14　4.69　5.25 5.80
$v/(\text{m/s})$

图 4-112　优化方案 2 中出水流道断面流场图

由图 4-110 至图 4-112 可以看出,优化方案 2 中出水流道内部三维流动基本特征与初步方案相同;相较于初始方案,优化方案 2 中喇叭管内水流扩散更为平缓均匀,流道后壁的旋涡区范围较小,出水直段在平面和立面方向的水流扩散更为平缓,旋涡区的范围较小,建议工程设计采用该方案。

4.5.3　装置模型试验

为检验水力优化设计效果,在扬州大学的试验台上进行装置模型试验。装置模型试验中采用优化后的进、出水流道,TJ4-ZL-06 水力模型,原型水泵叶轮直径D_p＝2 900 mm,模型泵叶轮直径 D_m＝300 mm,模型比为 λ_l＝9.667。原型泵的转速为 136.4 r/min,根据等 nD 条件,则模型泵的转速为 1 318.5 r/min。

1. 装置能量特性试验结果

对模型泵装置在叶片安放角分别为 $-6°$,$-4°$,$-2°$,$0°$,$2°$ 和 $4°$ 时进行能量特性试验,结果见表 4-75 至表 4-80。

表 4-75　叶片安放角为 $-6°$ 时的能量特性试验结果

序号	流量 $Q/(L/s)$	扬程 H/m	轴功率 N/kW	装置效率 $\eta/\%$
1	175.69	5.948	16.46	62.29
2	194.75	5.518	16.20	65.06
3	209.60	5.374	16.25	68.00
4	217.36	5.028	15.41	69.58
5	230.24	4.806	15.22	71.32
6	240.04	4.688	15.25	72.38
7	245.74	4.544	15.20	72.09
8	247.18	4.412	14.85	72.05
9	251.04	4.310	14.74	72.01
10	253.69	4.116	14.15	72.37
11	261.07	4.056	14.29	72.69
12	267.73	3.954	14.37	72.29
13	268.89	3.810	13.92	72.21
14	275.01	3.578	13.55	71.22
15	278.01	3.404	13.08	70.97
16	285.23	3.374	13.36	70.67
17	285.61	3.222	12.83	70.34
18	294.08	3.240	13.51	69.17
19	297.77	3.084	13.07	68.92
20	298.10	2.966	12.44	69.72
21	307.56	2.634	12.02	66.11
22	314.13	2.334	11.59	62.08
23	351.96	0.486	8.13	20.65

表 4-76　叶片安放角为－4°时的能量特性试验结果

序号	流量 Q/(L/s)	扬程 H/m	轴功率 N/kW	装置效率 η/%
1	174.52	6.226	18.27	58.35
2	191.34	6.080	18.40	62.03
3	221.36	5.578	17.86	67.83
4	245.58	5.052	17.18	70.83
5	255.28	4.796	16.77	71.62
6	260.49	4.628	16.46	71.83
7	275.57	4.060	15.15	72.46
8	293.22	3.740	14.95	71.97
9	295.16	3.626	14.66	71.62
10	298.71	3.502	14.50	70.77
11	301.86	3.458	14.55	70.39
12	308.15	3.244	14.23	68.85
13	314.49	3.104	14.26	67.17
14	316.40	2.772	12.98	66.30
15	334.64	2.216	12.24	59.42
16	342.64	1.898	11.90	53.61
17	362.06	1.082	10.06	38.19
18	364.32	1.072	10.34	37.05
19	369.38	0.698	9.57	26.43
20	377.40	0.350	8.68	14.93

表 4-77　叶片安放角为－2°时的能量特性试验结果

序号	流量 Q/(L/s)	扬程 H/m	轴功率 N/kW	装置效率 η/%
1	234.72	5.70	20.32	64.58
2	247.80	5.30	19.50	66.07
3	265.90	4.72	17.82	69.11
4	279.22	4.50	17.54	70.27
5	283.89	4.32	16.95	71.00
6	292.39	4.16	16.65	71.65
7	295.77	4.02	16.15	72.21
8	306.09	4.00	16.58	72.45
9	307.33	3.90	16.15	72.80

续表

序号	流量 $Q/(\text{L/s})$	扬程 H/m	轴功率 N/kW	装置效率 $\eta/\%$
10	307.43	3.74	15.63	72.18
11	311.28	3.66	15.69	71.23
12	316.37	3.58	15.52	71.60
13	321.22	3.48	15.41	71.18
14	323.38	3.38	15.13	70.87
15	325.64	3.22	14.74	69.79
16	339.47	2.92	14.97	64.98
17	345.41	2.64	14.04	63.72
18	347.32	2.44	13.29	62.54
19	364.44	2.12	13.56	55.88
20	380.58	1.36	11.69	43.44
21	386.35	0.92	10.50	33.20
22	393.93	0.60	10.00	23.19

表 4-78　叶片安放角为 0°时的能量特性试验结果

序号	流量 $Q/(\text{L/s})$	扬程 H/m	轴功率 N/kW	装置效率 $\eta/\%$
1	194.88	6.50	21.94	56.64
2	226.72	6.32	22.15	63.46
3	239.84	5.78	20.82	65.33
4	256.25	5.74	21.06	68.52
5	265.72	5.40	20.25	69.50
6	277.57	5.10	19.47	71.34
7	294.85	4.80	19.11	72.66
8	307.11	4.68	19.60	71.93
9	327.28	3.92	17.70	71.12
10	345.04	3.56	17.46	69.03
11	347.07	3.30	16.71	67.22
12	357.98	3.02	16.48	64.36
13	373.23	2.50	15.24	60.06
14	375.77	2.20	14.26	56.86

表 4-79 叶片安放角为 2°时的能量特性试验结果

序号	流量 $Q/(L/s)$	扬程 H/m	轴功率 N/kW	装置效率 $\eta/\%$
1	234.44	6.32	23.52	61.81
2	255.45	6.04	23.30	64.96
3	270.05	5.62	22.26	66.89
4	292.26	5.30	22.21	68.43
5	300.21	5.06	21.29	69.98
6	322.55	4.76	21.29	70.74
7	321.47	4.72	21.00	70.89
8	337.10	4.22	19.41	71.88
9	342.16	3.96	18.81	70.65
10	354.14	3.92	19.38	70.26
11	365.70	3.54	18.75	67.75
12	381.46	3.26	18.68	65.30
13	388.82	2.98	18.55	61.28
14	396.88	2.48	16.46	58.65
15	398.66	2.18	15.05	56.65
16	415.91	1.46	13.86	42.99

表 4-80 叶片安放角为 4°时的能量特性试验结果

序号	流量 $Q/(L/s)$	扬程 H/m	轴功率 N/kW	装置效率 $\eta/\%$
1	274.81	6.02	24.77	65.53
2	293.76	5.74	24.42	67.73
3	328.08	5.20	23.64	70.80
4	342.49	4.84	22.77	71.43
5	350.32	4.78	23.05	71.26
6	355.34	4.48	22.08	70.74
7	358.36	4.38	21.65	71.12
8	366.83	4.34	22.12	70.59
9	370.27	4.06	21.07	69.99
10	376.46	3.94	21.12	68.89
11	382.74	3.60	20.00	67.59
12	395.47	3.38	20.49	64.00
13	399.03	3.18	19.58	63.57
14	405.27	2.92	18.78	61.82
15	411.39	2.60	17.88	58.69
16	427.47	2.02	17.27	49.06

根据试验结果得到的模型装置性能曲线如图 4-113 所示,换算至原型的装置性能曲线如图 4-114 所示。

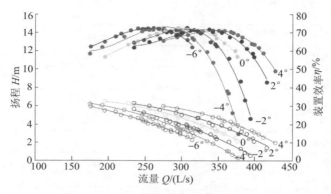

图 4-113　西淝河泵站模型装置性能曲线

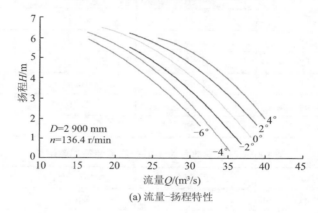

(a) 流量-扬程特性

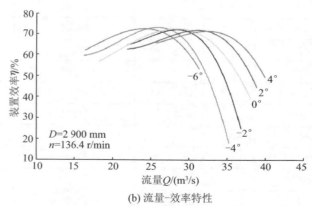

(b) 流量-效率特性

图 4-114　西淝河泵站原型装置性能曲线

根据试验结果,西淝河泵站泵装置能较好地满足流量要求,装置效率指标能达到较高的水平。试验结果表明,泵站模型选择、流道型式设计合理。

在叶片安放角为 −2°,设计扬程为 3.30 m,流量为 30.3 m³/s 时,原型装置的效率为 75.2%,轴功率为 1 305 kW;叶片安放角为 0°时,流量为 32.56 m³/s,满足设计流量要求。最大扬程为 5.55 m,叶片安放角为 4°时,实际流量为 28.3 m³/s,原型装置效率达 73.5%,轴功率为 2 095 kW。泵站配套电动机功率 $P=2 400$ kW,在最大叶片安放角为 4°时电动机不超载。

2. 装置空化特性试验结果

不同叶片安放角下模型装置的 $NPSH_r$ 试验数据见表 4-81。图 4-115 为模型装置在不同叶片安放角下 $NPSH_r$ 与流量的关系曲线;图 4-116 为原型装置在不同叶片安放角下 $NPSH_r$ 与流量的关系曲线。根据试验结果,在设计扬程及最大扬程条件下运行时,水泵不会产生危害性空化;泵站在最小扬程 0 m 和叶片安放角为 4°工况下运行时,$NPSH_r$ 值约为 11.5 m,仍不会产生危害性空化。因此,西泖河泵站在全部运行范围内应无空化危害发生。

表 4-81　模型装置 $NPSH_r$ 试验结果

叶片安放角/(°)	参数	试验数据				
4	扬程 H/m	1.56	2.87	3.91	4.63	5.63
	流量 Q/(L/s)	438	405	375	350	315
	$NPSH_r$/m	9.81	9.18	8.65	8.24	7.57
	空化比转速 C	884	894	899	901	896
2	扬程 H/m	1.23	2.35	3.35	4.35	5.17
	流量 Q/(L/s)	430	400	370	335	300
	$NPSH_r$/m	9.66	9.09	8.57	8.01	7.51
	空化比转速 C	887	895	900	901	895
0	扬程 H/m	0.56	1.41	2.81	4.02	5.00
	流量 Q/(L/s)	420	400	363	325	288
	$NPSH_r$/m	9.46	9.09	8.45	7.86	7.35
	空化比转速 C	889	895	901	900	891
−2	扬程 H/m	0.44	1.27	2.69	3.72	4.60
	流量 Q/(L/s)	400	380	342	310	278
	$NPSH_r$/m	9.09	8.74	8.12	7.64	7.22
	空化比转速 C	895	899	901	897	887
−4	扬程 H/m	0.35	1.08	2.40	3.47	4.45
	流量 Q/(L/s)	378	362	330	300	268
	$NPSH_r$/m	8.70	8.44	7.93	7.51	7.09
	空化比转速 C	899	901	900	895	883
−6	扬程 H/m	0.40	0.76	1.89	3.03	4.37
	流量 Q/(L/s)	360	352	325	294	250
	$NPSH_r$/m	8.40	8.27	7.86	7.43	6.88
	空化比转速 C	901	901	900	893	872

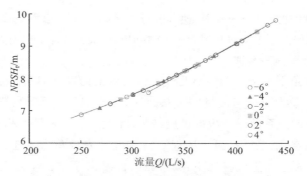

图 4-115　模型装置 $NPSH_r$ 与流量的关系曲线

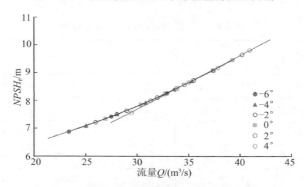

图 4-116　原型装置 $NPSH_r$ 与流量的关系曲线

3. 装置飞逸特性试验结果

试验中对 6 个叶片安放角进行飞逸转速试验,不同叶片安放角下的单位飞逸转速见表 4-82。图 4-117 为单位飞逸转速与叶片安放角的关系曲线。原型泵装置飞逸转速特性曲线如图 4-118 所示。根据模型试验结果,装置飞逸特性属于常规情况,当叶片安放角为 −6°、最大扬程为 5.55 m 时,飞逸转速为210.8 r/min,相当于额定转速的 1.54 倍。

表 4-82　不同叶片安放角下的单位飞逸转速

叶片安放角/(°)	−6	−4	−2	0	2	4
单位飞逸转速 n_{1f}'	259.6	248.4	237.5	225.7	213.4	198.6

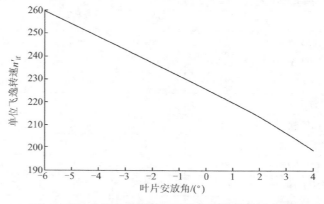

图 4-117　单位飞逸转速与叶片安放角的关系曲线

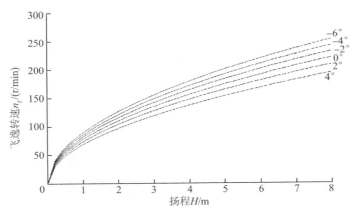

图 4-118　原型泵装置飞逸转速特性曲线

4.5.4　机组结构特点

由于西淝河泵站既有单向运行的机组,又有双向运行的机组,因而在土建结构相互兼顾的同时,机组结构上两者应尽可能一致。主水泵为大型开敞式全调节轴流泵,水泵由叶轮、主轴、导轴承、主轴密封、水箱、泵体部件、基础件等组成。泵体部分由进水基础环、进水底座、进水导流体、叶轮室、导叶体、出水喇叭管、导流管、顶盖、防护罩等组成;基础部件包括上座(顶盖底座)、泵座(导叶体底座)、进水基础环等。

水泵运行的最大轴向力为 650 kN(含水推力及水泵叶轮的重力),此力由电机承受;泵盖底座基础承受的重力为 180 kN,需要考虑向上的浮力 850 kN;导叶体底座基础承受的重力为 170 kN;进水底座基础承受的重力为 140 kN;水泵启动瞬间最大反向水推力不超过 200 kN,远小于水泵转子加电机转子的总重量,不会产生抬机现象。

水泵最长件的长度为 7.80 m,最大起吊部件重量为 200 kN(叶轮加泵轴)。

1. 叶轮

叶轮直径为 2 900 mm,由叶片、轮毂体、叶片安放角调节操作机构等组成。叶片数量为 3 片,其型面几何形状尺寸严格按模型叶片相似放大,叶轮过流部分几何相似,加工后偏差参照《水轮机通流部件技术条件》(GB/T 10969)和《混流泵、轴流泵开式叶片验收技术条件》(JB/T 5413)中的 A 级要求执行。

叶片采用 ZG0Cr13Ni4Mo 不锈钢单片整铸,其在常温下具有良好的可焊性和抗空蚀性能及抗磨性能。

叶片型面采用五轴联动数控机床加工,并用数显三坐标测量仪检查,头部型线采用组合样板检查,保证叶片的几何形状符合设计要求。叶片加工质量按 JB/T 5413 中的 A 级要求,过流表面光滑无裂纹,表面粗糙度不大于 1.6 μm。叶片数控加工,保证各叶片厚度的偏差不超过 0.5 mm,同组叶片重量差不超过平均重量的 0.5%。

叶片轴密封采用"λ"型耐油橡胶密封圈密封,运行实践表明能确保水泵长期运行而水不进入轮毂体内,轮毂腔内的润滑剂也不会泄漏到外面,并且能保证叶片灵活转动,无卡阻现象。叶片轴密封圈的安装和拆卸均可在不拆卸叶片的条件下进行,叶片转动轴轴承采用耐磨性能良好的 ZCuSn5Pb5Zn5(青铜)材料制作,采用脂润滑方式。

（1）轮毂体

轮毂体为整铸结构，材料为 ZG310-570。轮毂体过流部分按模型泵相似放大。轮毂体外球面与叶片内球面间隙均匀，最大正角度时非球面部分间隙控制在 1～2 mm，保证叶片转动灵活；尽量减小叶片与轮毂之间的间隙，以减少通过此间隙的漏水量。轮毂体内腔有足够的空间安装叶片调角操作机构，保证叶片在整个调节角度范围内不产生干涉、卡阻现象。

（2）叶片安放角调节操作机构

水泵叶片调节采用内置旋转式机械全调节方式，调节器放置在主电动机轴的上端。拉杆布置于电机、水泵主轴内，水泵叶片调节机构布置于水泵叶轮体内。

叶片安放角调节操作机构由转臂、连杆、耳柄、操作架、下调节杆及联接件等组成。下调节杆与调节器的调节杆通过中操作管连接在一起。调节杆在调节器的作用下，上（下）移动，将拉（推）力传递给操作架，带动操作架上（下）移动，带动连杆拐臂机构动作，从而带动叶片转动，达到调节叶片角度的目的。操作架上移，叶片向正角度方向调节；操作架下移，叶片向负角度方向调节。在调节器内设置上、下限位，保证操作架与相邻的机件不会因调节角度超过范围而碰到，从而有效避免超角度调节造成机件的损坏。

连杆采用 45# 锻钢制造，转臂、耳柄、操作架采用 ZG270-500 铸钢制造，确保其强度、刚度，以及水泵长期连续运行，并确保调角的可靠性、稳定性。

叶轮加工完成后，在厂内进行密封性能检查和动作试验、静平衡试验。轮毂体内充油，在 0.36 MPa 压力下历时 30 min 无渗漏、冒汗等现象，检查后将轮毂内的油放尽；整体装配后进行动作试验，保证叶片能灵活转动，无卡阻现象；进行静平衡试验，精度不低于 G6.3 级。

（3）主轴

水泵主轴采用优质中碳结构钢整体锻造，材料为 45# 钢，锻后正火，在精加工前作无损探伤检查。泵轴的导轴承档、填料密封档堆焊不锈钢。轴档堆焊的不锈钢层加工后厚度不小于 6 mm，表面硬度不低于 HRC45；轴档的加工精度不低于 h7，表面粗糙度不大于 1.6 μm，泵轴法兰与轴心线的垂直度不低于 7 级，在便于测量摆度的位置（上法兰与顶盖之间）进行抛光。泵轴中间设通孔并确保叶片调节杆能灵活地操作，保证无卡阻现象。

水泵主轴与叶轮、电机轴之间的连接均为刚性连接，连接螺栓材料采用高强度材料制造。

为保证轴系的同轴度，对水泵主轴和电机主轴的加工精度均统一严格按设计要求进行加工，确保有关衔接尺寸正确、准确，确保机组的整体性、完整性符合要求。

针对机组的特点，泵轴垂直位置调节的方法是通过在电机基础上设调整垫铁，以便安装过程中调整水泵叶轮的轴向位置，保证叶轮与叶轮室之间的间隙均匀。

2. 导轴承

导轴承安装在导叶体轮毂内，作为泵轴的主要径向支承。

水泵导轴承选用研龙导轴承，该导轴承均具有耐磨、抗冲击力强、使用寿命长的特点，完全满足主水泵的使用要求。

导轴承为分半结构，两半件之间用螺栓紧固，并在结合面之间配作定位销。导轴承由

3 层组成,最外层为导轴承支座,中层为瓦衬,内层为轴瓦。导轴承支座采用不锈钢 ZG1Cr18Ni9 制造,具有足够的强度和刚度以承受最大径向荷载并避免有害的振动;瓦衬为分块结构,制作材料为 QT450-10,瓦衬与轴承支座之间采用 3 排径向螺栓紧固,瓦衬内表面开燕尾槽;瓦为板条结构,形状与瓦衬内表面燕尾槽一致,板条与槽之间具有一定的过盈量,装配时用干冰冷冻后嵌入槽内,导轴承两端装压盖防止轴瓦轴向移动,以上这种结构型式充分保证研龙瓦在运行过程中不产生松动现象。

导轴承采用主水泵外接清水润滑及冷却,在导轴承下部设有密封橡胶板及密封压板,用于建立水压,防止外部污水泥沙进入导轴承内部,导轴承能承受短时间干摩擦。

在结构设计上保证泵站全部机组导轴承具有互换性。导轴承允许主轴轴向移动。轴承运行寿命不少于 20 000 h。冷却润滑水中断后,机组仍能安全稳定运行 15 min。

3. 主轴密封及水箱

主轴密封安装在泵盖上,由填料盒、压盖、填料及连接紧固件等组成。填料盒、压盖设计成分半结构,安装、检修及更换填料方便。填料采用聚四氟乙烯密封填料,具有严密、耐磨等特点,寿命大于 8 000 h。填料盒侧面设排水管以便于排出泄漏水。

填料盒采用 QT400-10,填料压盖采用 ZG0Cr13Ni4Mo 制造,紧固密封用的压盖螺栓、螺母等采用不锈钢制造。

水箱安装在导叶体及导叶帽之间,由过渡板、密封转环、橡皮板、压环及连接紧固件等组成。过渡板、密封转环、压环设计成分半结构,安装、检修方便。橡皮板采用工业橡胶材质,具有止水、耐磨等特点。在采用外接清水润滑导轴承时,水箱起到建立水压,防止外部过流水进入导轴承的作用。

4. 泵体部件

泵体部件,主要包括进水导流体、进水底座、叶轮室、导叶体、导流管、出水喇叭管、顶盖等。

（1）进水导流体

进水导流体由导流圈、底板等组成,材质 Q235,可作为叶轮安装时的支架,设置进水导流体便于机组安装及检修,消除因制造和安装产生的轴向误差。

（2）进水底座

进水底座采用 QT400-15 材质,分半结构,进水底座下端为进水基础环,上端为叶轮室,安装检修叶轮部件时,可将进水底座与叶轮室打开移走,将叶轮部件通过平移进行检修。

（3）叶轮室、导叶体

叶轮室采用 ZG270-500 铸件,保证强度和刚度。叶轮室为轴向剖分结构,两半件之间用螺栓紧固、定位销定位。叶轮室内球面衬焊不锈钢抗空蚀层,抗空蚀层高度与叶片角度相适应,加工后的最小厚度不小于 8 mm。

叶轮室铸件毛坯经检验合格后,退火处理,消除铸造应力,进行粗加工,再采用激震方法消除加工应力后,进行最终精加工,保证叶轮室的形状和位置精度,确保水泵的水力性能。

叶轮室内球面与叶片外圆之间的间隙均匀,最大间隙为叶轮直径的 1/1 000,内球面加工精度不低于 H10,表面粗糙度 Ra 不大于 3.2 μm,以上端止口为基准,径向圆跳动不低于标准规定的 8 级。

导叶体采用铸焊结构,导叶片材料为 ZG270-500 铸钢件,其余为 Q235,其中一片导叶片中设置导轴承清水润滑通道,用于导轴承外加清水润滑,同时导叶体、导叶片不会因设有管孔而影响过流。

采用喷丸处理及对导叶片打磨方法,保证导叶体过流表面粗糙度 Ra 控制在 $0\sim6.3\ \mu m$ 范围内。导叶入口节距偏差不大于名义尺寸的 $\pm3\%$,导叶体入口直径偏差不大于名义尺寸的 $\pm2\%$;导叶体法兰止口与导轴承支架的安装孔轴心线的同轴度不低于标准中的 7 级。

叶轮室与导叶体之间设置轴向伸缩节,用于调整安装时的轴向间隙,叶轮室、进水底座、进水基础环的重量由进水基础承受,可减轻泵座的负荷,有利于机组的稳定。导叶体止口侧面设置密封沟槽,采用橡胶圈密封。

(4)导流管、出水喇叭管

导流管、出水喇叭管均为过流件,过流面呈流线型,保证水流顺畅。导流管为分瓣结构焊接件,材质不低于 Q235。导流管与导叶体轮毂相连,包裹水导轴承和泵轴,上与顶盖相连。

出水喇叭管采用 Q235 组焊件,与导叶体外圈顺势相连。

(5)顶盖

泵顶盖安装在上座上,上部安装主轴密封,下部安装导流管,为水泵的重要支撑件。顶盖采用 Q235 放样、卷制、焊接,设计上保证便于拆卸并具有足够的强度和刚度。顶盖设有积水坑,并设置自吸泵及液位浮子开关。

5. 基础部件

水泵基础部件包括上座(顶盖底座)、泵座(导叶体底座)、进水底座、进出水流道进人门座、调整垫铁、地脚螺栓等。上座、泵座、进水底座采用 QT400-15 铸件,进出水流道进人门座采用 Q235 焊接件。基础件的连接螺栓及螺帽均为不锈钢材质。

4.5.5 工程实施效果

西淝河泵站于 2015 年开工建设,2019 年 11 月通过启动验收并投入运行。工程的建成可进一步提高西淝河、高塘湖流域的防洪除涝和水资源调配能力,缓解沿河洼地在淮河高水位情况下的"关门淹"问题。西淝河泵站现场实景如图 4-119 所示。

图 4-119　西淝河泵站现场实景

4.6　工程应用实例简介

4.6.1　日本印幡泵站

1. 工程概况

印幡沼位于日本千叶县北部,大致呈"W"形,面积约 2 600 hm²。通常情况下水体是流向北方的利根川,但由于降雨等因素致使利根川水位上涨,无法排水,给周边带来极大损失。在印幡沼的出口处设置泵站以便排水,并开垦耕地为印幡沼开拓建设事业。农林省从 1946 年开始着手这项工作,当初拟计划将印幡沼的水排至千叶县的检见川。这项工作现在仍在进行中。从 1954 年开始,为了尽快取得实效,设置泵站并将水直接排放到利根川的计划已经具体化,1955 年正式实施。

在泵站水泵排水方面,必须先确定泵的容量。总排水量可以根据过去的统计数据计算,但机组台数的确定必须经过充分论证。根据统计数据也可以推算出扬程,但由于利根川的水位变化幅度大,如何高效地运用水泵抽排是值得深入研究的问题。农林省首先在手贺沼开拓事业上以 2 台水泵为一组串列切换运行解决扬程变幅问题。利根川的水位从东京湾平均潮位 2.3 m 变化到 9.02 m。与之相对,印沼一侧的水位从 1.5 m 变化到 3.0 m,所以实际扬程最低为 0 m,最高为 6.02 m。采用叶片全调节的轴流泵结构型式,在该扬程范围用 2 台水泵串列切换运转排水,每台水泵的设计扬程定为 2.5 m,并全流量用 3 组 6 台水泵排水,则单台水泵的设计排水流量定为 920 m³/min。串列运行时泵性能曲线如图 4-120 所示,其中轴功率是指单台机组,在最低扬程 0 m 处的流量约为 1 700 m³/min。

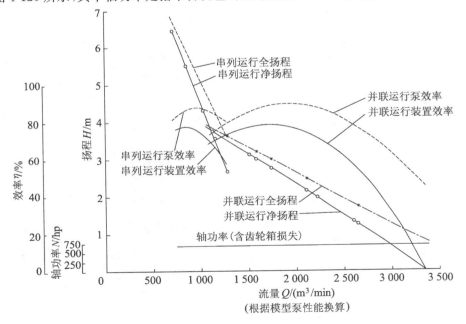

图 4-120　串列运行时泵性能曲线

由于单台水泵的容量大,考虑到水泵制造的技术因素及节省土建工程投资,水泵采用立式设计,并且 2 台水泵串列式运行。主泵的规格如下:公称口径:2 800 mm;型式:

立式全调节轴流泵;排水流量:920 m³/min;设计扬程:2.5 m(单级运行情况下);转速:115.2 r/min,105 r/min;原动机:540 kW(720 hp)同步电动机、570 kW(760 hp)感应式异步电动机。

该泵站的 6 台泵分为 2 台常用泵和 4 台紧急使用泵。2 台常用泵直接连接同步电动机,以提高效率;其余 4 台紧急使用泵采用异步电动机通过减速齿轮箱驱动水泵,以减少设备费用。电气设备由日立制作所制造,2 台常用泵由荏原制作所制造,4 台紧急使用泵分别由日立制作所和酉岛制作所各生产加工 2 台。印幡泵站全景如图 4-121 所示,装置剖面图如图 4-122 所示。

(a) 上游外景

(b) 540 kW 同步电动机

(c) 570 kW 齿轮箱驱动异步电动机

图 4-121　印幡泵站全景

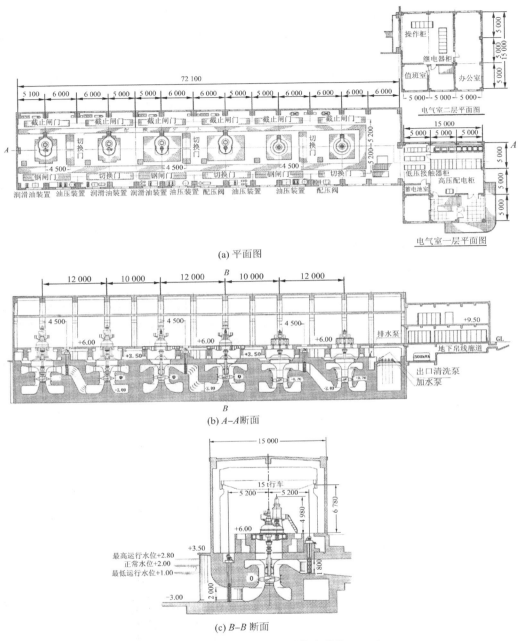

图 4-122　印幡泵站剖面图(长度单位：mm)

2. 模型泵试验研究

由于原型泵体积庞大,形状特殊,无法进行原型泵的工厂测试,因而性能检验在模型泵装置中进行。模型比例为 $\lambda_l=10$,模型装置包括进水流道、第一级水泵、连接流道、第二级水泵和出水流道。

性能试验时,即使原型泵是立式设计,模型泵也未必一定需要采用立式设计。但根据客户的要求,模型泵也采用立式设计,研究的重点放在流道及外形上。

尽管从 $NPSH$ 值看有充分的富裕量,但在试验过程中有发出像空化一样的声音,这是由于在进水侧的壳体内存在旋涡形成的极低负压部位。为了防止进气旋涡的发生,在进水流道中部设置混凝土的整流导流锥,如图 4-123 所示。这种设置方式在各种文献中都有记载,试验的结果也表明效果非常明显。为了增强该导流锥的效果,可在钟型进水流道的侧壁设置隔舌。

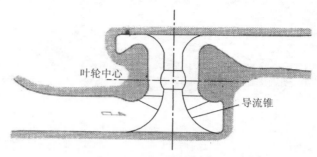

图 4-123　进水流道整流导流锥

但是在泵站,单独运行和串列运行时由于水的流入方向不同,决定了试验的结果中第一级水泵和第二级泵具有不同的隔舌,如图 4-124 所示。为了得到上述结果,试验过程中对称钟型进水流道(见图 4-125)、弯肘形进水流道(见图 4-126)、矩形进水流道(见图 4-127)等进行试验研究,并且对出水流道也进行 2 种出水型式的试验研究(见图 4-128)。

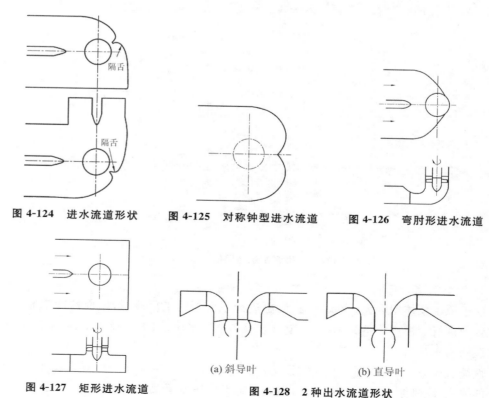

图 4-124　进水流道形状　　　图 4-125　对称钟型进水流道　　　图 4-126　弯肘形进水流道

图 4-127　矩形进水流道　　　(a)斜导叶　　　(b)直导叶

图 4-128　2 种出水流道形状

图 4-129 是串列运行时模型泵的性能曲线。

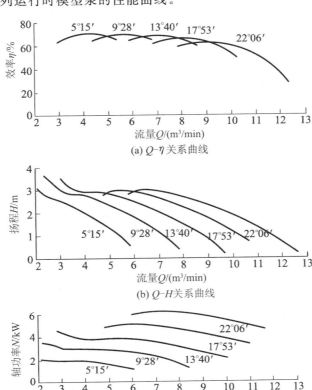

(a) Q-η 关系曲线

(b) Q-H 关系曲线

(c) Q-N 关系曲线

图 4-129　串列运行时模型泵性能曲线

出流方向一定时，出水蜗壳的形状设计为螺旋式，如图 4-130 所示。螺旋式出水蜗壳能够有效地使用出口水流圆周方向的速度分量，提高装置效率。图 4-131 是螺旋式蜗壳出水模型装置的性能曲线。第一级水泵和第二级水泵的连接流道受到形状尺寸的制约，该流道必须以短的距离将从出水口流出的水经过 2 次直角弯曲导出到相对低的进水口。因此，参考风洞和回流水槽采用整流栅，连接流道设计成如图 4-132 所示。整流栅设计制作了两种形状进行对比。在串列运行的情况下，连接流道段被视为泵的一部分，因此装置的效率有所降低。串列运行时水泵模型试验装置如图 4-133 所示。

图 4-130　螺旋式蜗壳出水流道

新型低扬程立式泵装置设计与应用

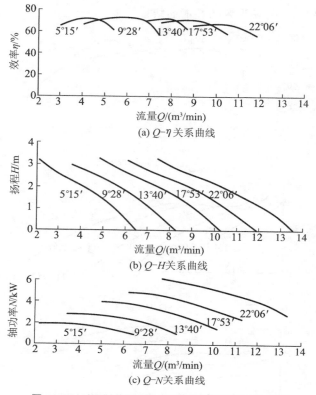

(a) Q-η关系曲线

(b) Q-H关系曲线

(c) Q-N关系曲线

图 4-131　螺旋式蜗壳出水模型装置的性能曲线

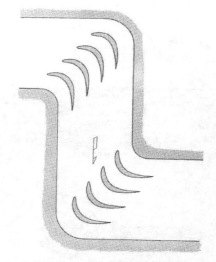

图 4-132　连接流道的整流栅

图 4-133　串列运行时水泵模型试验装置

3. 设备设计制造

原型泵为叶轮全调节立式轴流泵。虽然日立公司曾向巴基斯坦政府提供过结构大致相同的水泵，但是本站水泵是通过齿轮减速箱使用异步电动机驱动。前者的同步电动机结构如图 4-134 所示，叶片操作的伺服电动机放在电动机的上部，但本站是将其放置在齿轮减速箱的下部。这种大容量立式齿轮减速箱创造了日立制作所的记录,运行效果非常好。立式齿轮减速箱结构如图 4-135 所示,在顶部放置大型推力轴承,承受包括水泵在内的旋转体重量和水推力。

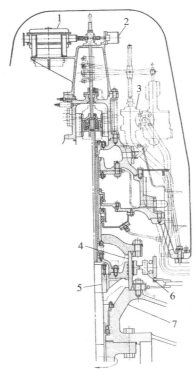

1—齿轮驱动器;2—叶片角信号器;3—配压阀;4—伺服发生器;5—活塞缸;6—行程限位;7—电动机支架。

图 4-134　同步电动机结构

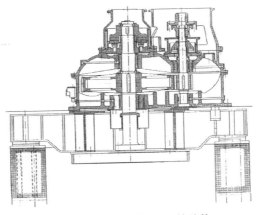

图 4-135　立式齿轮减速箱结构

关于泵主体部分,出水侧外壳采用钢板制作,能够保证流道的形状。轮毂与叶片之间的密封性非常重要,因为其内部设置了叶片安放角的操作机构。这部分经常充满压力油对操作机构进行保护,如图 4-136 所示。

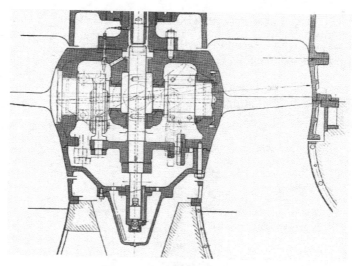

图 4-136 全调节叶轮结构

酉岛设计制造的水泵机组结构如图 4-137 所示。

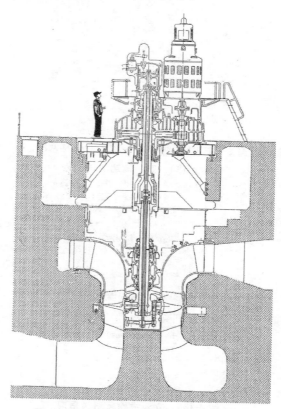

图 4-137 酉岛设计制造的水泵机组结构

4. 泵站更新改造

印幡泵站自 1959 年建成以来已运行 60 余年,由于设备老化导致功能降低,应以恢复功能为目的实施修复工程。2003 年 3 月至 2006 年 7 月期间进行了设备制造及现场工程实施。

在完成更新改造工程时,仅靠包括设备设计、制作在内的现有泵设备工程技术是不可能满足合同规定的各项要求,只有通过各种解决方案改造工程才能够顺利完成。

(1) 更新改造的内容

设备更新改造的基本原则见表 4-83。表 4-84 为更新改造的主要项目。图 4-138 为更新改造完成后的泵站布置图。图 4-139 为工程实施前后的厂房内全景对比。

表 4-83　设备更新改造的主要原则

序号	原则
1	维持现有的排水能力,即 92 m^3/s
2	在电力事故条件下保证排水能力的 50%,即 46 m^3/s
3	通过设备简化降低成本,提高可靠性
4	在维持现有土建工程和建筑元素的基础上降低改造成本

表 4-84　更新改造主要项目汇总

项目名称	改造前	更新改造要点	改造后
主水泵	① ϕ 2 800 mm 立式轴流泵:规格:15.33 $m^3/s \times 2.5$ m(实际扬程 0～2.5 m)、565 kW(齿轮箱联接)、538 kW(直连);② 进出水型式:钟型进水、蜗壳式出水两层结构;③ 叶片全调节;④ 并联及串列运行;⑤ 压盖填料;⑥ 径向橡胶轴承	① 高效率、轻量化;② 叶片不调节;③ 取消串列运行;④ 取消润滑水系统	① ϕ 2 600 mm 立式轴流泵:规格:15.33 $m^3/s \times 2.9$ m(实际扬程 0～5.516 m)、860 kW(柴油机)、820 kW(电动机);② 进出水型式:肘形进水、直管式出水单层结构;③ 叶片固定不调节;④ 并联运行;⑤ 干式密封(浮动密封);⑥ 径向陶瓷轴承
原动机	立式电动机	停电故障时采用内燃机	柴油机 3 台、卧式电动机 3 台
齿轮减速箱	立式平行轴减速齿轮箱(水冷)	取消冷却水系统	伞形减速齿轮箱(风扇空冷)
辅助设备	① 主水泵润滑水系统;② 主水泵及齿轮减速箱冷却水系统;③ 叶片调节操作压力油系统;④ 并联及串列运行切换闸门系统	根据主设备改变而更新	柴油机系统(冷却水系统、燃料油系统、启动气系统、通风系统)
水工及建筑	① 拆除旧设备四周土建结构;② 两层式结构	利用现有结构设计	① 重新施工新设备四周土建结构上一层拆除后重新施工;② 单层式建筑结构

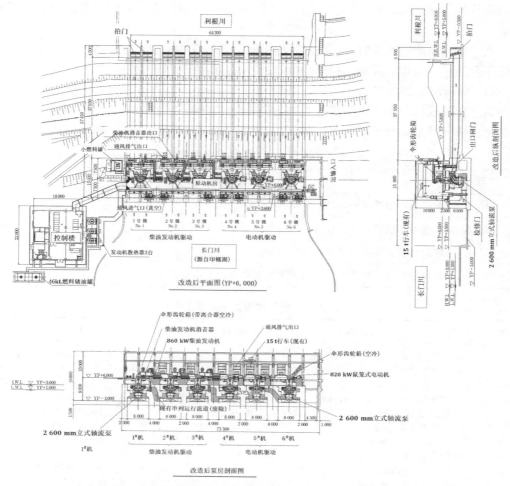

图 4-138　更新改造后印幡泵站布置图(长度单位：mm)

(a) 改造前

(b) 改造后

图 4-139　改造前后厂房内实景对比

　　更新改造工程是将已老化的设备更新为新型结构的新设备,每年更新 2 台,3 年内共更新完成 6 台设备。大多数的更新改造都是采用结构型式相同的设备进行更换,而且通常土建的寿命期比设备要长,重点也是关注设备的更换。若仅仅更新设备,则主要从技术的角度进行考虑,但若同时涉及土建的改造,则需要考虑成本的问题。本工程为了有效控制改造成本,确保可靠性,在尽可能使用现有水工结构和建筑的同时,引进全新设计的主设备及系统是最显著的特点。

(2) 更新改造设计中的主要技术难题

由于是更新改造工程,因而在制造、施工上,有多个严苛的限制条件。

① 主水泵

在设计新水泵时,使用现有的进水、出水流道(即泵的进水口到出水口的高度与现有水泵相同),需要满足以下要求:

a. 保证高效率(最高效率 86%);

b. 废除现有的 2 台水泵的串列运转,一台水泵可对应原有设备的 2 倍实际扬程范围(0～5.516 m);

c. 为利用现有的桥式起重机,各设备的起吊重量不得超过起重机的容量。

② 设备及系统布置

随着新水泵实际扬程范围的变化,在增大原动机输出的同时,为了提高可靠性,将驱动方式改为 3 台柴油机驱动、3 台卧式电动机驱动。因此,需要在满足现有立式电动机的有限空间内的条件下实施更新改造。在确保维持管理性的同时配置与现有设备不同规格及形状的新设备;新设备满足现有土木结构可承受的荷载条件。

③ 施工现场

因为必须一边利用现有泵站的功能一边施工,每年更新 2 台设备,3 年更新全部设备,而且由于工程限制,施工期非常短。排水期(5～10 月)共 6 台主水泵都处于可排水运行状态,非排水期(11～12 月、1～4 月)共 4 台主水泵必须处于可排水运行状态,也就是说,在每年非排水期的 6 个月短期内必须完成现场施工。

(3) 技术难题的解决方案

为解决以上技术难题,设计中采用了以下工程技术措施。

① 主水泵中应用的技术

图 4-140 所示为主水泵应用的技术。图 4-141 为工厂对主水泵进行预装配的情形。现有水泵装置的型式为钟型进水、蜗壳式出水的两层式结构,以该结构型式保证装置效率是不可能的。另外,为了利用现有的进、出水流道,必须将机组的高度降低。

因此,采用泵水力部件的设计方法——逆解法,新开发轴流泵的模型。该模型的性能特征是在最低扬程 0 m 到最高扬程 5.516 m 的宽工作范围内,能实现没有不稳定区域并且高效率。另外,对于叶轮的设计,是将传统模型导叶体的导叶缩短、增加导叶数量,使泵段高度降低。

在确定进水、出水形状时,通过采用流体解析的方法设计开发水力损失小的弯曲形状,能够降低水泵的总高度,适应大的实际扬程变化范围,实现高效率。

在泵部件中重量最大的出水弯管采用 NASTRAN 结构强度分析的设计,既确保了强度,又实现了轻量化,可采用容量为 15 t 的起重机进行起吊。

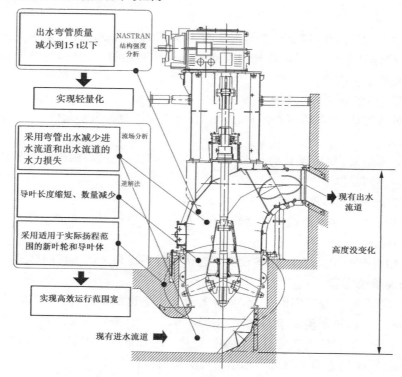

图 4-140　主水泵中应用的技术

(a) 侧视　　　　　　　　　　　　(b) 叶轮

图 4-141　主水泵预装配

② 设备、泵站系统采用的技术

图 4-142 所示为设备、泵站系统采用的技术。

本工程需要安装与现有原动机形状及规格完全不同的设备,特别是现有设备中没有的柴油机,需要在厂房内设置新的系统(供排气设备、冷却水设备、燃料系统设备等)。因此,为了在立式电动机现有的有限空间中进行有效布置,将原动机的消声装置设计成薄型、靠近墙壁布置,确保维持管理便利性的配置,并在施工中确保水泵进行无干扰地更新改造。由于采用完全不同于现有形状的水泵和原动机,现有水泵周边的土建结构几乎都是无法利用的,所以将该部分拆除,重新构筑适应新水泵和原动机的土建结构。为了尽可能减少土建的重建部分,泵采用单层式结构、原动机的基础只在必要部分在现有水泵安装地板上浇筑。另外,原动机基础不采用混凝土基础结构,使后续的维护管理便利、施工时间缩短。

上述结果表明,改造后的新设备比现有设备更能减轻土建结构荷载,满足现有土建结构可承受荷载的条件。

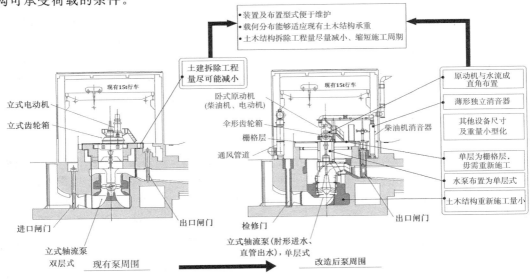

图 4-142 设备、泵站系统采用的技术

③ 现场施工的应用技术

图 4-143 为更新改造工程中 2 台设备现场改造实施概略和应用技术。工程现场施工需要在较短施工期(非排水期 6 个月)内,完成 2 台主设备现有机械、土建部分的拆除、土建结构重新施工、新设备安装,并使其处于可运行的工作状态。为此,当在工程现场实施过程中,各工种都应用了多种技术进行施工。

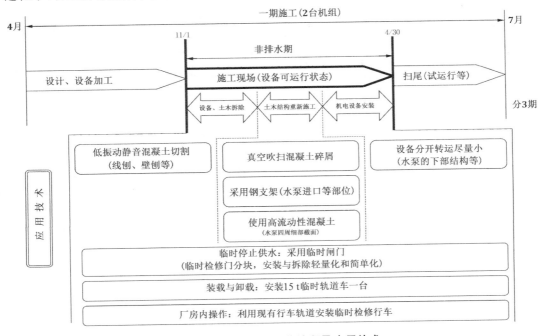

图 4-143 现场实施工作流程及应用技术

对于工作量大的土建结构的拆除技术主要是复合工法,但从时间以及产生振动和粉尘的角度看该方法是不可取的。因此复合采用静态混凝土切割方法,缩短拆除土建结构的时间。另外,为了在机械设备的拆除和安装工程中也能缩短工期,采用安装、拆除容易且工作性能好的临时止水设备。为了提高厂房的工作效率,设置简化的临时轨道吊车等设备,缩短施工工期。

通过机械设计、系统设计、土建施工技术、设备施工技术等综合解决方案,满足各种限制条件的设计与施工,完成更新改造工程。

4.6.2　日本新芝川排水泵站

1. 工程工况

新芝川排水泵站设在川口市领家町的芝川出水口附近,该泵站为防止市内芝川流域降雨造成的浸水,将芝川的水排向荒川。新芝川排水泵站与三乡排水泵站并称为超大型排水泵的泵站,备受瞩目。下面简要介绍新芝川排水泵站的主要特点,泵站安装了 2 台流量为 25 m^3/s 的混流泵,1 台流量为 50 m^3/s 的混流泵,水泵直径分别为 3 300 mm 和 4 600 mm,通过液力耦合器与柴油机相连。新芝川排水泵站机组布置的纵剖面图和平面图分别如图 4-144 和图 4-145 所示。

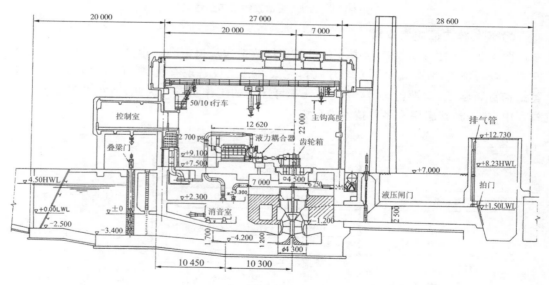

(a) 叶轮直径3 300 mm

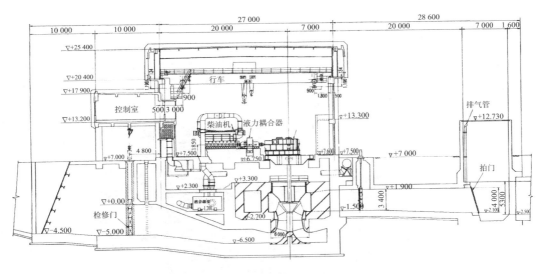

(b) 叶轮直径 4 600 mm

图 4-144　新芝川排水泵站机组布置纵剖面图(长度单位：mm)

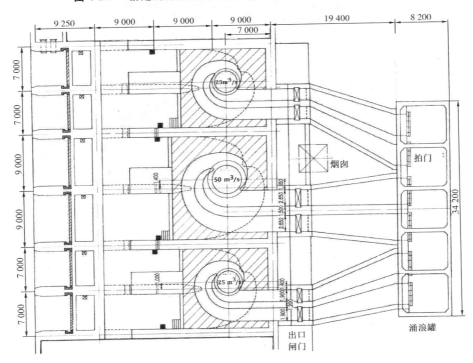

图 4-145　新芝川排水泵站机组布置平面图(长度单位：mm)

2. 出水流道的特点

　　由于出水流道采用蜗壳式，受到运输和铸造的限制，因而采用钢板制造，在混凝土中埋设形成泵盖或流道。该钢板外壳起到保证混凝土形状准确的模板作用的同时，对流道内流动水体对流道壁的影响起到保护作用，其强度由四周的土建结构承受。另外，采用蜗壳式出水的最大特色是能够尽可能地降低泵站高度，将原来导叶体外壳的高度降低 50%

左右,同时尽可能使最小流道截面面积变大,当异物混入时也不产生影响。蜗室变大后,平面面积增大,不受内压,蜗室上部的混凝土厚度可以减小,水泵流量为 25 m^3/s 的蜗壳如图 4-146 所示。采用蜗壳式(螺旋)出水,在 2 个蜗室之间设置隔墩,作为上表面混凝土层的支撑。另外,采用这种双蜗室结构型式可以减小轴向的推力,相对于单个蜗室可减小推力 20% 左右,实现主轴、轴承等轻负荷运行。

图 4-146　蜗壳工厂预装配

3. 泵站的工作特点

① 排出侧水位变动较大,泵的扬程范围为 0~9 m,因此采用混流泵叶轮更加合适。图 4-147 为直径为 3 300 mm 的混流泵叶轮。

② 蜗壳预埋在混凝土中,在保证其性能的同时,为了在限定的空间内能够很好地回收动能,相对于建筑物中心使之偏心。另外,为了在叶轮入口得到均匀的流态,采用钟型进水流道。

③ 原动机是柴油机,需要使用大量的冷却水,这些冷却水作为净化处理后的原水二次利用冷却方式。

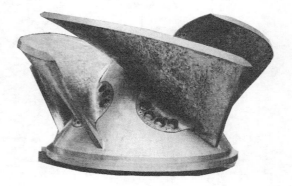

图 4-147　混流泵叶轮

④ 采用 4 t 平移式清污设备对下游格栅进行清污。

⑤ 将噪声控制在 60 dB(A) 以下作为设计目标,进行包括设备、建筑物在内的综合性设计,特别是对柴油机采取减少噪声的措施,将大型的消声器配置在室内,实现泵站布置紧凑化。

4.6.3　江苏九里河泵站

1. 工程概况

九里河泵站是江苏省无锡市城市防洪除涝工程之一,位于九里河北侧,与九里河上已建的节制闸、船闸并列。泵站具有防洪、排涝等综合功能,工程建成后与新建的江尖、仙蠡桥、利民桥、北兴塘、严埭港、寺头港 6 个枢纽及扩建的伯渎港枢纽共 7 大口门控制工程一起将无锡市的防洪标准提高至 200 年一遇,排涝标准提高至 20 年一遇,并可改善城区的水环境。

伯渎港泵站、九里河泵站和仙蠡桥泵站均采用钟型进水流道、平面蜗壳(箱涵式)出水流道的装置型式。九里河泵站安装叶轮直径 $D=2\ 200$ m 的 2200ZLB-2 型立式轴流泵 3 台套,单泵流量为 15 m³/s,总流量为 45 m³/s。配套同步电动机,功率 630 kW,电压 10 kV,转速 150 r/min。站房顺水流方向底板长 20 m,垂直水流方站房长 22 m。九里河泵站为特低扬程泵站,设计扬程为 1.48 m,最大扬程为 2.16 m,九里河泵站装置纵剖面图如图 4-148 所示。

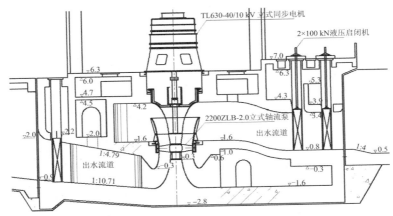

图 4-148　九里河泵站装置纵剖面图

2. 工程设计特点

(1) 进、出水流道水力特性试验研究[①]

① 流道模型设计

由于是一种新型装置型式,因此根据设计单位提供的原型进、出水流道几何尺寸(见图 4-149、图 4-150、表 4-85 至表 4-87),按照 Euler 相似准则设计,模型材料按阻力相似要求选择,对流道水力损失特性进行试验研究。

模型几何比尺取 $\lambda_l=14.4$,则糙率比尺为 $\lambda_n=\lambda_l^{\frac{1}{6}}=1.56$,取原型混凝土糙率 $n_p=0.014$,则模型材料糙率 $n_m=n_p/\lambda_l^{\frac{1}{6}}=0.009$,采用透明有机玻璃制作的模型进、出水流道符合糙率要求。模型进、出水流道分别如图 4-151 和图 4-152 所示,试验装置如图 4-153 所示。

表 4-85　钟型进水流道蜗壳断面尺寸　　　　　单位:mm

断面位置	$\varphi/(°)$	0	5	10	15	20	30	45	60	75	90
断面尺寸	L	1 500	1 630	1 749	1 857	1 957	2 141	2 392	2 635	2 845	3 000
	H	1 300	1 354	1 494	1 633	1 761	1 997	2 200	2 200	2 200	2 200

---

①　扬州大学水利科学与工程学院. 无锡市九里河、伯渎港水利枢纽泵站泵装置模型试验研究报告[R]. 扬州:扬州大学,2006.

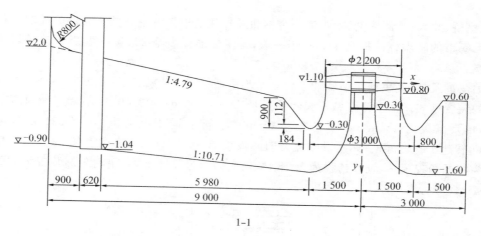

1-1

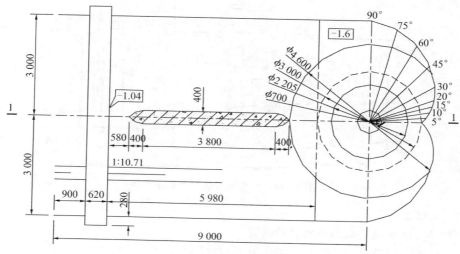

(a) 平面图与剖面图

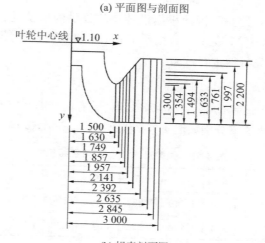

(b) 蜗壳剖面图

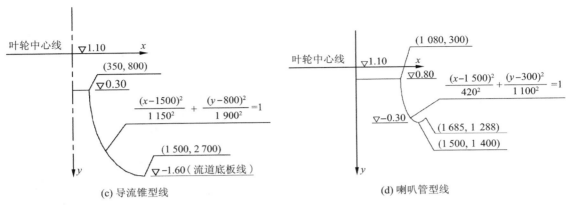

(c) 导流锥型线　　　　　　　　　　　　　　　(d) 喇叭管型线

图 4-149　钟型进水流道型线图（长度单位：mm）

表 4-86　钟型进水流道导流锥曲线尺寸　　　　　单位：mm

x	350	450	550	650	750	850	950	1 050	1 150	1 250	1 350	1 500
y	800	1 575	1 871	2 080	2 240	2 367	2 469	2 549	2 610	2 655	2 684	2 700

表 4-87　钟型进水流道喇叭管曲线尺寸　　　　　单位：mm

x	1 080	1 150	1 200	1 250	1 300	1 350	1 400	1 450	1 500	1 550	1 600	1 685
y	300	908	1 070	1 184	1 267	1 328	1 368	1 392	1 400	1 392	1 368	1 288

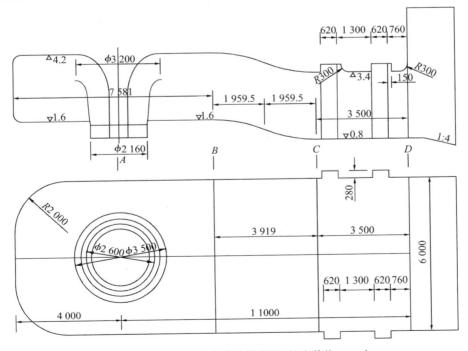

图 4-150　蜗壳式出水流道型线图（长度单位：mm）

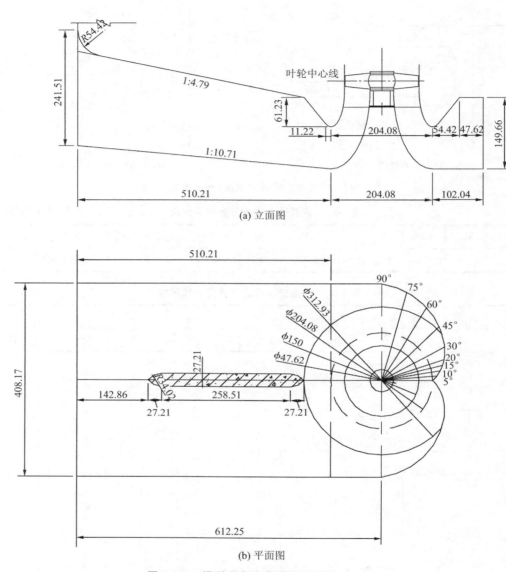

(a) 立面图

(b) 平面图

图 4-151　模型进水流道型线图(单位：mm)

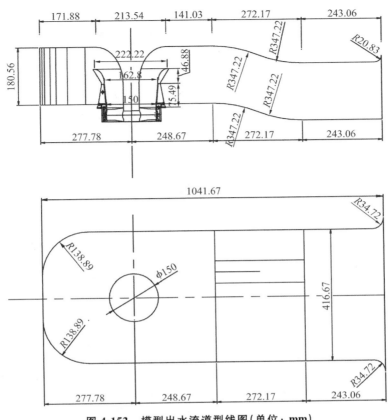

图 4-152　模型出水流道型线图(单位:mm)

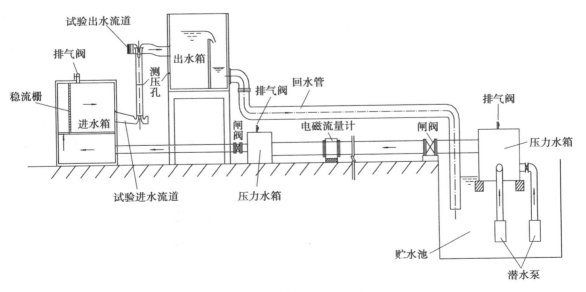

图 4-153　试验装置示意图

② 进水流道水力特性

钟型进水流道由进口段、吸水蜗室、导流锥及喇叭管组成。流道的总水力损失（$\sum \Delta h$）按下式计算：

$$\sum \Delta h = \Delta h_1 + \frac{v_1^2}{2g} - \frac{v_2^2}{2g} - h_f \tag{4-21}$$

式中，Δh_1 为测压管水头差；v_1，v_2 分别为进水箱流速（$v_1 \approx 0$）和直管段测压断面流速；h_f 为进水流道出口至直管段测压断面的沿程损失。

模型进水流道阻力系数为

$$s_m = \frac{\sum \Delta h}{Q^2} \tag{4-22}$$

式中，Q 为试验流量。

钟型进水流道水力损失试验结果见表 4-88。由表可知，模型进水流道的平均阻力系数 $s_m = 23.01$ s²/m⁵。按照模型相似理论，原型进水流道的阻力系数 $s_p = \frac{s_m}{\lambda_l^4} = 5.35 \times 10^{-4}$ s²/m⁵，则当设计流量 $Q = 15$ m³/s 时，流道的水力损失为 0.12 m。

表 4-88　钟型进水流道水力损失试验结果

测点	流量 Q/ (m³/h)	流速 v_2/ (m/s)	流速头 $\frac{v_2^2}{2g}$/cm	测压管水头差 Δh_1/cm	沿程水力损失 h_f/cm	水力损失 $\sum \Delta h$/cm	模型流道阻力系数 s_m/(s²/m⁵)
1	97	1.526	0.119	14.1	0.7	1.5	21.03
2	99	1.557	0.124	14.8	0.7	1.7	22.52
3	101	1.558	0.129	15.5	0.8	1.9	23.74
4	113	1.777	0.161	19.5	10	2.4	24.74

③ 出水流道水力特性

a. 试验方案

蜗壳式出水流道长度由泵站厂房、工作桥等的布置而定，其宽度与匹配的进水流道宽度相同。试验主要研究流道高度、后壁距及后壁型线。流道高度包括导叶伸入出水流道的长度、扩散喇叭管长度和喇叭口至出水流道顶板悬空高度。因蜗壳式流道泵出口段较短，为提高装置效率，回收导叶出口部分动能，需有一定长度扩散喇叭管，且长度不宜太短，避免水流扩散不充分，但另一方面因扩散喇叭管置于出水流道中，扩散段过长势必减小流道过流断面面积，增大水力损失，且增大出水流道高度。因而合理确定喇叭管长度（出水喇叭口悬空高）对优化蜗壳出水流道设计具有较大的工程应用价值。试验设计 5 种不同出水喇叭口悬空高度，即 $h_p/D_0 = 0.184, 0.276, 0.337, 0.423, 0.521$ 和无喇叭管（$h_p/D_0 = 0.699$）方案，其中 D_0 为导叶出口直径（$D_0 = 163.2$ mm），喇叭管型线为椭圆线，如图 4-154 所示。

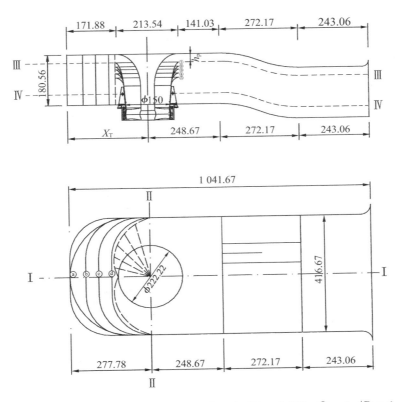

① —$h_p/D_0 = 0.184$；② —$h_p/D_0 = 0.276$；③ —$h_p/D_0 = 0.337$；④ —$h_p/D_0 = 0.423$；
⑤ —$h_p/D_0 = 0.521$；ⓐ —$X_T = 1.25D$；ⓑ —$X_T = 1.00D$；ⓒ —$X_T = 0.80D$；ⓓ —$X_T = 0.60D$。

图 4-154　箱涵式出水流道水力特性试验方案（单位：mm）

b. 试验结果与分析

在喇叭口悬空高度与扩散段长度试验中，测试 5 种出水喇叭口悬空高度（即相应于 5 种不同扩散段长度）及无喇叭扩散管情况下出水流道的水力损失见表 4-89，水力损失曲线如图 4-155 所示；出水流道的平均水力损失系数 s_m 见表 4-90。试验结果表明，出水喇叭口悬空高度过小（$h_p/D_0 = 0.184$），出水流道水力损失较大，但悬空高度过大或无喇叭扩散管时水力损失也增大，在 h_p/D_0 为 $0.184 \sim 0.423$ 时，水力损失随悬空高度的增加而减小。原因是悬空高度过大，相应的喇叭管扩散段减小，扩散角增大，水流沿自身形成的扩散边界扩散，而非沿喇叭管固壁扩散，水流扩散不充分，动能回收不够；悬空高度过小，导叶出口水流经喇叭管扩散充分，但因喇叭口至顶板高度小，水流转向局部阻力系数及流速均增大，水力损失增加；在满足水流扩散情况下，悬空高度增大，水流转向局部阻力系数及流速均减小，试验结果就呈现出水力损失随 h_p/D_0 的增大而减小。

表 4-89　喇叭出口在不同悬空高度时出水流道的水力损失

悬空高度 h_p/cm	测点	流量 Q/(m³/h)	流速 v_2/(m/s)	流速头 $\dfrac{v_2^2}{2g}$/cm	测压管水头差 Δh_1/cm	沿程水力损失 h_f/cm	水力损失 $\sum \Delta h$/cm	模型流道阻力系数 s_m/(s²/m⁵)
8.5	1	137	2.154 6	23.660	−1.7	1.398	20.562	141.98
	2	126	1.981 6	20.000	−1.3	1.182	17.518	143.00
	3	110	1.730 0	15.254	−0.9	0.901	13.453	144.09
	4	100	1.572 7	12.606	−0.6	0.745	11.261	145.94
	5	91	1.431 2	10.439	−0.5	0.617	9.322	145.90
	6	78	1.226 7	7.670	−0.2	0.453	7.017	149.47
6.9	1	127	1.997 0	20.300	−4.7	1.200	14.400	115.65
	2	132	2.076 0	22.000	−5.0	1.300	15.600	116.22
	3	101	1.588 0	12.900	−2.7	0.800	9.400	119.11
	4	97	1.526 0	11.900	−2.4	0.700	8.700	120.36
	5	113	1.777 0	16.100	−3.5	1.000	11.600	117.89
5.5	1	146	2.296 0	26.870	−3.5	1.587	21.783	132.44
	2	133	2.092 0	22.300	−2.8	1.318	18.183	133.22
	3	121	1.903 0	18.460	−2.1	1.091	15.269	135.16
	4	111	1.746 0	15.530	−1.7	0.918	12.912	135.82
	5	97	1.526 0	11.860	−1.3	0.701	9.859	135.80
	6	87	1.368 0	9.540	−1.0	0.564	7.976	136.57
4.5	1	145	2.280 0	26.510	4.7	1.566	29.644	182.73
	2	132	2.076 0	21.970	4.2	1.298	24.872	185.00
	3	122	1.919 0	18.760	3.5	1.108	21.152	184.18
	4	113	1.777 0	16.100	3.1	0.951	18.249	185.22
	5	99	1.557 0	12.360	2.8	0.730	14.430	190.81
	6	85	1.337 0	9.110	2.0	0.538	10.572	189.64
3.0	1	135	2.123 0	22.975	28.9	1.357	50.518	359.24
	2	128	2.013 0	20.654	25.8	1.220	45.234	357.81
	3	120	1.887 0	18.153	23.0	1.073	40.080	360.72
	4	110	1.730 0	15.254	19.9	0.901	34.253	366.88
	5	91	1.431 0	10.439	14.2	0.617	24.022	375.95
	6	76	1.195 0	7.282	10.0	0.430	16.852	378.12
	7	141	2.217 5	25.063	31.1	1.481	54.682	356.46
	8	111	1.746 0	15.530	20.1	0.918	34.712	356.12
	9	84	1.321 0	8.900	12.2	0.526	20.574	377.89

续表

悬空高度 h_p/cm	测点	流量 Q/(m³/h)	流速 v_2/(m/s)	流速头 $\frac{v_2^2}{2g}$/cm	测压管水头差 Δh_1/cm	沿程水力损失 h_f/cm	水力损失 $\sum \Delta h$/cm	模型流道阻力系数 s_m/(s²/m⁵)
无喇叭管	1	135	2.123 0	22.975	2.9	1.357	24.518	174.35
	2	125	1.966 0	19.698	2.4	1.164	20.934	173.64
	3	113	1.777 0	16.097	1.8	0.951	16.946	171.99
	4	97	1.526 0	11.861	1.5	0.701	12.66	174.38
	5	77	1.211 0	7.474	1.2	0.442	8.232	179.94
	6	122	1.919 0	18.763	2.3	1.109	19.954	173.74

表 4-90　不同 h_p/D_0 时流道的平均水力损失系数

相对悬空高度 h_p/D_0	0.184	0.276	0.337	0.423	0.699
流道阻力系数 s_m/(s²/m⁵)	366.5	186.3	134.8	117.9	145.1

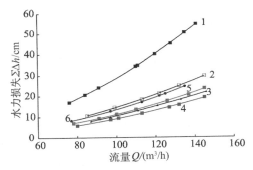

1—h_p/D_0＝0.184；2—h_p/D_0＝0.276；3—h_p/D_0＝0.337；4—h_p/D_0＝0.423(设计方案)；
5—h_p/D_0＝0.521；6—h_p/D_0＝0.699(导叶后无喇叭扩散管)。

图 4-155　不同 h_p/D_0 时流道的水力损失曲线

在出水流道后壁距与后壁型线试验中,测试后壁型线为矩形且喇叭口悬空高度 h_p/D_0＝0.442 时 4 种不同后壁距流道的水力损失并进行流态观测。每组方案测试的流量点为 5 个,出水流道在各测点的水力损失见表 4-91,测点的平均水力损失系数见表 4-92。试验结果表明,水力损失系数随后壁距的增加稍有增加,但变化不大。各方案中喇叭口均为四周环状出水,喇叭口上流道顶板粘贴的红丝线呈放射线,因受流经喇叭管与流道侧壁间后部来流的影响,喇叭管附近出水侧流道底板上红丝线沿出流漂向流道中间,侧壁附近流速较中间大,流道侧壁上红丝线向下且沿出流向流道中间漂动;随着后壁距的增大,后壁处红丝线由向上转变为向下后又转而向上,说明后壁增大后出现明显旋涡。

表 4-91　不同后壁距及不同后壁型线时出水流道的水力损失

后壁型线与后壁距 X_T	测点	流量 $Q/(\mathrm{m^3/h})$	流速 $v_2/(\mathrm{m/s})$	流速头 $\dfrac{v_2^2}{2g}/\mathrm{cm}$	测压管水头差 $\Delta h_1/\mathrm{cm}$	沿程水力损失 h_f/cm	水力损失 $\sum \Delta h/\mathrm{cm}$	模型流道阻力系数 $s_\mathrm{m}/(\mathrm{s^2/m^5})$
矩形 1.25D	1	144	2.265 0	26.141	−3.00	1.544 0	21.596 0	134.98
	2	133	2.092 0	22.300	−2.50	1.318 0	18.482 0	135.41
	3	125	1.966 0	19.698	−2.10	1.164 0	16.434 0	136.31
	4	110	1.730 0	15.254	−1.60	0.901 0	12.753 0	136.59
	5	91	1.431 0	10.440	−0.50	0.617 0	9.323 0	145.91
矩形 1.00D	1	125	1.966 0	19.698	−3.30	1.164 0	15.234 0	126.36
	2	117	1.840 0	17.257	−2.80	1.020 0	13.437 0	127.21
	3	108	1.699 0	14.704	−2.40	0.869 0	11.435 0	127.06
	4	92	1.447 0	10.670	−1.60	0.630 0	8.440 0	129.23
	5	85	1.337 0	9.108	−1.20	0.538 0	7.370 0	132.20
矩形 0.80D	1	130	2.044 5	21.305	−4.50	1.259 0	15.546 0	119.22
	2	122	1.918 7	18.763	−3.90	1.108 5	13.755 0	119.77
	3	109	1.714 2	14.978	−2.90	0.884 9	11.193 0	122.10
	4	98	1.541 2	12.107	−2.30	0.715 3	9.092 0	122.69
	5	84	1.321 1	8.895	−1.50	0.525 5	6.870 0	126.18
	6	74	1.163 8	6.903	−1.10	0.407 8	5.395 0	127.68
	7	118	1.855 8	17.553	−3.60	1.037 0	12.916 0	120.22
矩形 0.60D	1	127	1.997 0	20.333	−4.00	1.201 3	15.131 6	121.58
	2	118	1.855 8	17.553	−3.30	1.037 0	13.216 0	123.01
	3	106	1.667 0	14.165	−2.80	0.836 8	10.528 0	121.43
	4	91	1.431 0	10.439	−2.40	0.616 8	7.422 6	116.17
	5	80	1.258 2	8.069	−1.50	0.476 7	6.092 0	123.36
半圆形 1.25D	1	135	2.123 0	22.975	−2.55	1.357 0	19.068 0	135.59
	2	118	1.856 0	17.553	−2.00	1.037 0	14.516 0	135.11
	3	105	1.651 0	13.899	−1.40	0.821 0	11.678 0	137.28
	4	95	1.494 0	11.377	−1.15	0.672 0	9.555 0	137.21
	5	88	1.384 0	9.762	−0.90	0.577 0	8.285 0	138.66

续表

后壁型线与后壁距 X_T	测点	流量 $Q/(\text{m}^3/\text{h})$	流速 $v_2/(\text{m/s})$	流速头 $\dfrac{v_2^2}{2g}/\text{cm}$	测压管水头差 $\Delta h_1/\text{cm}$	沿程水力损失 h_f/cm	水力损失 $\sum \Delta h/\text{cm}$	模型流道阻力系数 $s_m/(\text{s}^2/\text{m}^5)$
	1	135	2.123 0	22.975	−5.20	1.357 0	16.418 0	116.75
	2	117	1.840 0	17.257	−3.85	1.020 0	12.388 0	117.28
对称蜗壳形 0.50D	3	104	1.636 0	13.635	−3.10	0.806 0	9.729 0	116.58
	4	95	1.494 0	11.377	−2.30	0.672 0	8.405 0	120.70
	5	86	1.523 0	9.324	−2.05	0.551 0	6.723 0	117.81

表 4-92　不同后壁型线和后壁距时流道的平均水力损失系数

后壁型线	后壁距 X_T	流道阻力系数 $s_m/(\text{s}^2/\text{m}^5)$	
		试验结果	数值模拟结果
矩形	1.25D	135.82	81.40
矩形	1.00D	128.41	71.80
矩形	0.80D	122.55	72.60
矩形	0.60D	122.35	73.60
半圆形	1.25D	136.77	74.80
对称蜗壳形	0.50D	117.82	73.20

　　半圆形和对称蜗壳形后壁型线测得的水力损失见表 4-91，平均水力损失系数见表 4-92。半圆形后壁与 $X_T=1.25D$ 的矩形后壁相近，后壁处有明显旋涡；而对称蜗壳形后壁隔舌下有对称微弱旋涡，流线平顺，水力损失相对较小。为了与蜗壳型线做比较，设计了半圆形后壁（$X_T=0.5B_j$）及中间加隔涡板的方案，其水力损失试验结果与对称蜗壳形相近。蜗壳式出水流道后壁距 X_T 除了满足机组安装检修的必要距离外，X_T 越小水力性能越好，因此型线则以对称蜗壳（或半圆形后壁加隔涡板）为优。

　　（2）进、出水流道内流场数值计算

　　① 钟型进水流道

　　数值计算时分别取 $Q=12$ m³/s 和 $Q=15$ m³/s 2 种工况，为清晰地反映流道内流场，分别截取特征出口断面和距流道底板 0.5 m 处的水平截面。进水流道出口断面的速度等值线分布如图 4-156 所示。水平截面速度矢量图如图 4-157 所示。计算结果表明，流道出口的流速分布并不均匀，进水侧流速大，而后壁侧流速相对小；流道为四周环向进水，流道水流平顺，无危害性旋涡。

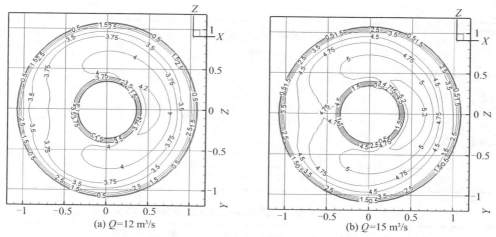

(a) $Q=12 \ m^3/s$ (b) $Q=15 \ m^3/s$

图 4-156   进水流道出口断面速度等值线分布（单位：m/s）

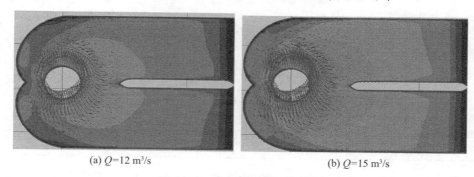

(a) $Q=12 \ m^3/s$ (b) $Q=15 \ m^3/s$

图 4-157   水平截面速度矢量图

② 蜗壳式出水流道

a. 物理模型方案与计算区域

为深入揭示后壁距及后壁型线对流道内流场的影响，分别对上述试验方案（4 种不同后壁距的矩形、半圆形及对称蜗壳形后壁）的流动区域进行实体造型（见图 4-158）。计算区域包括导叶后扩散管和整个箱涵出水流道，计算区域网格采用贴体坐标系统。整个计算区域分为 5 个子区域，出水喇叭口处的子区域采用非结构化四面体单元，其他为六面体单元，近壁面处加密网格。

(a) 矩形 $(X_T=0.6D)$ (b) 半圆形 (c) 对称蜗壳形

图 4-158   计算区域实体造型

b. 计算结果与分析

为了清晰反映内流场特性，分别截取居中对称纵向截面Ⅰ-Ⅰ、横向断面Ⅱ-Ⅱ及距流道顶板距离为 2.5 cm 和距底板距离为 2.5 cm 的 2 个水平截面（Ⅲ-Ⅲ 和 Ⅳ-Ⅳ 截面），截面位置参见图 4-154。

　　矩形型线时不同后壁距流道内流场的数值模拟结果（见图 4-159 至图 4-161）表明，各方案流道后部区域均有旋涡（见图 4-159），后壁距大，则旋涡范围较大，旋涡中心位于右上角，随着后壁距的减小，旋涡中心向下移动，湍动范围减小；各方案横向断面 Ⅱ-Ⅱ 的速度矢量相同（见图 4-160），两侧存在对称旋涡；各后壁距水平截面的速度矢量相近（见图 4-161），水平截面 Ⅲ-Ⅲ 喇叭口附近速度矢量呈放射状，水流为环状出水。因流道后部及两侧旋涡引起流道底板附近流速方向改变，在水平截面 Ⅳ-Ⅳ 流道后部及侧向速度矢量指向喇叭口，水平截面后部居中处有旋涡，流道出水侧速度矢量沿流程斜向流道中间。上述计算结果与试验观测一致。

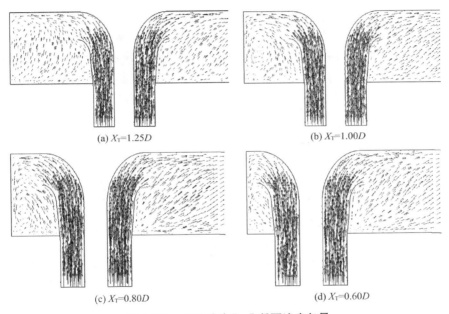

(a) X_T=1.25D　　　　　　　　　　　(b) X_T=1.00D

(c) X_T=0.80D　　　　　　　　　　　(d) X_T=0.60D

图 4-159　矩形后壁 Ⅰ-Ⅰ 断面速度矢量

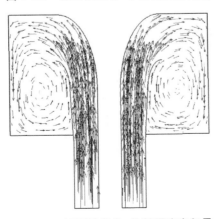

图 4-160　矩形后壁 Ⅱ-Ⅱ 断面速度矢量

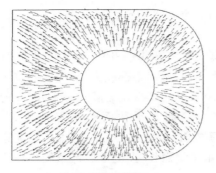 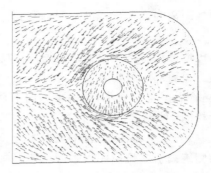

（a）Ⅲ-Ⅲ水平截面　　　　　　　　　　（b）Ⅳ-Ⅳ水平截面

图 4-161　矩形后壁水平截面速度矢量

半圆形后壁和对称蜗壳形后壁流道内流场数值模拟结果分别如图 4-162 和图 4-163 所示。从图中发现，半圆形后壁流道后部偏上有较大的旋涡，对称蜗壳形流道后部速度矢量方向为斜向上，亦存在涡旋。两方案Ⅲ-Ⅲ水平截面的速度矢量与矩形后壁相似，也呈放射状，环状出水，半圆形后壁在后部居中处有涡旋，而对称蜗壳形后壁在隔舌两侧有对称旋涡，速度矢量方向与矩形后壁相同。

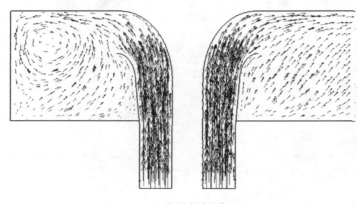

（a）Ⅱ-Ⅱ纵剖面

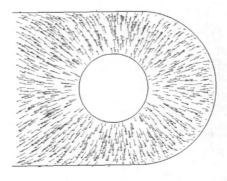 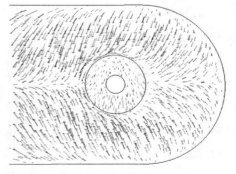

（b）Ⅲ-Ⅲ水平截面　　　　　　　　　　（c）Ⅳ-Ⅳ水平截面

图 4-162　半圆形后壁特征面速度矢量

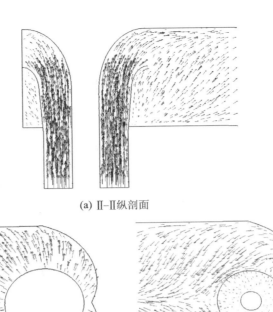

(a) Ⅱ—Ⅱ纵剖面

(b) Ⅲ—Ⅲ水平截面　　　　　　(c) Ⅳ—Ⅳ 水平截面

图 4-163　对称蜗壳形后壁特征面速度矢量

③ 进、出水流道优化设计的建议

相对而言设计方案中进水流道出口速度的分布不是很均匀。这与进水喇叭口悬空高度、喇叭管长度等有关。原设计中喇叭口悬空高度为 1.3 m,略偏大,但取值亦在正常范围内((0.4~0.6)D,D=2.2 m),进水流道蜗壳、喇叭管及导流锥型线合理,无危害性旋涡,进水流道水力损失较小,建议采用设计方案。

在设计喇叭口悬空高度时,因出水流道的水力损失较小,建议保持不变;原矩形后壁建议改成半圆形后壁并加设隔涡板,后壁距由 4 m 变为 3 m。

(3) 模型试验

① 模型试验装置

模型试验按等扬程条件(nD=idem)全模拟泵及进出水流道。比转速 n_s=1 400 模型泵由水泵制造厂提供,叶轮室采用中开结构,以便拆装及调节叶片角度。模型泵叶轮直径采用标准尺寸 300 mm,原型泵叶轮直径为 2 200 mm,按几何比尺 λ_l=2 200/300=7.33 模拟钟型进水流道、蜗壳式出水流道等,模型流道以钢板焊接制作,满足几何相似、糙率相似要求,模型进、出水流道结构分别如图 4-164 和图 4-165 所示。进、出水流道侧壁均设尺寸为 20 cm×40 cm 的透明观察窗,以便观察流道内可能出现的各种旋涡及内部流态,另在流道底板和导流锥四周分别粘贴示踪流向的红丝线,通过透明有机玻璃窗可直接观察和摄影。

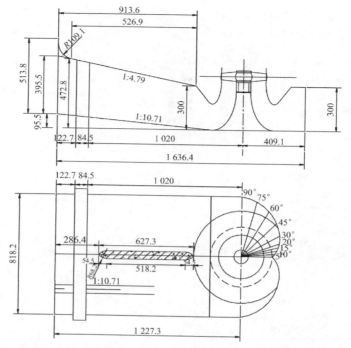

图 4-164　模型试验中模型进水流道结构(单位：mm)

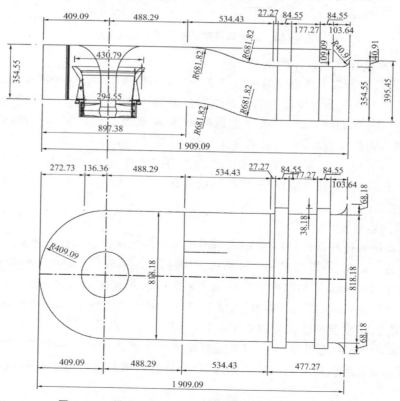

图 4-165　模型试验中模型出水流道结构(单位：mm)

模型转速按等扬程条件要求确定为 $n_m = 150 \times 2\,200/300 = 1\,100$ r/min。装置 $NPSH_r$ 值执行《水泵模型试验验收规程》(SL 140—97)中第 6.2.3 款规定,取扬程下降 $(2+K/2)\%$ 时的 $NPSH$ 作为临界值,其中 K 为型式数。

② 装置模型试验结果与分析

a. 装置能量特性与流态观测

在流道水力特性试验和数值计算的基础上,对模型泵配置优化后的进水流道和出水流道组成模型泵装置进行能量特性试验,分别在叶片安放角为 $-4°$、$-2°$、$0°$、$2°$、$4°$ 时进行能量特性试验,试验结果见表 4-93 至表 4-97,性能曲线如图 4-166 所示。作为对比,试验还测试了出水流道后壁为半圆形、后壁距为 54.55 cm(相当于原型后壁距 4 m)、未加隔涡板方案装置的性能特性,试验结果见表 4-98,性能曲线如图 4-167 所示。根据相似律换算的原型装置性能参数见表 4-99 至表 4-103,原型装置性能曲线如图 4-168 所示。

表 4-93　叶片安放角为 $-4°$ 时模型装置的性能测试数据

序号	流量 $Q/(\text{L/s})$	扬程 H/m	轴功率 N/kW	装置效率 $\eta/\%$
1	240	0.845	4.13	48.20
2	233	1.020	4.43	52.63
3	228	1.148	4.68	54.78
4	223	1.301	4.91	57.97
5	217	1.469	5.20	60.14
6	211	1.628	5.47	61.61
7	206	1.752	5.58	63.45
8	194	1.985	6.14	61.52
9	183	2.214	6.49	61.24
10	173	2.445	6.84	60.66
11	161	2.665	7.11	59.20
12	151	2.832	7.36	57.00
13	138	3.045	7.69	53.60
14	122	3.169	7.82	48.50

表 4-94　叶片安放角为 $-2°$ 时模型装置的性能测试数据

序号	流量 $Q/(\text{L/s})$	扬程 H/m	轴功率 N/kW	装置效率 $\eta/\%$
1	263	1.015	5.30	49.41
2	256	1.183	5.47	54.31
3	250	1.343	5.72	57.58
4	244	1.521	6.24	58.34
5	234	1.720	6.49	60.84

序号	流量 Q/(L/s)	扬程 H/m	轴功率 N/kW	装置效率 η/%
6	228	1.887	6.75	62.52
7	221	2.010	7.08	61.55
8	213	2.144	7.40	60.54
9	201	2.431	7.91	60.60
10	188	2.681	8.25	59.93
11	176	2.911	8.56	58.71
12	164	3.084	8.86	56.00

表 4-95　叶片安放角为 0° 时模型装置的性能测试数据

序号	流量 Q/(L/s)	扬程 H/m	轴功率 N/kW	装置效率 η/%
1	283	1.230	6.40	53.36
2	272	1.395	6.80	54.74
3	265	1.685	7.31	59.92
4	258	1.840	7.61	61.20
5	247	2.126	8.20	62.82
6	240	2.180	8.24	62.29
7	228	2.390	8.74	61.16
8	216	2.663	9.25	61.00
9	190	3.021	10.11	55.99

表 4-96　叶片安放角为 2° 时模型装置的性能测试数据

序号	流量 Q/(L/s)	扬程 H/m	轴功率 N/kW	装置效率 η/%
1	306	1.423	8.03	53.23
2	300	1.570	8.50	54.36
3	292	1.763	9.17	55.07
4	276	2.112	9.96	57.41
5	265	2.238	10.02	58.06
6	248	2.625	10.68	59.8
7	235	2.845	11.49	57.08
8	223	2.996	11.67	56.16
9	217	3.085	12.02	54.64
10	197	3.228	12.49	49.95
11	185	3.341	12.73	47.63

表 4-97　叶片安放角为 4°时模型装置的性能测试数据

序号	流量 Q/(L/s)	扬程 H/m	轴功率 N/kW	装置效率 η/%
1	342	1.728	11.71	49.51
2	329	1.852	12.01	49.77
3	325	2.002	12.33	51.77
4	318	2.169	13.01	52.01
5	307	2.317	13.21	52.82
6	296	2.508	13.65	53.35
7	284	2.639	13.82	53.2
8	278	2.751	14.29	52.5
9	260	2.956	14.83	50.84
10	247	3.122	15.45	48.96
11	221	3.267	15.88	44.6

表 4-98　叶片安放角为 0°时模型装置的性能测试数据（长后壁距,无隔涡板）

序号	流量 Q/(L/s)	扬程 H/m	轴功率 N/kW	装置效率 η/%
1	280	1.150	6.55	48.23
2	271	1.244	7.02	47.13
3	266	1.464	7.24	52.73
4	257	1.713	7.58	56.96
5	247	1.896	7.73	59.41
6	241	2.080	8.21	59.86
7	227	2.330	8.73	59.41
8	216	2.555	9.27	58.36
9	200	2.73	9.67	55.32
10	186	2.958	10.16	53.08
11	170	3.155	10.46	50.22

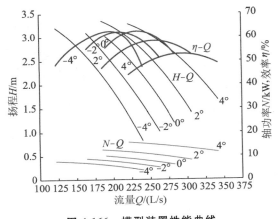

图 4-166　模型装置性能曲线

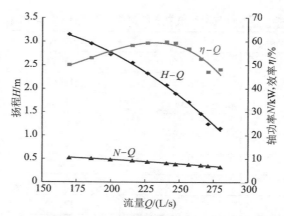

图 4-167　叶片安放角为 0°时模型装置性能曲线(长后壁距,无隔涡板)

表 4-99　叶片安放角为一4°时原型装置的性能参数

序号	流量 $Q/(m^3/s)$	扬程 H/m	轴功率 N/kW	装置效率 $\eta/\%$
1	12.91	0.845	222.10	48.20
2	12.53	1.020	238.23	52.63
3	12.26	1.148	251.84	54.78
4	11.99	1.301	264.05	57.97
5	11.67	1.469	279.64	60.14
6	11.35	1.628	294.16	61.61
7	11.08	1.752	300.08	63.45
8	10.43	1.985	330.19	61.52
9	9.84	2.214	349.01	61.24
10	9.30	2.445	367.84	60.66
11	8.66	2.665	382.36	59.20
12	8.12	2.832	395.80	57.00
13	7.42	3.045	413.55	53.60
14	6.56	3.169	420.54	48.50

表 4-100　叶片安放角为一2°时原型装置的性能参数

序号	流量 $Q/(m^3/s)$	扬程 H/m	轴功率 N/kW	装置效率 $\eta/\%$
1	14.14	1.015	285.02	49.41
2	13.77	1.183	294.16	54.31
3	13.44	1.343	307.61	57.58
4	13.12	1.521	335.57	58.34
5	12.58	1.720	349.01	60.84
6	12.26	1.887	363.00	62.52

序号	流量 $Q/(\text{m}^3/\text{s})$	扬程 H/m	轴功率 N/kW	装置效率 $\eta/\%$
7	11.88	2.010	380.74	61.55
8	11.45	2.144	397.95	60.54
9	10.81	2.431	425.38	60.60
10	10.11	2.681	443.66	59.93
11	9.46	2.911	460.33	58.71
12	8.82	3.084	476.47	56.00

表 4-101　叶片安放角为 0°时原型装置的性能参数

序号	流量 $Q/(\text{m}^3/\text{s})$	扬程 H/m	轴功率 N/kW	装置效率 $\eta/\%$
1	15.22	1.230	344.18	53.36
2	14.63	1.395	365.69	54.74
3	14.25	1.685	393.12	59.92
4	13.87	1.840	409.19	61.20
5	13.28	2.126	440.98	62.82
6	12.91	2.180	443.13	62.29
7	12.26	2.390	470.02	61.16
8	11.62	2.663	497.44	61.00
9	10.22	3.021	543.69	55.99

表 4-102　叶片安放角为 2°时原型装置的性能参数

序号	流量 $Q/(\text{m}^3/\text{s})$	扬程 H/m	轴功率 N/kW	装置效率 $\eta/\%$
1	16.46	1.423	431.57	53.23
2	16.13	1.570	457.11	54.36
3	15.70	1.763	493.14	55.07
4	14.84	2.112	535.63	57.41
5	14.25	2.238	538.85	58.06
6	13.34	2.625	574.35	59.8
7	12.64	2.845	617.91	57.08
8	11.99	2.996	627.59	56.16
9	11.67	3.085	646.41	54.64
10	10.59	3.228	671.68	49.95
11	9.95	3.341	684.59	47.63

表 4-103 叶片安放角为 4°时原型装置的性能参数

序号	流量 $Q/(m^3/s)$	扬程 H/m	轴功率 N/kW	装置效率 $\eta/\%$
1	18.39	1.728	629.74	49.51
2	17.69	1.852	645.87	49.77
3	17.48	2.002	663.08	51.77
4	17.10	2.169	699.65	52.01
5	16.51	2.317	710.40	52.82
6	15.92	2.508	734.07	53.35
7	15.27	2.639	743.21	53.20
8	14.95	2.751	768.48	52.50
9	13.98	2.956	797.52	50.84
10	13.28	3.122	830.87	48.96
11	11.88	3.267	853.99	44.60

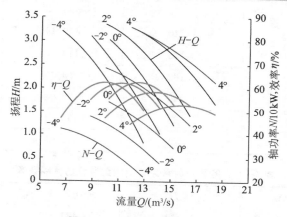

图 4-168 原型装置性能曲线

特征工况下泵装置的性能参数见表 4-104。叶片安放角为 0°时 2 种后壁距的装置性能对比曲线如图 4-169 所示,其外特性表现的趋势与内部流态一致。

表 4-104 特征工况下泵装置的性能参数

叶片安放角/(°)	扬程 H/m	流量 Q		轴功率 N/kW		装置效率 $\eta/\%$
		模型 $Q/(L/s)$	原型 $Q/(m^3/s)$	模型	原型	
−2	1.48	245	13.18	6.12	329.13	58.16
	2.16	212	11.40	7.44	400.11	60.50
0	1.48	270	14.52	6.95	373.76	56.26
	2.16	243	13.07	8.23	442.59	62.49
2	1.48	304	16.35	8.21	441.52	53.67
	2.16	272	14.63	9.98	536.70	57.66

泵站装置扬程范围内,叶片安放角为 $-4°$、$-2°$、$0°$、$2°$、$4°$ 时,钟型进水流道泵喇叭口进口未发现危害性旋涡。

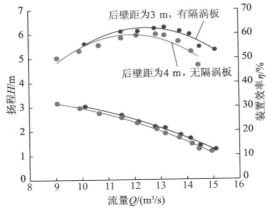

图 4-169　叶片安放角为 0° 时 2 种后壁距的装置性能对比曲线

b. 空化特性

按等扬程(等 $NPSH$)确定额定转速 1 100 r/min,测得叶片安放角为 $0°$ 时的 $NPSH_r$ 值,见表 4-105,机组空化性能较优。

表 4-105　装置空化特性参数

扬程 H/m	流量 Q		$NPSH_r/m$
	模型 $Q/(L/s)$	原型 $Q/(m^3/s)$	
1.15	280	15.06	6.47
1.48	270	14.52	5.80
2.16	243	13.07	4.53

③ 装置模型试验分析与建议

根据表 4-104,当叶片安放角为 $0°$、扬程为 1.48 m 时泵装置的流量为 14.52 m^3/s,较设计流量 15 m^3/s 略小,建议将叶片角度放置在 $1°$ 运行。

模型装置试验结果表明,模型装置效率偏最大扬程工况,设计扬程下的装置效率偏低。

半圆形的后壁出水流道,在后壁距为 3 m,有隔涡板的方案的装置效率较后壁距为 4 m 的方案高,建议采用后壁距为 3 m 加隔涡板的方案。

装置空化特性试验结果表明,水泵叶轮中心淹没深度均满足 $NPSH_r$ 值要求,泵站运行扬程范围内均不会产生危害性空化和空蚀。

3. 工程实施及效果

上述设计方案及研究成果不仅成功应用于九里河泵站,也同时应用于同等规模(3 台机组,单机流量为 15 m^3/s)、特征扬程接近(设计扬程为 1.42 m,最大扬程为 2.03 m)的伯渎港泵站,2 座泵站基本同步建成投入运行。另外,在仙蠡桥泵站也采用该装置型式的机组 5 台套,单机流量为 15 m^3/s,设计扬程为 1.61 m,最大扬程为 2.32 m。机组结构如

图 4-170 所示,与早期的常熟枢纽机组结构相近,叶片半调节。

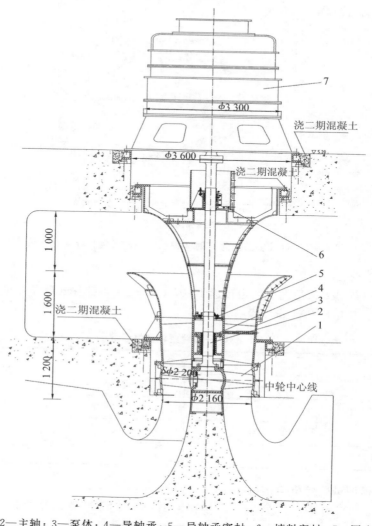

1—叶轮;2—主轴;3—泵体;4—导轴承;5—导轴承密封;6—填料密封;7—同步电动机。

图 4-170　机组结构

3 座泵站自 2006 年先后投入运行以来,为无锡市城市防洪和水生态环境改善提供了有力保障。例如,伯渎港泵站在 2007 年的抗洪(藻)排涝中,连续安全运行近百小时,为全市防洪排涝抢险发挥了重要作用。

4.7　本章小结

钟型进水、蜗壳式出水的装置型式可应用于低扬程泵站的轴流泵和混流泵,在立式装置中其装置效率略低。其显著特点是泵的立面尺寸相对较小,是大型泵站,尤其是排涝泵站可选择的装置型式之一。

蜗壳式出水装置型式可分为两种:一种是螺旋式蜗壳,取消后导叶体,可以降低机组高度。其主要控制尺寸包括:宽度在(2.20~3.50)D 之间;高度在(0.70~0.85)D 之间,宽度大则高度小;蜗壳的出水高度为 $0.60D$ 左右,后壁距为 $1.00D$ 左右,喇叭管直径在 $(1.25\sim1.75)D$ 之间,叶轮直径越大,喇叭管直径越小。另一种是箱涵式蜗壳,保留水泵的后导叶体,其主要控制尺寸包括:宽度为 $(2.4\sim2.8)D_0$,高度为 $(1.2\sim1.5)D_0$,长度为 $(15\sim18)D_0$,悬空高度为 $(0.4\sim0.6)D_0$,其中 D_0 为导叶体出口直径。后壁距 $X_T=1.45D$,后壁形状可为半圆形加隔涡板或者对称蜗壳。装置的具体控制尺寸还需要针对具体工程进一步深入研究。

对高地震烈度地区的泵站结构型式,需要综合考虑枢纽布置并慎重进行抗震设计。随着机组尺寸的大型化,断流设施的安全性和可靠性是设计中的重点考虑因素。

由于该装置型式的进水和出水形状相对比较复杂,因而应用不普遍,尤其是国内应用的较少,早期应用较多的日本近期也将蜗壳式出水改造为直管式出水。随着装配式蜗壳的推广,其应用范围有望扩大。

参考文献

[1] 华东水利学院. 抽水站[M]. 上海:上海科学技术出版社,1986.

[2] (日)ポソプ設備便覧編集委員会. ポソプ設備便覧(本編)[M]. 东京:荏原製作所,1994.

[3] 赴荷兰奥地利水泵水轮机考察组. 水泵水轮机考察报告(水泵部分)[R]. 北京:赴荷兰奥地利水泵水轮机考察组,1975.

[4] 周君亮. 皂河第一抽水站装置性能和主机结构[J]. 江苏水利,1992(2):33-46.

[5] 周君亮. 皂河第一抽水站辅机辅助设备和控制方式[J]. 江苏水利,1992(4):16-24.

[6] 周君亮. 皂河第一抽水站的断流技术[J]. 江苏水利,1992(3):40-50.

[7] 周君亮,吴军. 大型抽水站液压快速闸门关门时间和缓冲压力的计算探讨[J]. 江苏水利,1982(3):78-90.

[8] 周君亮. 皂河第一抽水站枢纽布置和泵房设计[J]. 江苏水利,1992(1):9-19.

[9] 水利电力部第四工程局. 水工钢筋混凝土结构设计规范(试行)(SDJ 20—78)[S]. 北京:水利电力出版社,1978.

[10] 周元斌. 皂河泵站[M]. 南京:河海大学出版社,2019.

[11] (日)矢岛光吉,森井进,大音透,等. 印旛排水機場納大形排水ポンプ[J]. 日立評論,1960,42(11):1190-1197.

[12] (日)山口弘史. 印旛機場ポンプ設備改修工事[J]. エバラ時報,2007,1(214):14-19.

[13] (日)小松健彦,桑原勖光,土屋实. 大形排水機場の最近の動向[J]. 日立評論,1977,59(4):82-86.

[14] (日)機電事業本部官公需システム部. ポソプ設備計画便覧[M]. 东京:株式會社日立製作所,1985.

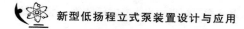
[15] 陈松山,何钟宁,周正富,等. 低扬程泵站箱涵式出水流道水力特性试验[J]. 农业机械学报,2007,38(4):70-72.

[16] 王振. 西泖河泵站流道优化及泵装置水力特性研究[D]. 扬州:扬州大学,2016.

[17] 周正富. 无锡市九里河水利枢纽泵站进出水流道优化研究[D]. 扬州:扬州大学,2006.

[18] 李大亮,张晓芳,陈松山. 泵站出水流道的优化试验[J]. 排灌机械,2007,25(4):30-33.

[19] 陈松山,葛强,严登丰,等. 低扬程泵站进出水流道匹配与装置特性试验[J]. 中国农村水利水电,2005(4):39-41.

[20] 湖北省水利水电勘测设计院. 小型水利水电工程设计图集:抽水站分册[M]. 北京:水利电力出版社,1983.

第 5 章

双层流道立式双向泵装置

5.1　装置型式简述

双层流道立式双向泵装置采用立面双层流道,在水泵运转方向不变的情况下通过 4 道闸门切换实现泵站的双向运行,既可以节省工程投资,又方便运行管理,是我国独创的一种新型立式装置型式,在江苏沿江地区得到广泛应用。该装置型式最初由荷兰开敞式(Open Sump)单向泵装置演变而来,因此亦称之为开敞式双向泵装置,其出水流道层可以处于自由出流状态。随着研究的不断深入,相继出现 X 型双向流道、平面蜗壳(对拼钟型)双向流道等不同的型式,其中应用最多的是 X 型双向流道泵装置。这种新型装置的一个特点是下层流道还可以作为出水涵洞,当上层两侧闸门全部关闭时,自由泄流而不经过水泵,能够起到节制闸的部分作用。

5.1.1　开敞式双向泵装置

开敞式双向泵装置的出水流道的顶板高程高于两侧(或一侧)运行水位,在某些运行工况或者全部运行工况下,出水流道处于自由出流状态,尤其是当出水位低于出水扩散管顶部高程时,虽然出水位变化,但水泵的运行工况点不变,扬程均为越过出水扩散管顶高程与进水位之差。该装置型式最早用于江苏省常熟水利枢纽泵站。江苏省朝东圩港泵站开敞式双向泵装置如图 5-1 所示。该泵站安装了 2 台套叶轮直径为 2 000 mm 的立式半调节轴流泵,引水设计扬程为 3.31 m,单机流量为 16 m³/s,电机配套功率为 900 kW。

5.1.2　X 型双向泵装置

与开敞式双向泵装置不同的是,X 型双向泵装置的出水流道为有压出流,即上层的出水流道顶板位于两侧的最低出水位以下,且下层流道可以设计成收缩型,形状类似于英文字母"X"。为满足该要求,一种方法是降低出水流道的高度;另一种方法是增加开挖深度,但土建投资增大。由于其结构简单、运行维护便利,该装置型式得到较多应用。图 5-2 为江苏省武定门泵站 X 型双向泵装置图,该站安装叶轮直径 1 150 mm 立式轴流泵 6 台套,设计扬程为 2.8 m,单机流量为 4.6 m³/s,配立式异步电动机,功率 330 kW。

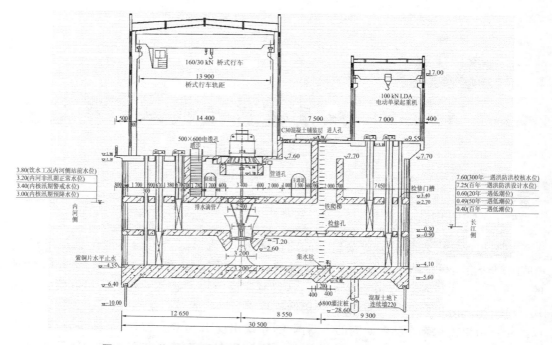

图 5-1　江苏省朝东圩港泵站开敞式双向泵装置图(长度单位：mm)

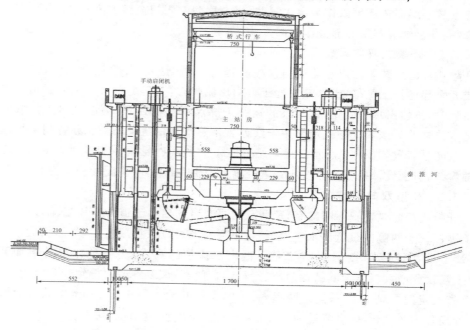

图 5-2　江苏省武定门泵站 X 型双向泵装置图(长度单位：cm)

5.1.3　钟型对拼式双向泵装置

由于立面双层流道的开挖深度相对较大,因而采用开挖深度较小的钟型对拼组成双向流道。安徽省凤凰颈泵站平面蜗壳双向泵装置剖面图如图 5-3 所示。该泵站安装了 6 台套叶轮直径为 3 100 mm 的立式轴流泵,灌溉、排涝设计扬程分别为 4.27 m 和 2.32 m,其中，4 台机组单机流量为 $36.8\ \mathrm{m^3/s}$，电机配套功率为 2 200 kW；另外 2 台机组单机流量为 $38.6\ \mathrm{m^3/s}$，电机配套功率为 3 000 kW。

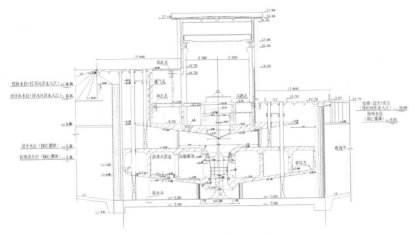

平面蜗壳双向泵
装置剖面详图

图 5-3　安徽省凤凰颈泵站平面蜗壳双向泵装置剖面图（长度单位：mm）

5.1.4　虹吸式出水对拼双向泵装置

江苏农学院（现扬州大学）在 20 世纪 70 年代初期为江苏省泰州高港枢纽研发了虹吸式双向出水流道，出水条件与单向虹吸式出水基本接近（见图 5-4），但由于土建结构复杂、施工困难，未能在实际工程中得到应用，高港枢纽最终采用开敞式双向流道的装置型式。

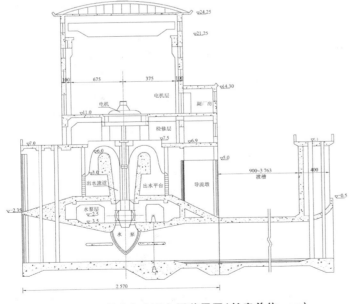

虹吸式出水
双向泵装置详图

图 5-4　虹吸式出水双向泵装置图（长度单位：cm）

5.1.5　三通管出水双向泵装置

近年来在一些城市排涝泵站，结合引水功能，采用金属三通管形式的双向出水流道，土建结构较为简单。图 5-5 为福建省福州市闽江下游南港防洪工程中的阳岐泵站三通管出水双向泵装置图。该泵站安装了叶轮直径为 1 450 mm 的机械全调节轴流泵,设计扬程为 4.2 m,单机流量为 7.7 m³/s。

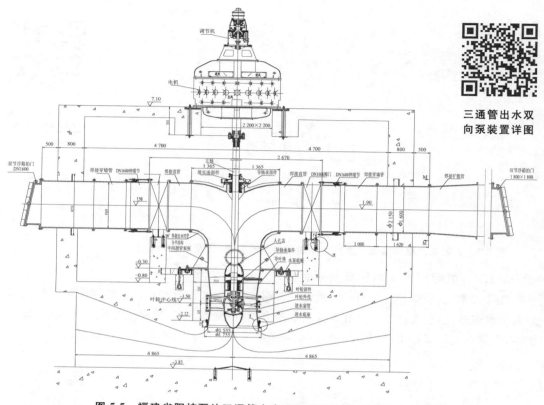

三通管出水双向泵装置详图

图 5-5　福建省阳岐泵站三通管出水双向泵装置图(长度单位:mm)

5.2　装置主要参数选择与分析

立式双向流道泵装置是我国发明创造的,所有采用双向流道的泵站均在我国境内,而且以沿江流域居多,并逐步推广到全国各地。

5.2.1　矩形进水流道水力设计准则

① 在一定范围内,双向进水流道的基本尺寸对泵进口处流场的影响很小,因而可根据泵房结构布置、进水流道过流面积、进水流道最小宽度等方面的要求确定。

② 越靠近泵进口,固壁边界的形状对泵装置的运行性能的影响越大,因而更加需要进行水力优化计算。喇叭管内壁型线以 1/4 椭圆为佳;喇叭管进口直径取 1.5D 左右,喇叭管高度 H_L 和悬空高度 H_B 的确定应兼顾水泵进水流态和泵站土建投资,H_L 不宜小于 0.5D,H_B 宜取(0.6~0.7)D。

③ 对于采用矩形双向进水流道的大型泵装置,喇叭管采用铸铁制造时,管壁较薄,有可能在运行中发生振动;采用混凝土浇筑使管壁具有一定的厚度并与进水流道连成一个整体,以避免振动。

④ 由于双向进水流道的特殊性,设计不当将导致流道内产生涡带,对此应予以重视。任何带有特殊性的双向进水流道均应进行泵装置模型试验,在进水流道模型的有关部位

开设面积足够大的透明窗口,以便细致地观察进水流态。

5.2.2　出水流道喇叭管及导流锥设计准则

① 泵出口应设置出水喇叭管和同轴线的导流锥,出水流道的高度大于等于导流锥的高度。

② 作者根据试验结果推荐的 2 种适合于高比转速($n_s \approx 1\,300$)的导流锥尺寸(对应于模型水泵叶轮直径 300 mm)如图 5-6a 和图 5-6b 所示。导流锥外表面截面坐标尺寸见表 5-1。

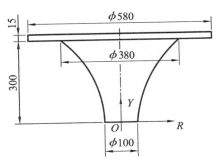

(a) 出水流道导流锥1

(b) 出水流道导流锥2

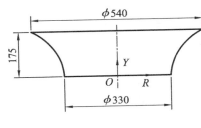

(c) 出水流道喇叭管1

(d) 出水流道喇叭管2

图 5-6　出水流道导流锥和喇叭管外形尺寸(单位:mm)

表 5-1　导流锥外表面截面坐标尺寸　　单位:mm

图例	截面	1	2	3	4	5	6	7	8	9	10	11
图 5-6a	Y	0	30	60	90	120	150	180	210	240	270	300
	R	50.0	50.7	52.8	56.4	61.7	68.8	78.0	90.0	106.0	129.0	190.0
图 5-6b	Y	0	27.5	55.0	82.5	110.0	137.5	165.0	192.5	220.0	247.5	275.0
	R	47.5	53.0	60.1	69.2	80.3	93.9	110.5	131.1	157.5	194.4	290.0

作者建议导流锥高度的取值范围为 $(0.53 \sim 0.65)D$,导流锥的下部与水泵导叶体的轮毂相连接,其直径与导叶体的轮毂直径 d_0 相等。导流锥的上部直径应尽量大一些,但考虑到便于将导流锥从出水流道顶部取出,导流锥上部直径的取值范围建议为 $(1.17 \sim 1.34)D$。导流锥的曲线采用双曲线,即 $Y_i D_i = k$,其中 $k = \dfrac{\Delta H \cdot d_0}{1 - d_0/D}$,以保证出口流面尽可能接近水平面。

③ 出水喇叭管采用曲线扩散管较佳,作者推荐可采用 1/4 椭圆曲线,即 $\dfrac{x^2}{a^2} + \dfrac{y^2}{b^2} = 1$,

其中 $a\approx0.24D$，$b\approx0.20D$。推荐的 2 组曲线扩散喇叭管如图 5-6c 和图 5-6d 所示。出水喇叭管内表面截面坐标尺寸见表 5-2。

表 5-2　出水喇叭管内表面截面坐标尺寸　　　　　　　单位：mm

图例	截面	1	2	3	4	5	6	7	8	9	10	11
图 5-6c	Y	0	17.5	35.0	52.5	70.0	87.5	105.0	122.5	140.0	157.5	175.0
	R	165	165.5	167.1	169.8	173.8	179.1	186.0	195.0	207.0	224.2	270.0
图 5-6d	Y	0	18.3	36.6	54.9	73.2	91.5	109.8	128.1	146.4	164.7	183.0
	R	169	171.7	175.3	179.8	185.3	192.1	200.4	210.7	223.9	248.3	290.0

5.2.3　行业标准及相关资料推荐尺寸

1. 行业标准推荐主要尺寸

水利部颁布的行业标准《轴流泵装置水力模型系列及基本参数》（SL 402—2007）中推荐的双向流道泵站主要控制尺寸包括：流道长度为 $(3.86\sim4.93)D$，进、出水流道高度为 $1.48D$，进水喇叭管悬空高度为 $0.5D$，叶轮中心线至进水喇叭管口高度 $0.78D$，进水导流锥直径 $1.44D$，出水喇叭管顶至出水流道底板高度为 $1.15D$，具体图例如图 5-7 所示。

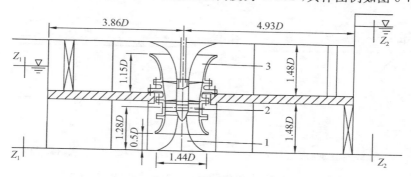

1—进水流道；2—泵；3—出水流道。

图 5-7　Z1050-L-XX立式轴流泵装置主要尺寸图

2. 资料推荐的主要控制尺寸

文献[21]对 X 型双向流道的主要控制尺寸及正向确定提出了具体的建议。

（1）主要控制尺寸

X 型双向流道的主要控制尺寸包括：流道进、出口断面尺寸，进、出水流道长度，出水流道至叶轮中心的高度，进水流道底板至叶轮中心高度等。主要控制尺寸参考见表 5-3。

表 5-3　X 型双向流道主要控制尺寸参考

进水流道长度 L_1/D	出水流道长度 L_2/D	进、出水流道宽度 B_j/D	进水流道高度 H_1/D	出水流道高度 H_2/D	叶轮中心距底板高度 H_w/D	叶轮中心距顶板高度 H_L/D	进、出口流速 $v/(m/s)$
3.85~4.78	3.07~4.45	2.75~2.87	1.30~1.48	1.25~1.48	1.13~1.28	1.72~1.78	0.77~0.84

（2）正向确定

为降低运行成本，通常采用运行时间长的工况决定正向。在泵型比选时，以正向工况确定水泵参数，以保证水泵机组的装置效率。

5.2.4　典型双向流道泵站主要几何尺寸统计与分析

典型双向泵站主要几何尺寸统计见表 5-4。主要尺寸统计如图 5-8 所示,当进、出水流道均为矩形时,主要尺寸流道长度和宽度与叶轮直径 D 呈线性关系,而且相关性较好(见图 5-8a);进水流道的高度、进水喇叭管直径和悬空高度与叶轮直径 D 均有较好的相关性,且基本上呈线性关系(见图 5-8b),但在出水流道尺寸中,除流道高度和出水喇叭管直径与叶轮直径 D 有较好的相关性外,喇叭管高度和导流锥高度与叶轮直径 D 的相关性较差,并且不呈线性关系(见图 5-8c),主要原因是不同泵站出水流道的结构设计受导叶形状的影响,存在较大的差异。

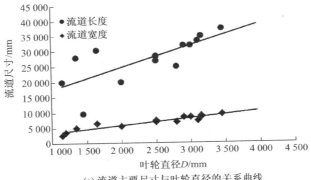

(a) 流道主要尺寸与叶轮直径的关系曲线

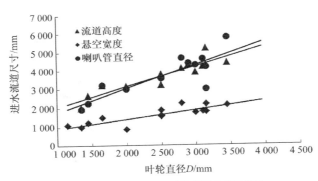

(b) 进水流道尺寸与叶轮直径的关系曲线

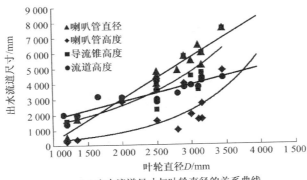

(c) 出水流道尺寸与叶轮直径的关系曲线

图 5-8　双向流道尺寸与叶轮直径的关系曲线

表 5-4 典型双向泵站主要几何尺寸统计

序号	泵站名称	叶轮直径 D/mm	双向设计扬程 H_des/m	双向型式	流道长度 L/mm	流道宽度 B/mm	进水流道 流道高度/mm	进水流道 悬空高度/mm	进水流道 喇叭管直径/mm	进水流道 喇叭管高度/mm	进水流道 导流锥底直径/mm	中隔墩宽度/mm	出水流道 流道高度/mm	出水流道 喇叭管高度/mm	出水流道 喇叭管直径/mm	出水流道 导流锥高度/mm	出水流道 导流锥上部直径/mm	备注
1	江苏省常熟泵站	2 500	1.73/1.31	开敞式	27 000	6 500, 7 000	3 800	1 880	3 600	—	—	—	2 850	—	4 800	—	2 330	
2	江苏省高港泵站	3 000	2.50/3.23	开敞式	31 900	8 600	3 900	1 760	4 300	1 240	4 300	600	3 900	2 000	5 500	3 200	4 500	
3	江苏省谏壁泵站	2 800	3.00	肘形对拼	25 000	6 900	4 100	2 240	4 684	1 391	—	400	2 755, 3 400	1 000	4 874	—	—	
4	江苏省白屈港泵站	2 500	2.32/2.12	X型	28 300	—	3 700	1 580	3 600	1 650	3 300	—	4 200	—	4 000	—	4 000	
5	江苏省澡港河泵站	2 500	1.82/1.63	X型	28 500	7 500	3 700	1 560	3 560	1 140	3 600	500	3 600	1 610	4 520	1 320	4 000	
6	江苏省界牌泵站	3 450	2.75	X型	37 500	9 500	4 400	2 139	5 791	1 861	3 093	600	4 400	4 850	7 600	5 850	7 600	
7	江苏省武定门泵站	1 150	2.80	X型	20 000	2 600	3 200	1 100	—	—	—	100	2 050	—	—	—	—	
8	江苏省九曲河泵站	2 500	2.61/2.89	X型	27 000	7 300	4 300	1 600	—	—	—	—	3 000	—	—	—	—	
9	江苏省新沟河江边枢纽泵站	3 150	3.03/1.55	X型	35 000	9 000	4 300	1 800	4 200	1 675	4 200	600	4 400	1 706	6 000	3 206	6 000	
10	江苏省圩东圩港泵站	1 650	—	开敞式	30 500	6 500	3 200	1 500	3 200	—	—	—	3 200	—	—	—	—	

续表

序号	泵站名称	叶轮直径 D/mm	双向设计扬程 H_des/m	双向形式	流道长度 L/mm	流道宽度 B/mm	进水流道						出水流道					备注
							流道高度/mm	悬空高度/mm	喇叭管直径/mm	喇叭管高度/mm	导流锥底直径/mm	中隔墩宽度/mm	流道高度/mm	喇叭管高度/mm	喇叭管直径/mm	导流锥高度/mm	导流锥上部直径/mm	
11	江苏省七浦塘江边枢纽泵站	3 150	2.64/2.30	开敞式	35 000	8 600	5 200	2 190	3 000	—	4 450	—	4 200	2 700	5 200	4 200	4 700	—
12	江苏省魏村泵站	2 000	1.90/2.00	平面蜗壳	20 000	5 600	3 140	860	3 000	1 140	3 000	—	3 140	2 860	3 000	—	3 000	—
13	江苏省下六圩泵站	1 350	1.83/2.32	X 型	28 000	5 000	2 000	1 000	1 950	830	1 800	—	2 000	400	1 750	1 640	1 750	—
14	安徽省凤凰颈泵站	3 100	4.27/2.32	平面蜗壳	33 450	7 400	4 208	1 820	4 638	1 586	4 200	800	3 800, 4 049	1 696	6 484	500	3 600	出水流道两侧长度、高度不同
15	安徽省枞阳泵站	3 250	6.38/3.78	X 型	27 500	9 600	4 000	1 600	4 700	1 758	4 700	500~1 200	4 400	2 160	7 500	3 030	7 500	—
16	安徽省西遒河泵站	2 900	3.30/1.80	平面蜗壳	31 900	8 500	4 314	—	4 400	—	4 400	—	3 800	4 000	5 800	—	5 800	—
17	广东省上傲泵站	1 200	4.53	X 型	—	3 600	—	—	—	—	—	—	1 428	240	560	680	1 600	—
18	浙江省萧山板组泵站	—	—	开敞式	26 740	6 500	2 300	—	—	—	—	—	2 300	—	—	—	2 400	—
19	福建省阳岐泵站	1 450	—	三通管	9 730	—	2 665	1 230	2 260	1 310	1 050	—	1 600	—	—	—	—	—

5.3　立轴开敞式双向装置设计与性能研究

5.3.1　工程概况

高港枢纽(原名泰州抽水站、泰兴枢纽)位于江苏省泰州市高港区口岸镇西北约 3 km 处,是泰州引江河连接长江的控制建筑物,由节制闸、泵站、调度闸、送水闸和船闸组成,兼具引水、排涝、挡洪、通航等多种功能。高港枢纽的布置如图 5-9 所示。

(a) 平面图(长度单位:cm)

(b) 实景图

图 5-9　高港枢纽布置图

高港泵站安装了 9 台套机组,双向抽水的设计流量均为 300 m³/s,采用开敞式双向流道,每台机组底层流道自引设计流量为 30 m³/s。泵站土建工程一次性完成,设备分两期实施,一期工程安装 3000ZLB/35-4 型立式半调节轴流泵,配套功率为 2 000 kW 的 TL2000-40 型同步电动机 3 台套;二期工程安装 3000ZLQ/35-4 全调节立式轴流泵,配套功率为 2 000 kW 的 TL2000-40 型同步电动机 6 台套。高港泵站装置的剖面图如图 5-10 所示,水位组合见表 5-5。该工程于 1999 年建成并投入运行。

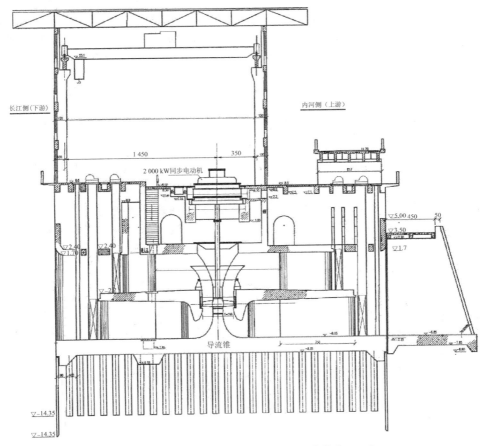

图 5-10　高港泵站装置的剖面图(长度单位:cm)

表 5-5　高港泵站水位组合　　　　　　　　　　　　　　单位:m

工况		水位组合		净扬程
		长江	内河	
抽引	设计	−0.50	2.00	2.50
	最高	−1.00	2.00	3.00
	最低	1.00	2.00	1.00
	平均	—	—	2.17
抽排	设计	3.73	0.50	3.23
	最高	5.48	1.50	3.98
	最低	3.73	3.00	0.73
	平均	—	—	2.31

5.3.2 早期虹吸式出水双流道方案试验研究[①]

1970 年,泰州抽水站被规划作为南水北调和向东送水的主要骨干工程,从高港枢纽引水,抽引江水 350 m³/s,向沿海垦区(包括通徐河以东、斗龙港以南地区)和通启地区送水,在苏北沿江、沿海 10 000 km² 的范围内进行灌溉、排涝、洗盐、换水和冲淤。

该泵站的规模较大、布置复杂,既要抽引江水,又要抽排涝水,更要结合自流引江,规划时初步提出,当站南的水位为 1.65 m,站东的水位为 1.60 m,即上、下游水位相差 0.05 m 时,则泵站具有自引江水 200 m³/s 的能力。规划泵站选用 2.8CJ-70 型立式全调节轴流泵,配套 18 台套功率为 1 600 kW 的立式同步电动机,总装机容量为 28 800 kW。其中水泵的技术参数见表 5-6。

表 5-6 水泵技术参数

流量 $Q/(\text{m}^3/\text{s})$	扬程 H/m	转速 $n/(\text{r/min})$	配套功率 P/kW	叶轮直径 D/mm
20	5.6	150	1 600	2 800

泵站的装置型式采用双向涵洞型进水流道和"蘑菇型"虹吸式出水双向流道,如图 5-4 所示。这种新型装置型式在国内外均为首次提出,装置的效率需要进行试验研究,以及站身能否结合自引自排也需要通过试验验证,因此在工程设计前进行专门的试验研究,从而为设计提供依据。

1. 试验研究的内容及试验装置

(1)试验研究内容

① 通过断面模型试验,研究涵洞型进水流道在抽水的同时进行自引的可能性;

② 进行流态观测,研究双向进水流道的合理尺寸,以及导流板的形式、位置等;

③ 模型泵和模型装置性能测定,确定装置性能;

④ 测定虹吸式出水流道的效率,通过比较分析阐述该型式流道的优缺点;

⑤ 观测虹吸式出水流道的工作状况;

⑥ 模型装置空化特性研究等。

(2)模型试验装置

以 28CJ-70 轴流泵为原型泵,模型泵采用铜制叶片,叶轮直径为 296 mm,几何比尺 $\lambda_l = D_p/D_m = 9.46$。模型泵的主要参数:$Z=4$,$d_h/D=0.55$,$\beta_e=14°18' \sim 28°42'$,$l/t=0.65 \sim 0.96$,$m/l=4\% \sim 9\%$。模型泵采用 6 极电动机,额定转速为 980 r/min。

模型的进、出水流道按照 Froude 相似律设计,即流量比尺 $\lambda_Q = \lambda_l^{5/2} = 9.46^{5/2} = 275$、流速比尺 $\lambda_v = \lambda_l^{1/2} = 9.46^{1/2} = 3.080$、糙率比尺 $\lambda_n = \lambda_l^{1/6} = 9.46^{1/6} = 1.454$。

模型的进水流道、出水槽均为砖砌,用水泥砂浆粉面,在主要过流部位表面烫抹石蜡,虹吸式出水流道的内芯部分用混凝土浇筑、磨光、油漆,磨光外壳采用有机玻璃压制而成,糙率 $n=0.009 \sim 0.010$,符合相似要求。试验装置如图 5-11 所示,根据分析,试验台的不确定度为 $\pm 0.934\%$。

---

① 江苏农学院机电排灌系. 泰州抽水站模型试验报告[R].扬州:江苏农学院,1977.

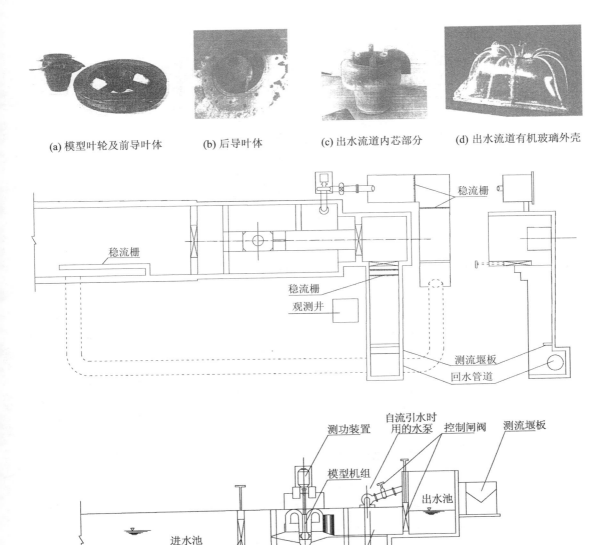

(a) 模型叶轮及前导叶体　　(b) 后导叶体　　(c) 出水流道内芯部分　　(d) 出水流道有机玻璃外壳

(e) 试验装置示意图

图 5-11　模型试验装置

2. 模型泵工作时涵洞型进水流道自流引水特性研究

在不同叶片安放角(−6°,−4°,−2°,0°,2°,4°)工况下,对模型泵涵洞的自引流量和上、下游水位差进行测试,另外在模型泵不工作时,对涵洞单独引水也进行测试。试验结果分别如图 5-12 和图 5-13 所示。

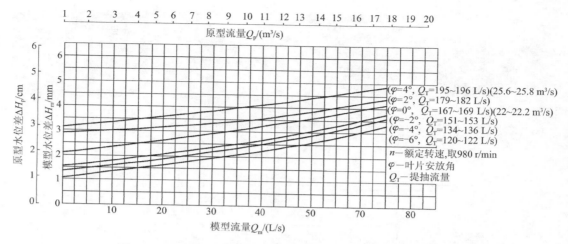

图 5-12　机组工作时自流涵洞上、下游水位差与流量的关系曲线

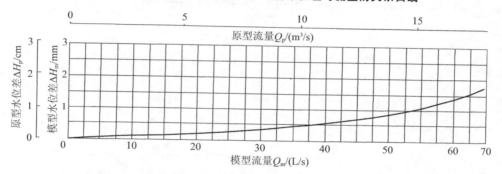

图 5-13　机组不工作时自流涵洞单独引水时上、下游水位差与流量的关系曲线

从图 5-12 中可看出,当叶片安放角为 0°时,模型泵在流量为 167～169 L/s,自引水位差为 3.4 mm 的情况下,自引流量为 43.7 L/s,换算为原型泵流量为 22.0～22.2 m³/s,原型泵涵洞自引水位差为 3.24 cm 时,可自引流量 12 m³/s。当叶片安放角增大为 2°和 4°时,原型泵的最大流量增大为 23.6 m³/s,如仍要求自引流量为 12 m³/s,则上、下游水位差相应约增大为 4 cm。根据规划要求,当上、下游水位差 $\Delta h = 0.03～0.05$ m 和单泵流量为 22～25 m³/s 时,流道可以自引 12 m³/s,试验证明这一要求是可以实现的。也就是说,涵洞式进水流道可以满足抽提同时自引的要求。

为了进一步研究探讨既能满足自引的要求,又能节省工程造价的可能性,特将原设计涵洞的底部适当抬高,以缩小引水涵洞的过水断面积,并进行测试,当模型泵涵洞底部抬高 53 mm 时,其试验结果如图 5-14 所示。

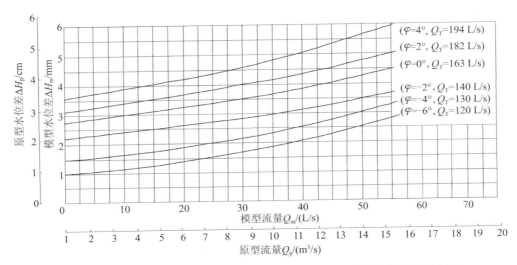

图 5-14　底板抬高后机组运行时自流涵洞上、下游水位差与流量的关系曲线

底板抬高 53 mm（对应原型泵 0.5 m）后，当模型泵在叶片安放角为 0°的情况下运行，这时涵洞自引流量为 43.7 L/s（相当于原型泵 12 m³/s 时），自引涵洞的上、下游水位差为 4 mm，相当于原型水位差 3.8 cm 左右，也就是在模型泵最大流量和保证自引流量为 12 m³/s 的情况下，引水涵洞的上、下游水位差仍小于 6 mm。因此，将原设计的涵洞断面面积缩小，也就是抬高原涵洞底板高程 0.5 m 时仍能满足原工程设计对于自引流量的要求，且对泵站装置的效率并无明显影响，这样便可使站身开挖深度减小 0.5 m。由模型试验结果可知，涵洞底板可适当抬高，主要是原设计所选择的流量系数值偏小，而对涵洞上、下游水位差起主要影响的部位是在涵洞进口到水泵进口这一范围内，出水段则影响甚小。

3. 进水流道中导流板的位置、型式试验研究

在双向涵洞型进水流道中，为了使水流能够平稳地进入水泵，且不影响自流引水的能力，沿水流方向设置涵洞纵向隔墩，将涵洞一分为二，在水泵入口处，距离喇叭口大约 1 倍叶轮直径的位置，设置 2 块水平导流板，如图 5-15 所示。设置导流隔墩和导流板的目的：防止在水泵进口处发生大的平面环流和旋涡，进而影响水泵的正常工作；在主泵工作时，对自流引水的影响小，并起一定的分配水流和导流作用。为了既不影响水泵的正常工作（这是主要的），又能满足自流引水的要求，对隔墩、导流板的型式、尺寸和位置的选择进行试验研究，并拟定 4 种型式的导流板。

① 水平导流板，模型导流板长为 34 cm，相当于原型导流板长 3.2 m，模型导流板的水平间隔 32 cm，相应的原型导流板的水平间隔为 3.0 m（见图 5-4）。

② 在中部突起的水平导流板中突起的部分为圆弧段。该圆弧与水泵进水喇叭口的圆弧为同心圆，水流进入水泵后，水流流线基本上与导流板相吻合，类似经过肘形进水流道，如图 5-16 所示。

③ 中部上翘而相分离的导流板中上翘圆弧部分与上述情况基本相同，仅将中部分离开为 220 mm（模型），且圆弧部分不为同心圆弧，如图 5-17 所示。

图 5-15　试验中进水流道中导流板的型式

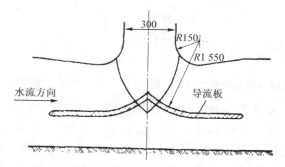

图 5-16　进水流道中设置中部突起的水平导流板(单位：mm)

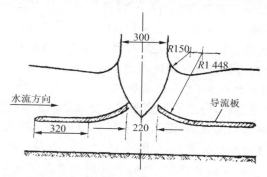

图 5-17　进水流道中设置中部突起而分离的水平导流板(单位：mm)

④ 不设置任何水平导流板。导流板放置的位置分上部、中部、下部 3 个位置,上部位置距离喇叭口 0.5D(D 为叶轮直径),中部位置距离喇叭口一倍叶轮直径 D,下部位置为叶轮直径 D 的 1.2 倍。

试验分 2 种情况进行:一种是在模型泵运行的同时进行自流引水;另一种情况则是模型泵单独抽水工作。在以上 2 种情况下,水泵运转时叶片安放角均为 0°。试验结果分别如图 5-18 和图 5-19 所示。

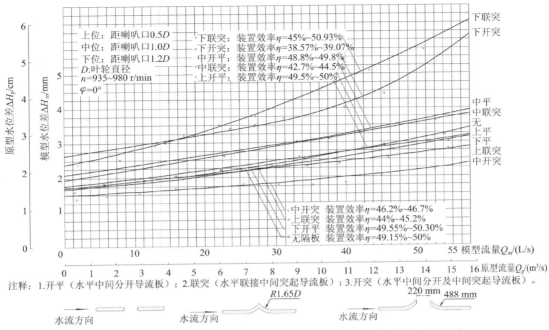

图 5-18　在水泵工作时不同型式和不同位置的导流板对自流引水的影响

注释：1.开平（水平中间分开导流板）；2.联突（水平联接中间突起导流板）；3.开突（水平中间分开及中间突起导流板）。

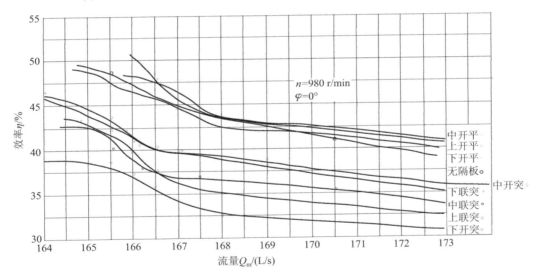

图 5-19　无自引时不同型式导流板对装置效率的影响

　　对于不同方案的导流板，在模型泵单独运行的情况下，装置的效率以水平导流板为最佳。关于水平导流板的位置对装置效率的影响，从试验结果中（见图 5-19）可明显看出，水平导流板设置在中部位置（距水泵喇叭口 1 倍叶轮直径处）的效率为最高。另外，在水泵机组工作的情况下，试验研究了导流板在上位（距喇叭口 0.5D）、中位（距喇叭口 1D）、下位（距喇叭口 1.2D）位置时对自流引水的影响，试验结果如图 5-20 所示。

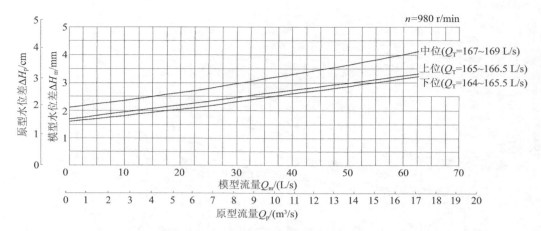

图 5-20　水平导流板不同位置对自流引水的影响

综合以上试验结果及水流分布情况,分析如下:

① 在模型泵单独运行的情况下,4 种不同型式的导流板中,装置效率以水平导流板为最高,不设水平导流板为次之,其他型式的导流板均较低。

② 在模型泵单独运行抽水的情况下,水平导流板的位置以距离水泵进口喇叭 1 倍叶轮直径处为最佳。从图 5-21 中可以明显地看出,中位水平导流板(1 倍叶轮直径处)的效率最高。

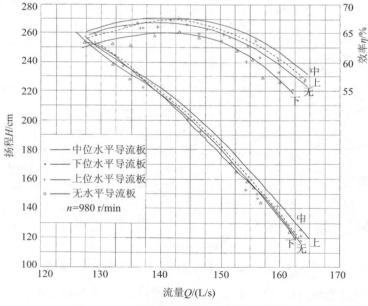

图 5-21　水平导流板位置对装置效率的影响

在模型泵运行及涵洞自引同时工作的情况下,既要考虑水泵装置的效率较高,又要求自引的水力损失较小。从图 5-21 中可以看出,水平导流板或无导流板的情况为优,其装置效率高于其他型式,水力损失也较小。

在高港枢纽的实际运行中,水泵单独运行的时间较多,且在有可能提高输水涵洞底板高程的情况下,建议采用水平导流板并将其放置在喇叭口的 1 倍叶轮直径处比较有利。

　　试验过程中发现,在距离喇叭口 $0.5D$ 处设置中间突起水平导流板,当水泵在叶片安放角 0°运行时,叶片端部正面及尾部有脱流现象,伴有气泡,叶片与叶轮室壁间有间隙气泡,并伴有微弱振动。不同工况下的流态如图 5-22 所示。

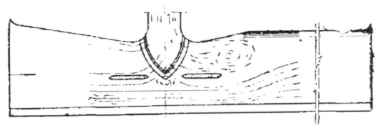

(a) 水泵运行、自引流量较小工况

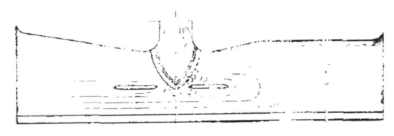

(b) 水泵运行、自引流量较大工况

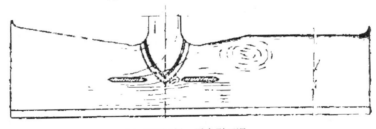

(c) 水泵运行、无自引工况

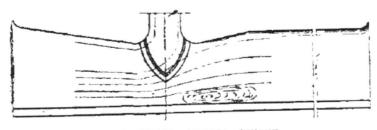

(d) 无水平导流板、水泵运行、自引工况

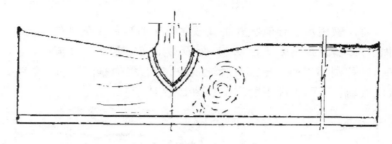

(e) 无水平导流板、水泵运行、无自引工况

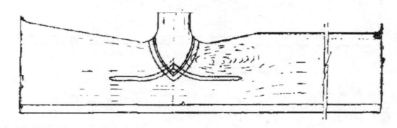

(f) 中间突起水平导流板、水泵运行、自引工况

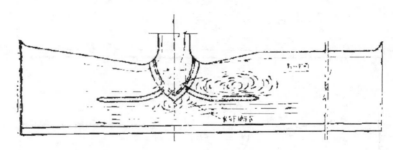

(g) 中部分开突起水平导流板、水泵运行、自引工况

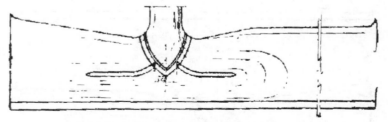

(h) 中部分开突起水平导流板、水泵运行、无自引工况

图 5-22　不同工况下的流态

4. 装置性能试验

（1）常规出水流道装置性能

为进一步研究出水流道对装置性能的影响，模型装置中进水流道保持不变，即距进水喇叭口约 1 倍叶轮直径处设置水平导流板，取消虹吸式出水流道而改为压力出水弯管，进行模型装置性能试验。模型泵的扬程在出水弯管与后导叶体连接处设置测压管测量，测压孔在同一平面上有 4 孔，各相隔 90°角，出口扬程取其平均值。

　　分别在仅水泵抽水运行和在水泵抽水运行且有自引的情况下进行装置性能试验。试验结果所得的综合性能曲线分别如图 5-23 和图 5-24 所示。

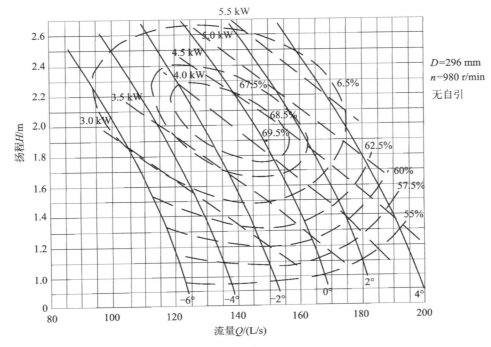

图 5-23　无自引时模型装置的综合性能曲线

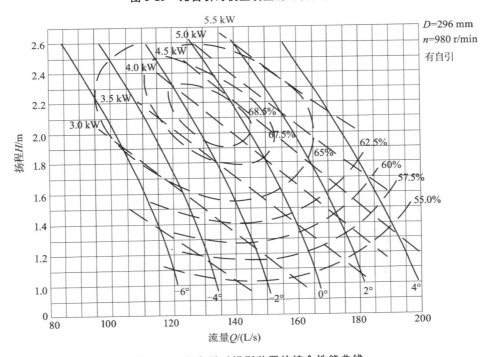

图 5-24　有自引时模型装置的综合性能曲线

原型装置性能与模型装置性能采用下述相似公式换算：

$$
\begin{cases}
\eta_{\mathrm{p}} = 1 - (1 - \eta_{\mathrm{m}}) \left(\dfrac{D_{\mathrm{m}}}{D_{\mathrm{p}}} \right)^{1/2} \\[2mm]
Q_{\mathrm{p}} = Q_{\mathrm{m}} \dfrac{n_{\mathrm{p}}}{n_{\mathrm{m}}} \left(\dfrac{D_{\mathrm{p}}}{D_{\mathrm{m}}} \right)^{3} \left(\dfrac{\eta_{\mathrm{p}}}{\eta_{\mathrm{m}}} \right)^{1/2} \\[2mm]
H_{\mathrm{p}} = H_{\mathrm{m}} \left(\dfrac{n_{\mathrm{p}}}{n_{\mathrm{m}}} \right)^{2} \left(\dfrac{D_{\mathrm{p}}}{D_{\mathrm{m}}} \right)^{2} \left(\dfrac{\eta_{\mathrm{p}}}{\eta_{\mathrm{m}}} \right)^{1/2}
\end{cases} \tag{5-1}
$$

无自引情况下的原型装置性能曲线如图 5-25 所示。当模型装置的效率为 68.5% 时，相应的原型装置效率为 80%。按泵站设计扬程为 4 m，相应于模型泵叶片安放角为 0° 的扬程为 1.84 m，效率为 69%，换算至原型泵的流量为 20.5 m³/s，效率为 80.3%，水泵基本上在高效率范围内工作，也就是装置性能比较符合该泵站的实际运行要求。

在有自流引水的情况下，从综合性能曲线上可以看出高效率范围因受到影响而缩小。当叶片安放角为 0° 时，自流引水的同时要求在设计扬程为 4 m 的情况下进行抽水，水泵仍可在较高效率范围内工作，此时原型装置的效率为 79.3% 左右，流量可达 20.4 m³/s。在水泵进水喇叭口处受到自流引水的影响，流速分布和大小均有改变，2 种情况相比较，同一工况下装置效率约降低 1.25%。

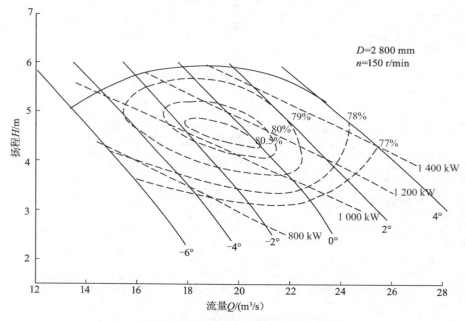

图 5-25　无自引时原型装置性能曲线

（2）虹吸式出水流道的效率研究

对虹吸式出水流道的模型装置性能进行试验，综合性能曲线如图 5-26 所示，换算至原型装置的性能如图 5-27 所示。综合以上性能曲线可以看出，装置的高效率区偏离水泵叶片安放角 0°，而趋向于 -2° 和 -4°，且装置效率在 68% 左右。在相同进水流道的情况下，从压力出水弯管的综合性能（即无虹吸式出水流道的影响）曲线可知，叶片安放角为 0° 时，最高效率可达 69.5%，而采用虹吸式出水流道的装置最高效率为 68.2%。对于同一扬程和流量工况下($H=2.2$ m，$Q=140$ L/s)，前者的效率为 68.5%，后者的效率为 68.0%，实测结果比较，有虹吸式出水流道时的装置效率下降 0.5%。

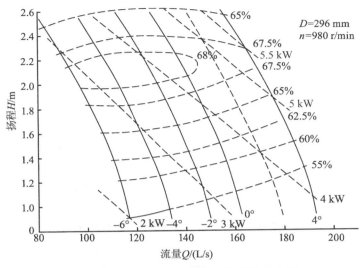

图 5-26　虹吸式出水流道模型装置性能曲线

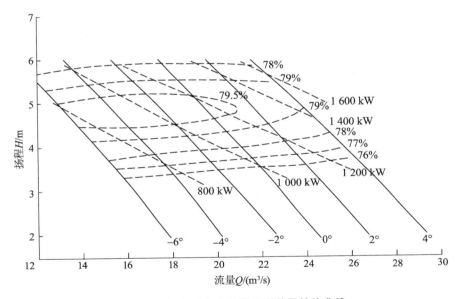

图 5-27　虹吸式出水流道原型装置性能曲线

　　为进一步比较虹吸式出水流道的工作情况，本研究采用谏壁泵站的出水流道模型进行比较试验。试验结果表明，虹吸式出水流道装置的效率略高于谏壁泵站采用的矩形出水流道装置，在最佳工况点，同一扬程和流量工况下，前者模型的装置效率为 68%，后者为 67%。采用矩形出水流道型式的装置性能曲线如图 5-28 所示。不同出水流道型式的最优装置效率对比见表 5-7。

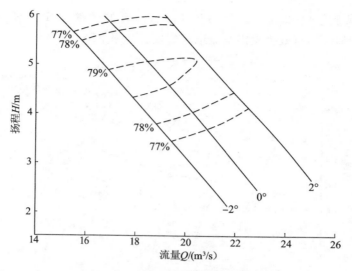

图 5-28　矩形出水流道模型装置性能曲线

表 5-7　不同出水流道最优效率比较

出水流道型式	出口断面尺寸	扬程 H/m	流量 $Q/(L/s)$	效率 $\eta/\%$	与压力出水相比
压力出水	$\phi\,350$ mm	2.2	140	68.5	—
矩形出水	—	2.2	140	67.0	-1.5
虹吸式出水	—	2.2	140	68.0	-0.5

（3）虹吸式出水流道工作情况研究

在研究虹吸式出水流道的水力工况时为了满足相似准则,将水泵转速调整为 490 r/min,电机与水泵之间采用齿轮传动,研究结果如下。

① 虹吸式出水流道形成真空的时间

当虹吸式出水流道的出口具有一定的淹没水深,隔断空气进入虹吸管,以虹吸式流道内水位开始上升为计算时间起点,至虹吸式流道内的空气被水流夹带干净为止,作为形成真空的时间。不同叶片安放角形成真空的时间及换算成果见表 5-8,换算公式为 $t_p = t_m \lambda_l^{1/2}$。

表 5-8　虹吸式出水流道真空形成时间　　　　　　　　　　　　　　单位:min

叶片安放角/(°)	4	2	0	-2	-4	-6
模型	2.00	4.00	12.00	22.25	40.00	不能形成
原型	6.16	12.32	37.36	68.22	123.20	不能形成

② 虹吸式出水流道驼峰处真空度

为反映出水流道的真空情况,在虹吸式出水流道的最高处装置测压管连通 U 形水银测压计,以测定驼峰处的真空度。

在虹吸式出水流道形成真空的过程中,水流开始夹带空气前,虹吸内的压力有暂时的增大,原因是当流量逐渐增大时,虹吸内的空气受到上升水位的压缩,而后由于流量增大,水位上升,流速也随之增大,水流夹带空气而出,逐渐形成真空,直到空气全部带出,真空度形成稳定。在稳定的情况下,通过 U 形水银测压管读得真空值,从实测结果来看,虹吸流道中的真空度随流量的变化而变化,亦即随虹吸出口处水位的变化而变化。以叶片安放角 0°,$n=490$ r/min 为例,不同出口水位下的模型装置虹吸真空度见表 5-9。

表 5-9　不同水位下模型装置虹吸真空度

测点	1	2	3	4	5	6	7	8	9
流量 Q/(L/s)	53.3	57.5	59.6	61.7	63.7	66.7	70.0	72.1	74.2
虹吸出口淹没水深/cm	23.5	21.2	19.3	16.5	14.2	10.4	7.0	4.0	0.14
距驼峰顶距离/cm	17.7	20.0	21.9	24.7	27.0	30.8	34.2	37.2	39.8
真空度 h_m/cm	20.4	22.4	23.8	25.2	27.2	28.5	32.6	35.4	38.1

注:原型装置中的真空度可按照 Froude 定律换算,即 $h_p=\lambda_l h_m=9.64 h_m$。

③ 驼峰顶部流速值

在叶片安放角为 0° 的设计工况下,以实测的模型流量计算虹吸驼峰顶部的流速,计算结果见表 5-10。从表中可以看出,驼峰顶部的流速偏小,夹气能力较低,形成真空的时间较长,故建议缩小驼峰顶部高度,使顶部平均流速达到 2 m/s 左右为宜。

表 5-10　驼峰顶部平均流速

流量 Q/(L/s)	53.3	57.5	59.6	61.7	63.7	66.7	70.0	72.1	74.2
模型流速 v_m/(m/s)	0.355	0.384	0.397	0.412	0.425	0.445	0.466	0.480	0.495
原型流速 v_p/(m/s)	1.090	1.180	1.220	1.265	1.317	1.365	1.430	1.495	1.520
模型喉管面积 ω/m²	0.149 7 m²(周长×顶部高度=159.26 cm×9.4 cm)								

5. 问题与建议

通过一系列的试验研究可提出较为明确的结论性建议是,虹吸式出水双向装置是实现双向运行的一种装置型式,但仍有一些问题有待于进一步试验和研究。

① 在双向进水流道方面,本次试验着重解决水泵运行和自引的关系,但对于进水流道涵洞出水侧闸门关闭时水泵单独运行的情况未进行深入试验研究,故在闸门关闭水泵单独抽水运行时是否会发生振动未能进行测定。该闸门与水泵进口处的最宜距离有待于进一步试验确定。在未设置闸门的情况下单独抽水运行时,发现模型出水的集水井中水位波动较为剧烈,故可推测在闸门关闭的情况下有可能发生振动。

② 与一般双向流道相比,虹吸式出水流道具有一定的优势,但是对流道各部位尺寸如何设计较为合理,还有待进一步测试分析。

5.3.3　工程实施前装置模型试验研究[①]

20 世纪 90 年代开始正式实施的高港泵站,是继常熟枢纽之后兴建的又一座大型双

---

① 江苏机电排灌工程研究所,江苏省水利勘测设计研究院. 泰州引江河工程泰兴枢纽泵站泵装置模型试验研究[R].扬州:江苏机电排灌工程研究所,1996.

向泵站,是当时国内外同类装置型式泵站中泵直径最大、单机流量最大的机组,并且通过兴建节制闸和调度闸实现自流引水功能(见图 5-9)。因此未采用早期研究的虹吸式出水双向流道装置,而是在常熟枢纽的基础上对开敞式装置型式进行改进,并提出更高的性能要求,期望在抽排设计扬程 3.23 m 时模型装置效率能够达到 71%,为此开展了较为全面的系统性研究,以保证该泵站具有优异的性能。

在工程初步设计阶段,设计单位联合科研机构开展了装置模型试验研究,以实现优化结构、提高效率、改善流态、保证性能、可靠运行的目标。

1. 装置模型试验的主要内容

根据该工程的特点以及试验目的,主要研究内容如下:

① 对泵后导叶体和出水室(扩散段)进行设计、研究和优化;

② 对进、出水流道尺寸进行设计、研究和优化,包括宽度、高度、喇叭管型线等;

③ 对进水流道进口淹没水深进行测试研究;

④ 对装置进行能量试验,包括对各种不同方案的优选试验和推荐方案的详尽试验;

⑤ 对装置进行空化特性试验,在装置优化的基础上对推荐方案进行详尽试验;

⑥ 对泵装置流道特征断面流速分布进行测试;

⑦ 对防止和消除进水流道内旋涡的方法及措施进行研究;

⑧ 对开敞出水流态进行观测;

⑨ 流道水力损失的测试与计算。

2. 模型装置的设计与制作

原型泵初步选用立轴开敞式轴流泵,出水室为开敞式结构,进水流道为金属喇叭管,其主要参数见表 5-11。

表 5-11 原型泵主要参数

叶轮直径 D_p/mm	转速 n_p/(r/min)	设计工况	
		扬程 H_p/m	流量 Q_p/(m³/s)
3 000	150	3.23	34

(1)模型装置

① 模型泵

a. 几何比尺。模型泵初步选用 14ZM-125(n_s=1 250)水力模型,其常规泵段(带出水弯管)的主要参数见表 5-12。模型的几何比尺 $\lambda_l = \dfrac{3\ 000}{300} = 10$。

表 5-12 模型泵主要参数

叶轮直径 D_m/mm	转速 n_m/(r/min)	设计工况		
		扬程 H_m/m	流量 Q_m/(L/s)	效率 η_m/%
300	1 450	3.46	363	81.5

b. 动力相似准则。泵叶轮模型试验遵从惯性力的相似准则,通常采用由其推导的另一表达形式 nD=idem,即等扬程准则。事实上,大量的试验结果表明,泵叶轮在按照等扬程条件下换算的性能是十分可靠的。

然而,对于装置而言,泵叶轮以外的过流构件内的流动却属于另外一种性质的流动,因此,装置的完全相似是困难的。对此的处理办法和泵段试验一样,以模型泵叶轮(包括导叶体)为主,故仍采用 $nD=idem$ 的准则,根据相关标准和文献,在一定范围内可适当减小模型的 nD 值。对于能量试验,模型泵 nD 值不小于原型泵 nD 值的 50%;对于空化试验,模型泵 nD 值不小于原型泵 nD 值的 80%,其试验结果均能满足生产要求。试验中模型泵 nD 值保证达到原型泵 nD 值的 90% 以上,因而原型泵装置性能是完全可以保证的。

c. 模型泵转速。按照上述动力相似要求,模型泵转速应大于 $1\,200$ r/min。实测转速均满足要求,并全部换算至 $1\,450$ r/min,为方便起见,取 $\lambda_n=\dfrac{150}{1\,450}=0.103\,4$。

② 模型泵进、出水结构

a. 进水喇叭管。喇叭管在中小型泵中是一种常见的进水构件,国内尚未用于大型水泵。喇叭管的形状、尺寸对泵进口流速分布和压力分布有直接影响,因此需要慎重选择喇叭管的型线和尺寸。

模型试验中对 4 种喇叭管设计了 5 种方案,型线采用曲率渐变的曲线。进水喇叭管的特征尺寸见表 5-13。

表 5-13　进水喇叭管的特征尺寸　　　　单位:mm

喇叭管编号	喇叭管高度 h	进口直径 D_L	出口直径 D_C
1#	162	432	292
2#	162	492	292
3#	162	540	292
4#	100	430	292
5#	0	(442)	292

在 4 种喇叭管中,编号 1#、2# 和 3# 的喇叭管材料均为铸铁,喇叭管壁厚 8 mm,由水泵厂加工;编号 4# 的喇叭管用混凝土制作,外壁为圆柱面;编号 5# 为取消喇叭管,但在压力室进口有法兰,外径为 442 mm。进水喇叭管的形状如图 5-29 所示。

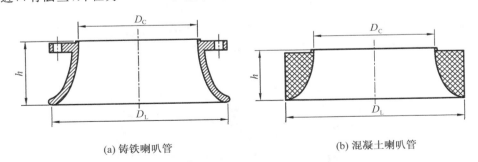

(a) 铸铁喇叭管　　　　　　　　　　　(b) 混凝土喇叭管

图 5-29　进水喇叭管的形状示意

b. 出水室和导叶体。出水结构对开敞式泵装置尤为重要,其水力损失对装置性能的影响很大。为了得到较为理想的出水室,本研究对多种方案依据试验和理论公式进行计算,从中选择了 3 种方案,其结果见表 5-14。

表 5-14　出水室水力损失计算值

编号	型式	水力损失/m
Ⅰ	直线扩管	0.318
Ⅱ	直线扩管	0.317
Ⅲ	曲线扩管	0.265

据计算结果选择的 3 种出水室,其中方案 Ⅰ、Ⅱ 出水室由直线扩散锥管结合直线扩散导流锥组成,参照荷兰 STORK 泵公司的设计;方案 Ⅲ 为采用曲线渐扩锥管和曲线渐扩导流锥组成的出水室。

直线型出水室的扩管和导流锥均采用钢板卷焊而成;曲线型出水室的扩管为铸铁,经制模浇铸而成,出水室的导流锥体为木质材料,经车床加工成型。出水室扩散管和导流锥的部分尺寸如图 5-30 所示。

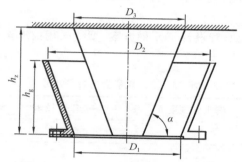

D_1—扩散管进口直径(导叶体出口直径);D_2—扩散管(外锥体)出口直径;D_3—导流锥(内锥体)直径;
h_g—扩散管高度;h_z—导流锥高度;α—扩散角。

图 5-30　出水室扩散管和导流锥示意图

c. 进、出水流道。进、出水流道为双层矩形箱涵结构。由于是双向抽水,流道的后壁为工作闸门,因而后壁距很大,这也是双向进、出水流道的特点。

流道采用 6 mm 钢板焊接以保证足够的刚度。为了便于拆装,在流道两侧中段做成活动窗,活动窗拆卸后即可进行泵体的拆装及叶片安放角调节等。为便于观察流态,在进、出水流道上均布置了采用透明材料做成的大尺寸观察窗。为了改变进、出水流道的尺寸,在进水流道底部和进、出水流道的侧壁均布置活动板,用以改变进水流道高度以及进、出水流道的宽度。模型装置的实拍图及结构示意如图 5-31 所示。

(a) 模型装置实拍图

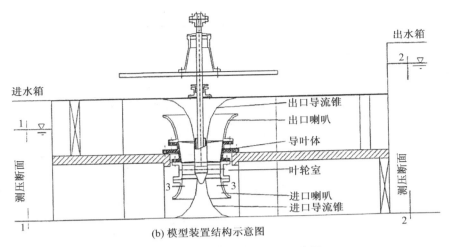

(b) 模型装置结构示意图

图 5-31　模型装置实拍及结构示意图

d. 试验方案。不同阶段的试验方案汇总见表 5-15。因为试验时间跨度大,模型泵下导轴承因锈蚀损坏而更换新轴承,模型泵叶片与叶轮室内壁间隙增加。方案中编号 14～23 和编号 25 为更换轴承后的试验结果。试验在扬州大学试验台进行,按照原型、模型 nD 相等的原则进行试验。试验中模型泵的额定转速应为 1 500 r/min,由于电网电压及线路压降等因素的影响,性能试验在正常工况的试验转速为 1 300～1 400 r/min,为避免运行时产生强烈振动,不稳定工况区试验转速减小至 800～900 r/min,试验结果均换算至 $D=300$ mm, $n=1$ 450 r/min。

表 5-15　试验方案汇总

| 编号 | 进水流道 | | | | | | 出水流道 | | 备注 |
	宽度 B_j/D	悬空高度 H_B/D	喇叭管型式	导流隔板	导流锥	消涡装置	宽度 B_j/D	扩管型式	
1	2.973	0.687	1#	有	无	无	2.973	Ⅲ	GG-2(转速为 1 300～1 400 r/min)
2	2.973	0.687	1#	有	无	无	2.973	Ⅲ	GG-3 (转速为 1 250 r/min)
3	2.973	0.687	1#	有	无	无	2.973	Ⅲ	GG-5 (转速为 980 r/min)
4	2.867	0.483	1#	有	无	无	2.867	Ⅲ	GG-8
5	2.867	0.483	1#	无	有	无	2.867	Ⅲ	GG-10
6	2.867	0.483	1#	无	有	流道顶部	2.867	Ⅲ	GG-12
7	2.867	0.483	1#	无	有	流道顶部、侧壁	2.867	Ⅲ	GG-13
8	2.867	0.483	1#	无	有	流道顶部、侧壁	2.867	Ⅲ	GG-14～23
9	2.867	0.483	1#	无	无	流道顶部、侧壁、底部	2.867	Ⅲ	GG-26
10	2.867	0.483	3#	无	无	流道顶部、侧壁、底部	2.867	Ⅲ	GG-27
11	2.867	0.483	2#	无	无	流道顶部、侧壁、底部	2.867	Ⅲ	GG-28
12	2.867	0.483	5#	无	无	流道顶部、侧壁、底部	2.867	Ⅲ	GG-29
13	2.867	0.687	4#	无	无	流道顶部、侧壁、底部	2.867	Ⅱ	GG-41

续表

编号	进水流道						出水流道		备注
	宽度 B_j/D	悬空高度 H_B/D	喇叭管型式	导流隔板	导流锥	消涡装置	宽度 B_j/D	扩管型式	
14	2.867	0.483	1#	无	无	流道顶部、侧壁、底部	2.867	Ⅰ	GG-39
15	2.867	0.483	1#	无	无	流道顶部、侧壁、底部	2.867	Ⅱ	GG-40
16	2.867	0.483	1#	无	无	流道顶部、侧壁、底部	2.867	Ⅳ	GG-31
17	2.867	0.320	1#	无	无	流道顶部、侧壁	2.867	Ⅱ	GG-43
18	2.867	0.320	1#	无	无	流道顶部、侧壁、底部	2.867	Ⅱ	GG-44
19	2.867	0.687	1#	无	无	流道顶部	2.867	Ⅱ	GG-45
20	2.587	0.687	1#	无	无	流道顶部	2.587	Ⅱ	GG-48
21	2.267	0.687	1#	无	无	流道顶部	2.267	Ⅱ	GG-47
22	2.973	0.687	1#	无	无	流道顶部	2.973	Ⅱ	GG-49
23	2.973	0.687	1#	无	无	无	2.973	Ⅱ	GG-50
24	2.973	0.687	1#	有	无	无	2.973	Ⅲ	GG-4
25	2.867	0.483	1#	无	无	流道顶部、侧壁、底部	2.973	Ⅰ	GG-33

注：Ⅳ为无外扩散管。

3. 模型装置试验结果

根据理论计算和分析，选择 4 种宽度、3 种高度、3 种消涡措施及 5 种不同喇叭管、3 种不同出水结构，分别组成试验方案进行试验，共试验了 22 种方案（见表 5-15，其中编号 1,2,3 为同一种方案，试验转速不同；编号 7 和 8 为同一种方案，编号 8 试验内容多）。

试验过程中，首先对不同高度、宽度尺寸进行初步比较试验，其装置性能无明显差异，但发现进水喇叭下采用导流板时底部有涡带，盲端顶部亦有涡带，侧壁有弱旋涡。在换用导流锥后，消除底部涡带，继而在后顶部和侧壁采用消涡防涡装置，完全消除涡带，在采用综合消涡措施后装置性能仍保持不变，最高效率达 70.3%，达到预期的指标。随之采用编号 8 方案在 5 个叶片安放角工况下进行能量试验和空化试验，完成阶段试验任务，与此同时开展进水流道的水力优化设计（后面介绍）。随后进一步采用编号 9 方案进行流道优化试验，在用消涡防涡装置取代底部导流锥后成功地消除底部涡带，且装置性能不变。这表明消涡防涡装置切实有效，可进一步优化进水流道结构。

为了对出水结构、进水喇叭管进行比较优选，对其他几种不同尺寸的喇叭管进行比较试验，结果表明，喇叭管型式对装置性能无明显影响，喇叭管尺寸小，更为经济可靠，因此较小喇叭管是可取的（编号 13 方案），从而进一步优化喇叭管结构。

对其余几种出水结构和去掉出水外扩管的试验结果表明，其装置效率均低于曲线扩管出水结构的装置效率，说明曲线扩管的阻力最小。

不同宽度和喇叭口悬空高度的试验结果无明显差异，因此确定编号 8 方案作为推荐方案。该方案中，除喇叭管下加导流锥和进水流道顶部及侧壁加消涡防涡装置外，其余尺寸按设计控制尺寸模拟。进水流道长度（流道进口至后侧闸门距离）$L_1=8.8D$、出水流道长度（流道出口至出水流道后侧闸门距离）$L_2=8.07D$、叶轮中心平面至进水流道底板高 $H_1=1.283D$、喇叭口悬空高度 $H_B=0.483D$、进水流道高度 $H_2=1.483D$、宽度 $B_1=$

2.867D、出水流道高度 $H_3 = 1.483D$、宽度 $B_2 = 2.867D$。原型泵推荐方案主要尺寸如图 5-32 所示。

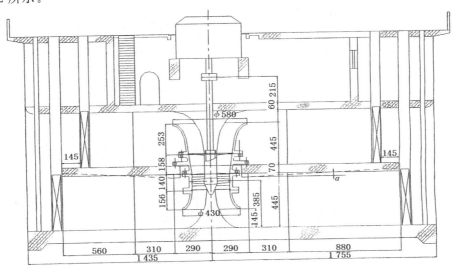

图 5-32　原型泵推荐方案主要尺寸(单位：cm)

编号 9 方案是在编号 8 方案的基础上改导流锥为消涡装置,编号 13 方案则在编号 9 方案的基础上改喇叭管为最小尺寸,因此编号 9 和 13 方案是在推荐方案编号 8 的基础上进一步优化结构的结果。

(1) 不同导流措施试验结果

在其余尺寸相同的情况下,共进行 2 种喇叭口下部导流型式的试验:喇叭口下部为消涡隔板;改消涡隔板为导流锥。

在消涡隔板的情况下,喇叭口下部出现较细小的涡带,涡管直径 $d = 3 \sim 5$ mm,直至 $Q < 250$ L/s 时涡带才消失。涡带起始于进水流道底板,并位于消涡隔板的左右两侧。涡带出现的频率随着流量的减小而降低,大流量时($Q > 310$ L/s),涡带出现的频率 $f > 10 \sim 15$ 次/min,但规律性并不十分明显,时有时无,涡带滞留的时间很短,很快就伸入喇叭管。从试验观察可知,涡带起始点位置大致如图 5-33 所示,距离中心约 5 cm,紧靠消涡隔板,并偏向来流方向。

进水流道盲端亦有涡带产生,涡带起始于盲端顶壁,伸入喇叭管,而且在隔墩的两侧均有出现,在实测流量 $Q = 323.4$ L/s 时,两侧涡带几乎同时出现,并连续进气、接连不断,涡带较粗,涡管直径约 8 mm,位置如图 5-34 所示。随着流量的减小,涡带出现的频率降低,当实测流量 $Q = 272.7$ L/s 时,在约 10 min 的观察时段内仅在盲

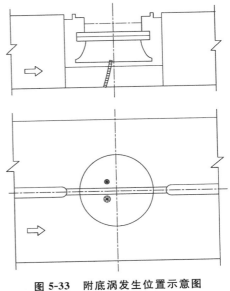

图 5-33　附底涡发生位置示意图

端出现 2 次,在 $Q=256$ L/s 时,涡带消失。试验发现,当盲端顶壁有气囊时,特别容易引起产生盲端涡带。

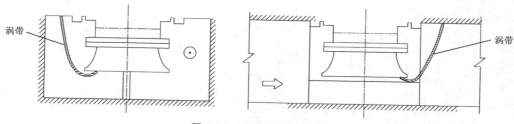

图 5-34 盲端涡带示意图

将消涡隔板改为导流锥后,喇叭口下部无涡带产生,导流锥的设置有效地改善了喇叭管下部的进水流态,但是盲端涡带依旧存在。

根据试验观察,涡带进入水泵时均未出现明显的振动,从装置的性能角度看,2 种不同的进水导流措施对水泵装置性能几乎没有影响。在上述 2 种导流措施下,叶片安放角为 0° 的泵装置的性能曲线如图 5-35 所示。测试数据见表 5-16 和表 5-17。

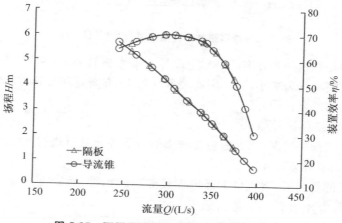

图 5-35 不同导流措施下泵装置的性能曲线

表 5-16 采用导流隔板时泵装置的性能数据

序号	流量 Q/(L/s)	扬程 H/m	轴功率 N/kW	装置效率 η/%
1	257.80	5.363	20.273	66.75
2	278.40	4.806	18.893	69.32
3	295.10	4.297	17.650	70.31
4	308.60	3.842	16.519	70.25
5	323.60	3.375	15.368	69.54
6	337.90	2.907	14.252	67.46
7	352.20	2.416	13.092	63.60
8	363.10	1.996	12.074	58.74
9	373.40	1.589	10.959	52.99

注:进水、出水流道宽度为 2.867D,悬空高度为 0.483D,出口扩管编号为Ⅲ,喇叭管编号为 1#,无消涡装置。

表 5-17　采用导流锥时的性能数据

序号	流量 $Q/(\text{L/s})$	扬程 H/m	轴功率 N/kW	装置效率 $\eta/\%$
1	243.60	5.720	21.110	64.61
2	262.80	5.214	19.918	67.33
3	280.50	4.731	18.714	69.40
4	295.40	4.277	17.581	70.32
5	305.90	3.916	16.704	70.20
6	320.30	3.436	15.496	69.50
7	336.10	2.961	14.310	68.06
8	341.30	2.770	13.761	67.24
9	348.50	2.502	13.247	64.40
10	362.00	2.021	12.073	59.29
11	375.60	1.462	10.663	50.40
12	385.60	1.070	9.750	41.41
13	395.60	0.695	8.806	30.54

注：进水、出水流道宽度为 $2.867D$，悬空高度为 $0.483D$，出口扩管编号为Ⅲ，喇叭管编号为 1#，无消涡装置。

试验证明，在现有的装置条件下，设置消涡隔板后附底涡的涡管直径和旋涡强度均明显减小，但不能有效地消除喇叭口下部的附底涡；导流锥是有效的消涡措施之一，对该泵装置的性能没有影响。

（2）不同型式的进水喇叭管试验结果

为研究进水喇叭管型式对装置性能的影响，制作了不同型式的喇叭管进行试验研究（见表 5-15），同时对无喇叭管（极限情况）的装置也进行了试验研究。

喇叭口下部均为同一消涡装置，进、出水流道的其余尺寸亦均相同（进水、出水流道宽度为 $2.867D$，悬空高度为 $0.483D$，Ⅲ型出口扩管，流道底部、流道顶部和流道侧壁均有消涡装置），叶片安放角为 $2°$。由于在进行该研究时流道内产生涡带的问题已经解决，故试验仅研究喇叭管型式对装置性能的影响。

在装设 1#、2# 和 3# 喇叭管的3种情况下，装置性能几乎没有变化，H-Q，N-Q，η-Q 3 条曲线几乎重合，在无喇叭管（5#）情况下，其装置性能的最高效率与前面3种喇叭管情况相比仅相差不到 0.8%，但在大流量工况下，由于进口损失增加，效率有较大降低，如图 5-36 所示。性能测试参数见表 5-18 至表 5-21。

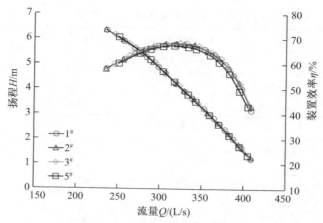

图 5-36 不同形式喇叭管的性能曲线

表 5-18 采用 1# 喇叭管时的性能测试参数

序号	流量 Q/(L/s)	扬程 H/m	轴功率 N/kW	装置效率 η/%
1	235.70	6.334	25.175	57.95
2	257.20	5.887	23.912	61.86
3	269.40	5.629	23.201	63.87
4	283.90	5.268	22.213	65.78
5	297.90	4.883	21.144	67.23
6	306.30	4.625	20.427	67.77
7	318.50	4.250	19.474	67.92
8	328.50	3.903	18.551	67.52
9	338.40	3.631	17.896	67.09
10	352.20	3.231	16.878	65.88
11	364.20	2.840	15.864	63.72
12	377.40	2.394	14.738	59.89
13	387.60	2.027	13.798	55.63
14	397.50	1.658	12.834	50.19
15	408.90	1.216	11.704	41.52

表 5-19 采用 2# 喇叭管时的性能测试参数

序号	流量 Q/(L/s)	扬程 H/m	轴功率 N/kW	装置效率 η/%
1	235.60	6.338	25.243	57.78
2	255.80	5.939	24.120	61.52
3	280.00	5.412	22.642	65.37
4	291.40	5.073	21.651	66.69
5	305.80	4.656	20.508	67.82
6	319.60	4.206	19.344	67.88

序号	流量 $Q/(L/s)$	扬程 H/m	轴功率 N/kW	装置效率 $\eta/\%$
7	328.70	3.936	18.664	67.72
8	340.70	3.592	17.732	67.42
9	356.40	3.060	16.389	65.02
10	369.60	2.652	15.350	62.38
11	382.20	2.214	14.195	58.23
12	393.80	1.793	13.125	52.55
13	408.60	1.275	11.807	43.11

表 5-20　采用 3# 喇叭管时的性能测试参数

序号	流量 $Q/(L/s)$	扬程 H/m	轴功率 N/kW	装置效率 $\eta/\%$
1	245.70	6.160	24.741	59.77
2	263.90	5.792	23.695	63.02
3	278.40	5.414	22.615	65.10
4	293.90	5.065	21.702	67.02
5	306.60	4.597	20.313	67.79
6	323.30	4.127	19.139	68.11
7	331.60	3.856	18.352	68.06
8	345.40	3.428	17.240	67.08
9	360.80	2.927	15.986	64.54
10	372.40	2.597	15.097	62.15
11	381.60	2.218	14.153	58.42
12	395.50	1.737	12.846	52.23
13	407.80	1.251	11.587	43.01

表 5-21　无喇叭管(5#)时的性能测试参数

序号	流量 $Q/(L/s)$	扬程 H/m	轴功率 N/kW	装置效率 $\eta/\%$
1	250.50	6.062	24.691	60.09
2	275.70	5.508	23.109	64.19
3	288.50	5.165	22.137	65.76
4	303.40	4.704	20.854	66.87
5	316.80	4.294	19.767	67.23
6	333.60	3.773	18.456	66.61
7	342.60	3.488	17.701	65.96

续表

序号	流量 Q/(L/s)	扬程 H/m	轴功率 N/kW	装置效率 η/%
8	359.30	2.965	16.390	63.49
9	370.20	2.592	15.435	60.73
10	382.60	2.154	14.357	56.07
11	394.70	1.691	13.239	49.23
12	404.70	1.347	12.372	43.03

图 5-37 为采用 4# 喇叭管和 1# 喇叭管方案的装置性能比较（1# 喇叭管方案的导叶出口已换成 II 型扩管），4# 喇叭管的高度为 100 mm，这时喇叭管悬空高度 $H_B/D=0.687$，在叶轮中心至进水流道底板局部不变的情况下，1# 喇叭管的悬空高度 $H_B/D=0.483$，其最高效率要比 4# 喇叭管低 1.3%。

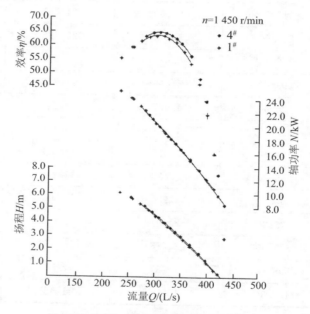

图 5-37　1# 和 4# 喇叭管的性能对比曲线

（3）推荐方案试验结果

对该方案在叶片安放角分别为 −4°，−2°，0°，2°，4° 时进行能量试验，对每个叶片安放角选择 4～6 个工况点进行空化特性试验，$NPSH$ 的临界值按照效率下降 1% 确定。模型装置的性能曲线及空化特性曲线分别如图 5-38 和图 5-39 所示。

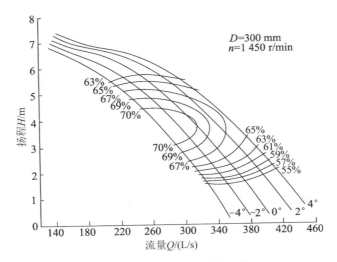

图 5-38　模型装置的性能曲线

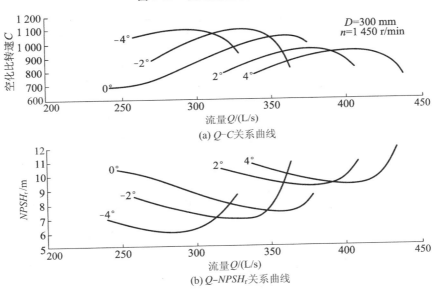

(a) Q–C关系曲线

(b) Q–NPSH_r关系曲线

图 5-39　模型装置的空化特性曲线

　　试验过程中对进水流道内水流流态进行观察，在水泵正常工作范围（$H=0.3\sim$
6.5 m）的所有试验工况，均未发现在进水流道内产生旋涡，流态平稳、机组运行稳定，无振动现象。

　　该方案达到预期目标，排涝扬程 $H=3.02$ m，流量 $Q=335$ L/s，装置效率 $\eta=67.5\%$
（叶片安放角为 0°），换算到原型后，在 $H=3.23$ m 时，$Q=34.65$ m³/s，满足设计要求，而且该装置高效区变化平缓、高效区宽，在泵站正常运行条件下，都能保证有较高的运行效率。

　　该模型装置亦有良好的空化性能，在上述工况下，装置的空化比转速 $C=1\,020$。

　　（4）进水流道临界淹没深度试验结果

　　试验时，通过改变进口水位进行淹没深度测定，当在观察窗处发现喇叭管下有来自进口的气泡时,这时的进水位至流道顶壁的水深确定为该流量下的临界淹没深度,临界淹没深度与流量的关系曲线如图 5-40 所示。

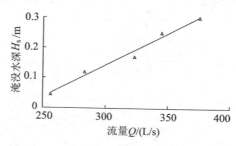

图 5-40　临界淹没水深与流量的关系曲线

（5）不同出水结构试验结果

该试验主要对导叶出口不同扩管型式进行比较,设计了 4 个方案进行对比试验。导叶出口扩管的主要参数见表 5-22,为便于拆装,扩管均为对开结构。

表 5-22　导叶出口扩管主要参数

方案	内锥体		外锥体	
	高度/cm	扩散角/(°)	高度/cm	扩散角/(°)
Ⅰ	343	24	210	24
Ⅱ	343	20	240	20
Ⅲ	内锥面和外锥面均为曲线旋转面			
Ⅳ	内锥面为曲线旋转面,无外扩管			

4 种不同出水结构方案的装置性能曲线如图 5-41 所示,方案Ⅲ的装置性能原始数据见表 5-18,方案Ⅰ、Ⅱ和Ⅳ的装置性能测试数据见表 5-23 至表 5-25。从上述试验结果看,不同的扩管型式对导叶出口的能量回收有很大差别,方案Ⅲ为最佳的扩散型式,其最高效率值高出方案Ⅰ、Ⅱ4.3%。对于方案Ⅳ,由于取消了外扩管,导叶出口的高速水流缺乏良好的导流措施,水流直冲出水流道顶部,并与流道内的水流激烈掺混,引起较大的能量损失,在最高效率点附近,方案Ⅳ比方案Ⅲ的装置效率要低 7%。

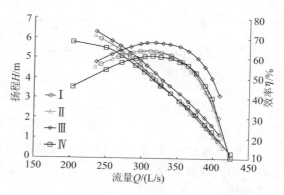

图 5-41　不同出水结构方案的装置性能曲线

对方案Ⅰ和Ⅱ,出口扩管的基本形状、尺寸类似,内外扩管均为锥面,其阻力损失与导叶出口水流能量回收能力相当,故反映出性能接近。

表 5-23　方案 I 出口扩管时的性能数据

序号	流量 $Q/(L/s)$	扬程 H/m	轴功率 N/kW	装置效率 $\eta/\%$
1	242.00	5.998	24.930	56.87
2	265.90	5.499	23.571	60.59
3	282.50	5.050	22.361	62.44
4	296.70	4.656	21.228	63.56
5	311.10	4.192	20.022	63.64
6	318.70	3.927	19.320	63.29
7	326.40	3.684	18.675	62.91
8	339.40	3.260	17.568	61.52
9	355.40	2.732	16.254	58.37
10	372.10	2.172	14.862	53.12
11	389.70	1.531	13.273	43.19
12	407.10	0.895	11.740	30.30

表 5-24　方案 II 出口扩管时的性能数据

序号	流量 $Q/(L/s)$	扬程 H/m	轴功率 N/kW	装置效率 $\eta/\%$
1	233.60	6.141	25.304	55.36
2	257.60	5.701	24.157	59.35
3	272.60	5.343	23.109	61.54
4	288.40	4.896	21.855	63.08
5	301.80	4.436	20.615	63.41
6	316.10	4.017	19.517	63.51
7	324.70	3.684	18.706	62.44
8	339.10	3.258	17.631	61.18
9	354.30	2.730	16.341	57.79
10	367.40	2.252	15.120	53.44
11	384.00	1.693	13.803	46.00
12	399.70	1.101	12.355	34.78
13	413.60	0.555	11.007	20.36

表 5-25　方案 IV 出口扩管时的性能数据

序号	流量 $Q/(L/s)$	扬程 H/m	轴功率 N/kW	装置效率 $\eta/\%$
1	203.30	5.821	25.319	45.65
2	248.90	5.515	24.834	54.00
3	270.90	5.115	23.516	57.56
4	290.90	4.615	21.956	59.73

续表

序号	流量 $Q/(\text{L/s})$	扬程 H/m	轴功率 N/kW	装置效率 $\eta/\%$
5	303.10	4.307	21.026	60.65
6	314.20	3.975	20.008	60.97
7	325.40	3.630	19.068	60.51
8	339.40	3.248	18.000	59.83
9	351.80	2.856	16.883	58.13
10	363.20	2.554	16.069	56.39
11	375.20	2.171	15.098	52.70
12	387.80	1.710	13.882	46.67
13	397.50	1.343	12.975	40.19
14	424.50	0.260	10.297	10.47

（6）消涡防涡装置试验结果

如前所述，进水流道内易产生始于底部、侧壁和盲端顶部的旋涡，旋涡夹带空气伸入水泵，必然对泵站的安全运行产生不利的影响。根据涡带的发生规律，对在可能产生涡带的部位设置消涡防涡装置进行试验，结果取得了很好的消涡效果，各运行工况均未发现涡带产生，而且所选用的消涡措施对装置性能几乎没有影响，仍然能使装置保持较高的运行效率。图 5-42 为盲端顶部加设消涡装置前后的装置性能曲线。图 5-43 为喇叭口下设置导流锥和消涡防涡装置的性能曲线。但是，如果消涡装置的高度 h 过大（h/D 过大），则消涡装置必增大对水流的阻力，恶化水泵叶轮进口流态，导致装置效率下降。图 5-44 为喇叭口下消涡装置高度过高时的装置性能与喇叭口下不设消涡装置时的装置性能曲线。

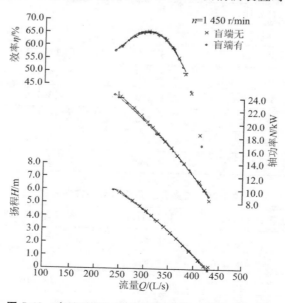

图 5-42　盲端顶部加设消涡装置前后装置性能曲线

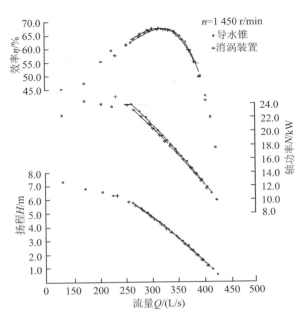

图 5-43　喇叭口下设置导流锥和消涡防涡装置性能曲线

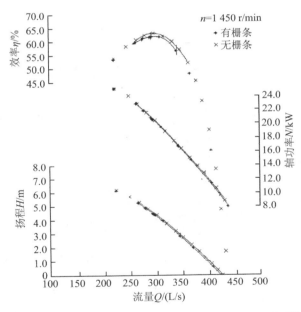

图 5-44　喇叭口下消涡装置高度过高与不设消涡装置时的装置性能曲线

（7）不同喇叭口悬空高度试验结果

喇叭口悬空高度对减小泵站开挖深度、减少土建投资有很大影响,同时对泵站的装置性能亦有一定影响。

在其他条件相同的情况下,对 3 个不同喇叭口悬空高度（表 5-15 中编号 17,15,19）H_B/D 分别为 0.320,0.483,0.687 时进行比较试验。试验结果表明,当 $H_B/D=0.320$ 和 $H_B/D=0.483$ 时,装置效率变化差异较小,但当 $H_B/D=0.687$ 时,装置效率有所提高,与前者的悬空高度情况相比,效率约提高 1.5%。在低扬程工况下效率增加幅值较高;在小流量工况下,效率趋于接近,3 种喇叭口悬空高度条件下的装置性能曲线如图 5-45 所示。对表 5-15 中编号 1~12 的试验结果分析如图 5-46 所示,由图可看出悬空高度 $H_B/D=$ 0.687 和 $H_B/D=0.483$ 时装置外特性没有明显差异,可以认为,悬空高度在一定范围内变化对效率的影响并不显著。

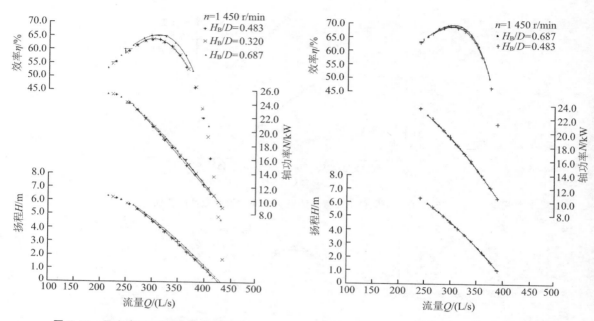

图 5-45　悬空高度对装置性能的影响　　　　图 5-46　多种方案中悬空高度对装置性能的影响

（8）不同流道宽度试验结果

流道宽度是影响泵站投资的重要因素,对装置性能也有一定的影响。现对 4 种不同流道宽度进行试验研究,进出水流道宽度 B_j/D 分别为 2.973,2.867,2.587,2.267 时,4 种不同宽度的装置性能曲线如图 5-47 所示。试验中悬空高度 $H_B/D=0.687$,采用 1# 进水喇叭管和方案 II 出口扩管,仅流道顶部有消涡装置,无导流锥和导流隔板,试验结果见表 5-26 至表 5-29。由图 5-47 可知,在流道宽度 B_j/D 在 2.973~2.587 范围内,流道宽度对装置性能无显著影响,当 $B_j/D=2.267$ 时,装置效率略有降低,约降低 0.6%。

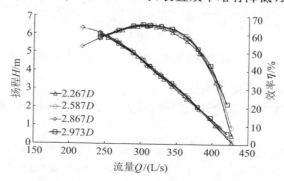

图 5-47　不同流道宽度的装置性能曲线

表 5-26　流道宽度 $B_j/D＝2.973$ 时的装置性能数据

序号	流量 $Q/(L/s)$	扬程 H/m	轴功率 N/kW	装置效率 $\eta/\%$
1	242.10	5.994	24.449	58.05
2	268.00	5.489	23.182	62.06
3	288.00	4.980	21.735	64.54
4	301.70	4.568	20.659	65.25
5	311.20	4.254	19.926	65.00
6	327.20	3.727	18.554	64.29
7	342.10	3.336	17.673	63.16
8	361.40	2.677	16.001	59.13
9	378.80	2.043	14.509	52.18
10	396.70	1.458	13.174	42.95
11	420.40	0.588	10.957	22.07
12	436.20	−0.084	9.194	−3.90

表 5-27　流道宽度 $B_j/D＝2.867$ 时的装置性能数据

序号	流量 $Q/(L/s)$	扬程 H/m	轴功率 N/kW	装置效率 $\eta/\%$
1	217.80	6.333	25.426	53.06
2	242.00	6.072	24.951	57.61
3	264.80	5.641	23.790	61.39
4	285.60	5.107	22.277	64.02
5	300.10	4.648	21.002	64.95
6	313.20	4.242	19.949	65.14
7	327.50	3.818	18.924	64.60
8	345.80	3.252	17.635	62.37
9	366.40	2.571	15.913	57.90
10	379.70	2.043	14.553	52.13
11	410.10	0.944	11.851	31.96
12	433.20	−0.042	9.237	−1.94

表 5-28　流道宽度 $B_j/D＝2.587$ 时的装置性能数据

序号	流量 $Q/(L/s)$	扬程 H/m	轴功率 N/kW	装置效率 $\eta/\%$
1	241.70	6.051	24.845	57.56
2	270.80	5.480	23.322	62.24
3	289.70	4.929	21.721	64.30
4	303.90	4.534	20.664	65.22
5	316.80	4.140	19.697	65.12

续表

序号	流量 Q/(L/s)	扬程 H/m	轴功率 N/kW	装置效率 η/%
6	327.40	3.776	18.807	64.29
7	340.20	3.343	17.730	62.72
8	353.30	2.910	16.674	60.30
9	367.50	2.453	15.519	56.81
10	383.80	1.847	14.030	49.41
11	406.00	1.037	12.032	34.22
12	426.90	0.219	9.851	9.27

表 5-29　流道宽度 $B_j/D=2.267$ 时的性能数据

序号	流量 Q/(L/s)	扬程 H/m	轴功率 N/kW	装置效率 η/%
1	252.70	5.786	24.141	59.22
2	273.50	5.301	22.820	62.13
3	294.30	4.775	21.405	64.20
4	306.80	4.356	20.228	64.62
5	308.00	4.288	20.063	64.38
6	320.00	3.891	19.086	63.82
7	331.50	3.558	18.329	62.94
8	343.00	3.174	17.427	61.10
9	363.40	2.483	15.703	56.21
10	381.00	1.931	14.456	49.76
11	403.60	1.054	12.225	34.04
12	427.00	0.120	9.809	5.09

此外,在进行不同流道宽度试验时,已将进水流道内侧壁的消涡装置拆除,但当流量 $Q=433\sim218$ L/s,相应扬程 $H=-0.04\sim6.33$ m 时,均未见在进水喇叭口附近的流道侧壁产生涡带。这说明侧壁涡带仅与喇叭口下方的流速有关。

（9）流场测试结果

为了与 CFD 分析相互验证,揭示装置内部的流动特性,采用五孔测针对水泵叶轮室进口断面和导叶出口断面的三维流速进行测试,共测试 4 种方案,测试点均在最高效率点附近。

① 进口断面流场测试

进口断面测线及测点布置如图 5-48 所示,测试断面离叶轮中心 113 mm,从对着轴向来流方向看(俯视),在断面上布置 4 条测线,分为东线、西线、中北线和中南线,其中西线位于进水流道的进水侧。对 4 种试验方案的高效点进行测试,标识为方案 A,B,C 和 D。方案 A 与表 5-15 中编号 24 相对应,采用小喇叭管,中间有隔板,悬空高度大,为 $0.687D$,实际流量 $Q=298.6$ L/s,测试数据处理结果见表 5-30。图 5-49 为方案 A 断面流速分布。

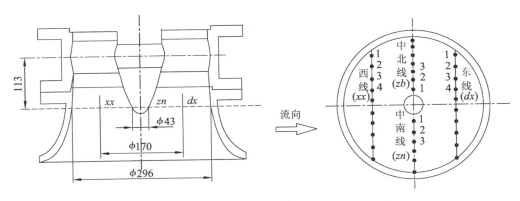

图 5-48　进口断面测线及测点布置图(单位：mm)

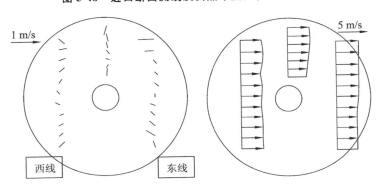

(a) 横向流速分布　　　　　　(b) 轴向流速分布

图 5-49　方案 A 断面流速分布

表 5-30　方案 A 测速数据处理结果

测线位置	测点	半径 r/mm	角度/(°)	轴向坐标/mm	径向速度 v_r/(m/s)	圆周速度 v_u/(m/s)	轴向速度 v_z/(m/s)	总速度 v/(m/s)
东线	1	136.0	51.3	0	−0.899	1.064	4.857	5.053
	2	121.1	45.4	0	−0.628	0.552	4.984	5.054
	3	107.7	37.9	0	0.019	−0.188	4.998	5.001
	4	96.7	28.5	0	0.124	−0.317	4.975	4.986
	5	88.9	17.1	0	0.261	−0.325	4.942	4.959
	6	85.2	4.2	0	−0.019	−0.265	4.982	4.989
	7	86.1	−9.2	0	−0.374	0.013	4.670	4.685
	8	91.5	−21.7	0	−0.485	0.239	4.603	4.635
	9	100.6	−32.3	0	−0.658	0.137	4.594	4.643
	10	112.6	−41.0	0	−0.938	−0.084	4.562	4.659
	11	126.6	−47.8	0	−0.522	0.254	4.659	4.695

测线位置	测点	半径 r/mm	角度/(°)	轴向坐标/mm	径向速度 v_r/(m/s)	圆周速度 v_u/(m/s)	轴向速度 v_z/(m/s)	总速度 v/(m/s)
西线	1	136.0	128.7	0	−0.667	−0.087	4.613	4.662
	2	121.1	134.6	0	−0.414	−0.576	4.991	5.041
	3	107.7	142.1	0	−0.330	−0.480	4.875	4.910
	4	96.7	151.5	0	−0.260	−0.500	4.447	4.483
	5	88.9	162.9	0	−0.145	−0.361	4.675	4.691
	6	85.2	175.8	0	0.214	−0.229	4.511	4.522
	7	86.1	189.2	0	0.359	−0.236	4.480	4.500
	8	91.5	201.7	0	−0.340	0.032	4.685	4.698
	9	100.6	212.3	0	−0.324	0.033	4.770	4.781
	10	112.6	221.0	0	−0.393	0.003	4.880	4.896
	11	126.6	227.8	0	−0.582	0.062	4.986	5.020
中北线	1	40.5	90.0	0	0.634	−0.071	4.045	4.095
	2	55.5	90.0	0	0.198	−0.152	4.343	4.350
	3	70.5	90.0	0	−0.065	−0.235	4.480	4.487
	4	85.5	90.0	0	−0.310	−0.242	4.625	4.641
	5	100.5	90.0	0	−0.523	−0.125	4.762	4.793
	6	115.5	90.0	0	−0.688	−0.169	4.851	4.903
	7	130.5	90.0	0	−0.815	0.164	4.710	4.783

注：速度方向规定径向向外为正，圆周速度逆时针为正。

方案 B 是在方案 A 的基础上抬高进水流道底板，使悬空高度 $H_B/D=0.483$，对应表 5-15 中编号 4，实际流量为 298.6 L/s 时，测试数据处理结果见表 5-31。图 5-50 为方案 B 流速分布。方案 C 是在方案 B 的基础上，用导流锥代替隔板，对应表 5-15 中编号 5，实际流量为 293.78 L/s 时，测试数据处理结果见表 5-32，流速分布如图 5-51 所示。测试结果表明，进水流道底板抬高（喇叭口悬空高度减小）和利用导流锥代替隔板，对叶轮室进口流速的影响很小，能量性能曲线接近重合（见图 5-52）。

表 5-31　方案 B 测速数据处理结果

测线位置	测点	半径 r/mm	角度/(°)	轴向坐标/mm	径向速度 v_r/(m/s)	圆周速度 v_u/(m/s)	轴向速度 v_z/(m/s)	总速度 v/(m/s)
东线	1	136.0	51.3	0	−0.280	0.889	4.535	4.630
	2	121.1	45.4	0	−0.336	0.581	4.703	4.751
	3	107.7	37.9	0	−0.074	0.015	4.409	4.409
	4	96.7	28.5	0	0.153	−0.393	4.507	4.527
	5	88.9	17.1	0	0.256	−0.502	4.430	4.466
	6	85.2	4.2	0	0.340	−0.201	4.390	4.408
	7	86.1	−9.2	0	0.073	0.344	4.417	4.431
	8	91.5	−21.7	0	0.098	0.772	4.339	4.408
	9	100.6	−32.3	0	−0.549	0.564	4.327	4.398
	10	112.6	−41.0	0	−0.516	0.519	4.394	4.454
	11	126.6	−47.8	0	−0.743	0.075	4.403	4.466
西线	1	136.0	128.7	0	−0.176	−0.627	5.265	5.305
	2	121.1	134.6	0	−0.385	−0.710	5.194	5.256
	3	107.7	142.1	0	−0.492	−0.753	5.083	5.162
	4	96.7	151.5	0	−0.511	−0.718	5.000	5.077
	5	88.9	162.9	0	0.031	−0.674	4.840	4.886
	6	85.2	175.8	0	0.541	−0.700	4.644	4.728
	7	86.1	189.2	0	0.434	−0.392	4.673	4.709
	8	91.5	201.7	0	−0.168	0.363	4.746	4.763
	9	100.6	212.3	0	−0.591	0.504	4.852	4.913
	10	112.6	221.0	0	−0.682	0.419	4.986	5.050
	11	126.6	227.8	0	−0.617	0.225	5.097	5.139
中北线	1	40.5	90.0	0	0.346	0.040	4.043	4.058
	2	55.5	90.0	0	−0.035	−0.105	4.378	4.380
	3	70.5	90.0	0	−0.298	−0.141	4.353	4.366
	4	85.5	90.0	0	−0.519	−0.144	4.464	4.497
	5	100.5	90.0	0	−0.639	−0.107	4.530	4.576
	6	115.5	90.0	0	−0.716	−0.028	4.608	4.663
	7	130.5	90.0	0	−0.849	0.012	4.667	4.744
	8	145.5	90.0	0	−0.845	0.441	4.090	4.199

测线 位置	测点	半径 r/mm	角度/(°)	轴向 坐标/mm	径向速度 v_r/(m/s)	圆周速度 v_u/(m/s)	轴向速度 v_z/(m/s)	总速度 v/(m/s)
中南线	1	40.5	−90.0	0	0.919	0.231	4.011	4.121
	2	55.5	−90.0	0	0.319	0.375	4.291	4.319
	3	70.5	−90.0	0	0.047	0.429	4.450	4.471
	4	85.5	−90.0	0	−0.167	0.405	4.630	4.651
	5	100.5	−90.0	0	−0.284	0.331	4.734	4.754
	6	115.5	−90.0	0	−0.372	0.127	4.869	4.885
	7	130.5	−90.0	0	−0.547	0.126	4.822	4.854
	8	145.5	−90.0	0	−0.835	0.542	4.756	4.859

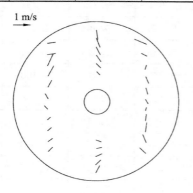

(a) 横向流速分布

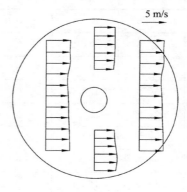

(b) 轴向流速分布

图 5-50 方案 B 断面流速分布

表 5-32 方案 C 测速数据处理结果

测线 位置	测点	半径 r/mm	角度/(°)	轴向 坐标/mm	径向速度 v_r/(m/s)	圆周速度 v_u/(m/s)	轴向速度 v_z/(m/s)	总速度 v/(m/s)
东线	1	136.0	51.3	0	−0.223	0.963	4.648	4.751
	2	121.1	45.4	0	−0.145	0.366	4.756	4.772
	3	107.7	37.9	0	−0.184	−0.119	4.598	4.603
	4	96.7	28.5	0	−0.054	−0.520	4.509	4.539
	5	88.9	17.1	0	−0.036	−0.524	4.469	4.500
	6	85.2	4.2	0	0.173	−0.388	4.468	4.488
	7	86.1	−9.2	0	0.020	0.194	4.498	4.502
	8	91.5	−21.7	0	−0.183	0.596	4.434	4.478
	9	100.6	−32.3	0	−0.383	0.743	4.448	4.526
	10	112.6	−41.0	0	−0.681	0.385	4.477	4.544
	11	126.6	−47.8	0	−0.717	−0.017	4.439	4.497

测线位置	测点	半径 r/mm	角度/(°)	轴向坐标/mm	径向速度 v_r/(m/s)	圆周速度 v_u/(m/s)	轴向速度 v_z/(m/s)	总速度 v/(m/s)
西线	1	136.0	128.7	0	−0.320	−0.577	5.298	5.339
	2	121.1	134.6	0	−0.397	−0.507	5.214	5.254
	3	107.7	142.1	0	0.297	−1.059	5.286	5.399
	4	96.7	151.5	0	0.051	−1.135	4.731	4.865
	5	88.9	162.9	0	−0.087	−0.692	4.701	4.752
	6	85.2	175.8	0	0.240	−0.368	4.857	4.877
	7	86.1	189.2	0	0.248	−0.350	4.917	4.935
	8	91.5	201.7	0	−0.289	−0.149	4.894	4.905
	9	100.6	212.3	0	−0.414	−0.087	4.965	4.983
	10	112.6	221.0	0	−0.500	0.027	5.026	5.051
	11	126.6	227.8	0	−0.607	−0.011	5.075	5.111
中北线	1	55.5	90.0	0	−0.279	−0.286	4.245	4.264
	2	70.5	90.0	0	−0.411	−0.372	4.390	4.425
	3	85.5	90.0	0	−0.583	−0.381	4.492	4.546
	4	100.5	90.0	0	−0.723	−0.341	4.586	4.656
	5	115.5	90.0	0	−0.772	−0.309	4.595	4.670
	6	130.5	90.0	0	−0.879	−0.152	4.697	4.781
中南线	1	55.5	−90.0	0	0.006	−0.151	4.317	4.319
	2	70.5	−90.0	0	0.073	0.310	4.433	4.445
	3	85.5	−90.0	0	−0.070	0.407	4.649	4.668
	4	100.5	−90.0	0	−0.204	0.459	4.767	4.794
	5	115.5	−90.0	0	−0.403	0.346	4.943	4.971
	6	130.5	−90.0	0	−0.600	0.249	4.749	4.793

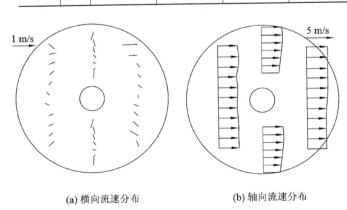

(a) 横向流速分布　　(b) 轴向流速分布

图 5-51　方案 C 断面流速分布

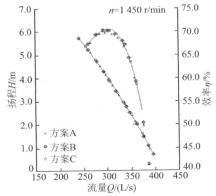

图 5-52　不同测速方案的性能曲线

方案 D 为在方案 C 的基础上拆除导流锥和进水喇叭管,对应表 5-15 中的编号 12,实测数据处理结果见表 5-33。图 5-53 为方案 D 断面流速分布。由图可以看出,方案 D 的流速分布与前述 3 个方案相比有较大变化,但从图 5-36 所示的能量特性曲线看,几乎没有差别。这是因为测量断面已经在法兰之外,过流断面发生改变,没有喇叭管,过流断面与前述 3 个方案不同,可比性较差。

表 5-33　方案 D 测速数据处理结果

测线位置	测点	半径 r/mm	角度/(°)	轴向坐标/mm	径向速度 v_r/(m/s)	圆周速度 v_u/(m/s)	轴向速度 v_z/(m/s)	总速度 v/(m/s)
东线	1	136.0	51.3	0	−0.542	0.105	5.450	5.478
	2	121.1	45.4	0	−0.936	−0.110	4.093	4.200
	3	107.7	37.9	0	−0.450	−0.473	3.496	3.556
	4	96.7	28.5	0	0.083	−0.571	3.285	3.335
	5	88.9	17.1	0	0.230	−0.271	3.059	3.080
	6	85.2	4.2	0	0.223	0.084	2.986	2.996
	7	86.1	−9.2	0	0.207	0.370	2.919	2.950
	8	91.5	−21.7	0	−0.068	0.592	2.819	2.881
	9	100.6	−32.3	0	−0.550	0.617	2.639	2.817
	10	112.6	−41.0	0	−1.067	0.460	2.506	2.762
	11	126.6	−47.8	0	−1.419	0.443	2.343	2.774
西线	1	136.0	128.7	0	−0.629	−0.430	5.935	5.984
	2	121.1	134.6	0	−0.540	−0.424	5.547	5.589
	3	107.7	142.1	0	−0.920	−0.740	5.115	5.249
	4	96.7	151.5	0	−0.925	−0.725	4.826	4.967
	5	88.9	162.9	0	−0.506	−0.575	4.646	4.709
	6	85.2	175.8	0	−0.003	−0.500	4.478	4.506
	7	86.1	189.2	0	−0.544	−0.367	4.197	4.248
	8	91.5	201.7	0	−1.179	0.023	3.983	4.154
	9	100.6	212.3	0	−1.677	0.364	3.797	4.167
	10	112.6	221.0	0	−1.973	0.677	3.607	4.167
	11	126.6	227.8	0	−2.319	0.504	3.483	4.215

测线位置	测点	半径 r/mm	角度/(°)	轴向坐标/mm	径向速度 $v_r/(m/s)$	圆周速度 $v_u/(m/s)$	轴向速度 $v_z/(m/s)$	总速度 $v/(m/s)$
中北线	1	85.5	90.0	0	−0.922	−0.934	2.594	2.907
	2	100.5	90.0	0	−1.741	−1.029	2.448	3.176
	3	115.5	90.0	0	−1.773	−1.079	2.507	3.254
	4	130.5	90.0	0	−2.278	−1.138	2.303	3.433
	5	145.5	90.0	0	−0.467	−1.352	2.180	2.607
	6	160.5	90.0	0	0.496	0.511	−0.582	0.919
中南线	1	85.5	−90.0	0	−1.263	0.335	2.850	3.135
	2	100.5	−90.0	0	−1.361	0.283	2.836	3.158
	3	115.5	−90.0	0	−2.026	0.128	2.720	3.394
	4	130.5	−90.0	0	−1.674	0.032	2.632	3.119
	5	145.5	−90.0	0	−0.122	0.000	0.076	0.144
	6	160.5	−90.0	0	−0.020	0.000	−0.021	0.029

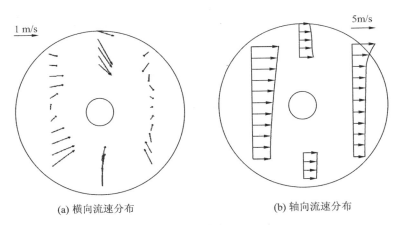

(a) 横向流速分布　　　　　　　　(b) 轴向流速分布

图 5-53　方案 D 断面流速分布

② 导叶出口流场测试

导叶出口流场测试断面如图 5-54 所示。测试是在方案 C 的基础上拆除进水导流锥和出口扩管，对应表 5-15 中的编号 16，测试实际流量 $Q=299$ L/s，测试数据处理结果见表 5-34。图 5-55 为导叶出口断面流速分布。由图可以发现，导叶出口存在较大的环量，轴向流速分布很不均匀，可以判定叶片背面脱流。

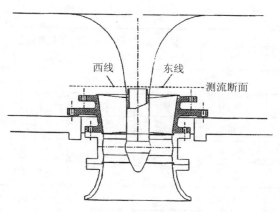

图 5-54　导叶出口测试断面示意图

表 5-34　导叶出口测速数据处理结果

测线位置	测点	半径 r/mm	角度/(°)	轴向坐标/mm	径向速度 v_r/(m/s)	圆周速度 v_u/(m/s)	轴向速度 v_z/(m/s)	总速度 v/(m/s)
东线	1	160.7	46.8	0	0.232	−1.091	4.478	4.615
	2	146.7	41.4	0	0.211	−1.299	4.609	4.793
	3	134.3	35.0	0	0.040	−1.061	5.391	5.494
	4	123.9	27.4	0	−0.284	−0.982	5.830	5.919
	5	116.1	18.6	0	−0.777	−1.525	4.717	5.018
	6	111.3	8.8	0	−0.342	−1.153	1.469	1.898
	7	110.0	−1.5	0	−0.218	−0.282	1.600	1.639
	8	112.4	−11.8	0	−0.262	−0.515	2.401	2.469
	9	118.1	−21.3	0	−0.340	−0.961	3.747	3.883
	10	126.7	−29.8	0	−0.056	−1.232	5.017	5.167
	11	137.7	−37.0	0	0.266	−1.563	5.799	6.012
	12	150.6	−43.1	0	0.742	−1.825	5.911	6.231
西线	1	154.0	130.5	0	0.152	−1.427	4.640	4.857
	2	139.4	135.8	0	−0.263	−0.690	4.002	4.069
	3	126.3	142.4	0	−0.594	−0.920	2.621	2.841
	4	115.2	150.3	0	0.137	−1.005	1.523	1.830
	5	106.7	159.6	0	0.424	−2.852	3.208	4.313
	6	101.5	170.3	0	−0.798	−1.289	5.163	5.381
	7	100.0	181.7	0	−0.933	−0.579	3.965	4.114
	8	102.6	192.9	0	−0.263	−0.222	2.368	2.393
	9	108.8	203.2	0	−0.470	−0.182	1.771	1.842

续表

测线位置	测点	半径 r/mm	角度/(°)	轴向坐标/mm	径向速度 v_r/(m/s)	圆周速度 v_u/(m/s)	轴向速度 v_z/(m/s)	总速度 v/(m/s)
中南线	1	67.5	−90.0	0	−0.237	0.077	2.592	2.604
	2	82.5	−90.0	0	−0.310	−0.350	2.731	2.771
	3	97.5	−90.0	0	−0.363	−0.474	3.597	3.646
	4	112.5	−90.0	0	−0.287	−0.708	4.183	4.252
	5	127.5	−90.0	0	0.221	−1.532	5.073	5.303
	6	142.5	−90.0	0	0.384	−1.518	5.548	5.764
	7	157.5	−90.0	0	1.970	−1.798	4.276	5.040
中北线	1	67.5	90.0	0	−1.787	−0.291	3.133	3.618
	2	82.5	90.0	0	−1.147	−0.967	4.093	4.359
	3	97.5	90.0	0	−0.819	−1.215	5.140	5.345
	4	112.5	90.0	0	−0.369	−1.393	5.892	6.065
	5	127.5	90.0	0	−0.417	−1.325	5.605	5.775
	6	142.5	90.0	0	0.723	−1.626	5.945	6.206
	7	157.5	90.0	0	0.114	−1.516	3.695	3.996

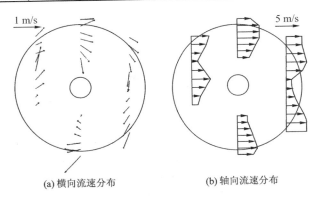

(a) 横向流速分布　　　　　　　　(b) 轴向流速分布

图 5-55　导叶出口断面流速分布

（10）开敞出水流态观测

开敞出水流态观测的目的是了解泵装置在开敞出水时的出流情况。由于试验装置还无法在等扬程比尺下模拟自由出流，故只能根据装置的实际尺寸将扬程降低到设计扬程的 $\frac{1}{10} \sim \frac{1}{8}$（扬程为 0.32～0.41 m），泵试验转速降低到 362～695 r/min，流量为 72.7～178.6 L/s，泵出口流速为 0.423～1.04 m/s，出水流道内流速为 0.224～0.552 m/s。此时观察到的出水流态是平稳的。由于推荐方案出口水流流向已转为水平方向，出口动能损失很小，在开敞式出流时可以保证水泵正常运行。

4. 原型装置性能换算

原型装置的流量、扬程及 $NPSH_r$ 值按照相似律换算。原型最高装置效率采用 IEC 推荐的 Hutton 公式近似计算。按规定换算得到最高效率后,原型装置其余各点效率均按此值等增量计算。取 $\eta_{mmax}=70\%$,换算得到 $\eta_{pmax}=77.8\%$,则 $\Delta\eta=7.8\%$,即原型装置效率比模型泵装置高 7.8%。由推荐方案换算的原型泵装置能量性能曲线和空化特性曲线分别如图 5-56 和图 5-57 所示。

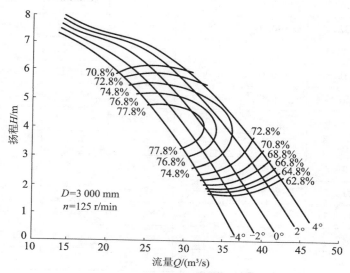

图 5-56　原型装置能量性能曲线

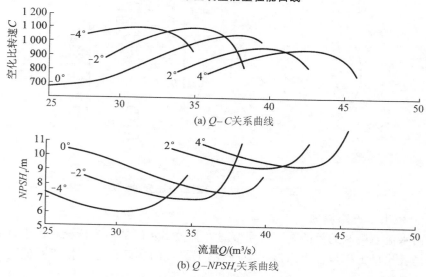

(a) Q-C关系曲线

(b) Q-NPSH$_r$关系曲线

图 5-57　原型装置空化特性曲线

5. 分析与建议

（1）模型装置及性能

在前述 22 组试验方案中,方案 8、方案 9 和方案 13 的试验结果最佳,因此本次试验选定方案 8 作为推荐方案,方案 9 和方案 13 为方案 8 的进一步优化结果,供工程设计选用。

① 装置结构

a. 推荐方案的进水喇叭管。泵的进水为金属或混凝土喇叭管,根据试验结果,喇叭管型式对装置特性的影响较小,故选择尺寸相对较小的喇叭管。这样一是节省材料,减轻泵体自重;二是减少对自流过水的阻力和损失;三是减轻过流可能产生的压力脉动和水力振动,保证机组安全运行。

b. 推荐方案的出水室。出水室的结构由曲线扩管和曲线导流锥组成,出水水流方向为水平。这种结构可以保证水流在流动过程中逐渐扩散和减速,并在出口断面呈水平方向流动,因此可较好地将动能转变为压能(回收动能),尽可能地减少水流的动力损失,从而获得较高的出水效率。

c. 进、出水流道。推荐方案的进、出水流道为双层箱涵,上层为出水流道、下层为进水流道,均可作为自流过水的通道,具有双向抽、引结合功能,上、下层流道的断面尺寸相同。这种结构布置合理、施工简单,可成功地防止下层进水流道内旋涡的产生,其流态满足水泵正常运行需要。

为了防止进水流道内气体的滞留导致涡带(旋涡)的产生,建议将下层进水流道的顶部做成上翘形状(见图 5-32)。上翘的角度 α 可根据中层隔板结构的要求取 $2°\sim5°$。

② 模型装置性能

推荐方案的模型装置性能如图 5-38 和图 5-39 所示。

a. 装置能量特性。从试验结果可知,推荐方案具有流量大、效率高等良好的能量特性。以叶片安放角 $0°$ 为例,在同类低扬程双向抽水泵装置中,推荐方案的泵流量较大,装置扬程在 $2.0\sim3.0$ m 之间,流量达 $335\sim362$ L/s,均超过目前同类装置相应流量。推荐方案的装置效率达到 70% 以上(扬程 $3.75\sim4.24$ m,流量 $296\sim312$ L/s);在扬程为 3.23 m 时效率也达到 68% 以上(流量 330 L/s),这在同类装置中是最高的。

b. 装置空化特性。装置空化特性是在模拟装置运行(模拟进水条件)下测得的空化特性,因此更接近实际情况,具有实用价值。根据试验结果,在水泵叶片安放角为 $0°$ 时,设计工况(扬程为 3.23 m)下的 $NPSH_r$ 值为 7.75 m、装置空化比转速 $C=1\,020$,完全能满足实际运行要求。实际运行时,如取水泵叶轮中心最小淹没深度为 2 m,其有效净正吸入水头 $NPSH_a$ 在 11.9 m 左右,大于各种运行工况下的 $NPSH_r$ 值。

(2)出水结构

对于低扬程双向泵站而言,出水结构对泵装置效率的影响尤为重要。在整个损失中出水损失所占比重较大,因此如何减少出水损失是提高装置效率的关键。

国外对开敞式轴流泵的开发始于 20 世纪 60 年代中期,到 20 世纪 80 年代就有了很大发展。国内有关单位吸取国外经验对开敞式轴流泵进行较大的改进,性能有了明显提高。除了水力模型外,主要在出水结构上参考国外的型式,减小出水扩管的扩散角,并将出水扩管的出口流速控制在一定范围内。这种改进效果明显,装置效率达到标准的要求。

试验在对国内外开敞式轴流泵装置的出水结构充分比较研究的基础上,设计了多种出水方案,从中筛选出 3 种方案,其中 1 种为曲线型扩管(推荐方案),其余 2 种为直线型扩管。试验结果表明曲线型扩管的水力损失最小,动能回收最佳,从而使推荐方案的装置效率有进一步显著提高。

（3）进水流道尺寸、构造型式与损失

试验在已有工作的基础上进一步对流道不同高度和宽度尺寸进行研究,结果与已有的结论是一致的。在流道尺寸减小到名义高度(叶轮中心至底板之间的距离)为 326 mm、宽度为 680 mm 时仍能正常运行。由于采用了独特的消涡防涡装置,试验中未发现涡带。

正是采用独特的消涡防涡装置,水泵进水流道既具有最简单的构造型式(长方体),又能可靠运行,从根本上解决了泵站进水流道的涡带问题,在泵站进水流道方面的研究取得重大进展。

从流道宽度来看,若消除了旋涡,则至少可减小到与肘形流道一般宽度相当的尺寸。流道的名义高度 H_w 在 326~415 mm 范围内变化,对装置性能没有明显影响。根据该定量结果,名义高度 $H_w \geqslant 340$ mm 都能保证泵的正常运行。

在设计工况下测定进水流道的水力损失(流道进口断面 1-1 与泵叶轮进口断面 3-3 之间的能量差,如图 5-31 所示)为 0.10 m 左右,这与肘形进水流道水力损失接近,再次表明泵进水流道内的水力损失占装置损失的比例较小。

（4）消涡、防涡措施

由于泵装置流量大,进水流道的高度较大,在大流量工况($Q > 320$ L/s)采用原方案导流隔板的情况下,流道内在底部、后侧顶部和逆侧壁均发现有涡带。为了消除涡带,在流道底部设置导流锥。导流锥改变了流道结构,使喇叭管不再具有产生旋涡的空间条件,消除了底部涡带。为减小导流锥对过流的阻力,应尽可能地缩小导流锥尺寸。单机过流能力试验结果表明,导流锥的增设对底层进水流道的过流能力没有影响。

改设导流锥后,虽然不再产生底部涡带,但在进水流道后侧顶部仍有涡带产生,究其原因是喇叭口上部的空间过大,形成较大的滞水区且为平顶,有存气可能,容易产生涡带。因此,有必要将进水流道顶部做成有一定倾角的上翘斜面,以使可能的存气远离水泵或排出流道,同时亦有利于减弱流道进口的表面旋涡强度。上翘角可根据不影响结构强度和不减小过流能力的原则确定。这样在流道顶部能避免存气,不会诱发涡带。

除了产生顶部涡带,在逆侧也发现较弱的涡带,顺侧无可见涡带。为消除附壁涡带,模型装置采用独特的消涡防涡装置,效果甚好。

为进一步简化流道结构,取消导流锥,并在底部设置同样的消涡防涡装置,试验结果表明在各种水泵工况下均无可见涡带,水泵运行正常,说明这种消涡防涡装置的消涡效果确实有效,可用于消除各种附壁涡带,具有应用价值。

（5）进水喇叭管

进水喇叭管应当使水流在其出口断面有比较均匀的流速分布。在不少文献资料中均有关于该问题的讨论,喇叭管对装置性能应有一定的影响,但是其影响程度必须通过试验确定。相关试验给出的结论是在进水流道名义高度相差较大时,出口断面的流速分布有明显差别。试验中在名义高度为 385 mm 时对 5 种不同尺寸的喇叭管(其中一种为无喇叭管,仅有法兰)进行测试,结果表明喇叭管尺寸的改变对泵装置能量特性无影响,在无喇叭管时,装置的扬程特性仍无变化,仅功率略微增大,装置效率降低 0.8%。因此,推荐采用较小的喇叭管尺寸,既可节省材料、减少投资,又可减轻重量,便于拆装。如有可能,亦可将叶轮室置于流道中隔板之上,喇叭口采用混凝土制作更妥。

（6）导流结构

最早建成的双向流道泵站,进水流道内未设导流结构,因而出现涡带、振动,后来兴建双向进水流道的导流结构有的采用隔板型式的,如椭尖形隔板（谏壁泵站）、矩形隔板（常熟水利枢纽泵站）等；有的采用挑流墩的,如谏壁电厂供水泵站；也有的采用导流锥的（如安徽省凤凰颈排灌站）。这些导流结构对消除双向进水流道内的底部涡带均有一定作用,但均非十分理想。隔板减弱了底部中心涡带的强度,弱涡带仍然存在；挑流墩对进水流道自流能力有比较大的影响,导流锥对侧壁涡带的作用不大。消涡防涡装置可消除各种附壁涡带,为进水流道设计、施工、运行带来便利,是一种较完善的导流结构。

（7）装置内部流场测试和流量测定

装置的能量特性、空化特性是其外特性,反映泵装置的整体情况,其内部流速场反映内部流动情况,是内特性。要对装置进行深入研究就必须掌握其内特性,因此,装置内部流速场的测试有重要的意义。试验中选择五孔测针测量水泵叶轮进口前和出水导叶体后的 2 个典型断面流速场,获得较为详细的资料。如前所述,装置的内、外特性是相对应和一致的。当内特性未发生明显变化时,外特性也无明显改变,内特性决定外特性,因此内特性的研究是必要的。

由分析测量的结果可知,水泵叶轮进口前断面的轴向流速分布比较均匀,边界层以外的最大和最小轴向流速与断面平均流速相差均在 $\pm 5\%$ 以内。这种情况一方面说明良好的进水流道其出口流场是较为均匀的,满足水泵的运行要求；另一方面也表明,可以通过进水流道出口（即水泵叶轮进口断面）的流速分布来计算水泵流量,即通过测量水泵叶轮进口前断面流速场的方法来测定水泵流量,这对大中型泵站原型测流具有十分重要的意义。

为了验证这种测流的准确程度,试验时采用精密流量计（测试精度 $\pm 0.3\%$）的测量结果与根据五孔测针测量的结果计算出的流量值进行比较（见表 5-35）,两者相差 $\pm 1.6\%$ 左右。这也说明用五孔测针来测量流量,误差可达 $\pm 2.5\%$。这是模型的测量精度,在原型中由于边界层相对较薄,测量的误差应当还要小。这为大中型泵站现场流量测量提供了一个非常可靠实用的手段,具有操作简单,易于安装,不影响生产,费用低,精度高,应用广泛等独特优点。

表 5-35　2 种测流方法的结果对比

测流方法	流量 $Q/(\mathrm{L/s})$	绝对误差 $\delta/(\mathrm{L/s})$	相对误差 $\delta/\%$
精密流量计（$\pm 0.3\%$）	293.78	4.72	1.6
五孔测针（方案 C）	298.50		

（8）进水流道进口淹没深度

泵站进水流道进口的淹没深度历来是一个备受关注的问题。这实际上与一般水工建筑物水平进口的淹没深度问题类似,淹没深度问题实质上就是进口旋涡问题。旋涡的形成受多种因素的影响,如进口边缘的形状、进口断面形状、初始扰动、进口流速等,当然在其他条件一定时,淹没深度对旋涡的影响是很明显的。因此,要从根本上解决进口旋涡问题,仅仅从淹没深度这个单一因素着手是远远不够的。研究结果还表明,在不少情况下,有的进水流道进口在淹没深度较大时仍有旋涡,而有的进水流道进口在淹没深度很小甚至低于进口上缘时反而没有旋涡。

试验时根据等流速准则测定发生挟气旋涡的临界淹没深度,影响旋涡流动的动力主要是重力和黏性力。如果按照重力准则进行试验,那么水深比尺较小,模型装置的流量和水深均很小,难以准确测定。

按照等流速准则的模型与原型换算关系:$\lambda_Q = \lambda_v \lambda_l^2 = 1/100$,$\lambda_{h_s} = \lambda_H = 1$。因此,原型装置的进水流道进口的淹没深度与模型装置的相等,不同流量下的临界淹没深度见表 5-36。

表 5-36 模型、原型装置的进水流道进口的临界淹没深度

模型装置流量 Q_m/(L/s)	255.7	283.3	323.7	345.6	376.1
原型装置流量 Q_p/(m³/s)	25.57	28.33	32.37	34.56	37.61
模型装置、原型装置临界淹没深度/m	0.095	0.170	0.220	0.300	0.350

原型装置的最低进水位为 -1.0 m,流道进口下缘高程为 -2.4 m,实际淹没深度为 1.4 m,远大于临界淹没深度,因此完全能够满足水泵实际运行要求。

（9）双向进出水流道

双向进出水流道是我国独创的一种新型装置型式,多年来已在数座大型泵站中应用。双向进出水流道的结构简单、运行可靠,其突出优点是抽引结合（闸站两用）,在上下游水位具备引水条件时,一般将进水流道打开即可实现自流引水（灌溉或排水）,像节制闸一样工作。

推荐方案为双层涵洞,上层为出水流道,下层为进水流道。不仅下层进水流道可用于引水,上层出水流道亦可引水。其引水流量系数与水闸几乎相同,引水流量大,尤其适用于沿江泵站,其外江侧水位变化大,自流引水机遇较多,能够大量利用自然水能,可节约电能。

双向进出水流道也有明显的缺点:一是进水流道内有旋涡;二是泵装置效率偏低,难以达到标准的要求。主要原因:进水流道消涡防涡措施不够完善;出水结构不尽合理。

推荐方案能有效地消除、防止旋涡（涡带）,能够确保水泵机组安全运行;消除旋涡（涡带）的双向进水流道与优良的单向进水流道具有近乎等同的性能,完全可以满足水泵的运行要求。

推荐方案采用优化的开敞式出水结构,有效地回收出水动能,减少水力损失,获得较高的装置效率,高于现有各种双向流道装置。

5.3.4 实施前双向进水流道优化水力设计[①]

在结合装置模型试验成果的基础上,对所采用的双向进水流道进行优化水力计算,计算过程中没有考虑水泵的性能。箱涵式双向进水流道的几何尺寸如图 5-58 所示。

---

① 江苏机电排灌工程研究所. 泰州引江河工程泰兴枢纽泵站双向进水流道优化水力计算[R]. 扬州:江苏机电排灌工程研究所,1996.

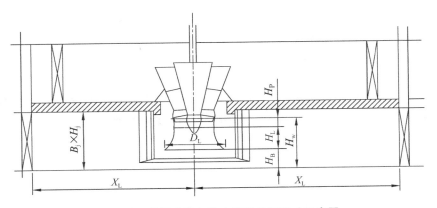

图 5-58 箱涵式双向进水流道几何尺寸示意图

1. 进水流场计算结果与测试结果比较

根据第 5.3.3 节模型试验中流场测试方案 C(GG-10)的进水流道几何参数,在相同的条件下,对进水流场进行三维紊流数值模拟计算,计算结果如图 5-59 和图 5-60 所示,左侧靠近进水口,右侧靠近盲端。流场测速时流道内 3 个典型断面的模拟流场如图 5-61 所示。

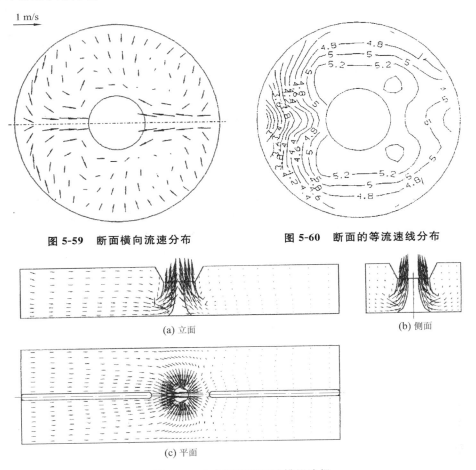

图 5-59 断面横向流速分布 **图 5-60 断面的等流速线分布**

(a) 立面

(b) 侧面

(c) 平面

图 5-61 3 个测速断面的模拟流场

通过对比发现,所测试的流速分布(见图 5-51)与模拟计算的结果基本一致,因此可以采用数值模拟的方法进行进水流道优化计算。

2. 优化计算与模型试验结果比较

(1)优化计算方案

装置模型试验的方案比较多,为了便于与试验结果进行比较,流场计算方案与模型试验中计算流道几何参数单因素变化的方案相对应,计算方案的编号也采用与试验方案编号类似的方法。

流道各参数的几何含义如图 5-58 所示,各计算方案的编号及有关几何参数见表 5-37。图 5-58 中的 H_w 为水泵叶轮中心至流道底板的距离,在表中简称为中心高度。

表 5-37　高港泵站双向进水流道优化计算方案

方案编号	流道高度 H_j/D	流道长度 X_L/D	流道宽度 B_j/D	悬空高度 H_B/D	喇叭管直径 D_L/D	中心高度 H_w/D
GGJ40	1.483	4.78	2.867	0.483	1.44	1.250
GGJ43	1.320	4.78	2.867	0.320	1.44	1.087
GGJ45	1.683	4.78	2.867	0.687	1.44	1.454
GGJ4A	1.683	4.78	2.567	0.687	1.44	1.454
GGJ46	1.683	4.78	2.267	0.687	1.44	1.454
GGJ26	1.483	4.78	2.867	0.483	1.44	1.250
GGJ27	1.483	4.78	2.867	0.483	1.80	1.250
GGJ28	1.483	4.78	2.867	0.483	1.64	1.250

注:表中 D 表示水泵的叶轮直径。

(2)悬空高度对水泵装置性能的影响

对流道悬空高度单因素变化的计算方案为 GGJ40、GGJ43 和 GGJ45,相对应的试验方案为 GG40、GG43 和 GG45,各方案测速断面的模拟流场如图 5-62 至图 5-64 所示。各方案流场计算的主要结果见表 5-38。悬空高度与均匀度和平均角度的关系曲线如图 5-65 所示。

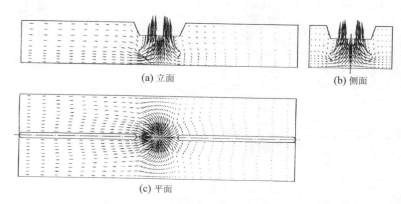

(a) 立面　　　　　　　　　　　　　　(b) 侧面

(c) 平面

图 5-62　方案 GGJ40 测速断面的模拟流场

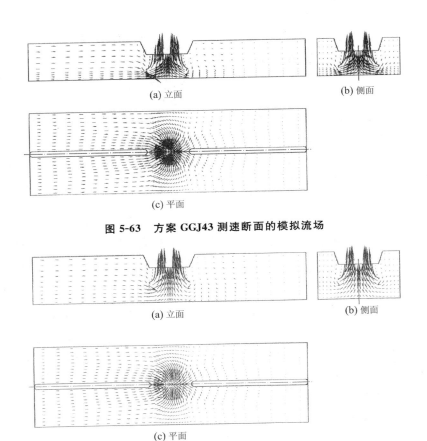

(a) 立面　　　　　　　　　　　　(b) 侧面

(c) 平面

图 5-63　方案 GGJ43 测速断面的模拟流场

(a) 立面　　　　　　　　　　　　(b) 侧面

(c) 平面

图 5-64　方案 GGJ45 测速断面的模拟流场

表 5-38　各方案流场计算的主要结果

方案	悬空高度 H_B/D	最大流速 $u_{max}/(m/s)$	最小流速 $u_{min}/(m/s)$	平均流速 $\bar{u}/(m/s)$	均匀度 $v_u/\%$	最大角度 $\vartheta_{max}/(°)$	最小角度 $\vartheta_{min}/(°)$	平均角度 $\bar{\vartheta}/(°)$
GGJ43	0.320	6.79	3.11	5.48	84.47	89.99	73.95	85.30
GGJ40	0.483	6.43	3.93	5.49	89.29	89.91	78.16	85.66
GGJ45	0.687	6.37	4.33	5.51	92.26	89.94	78.22	85.48

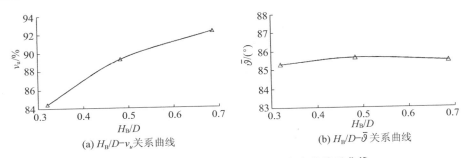

(a) H_B/D-v_u 关系曲线　　　　　　　　(b) H_B/D-$\bar{\vartheta}$ 关系曲线

图 5-65　悬空高度与均匀度和平均角度的关系曲线

由图 5-65 可见,在计算范围内,悬空高度对流速均匀度有显著影响,在悬空高度较小的范围内,均匀度与悬空高度呈线性增加的关系;当悬空高度大于 0.600D 后,这种迅速变化的势头开始趋向平缓;水流入泵平均角度受悬空高度的影响很小。

试验所得的悬空高度变化对水泵装置性能的影响如图 5-45 所示。当悬空高度从 0.483D 增大为 0.687D 后,水泵装置的效率有较为明显的提高,在同样流量下,最优工况点的效率提高约 1.6%,其趋势是流量愈大,效率提高幅度愈大。

上述试验结果与计算结果是一致的,悬空高度增至 0.687D 后,水流入泵平均角变化虽然很小,但流速均匀度已由 89.29% 增大为 92.26%。

（3）流道宽度对水泵装置性能的影响

对流道宽度单因素变化的计算方案编号为 GGJ45、GGJ4A 和 GGJ46,相对应的试验方案编号为 GG45 及 GG46。3 组计算方案测速断面的模拟流场分别如图 5-64、图 5-66 和图 5-67 所示。流场计算的主要结果见表 5-39。流道宽度与均匀度和平均角度的关系曲线如图 5-68 所示。

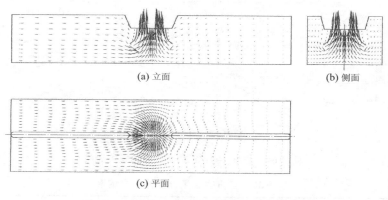

(a) 立面   (b) 侧面

(c) 平面

图 5-66　方案 GGJ4A 测速断面的模拟流场

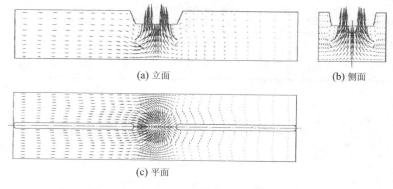

(a) 立面   (b) 侧面

(c) 平面

图 5-67　方案 GGJ46 测速断面的模拟流场

表 5-39　各方案流场计算的主要结果

方案编号	流道宽度 B_j/D	最大流速 $u_{max}/(m/s)$	最小流速 $u_{min}/(m/s)$	平均流速 $\bar{u}/(m/s)$	均匀度 $v_u/\%$	最大角度 $\vartheta_{max}/(°)$	最小角度 $\vartheta_{min}/(°)$	平均角度 $\bar{\vartheta}/(°)$
GGJ45	2.867	6.37	4.33	5.51	92.26	89.94	78.22	85.48
GGJ4A	2.567	6.32	4.25	5.50	92.08	89.73	77.28	85.35
GGJ46	2.267	6.35	4.11	5.50	91.25	89.76	76.64	85.34

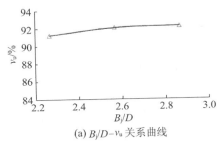
(a) B_j/D-v_u 关系曲线

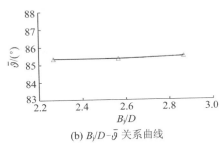
(b) B_j/D-$\bar{\vartheta}$ 关系曲线

图 5-68　流道宽度与均匀度和平均角度的关系曲线

由图 5-68 可见,在一定范围内,流道宽度对流速均匀度有较大影响,当宽度大于 2.5D 后,这种影响即趋于平缓;流道宽度的变化对水流入泵平均角度的影响很小。

从图 5-47 的流道宽度变化对水泵装置效率的影响试验结果可知,当流道宽度从 2.867D 减小为 2.267D 后,装置效率有一定程度的下降,在同样流量条件下,最优工况点的效率约下降 0.8%,其变化趋势是流量愈大,效率下降幅度愈大。

根据计算结果,流道宽度减小至 2.267D 后,水流入泵平均角度变化很小,而流速均匀度下降 1.01%,这与试验结果基本一致。

(4) 喇叭管进口直径对水泵装置性能的影响

对流道喇叭管进口直径单因素变化的计算方案编号为 GGJ26、GGJ27 和 GGJ28,相对应的试验方案编号为 GG26、GG27 和 GG28。各方案测速断面的模拟流场分别如图 5-69 至图 5-71 所示,流场计算结果见表 5-40,喇叭管进口直径与均匀度和平均角度的关系曲线如图 5-72 所示。

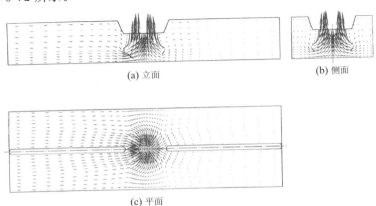
(a) 立面　　　　　　　(b) 侧面

(c) 平面

图 5-69　方案 GGJ26 测速断面的模拟流场

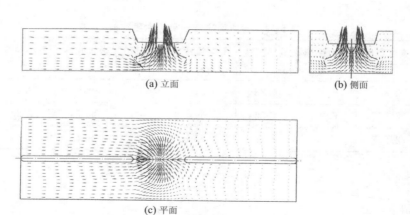

图 5-70　方案 GGJ27 测速断面的模拟流场

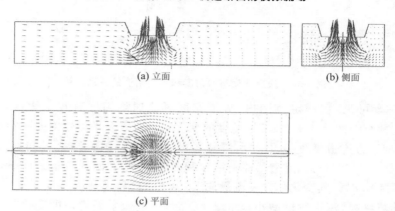

图 5-71　方案 GGJ28 测速断面的模拟流场

表 5-40　各方案流场计算结果

方案编号	喇叭直径 D_L/D	最大流速 $u_{max}/(m/s)$	最小流速 $u_{min}/(m/s)$	平均流速 $\bar{u}/(m/s)$	均匀度 $v_u/\%$	最大角度 $\vartheta_{max}/(°)$	最小角度 $\vartheta_{min}/(°)$	平均角度 $\bar{\vartheta}/(°)$
GGJ26	1.44	6.43	3.93	5.49	89.29	89.91	78.16	85.66
GGJ27	1.80	6.24	4.69	5.48	94.16	89.61	72.33	82.56
GGJ28	1.64	6.28	4.42	5.49	92.87	89.37	14.51	83.96

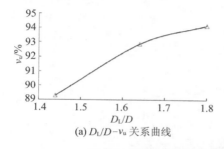

(a) D_L/D-v_u 关系曲线

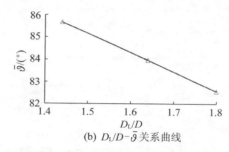

(b) D_L/D-$\bar{\vartheta}$ 关系曲线

图 5-72　喇叭管进口直径与均匀度和平均角度的关系曲线

由图 5-72 可见,喇叭管进口直径对流速均匀度有明显的影响,均匀度随喇叭管进口直径的增大而增大;另一方面,喇叭管进口直径的变化对水流入泵平均角度亦有极显著的影响,呈完全线性的关系下降,其变化趋势恰与流速均匀度的变化趋势相反。

试验实测的不同喇叭管进口直径对水泵装置性能的影响如图 5-36 所示。根据试验结果,当喇叭管进口直径改变后装置性能基本没有变化。这种现象与均匀度和平均角度呈完全相反的变化趋势有关。

5.3.5　实施过程中的试验研究

在工程实施阶段,确定主设备制造商后,根据采购合同的相关规定进行一系列的装置模型试验,包括制造商推荐的水力模型 350ZMB-125 装置模型试验、出口导流锥优化试验,以及 3 组水力模型的对比与择优试验等。

1. 350ZMB-125 水力模型装置试验[①]

(1) 试验目的与内容

① 试验目的

通过试验对优化设计的流道进行验证,为工程提供合理的进、出水流道型式与尺寸;确定模型水泵的装置参数,并换算至原型水泵,为原型机组设计提供依据,并指导泵站运行。

② 试验内容

a. 模型进、出水流道的设计与制作,并换算及绘制原型机组流道;

b. 在叶片安放角为 $-4°$, $-2°$, $0°$, $2°$, $4°$ 和 $6°$ 下进行模型装置能量试验;

c. 在叶片安放角为 $-4°$, $-2°$, $0°$, $2°$ 和 $4°$ 下进行模型装置空化特性试验;

d. 在叶片安放角为 $2°$ 下进行飞逸特性试验;

e. 在叶片安放角为 $2°$ 下对有、无进水喇叭管装置进行同台能量对比试验;

f. 流态观测。

试验依据为《水泵模型验收试验规程》(SL 140—97)和《离心泵、混流泵、轴流泵和旋涡泵试验方法》(GB 3216—89),试验在中国农业机械化研究院试验台进行。

(2) 模型装置

① 模型泵

模型泵采用制造商(无锡水泵厂)提供的 350ZMB-125 轴流泵。在叶片安放角为 $0°$ 下,模型泵最优工况的主要性能参数见表 5-41。350IMB-125 模型泵的特性曲线如图 5-73 所示。

表 5-41　模型泵最优工况的主要性能参数

叶轮直径 D/mm	转速 n/(r/min)	扬程 H/m	流量 Q/(L/s)	效率 η/%
300	1 450	3.46	332	83.79

注:表中效率值未扣除空载损失,但对扬程进行了修正。

几何比尺 $\lambda_l = D_p/D_m = \dfrac{3\ 000}{300} = 10$。

① 中国农业机械化科学研究院排灌所. 泰州引江河工程泰兴枢纽泵站水泵模型装置试验试验[R]. 北京:中国农业机械化科学研究院排灌所,1997.

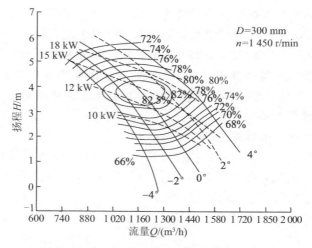

图 5-73　350ZMB-125 模型泵的特性曲线

② 模型泵的安装

模型泵安装于试验台的模型泵段中,进、出水流道分别与空化罐和压力筒焊合,安装采用双层积木式框架结构,上层为电机层,由可调支座支撑;下层为水泵层,由固定支座及横梁支撑(见图 5-74)。该结构具有通用性强、刚性好、安装方便等优点。

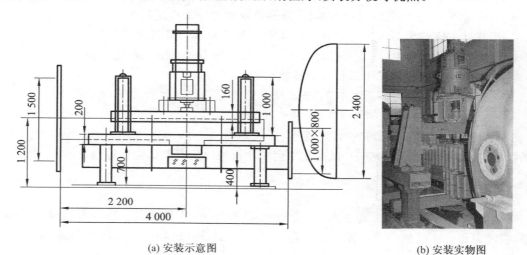

(a) 安装示意图　　　　　　　　　　　　　(b) 安装实物图

图 5-74　模型泵安装示意图(单位: mm)

③ 进、出水流道

根据前述研究成果提供的流道单线图进行模型装置进、出水流道的结构设计,并换算至原型装置的流道,最终提供的原型装置进、出水流道单线图如图 5-75 所示。导流锥表面各截面坐标尺寸见表 5-42,喇叭口截面坐标尺寸见表 5-43。试验过程中不再进行流道的优化。

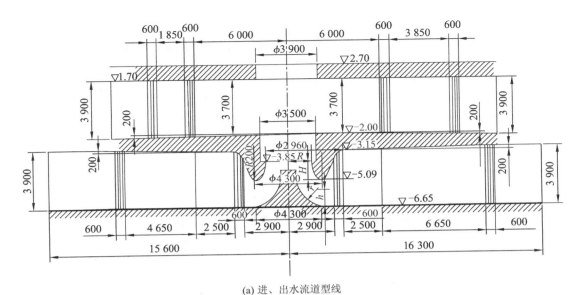

(a) 进、出水流道型线

(b) 进水流道断面尺寸

图 5-75　原型装置流道单线图(长度单位: mm)

表 5-42　导流锥表面各截面坐标尺寸

单位: mm

截面	1	2	3	4	5	6	7	8	9	10	11
h	0	243	486	729	972	1 215	1 458	1 701	1 944	2 187	2 430
r	2 150	1 420	1 145	954	810	699	615	552	509	483	475

表 5-43　喇叭口截面坐标尺寸　　　　　　　　　　单位：mm

截面	1	2	3	4	5	6	7	8	9	10	11
H	0	124	248	372	496	620	744	868	992	1 116	1 240
R	2 150	1 858	1 748	1 672	1 614	1 570	1 538	1 511	1 494	1 483	1 480

（3）试验方法及程序

① 能量试验

a. 试验方法及程序。

• 启动供水泵向试验台充水，直到水位达到规定高度。

• 排气，在充水过程中，打开试验台所有排气阀，直至有水流出为止。

• 打开接口，接通二次仪表电源进行预热，转矩转速传感器调零，差压传感器连通管排气。

• 将流量调至最大，启动直流电动机，当水泵达到预定转速后，将流量调至设计工况，运转半小时以上，并检查试验台及泵各部位有无问题，观察机组的运行情况，如是否密封，有无振动及噪声等。

• 装置运转正常后，能量试验开始，从大流量开始，待试验运转稳定后采集 Q,H,n,
M 一组参数，然后再调节出口阀门，待稳定后再采集一组数据。这样依次改变阀门的开度而得到不同的工况点参数，采集数据不低于 15 组。

• 能量试验进行 2 次，2 次试验结果应相吻合。

b. 空载力矩测定。空载力矩是指消耗在泵轴承、轴封的力矩，实际上是机械摩擦损失，这部分损失并不能模拟，原型与模型也不相似，故模型泵换算到原型泵的效率计算公式是建立在水力效率基础上的换算公式，所以试验中计算效率时不包含机械摩擦损失。

空载力矩的测定是在能量试验之前，先将模型泵的叶片拆除，测量泵轴（带轮毂）在水中旋转时的力矩。空载力矩与转速有关，试验时改变转速进行测试，每个转速取多测试点，结果取平均值，然后进行曲线拟合，试验中根据实际转速再进行插值，空载力矩测定结果见表 5-44。

表 5-44　空载力矩测定数值

转速/(r/min)	空载力矩测量值/(N·m)	平均值/(N·m)
1 002.4	1.05,1.20,1.12,1.21,1.08	1.132
1 103.0	1.21,1.22,1.27,1.30,1.25,1.18,1.32,1.34	1.260
1 200.8	1.50,1.46,1.42,1.48,1.41,1.43,1.40,1.40	1.440
1 302.1	1.87,1.85,1.83,1.86,1.80,1.82,1.83	1.840
1 403.2	2.12,2.09,2.10,2.13,2.09,2.08,2.11	2.100
1 500.3	2.36,2.33,2.34,2.37,2.33,2.32,2.35	2.340

型号	JC1A 型	量程		200 N·m	齿数	120
零点	177.69°	测定日期			1997-11-16	

c. 试验转速选择。能量试验根据合同要求为等扬程试验,即 nD 值相等。原型泵叶轮直径为 3 000 mm,转速为 150 r/min;模型泵叶轮直径为 300 mm,故模型试验转速应为 1 500 r/min。

为了便于和模型泵的泵段试验结果做比较,选定试验转速 $n=1\ 450$ r/min,然后换算至 1 500 r/min。

② 空化试验

a. 空化试验原理及临界值的确定。当$[NPSH]_{装置}>[NPSH]_{泵}$时,泵不发生空化;当$[NPSH]_{装置}<[NPSH]_{泵}$时,泵发生空化;当$[NPSH]_{装置}=[NPSH]_{泵}$时,泵临界空化点。

空化试验的目的就在于通过试验找到泵临界空化点,从而确定泵的安装高度。采用能量法在封闭空化试验台上进行空化试验,即保持流量不变,在进口抽真空以减小进口压力,改造装置的空化余量。当泵发生空化后,其外特性发生急剧变化,即扬程和效率下降,且振动、噪声增大,根据要求,取效率下降1%时定为临界空化点。

b. 试验方法。在完成能量试验后,首先将流量调至预先约定的工况点上,待稳定后采集一组 Q,H,N,n,t,H_1 数据。此时的数据应与能量试验时数据相吻合,否则应查明原因。然后启动真空泵,使泵进口压力降低,待稳定一段时间后再采集一组数据,试验过程中保持 Q 为常数,这样依次降低进口压力直至效率下降1%时止,要求至少采集 13 组数据。$[NPSH]$的计算公式如下:

$$[NPSH]=\frac{p_a}{\gamma}+\frac{v_1^2}{2g}-\frac{p_c}{\gamma}-H_1 \tag{5-2}$$

式中,$\frac{p_a}{\gamma}$为大气压力;$\frac{v_1^2}{2g}$为进口测压断面的速度水头;$\frac{p_c}{\gamma}$为试验水温下的汽化压力;H_1 为进口压力值。

③ 飞逸特性试验

a. 试验目的。当泵在运转过程中若突然断电且逆止阀失灵或反向自流引水,在这种情况下,水将会反向逆流,即水从泵的出口流出推动叶轮,引起泵的反向旋转。在最大转速时,机组进入飞逸状态,这时的转速称为飞逸转速。在该状态机组会受到很大破坏,所以必须通过模型试验及换算,求得原型机组的飞逸转速,用以计算或校核泵轴及转动部件的强度及刚度,同时用以校核电动机转子强度及机组主轴的临界转速。

b. 试验的理论基础。泵发生飞逸现象时,相当于水轮机的甩负荷工况,水轮机的飞逸特性一般用单位飞逸转速 n'_{1f} 表示。飞逸转速通过模型试验确定,但在试验过程中又不可能完全模拟原型机组水头进行试验。根据相似准则,凡几何相似工况相同的水轮机其 n'_{1f} 值是相等的。

$$n'_{1f}=\frac{nD_m}{\sqrt{H_m}}=\mathrm{const} \tag{5-3}$$

式中,n'_{1f}为单位飞逸转速;n 为反转转速;D_m 为模型装置叶轮直径;H_m 为试验水头。

首先根据试验台的具体情况及水头求得模型的 n'_{1f},然后再根据相似准则求得原型的实际最大飞逸转速,即

$$n_f = n'_{1f} \cdot \frac{\sqrt{H_{pmax}}}{D_p} \qquad (5\text{-}4)$$

式中，n_f 为原型装置飞逸转速；D_p 为原型装置叶轮直径；H_{pmax} 为原型装置最高扬程。

c. 试验方法。飞逸试验也在立式空化试验台上进行，启动供水泵形成反向水头，改变进口阀门开度得到不同试验水头，在试验过程中将电动机脱开，每一个工况分别采集压力和转速，求得不同水头下的 n'_{1f}，理论上计算出来的 n'_{1f} 应为常数，实际上取其平均值作为模型泵的 n'_{1f}。

飞逸转速是与叶片安放角有关的，试验中仅对叶片安放角为 2° 时进行飞逸特性测试。

（4）试验结果与分析

① 试验结果

根据技术要求，试验首先对有、无进水喇叭管在叶片安放角为 2° 的情况下进行优选对比试验，然后对效率高者进行能量、空化、飞逸等试验，优选对比试验结果见表 5-45，试验转速 $n = 1\ 450\ r/min$。

表 5-45　有、无进水喇叭管装置性能对比

型式	流量 $Q/(L/s)$	扬程 H/m	轴功率 N/kW	装置效率 $\eta/\%$
有喇叭管	313.55	4.26	17.77	73.59
无喇叭管	321.45	4.23	17.96	72.21

由表 5-45 可知，试验结果与前期研究一致，无喇叭管的性能略低于有喇叭管，因此试验选用有进水喇叭管的方案，试验数据全部是相对有进水喇叭管的情况而言的。

a. 能量试验。能量试验中模型装置在不同叶片安放角下最优工况点的数据见表 5-46。表中各项数据均为换算至 $1\ 500\ r/min$ 时的数据，其装置效率值为计算水力效率值，即已经扣除空载损失。不同叶片安放角下的性能试验数据见表 5-47 至表 5-52，模型装置性能曲线如图 5-76 所示。

表 5-46　模型装置能量试验最优工况点数据

序号	叶片安放角/(°)	流量 $Q/(L/s)$	扬程 H/m	轴功率 N/kW	装置效率 $\eta/\%$
1	−4	245.04	4.15	13.72	72.60
2	−2	271.20	4.00	14.38	73.94
3	0	291.29	4.06	15.55	74.65
4	2	313.55	4.26	17.77	73.59
5	4	336.71	4.51	20.18	72.69
6	6	377.79	5.01	27.42	67.71

表 5-47　叶片安放角为－4°时模型装置性能数据

序号	流量 $Q/(\text{L/s})$	扬程 H/m	轴功率 N/kW	装置效率 $\eta/\%$
1	326.91	0.44	4.26	33.14
2	314.52	0.99	6.74	44.88
3	296.02	1.84	9.14	58.26
4	288.12	2.12	9.51	63.01
5	279.75	2.48	10.29	65.92
6	268.73	2.89	11.05	68.92
7	260.80	3.25	11.66	71.16
8	251.86	3.58	12.21	72.37
9	238.02	4.07	13.09	72.52
10	209.98	4.67	14.21	67.74
11	197.31	4.82	14.52	64.19
12	184.15	5.09	14.99	61.19
13	173.18	5.15	15.10	57.94
14	164.52	5.41	15.50	56.22
15	151.10	5.62	15.90	52.31

表 5-48　叶片安放角为－2°时模型装置性能数据

序号	流量 $Q/(\text{L/s})$	扬程 H/m	轴功率 N/kW	装置效率 $\eta/\%$
1	370.97	0.00	6.34	0.00
2	362.90	0.59	7.73	26.97
3	344.37	1.33	9.23	48.69
4	328.88	1.97	10.68	59.53
5	318.50	2.34	11.34	64.65
6	308.69	2.74	12.21	67.89
7	297.29	3.10	12.84	70.29
8	289.59	3.37	13.43	71.30
9	283.90	3.63	14.10	71.64
10	278.62	3.85	14.30	73.45
11	265.00	4.29	15.33	72.66
12	253.59	4.71	16.22	72.33
13	242.43	5.06	17.02	70.71
14	230.67	5.39	17.80	68.52
15	210.91	5.64	18.33	63.67
16	189.29	5.90	18.90	57.89

表 5-49　叶片安放角为 0°时模型装置性能数据

序号	流量 $Q/(L/s)$	扬程 H/m	轴功率 N/kW	装置效率 $\eta/\%$
1	415.65	0.25	8.03	12.97
2	401.00	0.95	9.99	37.29
3	381.35	1.70	11.77	54.26
4	366.60	2.22	13.26	60.32
5	355.38	2.57	13.81	64.64
6	349.58	2.89	14.72	67.25
7	338.82	3.20	15.32	69.47
8	315.22	4.14	17.42	73.35
9	302.48	4.42	18.02	72.72
10	288.83	5.03	19.83	71.83
11	280.53	5.13	19.99	70.63
12	268.59	5.53	20.95	69.37
13	261.62	5.75	21.80	67.67
14	246.31	6.19	23.06	64.91
15	236.24	6.39	23.53	62.93
16	217.25	6.46	23.76	57.92

表 5-50　叶片安放角为 2°时模型装置性能数据

序号	流量 $Q/(L/s)$	扬程 H/m	轴功率 N/kW	装置效率 $\eta/\%$
1	423.28	1.08	11.17	40.04
2	404.33	1.84	13.55	53.76
3	395.95	2.18	14.59	58.00
4	374.76	2.84	15.85	65.61
5	369.60	3.13	16.82	67.48
6	357.14	3.46	17.47	69.29
7	342.40	4.07	18.77	72.88
8	337.81	4.30	19.42	73.24
9	327.10	4.65	20.57	72.34
10	315.24	5.05	21.78	71.59
11	300.59	5.53	22.97	70.82
12	289.75	5.72	23.84	68.21
13	279.20	5.98	24.79	65.96
14	262.79	6.36	25.82	63.49
15	256.50	6.47	26.22	62.02
16	247.00	6.60	26.38	60.62

表 5-51 叶片安放角为 4°时模型装置性能数据

序号	流量 $Q/(\mathrm{L/s})$	扬程 H/m	轴功率 N/kW	装置效率 $\eta/\%$
1	488.38	0.31	5.07	28.97
2	474.70	0.89	9.62	43.35
3	460.14	1.50	14.58	46.68
4	436.77	2.36	16.73	60.4
5	411.74	3.32	19.83	67.47
6	400.03	3.74	20.94	70.12
7	387.99	4.10	22.23	70.21
8	378.85	4.43	23.40	70.31
9	368.30	4.81	24.55	70.71
10	352.34	5.25	26.08	69.52
11	345.12	5.46	27.01	68.41
12	330.92	5.88	28.27	67.5
13	312.74	6.20	29.85	63.72
14	295.96	6.59	30.79	62.12
15	283.85	6.66	30.98	59.82
16	273.52	6.74	31.25	57.81

表 5-52 叶片安放角为 6°时模型装置性能数据

序号	流量 $Q/(\mathrm{m^3/s})$	扬程 H/m	轴功率 N/kW	装置效率 $\eta/\%$
1	509.05	0.49	13.93	17.72
2	494.22	1.00	15.45	31.46
3	464.62	1.98	18.33	49.45
4	445.53	2.65	20.11	57.47
5	424.78	3.43	22.63	63.33
6	409.42	3.91	24.06	65.36
7	392.28	4.55	26.30	66.52
8	377.79	5.01	27.42	67.71
9	366.45	5.35	28.94	66.49
10	353.93	5.66	30.28	64.91
11	341.09	6.06	31.91	63.49
12	323.52	6.36	32.54	62.03
13	302.98	6.72	33.73	59.25
14	283.02	6.86	34.49	55.14

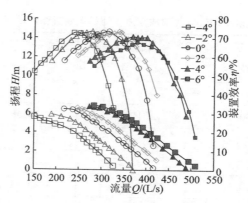

图 5-76　模型装置性能曲线

原型机组性能根据相似律换算，原型、模型效率修正采用 Hutton 公式，原型机组性能见表 5-53，综合性能曲线如图 5-77 所示。

表 5-53　原型装置能量试验最优工况点数据

序号	叶片安放角/(°)	流量 Q/(m³/s)	扬程 H/m	轴功率 N/kW	装置效率 η/%
1	−4	24.50	4.15	1 301.8	76.54
2	−2	27.12	4.00	1 315.3	77.08
3	0	29.13	4.06	1 482.5	78.30
4	2	31.35	4.26	1 689.9	77.40
5	4	33.67	4.51	1 919.7	77.48
6	6	37.78	5.01	2 586.1	71.80

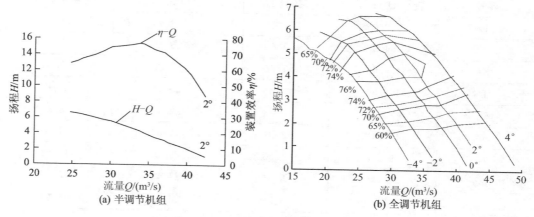

图 5-77　原型装置综合性能曲线

b. 空化试验。不同叶片安放角下的空化性能试验结果见表 5-54。

表 5-54　模型装置空化特性试验结果

叶片安放角/(°)	工况点	1	2	3	4	5
−4	流量 Q/(L/s)	298.1	276.3	263.8	248.5	231.3
	$NPSH_r$/m	6.25	5.93	5.55	5.79	6.14
−2	流量 Q/(L/s)	321.4	305.6	284.4	271.1	252.6
	$NPSH_r$/m	6.52	6.06	5.44	5.90	6.58
0	流量 Q/(L/s)	344.4	326.9	295.1	282.9	259.2
	$NPSH_r$/m	6.69	6.24	5.54	5.82	6.92
2	流量 Q/(L/s)	360.2	340.3	321.3	294.3	277.0
	$NPSH_r$/m	6.52	6.06	5.75	6.33	7.18
4	流量 Q/(L/s)	378.5	371.1	342.3	329.2	296.8
	$NPSH_r$/m	7.03	6.75	6.12	6.57	7.49

c. 飞逸特性试验。叶片安放角为 2°时飞逸特性试验结果见表 5-55。

表 5-55　模型装置飞逸特性试验结果

序号	试验水头 H/m	飞逸转速 n_f/(r/min)	单位飞逸转速 n'_{1f}	单位飞逸转速平均值
1	0.34	550.4	283.2	
2	0.45	626.4	284.6	
3	0.63	751.9	284.2	284.3
4	0.78	838.4	284.8	
5	1.10	994.6	284.5	

d. 流态观测情况。对不同叶片安放角下的不同工况点均进行流态观测,丝线的摆动比较平稳,没有发生旋涡、回流及气泡现象。

② 试验结果分析

a. 能量试验的最优叶片安放角在 −2°～4°之间,高效区的范围比较宽,在 −2°～4°之间达到 73%,最高效率点为 74.65%(0°),运行工况点($Q=340$ L/s,$H=3.23$ m)的效率为 70.46%(2°),达到设计要求,说明该模型及流道设计是成功的。

b. 运行工况点的 $NPSH_r$ 值为 6.06 m,达到《离心泵、混流泵和轴流泵气蚀余量》(GB/T 13006—91)标准的要求。

c. 在叶片安放角 2°下进行飞逸特性试验,合同未对飞逸特性提出具体要求,不过与国内现有模型的飞逸特性相比较,试验结果基本符合规律。

d. 试验中未对振动、噪声进行具体测定,但根据观察,模型机组运转比较平稳,振动、噪声不大。

e. 通过观察窗观察到水流平稳,无旋涡、回流及气泡现象。

验收意见认为,流量在扬程 $H=3.23$ m 时略低于合同保证值(保证值为 346 L/s),且随着扬程的减小,保证值偏差有增大的趋势,建议对导流锥等进行优化,并补充扬程 2.5 m 以下工况点的试验。

（5）补充试验

① 补充试验内容

由于低扬程工况流量不满足合同要求，因而首先进行叶片安放角为 3°时的能量特性试验。在该叶片安放角下，扬程为 0.73 m 时，流量为 418 L/s，仍达不到合同值 428 L/s 的要求，并且在扬程为 4.2 m 时，轴功率为 18.2 kW，换算至原型机组后功率可能超载。

对进出水导流锥进行优化设计，并采用松木制作，其详细的尺寸如图 5-78 所示。能量试验中在扬程为 0.73 m 时，流量 418 L/s；扬程为 4.2 m 时，轴功率为 18.2 kW，试验结果与优化前铁质导流锥的结果无明显变化。

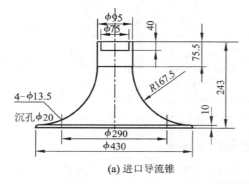
(a) 进口导流锥

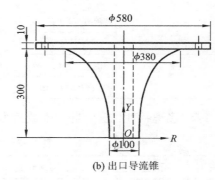
(b) 出口导流锥

图 5-78　优化后的导流锥（单位：mm）

② 试验结果讨论

a. 关于进、出口导流锥的优化。通过对进、出口导流锥的优化和反复试验，优化前后的性能变化不大，且木质进出口导流锥经长期水中浸泡，不便于进行尺寸复测和检查。如果需要复测，则以原先的铁质导流锥方案为佳。

b. 关于叶片安放角。由于模型泵叶轮结构本身进行微调叶片安放角较为困难，重复性不易掌握，因而可将现状叶片安放角实测叶轮叶片各坐标尺寸作为原型泵叶片安放角的换算依据。如果考虑到扬程为 0.73 m 时的流量需要大些，可以按理论计算的 2.2°叶片坐标数据确定安放角。

c. 试验结果与讨论。不同时段试验的主要结果见表 5-56，在叶片安放角为 3°时，进、出口导流锥优化前后试验结果变化不大。尽管最终验收时在叶片安放角为 2°的情况下，流量有所增加，效率有所提高，出现该现象的原因可能是由于叶片安放角未调整到原来的 2°所致。

表 5-56　不同时段试验结果汇总

序号	叶片安放角/(°)	导流锥型式	试验结果		结论
			流量 Q/(L/s)（$H=0.73$ m）	轴功率 N/kW（$H=4.20$ m）	
1	2	优化前（铁质）	408	17.8	流量未达到
2	3	优化前（铁质）	418	18.2	流量未达到且超功率
3	3	优化后（松木）	418	18.2	流量未达到且超功率
4	2	优化后（松木）	408	18.2	以此结果验收

在优化后的叶片安放角为 2°工况下,进行空化特性试验,其结果与优化前叶片安放角为 2°的比较见表 5-57。从表中可知,优化前后 $NPSH_r$ 值并无显著变化,基本上是一致的。优化后扬程增加了 0.73 m 左右,流量为 411 L/s 工况点的空化试验,其 $NPSH_r$ 值为 8.03 m,该数据符合规律。

表 5-57　优化前后空化性能对比

流量 Q/(L/s)		411	360	340	324	301	277
$NPSH_r$/m	优化前	—	6.52	6.06	5.75	6.33	7.18
	优化后	8.03	6.73	6.15	5.90	6.33	7.29

③ 试验值与合同保证值比较

验收意见同意按照叶片安放角为 2°、采用优化后的出口导流锥进行验收,在对装置,包括叶轮、后导叶体、喇叭管、导流锥进行测绘并得到合格签证后主要部件方可投产。经试验及抽检验证后的试验结果与合同保证值对比见表 5-58,由于最小扬程工况 H_{min} = 0.73 m 时的流量、效率均不能满足合同保证值要求,制造商承诺开展优选模型的同台试验,并考虑引进国外低扬程、大流量、空化性能良好叶轮的可能性。

表 5-58　试验结果与合同保证值对比

特征工况		最大扬程 H_{max}=3.98 m	排涝设计扬程 $H_{p.des}$=3.23 m	引水设计扬程 $H_{n.des}$=2.50 m	最小扬程 H_{min}=0.73 m
流量 Q/(L/s)	招标要求	—	340.0	—	—
	投标保证	318.0	346.0	376.0	428.0
	试验结果	322.0	343.0	363.5	408.0
效率 η/%	招标要求	—	≥68.00	≥63.00	—
	投标保证	66.20	68.09	63.00	36.20
	试验结果	74.00	71.50	64.50	32.00

2. 叶轮择优对比试验[①]

(1) 模型叶轮选择与装置完善

根据泵站工程运行的特点,选用 3 组模型叶轮进行择优对比试验。其中,1[#] 模型,即前述试验中的水力模型 350ZMB-125,由华中科技大学研制、制造商加工(特性曲线见图 5-73);2[#] 模型是江苏大学为望虞河工程研制的 ZBM931-1350 水力模型(特性曲线见图 5-79);3[#] 模型是扬州大学研发的 ZM3.0-Y991 水力模型(特性曲线见图 5-80)。3 组对比试验水力模型主要技术参数见表 5-59。

---

① 中国农业机械化科学研究院排灌研究所试验室.泰州引江河高港枢纽闸站主机泵装置模型择优试验报告[R].北京:中国农业机械化科学研究院,1998.

表 5-59 对比试验水力模型技术参数

模型	设计比转速 n_s	设计扬程 H_{des}/m	设计流量 Q/(L/s)	设计点效率 η/%	空化比转速 C
1#	1 250	3.46	332	83.79	1 202
2#	1 350	3.34	390	83.90	1 183
3#	1 350	3.25	356	83.09	1 274

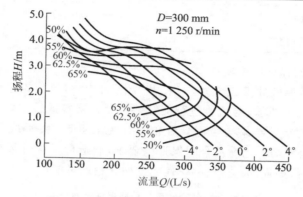

图 5-79 ZBM931-1350 水力模型特性曲线

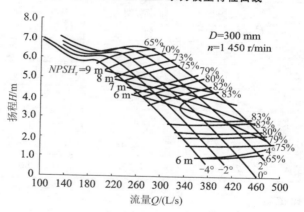

图 5-80 ZM3.0-Y991 水力模型特性曲线

由于 3 组模型来自 3 所不同的高校,需要在同一试验台进行试验,由制造商进行外形尺寸的统一及有关零部件的生产、制作。

① 以 1# 模型为基本泵型,其出口导流锥采用优化后的松木导流锥,如图 5-78b 所示,表面各截面坐标见表 5-60。

② 2# 模型与 1# 模型相同的部件为进口导流锥,如图 5-81 所示。表面各截面坐标见表 5-61;出口导流锥如图 5-78b 所示;出口扩散管如图 5-82 所示,表面各截面坐标见表 5-62。2# 模型与 1# 模型不同的部件为叶片和导叶体。叶片采用该模型的原始零件,导叶体由于考虑到结构上的需要,重新按原木模图设计、生产。

表 5-60　1# 和 2# 模型出口导流锥外表面截面坐标　　　　　单位：mm

截面	1	2	3	4	5	6	7	8	9	10	11
Y	0	30	60	90	120	150	180	210	240	270	300
R	50.0	50.7	52.8	56.4	61.7	68.8	78.0	90.0	106.0	129.0	190.0

表 5-61　3 组模型进口导流锥外表面截面坐标　　　　　单位：mm

截面	1	2	3	4	5	6	7	8	9	10	11
Y	0	24.3	48.6	72.9	97.2	121.5	145.8	170.1	194.4	218.7	243.0
R	215.0	142.0	114.5	95.4	81.0	69.9	61.5	55.2	50.9	48.3	47.5

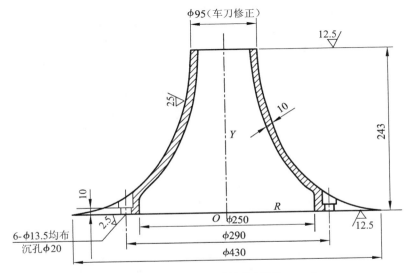

图 5-81　3 组模型进口导流锥（单位：mm）

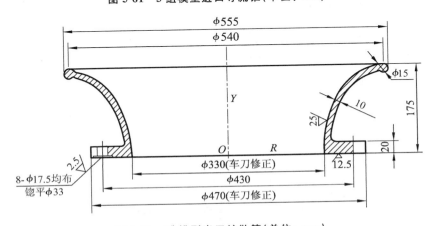

图 5-82　2# 模型出口扩散管（单位：mm）

表 5-62　2[#]模型出口扩散管外表面截面坐标 单位:mm

截面	1	2	3	4	5	6	7	8	9	10	11
Y	0	17.5	35.0	52.5	70.0	87.5	105.0	122.5	140.0	157.5	175.0
R	165.0	165.5	167.1	169.8	173.8	179.1	186.0	195.0	207.0	224.2	270.0

③ 3# 模型与 1# 模型相同的部件为进口导流锥,不同的部件为叶片和导叶体。3# 模型出口导流锥如图 5-83 所示,表面各截面坐标见表 5-63,出口扩散管如图 5-84 所示,外表面截面坐标见表 5-64。其中叶片、导叶体借用原始零部件,出口导流锥和出口扩散管根据 3# 模型的原设计图纸重新加工。

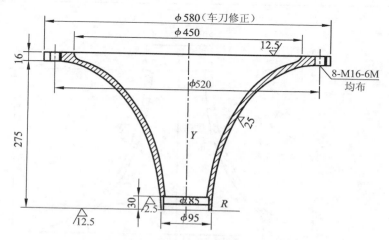

图 5-83　3# 模型出口导流锥(单位: mm)

表 5-63　3# 模型出口导流锥外表面截面坐标　单位:mm

截面	1	2	3	4	5	6	7	8	9	10	11
Y	0	27.5	55.0	82.5	110.0	137.5	165.0	192.5	220.0	247.5	275.0
R	47.5	53.0	60.1	69.2	80.3	93.9	110.5	131.1	157.5	194.4	290.0

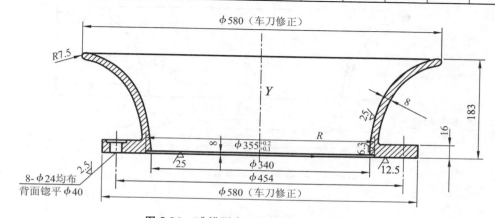

图 5-84　3# 模型出口扩散管(单位: mm)

表 5-64　3[#]模型出口扩散管外表面截面坐标　　　　　单位:mm

截面	1	2	3	4	5	6	7	8	9	10	11
Y	0	18.3	36.6	54.9	73.2	91.5	109.8	128.1	146.4	164.7	183.0
R	169.0	171.7	175.3	179.8	185.3	192.1	200.4	210.7	223.9	242.3	290.0

④ 模型装置的设计采用原先的设计,尺寸没有改变。

模型择优对比试验的关键部件组合见表 5-65,由制造商提供的即为原先试验方案中采用的部件,模型装置尺寸见表 5-66。

表 5-65　模型择优对比试验关键部件组合

模型	叶片	导叶体	进口导流锥	出口导流锥(内)	出口扩散管(外)
1[#]模型	制造商	制造商	制造商(铁质)	制造商(松木)	制造商
2[#]模型	江苏大学	江苏大学设计,制造商制作	制造商(铁质)	制造商(松木)	制造商
3[#]模型	扬州大学	扬州大学	制造商(铁质)	扬州大学设计,制造商制作	扬州大学设计,制造商制作

表 5-66　模型择优对比试验主要尺寸对比

模型	进水流道宽度 B_j/D	喇叭管悬空高度 H_B/D	喇叭管直径 D_L/mm	进、出水流道高度 H_j/mm	出水扩散管直径/mm	出水扩散管到出水流道顶部距离/mm	扩散管类型
1[#]模型	2.867	0.587	430	370	550	130	椭圆曲线
2[#]模型	2.867	0.587	430	370	550	130	椭圆曲线
3[#]模型	2.867	0.580	432	370	580	100	椭圆曲线

(2) 试验结果分析

① 3 组模型的综合情况

1[#]模型试验结果在前述验收试验中已经有说明,见表 5-46 至表 5-52,模型装置性能曲线如图 5-76 所示。在最小扬程工况效率指标低于保证值,流量指标除了最大扬程点外均低于保证值。空化性能在各工况下均达到保证值要求。对于原型装置,当扬程为 3.98 m 时,轴功率为 1 698 kW;当扬程为 4.2 m 时,流量为 31.64 m³/s,装置效率为 73.5%,则轴功率为 1 773 kW。配用功率系数 $f=2\ 000/1\ 773=1.128$。

2[#]模型试验结果见表 5-67 至表 5-69,装置性能曲线如图 5-85 所示,效率指标在最大扬程和排涝设计扬程下达到合同保证值要求,在引水设计扬程和最小扬程工况下效率指标低于保证值。流量指标在各工况下均达到并超过保证值。空化性能在各工况下均能满足要求。对于原型装置,当扬程为 3.98 m 时,轴功率为 1 935 kW;当扬程为 4.2 m 时,流量为 34.05 m³/s,装置效率为 70.2%,则轴功率为 1 998 kW。因此,配用功率系数 $f=2\ 000/1\ 998=1.001$,配用功率不足。

表 5-67　2#模型在叶片安放角为－3°时能量特性试验数据

序号	流量 Q/(L/s)	扬程 H/m	轴功率 N/kW	装置效率 η/%
1	442.63	0.04	8.38	1.85
2	436.92	0.40	9.43	18.40
3	420.24	1.13	11.41	40.70
4	412.63	1.47	12.17	48.93
5	400.09	2.09	13.63	60.08
6	388.57	2.53	14.87	64.84
7	379.63	2.80	15.40	67.68
8	372.62	3.20	16.50	70.81
9	362.31	3.50	17.39	71.47
10	352.46	3.92	18.48	73.32
11	344.85	4.23	19.27	74.25
12	293.39	6.04	23.65	73.49
13	271.20	6.68	25.47	69.71
14	260.01	7.08	26.47	68.15
15	254.35	7.23	26.91	67.02

表 5-68　2#模型在叶片安放角为－2°时能量特性试验数据

序号	流量 Q/(L/s)	扬程 H/m	轴功率 N/kW	装置效率 η/%
1	452.99	0.07	8.62	3.37
2	445.51	0.68	10.68	28.00
3	433.88	1.03	11.20	38.96
4	425.97	1.54	12.57	51.14
5	415.27	1.90	13.77	56.22
6	406.15	2.38	14.99	63.11
7	395.62	2.56	15.45	64.27
8	388.90	2.99	16.84	67.77
9	385.47	3.06	16.83	68.78
10	372.01	3.48	18.12	70.12
11	366.71	3.84	19.20	71.97
12	357.80	4.29	20.24	74.34
13	348.17	4.60	21.18	74.15
14	326.47	5.17	22.57	73.40
15	305.60	5.80	24.34	71.46

表 5-69　2#模型在叶片安放角为 0°时能量特性试验数据

序号	流量 Q/(L/s)	扬程 H/m	轴功率 N/kW	装置效率 η/%
1	466.22	0.54	11.68	21.02
2	454.92	1.05	12.90	36.16
3	447.81	1.43	14.22	44.05
4	440.34	1.69	14.88	48.96
5	432.01	2.04	15.56	55.56
6	419.43	2.60	17.02	62.88
7	406.41	2.97	18.43	64.27
8	401.39	3.31	19.29	67.51
9	392.52	3.54	19.70	69.22
10	382.62	3.80	20.54	69.39
11	379.55	4.07	21.51	70.33
12	374.53	4.31	21.67	72.96
13	356.12	4.77	22.75	73.28
14	314.35	6.26	27.21	70.85
15	303.54	6.53	27.62	70.33

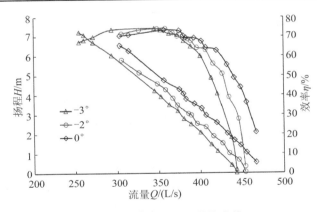

图 5-85　2#模型装置性能曲线

　　3#模型的试验结果见表 5-70 至表 5-73,装置性能曲线如图 5-86 所示,效率指标在最大扬程、排涝设计扬程和引水设计扬程工况下,均达到合同保证值要求。在最小扬程工况下,效率低于保证值。流量指标在各工况下均达到并超过保证值,空化性能满足要求。对于原型装置,当扬程为 3.98 m 时,轴功率为 1 907 kW;当扬程为 4.2 m 时,流量为33.80 m³/s,装置效率为 70.5%,则轴功率为 1 975 kW。配用功率系数 $f = 2\,000/1\,975 = 1.013$,配用功率不足。

表 5-70　3[#]模型在叶片安放角为－4°时能量特性试验数据

序号	流量 $Q/(L/s)$	扬程 H/m	轴功率 N/kW	装置效率 $\eta/\%$
1	356.49	0.29	6.03	16.58
2	341.02	1.02	7.74	43.99
3	320.41	1.72	8.96	60.31
4	312.35	2.04	9.83	63.53
5	299.50	2.53	11.05	67.25
6	289.92	2.96	11.89	70.87
7	270.92	3.49	12.75	72.80
8	261.61	3.86	13.55	73.02
9	241.47	4.48	14.66	72.42
10	231.67	4.81	15.19	71.86
11	223.56	5.08	15.85	70.28
12	214.34	5.47	16.58	69.30
13	197.92	5.67	17.01	64.73
14	186.87	5.80	17.21	61.76

表 5-71　3[#]模型在叶片安放角为－2°时能量特性试验数据

序号	流量 $Q/(L/s)$	扬程 H/m	轴功率 N/kW	装置效率 $\eta/\%$
1	394.10	0.12	6.33	7.55
2	380.99	0.62	7.58	30.41
3	368.79	1.16	9.11	45.85
4	355.02	1.69	10.33	57.10
5	340.22	2.25	11.63	64.42
6	330.54	2.50	12.26	66.21
7	319.37	2.98	13.43	69.43
8	311.60	3.37	14.41	71.43
9	302.28	3.71	15.04	73.06
10	289.47	3.96	15.30	73.39
11	281.86	4.25	16.13	72.79
12	273.49	4.48	16.55	72.58
13	264.61	4.86	17.51	72.04
14	256.27	5.23	18.30	71.86
15	238.42	5.65	19.28	68.52
16	227.82	5.99	20.06	66.67
17	219.75	6.17	20.59	64.59

表 5-72　3# 模型在叶片安放角为 0°时能量特性试验数据

序号	流量 $Q/(\text{L/s})$	扬程 H/m	轴功率 N/kW	装置效率 $\eta/\%$
1	424.28	0.32	7.91	16.76
2	406.36	1.11	10.31	43.02
3	385.59	1.78	11.89	56.52
4	362.75	2.56	13.85	65.67
5	351.29	2.91	14.50	69.08
6	343.19	3.19	15.28	70.17
7	338.25	3.43	15.94	71.29
8	333.51	3.49	16.09	71.00
9	327.01	3.76	16.65	72.40
10	322.23	3.98	17.35	72.51
11	312.42	4.16	17.48	72.90
12	295.92	4.78	19.03	72.89
13	278.16	5.35	20.53	71.11
14	265.21	5.72	21.67	68.69
15	254.56	5.98	22.17	67.29
16	246.04	6.28	23.11	65.54

表 5-73　3# 模型在叶片安放角为 2°时能量特性试验数据

序号	流量 $Q/(\text{L/s})$	扬程 H/m	轴功率 N/kW	装置效率 $\eta/\%$
1	440.95	0.56	9.59	25.30
2	428.06	1.16	11.34	42.96
3	415.03	1.55	12.77	49.40
4	404.05	2.01	13.62	58.50
5	389.42	2.45	14.99	62.52
6	381.00	2.71	15.79	64.17
7	376.11	2.83	15.92	65.43
8	369.89	3.10	16.65	67.63
9	361.47	3.33	17.29	68.19
10	351.65	3.65	18.04	69.82
11	341.23	4.09	19.16	71.38
12	334.49	4.34	19.73	72.21
13	329.60	4.47	20.19	71.51
14	316.95	4.81	21.06	70.91
15	311.82	5.13	22.23	70.59
16	302.12	5.37	22.68	70.17

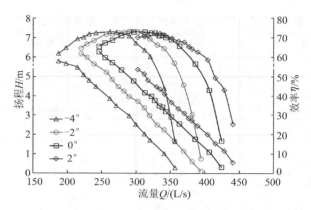

图 5-86   3[#]模型装置性能曲线

② 模型比较与分析

3 组模型的性能对比曲线如图 5-87 所示,对比数据见表 5-74,空化特性曲线对比如图 5-88 所示。1[#]模型装置效率在各工况下均比 2[#]、3[#]模型平均高 3% 左右;但 1[#]模型的流量比 2[#]和 3[#]模型小 6% 左右。1[#]模型的空化性能明显优于 2[#]和 3[#]模型,在低扬程工况下也如此。3 组模型的空化性能均满足保证值的要求。

在最大扬程和排涝设计扬程工况下,3 组模型的流量、效率指标均达到保证值的要求,但在最小扬程工况下,3 组模型的效率指标均低于保证值。究其原因,在投标阶段对最小扬程 $H_{min}=0.73$ m 的流量与效率保证值的确定是建立在将原泵段模型性能处于理想状态,对低扬程区域顺延得出的,曲线下延平坦,得出的性能偏高。此外,从 3 组模型均未达到保证值的情况可判断出在此比转速和 0.73 m 的特低扬程工况下,一般流量越大,损失越大,效率越低,并非按原有预想的曲线顺延。

制造商虽然也尝试从国外引进先进的水力模型,但未能如愿,在低扬程工况下的效率指标也低于保证值,因此最终决定采用 1[#]水力模型配前述优化设计出水扩散管和导流锥作为原型机组制造加工的方案。

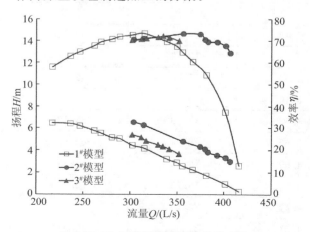

图 5-87 3 组模型装置性能曲线对比

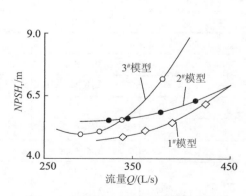

图 5-88 3 组模型装置空化特性曲线对比

表 5-74　3 组模型装置性能对比

测试参数	模型叶轮	特征扬程值 H/m							
		0.73	1.00	2.17	2.31	2.50	3.00	3.23	3.98
流量 $Q/(L/s)$	1#	382.00	378.00	335.00	328.00	323.00	308.00	293.00	256.00
	2#	369.00	365.00	326.00	320.00	312.00	297.00	282.00	250.00
	3#	378.00	372.00	335.00	330.00	325.00	310.00	301.00	275.00
装置效率 $\eta/\%$	1#	42.10	47.00	60.00	62.00	63.40	65.55	64.80	63.00
	2#	44.00	47.00	63.20	64.70	65.00	67.00	66.40	64.50
	3#	42.00	46.80	65.70	67.80	67.00	73.00	75.60	73.00
轴功率 N/kW	1#	6.50	7.89	11.89	12.00	12.49	13.84	14.33	15.87
	2#	6.01	7.62	10.98	10.93	11.77	13.05	13.46	11.41
	3#	6.45	7.80	10.85	11.03	11.90	12.50	12.62	11.09

5.3.6　工程实施及运行效果

1. 设备结构及特点

（1）主水泵

高港泵站采用双层流道的新型装置型式，土建结构相对较为简单，但主水泵主要部件的尺寸较大，机组结构如图 5-89 所示，其中 1#～3# 机组为半调节，4#～9# 机组为机械全调节。机组部件中最大扩散管外径达 φ5 500 mm，为适应运输和现场安装的需要，采用分半结构，陆路运输及吊装示意图如图 5-90 所示。最重部件为导叶体，质量达 11 000 kg，最长部件为主轴，长度为 7 850 mm。

（2）主电动机

由于是立式水泵，因而原动机亦采用立式同步电动机，与水泵之间刚性直联。电动机额定电压为 10 kV，定子线圈采用整体真空压力浸渍绝缘处理技术，F 级绝缘水平，击穿场强≥30 kV/mm。半调节和全调节机组分别采用不同的主轴结构。冷却方式为半管道通风，冷风从上、下机架进入，热风从机座四周散发到机坑风道，再由风道的出风口通过排风风机排出室外。主电动机的主要技术参数见表 5-75。

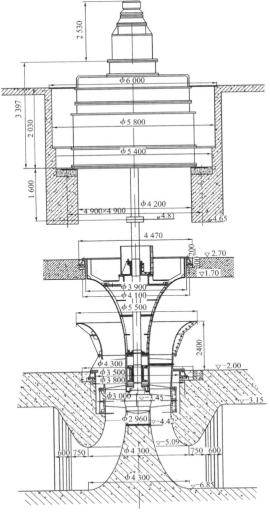

图 5-89　高港泵站机组结构图（长度单位：mm）

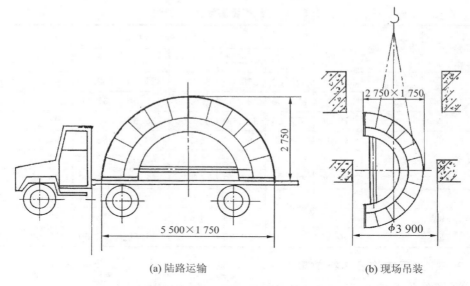

| (a) 陆路运输 | (b) 现场吊装 |

图 5-90 扩散管陆路运输及吊装示意图

表 5-75 主电动机的主要技术参数

额定值		转矩		温升与温度		其他电气参数	
功率 P/kW	2 000	最大转矩/额定转矩	1.5	定子绕组温升/K	80 (110%Ue)	$X_d, X'_d, X''_d/\Omega$	39.48,12.11,7.28
效率 $\eta/\%$	94.51	堵转转矩/额定转矩	0.5	定子铁芯温升/K	80 (110%Ue)	$X_q, X''_q/\Omega$	25.74,7.2
电压/kV,电流/A	10,136	牵入转矩/额定转矩	1.1	定子报警温度/℃	110	短路比	1.26
励磁电压/V,电流/A	46,150	堵转电流/A	814	推力轴承跳闸温度/℃	65	$X, X_2/\Omega$	4.86,7.24

（3）其他主要电气设备

① 变电所电气设备

高港泵站设有 110 kV 电压等级的专用变电所一座，主变压器的型号为 SFZ$_9$-25000/110，额定容量为 25 000 kVA，采用油浸式、免吊芯结构；高压断路器采用德国 AEG 公司生产的 S$_1$-145F$_1$ 型 SF$_6$ 断路器。

② 高压开关柜

高港泵站采用 GZS$_1$-10 型铠装中置式真空开关，进线断路器为 ABB 公司的 VD$_4$ 真空断路器，其他开关为组装 VS$_1$ 型真空开关。

（4）主要二次电气设备

① 励磁装置

为适应高港泵站自动控制的需要，采用以现代电力电子技术、现代控制理论与微机技术相结合的 BKL-501SC 型新一代微机全控励磁装置。该装置解决了过去励磁装置存在的启动脉振、投励滑差捕捉困难、投励冲击、运行中启动电阻发热、半控桥失控励磁变压器发热甚至烧坏等问题，能够实现闭环调节和控制，具有失步保护和不减载自动再同步性能。该装置采用全数字式励磁调节，有 2 个完全独立的自动通道互为备用，如图 5-91 所示,按主备机方式工作、备机自动跟踪主机通道,主机故障自动切换至备机,无波动。励磁装置主要性能参数见表 5-76。

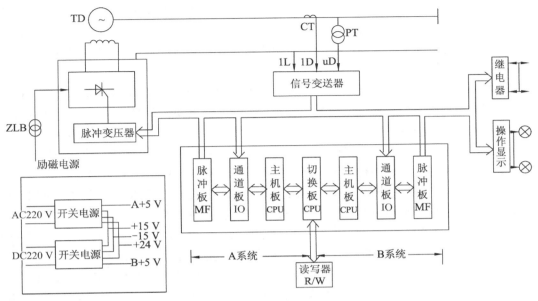

图 5-91　微机励磁装置工作原理图

表 5-76　励磁装置主要性能参数

序号	参数类型		额定值
1	模拟量输入参数	定子电压/V	100
		定子电流/A	5
		转子电压/V	11~137.5
		转子电流/A	30~375
		模数转换通道	2 路
2	开关量输入输出容量	带光电隔离 I/O 口	282 路
		非光电隔离 I/O 口	5 路
3	电源参数交、直流并联供电	交流输入/V	220±15%
		直流输入/V	220±15%
4	指标参数	可控硅控制角分辨率	2^{-8}
		A/D 转换分辨率	2^{-8}
		控制调节速度/(次/s)	50
		励磁电压调节范围/%	10~120
		移相范围/(°)	0~180

② 计算机综合自动化系统

高港泵站综合自动化系统采用当时最先进的集散控制系统(DCS),实现对全泵站电量和非电量采集、显示;对各种开关量进行操作和控制,实现自动控制、保护和优化调度功能。高港泵站机组台数多,有3座闸和1座变电所,设备分布范围广,要求可靠性高、维护便利、功能扩展和重组操作简单,且要求枢纽运行数据直接输入管理信息系统,方便管理。泵站采用基于开放现场总线技术和热冗余技术、全数字化和智能化的集散控制系统,共有8台采集控制站分布在泵站现场,5台显示操作站安装在控制室内。各采集控制站和控制室内操作站组成 Ethernet 网络结构,通过 TCP/IP 协议实现网络通信。

监控部分 根据设备分布情况进行综合布线,主干网为两端相连的粗缆冗余总线网,并对控制室中的控制站功能进行分配。例如,1#控制站主要负责采集 110 kV 变电所的高低压开关量、非电量参数,以及各开关的状态和保护动作情况等,并控制变电所各开关的切投操作,以及全站机组的电气参数和站变、所变的参数和状态的采集与控制等。

微机保护部分 考虑到现场 RTU(远程测控终端)所处的环境比较恶劣,电磁干扰严重,为提高系统的可靠性,网络采用星型结构。因 RS-422 接口采用平衡差分接收电路,具有数据传输速率高和传输距离长、抗干扰能力好等特点,故接口均采用 RS-422 接口。各保护和录波 RTU 均与通信管理机组组成星型通信网络,以 19 200 bit/s 的速率进行数据传送,定时将现场的各种工作参数传送至控制室,便于监测各种运行工况。

决策系统与信息管理部分 决策系统主要是根据泵站和节制闸不同运行工况进行优化调度,该系统采用基于自然选择和基因遗传学原理的随机搜索算法的遗传算法,根据水泵的流量曲线和效率曲线建立优化调度模型。信息管理部分主要包括各种值班记录、调度指令、操作票、工作票、运行报表、定置管理、设备管理、工作管理和其他活动等。

2. 运行效果

高港泵站自 1999 年一期工程和 2001 年二期工程建成相继投入运行以来,机组运行稳定。试运行期间进行单机 72 h 和联合 24 h 试运行。主水泵启动时叶片安放角设置为 2°,在工作扬程 3.0 m 下机组牵入同步的时间约为 6 500 ms,与设计值接近,且启动平稳。试运行结果表明,机组性能稳定,主要机电设备温升、最高温度、动作可靠性等均达到合同要求。

(1)机组能量特性

在不同的试运行工况下,1#~3#机组利用内河河道的调度闸 4 孔闸孔标准断面采用流速仪进行流量测量,由于出水侧为长江,受潮位的影响,在试运行过程中变幅较大,因此测量结果精度不高。表 5-77 为在叶片安放角为 2°时机组能量特性测试结果。从表中可以发现,机组装置效率基本达到设计要求,但流量值偏小,初步分析,这与现场的测试条件、叶片安放角精度等因素有关。

表 5-77 机组能量特性测试结果

序号	内河平均水位/m	长江平均水位/m	扬程 H/m	流量 Q/(m³/s)	功率 P/kW	计算效率 η/%
1	1.43	4.74	3.31	89.3	4 133	70.16
2	1.41	4.34	2.93	94.0	3 921	68.91
3	1.41	4.17	2.76	97.2	3 856	68.25
4	1.41	3.38	1.97	97.8	3 420	55.21

（2）机组稳定性

① 机组不同部位温升和温度

在工作扬程为 3.2 m 时机组启动，启动前定子铁芯、上导和推力轴瓦、下导轴瓦的初始温度为 23 ℃，环境温度约为 20 ℃。机组运行 2 h 后，定子铁芯温度逐步上升至 45～46 ℃，并趋于稳定；导轴瓦和推力瓦的温度在 2 h 左右上升到 33～35 ℃，上、下油缸的油温上升至 28～30 ℃，均趋于稳定。机组的功率为 1 400～1 900 kW，已经接近额定值，因此机组温升和稳定满足合同规定的要求。

② 机组不同部位的振动值及噪声

在试运行过程中，对不同工况下机组顶盖处的水平和垂直振动以及噪声水平进行测试，测试结果见表 5-78。从表中可知，振动情况良好，但机组噪声偏高，主要是风罩无缓冲垫片、花纹钢盖板垫片厚度不足。总体上机组稳定性较好，符合相关标准的要求。

高港泵站实景如图 5-92 所示。

表 5-78　机组振动及噪声测试结果

试运行工况扬程 H/m		3.31	2.93	1.97
振动值/(10^{-3}mm)	垂直	6.0～7.0	5.0～6.0	5.0～6.0
	水平	1.0～3.5	1.0～3.5	1.0～3.5
噪声/dB		84～86	83～84	83～84

(a) 长江侧　　　　　　　　　　　　　　(b) 内河侧

(c) 厂房全景　　　　　　　　　　　　　(d) 主机组

图 5-92　高港泵站实景

5.4 立轴双向流道装置运行稳定性研究

5.4.1 研究背景

立式双向流道泵站在沿江流域应用较多,其显著特点是运行扬程变幅较大,因此装置的运行稳定性是该新型立式装置型式设计成功与否的关键因素之一。现以界牌水利枢纽为例开展装置运行稳定性研究,采用 CFD 模拟原型、模型装置的非定常流动,对相同位置压力脉动进行预测,并通过模型试验和现场测试进行验证,揭示原型、模型压力脉动之间的相似关系;再进行模型、原型振动、摆度在线测量,研究不同工况下压力脉动、振(摆)度及内部流态三者之间的关联性,最终确定影响机组稳定性的主要因素。

界牌水利枢纽是江苏省新孟河延伸拓浚工程重要的枢纽建筑物,位于新孟河工程入江口,具有引长江水进入太湖、湖西区,排泄流域上游洪水进入长江等重要功能,是实现新孟河改善太湖和湖西地区水环境,提高流域和区域的防洪排涝标准,增强流域和区域水资源配置能力工程等任务的重要节点工程。界牌水利枢纽由船闸、节制闸、泵站组成。泵站为双向泵站,引、排水设计流量为 300 m³/s,装有 9 台套液压全调节立式轴流泵,单机设计流量为 33.4 m³/s,配套功率为 2 000 kW 的立式同步电机,额定电压为 10 kV。优化设计后界牌泵站装置纵剖面如图 5-93 所示,下层流道为纵向收缩型。界牌泵站运行水位组合及扬程见表 5-79。

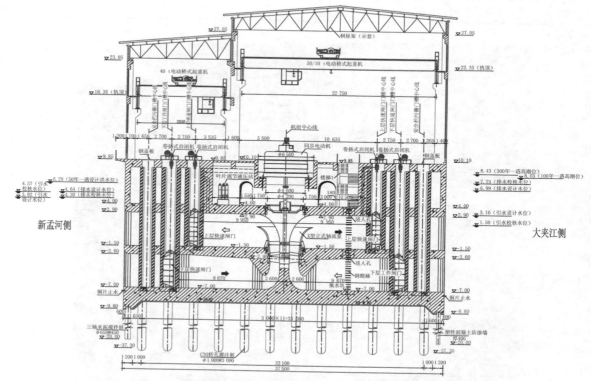

图 5-93 优化设计后界牌泵站装置纵剖面图(长度单位:mm)

表 5-79　界牌泵站运行水位组合及扬程　　　　　　　　单位:m

工况		水位		扬程
		长江侧	新孟河侧	
排水	设计	6.99	4.64	2.75
	最高	7.23	6.29	3.33
	最低	3.64	4.30	0
引水	设计	3.16	3.92	1.16
	最高	3.64	4.57	3.47
	最低	1.50	2.80	0

注:泵站以引水工况为主(正向),兼顾排水工况。

5.4.2　装置压力脉动 CFD 分析[①]

1. 压力脉动监测点的选择

对原型、模型装置进行非定常数值计算,监测点选择时应考虑到压力脉动显著且可能对机组的稳定性产生影响,并且便于布置。原型、模型装置压力脉动试验监测点的位置及坐标值见表 5-80。

表 5-80　原型、模型装置压力脉动试验监测点位置

测点位置	X/m		Y/m		Z/m		备注
	原型	模型	原型	模型	原型	模型	
测点 1	6.900 0	0.600	−4.715 0	−0.410	−2.300 0	−0.200	进水流道壁面
测点 6	0	0	−4.715 0	−0.410	−2.300 0	−0.200	
测点 2	0	0	−2.369 0	−0.206	−1.782 5	−0.155	进水喇叭口
测点 3	0	0	2.369 0	0.206	−1.782 5	−0.155	
测点 4	2.369 0	0.206	0	0	−1.782 5	−0.155	
测点 5	−2.369 0	−0.206	0	0	−1.782 5	−0.155	
测点 7	0	0	1.725 0	0.150	−0.805 0	−0.070	叶轮进口
测点 8	1.725 0	0.150	0	0	−0.805 0	−0.070	
测点 9	−1.725 0	−0.150	0	0	−0.805 0	−0.070	
测点 10	0	0	−1.725 0	−0.150	−0.805 0	−0.070	

[①]　扬州大学,江苏省水利勘测设计研究院有限公司.新孟河延伸拓浚工程界牌水利枢纽工程水泵装置 CFD 数值计算和模型试验对比分析报告(水泵装置模型非定常特性分析报告)[R].扬州:扬州大学,2017.

续表

测点位置	X/m		Y/m		Z/m		备注
	原型	模型	原型	模型	原型	模型	
测点 11	0	0	1.690 5	0.147	0.650 0	0.054	
测点 12	1.690 5	0.147	0	0	0.650 0	0.054	
测点 13	−1.690 5	−0.147	0	0	0.650 0	0.054	叶轮导叶之间
测点 14	0	0	−1.690 5	−0.147	0.650 0	0.054	
测点 15	0	0	2.127 5	0.185	2.875 0	0.250	
测点 16	2.127 5	0.185	0	0	2.875 0	0.250	
测点 17	−2.127 5	−0.185	0	0	2.875 0	0.250	导叶出口
测点 18	0	0	−2.127 5	−0.185	2.875 0	0.250	
测点 19	0	0	3.795 0	0.330	5.336 0	0.464	
测点 20	0	0	−3.795 0	−0.330	5.336 0	0.464	
测点 21	3.795 0	0.330	0	0	5.336 0	0.464	出水喇叭管
测点 22	−3.795 0	−0.330	0	0	5.336 0	0.464	
测点 23	−6.900 0	−0.600	−4.657 5	−0.405	3.450 0	0.300	出水流道边壁

2. 压力脉动数值计算

压力脉动数值计算是在定常计算结果的基础上,以定常计算结果为初始条件,计算整个泵装置的非定常特性。非定常计算采用 N‐S 方程和标准 κ‐ϵ 模型,动静交接面采用 Transient Rotor Stator 模型,网格数量满足网格无关性要求。计算时间取叶轮旋转 6 个周期的时间,将最后 3 个周期的结果作为非定常现象研究。叶轮每旋转 3°计算一次,每计算 1 次保存一个结果,每次计算以迭代曲线减小到 10^{-6} 作为计算收敛的依据。数值计算中采用的叶轮为 ZM25 水力模型,泵性能曲线如图 5-94 所示。原型、模型装置各测点的压力脉动时域图和频域图如图 5-95 至图 5-106 所示。原型、模型装置各测点对应流量见表 5-81。

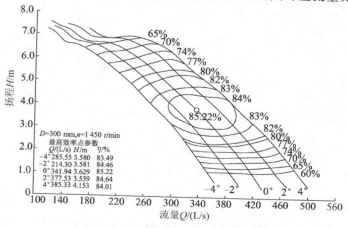

图 5-94　ZM25 模型泵性能曲线

表 5-81　压力脉动各测点对应流量

测点序号	流量			图序号	
	原型 $Q/(\mathrm{m}^3/\mathrm{s})$	模型 $Q/(\mathrm{L/s})$	流量相对值	原型	模型
1	16.70	126.00	$0.50Q_\mathrm{d}$	图 5-95	图 5-96
2	20.04	151.53	$0.60Q_\mathrm{d}$	图 5-97	图 5-98
3	26.72	202.04	$0.80Q_\mathrm{d}$	图 5-99	图 5-100
4	33.40	252.55	$1.00Q_\mathrm{d}$	图 5-101	图 5-102
5	36.74	277.80	$1.10Q_\mathrm{d}$	图 5-103	图 5-104
6	38.41	290.40	$1.15Q_\mathrm{d}$	图 5-105	图 5-106

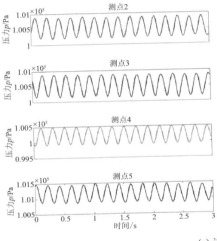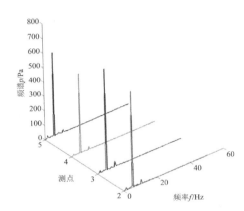

(a) 进水喇叭口

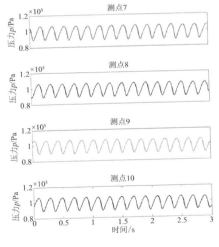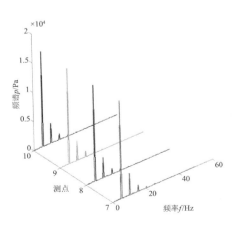

(b) 叶轮进口

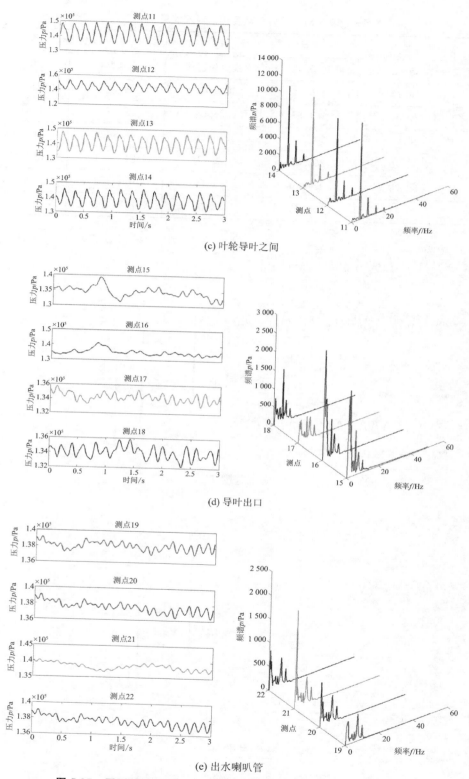

(c) 叶轮导叶之间

(d) 导叶出口

(e) 出水喇叭管

图 5-95　原型装置各测点压力脉动时域图和频域图($Q=16.7\ \mathrm{m^3/s}$)

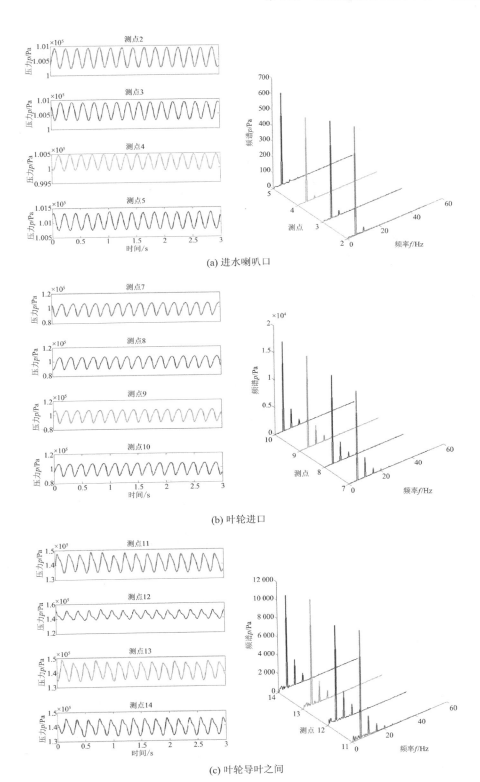

(a) 进水喇叭口

(b) 叶轮进口

(c) 叶轮导叶之间

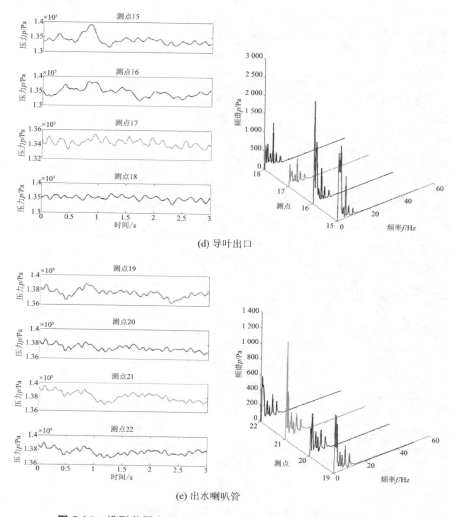

(d) 导叶出口

(e) 出水喇叭管

图 5-96　模型装置各测点压力脉动时域图和频域图($Q=126\ \text{L/s}$)

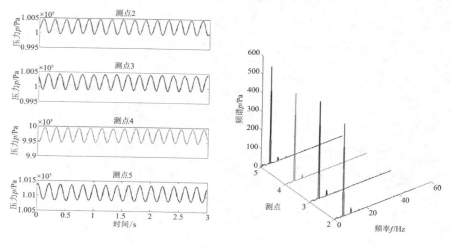

(a) 进水喇叭口

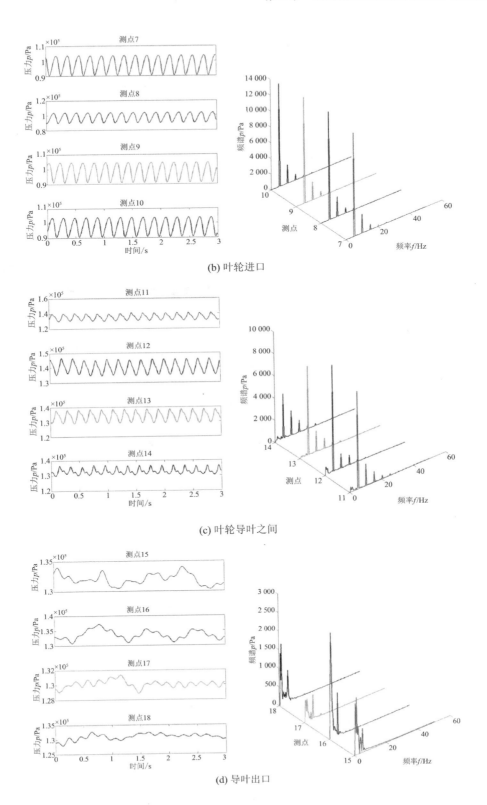

(b) 叶轮进口

(c) 叶轮导叶之间

(d) 导叶出口

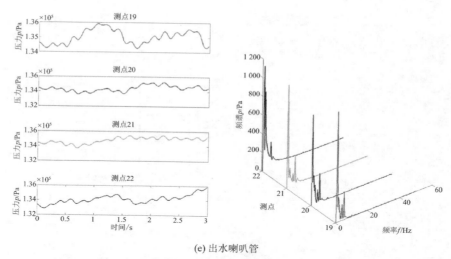

(e) 出水喇叭管

图 5-97　原型装置各测点压力脉动时域图和频域图($Q=20.04\ \mathrm{m^3/s}$)

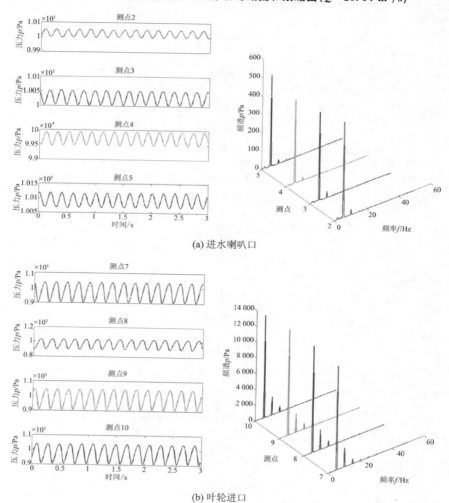

(a) 进水喇叭口

(b) 叶轮进口

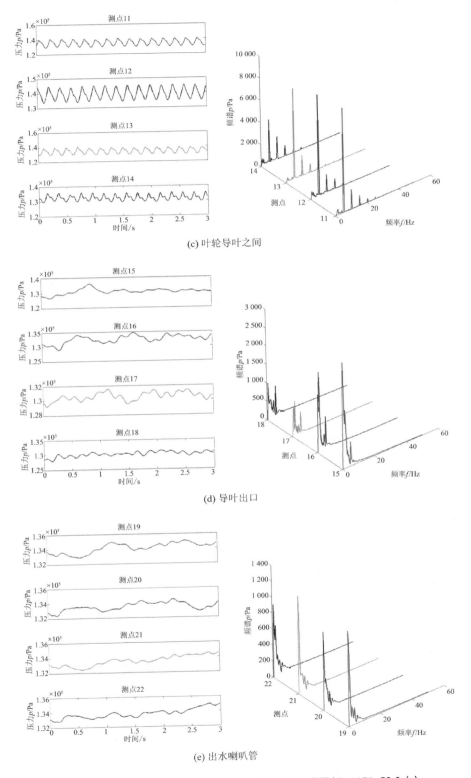

图 5-98　模型装置各测点压力脉动时域图和频域图 ($Q = 151.53$ L/s)

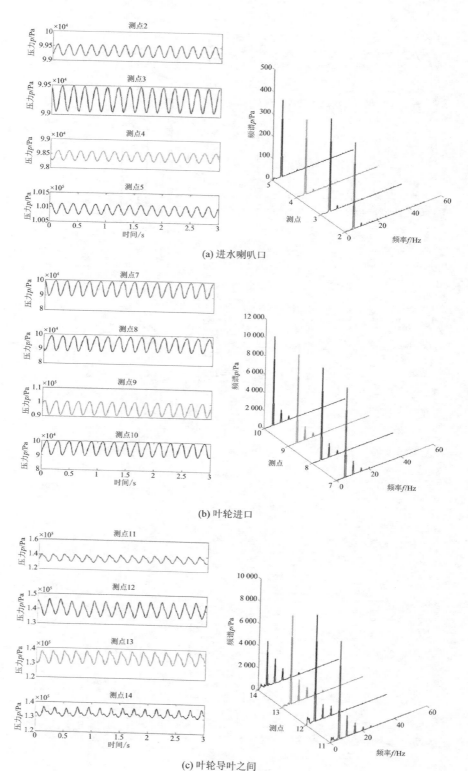

(a) 进水喇叭口

(b) 叶轮进口

(c) 叶轮导叶之间

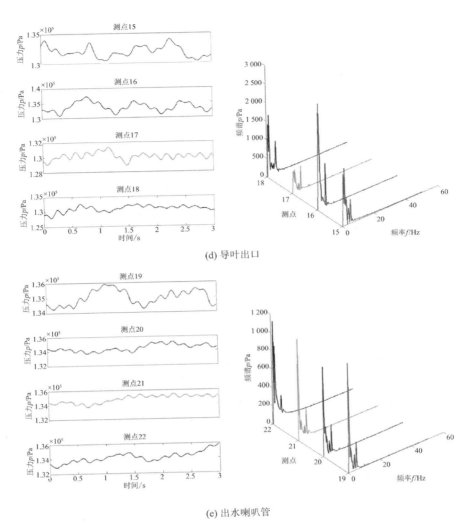

(d) 导叶出口

(e) 出水喇叭管

图 5-99　原型装置各测点压力脉动时域图和频域图($Q=26.72$ m³/s)

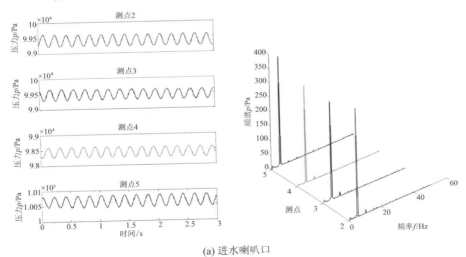

(a) 进水喇叭口

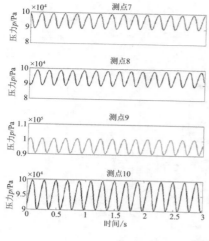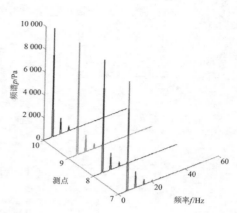

(b) 叶轮进口

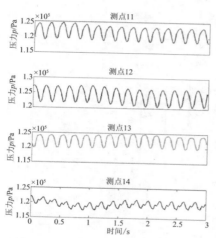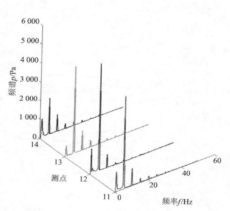

(c) 叶轮导叶之间

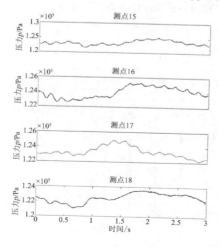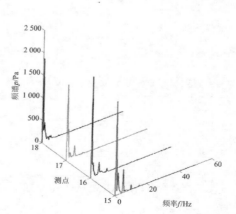

(d) 导叶出口

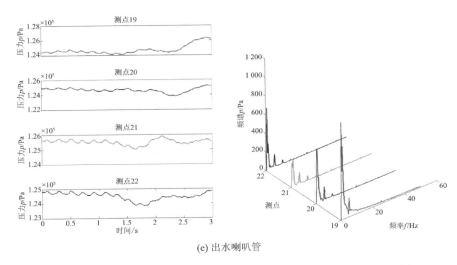

(e) 出水喇叭管

图 5-100　模型装置各测点压力脉动时域图和频域图($Q=202.04$ L/s)

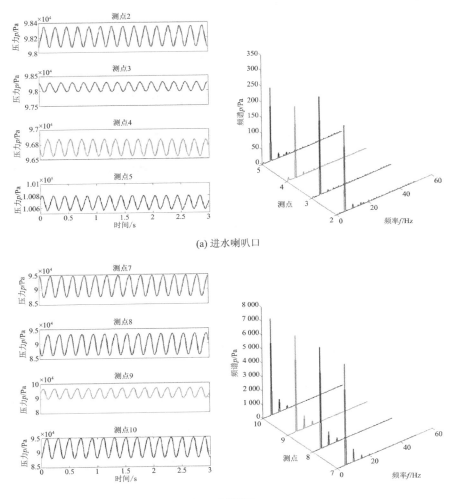

(a) 进水喇叭口

(b) 叶轮进口

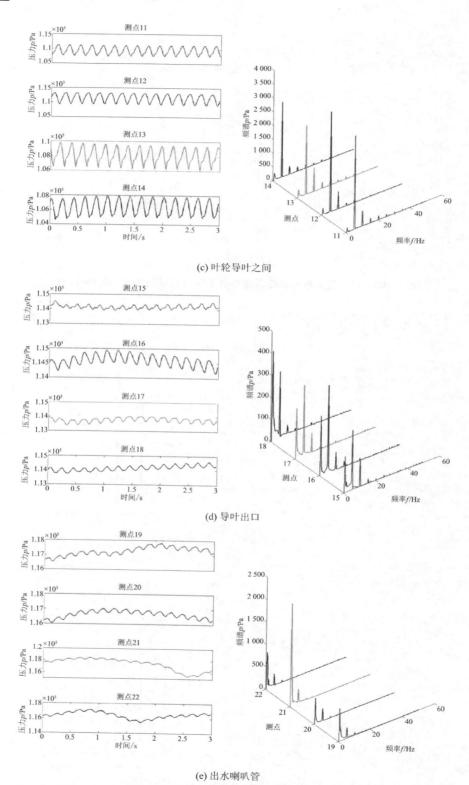

(c) 叶轮导叶之间

(d) 导叶出口

(e) 出水喇叭管

图 5-101 原型装置各测点压力脉动时域图和频域图($Q=33.4$ m³/s)

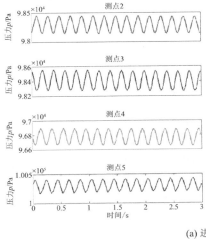
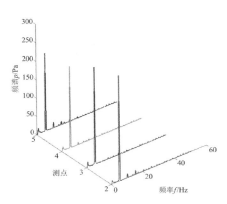

(a) 进水喇叭口

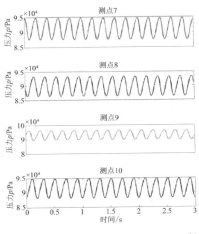
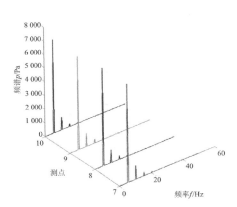

(b) 叶轮进口

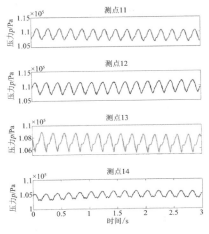
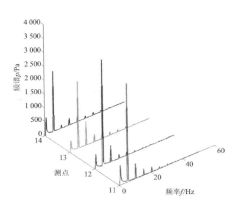

(c) 叶轮导叶之间

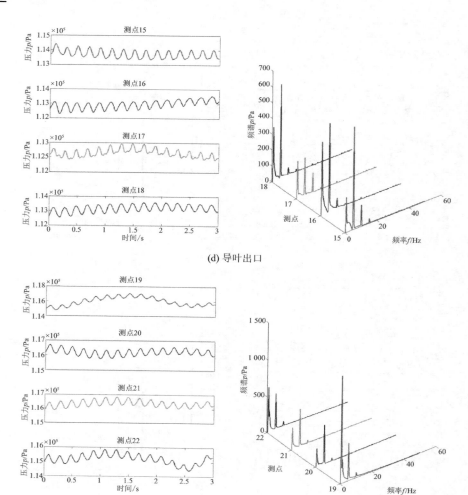

(d) 导叶出口

(e) 出水喇叭管

图 5-102　模型装置各测点压力脉动时域图和频域图($Q=252.55$ L/s)

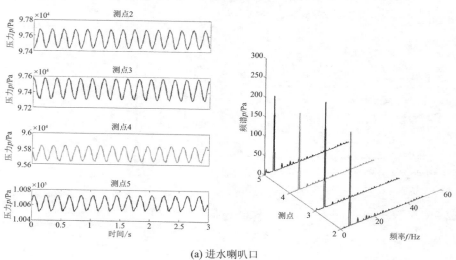

(a) 进水喇叭口

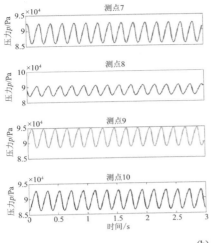

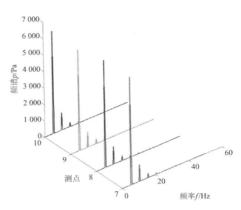

(b) 叶轮进口

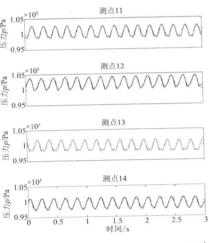

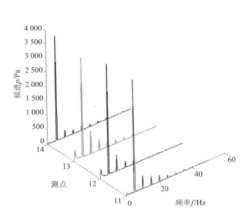

(c) 叶轮导叶之间

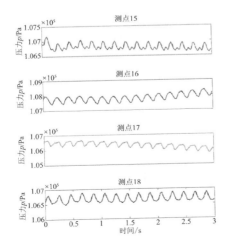

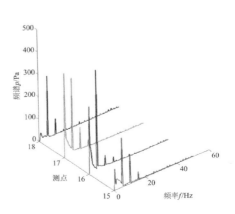

(d) 导叶出口

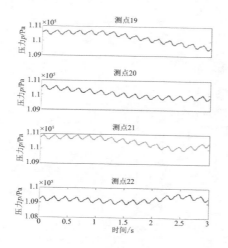

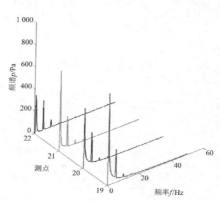

(e) 出水喇叭管

图 5-103　原型装置各测点压力脉动时域图和频域图($Q=36.74\ \mathrm{m^3/s}$)

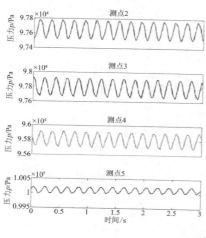

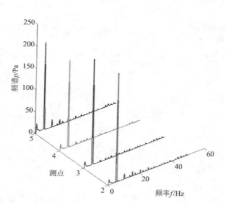

(a) 进水喇叭口

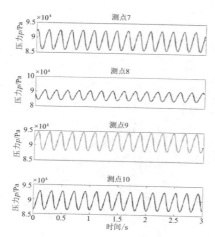

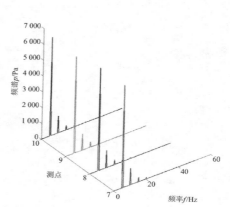

(b) 叶轮进口

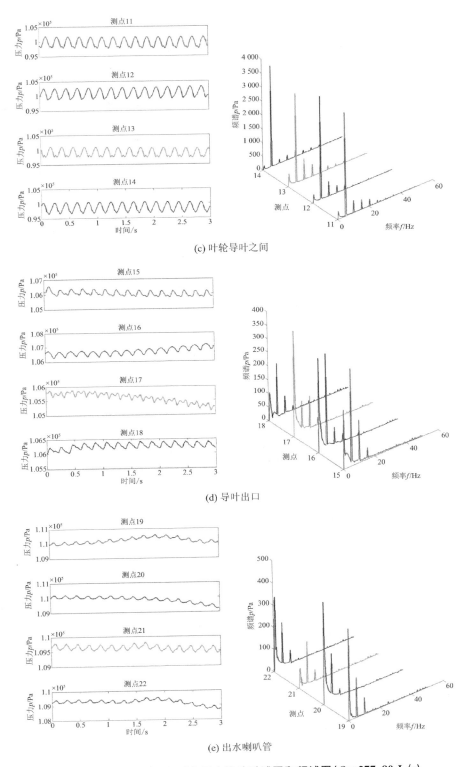

(c) 叶轮导叶之间

(d) 导叶出口

(e) 出水喇叭管

图 5-104 模型装置各测点压力脉动时域图和频域图 ($Q=277.80$ L/s)

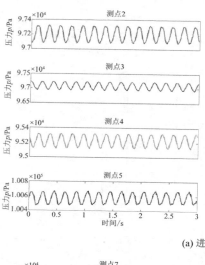
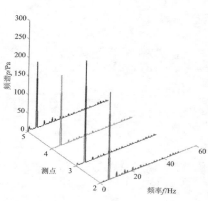

(a) 进水喇叭口

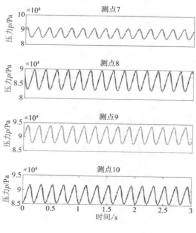
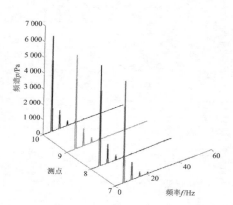

(b) 叶轮进口

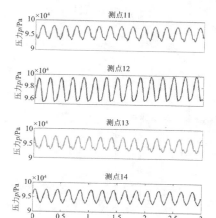
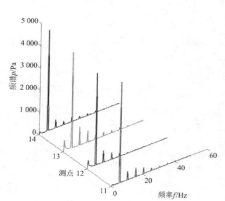

(c) 叶轮导叶之间

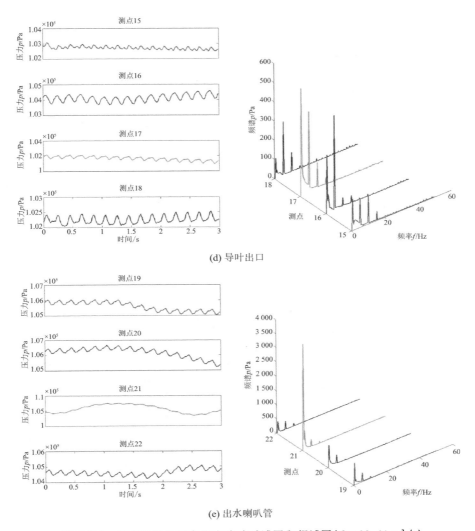

(d) 导叶出口

(e) 出水喇叭管

图 5-105　原型装置各测点压力脉动时域图和频域图 ($Q=38.41\ \mathrm{m^3/s}$)

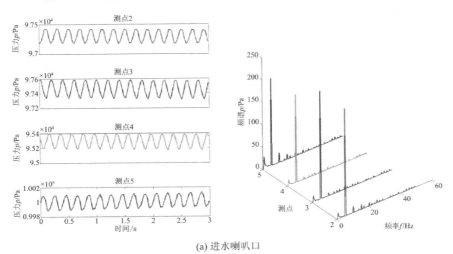

(a) 进水喇叭口

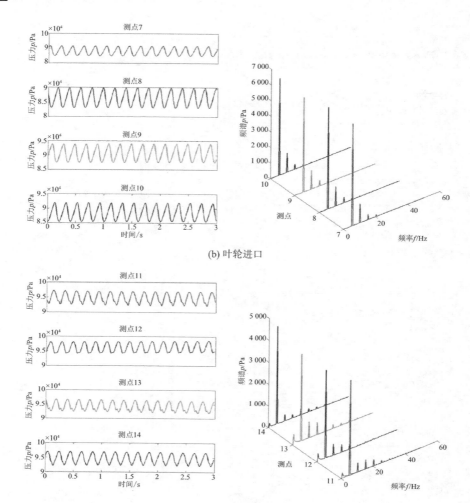

(b) 叶轮进口

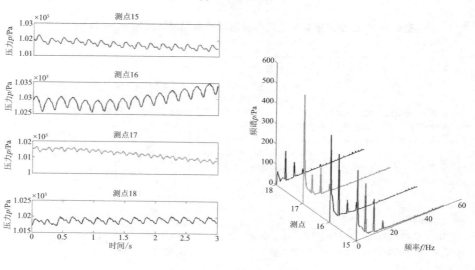

(c) 叶轮导叶之间

(d) 导叶出口

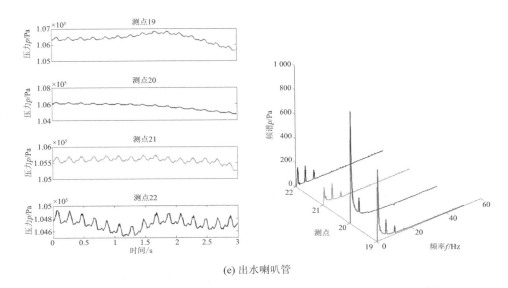

(e) 出水喇叭管

图 5-106　模型装置各测点压力脉动时域图和频域图(Q＝290.40 L/s)

3. 压力脉动模拟结果分析

根据原型、模型压力脉动时域图和频域图对比可以发现,原型和模型装置在进水流道、进水喇叭口、叶轮进口和叶轮导叶之间对应位置测点压力脉动时域图和频域图规律具有相似性,时域图和频域图数值基本保持一致。在导叶出口、出水喇叭管和出水流道内相似性较差,这是由于该位置区域水流不稳定,随机性强。根据频谱图可知,进水喇叭口、叶轮进口及叶轮与导叶之间主要受叶频影响,这些位置区域水流稳定,周期性明显,未产生脱流,因此主频主要决定于水流频率。导叶出口和出水喇叭管位置水流不稳定,除叶频影响外还会产生低频脉动。不同监测点的压力脉动特性如下:

① 进水喇叭口和叶轮进口监测面上 8 个测点的压力脉动曲线平滑,叶轮导叶之间 4 个测点的压力脉动曲线稍有紊乱。这可能是由泵内叶轮和导叶的动静干涉作用所导致的。由频谱图可知,导叶出口和出水喇叭管 8 个测点的压力脉动曲线不光滑,且出现了较大的低频压力脉动幅值。这说明在这些测点处水流存在脱流现象,同时沿周向分布的 4 个测点的压力脉动规律和幅值相差较大,这可能受导叶出口剩余环量的影响,由水流偏流造成的。

② 进水喇叭口、叶轮进口和叶轮导叶之间 3 个测点的主要频率都是叶轮转动频率的 3 倍,即叶片通过频率,这说明轴流泵内的水流压力脉动由叶轮的转动频率决定。导叶出口、出水喇叭管和出水流道内水流频率 5 Hz 依然存在,但会产生低频脉动,这是由水流脱流引起的。

③ 不同位置测点的压力脉动幅值不一样,叶轮进口压力脉动幅值最大,这是由于叶轮进口处叶片正面、背面压差较大造成的。进水流道内水流平顺,所以其压力脉动幅值最小,其他位置的压力脉动幅值均小于叶轮进口,可能原因是受到叶轮和导叶的制约作用降低了一定的压力脉动幅值。因此,在水力设计过程中应对轴流泵进口压力脉动予以高度重视。

对不同工况点的压力脉动特性进行分析,原型装置各工况点的压力脉动幅值见表 5-82。

表 5-82　原型装置压力脉动幅值

工况点 $Q/(\text{m}^3/\text{s})$	进水喇叭口/Pa	叶轮进口/Pa	叶轮导叶之间/Pa	导叶出口/Pa	出水喇叭管/Pa
16.70	600	17 000	11 000	2 000	1 500
20.04	550	14 000	8 000	2 000	1 100
26.72	400	10 000	8 000	2 000	1 100
33.40	250	7 000	3 000	400	2 000
36.74	200	6 500	4 000	350	600
38.41	200	6 400	5 000	500	3 000

　　根据表 5-82 可知,出水喇叭管脱流现象非常严重,可不考虑其不同流量工况点压力脉动幅值的变化规律。在进水喇叭口和叶轮进口位置测点处,其流量越大时,压力脉动幅值越小。这也进一步说明叶轮进口的压力脉动较大是由于其进口压差造成的。叶轮导叶之间的压力脉动幅值在设计工况点最小,越偏离设计工况,压力脉动幅值越大。由此可见,运行工况偏离设计工况较多时会使泵内各部分的压力脉动显著增加,虽然在大流量时叶轮进口和导叶出口的压力脉动较小,但在叶轮与导叶之间的压力脉动振幅变化较大。这说明大流量对叶轮出口处压力脉动的影响较大。

　　叶轮进口和叶轮导叶之间 3 个测点的主要频率都是叶轮转动频率的 3 倍,即叶片通过频率。导叶出口、出水喇叭管和出水流道内由于水流脱流会产生低频脉动。

5.4.3　压力脉动及振动模型测试[①]

1. 模型装置及测试设备

　　在能量特性试验的基础上进行压力脉动测试,模型装置试验中采用与 CFD 分析对应的 ZM25 水力模型进行装置模型试验。模型泵的名义叶轮直径 $D=300$ mm,水泵装置模型比尺为 $\lambda_l=11.5$,试验在扬州大学试验台进行。

　　ZM25 模型泵的叶轮如图 5-107a 所示,叶片数为 3,叶轮叶片用黄铜材料加工成型。模型泵的导叶轮如图 5-107b 所示,叶片数为 5,用钢质材料焊接成型。模型装置进、出水流道按照几何比尺采用钢板焊接制作,如图 5-108a 所示。进、出水流道在模型泵进、出口位置设置可视观察窗,可以观察水泵进、出口及流道内部流态。模型泵装置的实际安装效果如图 5-108b 所示。

　　压力脉动特性采用微型动态压力传感器测试,压力脉动测点布置如图 5-109 所示。测点布置在进水流道(1 个)、可视窗壁面(1 个)、进水喇叭口(4 个)、叶轮进口(2 个)、出水喇叭管(4 个)、出水流道(1 个)和出水盲端(1 个)。测点布置位置及坐标与表 5-80 基本对应,见表 5-83。

① 扬州大学,江苏省水利勘测设计研究院有限公司.新孟河界牌水利枢纽水泵装置模型试验报告[R].扬州:扬州大学,2016.

(a) 叶轮

(b) 导叶轮

图 5-107　ZM25 模型泵

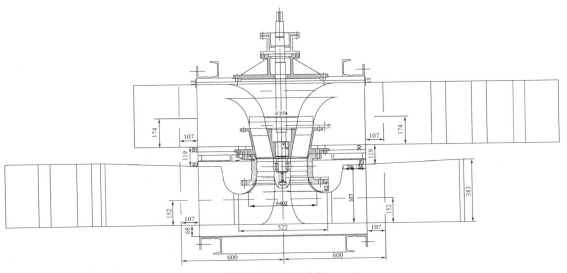

(a) 模型泵装置图（单位：mm）

(b) 试验装置实物

图 5-108　模型装置试验图

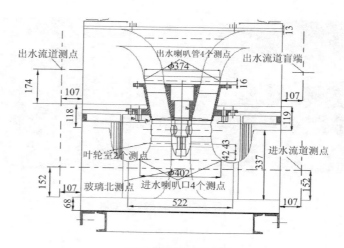

(a) 压力脉动测点布置图

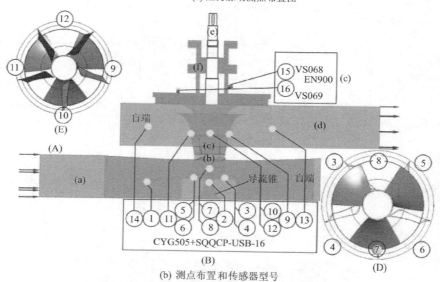

(b) 测点布置和传感器型号

图 5-109 传感器测点布置图

表 5-83 测点布置位置及坐标值

测点位置	X/m	Y/m	Z/m	备注
测点 1	0.600	−0.410	−0.200	进水流道北
测点 2	0	−0.410	−0.200	玻璃北
测点 3	−0.145	−0.145	−0.155	进水喇叭口东北
测点 4	−0.145	0.145	−0.155	进水喇叭口东南
测点 5	0.145	0.145	−0.155	进水喇叭口西南
测点 6	0.145	−0.145	−0.155	进水喇叭口西北
测点 7	0	0.150	−0.070	叶轮进口南

测点位置	X/m	Y/m	Z/m	备注
测点 8	0	-0.150	-0.070	叶轮进口北
测点 9	0	0.185	0.250	出水喇叭管南
测点 10	0.185	0	0.250	出水喇叭管西
测点 11	-0.185	0	0.250	出水喇叭管东
测点 12	0	-0.185	0.250	出水喇叭管北
测点 13	-0.600	-0.410	0.300	出水流道北
测点 14	0.600	-0.410	0.300	出水流道盲端

注：顺水流方向左侧称为北，右侧为南。

　　本试验中，采用的高频动态微型传感器型号为 CYG505，其标称尺寸外径为 5 mm，具有外形尺寸小、对流场扰动小、灵敏度高、动态频响好等特点。传感器分绝压和表压 2 种，采用螺纹安装，绝压量程为 $-100\sim100$ kPa，表压传感器量程为 $0\sim200$ kPa，采样频率为 100 kHz 和 200 kHz。采样信号输出采用 $0\sim5$ V 输出，准确度等级为 0.25%。传感器的密封性能好，能有效防水。采集仪采用 SQQCP-USB-16 和 EN900。压力脉动测试装置如图 5-110 所示。

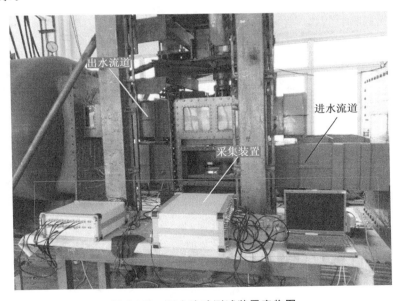

图 5-110　压力脉动测试装置实物图

　　模型泵装置振动特性试验的测点布置在轴承座水平位置和轴向位置，如图 5-111 所示。振动传感器 VS068 测量水平方向的振动速度，振动传感器 VS069 测量垂直方向的振动速度。振动传感器的主要参数如图 5-112 所示，允许的最大振幅为 ±0.45 mm，测量误差小于 $\pm7\%$。通过 EN900 故障诊断仪采集程序进行积分换算，最终得到各个方向的振动位移。

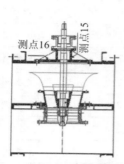

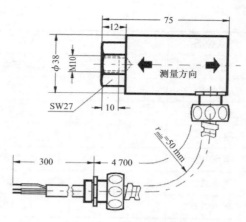

图 5-111 模型泵装置振动特性试验测点布置

图 5-112 振动传感器

2. 模型试验结果

不同叶片安放角下界牌泵站模型装置的综合特性曲线如图 5-113 所示,根据相似理论换算的原型装置的综合特性曲线如图 5-114 所示。

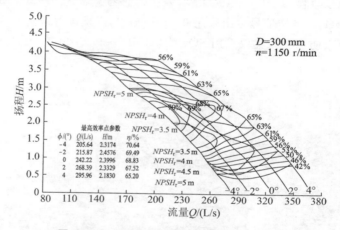

图 5-113 界牌泵站模型装置综合特性曲线

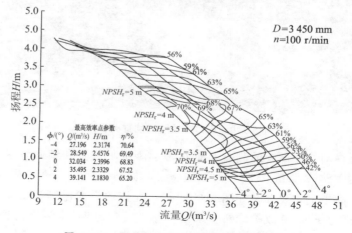

图 5-114 界牌泵站原型装置综合特性曲线

（1）压力脉动测试结果

压力脉动测试时取对应于能量特性的流量工况点 126 L/s,152 L/s,203 L/s,253 L/s 和 285 L/s。为尽量反映引水工况的压力脉动状况,取叶片安放角为 −3° 的压力脉动测试结果。将进水部分包括测点 1、测点 3、测点 4、测点 7 和测点 8 共 5 个压力脉动测试点与流量的压力脉动关系进行整理,其中测点 7 和测点 8 的压力脉动时域图和频域图分别如图 5-115 和图 5-116 所示。

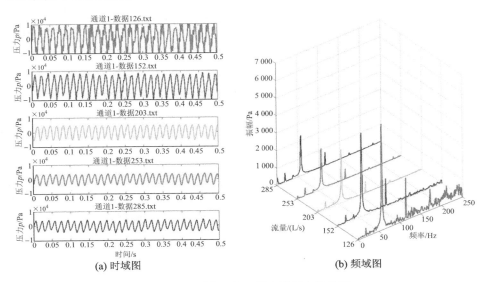

图 5-115　测点 7 各工况点的压力脉动图

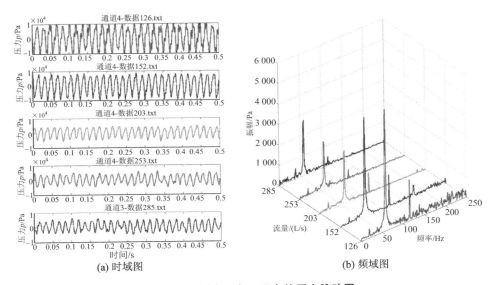

图 5-116　测点 8 各工况点的压力脉动图

通过图 5-115 和图 5-116 所示的叶轮室进口测点 7 和测点 8 各工况点的压力脉动图可知,叶轮室进口测点处的压力脉动周期性规律较好,由于有限叶片数的影响,在叶轮的流道内,从压力面到吸力面存在较大的压力梯度,因而在叶轮旋转过程中,叶轮前的监测点的压力存在交替性的脉动。随着流量的增大,测点所得压力脉动的幅度先逐渐减小,并且在额定工况下脉动的幅值最小,但在大流量区工况下,由于大流量时叶轮入口流态存在局部回流等不良流动现象,幅值呈上升的趋势。测点 7 和测点 8 的压力脉动规律基本相似。从频谱图上看,压力脉动主要分布在 1 倍转频(19.16 Hz)、1 倍叶频(主频 57.5 Hz)和 2 倍叶频(115 Hz)位置。各工况点对应的 1 倍转频幅值基本不随流量变化;1 倍叶频(主频)和 2 倍叶频对应的幅值基本都随着流量的减小,先减小再增大。在流量为 126 L/s时,由于叶轮进入马鞍区运行,内部流场不稳定,对应频谱上会产生一些高频脉动。

进水喇叭口测点 3、测点 4 各工况点的压力脉动图分别如图 5-117 和图 5-118 所示。由图可知,压力脉动峰峰值较叶轮室整体减小很多,且频谱分布和幅值有明显差别;从频谱图上看,各流量工况点的压力脉动的低频信号都很明显,这主要受进水喇叭口进水条件的影响,也反映了来流脉动的不对称。在大流量工况下高频信号成分较少,小流量工况下高频信号成分较多,说明小流量工况下喇叭进口水流条件仍受叶轮流态的影响。进水喇叭口东北测点 3 各工况点的压力脉动以 1 倍叶频(主频 57.5 Hz)为主,进水喇叭口东南测点 4 各工况点的压力脉动除低频外,转频比叶频更突出。

进水流道测点 1 的压力脉动幅值见表 5-84。由表 5-84 可知,进水流道压力脉动最大差值随着流量的减小而增加,与进水喇叭口测点压力脉动值相比数值较小。压力脉动频谱成分较多,除最小流量工况外,频谱主要分布在低频区,其中叶频成分较突出。

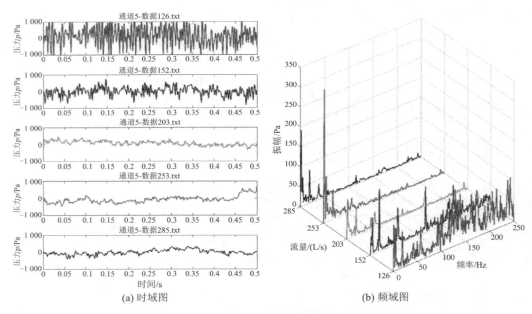

(a) 时域图 (b) 频域图

图 5-117 测点 3 各工况点的压力脉动图

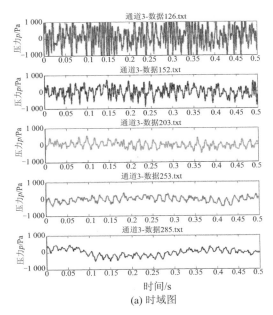

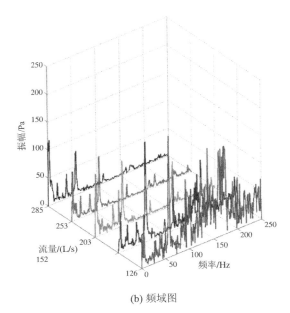

(a) 时域图　　　　　　　　(b) 频域图

图 5-118　测点 4 各工况点的压力脉动图

表 5-84　进水流道测点 1 的压力脉动幅值

流量/(L/s)	扬程/m	脉动最大差值/kPa	1 倍峰峰值/kPa	2 倍峰峰值/kPa	3 倍峰峰值/kPa	4 倍峰峰值/kPa
285	0.25	0.73	0.03	0.03	0.15	0.01
279	0.40	1.10	0.02	0.02	0.23	0.02
253	1.22	1.17	0.08	0.04	0.38	0.02
203	2.53	1.03	0.07	0.11	0.22	0.02
152	3.50	1.32	0.07	0.17	0.22	0.04
126	3.90	1.60	0.10	0.18	0.10	0.14

　　出水部分包括出水测点 9、测点 10、测点 11、测点 12、测点 13 和测点 14 共 6 个压力脉动测试点。压力脉动测试时取 6 个流量工况点,各测点的压力脉动幅值见表 5-85 至表 5-90。

表 5-85　测点 9 的压力脉动幅值

流量/(L/s)	扬程/m	脉动最大差值/kPa	1 倍峰峰值/kPa	2 倍峰峰值/kPa	3 倍峰峰值/kPa	4 倍峰峰值/kPa
285	0.25	3.20	1.50	0.30	0.10	0.10
279	0.40	3.50	1.70	0.10	0.20	0.20
253	1.22	5.70	0.80	0.20	0.10	0.10
203	2.53	8.40	0.30	0.70	0.20	0.20
152	3.50	10.20	1.50	0.20	0.30	0.10
126	3.90	14.90	0.10	0.80	0.40	0.40

表 5-86　测点 10 的压力脉动幅值

流量/(L/s)	扬程/m	脉动最大差值/kPa	1倍峰峰值/kPa	2倍峰峰值/kPa	3倍峰峰值/kPa	4倍峰峰值/kPa
285	0.25	3.20	1.30	0.40	0.50	0.10
279	0.40	3.70	1.70	0.20	0.70	0.10
253	1.22	3.40	1.00	0.30	0.30	0.20
203	2.53	5.00	1.40	0.70	0.60	0.10
152	3.50	9.40	1.50	0.50	0.70	0.10
126	3.90	10.00	1.10	0.30	0.80	0.20

表 5-87　测点 11 的压力脉动幅值

流量/(L/s)	扬程/m	脉动最大差值/kPa	1倍峰峰值/kPa	2倍峰峰值/kPa	3倍峰峰值/kPa	4倍峰峰值/kPa
285	0.25	5.00	1.60	0.10	0.40	0.10
279	0.40	4.40	1.70	0.20	0.50	0.10
253	1.22	6.70	1.20	0.40	0.10	0.10
203	2.53	5.60	0.60	0.50	0.40	0.00
152	3.50	7.40	0.60	0.90	0.70	0.30
126	3.90	10.70	0.90	1.30	0.90	0.70

表 5-88　测点 12 的压力脉动幅值

流量/(L/s)	扬程/m	脉动最大差值/kPa	1倍峰峰值/kPa	2倍峰峰值/kPa	3倍峰峰值/kPa	4倍峰峰值/kPa
285	0.25	4.50	1.60	0.30	0.40	0.00
279	0.40	4.30	1.80	0.10	0.40	0.00
253	1.22	3.50	1.20	0.20	0.10	0.00
203	2.53	5.10	0.40	0.40	0.20	0.20
152	3.50	11.50	1.80	0.30	0.60	0.30
126	3.90	12.50	0.80	0.70	0.50	0.40

表 5-89　测点 13 的压力脉动幅值

流量/(L/s)	扬程/m	脉动最大差值/kPa	1倍峰峰值/kPa	2倍峰峰值/kPa	3倍峰峰值/kPa	4倍峰峰值/kPa
285	0.25	3.80	1.50	0.20	0.30	0.10
279	0.40	3.70	1.60	0.10	0.40	0.00
253	1.22	2.70	0.90	0.20	0.20	0.00
203	2.53	2.10	0.60	0.20	0.10	0.10
152	3.50	2.90	0.70	0.20	0.10	0.00
126	3.90	4.10	0.50	0.10	0.10	0.00

表 5-90　测点 14 的压力脉动幅值

流量/(L/s)	扬程/m	脉动最大差值/kPa	1 倍峰峰值/kPa	2 倍峰峰值/kPa	3 倍峰峰值/kPa	4 倍峰峰值/kPa
285	0.25	3.90	1.90	0.60	0.20	0.00
279	0.40	3.70	1.90	0.20	0.50	0.00
253	1.22	3.30	1.30	0.30	0.40	0.00
203	2.53	4.30	0.70	0.50	0.20	0.00
152	3.50	3.40	0.40	0.60	0.20	0.00
126	3.90	3.60	0.50	0.50	0.30	0.00

根据表 5-85 至表 5-88 可知,出水喇叭管在测点 9、测点 10、测点 11 和测点 12 的压力脉动最大差值数量级相当,但不对称,有 3 个测点的压力脉动最大差值在设计工况附近出现最小值;主频为转频,主频脉动峰峰值也在设计工况附近出现最小值。

根据表 5-89 和表 5-90 可知,出水流道测点 13 和出水盲端测点 14 的压力脉动最大峰峰值在数值上与出水喇叭管 4 个测点的压力脉动值相当,在设计工况附近出现最小值;出水流道测点频谱成分较多,主频仍为转频。

（2）振动特性测试结果

在保证模型泵装置不发生空化的条件下,对泵装置的水平和垂直位移进行测试,叶片安放角分别为 −3°和 4°的测试数据见表 5-91。叶片安放角为 −3°时不同流量工况下的振动时域图和频域图如图 5-119 所示。

表 5-91　装置振动测试数据

序号	叶片安放角为 −3°			叶片安放角为 4°		
	流量/(L/s)	水平位移/μm	垂直位移/μm	流量/(L/s)	水平位移/μm	垂直位移/μm
1	285	8.0	19.7	320	33.0	26.0
2	253	7.0	22.4	298	37.2	32.8
3	203	7.8	27.0	275	26.0	29.4
4	152	9.8	33.1	251	27.0	31.0

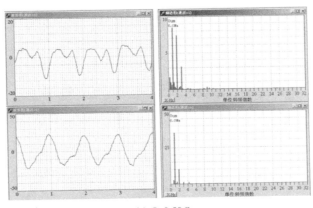

(a) $Q=0.50Q_d$

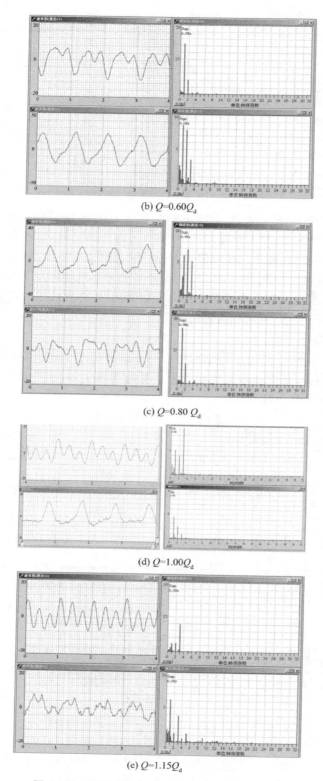

(b) $Q=0.60Q_d$

(c) $Q=0.80\ Q_d$

(d) $Q=1.00Q_d$

(e) $Q=1.15Q_d$

图 5-119　不同流量工况下振动时域图和频域图

　　模型振动的幅值不仅与流量大小有关,而且与叶片安放角有关,垂直振动在不同叶片安放角下均随着流量的增大而减小,但水平振动在不同叶片安放角下有不同的趋势,除了与运行工况有关外,还与机组的安装质量相关。

　　根据频谱分析,垂直振动以 1 倍转频为主,水平振动以 3 倍转频为主。对比压力脉动值,发现垂直振动与测点 7 和测点 8 的变化趋势相同,即叶轮进口的压力脉动对机组垂直振动有显著影响。因此,现场测试中必须密切关注叶轮进口处的压力脉动。

　　压力脉动与机组振动的关联性有待现场测试进一步验证。

5.4.4　压力脉动及振动现场测试

1. 现场机组运行状态在线监测系统构成

　　界牌泵站机组运行状态在线监测系统采用分层分布的网络结构。泵站的电动机层为现地层,上位机层在中控室。现地层和上位机层之间采用光纤——以太网信息传递和交流。

　　9 台机组共配置 9 组挂壁式机柜(尺寸约为 400 mm×400 mm×200 mm),布置在辅机层,除 5# 机组外,其余 8 台机组的振动采集仪均安装在该机柜内,振(摆)传感器电缆直接引至柜中,5# 机组的机柜仅作为接线端子箱。另在电动机层布置 1 组标准机柜(尺寸为 2 260 mm×800 mm×800 mm),5# 机组的振动、压力采集仪安装在该机柜内,传感器信号由接线端子箱引至柜中,柜内配有交换机,与其他 8 台机组通过网络进行连接交互,信号汇总后再通过光纤——以太网传递至上位机层。在线监测系统整体分布如图 5-120 所示。

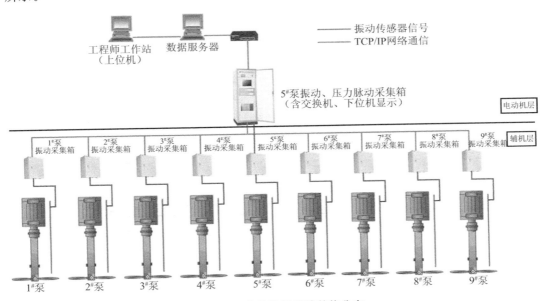

图 5-120　在线监测系统整体分布

2. 现场机组运行状态在线监测装置设备配置

　　现场完整的在线监测装置设备包括监测所需的各种传感器、连接电缆和电缆套管、在线状态监测采集模块、就地机柜、交换机、服务器、智能数据库软件、状态分析和处理软件等。

（1）测点布置

机组运行状态在线监测系统的监测对象包括水泵、电动机。每台机组设备的振（摆）测点布置见表 5-92，5# 机组压力脉动测点布置见表 5-93。水泵装置压力脉动测点参考模型水泵装置的测试情况。本泵站共有 9 台泵组，仅 1 台水泵装置装设压力脉动测点，按表 5-93 的要求进行设置。

表 5-92　机组振（摆）测点布置

序号	安装位置及方向	传感器类型	数量/只
1	电机上导轴承，径向(X,Y)	振动加速度传感器	2
2	电机下导轴承，径向(X,Y)	振动加速度传感器	2
3	电机下机架，径向和轴向	振动加速度传感器	2
4	上水导轴承，径向(X,Y)	水下专用振动加速度传感器	2
5	下水导轴承，径向(X,Y)	水下专用振动加速度传感器	2
6	泵轴（摆度），径向(X,Y)	电涡流传感器	2
7	机组（转速）	接近开关	1
8	出水喇叭管，径向(X,Y)*	水下专用振动加速度传感器	2

*注：泵站的 9 台机组中仅 1 台安装序号 1～8 对应的传感器，其余 8 台仅安装序号 1～7 对应的传感器。

表 5-93　5# 机组压力脉动测点布置

序号	安装位置	传感器类型	数量/只
1	进水喇叭口	压力脉动传感器	4
2	叶轮进口	压力脉动传感器	2
3	出水喇叭管	压力脉动传感器	4
4	进水流道	压力脉动传感器	2
5	出水流道	压力脉动传感器	2

压力脉动测点位置根据原型数值模拟测点、振（摆）测点根据模型试验测点布置确定，现场详细的机组测点布置如图 5-121 所示。

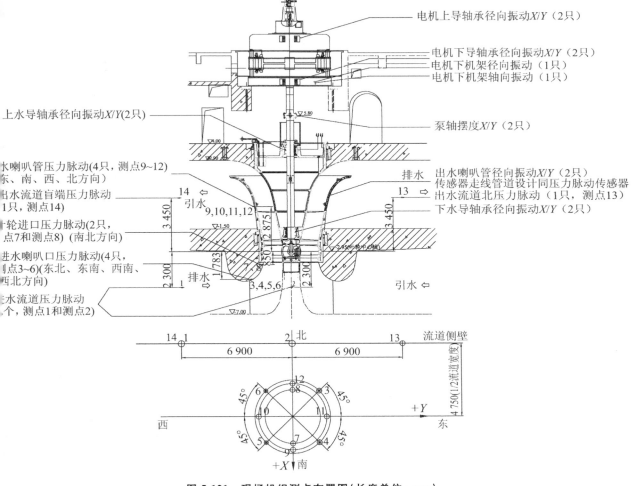

电机上导轴承径向振动X/Y（2只）

电机下导轴承径向振动X/Y（2只）
电机下机架径向振动（1只）
电机下机架轴向振动（1只）

上水导轴承径向振动X/Y(2只)

泵轴摆度X/Y（2只）

水喇叭管压力脉动(4只，测点9~12)
东、南、西、北方向)

出水喇叭管径向振动X/Y（2只）
传感器走线管道设计同压力脉动传感器
出水流道盲端压力脉动
1只，测点14)

出水流道北压力脉动（1只，测点13）

轮进口压力脉动(2只，
点7和测点8)（南北方向)

下水导轴承径向振动X/Y（2只）

进水喇叭口压力脉动(4只，
测点3~6)(东北、东南、西南、
西北方向)

水流道压力脉动
个，测点1和测点2)

流道侧壁

图 5-121　现场机组测点布置图(长度单位：mm)

（2）传感器

① 普通型加速度传感器（见图 5-122）

美国 GE 本特利公司的 ICP(压电)型加速度振动传感器具有体积小巧、安装方便、频响范围宽、抗干扰能力强的特点，可满足苛刻的现场环境和工作条件。传感器选用频响范围宽的加速度传感器，测量频率范围满足 0.4~13 000 Hz(±3 dB)，加速度范围±80g peak。传感器防护等级 IP65，防尘、防水、抗电磁干扰，通过 CE 认证。具体技术参数如下：

- 灵敏度：100 mV/g；

- 加速度范围：±40g；

- 频率响应范围(±3 dB)：0.5 Hz~14 000 kHz；

- 电气接头：集成屏蔽电缆；

- 防护等级：IP65；

图 5-122　普通型
加速度传感器

· 传感器工作环境温度：−50～125 ℃。

② 水下专用加速度传感器(见图 5-123)

美国 Wilcoxon 的 786F 型水下专用加速度传感器，专门适用于水下测量，具有体积小、安装方便、防水性能强等特点，在望虞河、淮安、泗洪、新沟河等多个泵站成功应用，具体技术参数如下：

· 灵敏度：100 mV/g；

· 加速度范围：80g；

· 频率响应范围(±3 dB)：0.5～13 000 Hz；

· 电气接头：一体式集成防水型屏蔽电缆；

· 防护等级：IP68；

· 传感器工作环境温度：−50～120 ℃。

图 5-123　水下专用
加速度传感器

加速度传感器采用永久性安装方式。在设备上加工安装平面，钻孔并攻螺纹，使用柱头螺栓安装。

③ 电涡流传感器(见图 5-124)

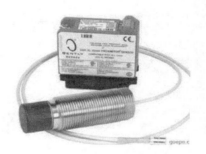

采用美国 GE 本特利公司的 3300XL 型号的传感器，其主要技术参数如下：

· 频率响应范围(±3 dB)：0～10 kHz；

· 灵敏度：7.87 mV/μm；

· 工作范围：0～2 mm；

· 输出阻抗：50 Ω；

· 供电电压：24 V；

· 工作温度：−50～170 ℃。

图 5-124　电涡流传感器

④ 压力脉动传感器(见图 5-125)

压力脉动传感器选用瑞士 Keller 公司的 23SY 防水型压力传感器，该传感器的测量精度高，可靠性好，可同时满足压力、压力脉动的监测需要。

主要技术参数如下：

· 测量范围：可选；

· 测量精度：±0.25%；

· 频率响应范围(±3 dB)：0～2 000 Hz；

· 工作温度：−40～100 ℃；

· 输出：4～20 mA 模拟量输出；

· 工作电压：18～30 V；

· 电缆：带 PE 防水电缆；

· 防护等级：IP68。

图 5-125　压力脉动传感器

(3) 振动监测采集仪

振动监测采集仪应高度集成化，即集数据采集、数据通信、可组态继电器通道、事故追忆存储、供电、现场继电器状态与模块状态 LED 指示于一体；振动监测采集仪通过 IEC/EN 61326 电磁认证；振动监测采集仪的每个通道均可接收加速度传感器、AC/DC 信号、

4～20 mA 信号。在线监测仪提供一定数量的备用信号输入与输出通道和接口,LED 状态显示,量程、报警、危险值可自行进行设置,具有良好的信噪比。

振动监测采集仪采用以太网通信方式与专业在线监测及分析软件连接成一个独立系统。该系统可通过 OPC 或数据接口协议向泵站计算机监控系统提供机组状态监测数据。

振动监测采集仪自带以太网 RJ45 接口、10/100 MB 自适应,全程数据通信符合 TCP/IP 协议,同时提供 RJ12(RS232)串行接口,可远程连接到网络计算机上。

振动监测采集仪具有高精度 A/D 转换器的 DSP 处理器,达到 24 位模/数转换。测量频谱支持到 6 400 线,时域波形采样数达到 16 384,具有较宽的频率响应范围,频谱的 F_{max} 值最高达到 40 kHz;在线监测仪支持 SD 卡外设存储,并能提供振动异常时刻及其前、后时间的振动值及频谱,以供事故分析,查找事故原因。

现场测试最终选用美国 GE 本特利公司的 VB Online 在线振动监测仪。VB Online 安装在就地振动监测机柜内,系统采用分布式方案,执行振动数据采集功能。

(4)压力脉动监测采集仪

压力脉动监测采集仪采用北京华科同安公司 TN8000 系列在线监测装置,在 5# 机组上配置 1 套压力脉动监测数据采集站,数据采集站设备安装在 2 260 mm×800 mm×800 mm 标准机柜内。机柜内放置设备包括 TN8000 数据采集箱 1 台、15 英寸的工业液晶屏 1 个、交直流逆变电源 1 套、传感器工作电源 1 套、交换机、端子及辅件等。

TN8000 数据采集箱是数据采集站的核心设备,主要负责压力脉动信号的采集、存储和数据处理,并进行实时监测和分析,同时对相关数据进行特征参数提取,得到水泵的压力脉动状态数据,完成水泵故障的预警,并可将数据通过网络传至数据服务器,供进一步的状态监测分析和诊断。

TN8000 数据采集单元采用模块化结构,具有多重容错和抗干扰技术,采用先进的硬件设计和制造工艺,具有高度的可靠性,已在工业现场得到长期实践考验。

TN8000 数据采集箱采用标准的积木式模块化结构,可以热插拔,由框架、系统板和各种采集模块组成。每个 TN8000 智能数据采集箱所需的数据采集板的类型和数量可根据现场传感器的数量、信号类型进行灵活配置。

智能数据采集箱中各模块均可独立工作,其中某一通道或某一模块的故障不会影响其他通道或其他模块正常工作,某一模块发生故障时用户仅需自行用备用模块更换即可。智能数据采集箱内的导轨便于插拔,模块安装后可用紧固螺钉锁紧以防止误插拔,具有安装、维护、更换方便,可靠性好的特点。TN8000 压力脉动监测采集仪性能指标见表 5-94。

表 5-94　TN8000 压力脉动监测采集仪性能指标

序号	项目	指标
1	CPU 及其主频	工业级板载超低功耗 Intel 处理器,双核 1.8 GHz
2	内存	2 GB
3	最大支持采集模拟量通道	TN8001:56 个参数
4	继电器输出	9 个
5	数据采集方式	等相位整周期采样和等时间间隔采样,支持连续采样

续表

序号	项目	指标
6	最高采集速度	200 kHz
7	实际系统的采集速度	50 kHz
8	A/D 转换精度	16 bit
9	记录容量	128 GB,电子盘
10	转速测量范围	1~1 000 r/min
11	外部通信接口	2 个 100 M 以太网 RJ45 口和 2 个 RS232/485 串口
12	外部设备连接接口	键盘、鼠标、VGA
13	采集装置外形尺寸(长×宽×高)	423 mm×162 mm×266.5 mm
14	实际配置的操作系统	采用嵌入式 Windows 7,系统固化在存储卡内,具有极高可靠性
15	电源/功耗	输入电源:47~63 Hz, 180~264 VAC 整机功耗:<200 W 工作温度:−10~60 ℃

3. 机组运行状态在线监测系统分析软件

(1)振动监测分析软件功能及总体构架

分析软件系统包括在线振动监测管理功能、基于 Web 浏览器的远程访问、多用户管理及故障分析(包括历史数据管理和存储)等几个部分。监测系统分析软件具有 OPC 数据交换接口,以便与第三方软件进行通信和数据交换。

分析软件系统应能通过网络与各机组的在线监测仪进行通信,实现远程管理各个在线监测仪的设置定义;远程在线显示所有在线监测仪的数据处理结果及其报警状态信息,并支持基于服务器的客户端分析、诊断、管理共享及基于网络浏览器(B/S)的客户端浏览和数据共享功能。

数据库存储分析和故障诊断部分能定期接收和保存所有监测点的幅值、频谱、时域波形等数据;提供趋势分析、频谱分析、波形分析等手段,进行振动分析和故障诊断;分析软件能提供设备档案记录、自动报告等管理功能。

振动分析和管理软件包括在线振动监测管理、智能报警(现场或通过电子邮件、短消息等发送报警通知)、基于 Web 浏览器的远程访问、多用户管理及故障分析(包括历史数据管理和存储)等几个部分。监测系统软件还具有 OPC 数据交换接口,支持标准 OPC 协议下的双向数据通信,可方便地与第三方软件进行通信和数据交换。其总体结构如图 5-126 所示。

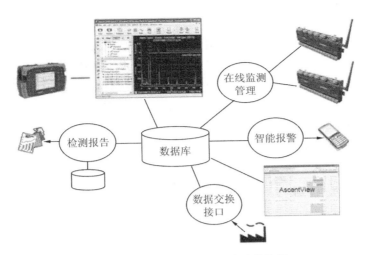

图 5-126　振动分析软件系统总体构架

（2）压力脉动监测分析软件

TN8000 可实时同步采集水泵的振动、压力、压力脉动等参数及相关工况参数数据，以结构示意图、棒图、表格、实时趋势等形式实时显示所监测的相关参数。系统可通过三网（移动、电信、联通）及以太网、Wi-Fi 接口，将数据传至状态服务器，实现远程的监测分析和诊断。

TN8000 可提供波形、频谱图、瀑布图等分析工具，深入分析振动、压力脉动信号特征，自动提取峰峰值、有效值及频谱分布等特征数据，判断可能引发异常振动、压力脉动的原因，预测监测设备的安全状态。

系统能自动对各过流部位的压力脉动进行分析，提供波形、频谱、瀑布图、级联图、趋势图、相关趋势图等时域和频域分析工具，并能提供分析压力脉动的时域特性、频域特性与工况参数关系的工具。

TN8000 系统通过监测相关压力脉动信号，自动计算出对应测点的压力值及其脉动情况，并通过对这些脉动的频谱分析，判断可能引发水力脉动的原因，还可通过对压力脉动的状态信号监测，反映过流部件可能的损伤，预测部件的安全状态，为大修决策提供依据。系统可通过对流道压力脉动进行监测，分析其对机组振动、摆度的影响。同时，压力脉动监测软件还具备对相关部位的压差进行计算、显示的功能。

利用本系统长期自动积累的不同工况下数据和系统试验数据，通过系统提供的各种分析工具，可以动态评估水泵的动、稳态性能。通过系统提供的性能曲线自动生成工具，用户不需复杂的操作即可获得水泵各种动、稳态性能的特性曲线。

5.4.5　机组运行稳定性分析

界牌泵站运行工况复杂、扬程变幅范围大，因此机组运行稳定性研究是一项重要的内容，通过对原型、模型的能量特性、压力脉动特性和振动特性，以及原型机组结构振动模态进行分析，揭示机组能量特性、压力脉动特性和振动特性的关联性，分析影响机组运行稳定性的因素，力求保证界牌泵站工程能安全、高效、稳定运行。

1. 原型、模型压力脉动相似性研究

在进行机组非定常数值模拟时，分别开展模型和原型的压力脉动计算，为研究方便，原型泵装置以泵转频（100/60＝1.67 Hz）为基准频率进行研究，这样原型泵装置计算压力脉动频谱可以与模型泵装置计算压力脉动频谱进行直接比较，测点布置及计算结果见表 5-80 和表 5-81，各典型测点不同流量工况下的比较如图 5-127 至图 5-131 所示。通过模型泵装置压力脉动与原型装置的压力脉动计算结果对比可以发现，除小流量时模型和原型的预测结果有一定差别外，在 0.6～1.15 倍设计工况流量范围内，相似性较好，幅值出现的频率和幅值的大小均类似。测点远离叶轮时预测准确度稍差，靠近叶轮的测点预测较为准确。因此总体上，原型泵装置的压力脉动及模型泵装置压力脉动的计算结果具有相似性。

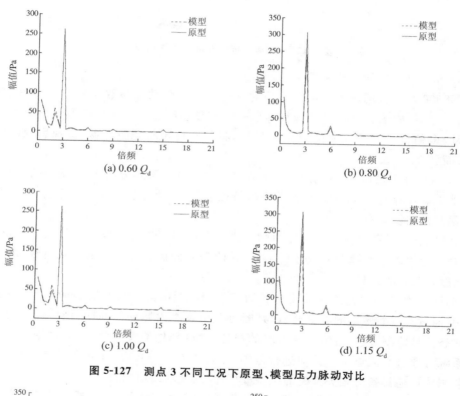

图 5-127　测点 3 不同工况下原型、模型压力脉动对比

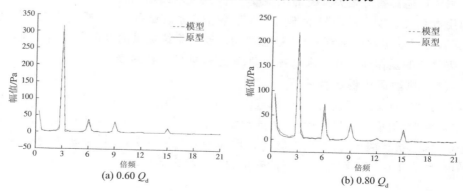

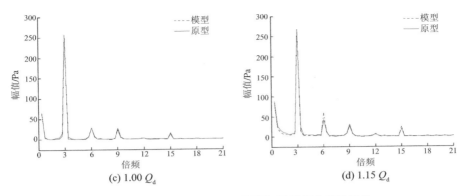

(c) 1.00 Q_d　　　　　　(d) 1.15 Q_d

图 5-128　测点 4 不同工况下原型、模型压力脉动对比

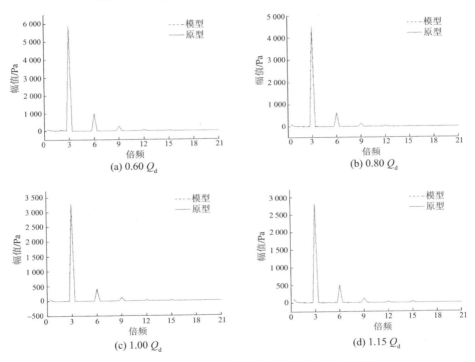

(a) 0.60 Q_d　　　　　　(b) 0.80 Q_d

(c) 1.00 Q_d　　　　　　(d) 1.15 Q_d

图 5-129　测点 7 不同工况下原型、模型压力脉动对比

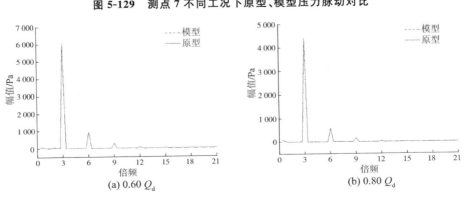

(a) 0.60 Q_d　　　　　　(b) 0.80 Q_d

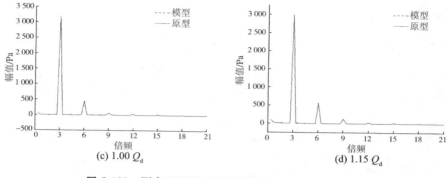

(c) 1.00 Q_d (d) 1.15 Q_d

图 5-130　测点 8 不同工况下原型、模型压力脉动对比

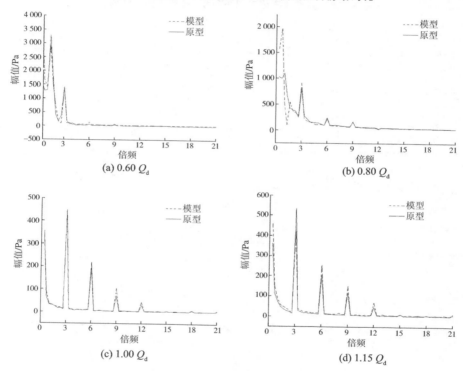

(a) 0.60 Q_d (b) 0.80 Q_d

(c) 1.00 Q_d (d) 1.15 Q_d

图 5-131　测点 9 不同工况下原型、模型压力脉动对比

2. 模型装置压力脉动数值分析与试验测试比较

为研究的方便,模型装置以泵转频($1\ 150/60＝19.17$ Hz)为基准频率进行研究,模型装置测点布置见图 5-109 及表 5-83,与数值计算测点对应,各测点不同流量下的压力脉动数值计算预测值与试验测试的压力脉动的频谱图对比如图 5-132 至图 5-140 所示。典型测点数值计算压力脉动与试验压力脉动在主频(叶频)位置的压力脉动幅值误差、测试主频位置的压力脉动幅值与设计扬程的比值见表 5-95。

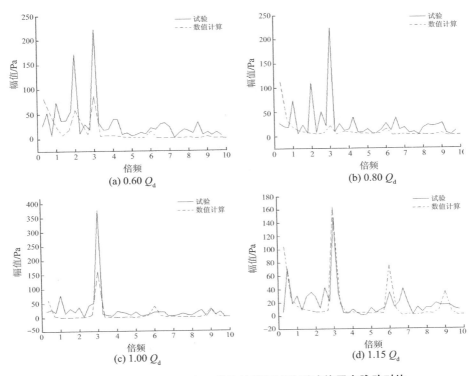

图 5-132　模型装置测点 1 数值计算与试验测试的压力脉动对比

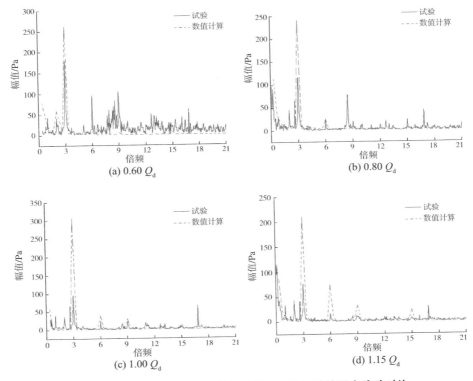

图 5-133　模型装置测点 3 数值计算与试验测试的压力脉动对比

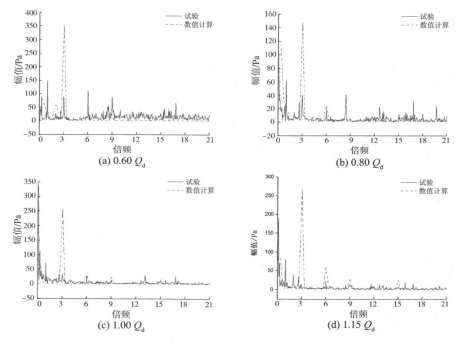

图 5-134　模型装置测点 4 数值计算与试验测试的压力脉动对比

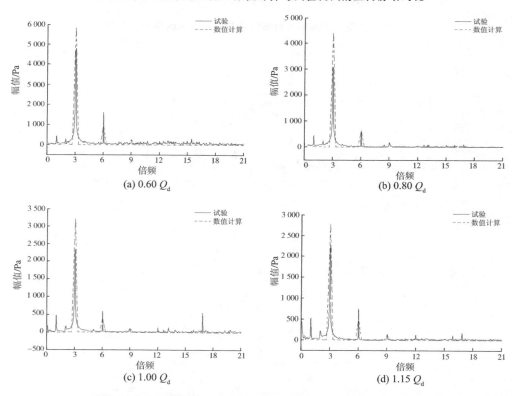

图 5-135　模型装置测点 7 数值计算与试验测试的压力脉动对比

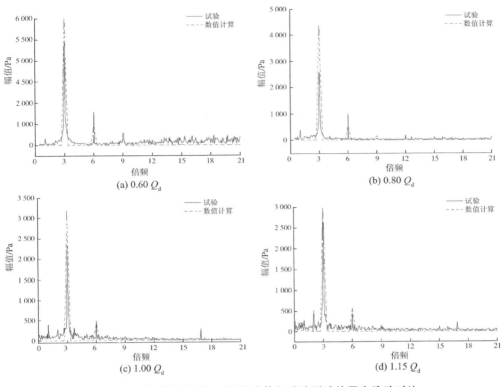

图 5-136　模型装置测点 8 数值计算与试验测试的压力脉动对比

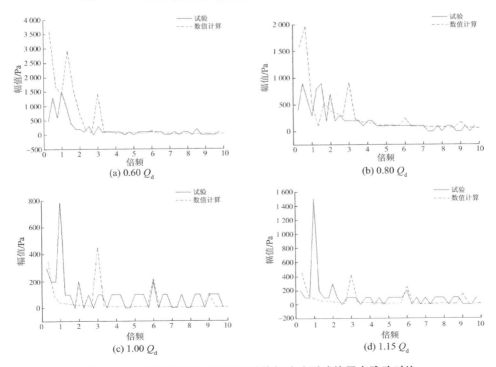

图 5-137　模型装置测点 9 数值计算与试验测试的压力脉动对比

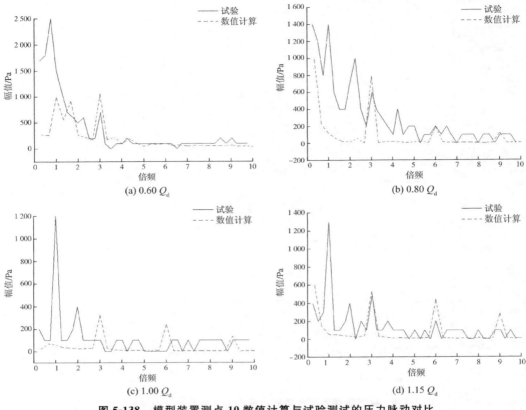

(a) 0.60 Q_d

(b) 0.80 Q_d

(c) 1.00 Q_d

(d) 1.15 Q_d

图 5-138　模型装置测点 10 数值计算与试验测试的压力脉动对比

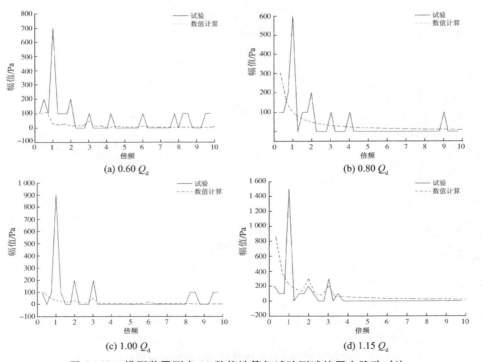

(a) 0.60 Q_d

(b) 0.80 Q_d

(c) 1.00 Q_d

(d) 1.15 Q_d

图 5-139　模型装置测点 13 数值计算与试验测试的压力脉动对比

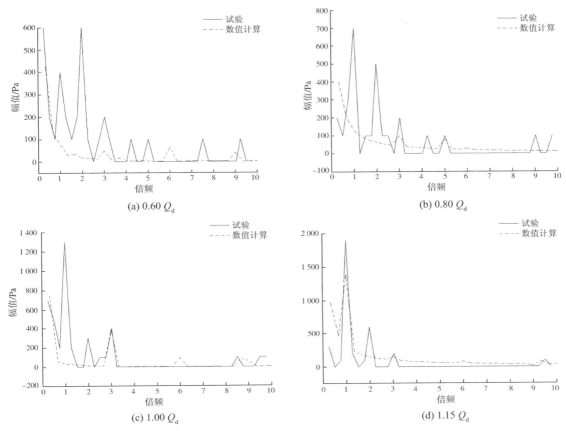

图 5-140　模型装置测点 14 数值计算与试验测试的压力脉动对比

表 5-95　典型测点的主频压力脉动数据对比

测点位置	流量	数值计算幅值/Pa	试验测试幅值/Pa	相对误差/%	幅值比/%
测点 3	$0.50Q_d$	306	218	40.37	1.88
	$0.60Q_d$	262	179	46.37	1.54
	$0.80Q_d$	241	117	105.98	1.01
	$1.00Q_d$	307	96	219.79	0.83
	$1.15Q_d$	211	77	174.03	0.66
测点 4	$0.50Q_d$	333	82	306.10	0.71
	$0.60Q_d$	354	90	293.33	0.78
	$0.80Q_d$	147	40	267.50	0.34
	$1.00Q_d$	256	34	652.94	0.29
	$1.15Q_d$	268	14	1 814.29	0.12

测点位置	流量	数值计算幅值/Pa	试验测试幅值/Pa	相对误差/%	幅值比/%
测点 7	$0.50Q_d$	7 119	6 095	16.80	52.54
	$0.60Q_d$	5 851	4 797	21.97	41.35
	$0.80Q_d$	4 403	3 079	43.00	26.54
	$1.00Q_d$	3 213	2 335	37.60	20.13
	$1.15Q_d$	2 789	2 284	22.11	19.69
测点 8	$0.50Q_d$	7 130	5 963	19.57	51.41
	$0.60Q_d$	6 005	4 910	22.30	42.33
	$0.80Q_d$	4 362	2 604	67.51	22.45
	$1.00Q_d$	3 188	2 355	35.37	20.30
	$1.15Q_d$	2 987	2 736	9.17	23.59
测点 9	$0.50Q_d$	1 738.87	400	334.72	3.45
	$0.60Q_d$	1 416.26	300	372.09	2.59
	$0.80Q_d$	913.67	200	356.84	1.72
	$1.00Q_d$	448.38	100	348.38	0.86
	$1.15Q_d$	423.43	105.3	302.12	0.91
测点 10	$0.50Q_d$	848.92	800	6.11	6.90
	$0.60Q_d$	1 055.97	700	50.85	6.03
	$0.80Q_d$	786.89	600	31.15	5.17
	$1.00Q_d$	326.98	100	226.98	0.86
	$1.15Q_d$	532.16	400	33.04	3.45

通过进水流道北测点 1 在不同流量工况下数值计算预测和试验测试的压力脉动对比图 5-132 可以发现,两者的脉动信号有一定的相关性;进水流道压力脉动幅值比较小,高效区脉动幅值随流量减小而减小;脉动频谱以叶频为主,测试信号转频的成分明显,与流道机械振动有关。受干扰影响,测试脉动信号的频谱较丰富。

根据模型泵装置进水喇叭口测点 3 和测点 4 数值计算和试验测试的压力脉动对比图 5-133 和图 5-134 分析得出:模型泵装置数值计算预测压力脉动大于试验测试的,主频位置预测基本对应,两者的脉动信号有一定的相关性;试验测试的压力脉动高频成分较多,与悬空喇叭口振动有关,而数值预测不能很好地反映。

进水喇叭口周向 4 个测点压力脉动东、西两侧并不具有对称性,但是南、北两侧基本对称,同时也可以发现进水喇叭口内的混频压力脉动相对于进水流道内测点明显增大。小流量工况时因进口产生回流,高频压力脉动频谱分布较宽,幅值增大明显。根据进水喇叭口各工况点的压力脉动图可知,压力脉动的幅值基本随着流量的减小而增大,且频谱分布和幅值有明显差别;从频谱图上看,各流量工况点压力脉动的低频信号都很明显,这主要受进水喇叭口进水条件的影响,反映出来流低频脉动的不对称。

通过模型泵装置叶轮进口测点 7 和测点 8 数值计算预测和模型试验压力脉动的对比图 5-135 和图 5-136 可以发现,预测的叶轮进口脉动幅值略高于试验值,两者的脉动信号有非常好的相关性,说明泵内压力脉动的数值预测比较准确。叶轮进口的压力脉动幅值较大,压力脉动以叶频为主,随着流量的减小,压力脉动呈现递增的趋势,两测点的压力脉动基本相似,表明叶轮进口流场基本对称,压力脉动幅值较多反映的是轴流泵工作的固有特征。

数值计算和试验测试都表明,出水喇叭管(即导叶出口)的压力脉动存在明显的非对称性,出水喇叭管混频压力脉动峰峰值随着流量的减小而增加。除叶频外,测试信号中与转频相关的信号和小流量工况时的高频信号,数值计算并不能充分体现。测试信号中与转频相关的信号应该与泵体振动相关,小流量工况时的高频信号与强烈的脱流有关。

出水流道压力脉动幅值跟流量的关系不明显,出水流道压力脉动相对于出水喇叭管略有减小。数值计算只能预测大脱流引起的低频脉动,测试信号中的转频成分应与流道机械振动有关。

出水盲端压力脉动与出水流道相当,幅值略大,除小流量工况,脉动成分以小于叶频的成分为主。测试信号中的转频成分,数值计算没有反映出来,这应该与流道机械振动有关。

通过出水喇叭管测点 9、测点 10、出水流道测点 13 和出水流道盲端测点 14 的数值分析与模型测试压力脉动对比图 5-137 至图 5-140 可以发现,数值计算与模型试验的预测在混频幅值上相近,但是频谱分布有明显差别。随着流量的变化,压力脉动幅值变化不明显,这主要是因为出水结构内所有工况流态均存在大范围的回流与脱流区域。

根据计算与测试结果可知,叶轮进口压力脉动的数值预测比较准确,进水部分压力脉动的数值预测能体现主频(叶频)和低频成分,幅值偏大,出水部分压力脉动的数值预测也能一定程度上体现主频(叶频)和低频成分,幅值偏小。

通过对比可以发现,在叶频处的数值计算预测的压力脉动幅值均高于试验测试幅值,叶轮进口的预测较为准确,进水和出水测点的误差较大。进水测点脉动幅值与设计扬程的比值很小,出水测点较大,但幅值比也不超 10%,叶轮进口的比值较大,反映的是叶轮工作的固有特性。总体上,由于数值计算的原型、模型压力脉动特性具有一致性,因此通过数值预测能把握泵装置内部压力脉动的分布情况。

通过 CFD 分析与模型试验对比可以看出,不同流量工况下的压力脉动特性趋势一致,但在幅值上存在较大差异,总体是 CFD 预测值大于模型试验实测值,两者的绝对值均在安全范围内,叶轮进口压力脉动值与机组振动值有关联,但振动幅值在标准允许范围内,能够保证机组的安全、稳定运行。现场压力脉动和振(摆)的实时监测及不断改进和完善的分析技术,能够对不同运行工况下的机组稳定性做出较为精准的判别。

5.5　双层流道结构不平衡剪力分配的问题研究

采用弹性地基梁方法进行结构内力分析计算时经常会遇到不平衡剪力分配问题。对于断面相对简单的结构,不平衡剪力的分配已有具体的计算公式,而对于双层箱涵式泵站进出水流道复杂结构的不平衡剪力分配,目前尚无成熟的计算方法,通常根据工程设计经验来确定结构断面各部位不平衡剪力的分配比例,从而影响到结构内力计算的精度。双层箱型结构截面上的不平衡剪力是由箱体的底板、中板、顶板和墩墙共同承担的,其底板、中板、顶板及墩墙各自承担的不平衡剪力可运用平面剪应力计算公式通过分部积分的方法来求解。作用于箱型结构底板、中板、顶板及墩墙上的不平衡剪力的比例与箱型结构的断面尺寸有关。下面以某泵站进、出水流道为例推导双层箱型结构不平衡剪力分配系数计算公式。

5.5.1 箱型结构不平衡剪力分配系数计算

某泵站的立式双向进、出水流道为双层箱型结构,结构断面如图 5-141 所示。结构底板、中板、顶板及墩墙的不平衡剪力分配系数采用平面剪应力的计算方法通过分部积分求解。为简化计算,将图 5-141 所示双层箱型结构简化为"王"字形结构,如图 5-142 所示。

图 5-142 中,L 为箱体底板、中板、顶板的宽度;B_1 为下层墩墙宽度;B_2 为上层墩墙宽度;h_1,h_2,h_3,h_4,h_5 分别为箱体底板、下层墩墙、中板、上层墩墙和顶板的高度;h 为箱体总高度;h_0 为中性轴至底板底面的距离;h'_0 为中性轴至顶板顶面的距离,$h'_0 = h - h_0$。

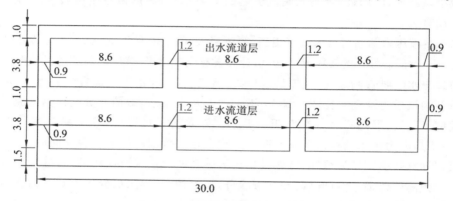

图 5-141　双层箱型结构断面(单位:m)

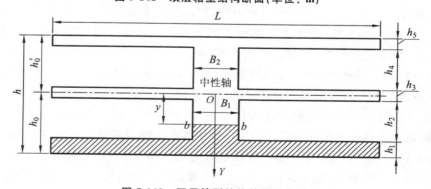

图 5-142　双层箱型结构简化示意图

首先计算出 h_0 以及截面对中性轴的惯性矩 I:

$$h_0 = \frac{Lh^2 - (L-B_1)h_2(2h_1+h_2) - (L-B_2)h_4(2h_1+2h_2+2h_3+h_4)}{2[Lh - (L-B_1)h_2 - (L-B_2)h_4]} \tag{5-5}$$

$$I = \frac{1}{3}L(h_0^3 + h_0'^3) - \frac{1}{12}(L-B_1)h_2^3 - (L-B_1)h_2\left(h_0 - h_1 - \frac{1}{2}h_2\right)^2 -$$

$$\frac{1}{12}(L-B_2)h_4^3 - (L-B_2)h_4\left(h_0' - h_5 - \frac{1}{2}h_4\right)^2 \tag{5-6}$$

根据剪应力计算公式,截面上各点的剪应力为

$$\tau = \frac{QS^*}{Ib_i} \tag{5-7}$$

式中,Q 为截面不平衡剪力,取单位不平衡剪力,即 $Q=1$;I 为整个截面对中性轴的惯性矩;b_i 为距中性轴 y 处的截面宽度;S^* 为 $b-b$ 断面以下(见图 5-142 中的阴影部分)对中性轴的面积距。

根据剪应力 τ 可求得作用于距中性轴 y 处微截面上的剪力值,即

$$dQ = b_i \tau \, dy = \frac{S^*}{I} dy \tag{5-8}$$

则作用于计算范围内非不平衡剪力为

$$Q_1 = \int \frac{S^*}{I} dy \tag{5-9}$$

分步计算在单位不平衡剪力 $Q=1$ 作用下截面各部位的不平衡剪力 Q_i,即各部位不平衡剪力的分配系数。

(1)底板不平衡剪力分配系数计算

$$S^* = \frac{1}{2}L(h_0-y)(h_0+y) = \frac{1}{2}L(h_0^2-y^2) \tag{5-10}$$

y 的计算范围为 $h_0 \sim (h_0-h_1)$。

$$\eta_1 = \int -\frac{S^*}{I} dy = -\frac{L}{2I}\int_{h_0}^{h_0-h_1}(h_0^2-y^2)\,dy = \frac{1}{2I}Lh_1^2\left(h_0-\frac{1}{3}h_1\right) \tag{5-11}$$

(2)下层墩墙不平衡剪力分配系数计算

$$S^* = Lh_1\left(h_0-\frac{1}{2}h_1\right) + \frac{1}{2}B_1(h_0-h_1-y)(h_0-h_1+y)$$
$$= \frac{1}{2}\left\{Lh_1(2h_0-h_1) + B_1\left[(h_0-h_1)^2-y^2\right]\right\} \tag{5-12}$$

y 的计算范围为 $(h_0-h_1) \sim (h_0-h_1-h_2)$。

$$\eta_2 = \int -\frac{S^*}{I} dy = -\frac{L}{2I}\int_{h_0-h_1}^{h_0-h_1-h_2}\left\{Lh_1(2h_0-h_1) + B_1\left[(h_0-h_1)^2-y^2\right]\right\}dy$$
$$= \frac{1}{2I}\left\{Lh_1h_2(2h_0-h_1) + B_1h_2(h_0-h_1)^2 + \frac{1}{3}B_1\left[(h_0-h_1-h_2)^3-(h_0-h_1)^3\right]\right\} \tag{5-13}$$

(3)中板不平衡剪力分配系数计算

$$S^* = Lh_1\left(h_0-\frac{1}{2}h_1\right) + B_1h_2\left(h_0-h_1-\frac{1}{2}h_2\right) + \frac{1}{2}L(h_0-h_1-h_2-y)(h_0-h_1-h_2+y)$$
$$= \frac{1}{2}\left\{Lh_1(2h_0-h_1) + B_1h_2(2h_0-2h_1-h_2) + L\left[(h_0-h_1-h_2)^2-y^2\right]\right\} \tag{5-14}$$

y 的计算范围为 $(h_0-h_1-h_2) \sim (h_0-h_1-h_2-h_3)$。

$$\eta_2 = \int -\frac{S^*}{I} dy$$
$$= -\frac{L}{2I}\int_{h_0-h_1-h_2}^{h_0-h_1-h_2-h_3}\{Lh_1(2h_0-h_1) + B_1h_2(2h_0-2h_1-h_2) +$$
$$L\left[(h_0-h_1-h_2)^2-y^2\right]\}dy$$

$$= \frac{1}{2I} \left\{ Lh_1 h_3 (2h_0 - h_1) + B_1 h_2 h_3 (2h_0 - 2h_1 - h_2) + \right.$$

$$Lh_3 (h_0 - h_1 - h_2)^2 + \frac{1}{3} L \left[(h_0 - h_1 - h_2 - h_3)^3 \right] -$$

$$\left. \left[(h_0 - h_1 - h_2)^3 \right] \right\} \tag{5-15}$$

（4）上层墩墙不平衡剪力分配系数计算

出水流道墩墙不平衡剪力分配系数的推求与进水流道墩墙类同，用 B_2, h'_0, h_4, h_5 分别替换公式（5-13）中的 B_1, h_0, h_2, h_1 即可。

$$\eta_4 = -\frac{L}{2I} \left\{ Lh_4 h_5 (2h'_0 - h_5) + B_2 h_4 (h'_0 - h_5)^2 + \right.$$

$$\left. \frac{1}{3} B_2 \left[(h'_0 - h_5 - h_4)^3 - (h'_0 - h_5)^3 \right] \right\} \tag{5-16}$$

（5）顶板不平衡剪力分配系数计算

顶板不平衡剪力分配系数计算公式的推导与底板类同，用 h'_0, h_5 分别替换公式（5-11）中的 h_0, h_1 即可。

$$\eta_5 = -\frac{L}{2I} Lh_5^2 \left(h'_0 - \frac{1}{3} h_5 \right) \tag{5-17}$$

求出箱体底板、中板、顶板及墩墙的不平衡剪力分配系数后，需对上、下层墩墙总的不平衡剪力分配系数 η_2, η_4 按各墩墙的厚度比进行二次分配，从而求出各墩墙的不平衡剪力分配系数。

$$\eta_{1\sim i} = \frac{b_{1\sim i}}{B_i} \eta_i \tag{5-18}$$

求出箱体各部位不平衡剪力分配系数后，各部位所承担的不平衡剪力用总的不平衡剪力 Q 乘以相应的不平衡剪力分配系数 η 即可。

5.5.2 泵站进、出水流道的不平衡剪力计算

某泵站的进、出水流道断面如图 5-143 所示，站身总长 30.0 m，站身底板厚 1.5 m，进、出水流道顶板厚均为 1.0 m，流道高度均为 3.8 m，边（缝）墩厚 0.9 m，中墩厚 1.2 m，进水流道中隔墩厚 0.6 m，断面不平衡剪力 $Q = 1\,200$ kN。

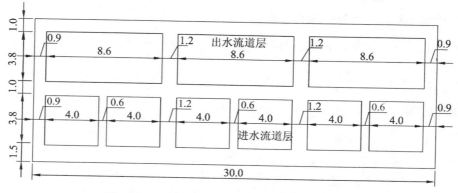

图 5-143 某泵站的进、出水流道断面（单位：m）

根据图 5-143，$L=30.0$ m，$B_1=0.9\times2+1.2\times2+0.6\times3=6.0$ m，$B_2=0.9\times2+1.2\times2=4.2$ m，$h_1=1.5$ m，$h_2=h_4=3.8$ m，$h_3=h_5=1.0$ m，断面各部位不平衡剪力分配系数和不平衡剪力计算结果如下：$\sum h_i=11.10$ m，$h_0=5.11$ m，$h'_0=5.99$ m，$I=2\,053.10$ m⁴，$\eta_1=7.57\%$，$\eta_2=41.22\%$，$\eta_3=11.06\%$，$\eta_4=36.01\%$，$\eta_5=4.14\%$，$\sum\eta_i=100.00\%$，$Q_1=90.88$ kN，$Q_2=494.70$ kN，$Q_3=132.72$ kN，$Q_4=432.08$ kN，$Q_5=49.62$ kN，$\sum Q_i=1\,200.00$ kN。

计算结果表明，采用上述双层箱型结构不平衡剪力分配系数的计算公式，可以实现对相应结构各杆件所承受的不平衡剪力的精确计算，以提高工程结构内力计算的精确度。

5.6　本章小结

双层流道的低扬程双向泵站在不改变水泵结构的情况下通过 4 道闸门的切换控制实现双向运行，是一种节省土地面积和工程投资，具有广阔推广应用前景的低扬程泵站装置型式。

该装置型式在设计中关注的重点包括：进水喇叭口及导流锥的型线与设置、出水导流锥的型线和尺寸等。采用数值模拟技术对各类型线进行优化是工程设计中一项非常有用的辅助手段。根据现有研究成果和工程应用实例可知流道中设置隔墩是非必需的。

由于多数双向泵站运行扬程变幅范围较大，且部分泵站存在双向运行功能经常切换的可能，因而工程设计中一项重要的研究内容为机组的稳定性研究，包括双层流道盲端流态对机组压力脉动、振动的影响，运行过程中扬程变化产生的影响及出水流道压力流与自由流交替变化对泵站安全性能的影响等。通过关键部位压力脉动的幅值预测机组的稳定性是一项简单可行的方法。

对于双层双向流道特殊的结构型式，采用不平衡剪力分配系数计算公式，可以实现对相应结构各杆件所承受的不平衡剪力的精确计算，能够提高工程结构内力计算的精确度。

参考文献

[1] 张仁田．低扬程双向抽水站的研究与开发[J]．河海科技进展，1992，12(3)：90-95．

[2] 张仁田．不同型式双向泵(站)模型装置性能分析[J]．水力机械技术，1994(4)：32-37，46．

[3] 张仁田．低扬程双向排灌站的泵型与布置型式[J]．水利水电技术，1994(3)：33-38．

[4] 张仁田．双向泵站进水流道优化水力设计与试验研究[J]．农业机械学报，2003，34(6)：73-75，72．

[5] 张仁田．双向轴流泵模型装置对比试验研究[J]．流体机械，2003，31(10)：1-5．

[6] 张仁田，张平易．望虞河双向泵站的泵型选择与试运行[J]．水力机械技术，1998

(4):26-35.

[7] ZHANG R T，ZHU H G，LI L H. Hydrodynamic simulation and discharge structure optimization for type X dual-directional pumping stations[C]. 14th Asian International Conference on Fluid Machinery，Zhenjiang，2017.

[8] 张平易，张仁田. 泰兴枢纽双向泵站的泵型选择与试验研究[J]. 水力机械技术，1996(5):22-27.

[9] 姚林碧，张仁田. 大型双向泵站机电设备的选用[J]. 泵站技术，2002(1):14-18.

[10] 陆林广，张仁田. 方箱式双向进水流道的优化水力设计[J]. 水利水运科学研究，1997(1):73-81.

[11] 陆林广，张仁田. 泵站进水流道优化水力设计[M]. 北京:中国水利水电出版社,1997.

[12] LU L G，ZHOU J R，ZHANG R T. Optimum hydraulic design of two-way inlet conduit of Wangyuhe pumping station[C]// Cabrera E，Espert V，Martínez F. Hydraulic Machinery and Cavitation. Dordrecht:Springer，1996:504-513.

[13] XIE C L，TANG F D，ZHANG R T，et al. Numerical calculation of axial-flow pump's pressure fluctuation and model test analysis[J]. Advances in Mechanical Engineering，2018,10(4):1-13.

[14] 钱祖宾，沈建霞，单海春. 双层箱型结构不平衡剪力的分配计算方法[J]. 人民黄河，2014,36(7):112-114.

[15] 周伟，陶玮，周红兵，等. 开敞式双向泵装置出水锥管的优化设计[J]. 南水北调与水利科技，2014,12(2):164-166.

[16] 周济人，刘超，袁家博，等. 大型泵站箱涵式双向进水流道试验研究[J]. 扬州大学学报(自然科学版)，1999,2(4):79-82.

[17] 王林锁，陆伟刚，陈松山，等. "工字型"双向流道泵站装置特性试验研究[J]. 水力发电学报,2001(2):79-85.

[18] 袁伟声. 大型泵站涵洞式双向进水流道抽提与自引同时工作的研究和探讨[J]. 江苏农学院学报，1981(S):1-8.

[19] 刘超，周济人，汤方平，等. 低扬程双向流道泵装置研究[J]. 农业机械学报，2001，32(1):49-51.

[20] 安志英. 轴流式水泵的双向流道[J]. 华东水利学院学报，1983(1):82-91.

[21] 唐金忠，卢永金. 双向泵站设计与应用[M]. 南京:河海大学出版社，2018.